건축적 입장들

Architectural Positions

Architecture, Modernity and the Public Sphere

건축, 근대성과 공공영역에 대한

Architecture, Modernity and the Public Sphere

건축적 입장들

Tom Avermaete, Klaske Havik, Hans Teerds 공편저

권영민 옮김

Spacetime

Contents

4장 시간성 / 257

5장 이미지 / 323

6장 실천 / 393

머리말 Preface

건축과 근대성 Modernity 그리고 공공영역 public sphere이 이 책의 주제로 선택된 것은 우연한 일이 아니다. 네덜란드는 근대 건축과 관련된 공공의 영역, 그리고 근대적 공공영역과 연관된 건축가들에 대한 오랜 전통을 갖고 있다. 그러나 최근 몇 년간 건축과 공적 영역 public realm의 거리가 점점 멀어져 왔다. 우리 도시의 건축에서는 개발업자들과 다국적 회사들 그리고 다른 사적인 주체들의 역할이 점점 더 중요해지고 있다. 그들은 도시화의 방법론과 그 시기를 결정하는데 주도적일 뿐만 아니라 공공영역에 대한 새로운 논리와 관점을 제시하기도 한다.

이와 동시에 유사 공공영역이 최근 들어 급속히 발전해 왔다. 이러한 영역은 거리나 광장, 공공건물이 아니라 오히려 초고속 통신망, 인터넷 메신저 그리고 블로그 등으로 정의된다. 몇몇 문화 이론가들은 이러한 새로운 가상의 공공공간들이 그들의 물리적 선조들을 대체한다고 보기도 한다. 또한 그들은 미래에는 공적 활동이 거리와 광장들, 건물들 그리고 다른 공공공간들에 더 이상의 관심을 두지 않고 새로운 가상의 공공공간들에서 광범위하게 발생할 것이라고 믿고 있다. 이러한 해석은 우리로 하여금 건축가들이 우리 도시에서 물리적인 공유영역 public domain을 다루는 것이 불필요하다는 결론에 이르게 한다.

이러한 상황을 배경으로 최근 몇 년간 델프트 공과대학교 건축대학 건축학부에서는 나의 지도 아래 공공영역이라는 주제에 초점을 맞춰왔다. 공공영역에 무게를 두는 것은 공공영역을 깊이 있게 다루는 것이 현대 건축가들의 주요 과제들 중 하나라는 강력한 믿음 때문이다. 위에서 언급하였듯이 건축가들은 오랜 기간 동안 그들의 프로젝트와 저서들을 통해 공공영역에 깊게 관여해왔다. 그리고 이러한 전통을 보존하는 것은 중요한 일이다.

위와 같은 건축가들의 한 예로 이탈리아 건축가 알도 로시 Aldo Rossi를 들 수 있다. 로시는 다양한 프로젝트들을 통해 건축과 공공영역 사이의 관계성에 대해 탐구했다. 1965년 세그라테 시청 광장 계획안에서 그는 공적생활을 성취하기 위한 근본적이고 지속적인 건축적 형태의 힘을 연구했다. 그는 시민들의 활동과 기억에 영향을 미칠 수 있도록 광장에 단단한 석재의 사각형 계단판과 원통형 기둥, 벽들을 배치하였다. 1979년 베니스 세계 극장 디자인은 공공영역에 대한 완전히 다른 개념을 제시했다. 그는 베니스 도심에 정박된 떠있는 극장을 통해 공공영역의 일시적인 시간성을 연구했다. 그 극장은 시민들의 특정한 행사를 위해 지어진 탑과 개선문 그리고 분수들과 같이 임시적인 축제용 구조물들 중 하나였다. 그런 구조물들은 한 순간 도시의 일부분이 되었다가 도시 풍경 속의 공공 시설물을 변화시키고, 마침내는 시민들의 기억 속에 영구적인 흔적들을 남기며 사라진다.

알도 로시는 세그라테 시청 광장과 세계 극장의 디자인을 통해 공공영역과 건축의 관계를 특징짓는 것을 중요한 주제로 삼고 관심을 기울였다. 그 주제들 중에서 가장 중요한 한 가지는 바로 공적인 삶의 일시성과 건축적 형태의 일시성 사이의 긴장의 장이다. 영구적인 특성과 일시적인 특성 사이의 대면은 공공영역에 관심을 갖고자 하는 건축가들에게는 여전히 주요한 도전들 중 하나이다.

최근 십여 년 동안 서로 다른 접근법과 배경, 태도를 견지한 건축가들은 특별히 현재 진행 중인 근대화가 과거에 존재했던 것들에 가져다 준 엄청난 변화와 관련해서 공공영역을 어떻게 다룰 것인지에 대해 고민해 왔다. 그러한 건축가들의 글과 프로젝트들은 델프트 공과대학교의 공공건축에 관한 연구에 있어 건축과 공공영역 간의 가능한 관계성에 대한 풍부한 지식을 제공한다. 건축적 성찰과 실현을 너무 자주 특징짓는 기억상실증을 극복하기 위해 우리는 '아키텍처럴 포지션스 Architectural Positions' 프로젝트에 착수하기로 했다. 그것은 바로 건축, 근대성 그리고 공공영역에 대한 우리의 자세이다.

이 프로젝트의 첫 발걸음은 2007년 봄 학기에 세미나 시리즈를 주최하는 것이었고, 그 자리에서 우리는 실무 건축가들의 관점과 더불어 사회학과 철학 그리고 문화이론 사상가들의 다양한 시각들을 접했다. 그 세미나는 활발한 담론을 생산했다. 뒤이어 우리는 최근 몇 십년동안의 공공영역에 대한 글들에 관해 다시 논의하였다. 현재 진행 중인 건축적 담론의 거대한 소용돌이 속에서 무시되거나 간혹 잊혀져버렸던 글들은 그럼에도 불구하고 세계적인 건축적 논의에 큰 영향을 미쳤다. 여기서 드러난 입장과 자세들의 풍부한 다양성은 이 책의 최종 형식에도 그대로 유지되었다. 우리의 목적은 공공영역에 대한 단 한 가지 자세를 강요하는 것이 아니라 오히려 다른 건축적 입장들의 복잡하고 모호하며 상호보완적인 성격에 대한 통찰을 제안하는 데 있었다.

그 결과가 바로 공공영역에 대한 건축가들의 36편의 글들로 구성된 이 책이다. 그 글들에는 건축과 근대성 그리고 공공영역에 대한 포괄적인 서론과, 책의 편집자들이 각 장별로 배치한 일련의 짧은 서문들이 덧붙여진다. 우리는 이 선집이 변화하는 공공영역의 성격에 대한 건축가와 철학자들 사이의 활발한 논의에 비옥한 토양을 제공하길 바란다. 서두에서 밝혔던 현대의 도시에 관한 담론에서 건축학도들과 건축가들의 역할이 축소되었다는 판단 아래 나는 이 책이 그들에게 공공영역을 되살릴 기초를 제공하길 바란다.

움베르토 바비에리 S.U. Barbieri, 델프트 공과대학교 건축대학 공공건축학과 교수

편집자의 글 From the Editors

비트루비우스 이후로 건축가들은 건축물뿐만 아니라 글을 통해서도 자신들의 생각을 표현해 왔다. 건축가의 가장 우선적인 어휘는 물론 도면과 건축물의 표현이지만 언어적 어휘가 없이는 건축이란 존재할 수 없다. 건축가들은 공공 행정가와 건축주, 시공자, 그리고 특히 그들의 동료 건축가들과 넓게는 사회전체와 그들의 생각을 소통해야만 한다. 비록 건축가가 가지는 표현의 우선 수단은 도면이지만 생각들을 전달하고, 상세하게 다듬고, 명확하게 하며, 강조하기 위해서는 글이 필요하다. 이것이 건축가들이 때때로 자신의 작업이 갖는 의미에 관해 그리고 그들의 디자인과 건물, 기술과 방법론에 관해 글을 쓰는 이유이다. 그렇게 함으로써 건축가들은 자신의 작업을 이해하게 되고, 이런 해석의 요소가 바로 건축 architecture과 건물 building의 차이를 만든다.[1]

이 책은 건축가들이 공공영역의 변화에 책임을 갖게 된 지난 반세기에 걸친 글들의 묶음이다. 그 글들은 이러한 변화들이 철학자나 사회학자 그리고 건축 비평가들과 같은 문화 이론가들에 의해서만 논의되는 것이 아니며, 건축가들 또한 그 경쟁에 뛰어들고 있음을 우리에게 상기시켜준다. 이론가들은 공공영역에 대한 자신들의 중요한 역할에도 불구하고 기껏해야 문자 그대로의 의미로 공공공간과 공공건물을 언급하면서 이러한 주제들에 대해 추상적으로 접근하는 경향이 있다. 그들은 실제의 공공공간과 공공건물들에 대해 논의할 때 자주 '캡슐화', '공포감', '공동화' 같은 부정적 관점에서 다룬다.[2] 하지만 이와 반대로 건축가들은 이러한 실체적 공간들을 불가피하게 끌어안아야만 한다. 그들의 반복되는 작업은 그러한 공간을 만드는 것이며 그 공간 안에서 활동하는 것이다. 따라서 최근의 개발에 대해 건축가들은 문화 이론가들보다 보통은 더 긍정적이다.[3] 그렇다고 디자이너인 건축가들이 이론가들의 경향들을 간과하고 무시하거나 부정한다는 의미는 아니다. 오히려 건축가들은 공적 삶을 수용할 새로운 형태를 찾기 위해 노력하거나, 공적 삶이 지속적으로 일어나고 있는 기존의 형태들을 더욱 강조하거나 또는 변화하는 공공의 실천에 대한 새로운 접근법을 찾는다. 이런 모든 부분들이 이 책에 실린 건축가들의 글에서 잘 드러난다.

이 책에 수록된 건축가들의 글들은 성격과 문맥 그리고 입장에 있어서 각기 다르다. 건축가들은 프로젝트와 사회 그리고 전문성에 대한 그들만의 자세를 선택하면서 매우 다른 방법으로 현재의 경향에 대응한다. 더욱이 이 글들은 그들의 작품에 대한 기록, 기고문, 강연 또는 선언 등 다양한 목적을 위해 써졌다. 일반적으로 저술이란 저자만의 독특한 흔적을 갖기 마련이다. 몇몇 글들은 더 넓은 범위의 문화나 사회적 담론 안에서 입장을 분명히 나타내는 한편, 또 어떤 글들은 작업을 통한 저자 스스로의 경험이나 성장에 대한 상당히 개인적인 성찰을 보여준다. 이런 광범위한 글들을 한 권의 책으로 묶는 것은 지난 50여 년 간의 건축적 논쟁과, 특히 공공영역에 대한 건축가들의 생각을 어느 정도 조명하기 위한 작업이다.

수록된 모든 글들이 이러한 주제를 뚜렷하게 다루고 있는 것은 아니다. 공공영역이라는 주제는 수많은 양상을 갖고 있고, 건축가들은 다양한 관점들을 가지고 여러 방법들을 통해 그 주제에 접근할 수 있기 때문이다. 이 책의 목적에 맞게 우리는 자체적인 판단에 따라 공공영역에 관한 수많은 근본적인 건축적 논쟁들을 논의의 장으로 끌어낼 수 있는 여섯 개의 주제들을 선정했다. 여섯 개의 주제는 각각 여섯 명의 건축가들이 각자의 입장을 취하고 둘러 앉아있는 원탁과 같다. 그 건축가들은 주장과 반박을 이끌어가는 원탁회의의 참가자들이다. 현실에서는 많은 건축가들이 같은 테이블을 공유하거나 각각의 작품에 대한 특정한 시각을 드러내지 않지만, 이러한 은유를 통해 공공영역에 대한 다양한 관점의 논의가 다시금 되살아나게 된다. 각 원탁에 앉아 있는 여섯 명의 다른 건축가들은 때로는 서로를 지지하고 때로는 서로 비평하는 여섯 개의 건축적 입장들에 대한 각각의 대표자들로 간주된다.

각각의 주제 또는 원탁을 소개하는 짧은 논문들은 그 장에 포함된 글들의 관계성을 자세히 설명한다. 그 논문들은 마치 하나의 테이블에 자리한 그들의 작품만이 그 장의 주제를 독점적으로 다루고 있는 것처럼 참여자들을 제한하기 위한 것이 아니다. 오히려 여섯 개의 주제들은 복잡한 방법들로 상호 연관되며, 한 건축가의 작품은 그 특성상 한 가지 목소리만 내거나 단 하나의 주제로만 축소될 수 있는 것이 아니다. 광범위한 건축가들을 포함시키기 위해 우리는 저자 한 명당 한 편의 글만 싣기로 결정했다. 예를 들어 알도 로시의 글은 시간성을 주제로 책에 포함되기 때문에 책의 다른 부분에서는 다루어지지 않았다. 하지만 이것이 알도 로시가 다른 주제들에 대해 아무런 기여도 하지 않았다는 것을 의미하는 것은 아니다. 사실 수록된 로시의 글은 '기념비성'과 '실천' 그리고 '지각'의 장에서 다루어지는 주제들과도 역시 관련 있다.

이 책을 각 주제들을 포괄하는 입장들을 대조하면서 여섯 개의 원탁으로 나누어 구성한 것은 무엇보다도 현대 건축문화가 가진 다양한 배열의 관점과 접근법에 질서를 부여하고자 하는 시도이다. 그것은 건축가들이 끊임없이 결정하도록 도전 받는 복잡한 선택에 대한 더 나은 통찰력을 건축학도들과 우선적으로 이 책의 독자들에게 제공하고, 일상적인 건축의 행위와 그 행위를 통한 매일의 건조 환경에 대해 이러한 과정이 담고 있는 의미를 보여주려는 시도이다. 그런 의미에서 우리는 현대 건축가들의 역할을 논하는데 있어서의 (공통된 표현방식, 어휘 또는 일련의 가치관의 부족으로 인한) 어려움이 건축과 공공영역의 관계에 대한 논의를 불가능하게 하는 것은 아니라는 점을 보여줌으로써 현대 건축의 '윤리적' 관점을 강조하고자 한다. 다른 한편으로 우리는 건축가들에게 공공영역에 대한 관점을 향상시키는 것 외에 다른 대안은 없다고 믿는다. 그 과정에서 건축가들은 사회에 대한 특정한 시각에 기초해 선택을 해야만 하고 따라서 그 선택은 특성상 윤리적이어야 한다. 더욱이 이러한 선택들은 보통 특정한 프로젝트들에 대한 개인적 접근법을 통해 이루어진다. 다시 말해 그 선택들이 건조 환경에 영향을 미치는 것이다. 이것이 이 책에 각각의 글들과 함께 저자들의 한 두 건축 작품의 이미지가 함께 실리게 된 이유이다. 우리는 이론적 입장들이 그들의 프로젝트나 건물들과 깔끔하게 또는 명확하게 일치한다고 생각하지는 않는다. 하지만 우리는 건축적 입장들이 글과 건조 환경을 통해 상세하게 표현되는 방법들 사이에는 확실한 공명이 있다고 믿는다. 요컨대 우리는 이 책을 통해 공공영역에 대해 건축가들이 갖고 있는 다양한 입장들에 대한 통찰력을 제공하고자 한다. 이 책은 그 주제가 현대 건축문화에서 더 중심적인 위치를 차지하는데 이 책이 기여하길 바라는 우리의 희망이다.

이 책과 같은 선집은 계속 손댈 수 있는 상태로 남게 되면 완성하기 무척 어렵다. 건축과 공공영역에 대한 논쟁에 있어 가능한 모든 개인적인 입장들이 이 책에 표현되어 있지는 않다. 게다가 복합적인 관점과 접근법으로 특징되는 건축문화에 질서를 부여하고자 하는 작업에서는 일반화가 불가피하다. 따라서 '건축적 입장들' 은 글과 디자인 그리고 관점에 대한 더 깊은 연구를 고무하고자 하는데 그 확고한 목표가 있다.

여섯 개의 주제에 대한 폭넓고 다양한 입장들을 보여주고자 했던 우리의 선택은 우리 자신의 시야를 가려버리는 결과를 낳았다. 하지만 그것 또한 하나의 입장이라 부를 수 있을 것이다. 대신에 우리는 독자들이 무엇을 믿던지 그들 스스로에게 그 결정을 맡기고자 한다. 과거에 (그리고 현재에) 존재했던 수많은 입장에 대한 연구가 그러한 결정을 위한 초석으로서 역할을 할 것이다. 그 기초를 다지는 것이 이 책의 과제이다.

물론 선별된 글들은 편집자들의 개념적 세계를 반영한다. 우리 모두 알고 있듯이 건축적 논의에 객관적 접근법 같은 것은 존재하지 않는다. 건축 분야에서 중요한 주제로 공공영역을 내세우기로 한 우리의 결정은 단지 이 책을 만드는데 필요했던 많은 주관적 결정들 중 첫 번째였을 뿐이다. 어떤 글을 포함시킬지 결정하기 위해 우리는 두 가지 간단한 판단기준을 세웠다.

첫째로 1950년대 이후에 써진 글들로 범위를 제한했다. 20세기 초 반세기의 대가들을 몇 명만 무작위로 꼽더라도 헨드릭 페트루스 베를라헤, 르 꼬르뷔제, 아돌프 로스, 미스 반 데 로에, 발터 그로피우스, 막스 타우트, 코르넬리스 반 에스테렌 그리고 빌리엄 반 타이엔 등과 같은 많은 건축가들 사이에서 건축과 공공영역에 관한 치열한 논의가 있었음은 부정할 수 없다. 정확히 이런 이유로 각 서문들은 이러한 건축가들 중 몇 명의 작품과 생각에 대해 다루고 있다. 그러나 20세기 후반의 반세기 동안 공공영역에 대한 개념이 다시 한 번 뜨거운 논란거리가 되었다. 이 선집은 지난 수십 년 동안 다양한 모습으로 계속해서 약화되어 온 이러한 현대 건축의 담론에 초점을 맞춘다. 근대성의 조건은 우리의 일상 세계의 일부이며, 건축이 공적 삶의 변화에 어떻게 반응하고 대응하는지를 살펴보는 맥락 안에 있다. 인상적이게도 이 책에 선별된 대다수의 글들은 본래 철학, 사회학 그리고 건축이론에서 공공영역에 대한 논쟁이 부활한 시기이자 특별히 위르겐 하버마스 Jürgen Habermas의 공공영역에 대한 연구의 영역본이 출판된 시기인 지난 20년 사이에 출판된 것들이다.[4]

선정의 두 번째 기준은 그 글들이 명시적이든 암묵적이든 공공영역과 근대성 그리고 건축 디자인의 실행 사이의 관계성을 그려야 한다는 것이다. 도시가 얼마나 자주 암시적 준거의 틀로서 역할을 하느냐는 매우 중요하다. 건축과 관계를 갖는 공공영역의 화두는 명백하게 도시에 대한 화두이다. 특히 만약 우리가 근대성의 개념이라는 렌즈를 통해 공공영역의 희미해지는 지형을 살펴본다면 더욱더 그러하다. 도시는 항상 근대성이 그 모습을 드러내는 첫 번째 장소들 중 하나였다. 게다가 도시는 대다수의 건축가들, 특히 건축적 논의에서 입장을 분명히 하는 사람들의 근무 환경이다. 그리고 마지막으로 과밀하게 붐비는 공간에서 공존해야만 하는 수많은 개인들 사이의 중재자로서 '공유영역 public domain' 이 가장 중요한 역할을 하게 되는 것도 바로 도시의 사회 속이다.

이 책에 실린 기고문들의 범위에 관해 적어도 두 가지 점들은 확실히 해야 한다. 첫 번째는 '공공영역' 과 '근대성' 같은 용어들은 문화에 따라 서로 다르다는 점이다. 이 책에 있는 글들 중 몇 편은 일본과 남아메리카에서 써졌다는 사실에도 불구하고 우리는 이 책에서 폭넓게 사용되는 공공영역을 정의하는데 서구적 개념-사실은 유럽의 철학적 전통에 매우 깊게 뿌리를 두어온 (그리고 현재에도 두고 있는) 서구의 개념들에 바탕을 두었다. 우리가 이런 선택을 하게 된 근거는 이런 개념들이 최근 십여 년간 유럽과 북미지역에서의 건축적 논의에 가장 큰 영향을 미쳤다는 사실이다. 편집자들 역시 결과적으로 공적인 것과 사적인 것에 대한 다른 이해와 근대성에 대한 다른 관점들이 배제되어 왔다는 것을 인식하고 있다. 이것이 시사하는 것은 '건축적 입장들'은 단지 초석, 즉 건축과 공공영역에 관한 훨씬 더 폭넓고 더욱 깊이 있는 논의로의 시발점이라는 것이다. 이런 더욱 광범위한 논의는 아시아, 남아메리카, 아프리카 등 다른 지역들의 건축문화들에 기초한 공공영역과 근대성에 대한 다른 개념들을 아우를 것이다.

기고문의 범위에 대해 밝혀야 할 나머지 한 가지는 선별된 저자들 중에는 여성이 몇 명 없다는 것이다. 이것은 편집자들의 의도적인 결정에 의한 결과가 아니다. 오히려 우리는 선별 과정을 통해 지난 반세기 동안 여성 건축가들의 글들이 상대적으로 적게 출판되었다는 것을 확실히 깨닫게 되었다. 만약 그렇지 않았다면 의심할 여지없이 이 책은 공공영역에 대한 더 폭넓은 범위의 건축적 접근법을 담아냈을지도 모른다. 다음 반세기의 상황은 아주 많이 달라질 것이라 우리는 믿는다.

이 책은 그 분량과 정교함의 정도에 있어서도 서로 유사한 글들로 이루어져 있다. 공공영역에 관한 중대한 자료들 중 하나인 렘 콜하스 Rem Koolhaas의 『보편적 도시 *Generic City*』를 제외하고 너무 긴 글들은 모두 축약되었다. 그리고 너무 짧은 글들은 다른 글에서의 발췌문으로 보충되었다. 하지만 이런 글들은 서로 다른 방법들로 건축 분야에 영향을 미쳐왔다. 그 글들 중 일부는-로버트 벤츄리와 데니스 스콧 브라운 그리고 스티븐 이즈노워의 『라스베이거스의 교훈』 등-건축적 논의에 지속적인 영향을 미쳤던 반면, 다른 글들은 건축적 담론에 단지 개략적으로만 영향을 주었거나 상대적으로 덜 알려진 채 남겨졌다. 유하니 팔라스마 Juhani Pallasmaa의 에세이를 비롯한 몇 편의 글들은 이 책을 통해 처음으로 출판되는 것이다.

그에 반해 '건축적 입장들' 의 구성은 오히려 간단하다. 포괄적 서론은 더 큰 맥락의 사회학과 철학적 사고의 틀에서 공공영역에 관한 논의를 제시한다. 그리고 건축이론의 몇몇 경향들도 소개한다. 6개의 원탁 토의는 각 테이블에서 논의될 주제에 대한 소개로 시작한다. 이 서두의 에세이들은 논의 안에서 참여자들의 글이 자리할 위치를 명시함과 동시에 공공영역의 주제와 그에 대한 논의 사이의 연결성을 찾아가면서 그 논의에 있는 모든 참여자들의 입장들을 보여준다. 책의 뒷면에는 근대성과 공공영역에 대한 선행 참고서적들과 함께 저자들의 약력이 실려 있다.

감사의 글

이 책은 수잔 코모사 Susanne Komossa 교수와 움베르토 바비에리 교수의 주도와 지원이 없었다면 나올 수 없었을 것이다. 이점에 대해 우리는 그 두 사람에게 감사의 뜻을 전한다. 또한 이 책에 포함된 글들에 대한 선정과 논의에서 큰 역할을 해준 '건축과 근대성: 공공건축' 프로그램에 소속된 우리 동료들에 대해서도 고마움을 전한다. 그리고 특별히 지난 2년간 수업시간을 통해 이 모든 글들의 교육적 가치를 실질적으로 시험해준 델프트 공대의 모든 학생들에게도 함께 감사의 뜻을 전한다. 아울러 아무런 보수 없이 크나큰 열정만으로 항상 글과 도판들을 사용하도록 허락해준 건축 사무실들과 자료실들에도 감사드린다. 그리고 SUN 출판사와 특히 헨크 호크스와 마이케 반 디튼에게도 생각을 책으로 옮길 수 있도록 안내해준 점 감사드린다. 기고문들의 번역과 편집을 위해 수고해준 번역가들 그리고 흥미로운 디자인 제안과 책의 그래픽 디자인을 맡아준 카렐 마르텐스 Karel Martens와 아헤 마르텐스 Aagje Martms에게도 함께 감사의 뜻을 전한다. 이 결과물은 확실히 자랑스러운 것이다. 우리는 수시로 글들을 편집하고 디지털화하며 사진들을 찾아내고 관련된 세미나를 준비해 준 학생 조교들, 폴 반 덴 베르흐, 크리스티안 반 헤겔섬, 카미엘 뒤 사르 그리고 이시아스 요하네스에게 고마움을 전한다. 마지막으로, 크리스 볼테스에게 특별한 감사의 뜻을 전한다. 이번 프로젝트의 길었던 마지막 단계 동안 그의 도움은 무척 모범적이고 고무적이었다.

톰 아베르메타 Tom Avermaete, 클라스케 하빅 Klaske Havik, 한스 티어즈 Hans Teerds

{주}

1 옥스포드 Oxford 영어 사전은 '건축 architecture' 이라는 단어에 대해 건축과 건물에 대한 구별을 언급하며 두 가지 해설을 제시한다. 첫 번째 정의는 '인간이 사용하기 위한 구조물을 건설하는 과학 또는 기술' 이며 두 번째 정의는 '건물을 짓는 행위와 과정' 이다. 이를 다른 방법으로 정의하자면 건축이란 세계를 만들어가는 인간의 활동에 대한 의미와 문화적, 미학적 차원과 관련되는 것이다. EnriqueWalker, *Tschumi onArchitecture: Conversationswith Enrique Walker*. NewYork (The Monacelli Press)2006, p. 166.를 참조

2 이 부분에 대한 더 자세한 논의는 이 책 15-54쪽을 참조

3 이것이 바로2007년 봄 이 책의 편집자들이 개최했던 델프트 공과대학교 건축학부의 여섯 개의 세미나에서 도출될 수 있는 결론이다. 이론가들은 그 상황에 대해 어두운 시각을 가진반면 건축가들은 좀 더 긍정적으로 바라보았다. Tom Avermaete, & KlaskeHavik, 'Architectural Positions' . HencoBekkering et al. (eds.), *The Architectural Annual 2006-2007, Delft University of Technology*. Rotterdam (010Publishers) 2008, pp. 44-47.를 참조

4 Jürgen Habermas, *The Structural Transformation of the Public Sphere: An inquiry intoa category of bourgeoissociety*. Cambridge, Mass.(MIT Press) 1989. 또는 이 책의 서문 17-45쪽을 참조

서론

건축, 근대성 그리고 공공영역: 일상의 3요소

톰 아베르메타 Tom Avermaete, 클라스케 하빅 Klaske Havik, 한스 티어즈 Hans Teerds

'스히폴 공항은 네덜란드에서 가장 새로운 도시이다.' 암스테르담 공항 관리자인 헤를라흐 세르폰타인 Gerlach Cerfontaine은 이렇게 말한다. 실제로 스히폴 공항은 활주로나 항공기의 도착과 출발을 최대한 빠르게 처리하기 위한 다른 시설들보다 훨씬 빠르게 성장해왔다. 스히폴 공항의 전체 수입 중 40퍼센트 이상이 공항의 상점들과 다른 고객서비스로부터 창출되는 반면, 항공기 관제에서 얻어지는 수입은 32퍼센트에 불과하다.[1] 2015년 공항의 공간개발계획에 따르면 스히폴 공항은 '교환 interchange과 교류 interaction' 를 위한 공공공간으로 만들어질 예정이다.[2] 새로운 호텔들과 복합 업무시설의 개발, 그리고 대단위 상점들은 공항의 공공성 확보를 위한 세 가지 주요 개발요소들이다. 또한 스히폴 공항에는 노숙자들과 공항 상주 근무자들을 위한 공항 자체의 전시관, 억류시설, 종교시설, 치안센터, 영안실 그리고 구세군 공항 지부 등도 위치하게 된다. 스히폴 공항 측은 이러한 계획이 상당한 이익을 가져다 줄 것으로 기대하고 있으며, '공항 도시 개념' 과 그것을 전세계에 알리기 위한 노력들은 이미 그 계획의 트레이드마크가 되었다.

공항도시의 가장 중심부는 스히폴 플라자이다. 그 명칭이 이미 공항의 목표가 하나의 도시로 보이도록 하는 것임을 말하고 있다. 스히폴 플라자는 이 새로운 도시와 수많은 상점들, 카페들 그리고 음식점들의 중심 광장이자, 여행객과 공항 직원들, 방문객들, 부랑인들 그리고 지역민들 모두가 한데 모이는 장소이다. 붐비는 날에는 10만 명 이상의 방문객들이 플라자를 지나간다. 공항의 설계자인 벤담 크루벨의 얀 벤담 Jan Benthem은 이 광장이 시사하는 바를 다음과 같이 명확하게 설명한다. '누구나 입장권 없이 하루 종일 그곳에 갈 수 있다. 그 공간은 누구의 것도 아니고 바로 당신의 것이다. 이러한 공유영역 public domain은 도시의 가장 근본적인 특징이다.'[3]

도시의 공유영역으로서 공항이 가지는 새로운 역할에 대해 모든 사람들이 환영하는 것은 아니다. 왜냐하면 하나의 도시로서 스히폴 공항의 확장은 상업적인 동기로 인해 유발되기 때문이다. 이는 더 넓게 봤을 때 사회적인 추세와도 연관된다. 이에 관해 막스 판 로이 Max van Rooy는 1995년에 네덜란드 일간지 한델스블라드 *NRC Handelsblad*를 통해 '공항, 기차역, 주요 쇼핑센터들, 특히 유럽전역에 넘쳐나는 상점들과 대형매장들로 인해 소비자 사회가 점점 더 하나의 큰 흐름을 형성해 움직이며 인파로 북적대는 작은 도시들이 개발되고 있다' 라고 했다. 그는 이런 개발을 긍정적으로 받아들이지 않는다. 그는 이어 '심지어 몇몇 미래학자들은 공항에 대해 낡고 갈수록 위험해지는 도심의 자연스러운 결과물이라고 생각한다. 해마다 수천만 명의 여행객들로 붐비는 수많은 공항의 터미널들은 피자가게, 상점가, 카페, 선술집, 음식점, 호텔 그리고 언제든 앉을 수 있는 노천카페 등 도심의 모습과 흡사한 모든 요소들을 가지고 있다. 이런 현상은 경계가 따로 없는 그 공간들 전체가 외부 환경으로부터 보호되기 때문에 가능하다. 숙련된 비행사들은 코트도 입지 않는다. 게다가 이 도시는 항상 깨끗하고 안전하다. 치안 서비스와 공항 경찰은 항상 중독자와 걸인들, 노숙자들이 쇠와 유리로 만들어진 현대적인 성당으로 들어가지 못하게 감시한다.'[4]라고 말한다. 건축가들이 새로운 공항의 접근성과 활성화를 공유영역이라고 부르며 칭송하는 반면, 비평가들은 이를 다르게 받아들인다. 이러한 형태의 판매시설들은 처음에는 누구에게나 열려있는 것으로 여겨졌을지 모르지만 결국은 카메라와 같은 섬세한 기계장치들을 통해 감시와 통제가 강화된다. 과연 아무나 접근할 수도 없고, 누구나 감시되는 공간이 진정한 공유영역이라고 할 수 있을까? 심지어 이러한 공간이 제대로 공공의 공간이 될 수 있을까? 이러한 의문들과 함께 반 로이는 공항과 철도역 그리고 쇼핑몰과 같은 새로운 공간들과 피자가게, 상점가, 카페 그리고 선술집들이 있는 전통적인 도시 공간들을 비교한다.

그의 비평은 이러한 새로운 공간들에 대한 프랑스 인류학자 마크 오제 Marc Auge의 분석을 기초로 하고 있다. 마크 오제는 그러한 공간들을 현대적인 여행 수단(비행기, 열차 그리고 지하철)과 밀접한 관련이 있는 것으로 설명하고 비-장소 non-places라고 평가한다. 그는 비-장소에 대해 다음과 같이 정의한다. '비-장소란 어떠한 역사적인 의미도 강력한 상징성도 부족한, 단지 이동과 통행만을 위한 공간들이다. 만약 어떠한 장소를 상관적이거나 역사적이거나 정체성과 관련 있는 것으로 정의할 수 있다면 그렇게 정의되지 않는 공간이 바로 비-장소이다.'[5] 오제의 분석은 인생의 상당부분이 이러한 비-장소에서 비행기나 기차, 지하철을 기다리면서 소비된다는 것을 보여준다. 하지만 그러한 공간들의 디자인은 기능을 충족시키는 데는 정확하고 효과적인 방식일지 모르지만 '공공의 경험'까지 유발하지는 않는다. 전통적인 도시의 공공공간들은 사람들을 한데 모을 수 있었다. 하지만 통과의 공간들은 그런 역할이 가능해 보이지 않는다. 오제는 이러한 새로운 공간들에 대해 도시의 역사적, 사회적 조직 속에 엮이기 보다는 오히려 포괄적이라고 말한다.

공항터미널, 철도역, 지하철 등을 화제로 삼은 오제의 공공공간의 특성 변화에 대한 연구가 완전히 새로운 것은 아니다. 1960년대로 돌아가서 독일의 철학자인 위르겐 하버마스 Jürgen Habermas는 그의 유명한 저서 『공론장의 구조변동 *Strukturwandel der Offentlichkeit*』을 통해 공유영역은 모든 종류의 권력들의 지속적인 압박과 위협으로 인해 완전히 소멸 되고 있다고 언급하였다.[6] 1989년에 출간된 하버마스의 영문 번역본과 오제의 연구 같은 논의들은 최근의 건축적 담론에서 공유영역에 대한, 특히 그것의 쇠퇴에 관한 논쟁들을 다시금 불러일으켰다.[7] 공유영역과 건축사이의 관계를 시험하는 수많은 작업들 중 두 가지 예로 브루스 로빈스 Bruce Robbins의

『공공영역 *public sphere*의 유령』과 마이클 소르킨 Michael Sorkin의 『테마파크의 다양성: 공공공간의 종말』이 있다.[8] 이들은 공공영역에 대한 인식을 서구의 민주주의적 사고와 연결하고자 하였다. 예를 들어 마이클 소르킨은 서문에서 '테마파크나 쇼핑몰의 "공공"공간에서 웅변은 금지이다. 디즈니랜드에는 시위가 없다. 도시를 개선하려는 노력은 민주주의 스스로의 투쟁이다'[9]라고 썼다. 공공의 공간이 모든 사람들에게 개방되지 않는다는 것은 특정한 집단들이 상호교류 활동으로부터 배제된다는 뜻일까? 시위가 금지된 디즈니랜드나 롤러스케이트 타기가 금지된 쇼핑몰과 같이 제약에 의해 통제되는 공간에서 우리는 어느 정도까지 자유롭게 행동할 수 있을까?

건축가들은 근대성과 공공영역 사이의 문제성 있는 관계에 대해 하나의 태도를 취할 수밖에 없다. 건축은 어떤 영향력을 갖는가? 건축은 어떻게 대중의 삶을 담아내고 표현하는가? 이 질문들에 대해서 건축가들은 해답을 찾아야만 한다. 왜냐하면 비관적인 목소리들에도 불구하고 건축가들은 여전히 피아짜 piazza에서부터 플라자 plaza까지 그와 같은 공공의 공간을 만들어 내야만 하는 도전에 마주하고 있기 때문이다. 실제로 건축가들은 이러한 질문들에 대한 해답을 얻기 위해 현대 대중들의 삶을 담아내기에 적당한 새로운 형태들을 적극적으로 찾고 있다. 하지만 우리는 공공영역의 개념에 대한 사회학적, 철학적, 문화적, 그리고 건축적인 배경을 살펴봄으로써 그 해답을 찾고자 한다. 이러한 개념은 분명 근대성의 맥락 속에 자리하고 있다. 결국 근대성이라는 것은 적어도 서구사회에서 만큼은 현대 건축의 발전에 지대한 영향을 미쳤고, 특별히 건축이 공공영역에 다가가는 방식에 크게 영향을 주었기 때문이다. 요컨대 이 책이 던지는 가장 중요한 질문은 연속적인 변화에 따라 다양하게 나타나는 공공영역에 대해서 건축가는 어떠한 입장을 가져야 하는가이다.

1 근대성 Modernity

1.1 근대화 Modernization와 근대성

공공영역에 대한 논의는 '근대화', '근대성', '모더니즘' 이 세 가지 용어를 배경으로 형성된다. 간단히 말하자면 '근대화'는 기술과 사회경제 분야에서 나타나는 사회적인 변혁의 과정을 말한다. '근대성'은 이러한 변혁의 과정에 대한 경험, 즉 기술적 · 사회적 · 경제적인 변화의 과정에 의해서 나타나게 되는 환경을 의미한다. 마지막으로 '모더니즘'이란 이러한 환경에 대한 예술적, 지적 반향을 의미하는데, 쉽게 말해 근대성이라는 환경이 예술과 문화에서 뚜렷이 나타나는 방식을 말한다.[10] 본 서론에서는 '근대화'와 '근대성' 이 두 단어에 그 초점을 맞추었다. 왜냐하면 이 두 단어는 공공영역의 등장에 깊이 관련되어 있기 때문이다.

사회의 근대화는 19세기 후반의 기술적 · 과학적 격변으로부터 어마어마한 사회적 충격과 강한 자극을 받았다. 산업화는 노동과 수입의 재편으로 이어졌고, 도시들은 새로운 노동력들을 받아들일 수 있게 성장했다. 근대화된 운송수단들로 장거리 여행이 용이해졌다. 이 모든 발전들은 '표준화' 의 과정으로 귀결되었다. 철도의 등장이 미친 영향은 그 좋은 예이다.[11] 믿을만한 철도 노선이라는 것은 결국 정확한 시간 측정 시스템을 필요로 한다. 예를 들어 네덜란드에는 그런 종류의 시스템이 존재하지 않았다. 대신 모든 도시와 마을이 자체적인 시간을 설정했다. 하지만 기차역이 열릴 때는 언제나 각 지역별 시간들이 노선 전체에 걸쳐 서로 불가피하게 보조를 맞출 수밖에 없었다. 좀 더 일반적으로 보자면 삶에 대한 합리적인 통제와 구조화 그리고 규격화가 근대적인 것들의 특징이라고 말할 수도 있겠다. 근대화는 모든 분야에서 위대하고 새로운 이성적 세계 질서의 추구를 촉발한다.[12] 예를 들어 뉴턴은 중세의 우주론을 거부하면서 훨씬 더 추상적이고 포괄적인, 따라서 더욱 이성적인 세계의 질서로 대체하였다. 프랑스의 개혁가들은 무게와 거리 그리고 시간에 대한 낡은 지역별 측량법들을 '보편적으로' 적용 가능한 단위들로 바꿔버렸다. 또한 그들은 통일된 법적 규범들을 명확히 하기 위해 무수한 중세의 법제 시스템들과 과거의 제도들을 그들의 특권과 특례를 이용해 파기하였다. 각각의 경우에서 볼 때, 전체적으로 통제가 불가능한 지엽적 질서는 합리적으로 인식되는 보편적인 질서에 적합한 방식으로 바뀌었다. 이러한 새로운 질서는 합리적인 과학이라는 이름아래 허풍쟁이들과 몽상가들, 공상가들과 시인들에게는 매우 가혹한 것이었다.[13]

다시 말해 근대사회는 '탁월하다고 여겨지던 것들에 대한 과도할 정도의 제한, 한정, 규격화, 분리, 분류, 기록, 보편화를 통해, 또는 진리에 대한 보편적이고 절대적인 기준들[14]' 을 통해, 그리고 무엇보다 세상에 대해 결정적인 통제력을 확립한다는 명분으로 세상을 지배했다. 마찬가지로 캐나다 철학자인 미셸 프라이탁 Michel Freitag은 근대성에 대해 사회를 '규격화' 하는 새로운 방법이라고 설명한다.[15] 그는 규격화란 다양한 매체들을 통해 사회가 조직화되고 재생되는 방식을 의미한다고 말한다. 사회의 조직화나 재생 모두 근대성의 영향 아래 매우 심각하게 변화하였다.

세상이 완벽해질 수 있다는 환상을 지속하기 위해 근대사회는 그러한 환상에 명백히 반하는 모든 것들, 특히 통제할 수 없었던 모든 모순들을 없애버렸다. 교육, 합리화 그리고 계몽은 이러한 일련의 과정에 중요한 열쇠가 된다. 예측할 수 없거나 비합리적이거나 혹은 교양 없이 행동하는 사람은 누구나 현대적인 공공의 공간으로서 세심하게 관리되는 활동의 장에서는 설 자리가 없어진다. 그리고 교도소나 수용소, 소년원, 전문학교 그리고 기숙학교 등 현대사회의 무수히 많은 특별한 시설들 중 한 곳에서 그들에 대한 재교육과 합리화가 이루어 질 것이다.[16] 이러한 기관들은 사회 완성의 표현이자 보호책이다.

1.2 근대성과 그 단계들

우리가 공공영역이라는 개념에 대해 생각할 때 근대성이라는 또 다른 개념을 떠올리지 않을 수 없다. 제프리 허프 Jeffrey Herf가 '일반적으로 근대성이라는 것은 없다.'[17] 라고 강조했듯이 근대성이라는 상황의 정확한 특성은 지속적으로 변화하는 것인지도 모른다. 철학, 사회학 그리고 건축 등의 다양한 학문들은 근대성을 각각 다른 방식으로 해석해 왔다. 각각의 입장이나 관점에 따라 근대성은 다른 의미론적인 형태를 갖는다. 마테이 칼리네스쿠 Mattei Calinescu는 그의 저서 『근대성의 다섯 얼굴 *five faces of modernity*』에서 다섯 가지 이상의 근대성에 대해 언급했고,[18] 마찬가지로 아르준 아파두라이 Arjun Appadurai는 『고삐 풀린 근대성 *modernity in large*』[19]에서 근대성이 다양한 의미를 갖는다는 것을 강조했다. 이렇게 근대성에 대한 다양한 의미와 정의는 지난 수십 년 동안 발전되어 왔다. 다음 단락에서는 근대성의 개념에 대해 역사적 · 철학적으로 훑어보고, 그와 관련된 다른 문화적 현상들에 대해 논의 하고자 한다.

앞서 말했듯이 근대성은 철저하게 달라진 환경과 깊게 연관되고 그 환경은 근대화의 과정에 의해 만들어진다. 근대성이 21세기에 의미하는 것이 19세기의 사람들에게도 똑같은 의미를 가졌을 리는 없다. 네덜란드 철학자 르네 봄켄스 René Boomkens는 근대성의 네 가지 역사적, 철학적 단계를 명시했다.[20] 그 첫 단계는 새로운 발명과 과학적 진보 그리고 산업의 성장으로 놀라움과 분명한 덧없음이 공존했던 19세기 중반에 시작됐다. 샤를 보들레르 Charles Baudelaire와 아르튀르 랭보 Arthur Rimbaud 같은 작가들은 이러한 경험을 생생하게 묘사했다. 예를 들어 보들레르는 근대성의 상황을 '영원하며 변하지 않는 한 면을 가진, 덧없고 일시적이며 불확실한 예술의 다른 한 면'[21]이라고 표현했다.

두 차례의 세계대전 사이에 있었던 두 번째 단계에서는 자유롭고 진보적인 근대성의 잠재력이 두드러지게 강조되었다. 과학적, 기술적 진보는 사회의 완성과 문화–일반적으로 서구 문화를 의미–의 발전에 뿌리 깊은 자신감을 불어넣었다. 근대성은 과거와 거리가 멀고 미래지향인 것으로 인식되었다. 하지만 동시에 호세 오르테가 가쎄 José Ortega y Gasset나 요한 하우징거 Johan Huizinga와 같은 철학자와 역사가들은 사회가 고전적인 문화세계나 문화적 이상과 연관성을 잃고 있는 위기에 처했다고 믿고, 이를 경고하는 책들을 썼다.[22] 그들은 심지어 미개함으로의 회귀를 우려했다. 그러나 대부분의 사상가들과 건축가들은 근대의 과제를 받아들이고, 과거의 굴레로부터 해방되는 것을 수용하였다. 그것은 자유, 진보 그리고 해방으로 받아들여졌다. 건축에서 이러한 현상은 건축적 전통에 대한 급진적인 재고를 의미했다. 그러한 결과로 나타난 르 꼬르뷔제 Le Corbusier나 에른스트 마이 Ernst May와 같은 아방가르드 건축가들의 진보적인 도시와 건축 작품들은 도시와 예술가들에게 엄청난 영향을 주었다.

근대성의 세 번째 단계는 훨씬 다양한 특성을 가졌다. 퇴보와 진보의 경향을 모두 보여주었고, 1960년대 후반에는 성(性)의 혁명과 함께 그 정점에 달했으며, 1968년 5월 파리혁명과 암스테르담 프로보 운동 Provo movement 등으로 이어졌다. 이 단계에서 한 가지 중요한 특징은 경제적 번영과 사회적 유동성의 증가, 그리고 개별화 과정의 증가로 인해 나타나게 된 복지국가와 대중문화의 등장이다.[23]

네 번째 단계는 근대성의 위기로서 '탈근대성 postmodernity' 으로 볼 수 있다. 장 프랑수와 리오타르 Jean François Lyotard와 같은 포스트모더니스트 사상가들은 모든 '위대한 서사시' 의 끝, 심지어는 모더니즘의 종말을 선언했다.[24] 그들은 근대적 활동들이 진보뿐만 아니라 철저하게 합리화된 아우슈비츠의 살인 기계들도 낳았다고 주장한다. 근대성은 자유와 함께 소외감과 사회적 배척도 불러왔다. 포스트모더니즘은 자끄 데리다 Jacques Derrida나 미셸 푸코 Michel Foucault, 장 보드리야르 Jean Baudrillard 같은 영향력 있는 철학자들에 의해 더욱 명확해졌다. 이러한 포스트모더니즘 사상가들은 몇몇 상반된 입장의 모더니스트들과는 달리 모더니즘의 파괴적이고 일시적인 특성들을 강조하였다. 하지만 이러한 문제들을 해결하기 위한 새로운 프로젝트를 제안하는 것은 자제하였다.[25] 어떤 경우에는 이러한 포스트모더니즘적 태도가 향수, 우울함, 상대주의, 원근법주의, 무관심 등을 불러일으키기도 했다.[26]

2 공공영역 The public sphere

2.1 게마인샤프트 Gemeinschaft의 부재

근대성은 종종 붕괴의 상황으로 묘사된다. 미국 작가 마샬 버만 Marshall Berman은 1982년 그의 저서 『견고한 모든 것은 대기 속에 녹아버린다: 근대성의 경험, *All that is Solid Melts into Air: The Experience of Modernity*』를 통해 '모던이 된다는 것은 우리에게 모험, 권력, 기쁨, 성장 그리고 우리 자신과 세상의 변화를 약속하는 환경 속에서 우리 자신을 찾는 것임과 동시에, 우리가 갖고 있는 것들, 우리가 알고 있는 것들, 그리고 우리 자신까지 이 모든 것들을 파괴할 위협을 의미한다.'[27]고 말하였다.

이러한 사회적 붕괴의 상황은 이미 프리드리히 퇴니스 Friedrich Tönnies, 에밀 뒤르켐 Emile Durkheim, 게오르그 지멜 Georg Simmel 그리고 막스 베버 Max Weber와 같은 저명한 사회학자들에 의해 연구되어 왔다. 이들은 각자의 방법으로 근대성에 의해 초래된 심각한 사회변화를 조명하였다. 또 그들은 근대성을 개인화, 분열, 차별화, 그리고 합리화 등의 새로운 사회적 경향들과도 연관 짓는다. 그들은 근대성이 어떻게 개인들 간의 관계와 연대의 양상 그리고 사회적 결속력 등을 극적으로 변화시키는지 설명한다. 이러한 사회적 통찰들의 상당수는 독일의 사회학자인 페르디난드 퇴니스의 저명한 1887년 저서 『게마인샤프트와 게젤샤프트 *Gemeinschaft und*

Gesellschaft』에서 그려진 특성으로 거슬러 올라간다. 퇴니스는 사회 조직을 게마인샤프트(공동체사회)와 게젤샤프트(이익사회)로 구분하였다. '게젤샤프트 이론은 게마인샤프트에서와 마찬가지로 다른 이들과 어울려서 평화롭게 살고 있는 사람들로부터 시작한다. 그러나 이 경우 실제로는 사람들이 근본적으로 통합되지 않는 채 본질적으로 서로 떨어져서 존재한다. 게마인샤프트에서의 사람들은 그들을 나누려는 어떤 것들에도 굴하지 않고 함께 생활한다. 반면 게젤샤프트에서는 사람들이 그들을 하나로 묶으려는 어떤 노력에도 불구하고 분리된 채 남는다. 결과적으로 선험적인 명제에 따른 행동이나 어떤 개인의 행동을 통해 공동체의 의지와 사고가 표출되는 그러한 이미 정해져 있는 공동체로부터 유발되는 행위들은 게젤샤프트에서는 일어나지 않는다.'[28]

게마인샤프트는 유기적인 형태의 사회이다. 개인들은 태어나면서부터 그 사회 속에 동화되며 평생 동안 사회구성원으로 남는다. 그들의 삶의 방식은 그들이 속한 게마인샤프트의 관습과 전통에 따라 정해진다. 그들은 스스로의 활동을 공동체에 대한 기본적인 기여로 여긴다. 이러한 게마인샤프트에서 개인적인 이해관계는 전혀 중요하지 않다. 퇴니스는 이런 형태의 공동체는 주로 교외 지역에서 발견된다고 설명한다.[29]

이어서 그는 근대성의 성장으로, 개인 상호간의 관계가 유기적으로 발전하지 않는 게젤샤프트라는 두 번째 형태의 집단이 초래되었다고 주장한다. 게젤샤프트에서 개인들의 관계란 어떤 본질적인 관계맺음이 아니라 계약과 관념적인 규정들에 의해 만들어진다. 이러한 사회에서 통제를 위한 가장 중요한 수단 중 하나는 바로 돈이다. 따라서 모든 것들은 금전적인 관점에서 설명된다. 퇴니스는 도시를 돈과 계약에 바탕을 둔 게젤샤프트의 전형적인 예로 본다.

프랑스 사회학자인 에밀 뒤르켐은 근대성의 등장으로 전통적인 '가치 유형'은 더 이상 사회의 토대가 될 수 없다고 지적한다. 그에 따르면, 근대성의 특징이라 할 수 있는 사회적 역할과 직종 그리고 직업 등이 점차적으로 전문화되어가는 과정이 윤리의식의 변화를 촉진시킨다.[30] 사회적 유대라는 전통적인 공동체 개념은 개인주의적 연대라는 개념에 그 자리를 내어준다. 하지만 뒤르켐은 자율성이 점차 증가하고 있는 것은 삶을 체계화하기 위해 타인들과 맺는 관계, 즉 상호의존성의 증가에 대한 지각을 의미하기도 한다고 주장한다. 그는 이러한 변화를 '기계적' 연대에서 '유기적' 연대로의 전환이라고 부른다. '유기적 연대에는 기계적 연대에 상응하는 완강한 특성의 사회적 구조가 존재한다. 그리고 그 구조를 특징짓는 것은 서로 유사하고 동질적인 조직들의 체계이다. 유기적 연대가 지배적인 사회들의 구조는 상당히 다르다. 그러한 사회들은 유사하고 균질적인 조직들의 단순반복에 의해서가 아니라 그 각각의 조직이 특정한 역할을 가지고 있으면서 차별화된 부분들로 형성되는 서로 다른 조직들의 체계에 의해 구성된다.[31]

기계적 연대의 경우, 개개인의 독특함은 균질한 집단적 정체성에 의존한 채로 남는 반면 유기적 연대는 개인들 간의 차이에 바탕을 둔다. 에밀 뒤르켐은 근대성으로부터 촉발된 광범위한 사회적 변화가 사회적 결속을 손상시키거나 감소시키지는 않지만 개인 상호간의 유대의 성격은 변화시킨다고 주장한다. 그는 전통과 종교에 의해 만들어진 공동체의 이미지를 개인주의 사회에서 대신할 새로운 형태의 시민의식과 새로운 도시 윤리를 찾는 것은 해볼 만한 도전이라고 믿는다.

독일의 사회학자 게오르그 지멜은 그의 유명한 1903년 저서 『대도시와 정신적 삶 *Die Großstadte und das Geistesleben*』를 통해, '현대적인 삶에서 가장 심각한 문제들은 압도적인 사회적 강제와 역사적 전통, 외부의 문화 그리고 삶의 기술 등등에 맞서 개인 존재의 자발성과 개별성을 보존하고자 하는 개개인의 주장 때문에 발생한다.… 대도시적 개별성의 심리학적 근거는 내적, 외적 자극의 빠르고 연속적인 변화로 인해 나타나는 "정신적인 자극의 심화"이다.'[32]라고 설명하였다. 지멜에 따르면 현대의 도시민들은 소위 '일상에 지친 blase' 태도라고 불리는 심리상태를 갖게 된다. 그는 '이런 상태에서 신경들은 자극에 대한 반응을 거부함으로써 대도시적 삶의 내용과 형태에 영합하는 최후의 가능성을 찾는다. 특정한 개인들의 자기보호는 자신의 개성을 어쩔 수 없이 결국에는 똑같이 가치 없는 것으로 느끼도록 만드는 모든 객관적인 세계를 무시함으로써 얻어진다.'[33]고 말한다. 그가 설명하는 '일상에 지친' 태도는 개인 내면의 감정적 삶뿐만 아니라 타인에 대한 개인의 태도에도 영향을 미친다. 도시에서 일어나는 사람들 사이의 마주침은 비인간적이며 자신을 감추는 특징을 지닌다.

미국의 도시 사회학자 루이스 워스 Louis Wirth는 1938년에 쓴 그의 영향력 있는 논문 『생활양식으로서의 도시성 *Urbanism as a way of life*』을 통해 지멜의 이론들을 확장해 나간다. 워스는 근대성에 의해 나타난 사회적인 변화들은 현대적인 도시에서 가장 두드러지게 나타나며, 그 변화들은 규모, 밀도 그리고 다양성에 등에 따라 서로 다르게 나타난다고 주장한다. 그의 글을 통해 얼마나 많은 사람들 사이의 교류가 진실한 사교성으로 이어지지 않으며 단지 집배원이나 함께 탄 지하철 승객 등과 같은 특정한 역할만을 수행하는 것을 의미할 뿐인지 알 수 있다. 현대 도시민들은 세분화되고 실리적인 역할들을 통해서 다른 이들과 마주치는 경향이 증가하고 있다고 워스는 말한다. 그는 또 '실제로 현대사회는 역할들의 복잡한 상호작용의 산물이다' 라고 주장하며, '개인들은 사회생활의 다른 부분들에서 나타나는 각자의 이해관계들로 인해 광범위하게 분화된 그룹들 속에서 소속감을 얻게 되고, 각각의 분화된 그룹은 단지 개성의 특정한 부분에만 연관되어 기능을 할 뿐이다. 또한 이러한 그룹들에서는 집중적인 합의가 어렵기 때문에 전원사회의 공동체나 원시사회의 경우에서와 같이 작은 규모의 그룹들이 더욱 포괄적인 그룹들의 영역에 속하게 된다. 오히려 사람이 의례적으로 소속되는 그룹들은 서로 간에 별로 관계가 없거나 또는 매우 다양한 방식으로 서로 교류하게 된다.'[34]라고 덧붙인다.

워스는 도시의 현대적인 체계로 인해 하나의 사교모임에서 아무도 모른 채 다른 모임으로 옮기는 것이 가능해졌다고 보았다. 그런 도시에서는 누구나 어느 한 사회에서 다른 사회로 쉽게 옮겨갈 수 있고, 어떤 누구도 차이점을 눈치 채지 못하게 각각의 사회에서 다르게 행동할 수 있다. 더욱이 도시는 서로 다른 사람들을 하나의 작은 구역 안에 한데 모으기 때문에 누군가는 항상 이방인들 사이에 있게 된다. 사회적으로는 서로 멀리 떨어져있는 사람들이 물리적으로는 똑같이 작은 면적을 자주 함께 공유해야만 한다. 현대적인 도시 체계에서는 부자와 가난한 사람이 서로의 옆에 줄을 서고, 기독교인, 유대인 그리고 무슬림들이 전차에서 나란히 앉게 된다. 서로 다른 그룹과 계층들이 지속적으로 교차하는 것이다.

폴란드 사회학자인 지그문트 바우만 Zygmunt Bauman은 그의 저서『공동체, 위태로운 세상에서 안전을 찾기 *Community: Seeking Safety in an Insecure World*』를 통해 위에서 언급된 다수의 통찰들을 근대성과 공동체의 관계성으로 묶어내고자 한다. 그는 근대성이 권리와 의무의 전통적인 양식들을 붕괴시키면서 근대화 이전의 사회와 봉건사회의 '응집된 사회성'을 침식하고 있다고 주장한다. 그리고 그 근대성은 개개인이 가족과 마을 또는 도시 공동체 내에서 확고한 지위를 갖는 자연적인 사회의 위계질서 관념을 약화시켰다. 바우만은 근대성 본래의 특징인 전통으로부터의 자유, 개인의 자유 그리고 자아실현의 가능성은 커다란 희생을 요구한다는 점을 분명히 한다. 결국 이러한 자유는 전통적인 삶의 방식에 있어 중요한 안전, 암묵적 양해, 공통된 의견, 그리고 사회적 유대와 공동의 정서 등 이 모든 것들의 감소를 통해 이루어진다.[35]

바우만은 전통적 형태의 사회조직과 익숙한 형식의 공통체가 사라짐으로써 '사회적인 모순 social ambivalence'[36]이 만들어진다고 주장한다. 근대성 안에서 개인의 역할과 개인 상호 간의 관계들은 애초부터 전혀 명확하지 않으며, 그보다 앞서 명백하게 정의되지도 않는다. 바우만은 근대성이 지금도 진행 중인 사회적 영역의 조직화와 재편의 문제를 야기하고 있다고 단언한다.

2.2 공공공간: 사회 조직화의 새로운 수단

앞서 살펴보았듯이 근대적 공공영역의 등장은 근대성으로 인해 발생한 사회적인 모순들에 맞서야 할 필요성과 강력하게 연결되어 있다.[37] 사회적 모순에 대항하는 것은 근대성의 주요한 관심사들 중 하나이며, 바우만은 '모순을 타파하기 위한 노력은 전형적인 근대적 행위이자 근대의 정치, 근대적 지성, 근대적 삶의 산물'[38]이라고 주장한다. 사회적 모순의 통제와 교화 그리고 규제는 현대적 삶의 주요 특징들 중 하나다. 위에 언급했듯이 미셸 프라이탁은 같은 의미로 근대성을 일종의 새로운 사회 규제의 방법이라고 묘사한다.[39] 그는 근대성을 새로운 사회 재생의 수단으로 간주한다. 사회적 규범과 메시지는 더 이상 전통적인 상징성의 틀 안에 갇혀

있지 않을 뿐만 아니라 신문, 라디오, 텔레비전 등의 새로운 통신 매체를 통해 생산되고 전파된다. 프라이탁의 관점에서 보자면 근대성은 전통적인 사회의 재생을 규제하는 문화적 · 상징적인 범위를 초월하여 정치적 · 제도적 영역까지 함께 창조한다. 계몽적인 이상들에 영감을 받은 시민들은 커피전문점, 학회모임, 각종 단체들 그리고 팸플렛과 정기간행물들에도 존재하는 '공공영역 public sphere' 에 모여 최적화된 사회조직과 적절한 공동체의 형태에 대해 논의한다. 바우만과 프라이탁 그리고 하버마스와 같은 저자들은 이러한 새로운 공공영역이 근대성에 있어 가장 특징적인 요소라는데 동의한다.

근대적 공공영역에 대한 정의를 담고 있는 문헌들 중 하나로 『인간과 시민의 권리 선언 *Declaration of the Rights of Man and of the Citizen*』을 들 수 있다.[40] 프랑스 혁명기간 동안 파리에서 만들어진 이 선언은 처음으로 재산에 관한 법적 권리를 확립했다. 그 후로 개인은 한 구획의 부동산과 하나의 주택을 공식적으로 소유하고 관리할 수 있게 되었다. 역설적이게도 이 선언문은 사유영역private domain에 대한 정의를 포함하면서 동시에 그 내부의 자체적인 규범을 만들기 위한 권리도 제정했다. 사유영역에 대한 이러한 명시는 또한 근대적 공유영역 public domain에 대한 첫 번째 공식적인 정의이기도 하다.

'인간과 시민의 권리 선언' 은 사실상 소유권, 접근성 그리고 목적을 바탕으로 공공과 개인 사이의 세 가지 차이점을 소개한다.[41] 소유권과 관련 있는 '공유영역' 의 의미는 정부와 같은 공공부문의 소유와 관리 하에 있는 공간과 연관되어 있다. 그 공간은 거리와 광장, 공원 그리고 몇몇 공공건물과 같이 집합적 기능을 하는 모든 장소들을 말한다. 공공의 권력은 이러한 공간들의 좋은 환경과 치안유지에 책임을 갖는다. 이것은 토지와 상점, 사무실, 그리고 개인의 범주에서 관리되는 실내 공간들과 같은 사유재산으로 구성되는 사유영역과 대비된다.

공유영역과 사유영역의 두 번째 차이점은 접근성과 관련 있다. 공유영역은 하루 종일 언제나 모든 이들에게 열려있다. 거리와 광장, 공원 그리고 도시의 다른 공공공간들에는 일반적으로 울타리가 쳐져 있지 않다. 누구나 그러한 공간들을 어느 정도는 자유롭게 이용할 수 있다. 하지만 사유영역의 이용은 쉽게 제한될 수 있다. 사업체들은 운영시간에 제한적이고, 조직들은 수용 가능한 방문자 수나 유형에 제약을 둔다. 당연한 이야기지만 사유영역은 배타적이며 다른 이에게 공개되는 것을 꺼린다. 반면에 공유영역은 포용적이며 사회구조를 강화하는데 일조한다.

공유영역과 사유영역을 구분하는 세 번째 방법은 목적이라는 세 번째 관점이다. 주택은 개인적이고 사적인 주체(가족, 직장 또는 조직)의 이익을 충족하는 개별적인 목적을 갖고 있다. 한편 광장, 거리 또는 공공건물들은 공공의 이익에 부합하는 공익의 목적을 갖고 있다. 따라서 주택은 사유영역의 상징인 반면 광장과 공공의 건물들 그리고 거리는 공유영역의 상징이 된다.

공공공간의 사용과 관리는 자주 사회적인 동기에 근거하는데 반해 사적공간의 그것은 훨씬 자주 사적이고 개인적인 문제들에 바탕을 둔다.

이런 상호보완적인 관점에서 공유영역은 사유영역과 명확히 구분된다. 그럼에도 분명하게 도시의 아주 작은 부분만이 공공의 소유권 하에 있거나 항상 접근이 가능하거나 공동체적 목적을 가진 공간들, 이른바 공유영역에 속한다. 나머지 도시의 공간들은 사유영역 혹은 준공유영역semi-public domain이 되어야 한다. 이러한 접근법에서는 공공과 개인 사이의 관계가 더욱 복잡하게 얽혀있는 수없이 많은 공간들이 배제된다. 이런 공간들은 현대의 도시와 사회에서 가장 중요한 부분들이다. 그럼에도 공공과 개인 사이의 세 가지 차이점들이 여전히 공유영역에 관한 논의들에 영향을 미치고 있다. 게다가 공공과 개인에 대한 다양한 정의들은 종종 오해를 불러일으키기도 한다.

'공공영역 public sphere' 이라는 용어는 '공유영역 public domain' 보다 그 범위가 훨씬 넓으며 또한 특정한 활동 또는 일련의 행동들을 의미한다. 공공영역의 개념에 대한 철학적인 담론들은 종종 서구 민주주의 발전에 대한 논의와 직결된다. 철학자 위르겐 하버마스와 한나 아렌트 Hannah Arendt의 작업, 그리고 사회학자 리차드 세네트 Richard Sennett의 연구들은 이러한 이론적인 담론들과 실질적인 공공공간 사이의 관계를 명확히 하는데 도움을 준다.

2.3 근대적 공공영역에 관한 하버마스, 아렌트 그리고 세네트의 접근법

위르겐 하버마스: 사회적 재생의 새로운 수단

수많은 사상가들이 근대적인 공공영역의 특징을 설명하기 위해 시도해왔다. 의심의 여지없이 독일의 철학자인 위르겐 하버마스는 그중에서 가장 중요한 사상가들 중 한 명이다. 그의 유명한 저서 『공론장의 구조변동 *Strukturwandel der Offentlichkeit*』은 이러한 주제에 관해 전반적으로 다루고 있는 책이다.[42] 하버마스는 '공공영역(공론장) Offentlichkeit' [역주1]을 '여론과 같은 것들이 형성될 수 있고 시민들이 자유로운 방법으로 논의할 수 있는 사회적 생활의 범위'[43]라고 정의한다. 그는 이러한 영역을 공적 영역, 상업적 영역과 함께 보편적인 이익에 관한 문제에 대한 합리적인 논의가 시민들 사이에서 펼쳐지는 사회적 영역이라고 설명한다. 이런 합리적인 논의들에서부터 발생하는 여론은 공식적 · 비공식적으로 사회 조직에 영향을 미친다.

위 저서를 통해 하버마스는 공공영역의 발전사에 대해 정리한다. 그는 공공영역을 유럽 자본주의 사회의 대두와 연관 짓는다. 그의 주장을 간략히 살펴보면, 자본주의 발달의 결과로 나타난 주식시장의 등장이 대략 1550년경에 정치적 권력을 가졌던 무역 조직들의 등장으로 이어졌다. 그 결과로 나타난 것이 정부나 지배적인 경제계층에 속한 공공 Offentliche 권력의 영역이었다. 이 영역에 속하지 않은 곳들은 접근이 불가능했다. 하지만 자본주의가 확대되고 강화되면서 의사, 변호사 그리고 학자들과 같은 새로운 부르주아 계층이 등장했고, 이 부르주아 계층은 공공 권력에 대한 비판을 키웠다. 결국 18세기에 이르러 사회 조직에 대한 비판적인 성찰 속에 부르주아의 공공영역이 탄생했다. '부르주아의 공공영역은 무엇보다 하나의 대중으로서 함께 모인 개인들의 영역으로 볼 수 있다. 그러나 그 개인들은 곧, 생필품의 교환이나 사회적 노동과 같이 기본적으로는 사적이지만 공적으로도 중요한 영역에서 발생하는 관계들을 관리하기 위한 포괄적인 규칙들에 대한 논의를 이끌어가기 위해, 공공의 권력에 대항해 위로부터 통제되는 공공영역을 요구했다.'[44]

하버마스에 따르면, 이러한 새로운 질서 속에서 사회를 어떻게 조직할 것인가에 대한 논쟁이 개인적인 논문들과 출판물들을 통해 등장했다. 인쇄물은 여론을 형성하는데 중요한 역할을 했던 매체였다. 시민들이 중요한 사회적 문제들에 대해 논의하기 위한 토론장으로서의 역할을 했기 때문이다. 책, 팸플릿 그리고 신문들은 논문들이나 연구들, 논쟁들 그리고 서로 참조하기도 하고 반박하기도 하는 반론들을 위한 견인차로서 학식 있는 자들 사이에 널리 유포되었다. 서로 다른 계층의 사람들이 만나서 토론과 언쟁, 웅변적인 궤변 등을 벌이던 살롱, 카페, 클럽 등과 같은 물리적인 공개 토론장들 또한 새로운 공공공간에 포함되었다.

신문과 정기간행물 그리고 그 당시로서는 법으로 보장되지 않았던 종이 위에 인쇄된 새로운 표현의 자유에 대한 증거 등은 공동체의 자유와 함께 18세기 이전에는 생각할 수 없었던 것들이었다. 하버마스에게 계몽이란 눈부시고 고무적인 근대성의 서광이었으며, 공공영역의 탄생은 비록 근대성의 핵심은 아니었지만 가장 위대한 성과들 중 하나였다. 대중들이 자신의 여론을 형성할 수 있는 기회는 인간의 자유와 해방을 위한 필수 조건이라고 그는 반복해서 강조한다.

하버마스가 생각하는 부르주아 공공영역은 정치적 결정의 초석으로, 시민들에게 완전히 개방되어 모든 대중적 논의들이 펼쳐지는 서구 민주주의의 분수령이었다. 공공영역(공론장) Offentlichkeit이란 생각들이 자유롭게 표현되고 교환되며 비판되는 영역을 의미한다. 이런 활발한 여론의 형성은 여론의 특성이 무시되고 사실상 여론에 대한 논의와 비판이 어려웠던 전통적인 상황과는 매우 다른 것이다. 전통적인 공동체들에서는 단지 세대에서 세대로 이어지는 여론에 대한 생각들의 소극적인 계승과 같은 것만이 있을 뿐이었다.

공공영역의 변형

위르겐 하버마스의 저서 『공론장의 구조변동』은 18세기 이후에 공공영역이 겪었던 변화에 대해 다루고 있다. 하버마스는 그 변화가 쇠퇴하고 있다고 믿는다. 그는 후기 자본주의에 이르면서 공공영역은 누군가에 의해 통제되는 영역으로 퇴보해버렸다고 말한다. 공공영역을 촉진하고 보호해야 할 자발적 단체들과 대중매체 같은 기구들은 점차적으로 정치와 경제에 의해 관리되고 있다. 앞서 형성된 여론을 발전시키기 위해 노력했던 시민단체의 조직들과 모임들은 더 이상 공공의 논의에 반드시 필요한 비판적 태도를 가지지 않는다. 요컨대 '커다란 조직들은 언제라도 공공영역을 배제함으로써 정부와 다른 조직들 간의 정치적 합의를 위해 애쓰게 된다.'[45] 시민들이 자신들의 의견, 논의 그리고 비판을 공표하는데 사용되어야 할 의사소통 매체들은 점점 더 많은 수가 개인적 서비스의 상업적 목적으로 이용된다. 공공영역이 홍보의 수단으로 전락하는데 무엇이 그 제도적 뒷받침이 된 것일까? '대중매체에 의해 만들어진 세상은 단지 겉으로만 공공영역으로 보일 뿐이다.'[46]라고 하버마스는 말한다. 매체를 통해 전파된 정보는 더 이상 비판적이지도 않고, 그 특성상 논의의 여지도 없이 소비문화의 홍보적인 성격만을 반영한다. 하버마스에 따르면 시장원리의 대중매체로의 침투는 활발하고 합리적인 공공의 논의를 수동적인 문화적 소비로 변화시켰다. 결과적으로, '이성을 공익을 위해 사용하도록 훈련된 학식있는 계층의 목소리는 산산이 부서졌다. 대중은 그들의 이성을 전혀 공익적이지 않게 사용하는 소수의 전문가 집단들과 대중적이지만 비판적이지 않은 수용력을 가진 다수의 소비자들로 나누어진다. 결국 대중에게 딱 맞는 의사소통의 형태가 절실히 부족한 것이다.'[47]

대항적 공공역역들

공공영역은 위르겐 하버마스가 설명한 부르주아의 영역보다 훨씬 넓은 의미로 확장된다. 이는 오스카 넥트 Oskar Negt와 알렉산더 클루게 Alexander Kluge와 같은 독일 철학자들에 의해 제시된 사실이다. 그들은 『공공영역과 경험 *Öffentlichkeit und Erfahrung*』에서 공공영역의 핵심적인 특징 중 하나는 항상 상응하는 대항적 공공영역 *Gegen Öffentlichkeit*들을 포함한다는 것임을 강조한다.[48] 넥트와 클루게는 하버마스가 말하는 자유주의 시대의 부르주아 공공영역은 주로 교양 있는 백인 남성들에 의해 만들어진 영역과 노동자, 서민 그리고 여성의 공공영역으로 나뉘어져 존재하였다고 명시한다. 그들은 공공영역이란 하나의 사회계층에 한정된 담론의 표현이 아니라 좀 더 포괄적으로 다양한 사회조직들이 논쟁을 통해 그들의 상반된 목소리들을 내는 것이라고 주장한다. 이 두 저자들은 대다수의 공공영역들에서 새로운 형태의 공동생활이 지속적으로 나타나고 있음을 강조하면서 '이렇게 나타나는 새로운 형태들이 사람들에게는 전통적인 부르주아 공공영역보다 더 공적인 것으로 여겨진다. 여기서 우리는 매우 다양한 특징들과 원인들을 가진 현상들의 집합으로서 공공영역을 이해할 수 있을 뿐이다. 공공영역은 어떠한 동질적인 실체도 갖고 있지 않다.'[49]라고 말한다.

넥트와 클루게가 보았듯이, 공공영역의 특징 중 하나는 공공영역을 통해 개인들이 사회의 현실을 이해하고 그것을 재해석해 내는 것이 가능하다는 것이다. 이러한 관점에서 공공영역은 하나의 '인간 경험의 구성에 있어 핵심 요소' 라 할 수 있다.[50] 현대 사회 이론가인 낸시 프레이저 Nancy Fraser도 이와 비슷한 관점을 보여준다. 그녀도 역시 공공영역에 대한 하버마스의 이해가 대중들의 다양성을 배제하고 있다고 강조한다. 프레이저가 이름 붙인 이들 차위의 대중들 또는 상반된 대중들은 여성들, 노동자들, 유색인종들 그리고 동성애자들과 같은 다양한 그룹들을 포함하며, 그들은 자신들의 계층, 성별, 지위 또는 인종 때문에 공공영역에서 축출당하고 있다.[51] 캐서린 스콰이어스 Catherine R. Squires는 『소외된 공공영역 다시 생각하기: 복합적인 공공영역을 위한 대안적 어휘 *Rethinking the Black Public Sphere: An Alternative for Multiple Public Spheres*』를 통해 공공영역의 상세한 유형화를 역설하며, '소수민 공공영역, 대항적 공공영역 그리고 위성 공공영역' 과 같은 분류를 제안한다.[52] 그리고 그녀는 '이러한 종류의 새로운 어휘는 지배적인 사회적 압력들, 법적 제약들, 그리고 지배적인 공공과 정부로부터의 다른 도전들에 맞서는 대항적 공공영역들의 대응 방식을 바탕으로 넓은 범위의 대항적 공공영역들의 차별화를 가능하게 한다.'[53]라고 말한다.

많은 저자들이 또한 대항적 공공영역의 형성에 있어서 새로운 대중매체의 중요성을 지적했다. 예를 들어 크레이그 캘훈 Craig Calhoun은 대중매체가 '전반적으로 부정적인 것은 아니며, 대안적인 민주적 매체 전략들을 위한 어마어마한 변화의 가능성이 있다.'[54]라고 역설한다. 존 다우니 John Downey와 나탈리 펜톤 Natalie Fenton은 그들의 글 『새로운 매체, 대항적 홍보 그리고 공공영역 *New Media, Counter Publicity and the Public Sphere*』을 통해 그들의 이런 사고를 확장해 왔으며, 이 글에서 그들은 인터넷이라는 '작고 대안적이며 비주류의 전위적인 일반 대중들의 또는 공동체의 매체'[55]를 통해 어떻게 사파타주의자 Zapatista나 안티맥도널드 McSpotlight 운동 등과 같은 대항적 공공영역이 만들어 질 수 있었는지에 대한 다양한 실례들을 제시했다. 이러한 관점들은 1964년에 독일 철학자 테오도르 아도르노 Theodor W. Adorno가 발표한 근대적 공공영역에서 대중매체의 중요성을 강조한 글 『대중과 여론의 이해 *Meinungsforschung und Öffentlichkeit*』에서도 잘 드러난다.[56] 아도르노는 대중매체가 여론을 위한 '토론장 forums' 과 ' 기관 organs' 의 두 가지 역할을 동시에 한다고 주지한다. 대중의 행위를 유도하는 견인차의 역할을 하면서 동시에 공공영역의 규범적 개념을 반복적으로 주입하는 대중매체에 대한 그의 분석은 우리가 새로운 대항적 공공영역의 개념을 이해하고자 하는 오늘날에도 여전히 중요해 보인다.

한나 아렌트 Hannah Arendt: 정치적 차원 혹은 표상 공간

독일계 미국 철학자인 한나 아렌트는 그녀의 책 『인간의 조건 *The Human Condition*, 1958』에서 공공영역의 개념을 정치적 행위와 연결 짓는다. 그녀는 공공영역이란 사람들이 일하는 곳이라기보다는 행동하는 장소라고 정의한다. 이러한 관점은 행위의 두 가지 형태에 대한 아리스토텔레스식 구분에 기초한다. 첫 번째 형태의 행위는 노동으로, 필요와 강제에 의해 특징되며, 두 번째 형태인 행동은 자유와 자기실현에 의해 특징지어진다. 우리는 공공의 공간에서 행동하거나 말을 함으로써 자유롭고 동등한 개인으로서의 존재가 타인에게 인식되며, 이로써 정치가 가능해진다고 아렌트는 주장한다. 그녀는 책에서 '행동과 연설은 언제 어디에서나 적당한 자기 위치를 찾아내려는 참가자들 사이의 공간을 만들어낸다. 이것이 넓은 의미에서의 표상 공간이다. 다시 말해 타인들이 나에게 인식되듯이 나의 존재가 타인들에게 인식되는 공간, 그리고 인간이 다른 생물이나 무생물들처럼 단순히 존재하는 것이 아니라 존재 자체를 명확히 하는 공간인 것이다.'[57]라고 설명한다.

아렌트가 밝혔듯이 공공영역의 핵심은 공공의 세계를 창조하려는 목적을 갖고 우리 자신이 대중의 무리 속에서 서로서로 관계를 맺는 것이다. '어떠한 사물이나 사건의 매개 없이 사람들 사이에서 직접적으로 일어나는 행위인 행동 action은 다수의 인간의 조건, 즉 한 사람이 아닌 많은 사람들이 이 세계에 살아가고 있다는 사실과 동등한 의미를 갖는다. 인간의 조건은 모든 면에서 어느 정도 정치와 관련이 있으며, 특히 이러한 다수의 사람들은 모든 정치적 생활의 조건—필수 조건이면서 동시에 선택 조건—이 된다.[58]

아렌트가 이러한 조건 및 행위와 연관 지은 공간이 공공의 공간이며, 그녀는 고대 그리스 도시국가 폴리스의 중심 광장인 아고라의 개념으로 거슬러 간다.[59] 다시 말해, 아렌트는 다양성을 가진 모든 사람들이 서로 보고 들을 수 있는 특정한 공간이 있다고 주장한다. 이와는 조금 다른 관점에서, 공공의 공간은 사람들이 공연을 하는 무대가 되기도 한다. 따라서 아렌트는 공공영역을 아고라나 다른 특별한 공공의 공간, 또는 도시공간 같은 것들과 단순히 동일시하지는 않는다. 그녀는 공공영역이 여러 가지 형태를 갖출 수 있다고 믿는다. 그녀는 공화적 전통을 기반으로, 고도로 발달한 문명의 공공문화란 시민들이 자신들에게 '행동 action'을 위한 기회를 제공하는 다양한 규모의 모든 단체들에 활발하게 참가할 수 있는 문화라고 간주한다. 대중매체는 이러한 문화를 지탱하는데 잠재적으로 큰 역할을 할 수 있으며, 예컨대 신문과 같이 시민들이 공적인 주제에 대해 함께 생각할 수 있도록 해주는 작은 공공의 공간들을 창조함으로써 정보를 제공하기도 한다.

아렌트에게 '공공영역'이라는 단어는 서로 매우 깊게 연관되어 있지만 동일하지는 않은 두 가지 의미를 갖는다. 첫째로 그녀는 공공영역을 인류의 존재에 매우 필수적인 것으로 여긴다. 공공영역에서 나타나는 것들은 모든 이들에게 제대로 보이고 공개되어야만 한다. 현실성은 무엇보다 바로 이러한 공공영역에 참여하는 과정에 의해 이루어지는 것이다. '현실성이란 무엇보다 공공에서 나타나는 모든 것들이 모든 사람들에게 보이고 들리며 최대한 공개될 수 있는 가능성을 가진다는 것을 의미한다. 우리에게 현실성이란 우리 자신뿐만 아니라 타인들에게도 보이고 들리는 어떤 것의 현상들로 구성된다.'[60] 오로지 공공영역에서 드러나거나 광범위한 대중들에 의해 논의될 수 있는 것만이 사회에 기여한다. 아렌트는 공공 안에서 이루어지는 삶만이 의미를 가질 수 있다고 주장한다. 아렌트가 '공공영역'에 대해 정의한 두 번째 의미는 '세계가 우리 모두에게 매우 일상적이며, 그 속에서 우리가 사적으로 소유하는 장소와는 구별된다는 점에서 세계 그 자체이다.'[61] 그녀는 이러한 세계가 인류의 발명품인 '물질의 세계'에 의해 만들어진다고 주장한다. 의심의 여지없이 건축은 이러한 물질세계의 일부이며 공공의 삶을 위한 일종의 전제가 된다.

아렌트는 또한 공공영역의 쇠락에 대해서도 언급한다. 그녀는 대중사회가 등장함에 따라 나타난 '공통성 commonality'의 부재에 주목한다. 그녀가 관심을 가졌던 것은 단지 많은 사람들이 있다는 것이 아니라 그들 사이의 세계가 더 이상 그들을 이어주거나 나눠놓지 못한다는 사실이다.[62] 아렌트에 따르면 그러한 유형의 공통성이 없다면 각각의 개인은 스스로의 개별성과 순수하게 개인적인 경험들에 의해 지탱된 채로 남게 될 수밖에 없는 것이다.[63]

리차드 세네트 Richard Sennett: '시민성 civicness'의 흥망

'폴리스 polis'를 공공영역의 중심지 locus로 정의한 아렌트의 주장을 기초로, 사회학자인 리차드 세네트는 '공공'을 명확하게 도시의 맥락 속에 포함시킨다. 세네트는 그의 1967년 저서인 『공인의 몰락 *The Fall of Public Man*』에서 근대도시의 공공영역을 익명의 개인들이 함께 교류하는 장소로 묘사한다.[64] '공공'이라는 개념은 근대적 도시생활의 등장과 매우 밀접하게 연관되어 있다. 이러한 맥락에서 공공공간은 이방인들이 서로 만나게 되는 사회적인 장소로서 이해되었다. 이런 공간은 도시의 대로와 공원뿐만 아니라 '공공'이 한데 모이게 되는 카페와 극장 그리고 오페라 하우스와 같은 곳들을 포함한다. 대로변을 거닐거나 극장에 가게 되면 누구나 모르는 사람들 사이에서 모험을 하게 된다. 극장이나 오페라 공연장이 서로 잘 알고 있는 사람들끼리만 공연을 보기위해 함께 모이는 비교적 폐쇄적인 곳이었던 때에는 이런 행위가 보통 초대에 의해 이루어졌다. 하지만 현대의 도시생활에서의 공공은 점차적으로 이방인들의 모임이 되었고, 공연은 더 이상 초대가 아닌 입장권의 구매를 분명하게 요구하게 되었다.

이방인과의 조우가 점점 빈번해짐에 따라 사회는 새로운 공공의 영역에 질서를 부여할 새로운 사회적 관념을 필요로 하게 되었다. 세네트는 18세기에 등장한 도시적 사회 관념을 묘사하기 위해 '시민성'의 개념을 사용한다. 시민성은 언어나 복식, 그리고 무엇보다 '예의와 관습, 의례적인 행동이라는 틀 속에서 연기를 하는 것이 공적인 관계를 형성하는데 가장 중요하다는' 태도와 같은 공공의 상호활동의 모든 면에 스며들었다.[65]

18세기 파리, 런던, 로마에서는 공유영역이 규제된 사교의 영역이었다고 세네트는 기술한다. 공공의 공간에서는 지나가는 행인들끼리 비록 서로 전혀 모르는 사이라 할지라도 인사를 주고받는 것이 매우 일상적이었다. 서로 안면 없는 카페나 선술집들의 단골들도 자유롭게 공통적인 관심사에 대해 토론을 했다. 사적인 논의는 배제되었다. 공유영역은 사람들이 공공 중심의 대도시적 삶에 대한 개인적인 관심들을 서로 나눌 수 있는 안전한 피난처였다.

공원이나 극장에서 일어나는 상호교류는 곧바로 공공의 토론으로 이어졌다. 그러한 토론에 참여하는 사람은 누구나 공유영역에 참여하는 것이었고 따라서 공공의 규칙을 따라야만 했다. 공원에서 마주친 이방인들과의 상호교류에서 복식이나 예절은 공공의 토론을 통한 상호교류에서의 웅변이나 논쟁의 기술과 같은 것이었다. 논쟁은 예절이나 요령, 매력 등과 같이 도시화의 일부분이었다. 그리고 그것은 이방인들 사이의 다툼이 걷잡을 수 없이 확대되지 않도록 하는 가장 적절한 방법이었다. 도시민들이 그들의 개성을 표현하기 보다는 오히려 사회적인 표준을 따르기 위해 공식적으로 어떤 특정한 옷을 입는 것처럼, 논쟁 또한 자신을 표현하는 수단이기 보다는 오히려 청중들을 설득하기 위한 방편이었다. 이러한 통용과 이방인들과의 사교적 교류 속에서 공공의 논의가 번성할 수 있었다고 세네트는 말한다. 그의 이러한 주장은 하버마스의 주장과 상당히 닮았다. 단지 도시공간뿐만 아니라 정치 역시 공공화가 되었다. 더 이상 정부의 일은 귀족들과 엘리트 행정가들의 한정된 모임에서만 이루어지지 않게 되었고, 대신 모든 사람들이 관심을 갖고 그들의 의견을 피력할 수 있는 정치적 화제가 되었다.

3 공공영역과 건축: 공유영역의 표방과 수용

> '우리 시대의 가장 중요한 생명력은 자각적 민주주의 정신인 듯하다. 그리고 우리가 기대하는 생활 속의 예술은 그 정신에 내포되어 있을지도 모른다.'
>
> 베리 파커 Barry Parker, 1910

> '사람들은 기능적인 충족을 넘어 더 많은 것을 제공하며 그들의 사회적 그리고 집합적 삶을 상징적으로 나타내는 건물들을 원한다. 그들은 만족을 위한 기념비성, 즐거움, 자부심 그리고 흥분에 대한 열망을 원한다. 이러한 욕구의 충족은 가까이 있는 새로운 표현의 수단들을 통해 이루어질 수 있다. 하지만 쉬운 일은 아니다.'
>
> 지그프리트 기디온 Sigfried Giedion, 호세 루이스 세르트 José Luis Sert, 페르낭 레제 Fernand Léger,
> 『기념비성에 관한 아홉 가지 논점들 *Nine Points on Monumentality*, 1943』

3.1 공공영역 만들기

근대적 공공영역은 단지 글이나 사고의 주제만은 아니다. 근대적 서구 사회에서는 점증적으로 '공공'이 계획되고 조직화될 수 있는 것으로 여겨지고 있다. 공공영역은 행위의 영역으로 정의되며, 그 영역 안에서 사회는 스스로 성립될 수 있게 된다. 공공영역은 각 개인의 권리를 부여하는 입헌적 체계이자 자유시장경제의 추상적 공간이며, 전통적인 지식을 해체하는 과학자들의 모임이다. 또한 보편적이면서 합리적으로 계획된 질서를 도입함으로써 특권, 파벌 그리고 부정을 없애는 근대적인 관료주의 체계이다.[66]

3.2 건축의 명확한 목표로서 대중의 수용

근대적 공공영역의 완벽성을 확실하게 표현한 예는 근대 건축과 도시계획의 영역에서 찾을 수 있다. 건축과 도시적 형태를 통해 공공영역을 마음속에 그리는 것은 근대 건축의 주된 목표 중 하나였다. 인간의 행동에 영향을 미치고 공공영역을 명확히 나타내고자 하는 건축의 잠재성에 대한 근대적 신념은 18세기 프랑스 건축가인 끌로드 니꼴라 르두 Claude-Nicolas Ledoux에 의해 적절히 설명된다. 르두는 정치, 윤리, 규범 등 모든 것이 '조물주에 대등한 존재'로 묘사되는 건축가의 영역에 포함된다고 믿었다.[67] 르두는 이상적인 공업도시를 디자인하는데 인생의 상당 부분을 보냈다. 유일하게 지어진 그의 작품은 프랑스 아르케스낭 Arc-et-Senans에 있는 반원형의 복합시설인 왕립 제염소였다. 중앙부에는 감독관의 주택이 지배하는 커다란 공공공간이 있으며, 이 공간은 노동자나 사무원, 하인들과 같은 도시의 다른 거주자들에게도 접근이 허용된다. 르두는 이 공간을 서로 다른 사회적 계층들이 서로를 관찰하고 영향을 주고받을 수 있는 레크리에이션과 만남을 위한 장소로 여겼다.

로버트 오웬 Robert Owen과 샤를 푸리에 Charles Fourier 같은 19세기 사회적 이상주의자들의 작품에서도 건축적 형태를 가진 공공영역에 대한 유사한 시각을 발견할 수 있다. 오웬의 스코틀랜드 뉴레나크 New Lanark 마을 디자인(1815)에서는 보육학교, 공동의 식당과 부엌, 그리고 도서관과 같은 공공의 구역을 노동자들의 주거와 통합하는데 넓은 집합적 공간이 중심적인 수단으로 활용되었다. 오웬은 그 결과를 '상호 유대의 공동체'[68]라고 불렀다. 또한 1800년 이후 프랑스에서는 근대적 공공영역에 관한 유토피아적 사고들을 바탕으로 한 사회적 운동들이 등장했다. 19세기 개혁가 끌로드 앙리 데 생시몽 Claude Henri de Saint-Simon의 이름을 딴 생시몽주의자들은 1830년경 파리에 그들의 첫 번째 공동 건물들을 세웠다. 이 건물들은 대략 열다섯 가족 정도를 수용했으며, 사람들이 만나고 함께 식사하는 등등의 행위를 할 수 있는 하나의 저택이 모든 가정을 위한 공동체의 중심을 형성했다. 생시몽주의자들의 목적은 사회 공동체의 새로운 형태를 창조하는 것이었다. 토지소유와 가문은 더 이상 중요하지 않았다. 오히려 과학과 공업의

기술들이 중요시되었다.[69]

그러나 이러한 계획들 중 어느 것도 샤를 푸리에가 그의 글 『산업의 신세계 *Le nouveau monde industriel* (1829)』에서 이야기했던 '새로운 산업의 세계'에 대한 그의 시각에 필적할 수는 없을 것이다. 이상적인 공동체 혹은 푸리에가 주장한 팔랑스테르 phalansteres에 속한 '팔랑스 phalanxes'는 푸리에의 억압적이지 않은 사회를 위한 초석이 되었다. 푸리에의 초기 글들은 팔랑스테르의 외형적 특징들을 설명하고 있다. 그 공동체의 구성은 베르사이유 궁전의 구성을 기초로 한다. 개별적 아파트들과 작업 공간들은 주변부에 배치된 반면에 중심에 있는 건물은 공공의 목적을 위해 계획되었다.(그리고 식당, 도서관, 온실을 포함한다.)[70] 푸리에는 그의 저서 『농업 집단 *In Traite de l' association agricole* (1822)』에서 팔랑스테르를 거리에서 언제나 타인들과의 조우가 가능한 악천후로부터 보호되는 하나의 축소된 도시라고 설명한다.[71]

푸리에의 새로운 산업 사회는 유럽과 아메리카에서 팔랑스테르를 찾고자 하는 수많은 노력들에도 불구하고 한낱 꿈으로 남겨졌다. 푸리에의 이상에 가장 근접했던 프로젝트는 기업가였던 쟝 밥티스트 고댕 Jean-Baptiste Godin이 1859년에서 1870년 사이 프랑스 북부 기즈 Guise의 한 마을에 있던 자신의 공장 인근에 지은 파밀리스테르 Familistere였다. 파밀리스테르는 3동의 주거와 탁아소, 유치원, 극장, 학교, 수영장 그리고 세탁소등으로 구성된 단지이다. 하지만 이 단지의 가장 특징적인 요소는 가로등이 설치된 커다란 중정으로, 측면으로는 아파트들로 이어지는 긴 복도들이 나란히 나있다. 이 중심부의 중정들은 공동의 용도와 상호활동을 위한 장소로 인식되었다. 칼 마르크스 Karl Marx와 프리드리히 엥겔스 Friedrich Engels는 『공산당 선언 *The Communist Manifesto*』을 통해 오웬이나 푸리에와 같은 이상주의적 사회주의자들의 실험들을 다음과 같이 신랄하게 비판하였다. '그들은 여전히 자신들의 사회적 유토피아의 실험적 실현, 고립된 "팔랑스테르"의 구축, "국내 집단정착지 Home Colonies"의 설립, 새 예루살렘의 12절판인 "작은 이카리아 Icaria"의 구성을 꿈꾸고 있다. 그리고 그들은 허공에 이 모든 성들을 세우기 위해 어쩔 수 없이 감정과 부르주아들의 지갑에 호소하고 있다.'[72]

이러한 비판에도 불구하고 형식적인 수단에 의한 근대적 공공영역의 적극적인 디자인은 20세기 근대 건축의 가장 중요한 과제들 중 하나로 남겨졌다. 이러한 사실은 독일의 건축가 에른스트 마이가 추진했던 주거 프로젝트인 신 프랑크푸르트 Das Neue Frankfurt에서 명확히 드러난다. 1926년에서 1930년까지 마이가 도시건축가로서 활동했던 기간 동안, 프랑크푸르트는 '신객관주의 운동'의 중심으로서 세계적인 명성을 얻었으며, 마이와 그의 동료들이 기존의 도시 주변에 개발한 공동주택 프로젝트들은 그 도시의 상징이 되었다. 5년 만에 마이는 주민의 4분의 1을 수용할 수 있는 새로운 주거를 만들었을 뿐만 아니라 근대적 공공영역에 대한 새로운 정의에 다다랐다. 조경 계획과 함께 건축과 조경 사이의 경계들은 그의 새로운 정의에서 가장 중요한 역할을 한다. 이는 마이가 조경디자이너 레베레흐트 미게 Leberecht Migge와 협업으로 진행했던 니다강 Nidda의 계곡 프로젝트에서 잘 나타난다.[73] 프랑크푸르트를 위한 몇 곳의 새로운 주거단지(지들룽 Siedlungen) 개발 요청에 따라 마이는 가장 먼저 새로운 단지와 기존의 마을들 사이에 대규모 조경 프로젝트를 제안했다. 이 공원은 공동정원과 가로의 연속적인 시스템으로, 주거단지의 반(半)사적 영역 및 정원들과 교묘하게 통합되어 있다. 마이의 '대정원의 정치학' 은 신 프랑크푸르트의 전체적인 공동주택 프로그램을 위한 기틀을 마련한 것에서 그치지 않는다. 무엇보다 여가시간과 레크리에이션으로 특징되며 결과적으로 '새로운 삶 neues Leben' 으로 이어지도록 의도된 근대적 공공영역의 표현을 제시한다. '새롭게 창조된 이러한 공공의 무대는 수많은 운동들의 영웅적인 주제들을 불러일으켰고 동시에 그 주제들을 탈정치화 시켰다. 공공의 무대는 두 가지 범주로 이루어진 모더니스트적인 조경이었다. 하나는 단체 경기와 행사들을 위한 운동장과 경기장이고, 다른 하나는 사적인 주말농장의 정원이다.'[74] 나다 계곡은 새로운 사회 형태를 유발할 만큼 꼼꼼하게 디자인되고 개개인의 자율성과 여가로 특징되는 공공영역에 대한 근대적인 목가의 개념의 전형이다.[75]

1920년대 말로 향하면서 건축이 공공영역에 형태를 부여해야 한다는 생각이 '새로운 삶' 의 추종자들 사이에서 보편적인 지지를 얻게 되었다. 부르노 타우트 Bruno Taut의 1929년 저서 『근대 건축 *Modern Architecture*』은 이러한 관점에 대해 다음과 같이 간결하게 설명한다. '건축가는 윤리적, 사회적 성격의 창조자가 되어야 한다. 그 성격은 사람들이 상호간의 거래와 관계에서 더 나은 행위를 하도록 할 것이다. 따라서 건축은 새로운 사회적 의식(儀式), [사회적 형식 Gesellschaftlicher Formen]의 창조자가 되어야 한다.'[76]

우리는 르 꼬르뷔제, 에른스트 마이, 한스 마이어 Hannes Meyer 그리고 마트 스탬 Mart Stam과 같은 CIAM(근대건축국제회의)에 참여한 건축가들을 살펴보면서 건축적 형태의 개선과 사회적 형식의 개선 사이에 동일한 연관성이 있음을 발견했다.[77] 그들은 근대 건축과 도시계획의 미래를 공공영역에 대한 사회적, 정치적 화제와 명백하게 연결 지었다. CIAM 회의의 개회 선언에서 그들은 '도시계획 Town Planning은 집합적 삶의 기능들을 조직화하는 것이다. 오늘날은 건축가들이 대중에게 새로운 건축의 근원에 대해 알려줌으로써 여론에 영향을 미치는 것이 필수적이다.'[78]라고 주장했다.

평등과 개인의 자율성을 기반으로 한 새롭고 '투명한' 공공영역을 만들어 내는 것은 근대 건축 운동의 가장 앞선 목적들 중 하나가 되었다. 근대 운동의 많은 건축가들은 공공영역을 정치적으로 활발한 개인들의 조합으로 인식하였다. 예를 들어 르 꼬르뷔제는 1993년에 공공공간을 '활동, 공동 작업에의 참여, 다수의 구체적인 이익을 대변하는 약속의 공동의 노력을 통한 실현, 그리고 겸손한 사회 구성원들 사이의 가장 큰 불행의 원인의 제거와 같은 기본적인 즐거움' 의 중심장소 locus로 묘사했다. 또한 '이 모두는 개개인이 공동의 선을 위한 노동에 정신적 혹은 "모성애적"으로 참여함으로써 얻을 수 있는 최고의 즐거움이다. 그것이 바로 시민권이다!'[79]라고 설명했다. 공공영역에 대한 이러한 새로운 관점은 위에 언급한 많은 건축가들에게는 기존의 도시 공공공간에 대한 급진적인 대안이었으며, 거리, 골목 그리고 광장과 함께 공공공간에 대한 낡은 개념으로부터의 극적인 이탈이었다. 르 꼬르뷔제는 그의 1930년 신조에 그러한 새로운 관점을 다음과 같이 담았다. '"복도형 가로 corridor-street"는 없어져야만 한다.'[80] 이러한 주장을 묘사한 스케치에서 전통적인 가로는 단호하게 지워졌다. 1933년 아테네 헌장에는 CIAM에 의해 만들어진 가장 중요한 선언들 중 하나가 있다. '주택들이 보도포장에 의해 가로에 땜질 되는 일은 더 이상 없을 것이다.'[81]

르 꼬르뷔제는 사유영역과 공유영역 사이의 엄격한 구분 위에 세워진 19세기 부르주아 도시의 낡은 공공공간의 종말을 시사했다. 그는 현시대에는 새로운 형태의 공공공간과 공공영역을 위한 새로운 기반이 요구되고 있음을 강조하며, 대안으로서 사유 부동산이 최소로 유지되거나 완전히 소멸된 도시를 제안한다. 르 꼬르뷔제는 이를 '토지의 해방' 이라고 부르며 도시의 대지 전체를 공유영역으로 간주하려는 의도를 표현한다. 이렇게 해방된 토지는 개방된 형태의 도시를 위한 기초가 되며, 모든 사람들에게 열려있고 모든 개인들이 자유롭게 움직이며 서로 바라보고, 만나고, 더 나아가 의견을 교환할 수 있는 광활한 풍경으로서의 공공공간이라는 개념의 틀을 형성한다. 이것이 근대 운동의 건축가들이 제안하였던 근대적 공공영역의 이상적인 이미지다. '물론 우리는 전세계 모든 도시에 있던 "복도형 가로"를 제거하였다. 우리의 주거는 가로와 무관하다. 우리는 도시의 모든 대지에 지상의 산책로와 잔디밭, 수목, 운동장 등을 만들어왔다. 대지의 거의 100%가 거주민들에 의해 활용되고 있다. 그리고 우리의 주택은 말뚝 위에 세워져 공중에 떠있기 때문에 도시 내 어디에서든 주택을 만들어낼 수 있다.'[82]

근대 건축가들의 시각에서 공공공간이란 사유 구조의 멍에와 부르주아들의 공공영역의 규칙과 규범들로부터 해방된 '자유로운' 공간이다. 전통적인 도시에 의해 고착화된 견고한 정의들에 대한 반작용으로 근대 운동의 건축가들은 자유로운 지면a surface libre을 만들고자 제안했다. 이는 공과 사의 개념 자체를 변화시켰다. 결과적으로 나타나게 된 공간들은 보통 '녹지들' 또는 '진짜 목초지, 숲, 자연적 혹은 인공적인 해변들' 이라고 불렸다.[83]

3.3 공공건물: 근대적 '공화국 res publica' 의 상징

현대의 건축가들은 공공영역을 수용해야 할 필요성과 더불어, 공공영역을 상징으로 표현해야 한다는 문제에도 직면해 있다. 많은 근대 건축가들은 전통적인 유형의 공공건축을 전체주의 국가나 전체주의 교회의 이데올로기적 표현으로 여기며 다음과 같이 주장했다. '봉건시대의 영주들, 교회의 귀족세력, 심지어 "부르주아" 계층들까지 그들의 정체성을 대표하기 위해 호화로운 장식과 함께 기념비성을 필요로 하였다. 이것은 통치계급이 그들만의 자존심을 드높이고 그와 동시에 그들이 통치하는 자들에게 강력한 영향력을 행사하기 위해서였다. 기념비성이 본질적으로 자기중심적이고 반사회적인 현상이며 착취의 상징이었다는 사실은 모두를 위해 반드시 이러한 전통을 단번에 깨버려야 한다는 필요성을 야기한다. 오늘날 우리에게는 기념비성을 지닌 건축물 대신, 신문과 라디오, 포스터 등이 있다. 우리 시대에는 의심할 나위 없이 이러한 새로운 매체들이 대중이라는 집단의 이데올로기적 성향에 가장 큰 영향을 미치는 강력한 도구임에 틀림없다.'[84] 이 단락을 통해 체코의 비평가 카렐 타이게 Karel Teige는 근대적 공공영역의 등장으로 공공건물에 대한 고전적이고 형식적인 표현이 더 이상 쓸모없게 되어버렸다고 생각하는 그의 관점을 표현하였으며, 많은 근대 건축가들이 여기에 동의하였다. 그들은 기념비성을 그들의 주제로 삼으며, 새로운 공공영역을 표현하기 위한 형식적이고 적합한 어휘를 찾기 위해 고군분투했다.[85] 공공의 건물 또는 공공의 공화국을 디자인하는 것은 따라서 근대 건축이 직면한 가장 큰 도전이 되었다.

오토 바그너 Otto Wagner는 세기말 비엔나에서 가장 주도적 인물이었다. 그는 이러한 문제에 대하여 아주 명쾌한 주장을 펼쳤던 근대 건축가이다. 그는 『대도시 *Die Großstadt*』라는 그의 유명한 저서를 통해 근대 건축의 기념비성에 대한 연구에 착수하였다. 기념비성에 대한 바그너의 접근법은 다음 두 가지를 전제로 하는 것이었다. 첫 번째는 현 시대의 함축적인 이상향을 대표하는 미를 창조하고자 하는 의지이고, 두 번째 전제는 바그너에게 기념비성이란 대중이 건축을 통해 새로운 사회적 이상향과 의사소통하는 것이라는 점이다. 그는 근대의 주요 도시들에서 전통적인 기념비성의 개념을 '실물보다 큰 규모'와 반복으로 특징되는 '표준화의 기념비성'으로 대체하고자 하였다.[86]

바그너와 동시대를 살았던 비엔나의 건축가 루돌프 쉰들러 Rudolf Schindler는 공공영역을 새롭게 표현하는 방법을 찾을 필요성이 있다며 다음과 같이 주장하였다. '기념비성은 권력의 상징이다. 그 첫 번째 주인은 폭군이었다. 그는 물질에 대한 통제를 통해 대중을 향한 그의 권력을 상징화하였다. 원시적인 문화에서 권력의 상징은 물질에 대한 두 가지 간단한 저항, 즉 중력과 코헤신단백질 cohesin을 이겨내는 것에 한정되어 있었다. 기념비성은 대중 집단을 움직이려는 노력에 비례하여 점차 뚜렷해졌다.… 오늘날에는 이와는 다른 종류의 또 다른 권력이 그들만의 기념비성을 필요로 하고 있다.'[87]

그러나 많은 근대 건축 운동의 건축가들은 그러한 기념비성이 이제는 쓸모없는 것이 되었다고 확신한다. 그들의 관점에서는 새로운 공공영역의 변화하는 특성은 기존의 기념비성의 개념과 절대로 조화될 수 없는 것이었다. 1938년에 독일의 건축가이자 비평가인 발터 베렌트

Walter Behrendt는 유기적인 질서의 개념에 기반을 두는 구조를 가진 민주주의 사회는 역동적인 특성을 가지고 있으므로 기념비성을 필요로 하지 않으며 따라서 기념비성에 대한 욕망도 없다.' [88]라고 기술했다. 미국의 도시계획가 루이스 멈포드 Lewis Mumford는 근대의 기념비성에 대한 개념과 과거의 기념비성은 서로 비교가 불가하다는 것을 더욱 더 명백하게 주장했다. 근대의 기념비성에 대한 개념은 그 단어 자체가 진실로 모순된 것이다. 만약 어떤 것이 기념비성을 지녔다면, 그것은 더 이상 근대적인 것이 아니다. 반대로 어떤 것이 만약에 근대적이라면, 그것은 기념비성을 지닐 수 없는 것이다.[89]

이러한 모순에도 불구하고 근대 건축은 지속적으로 새로운 공공영역을 대표할 건물들을 디자인하도록 요구받는 상황에 직면해왔다. 시청사, 시민문화회관 또는 커뮤니티센터, 문화센터, 공공도서관, 그리고 박물관, 노동회관, 청년클럽 등은 근대적 프로젝트들의 가장 기본적이고 주요한 사례들이다. 이러한 프로젝트들은 적절한 방법을 통해 공공영역을 상징적으로 나타내야 하고, 그러므로 어느 정도는 기념비성을 필요로 한다.

3.4 공공의 재구성 : 전후 시대의 건축과 공공영역 public sphere

제2차 세계대전의 악몽 이후로 공공영역의 상징성에 대한 문제가 다시 한 번 재기되었고, 이러한 상징성의 중요성이 근대 건축에서도 전혀 사라지지 않았다는 것은 우연의 일치가 아니다. 심지어 전쟁이 채 끝나기도 전에 미국으로 이주한 몇몇의 유럽 건축가들은 '새로운 기념비성'에 대해 논의하기 시작하였다. 가장 중점적인 주제는 새로운 민주주의의 사회 질서 속에서 건축의 상징적인 의미를 정의하는 것이었다. 1943년에 중요한 선언문이 나왔는데, 이는 스위스 비평가 지크프리트 기디온 Sigfried Giedion과 건축가 호세 루이스 세르트 José Luis Sert, 그리고 예술가 페르낭 레제 Fernand Léger가 『기념비성에 관한 아홉 가지 논점들 *Nine Points on Monumentality*』이라는 제목으로 함께 발표한 것이었다.[90] 이 글은 주로 국가적 사회주의와 이탈리아 파시즘과 관련한 권위주의적 상징이라는 무거운 짐으로부터 '기념비성'이라는 용어를 해방시키고, 이를 민주주의 상징의 영역으로 밀어 넣으려는 시도였다. 더 구체적으로 말하면, 기념비성을 민주적인 공공영역을 대표하는 상징 속에서 사용하고자 하였다. 『기념비성에 관한 아홉 가지 논점들』에서 기디온, 세르트, 레제는 기념비성이란 오직 '하나로 통합되는 문화'에서만 성립하는 것이라고 기술하였다. 즉, 보편적으로 공유되는 문화만이 의미 있는 상징으로 표현될 수 있다는 것이다. 그렇지 않다면 기념비성은 그저 텅 빈 상징주의에 지나지 않을 것이다. 게다가 기념비는 '집단적 권력을 상징성으로 전환하고자 하는 사람들의 영원한 요구를 만족시켜 주어야 한다. 가장 생명력 있는 기념비들은 이러한 집단적 권력에 대한 감정과 사상을 잘 표현하는 것들이다.… 사람들은 건물이 기능적인 만족에서 한 발 더 나아가 그들의 사회적 삶과 집단적 삶을 표현하는 상징성을 지니기를 원한다.'[91] 기디온과 세르트 그리고 레제의 아홉 가지 논점들은 공공영역을 상징하는 문제에 관한한 영원히 옳을 것만 같은 아주 통찰력 있는 공식이다. 그들은 기능주의도, 근대 건축 운동의 '새로운 삶' 도, 어느 하나 사람들로부터 수렴된 집단적 열망을 상징할 수 없다는 것을 먼저 인정한 후 이 논의를 진행하였다. 그리고 나서 그들은 진정한 공동체성은 오직 그 지역 속에서만 그만의 가치와 역사적 지속성을 표현할 수 있는 것이라고 제안하였다. 그들의 주장에 따르면 중앙 집권적인 큰 국가들이나 독재 국가들에서는 대중의 이념들을 있는 그대로 표현해낼 수 없다.

1943년 이후, 공공영역을 대표하는 상징성에 관한 문제가 건축의 의미에 관한 근본적인 문제와 밀접한 관계를 가지고 건축계의 논점으로 다시 떠올랐다. 지크프리트 기디온은 근대적 공공영역을 상징적으로 표현하는 것이 근대 건축과 도시계획의 발전에서 아주 중요한 세 번째 단계라고 생각하였다. '최초의 단계는 단일 세포였다. 단일 세포로부터 이웃, 도시, 그리고 지역 전체의 구조까지가 하나의 직접적인 연속선상에 있는 것이다. 그러므로 근대 건축의 두 번째 단계는 도시계획에 집중되었다고 볼 수 있다. 그리고 기념비성의 표현에 대한 재정복이라 할 수 있는 세 번째 단계가 기다리고 있다. 사람들은 건물이 그들의 사회적이고 의례적이며 집합적인 삶을 대표하는 상징성을 지니기를 바란다.'[92] 이러한 논의에서 스웨덴의 비평가 그레고르 파울손 Gregor Paulsson은 근대적 공공영역을 상징적으로 표현하는 것은 말 그대로 반기념비적 anti-monumental이어야 한다고 결론내리며, '기념비성' 과 '독재적인 권력의 표현' 의 상관관계에 관심을 집중하였다. '기념비성은 바람직하지 않은 것이다. 전체주의 사회는 항상 대중을 향해 권력을 행사하기 위한 수단으로 기념비성을 이용해왔다. 그 본질에 맞는 민주주의란 반기념비적이어야 한다.'[93]

새로운 기념비성이라는 주제는 전후 시대의 근대건축국제회의CIAM와 팀텐 Team10에서 진행된 논의들에서 아주 중요한 역할을 했다. 1947년 영국 북서부의 브리지워터 Bridgewater에서 열린 CIAM 회의에서는 새로운 기념비성을 건축, 미술, 조각 등의 예술분야와 연관 지어 이해하려는 논의가 있었다. 지크프리트 기디온과 르 꼬르뷔제에 의하면, 건축가들이 생물학적 요소와 경제적 요소를 너무 많이 강조한 나머지 그들의 디자인에서 미적 가치와 사회적 가치의 역할을 간과하고 있다는 점이 이러한 논의의 배경이었다고 한다. 그럼에도 불구하고 CIAM에서 이루어진 이러한 논의는 건축적 형태에 대한 그 어떤 실용적인 제안도 내놓지 못했다. 이와 관련하여 더욱 대단한 점은, 1951년 허드스던 Hoddesdon에서 열린 CIAM회의에서 소위 마스그룹 MARS group이라 불리는 영국의 대표단에 의해 '중심부 core' 에 관한 논의가 시작되었다는 것이다. 그 회의에서 CIAM의 의장이었던 호세 루이스 세르트는 스페인 철학가 오르테가 이 가셋 Ortega y Gasset의 책 『대중의 반란 *The Revolt of the Masses*』 중 일부를 인용하며 다음과 같이 말하였다. '"도시 urbs" 또는 "폴리스 polis"는 텅 빈 공간에서 시작되는 것이고, "포럼 forum"이나 "아고라 agora", 그리고 나머지 모든 공간들은 그저 이 텅 빈 공간을 고정시키거나 그 공간의 윤곽에 한계를 짓는 도구일 뿐이다. 폴리스는 단지 거주 가능한 주거지들의 집합체가 아니라 주로 시민들을 위한 만남의 공간이며, 공공의 기능을 위해 특별히 만들어진 공간이다.'[94] 실제로 이러한 관점들은 CIAM의 시각이 변화하고 있음을 반영하는 것이다. 주거를 근대적 도시의 기본적인 구성요소로 보는 이러한 초기의 관점은 점차적으로 공공영역에 대한 관심으로 변해갔다. 따라서 다음과 같은 허드스던 회의의 마지막 발언은 근대 건축의 새로운 논제를 위한 분위기를 조장한 것으로 보인다. '중심부의 가장 중요한 역할은 사람들이 만나 서로의 생각들을 주고받을 수 있도록 하는 것이다. 중심부의 본질은 바로 사람들이 모여서 여유롭게 교류하거나 깊이 생각하는 시간을 가지는 만남의 장소 rendezvous이다. 중심부의 표현은 그곳에서 일어나는 개인들 간의 상호관계뿐만 아니라, 개인과 공동체와의 상호관계와 같은 인간의 활동들을 설명할 수 있어야 한다. 중심부의 기능은 사회적 삶에 대한 동시적이고 자발적인 표현의 기회를 공평한 방식으로 제공하는 것이다.'[95]

중심부에 관한 이러한 설명들은 한나 아렌트 Hannah Arendt, 위르겐 하버마스 Jürgen Habermas, 리차드 세네트 Richard Sennett가 제안한 공공영역의 정의와도 유사하다.

허드스던에서 도출된 결론은 비록 공공영역의 수용과 표방을 가장 중요한 과제 중 하나로 채택하기는 했지만 이 문제에 대한 만족할 만한 해결책을 제시하지는 못했다. 이것은 CIAM의 젊은 구성원들에게는 갈수록 불만스러운 일이었다. 일례로 영국의 건축가 스미슨 부부는 근대 건축 운동의 기계적인 한계에 대해 지적했다.[96] 1956년에는 이러한 경향이 점점 더 증가하다 정점에 이르렀고, 결국 CIAM은 그에 속한 젊은 회원들에 의해 해체되었다. 여기에는 팀텐 Team10으로 알려진 알도 판 아이크 Aldo van Eyck, 야콥 바케마 Jacob Bakema, 스미슨 부부 Peter and Alison Smithson, 조르주 칸딜리 Georges Candilis등이 속했다.[97] 그들에게는 공공영역의 모순성과 복잡한 특성이 가장 중요한 이슈 중 하나였다. 스미슨 부부는 다음과 같이 썼다. '우리가 말하는 기능주의라는 것은 현실적인 상황과 함께 현실의 모든 모순과 혼란을 받아들이고, 그것으로 무엇인가 하기 위해 노력하는 것을 의미한다. 결과적으로 우리는 지어진 형태를 통해 의미 있는 변화와 성장, 흐름 그리고 공동체의 '생명력'을 만들어 낼 수 있는 건축과 도시를 창조해야만 한다.' 팀텐 Team10 그룹은 '줄기 stem', '망 web', '공중 가로 streets in the air'[98]등과 같은 새로운 개념들을 소개하며, 공공영역을 상징적으로 표현할 수 있는 대안을 모색하기 위해 노력하였다.

3.5 교외의 공공영역

전후 시대의 건축 논의에서 공공영역에 대한 고찰은 유럽 도시들에만 국한된 것이 아니었다.

유럽과 마찬가지로 1950년에는 미국에서도 교외의 공공영역에 관한 새로운 화두가 주요하게 대두되었다. 미국에서 누구보다도 교외의 공공영역에 관한 관점을 발전시킨 것은 바로 오스트리아 건축가 빅터 그루엔 Victor Gruen이었다. 그는 새로운 건축 유형으로서 쇼핑몰을 제시하였다.[99] 팀텐Team10의 건축가들처럼 그루엔도 역시 『미국의 쇼핑센터 *Shopping Town USA*』와 『도시의 심장 *The Heart of Our Cities*』에서 교외의 공공영역에 대한 새로운 시각의 주요 참고목록 중 하나로 전통 마을을 꼽았다.[100] 그루엔은 1950년대를 기점으로 도시 교외의 주거들이 중산층 위주로 발전하면서 고급의 공공공간들이 소멸되었다고 지적한다. 그는 자동차 사용의 증가와 민영화된 이상들, 그리고 도시 교외의 단일한 기능적 특성이 공공영역의 발전에 깊이 영향을 미친 것이라고 설명한다. '이는 공동체 안에서 일도 하고 생활도 하면서 모든 계층의 사람들이 함께 어울릴 수 있었던 오랜 미국의 전통과 얼마나 다른 상황인가? 이러한 어울림이라는 것이 민주주의를 더욱 굳건하게 하는 것이다. 그러나 만약 교외 주택지들이 공공의 주거를 계획하는 프로젝트나 공공의 상점, 공공의 산업과 공공의 휴가 야영지 등을 계속 거부한다면 민주주의는 분명 골머리를 앓게 될 것이다. 이런 것이 없다면 교외 주택지들은 거만하고, 활기 없으며, 후미진 상태로 남게 될 것이다.'[101] 사실 최초의 실내 쇼핑몰(사우스데일, 미네소타, 1954)의 건축가였던 그루엔에게는 질적으로 고급스러울 수 없는 공공공간의 단점을 보완할 수 있는 건축적 형태가 바로 쇼핑센터였다. '교외 지역에서 쇼핑하는 사람들이 기본적으로 가장 바라는 것은 접근이 용이하고, 재고가 많고 다양하며, 무료 주차가 가능한 공간이다. 이는 순수하게 실용적인 욕구이다.… 그러나 훌륭한 쇼핑몰을 계획하기 위해서는 쇼핑하는 사람들이 원하는 또 다른 욕구들을 충족시켜 줄 수 있는 더 많은 장소들을 제공해야 한다. 이러한 그들의 욕구는 교외 지역에 사는 사람들만의 독특한 심리적 분위기와 일치할 것이다. 쇼핑센터는 공공시설과 교육시설을 포함하고, 안전하게 보호되는 보행자 환경 속에서 사회적 삶과 여가의 기회를 제공함으로써 기존의 부족함을 채울 수 있다. 그러한 시설들은 과거에 고대 그리스의 아고라 Agora나, 중세의 시장, 또는 현재에 볼 수 있는 도시 광장 Town Square 등에 존재했던 근대적 공동체 생활에 참여할 수 있는 기회와 필요한 장소를 제공할 것이다.'[102] 사우스데일 쇼핑몰은 이와 같이 새로운 교외 지역에 자리 잡고 있고, 그루엔은 이 쇼핑몰을 일종의 시내 중심가와 같이 디자인함으로써 교외 지역들이 그 나름의 형태와 중심을 갖도록 의도하였다.

그루엔이 새로운 중심으로서의 쇼핑몰에 관한 그의 생각을 표현한 후 몇 년쯤 뒤에 미국의 건축가 찰스 무어 Charles Moore는 상업적인 환경 속에서 공공영역의 수용과 상징성을 표현하는 것에 대한 비판적인 입장을 드러냈다. 그는 『당신은 공공의 삶에 대가를 지불해야 한다. *You have to Pay for the Public Life*. (1965)』에서 다음과 같이 썼다. '최근 몇 년간 기념비들이 세워졌다. 사실 디즈니랜드는 지난 수십 년을 통틀어 서양에서 가장 유일하고 가장 중요한 건축물로 여겨져야 한다. 이상하게도 디즈니랜드는 공공의 공간임에도 불구하고 무료가 아니다. 당신은 그곳에 들어가기 위해 입구에서 돈을 내고 표를 구입해야 한다. 당신은 공공의 생활에 대한 대가를 지불해야 하는 것이다. 디즈니랜드, 특히 로스앤젤레스에 있는 디즈니랜드는 더 이상 존재하지 않는 "공공의 환경에 대응하는 모든 기회들"을 제공한다는 이유만으로 엄청나게 중요하고 성공적인 공간이라 할 수 있다. 디즈니랜드는 공공영역 안에서 관람할 수도 있고 참여할 수도 있는 연극 공연과 같은 활동들을 가능하게 한다.'[103] 디즈니랜드에 관한 무어의 논의는 수많은 건축 관련 잡지들이 놀이공원에 그들의 관심을 낭비하도록 분위기를 조장하였을 뿐만 아니라, 교외 공공영역의 진정성과 특성에 관한 다른 중요한 건축적 논쟁들이 시작되는 길을 열었다. 그가 쓴 글은 도시 교외 지역에 존재하는 공공영역에 대한 기나긴 연구를 위한 촉매제였다고 볼 수 있다. 피터 블레이크 Peter Blake의 『하나님만의 고물 창고 *God's Own Junkyard* (1964)』나, 로버트 벤츄리 Robert Venturi와 데니스 스콧 브라운 Denise Scott Brown의 『레빗 타운의 교훈 *Learning from Levittown* (1969)』과 『라스베이거스의 교훈 *Learning from Las Vegas* (1972)』등이 그 중 유명하게 알려진 연구들이다.[104] 가장 마지막에 언급된 연구는 새로운 교외의 공공영역을 구성하는 원리와 논리에 관한 것이다. 벤츄리와 스콧 브라운은 도시 교외의 환경에서 전광판과 간판들이 행인들과 어떻게 상호작용하는지, 교외의 공공영역이라는 분야에서 건축이 어떤 위치를 차지하는지, 그리고 더 구체적으로는 건물들이 고속도로나 주차장과 같은 새로운 공공공간들과 어떻게 관계를 맺는지 등을 연구하였다. 라스베이거스와 레빗 타운에 관한 그들의 연구는 광고판과 전광판과 같은 시각적인 논리를 통해 제 기능을 하는 새로운 공공공간과 준공공공간 semi-public spaces을 발견해냈다.

4 근대 후기의 공공영역

4.1 도시성이 없는 공공영역

오늘날 우리는 공공영역을 통하여 지역과 국가의 사건들에 관여하는, 정치적으로 적극적인 시민권에 대한 이상을 대부분 포기한 것처럼 보인다. 20세기를 거치면서 지속적인 국제화 추세와 사유영역에 포함된 문화적 주도권, 그리고 도시의 디즈니랜드화 등이 이러한 시민권에 대한 이상을 침식시킨 것이다. 자주적 시민권의 하락과 그들의 공공영역은 고전으로 여겨지는 두 책에서 설명된 적 있다. 바로 한스 파울 바르트 Hans Paul Bahrdt가 1961년에 쓴 『현대의 대도시 *Die moderne Großstadt*』[105]와 리차드 세네트가 1974년에 쓴 『공인의 몰락 *The Fall of Public Man*』[106]이다. 바르트는 후기 근대 사회에서 공공영역이 교통과 운송을 위한 공간에서 점차적으로 선택적 활동이나 여가 활용을 위한 공간으로 변화하게 된 과정을 보여준다. 일반적으로 공공영역에서 오락과 여가의 역할이 확장되는 것은 후기 산업 사회와 관련이 있다. 그러나 이와 관련하여 산업 사회와 후기 산업 사회 사이에는 일반적으로 예상되는 것보다 더욱 많은 연속성이 있을 것이다.

제인 제이콥스 Jane Jacobs가 1961년에 쓴 유명한 저서 『미국 대도시의 삶과 죽음 *The Death and Life of Great American Cities*』도 역시 전통적인 공공의 공간과 시민권의 쇠퇴를 주장하고 있다.[107] 근대적인 대도시 환경에서 이러한 주제들에 새로운 생명을 불어 넣는데 제이콥스가 최우선적인 요소로 꼽은 것은 도시의 주요 공공공간들의 전통적 특징이다. 그 특징이란 바로 도시의 공공공간이 '걷기에 알맞다walkability' 는 것과 다루기 쉽다는 것이다. 같은 관점에서 그녀는 '기존의 공공공간들' 중에서도 거리, 공원, 광장 등의 질에 대해 비평한다. 제이콥스는 도시계획을 무엇보다 전통적인 공간적 특성에 맞추어 수정해야 한다고 주장한다. 현대의 대도시에서는 도시를 하나의 전체로 보고 공공공간의 특성을 계획하는 것이 불가능하다. 따라서 이러한 특성들은 거리의 규모에서 찾을 수 있다고 제이콥스는 주장한다. 그녀의 저서는 북아메리카 도시의 공공공간에 대한 논의에서 매일의 일상적 경험과 공간의 질을 재평가에 하는데 중요한 역할을 하였다.

네덜란드 사회학자 안톤 자이더펠트 Anton C. Zijderveld의 연구 역시 '도시성을 배제한 도시'[108]라는 아이디어를 소개한다. 그는 이러한 도시들이 나타나는 가장 중요한 이유는 복지국가 특유의 사고방식이 등장하기 때문이라고 하였다. 이러한 복지국가에서는 시민들을 '참여자' 로 보기보다 '고객' 또는 '소비자' 로 본다는 것이다. 이러한 발전의 과정 때문에 도시의 시민성은 거의 남아있지 않다. 문화적 삶에 대한 도시들의 특색은 점차 약해지고 있으며, 따라서 그 도시들의 경제적 '위대함' 으로 이어졌던 시민적, 자유적 행동주의도 역시 도시의 공공영역의 조직화를 위한 집합적이고 규범적인 근본과 함께 쇠퇴하게 된다. 바르트와 세네트 그리고 제이콥스와 자이더펠트의 연구는 공공영역과 도시성 사이의 연계성이라는 화두를 떠올리게 한다. 이 논의에서 몇몇 참가자들은 명백히 다른 입장을 취하기도 하였다. 예를 들어 렘 콜하스가 글을 통해 고수하는 그의 입장을 떠올려보라. 그는 에세이 『보편적 도시 *Generic City*』에서 미래의 도시는 그 어떤 역사도, 중심도 가지고 있지 않을 것이고, 가장 중요한 것은 공공의 삶이 없을 것이며, 아니라면 적어도 그 도시에서 공공의 삶이란 더 이상 눈에 보이지 않을 것이라고 이야기한다. 콜하스는 공공의 삶의 대부분은 건물들이나 복합시설, 호텔 로비, 카지노, 영화관, 그리고 사방이 막혀있는 쇼핑몰이나 놀이공원 등에서 일어날 것이라고 하였다. 이러한 유형의 건물들은 '장소성이 없으며', 더 거대한 공공의 도시적 틀 속에 포함될 필요도 없다.[109] 공공영역과 도시성은 서로 분리되고 있다. 콜하스는 건축이 공공영역을 형성하며, 공공영역에 영향을 미치는 유토피아적 힘을 내포하고 있다고 보는 모더니스트들의 개념을 포기한 것으로 보인다.

4.2 공공영역과 새로운 대중매체

도시성과 공공영역의 분리는 또한 공공영역에서 새로운 대중매체의 역할과도 직결될 수 있다. 위에서 언급한 바와 같이, 신문, 책, 정기 간행물 등과 같은 대중매체는 공공영역에 대한 하버마스의 정의에서 매우 중요한 것이다. 그런 매체들은 과거에도 그랬듯이 사상을 전파하는 수단, 그리고 주장과 반박을 전달하는 수단이었다. 대중매체의 존재는 수많은 대중들에게 새로운 소식을 보급할 수 있게 해주었고, 공개적으로 진행되는 공공의 논의에 그들이 참여할 수 있는 기회를 제공하였다. 이와 같이 대중매체는 공공영역의 발전에서 아주 중요한 역할을 하는 것이다.

그러나 우리는 오늘날 정보 네트워크와 기술이라는 새로운 형태의 미디어의 행렬에 직면하게 되었다. 이러한 상황에서 한 가지 새로운 사실은, 이러한 기술들이 공공의 논의가 진행되는 매체들을 뒷받침할 뿐만 아니라 새로운 형태의 분산된 대화도 가능하게 한다는 사실이다. 예를 들어 요채 벤클러 Yochai Benkler는 공공영역에 관한 전통적인 견해에서 아주 날카롭게 비켜나간 관점을 제시한다. 그는 인터넷이 공공의 광장이나 신문의 사설란과 같은 정해진 공간이 없고, 지리적으로도 더 이상 고정되지 않은 그러한 공공영역을 위한 전제를 성립하였다고 본다.[110] 정해진 공간을 대신해 대중이 나타나는 곳이면 어디든 그곳이 바로 공공영역이 되는 것이다. 게다가 대중은 각각 다른 시간에—보통은 많은 당사자들이 주어진 화제를 둘러싸고 모여들 때—다른 공간에 모일 수도 있다. 이제는 다양한 접촉을 통해 이루어지는 복잡한 네트워크들이나 동료들 간에 이루어지는 집단적 논의들을 통해 다수의 사람들이 짧은 시간 안에 동원될 수 있으며, 이것이 바로 '애드호크라시 adhocracy'[111]라고 불리는 현상이다. 인터넷 상에는 거대한 다양성이 존재하지만 그 외에도 공동의 주제와 관심, 공공의 지식을 생성하는 메커니즘과 행위들이 존재한다. 이러한 것들을 중심으로 공공영역이 나타나게 된다.[112]

이러한 유형의 애드호크라시로서 가장 많이 언급되는 예는 바로 필리핀의 수도 마닐라에서 일어난 두 가지 혁명이다. 1986년에 일어난 혁명에서 마르코스 대통령이 망명을 강요받았을 때, 라디오가 시위자들을 집결시키는 중요한 수단이 되었다. 15년 후에 일어난 두 번째 혁명에서는 흩어져 있는 동료들 간의 네트워크와 휴대폰이 중요한 역할을 했었다. 하워드 라인골드 Howard Rheingold가 그의 책 『스마트 몹 *Smart Mobs*』에서 설명한 것처럼, 야당 지도자들은 문자 메시지를 이용해 두 시간도 채 안되어 대규모의 시민권을 동원하였고, 그 결과 에스트라다 대통령은 사퇴하게 되었다. 그 밖에 라인골드는 또 다른 분산된 대중 미디어의 역할인 비평에 대해 설명하였다. 종종 에스트라다 대통령의 캐리커처와 같은 형태를 띠기도 하는 이러한 비평은 e-메일에 의해 주고받아졌고, 온라인 토론장에서는 에스트라다의 국정운영에 반대하는 탄원서를 위해 91,000개의 서명이 모아졌다.[113] 『이동 통신과 사회 *Mobile Communication and Society*』라는 책을 발간한 마누엘 카스텔 Manuel Castells과 공동저자들은 국가의 통치 메커니즘을 벗어난 발신자와 수신자의 복잡한 네트워크를 가능하게 했던 의사소통의 기술에 의해 성공할 수 있었던 혁명들을 관찰하였다.[114] 바꾸어 말하면 이것도 애드호크라시의 한 예로, 여기서의 공공영역은 '스마트 몹'의 집단지성에 의해 지지되며 자발적인 활동의 결과로 이루어진 것이다.

4.3 생활환경의 식민화

20세기를 지나면서 그리고 확실히 과거 몇 십 년 동안, 개인과 공공의 구분은 변화를 겪어왔다. 공공과 개인으로 나누어지는 2진법에서 공공영역이란 전통적으로 공유영역을 위협하는 모든 것들의 보관소로 여겨지는 사적영역에 반대되는 것으로 정의된다. 사적영역은 투명하고 합리적이며, 조정 가능한 공공영역에 대한 환상을 유지해준다. 사적영역은 비밀의 장소이다. 신체의 비밀, 성(性)생활의 비밀, 죽음의 비밀이 있는 곳이다. 그곳은 미지에 대한 두려움과 걱정을 수반하는 공간이다. 미셸 페로 Michelle Perrot에 따르면 이러한 비밀들은 가족의 친밀성을 이루는 근간을 형성한다. 그 비밀이 은밀할수록, 즉 감당할 수 있는 세계에 대한 환상과 더 많이 충돌할수록 사적인 삶을 둘러싸며 세워진 벽의 높이는 더욱 높아지게 된다. 다시 말해 사적영역은 은둔의 공간일 뿐만 아니라 공공영역을 온전하게 유지하기 위하여 근대사회가 필사적으로 꽁꽁 닫아 두려 하는 '판도라의 상자'와도 같은 것이다.[115]

어떤 이들은 지금 공공과 개인의 구별이 너무 부실하게 정의되고 있어서 그것이 더 이상 우리 사회의 주요한 규제 원리가 될 수 없다고 주장한다.[116] 알랭 투렌 Alain Touraine은 그의 저서 『민주주의란 무엇인가? *What is Democracy?*』를 통해, 흔히 사용되었던 공공과 개인의 흑백논리는 이제 더 이상 유지될 수 없을 것이라고 말한다.[117] 투렌의 주장이 공공과 개인을 구별하는 모든 것들이 낡았다는 것을 의미하는 것은 아니다. 그가 더 이상 유지될 수 없는 낡은 것이라고 지칭한 것은 바로 합리적이고 투명한 활동의 영역으로서의 모습을 지닌 공공영역과, 비밀의 저장고로서의 외형을 지닌 사적영역을 뚜렷하게 나누는 구별법을 말하는 것이다. 후기 근대성 late modernity 또는 탈근대성 post-modernity이 이러한 경계를 불분명하게 만들어 놓았음은 분명하다. 사적영역의 요새는 이제 근대사회에서 공공영역에 속했던 다양한 활동들과 메커니즘에 의해 기습 당해버렸다. 반대로 공공영역은 이제 근대사회에서는 오직 사적영역에만 속했던 비합리적이고 감정적인, 감당할 수 없는 삶의 측면들로부터 더 이상 자유롭지 않다. 후기 근대성에서 공공영역은 사적이 되었고 사적영역은 공적이 되었다.

리차드 세네트는 이와 같이 공공과 개인의 경계가 희미해지고 이 둘이 서로 뒤섞이는 과정들이 공공영역에는 가장 큰 위협이 될 수 있다고 말한다. 그는 공공영역의 쇠퇴가 급격한 개인화 추세와 연관이 있음을 관찰했다. 우리가 살고 있는 소비의 문화 속에서 개인은 점점 덜 '공인' 처럼 살아가는 법을 배우게 된다. 개인들은 자신을 둘러싼 모든 것을 상품으로 보게 된다. 공공영역은 하나의 거대한 쇼핑몰과 같이 변형되고 축소되며, 이러한 쇼핑몰의 가장 우선적인 목적은 개인의 욕구를 만족시켜주는 것이다. 개인은 세계를 객관적이고 이질적인 환경이 아닌, 개인을 비추는 거울 내지는 심지어 자기 자신의 확장으로 간주하며 점점 더 자애적으로 변해간다. 다시 말하자면 세네트는 사적영역이 공공영역 속으로 너무도 많이 침투해 있어서 이전에는 공공의 삶을 우선시하게 했던 공공과 개인 간의 경계선을 더욱 희미하게 만들고 있다고 믿는다. 그에 따르면 이 과정의 가장 마지막 단계는 공공이 더 이상 존재하지 않는 자애적인 문화가 형성되는 것이다. 이러한 문화 속에서 공공은 더 이상 존재하지 않거나 아니면 공공이 지니고 있던 객관적인 특성을 잃어버리게 된다.[118]

물론 사적인 삶이 점점 더 세계의 합리적인 통제에 의해 좌지우지될 것이라는 점에서는 새로울 것이 없다. 이러한 과정은 불가사의하게도 조지 오웰 George Orwell이 1984년에 쓴 고전서 같은 반이상향적 dystopian 연구 속에 묘사되어 있다.[119] 그 책에서 오웰은 우리는 완전히 통제되는 사회를 향해 다가가고 있다고 하였다. 최근까지만 해도 거의 조절이 불가능했던 성별, 죽음, 감정 등과 같은 삶의 측면들이 사라지거나 혹은 통제 가능하게 될 거라는 것이다. 오늘날의 '관료적 자본주의 복합체' 에 의한 합리적인 계획과 통제가 사적영역으로 침투하고 있으며,[120] 앙리 르페브르 Henri Lefebvre는 이러한 경향을 '일상의 식민화 colonization of everyday life' 라고 묘사했다.[121]

대중매체는 공공영역이 사적영역으로 침범하는데 있어 또 다른 주요 요소이다. 20세기 초까지만 해도 만약 개인이 공공의 삶에 참여하고자 한다면 그 개인은 사적영역을 떠날 수밖에 없었다. 즉, 신문과 잡지들은 공공영역이 사적영역으로 확장되는 유일한 도구였던 것이다. 라디오와 텔레비전 같은 대중매체의 도래와 함께, '개인적 삶은 세계의 소리에 귀 기울일 수 있는 시공(時空)에 눈뜨게 되었다. 지구 전체는 이제 가장 짧은 순간에 가장 가까운 거리처럼 서로의 소식을 들을 수 있게 되었다.'[122]

공공영역의 주된 버팀목이라 할 수 있는 대중매체는 이제 사적인 영역의 중심에 자리 잡아 참조점, 모델, 대화, 직장 등을 제공한다. 프랑스 철학가 폴 비릴리오Paul Virilio는 전통적인 공공공간과 관련하여 일어나는 변화에 대해 다음과 같이 설명한 바 있다. '오늘날 이러한 공공의 이미지가 기존에 존재하던 그리고 사회적 의사소통이 이루어지던 공공의 공간을 대체하였다. 이제부터 거리나 공공장소들은 다가올 "시각 장치들 vision machines"의 시사회에서 스크린과 전자 디스플레이로 인해 빛을 잃게 된다. 공공의 공간이 '공공의 이미지' 로 대체되기 시작하면 감시와 가로등도 거리에서부터 '가정용 디스플레이 단말기' 로 그렇게 옮겨갈 것임을 예측할 수 있다.[123]

4.4 다양화와 사유화

사적영역을 둘러싸던 벽들의 붕괴는 공공영역의 논리와 양상이 그 내부로 침입할 수 있도록 해주었을 뿐만 아니라 반대로 공공영역이 사적인 구성요소들에 의해 지배되는 움직임 또한 가능하게 하였다. 하버마스와 아렌트는 공공영역을 개인들이 만나고, 생각을 나누고, 사업을 일으키며, 합의에 들어가고, 서로 경쟁하는 활동의 영역이라고 묘사한다. 20세기에는 공공영역이 다른 집단들에게도 열려 있었기 때문에 그곳에서 표현되는 의견의 범위는 상당히 확장되어 있었다. 이탈리아 철학가 지아니 바티모 Gianni Vattimo는 이를 두고 '과도하게 투명한' 공공영역이라 일컬었다. 그는 점차 늘어나는 다양한 관점들이 사실상 현실을 더욱 모호하게 만든다고 주장한다.[124]

현대의 공공영역은 점점 더 증가하는 다양성으로 특징지을 수 있는데, 이는 부분적으로 국제화가 지속되고 있기 때문이다. 지속적인 국제화는 어떤 특정한 추세나 영향을 더욱 빨리 퍼지게 하고, 그 뒤를 더욱 빨리 따라갈 수 있도록 만든다.[125] 그 결과로 공공영역은 더 이상 명백히 이해할 수 없고 더 이상 명확하지 않은 활동의 영역이 되었으며, 불일치, 다양성, 애매함으로 특징되는 성격의 영역이 되어 버렸다. 오늘날의 공공영역은 수많은 작은 영역들의 집합체이다.[126] 그것은 이제 공공의 미로가 되어 버렸다. 누구든지 그 안에 들어가는 즉시 인종, 성별, 성정체성, 연령, 민족, 그리고 종교로 세분되는 배타주의 particularism에 직면하게 될 것이다. 공공영역으로 들어간 개인의 마음속에는 '공인' 에 대한 그 어떤 뚜렷한 활동양상이나 기대양상도 더 이상 없을 것이다. 지그문트 바우만 Zygmunt Bauman은 '이전에도 그래왔듯이 우리는 합리성을 추구하고 있다. 그러나 이러한 합리성은 이제 소규모의 합리성(혹은 오히려 서로 엇갈리게 행동하고, 서로 부딪히며, 융화나 타협까지도 거부하는 하나의 규칙으로서의 소규모의 합리적 행동)이다. 이는 곧 전체의 불합리성을 생산해낼 수밖에 없다.'[127] 즉, 공공영역에 있는 개인들은 더 이상 세네트가 말한 '시민성' 처럼 잘 정비된 사회적 전통과 직면하지 않는다.

공공영역에 관한 최근의 논의들을 언급할 때는 공공영역의 사적 전용이라는 두 번째 현상에 대해서도 언급하지 않을 수 없을 것이다. 이러한 유형의 사유화는 사업체들과 사회적 단체들로부터 발생하고, 홍등가나 우범지대 등의 형태로 나타나며, 공동체의 부를 위해 도모되고 보호된다. 그것은 도시의 공공영역들을 점점 더 살기 부적합한 곳으로 만들면서 사람들로 하여금 안전에 대한 두려움을 느끼게 하고, 공간을 격리하여 사용하도록 만든다.[128]

오늘날 건축가들은 점점 더 이러한 형태의 다양화와 사유화에 직면하고 있다. 그들은 종종 도시 변두리 지역의 프로젝트들과 씨름해야 할 때가 있는데, 이러한 지역은 아주 복잡한 사회적, 정치적 구조를 띠고 있으며 '공공 아니면 개인' 과 같은 단순한 분류법을 거부한다. 따라서 건축가의 과제는 이전보다 더욱 사회적인 성격을 갖는다. 이와 같이 공공영역을 수용하고 상징적으로 표현하기 위한 오늘날의 건축적 모험을 다루기 위해 이 책 『건축적 입장들』은 바로 이러한 복합적인 주제에 관한 다양한 건축가들의 견해를 탐구한다.

{주}

1 *Ruimtelijk Ontwikkelingsplan Schiphol 2015*, February 2007, p. 11.

2 위의 책 14쪽

3 Tijs van den Boomen, 'Schiphol: stad zonder inwoners', in: *Intermediair*, 23 September 1999.

4 Max van Rooy, 'Grenzeloos, zacht flonkerend eurowarenhuis. Onderweg van Lille naar Londen en Parijs', in: *NRC Handelsblad* (1995), included in: *Max van Rooy, Het verhaal van de architectuur*. Amsterdam (Prometheus) 2007, p. 244.

5 Marc Augé, *Non-Places: Introduction to an Anthropology of Supermodernity*. London/New York (Verso) 1995, p. 77; 원제: *Non-lieux. Introduction á une anthropologie de la surmodernité*. Paris 1992.

6 Jürgen Habermas, *Strukturwandel der Öffentlichkeit. Untersuchungen zu einer Kategorie der bürgerlichen Gesellschaft*. Darmstadt (Luchterhand) 1962; 영역본: *The Structural Transformation of the Public Sphere. An Inquiry into a Category of Bourgeois Society*. Studies in contemporary German social thought, Cambridge, Mass. (mit Press) 1989.

7 공공영역(공론장)에 대한 하버마스의 개념을 재발견하기 위해서는 Harold Mah, 'Phantasies the Public Sphere: Rethinking the Habermas of Historians', in: *The Journal of Modern History*, vol. 72, no. 1: *New Work on the Old Regime and the French Revolution*. A Special Issue in Honor of Francois Furet (March 2000), pp. 153-182.를 참조.

8 Bruce Robbins, *The Phantom of Public Sphere*. Minneapolis(University of Minnesota Press), 1993; Michael Sorkin, *Variations on a Theme Park. The New American City and the End of Public Space*. New York (Hill & Wang) 1992.

9 Sorkin, *Variations on a Theme Park* p. xv.

10 Hilde Heynen, *Architecture and Modernity. A Critique*. Cambridge, Mass. (mit Press) 1999, p. 26.

11 Auke van der Woud, *Een nieuwe wereld. Het ontstaan van het moderne Nederland*. Amsterdam (Bert Bakker) 2006, pp. 27-32.

12 Otto Mayr, *Uhrwerk und Waage. Autorität, Freiheit und technische Systeme in der frühen Neuzeit*. München (C.H. Beck) 1987; Stephen Toulmin, *Cosmopolis. The Hidden Agenda of Modernity*. New York (Free) 1990.

13 Michel Foucault, *Histoire de la folie*. Paris (Union Générale de l' Edition) 1964.

14 Zygmunt Bauman, *Intimations of Postmodernity*. London (Routledge) 1992, p. XIV.

15 Michel Freitag, *Dialectique et société*. Vol. 2, *Culture, pouvoir, contrôle. Les modes de réproduction formels de la société*. Montréal (Les éditions Saint-Martin) 1986.

16 Michel Foucault, *Naissance de la clinique. Une archéology du regard medical*. Paris (PUF) 1963; 영역본: *The Birth of the Clinic. An Archaeology of Medical Perception*. New York (Pantheon Books) 1973; Michel Foucault, *Surveiller et punir*. Paris (Gallimard) 1975; 영역본: *Discipline and Punish. The Birth of the Prison*. New York (Pantheon Books) 1978.

17 Jeffrey Herf, *Reactionary Modernism*. Cambridge 1984, p. 1.

18 Mattei Calinescu, *Five Faces of Modernity. Modernism, Avant- Garde, Decadence, Kitsch, Postmodernism*.

Durham (Duke University Press) 1987.

19 Arjun Appadurai, *Modernity at Large. Cultural Dimensions of Globalization*. Minneapolis (University of Minnesota Press) 1996.

20 René Boomkens, *Een drempelwereld. Moderne ervaring en stedelijke openbaarheid*. Rotterdam (NAi Publishers) 1998.

21 'Le transitoire, le fugitif, le contingent, la moitié de l'art, dont l' autre moitié est l'éternel et l'immuable'; Charles Baudelaire, 'Constantin Guys, le peintre de la vie moderne', in: *Oeuvres complétes*. Paris (Seuil) n.d., p. 553.

22 José Ortega y Gasset, *The Revolt of the Masses*. New York (W.W. Norton) 1932; Johan Huizinga, *In the Shadow of Tomorrow*. New York (W.W. Norton) 1936.

23 Boomkens, *Een drempelwereld*, p. 27; 와 Arthur Marwick, *The sixties: cultural revolution in Britain, France, Italy, and the United States, c. 1958 – c. 1974*. New York (Oxford University Press) 1998.

24 Jean François Lyotard, *The Postmodern Condition. A Report on Knowledge*. Minneapolis (University of Minnesota Press) 1984.

25 Boomkens, *Een drempelwereld*, p. 35.

26 Heynen, *Architecture and Modernity*, p. 28; cf. Boomkens, *Een drempelwereld*, p. 35.

27 Marshall Berman, *All That is Solid Melts into Air. The Experience of Modernity*. New York (Penguin Books) 1982, p. 15.

28 Ferdinand Tönnies, *Gemeinschaft und Gesellschaft* (1887); 영역본: *Community and Civil Society*. Cambridge (Cambridge University Press) 2001, p. 52.

29 위의 책 pp. 22-51.

30 Mustafa Emirbayer (ed.), *Emile Durkheim. Sociologist of Modernity*. Oxford (Blackwell) 2003을 참조.

31 Emile Durkheim, *The Division of Labor in Society*. Simpson 역, New York (The Free Press) 1933, p. 181; 원제 *De la division du travail social*. Paris 1893.

32 Georg Simmel, 'Die Großstädte und das Geistesleben' (1903); 영역본: 'The Metropolis and Mental Life', in: James Farganis (ed.), *Readings in Social Theory. The Classic Tradition to Postmodernism*. Third edition, New York (McGraw-Hill) 2000, p. 149

33 위의 책 p. 153.

34 Louis Wirth, 'Urbanism as a way of life', in: *American Journal of Sociology*, 44 (1938), no. 1, pp. 1-24; reprinted in: Richard Sennett (ed.), *Classic Essays on the Culture of Cities*. New York (Appleton-Century-Crofts) 1969, p. 156.

35 Zygmunt Bauman, *Community: Seeking Safety in an Insecure World*. Cambridge (Polity Press) 2001, pp. 9-11.

36 Zygmunt Bauman, *Modernity and Ambivalence*. Ithaca (Cornell University Press) 1991.

37 공공영역이라는 용어에 대한 설명은 Arthur Strum, 'A Bibliography of the Concept *Oeffentlichkeit*', in: *New German Critique*, Winter 1994, no. 61: Special Issue on Niklas Luhmann, pp. 161-202.를 참조

38 Bauman, *Modernity and Ambivalence*, p. 7.

39 Freitag, *Dialectique et société*. Vol. 2, *Culture, pouvoir, contrôle*.

40 *Déclaration des droits de l'homme et du citoyen*, 1798.

41 도시의 공유영역과 사유영역의 상호보완적 정의는 네덜란드 도시계획가 얀 힐링에 의해 다양한 관점으로 설명되고 있다. Jan Heeling: 'Op zoek naar de grondslagen van de stedenbouw', in: H. Bekkering, P. Drewe et al. (eds.), *Stedelijke transformaties. Actuele opgaven in de stad en de rol van de stedebouwkundige discipline*. Delft (Delft University Press) 1998, pp. 157-183.

42 Habermas, *The Structural Transformation of the Public Sphere*. 위르겐 하버마스의 작품을 통해 나타나는 공공영역에 대한 상세한 논의는 Peter Hohendahl & Patricia Russian, 'Jürgen Habermas: "The Public Sphere" (1964)', in: *New German Critique*, 1974, pp. 45-48.을 참조.

43 Habermas, *The Structural Transformation of the Public Sphere*, p. 141; 영역본: Jürgen Habermas, Sara Lennox, & Frank Lennox, '*The Public Sphere. An Encyclopedia Article*' (1964), in: New *German Critique*, no. 3 (Autumn 1974), p. 49.

44 Habermas, *The Structural Transformation of the Public Sphere*, p. 27.

45 Habermas, Lennox, & Lennox, 'The Public Sphere. An Encyclopedia Article', p. 54.

46 Habermas, *The Structural Transformation of the Public Sphere*, p. 171.

47 위의 책, p. 173.

48 Oskar Negt & Alexander Kluge, *Öffentlichkeit und Erfahrung. Zur Organisationsanalyse von bürgerlicher und proletarischer Öffentlichkeit*. Frankfurt a.M. (Suhrkamp) 1972; 영역본 Peter Labanyi *et al.*, *Public Sphere and Experience. Toward an Analysis of the Bourgeois and Proletarian Public Sphere*. Minneapolis 1993. 넥트와 클루게의 생각에 대한 소개는 Fredric Jameson, 'On Negt and Kluge', in: *October* (Autumn 1988), vol. 46: 'Alexander Kluge: Theoretical Writings, Stories, and an Interview', pp. 151-177. 를 참조

49 Negt & Kluge, *Public Sphere and Experience*, p. 12.

50 위의 책과 함께 Eberhard Knödler-Bunte, Sara Lennox, & Frank Lennox, 'The Proletarian Public Sphere and Political Organization. An Analysis of Oskar Negt and Alexander Kluge's "The Public Sphere and Experlence"', *New German Critique*, Winter 1975, no. 4, pp. 51-75. 를 참조

51 Nancy Fraser, 'Rethinking the Public Sphere. A contribution to the critique of actually existing democracy', Craig Calhoun (ed.), *Habermas and the Public Sphere*. Cambridge, Mass. (MIT Press) 1992, p. 123. 중에서

52 Catherine R. Squires, 'Rethinking the Black Public Sphere. An Alternative Vocabulary for Multiple Public Spheres', *Communication Theory*, 12 (2002), no. 4, pp. 446-468, at p. 446.

53 위의 책, p. 457.

54 Craig J. Calhoun, *Social Theory and the Politics of Identity*. Cambridge, Mass. (Blackwell) 1994.

55 John Downey & Natalie Fenton, 'New Media, Counter Publicity and the Public Sphere', in: *New Media Society*, (2003), no. 5, pp. 185-202.

56 Theodor W. Adorno, 'Meinungsforschung und Öffentlichkeit' (1964), in: Idem, *Soziologische Schriften* I, Frankfurt 1972, pp. 532-537; English translation: 'Opinion Research and Publicness', in: *Sociological Theory*, 23 (March 2005), no. 1, pp. 116-123.

57 Hannah Ahrendt, *The Human Condition*. Chicago/London (University of Chicago Press) 1998, p. 198;

original edition 1958. See also: George Baird, *The Space of Appearance*. Cambridge, Mass. (MIT Press) 1995, chapter 7.

58 위의 책, p. 7.

59 위의 책, pp. 28-37; 192-199.

60 위의 책, p. 50.

61 위의 책, p. 52

62 위의 책, p. 60

63 위의 책, p. 57

64 Richard Sennett, *The Fall of Public Man*. New York (Vintage) 1977

65 Richard Sennett, *The Fall of Public Man*. New York (Vintage) 1977, p. 29.

66 Bruno Latour, *We Have Never Been Modern*. Cambridge (Harvard University Press) 1993.

67 르두의 작품에 대한 소개는 Anthony Vidler, *Claude-Nicolas Ledoux. Architecture and Utopia in the Era of the French Revolution*. Basel/ Boston (Birkhäuser) 2006. 을 참조

68 Franziska Bollerey, *Architekturkonzeption der utopischen Sozialisten. Alternative Planung und Architektur für den gesellschaftlichen Prozess*. München (Moos) 1977.

69 George G. Iggers, *The Doctrine of Saint-Simon. An Exposition*. New York (Schocken Books) 1972; Keith Taylor (ed.), *Henri Saint Simon 1760-1825. Selected Writings on Science, Industry and Social Organization*. New York (Holmes & Meier) 1975.

70 Bollerey, *Architekturkonzeption der utopischen Sozialisten*.

71 Charles Fourier, *Traité de l' association agricole* (1822), *Le nouveau monde industriel* (1829).

72 Karl Marx & Friedrich Engels, *The Communist Manifesto* (1848), in: Karl Marx, *Selected Writings*. Ed. Lawrence H. Simon, Indianapolis (Hackett) 1994, p. 184.

73 Susan Henderson, 'A Setting for Mass Culture. Life and Leisure in the Nidda Valley' , in: *Planning Perspectives*, no. 10 (1995), pp. 199-222.

74 위의 책, p. 199.

75 근대성에 대한 목가적 반응과 반목가적 반응에 대한 논의는 Heynen, *Architecture and Modernity* (note 10).을 참조.

76 Bruno Taut, *Modern Architecture* (1929), as quoted in: Paul Greenhalgh (ed.), *Modernism in Design*. London (Reaktion Books) 1990, p. 48.

77 CIAM에 대한 설명은 Eric Mumford, *The CIAM Discourse on Urbanism*. Cambridge, Mass. (MIT Press) 2005.을 참조.

78 영역본: Ulrich Conrads (ed.), *Programs and Manifestoes on 20th-century Architecture*. Cambridge, Mass. (MIT Press) 1975, p. 111.

79 Le Corbusier, *La Ville Radieuse* (1936). Paris (Vincent, Freal & Cie) 1964; English translation: *The Radiant City. Elements of a Doctrine of Urbanism to be Used as the Basis of Our Machine-Age Civilization*. London (Faber & Faber) 1967, p. 87

80 'Il faut tuer la "rue-corridor".' Le Corbusier, *Précisions sur un état présent de l' architecture et de l' urbanisme*. Paris (Crés) 1930; Paris (Altamira) 1994.

81 'La maison ne sera plus soudée à la rue par son trottoir', Le Corbusier, *La Charte d'Athènes*. Paris (Minuit) 1941, p. 21.

82 'Nous avons, bien entendu, supprim? la "rue-corridor", la rue de toutes les villes du monde. Nos maisons d' habitation n' ont rien à voir avec les rues. . . . Nous avons donné tout le sol de la ville au piéton, sur la terre même: gazons, arbres, terrains de jeu: à peu près 100% du sol á l' usage de l' habitant. Et comme nos maisons d' habitation sont en l' air, sur pilotis, on traverse la ville en n' importe quel sens.' Le Corbusier, *La Ville Radieuse*, p. 108. English translation by the translator of this text.

83 '*Surfaces vertes*' and 'véritables prairies, des forêts, des plages naturelles ou artificielles'. Le Corbusier, *La Charte d'Athènes*.

84 Karel Teige, *The Minimum Dwelling*. Translated by Eric Dluhosch, Cambridge, Mass. (MIT Press) 2002, p. 23.

85 Christiane C. Collins & George R. Collins, 'Monumentality. A Critical Matter in Modern Architecture', in: *Harvard Architecture Review* 4 (Spring 1984), pp. 14-35, at p. 35.

86 Otto Wagner, *Die Großstadt. Eine Studie über diese*. Vienna (Schroll) 1911, quoted in: Ivan T. Berend, *Decades of Crisis. Central and Eastern Europe before World War II*. Berkeley (University of California Press) 1998, p. 91.

87 R.M. Schindler, 'A Manifesto' (1912), in: David Gebhard, *Schindler*. San Francisco, Cal. (William Stout) 1971, p. 148.

88 Walter C. Behrendt, *Modern Building*. London (Martin Hopkinson) 1938, p. 182.

89 Lewis Mumford, 'The Death of the Monument', in: James L. Martin, Ben Nicholson, & N. Gabo (eds.), *Circle. An International Survey of Constructive Art*. London (Faber & Faber) 1937, pp. 263-270.

90 Sigfried Giedion, José Luis Sert, & Fernand Léger, Nine Points on Monumentality (a paper from 1943), republished in: Joan Ockman with Edward Eigen (eds.), *Architecture Culture 1943-1968. A Documentary Anthology*. New York (Columbia Books of Architecture/Rizzoli) 1993.

91 위의 책, p. 21.

92 From a lecture that Giedion gave in 1946 to the Royal Institute of British Architects, 1946년 기디온이 영국왕립건축사협회(RIBA)에서 했던 강연 중에서, Gregor Paulsson et al., 'In Search of a New Monumentality: a Symposium', in: *Architectural Review*, 104 (September 1948), p. 126.

93 위의책, p. 123.

94 J. Tyrwhitt, J.L. Sert, & E.N. Rogers (eds.), *The Heart of the City. Towards the Humanisation of Urban Life*. London 1952, p. 3.

95 위의 책, p. 165-167.

96 Reyner Banham, 'The New Brutalism', in: *Architectural Design*, January 1955; reprinted in: Idem, *The New Brutalism. Ethic or Aesthetic?* London 1966. 많은 CIAM의 젊은 멤버들은 '그들이 "다이어그램적"이라고 비난했던 아테네 헌장에 따른 모든 것들에 대한 전면적인 부정'을 지지했다.

97 Max Risselada & Dirk van den Heuvel, *Team 10, 1953-1981. In Search of a Utopia of the Present*. Rotterdam (NAi Publishers) 2005.를 참조.

98 위의 책과, Tom Avermaete, *Another Modern. The Post-War Architecture and Urbanism of Candilis-Josic-*

Woods. Rotterdam (NAi Publishers) 2005.를 참조.

99 Viktor Gruen, *Shopping Town USA. The Planning of Shopping Centers*. New York 1960.을 참조.

100 위의 책과 Victor Gruen, *The Heart of Our Cities*. New York (Simon & Schuster) 1964.

101 Gruen, *Shopping Town USA*, p. 21.

102 위의 책, pp. 23-24.

103 Charles Moore, 'You Have to Pay for the Public Life', in: *Perspecta* (1965), no. 9/10, p. 65. See also in this book, p. 283-290.

104 Peter Blake, *God's Own Junkyard. The Planned Deterioration of America's Landscape*. New York (Holt, Rinehart & Winston) 1964; Robert Venturi, Denise Scott Brown, & Steven Izenour, *Learning from Las Vegas*. Cambridge, Mass. (MIT Press) 1972; idem, *Learning from Levittown* (1969, unpublished).

105 Hans Paul Bahrdt, *Die moderne Großstadt. Soziologische Überlegungen zum Städtebau. Reinbek* (Rowohlt) 1961.

106 Sennett, *The Fall of Public* Man.

107 Jane Jacobs, *The Death and Life of Great American Cities*. New York (Random House & Vintage Books) 1961.

108 A.C. Zijderveld, *Steden zonder stedelijkheid. Een cultuursociologische studie van een beleidsprobleem* [Cities without Urbanity]. Deventer (Van Loghum Slaterus) 1983

109 Rem Koolhaas, 'The Generic City', in: Rem Koolhaas & Bruce Mau, *S, M, L, XL*. Rotterdam (010) 1995, pp. 1238-1264; also included in the present book in the chapter 'Definitions'.

110 Yochai Benkler, *The Wealth of Networks*. New Haven (Yale University Press) 2006.

111 애드호크라시의 개념에 대한 소개는 Bob Travica, *New Organizational Designs. Information Aspects*. Westport, Conn. (Ablex/ Greenwood) 1999.를 참조.

112 Benkler, *The Wealth of Networks*, p. 256.

113 Howard Rheingold, *Smart Mobs*. Cambridge, Mass. (Basic Books) 2002, pp. 158-160.

114 Manuel Castells, Jack Linchuan Qiu, Mireia Fernandéz-Ardèvol, & Araba Sey, *Mobile Communication and Society*. Cambridge, Mass. (MIT Press) 2007, p. 188.

115 Michelle Perrot (ed.), *Geschiedenis van het persoonlijk leven. Vol. 8, De negentiende eeuw: de materiële cultuur en de wereld van het individu*. Amsterdam (Agon) 1995, p. 102-105; 영역본: Michelle Perrot, *History of Private Life*. Vol. IV, *From the fires of revolution to the great war*. Cambridge, Mass. (Harvard University Press) 1990.

116 Walter Weyns, 'Grensschermutselingen. Een sociologische verkenning van de grens tussen privé en publiek domein', in: *Tijdschrift voor Sociologie* (1998), no. 3.

117 Alain Touraine, *What is Democracy?* Boulder, Colo. (Westview Press) 1997, p. 48

118 Richard Sennett, quoted in: Christopher Lash, *De cultuur van het narcisme*. Amsterdam (De Arbeiderspers) 1981, p. 24.

119 First edition: George Orwell, *1984*. London (Secker and Warburg), 1949.

120 D. Slater, 'Public/ private', in: Chris Jenks (ed.), *Core Sociological Dichotomies*. London (Sage) 1998, p. 8.을 참조.

121 Henri Lefebvre, 'Humanisme et urbanisme', in: *La Gazette technique*, no. 18 (1963), pp. 2-3.

122 Antoine Prost, 'Grenzen en ruimte van het persoonlijke', in: A. Prost & G. Vincent (eds.), *Geschiedenis van het persoonlijk leven*. Vol. 9, *De twintigste eeuw: de verandering van de persoonlijke ruimte*. Amsterdam (Agon) 1994, p. 119; 영역본: Antoine Prost & Gérard Vincent, *A history of private life*. Vol. V, *Riddles of identity in modern times*. Cambridge, Mass. (Harvard University Press) 1991.

123 Paul Virilio, *The Vision Machine*. London (BFI) & Bloomington (Indiana University Press) 1994, p. 94; original title: *La machine de vision*. Paris (Galilée) 1988.

124 Gianni Vattimo, *The Transparent Society*. Cambridge (Polity Press) 1992, p. 12; original title: *La societé trasparente*. Milan (Garzanti) 1989.

125 Alain Touraine, *Pourrions-nous vivre ensemble?* Paris (Fayard) 1997, p. 49.를 참조.

126 Lofland, *The Public Realm. Exploring the City's Quintessential Social Theory*. Hawthorne, NY (Aldine de Gruyter) 1998.

127 Zygmunt Bauman, *Life in Fragments*. Oxford (Blackwell) 1995, p. 174.

128 Mike Davis, *The Ecology of Fear, Los Angeles and the Imagination of Disaster*. New York (Metropolitan Books) 1998.

역주1 한승완 역『공론장의 구조변동』나남출판 2004에서는 Öffentlichkeit를 여론 형성의 장이라는 의미로서 '공론장'이라 옮겼으나 본 책에서는 더 넓은 의미의 '공공영역'으로 번역하였다.

1장 정의

톡톡 튀는 새 옷을 입고 걷기 위한 곳, 번쩍이는 새 자동차를 타기 위한 곳 / 클러스터 도시

{앨리슨 스미슨, 피터 스미슨 **Alison and Peter Smithson**}

보편적 도시 {렘 콜하스 **Rem Koolhaas**}

사유 시대의 공공공간 {비토 아콘치 **Vito Acconci**}

공공의 공간들, 집합적 공간들 {마누엘 데 솔라 모랄레스 **Manual de Solà-Morales**}

집합적 공간, 사회적 이용 {헤르만 헤르츠버거 **Herman Hertzberger**}

다윈을 가속하기 {아드리안 허즈 **Adriaan Geuze**}

Architectural Positions

1장 정의 Definitions

'그리고 공과 사라는 서로 정반대의 것이 있다.… 공공건물의 상징적 의미와… 사적인 공간의 보다 일상적인 의미 사이의 차이를 말한다.… 아마도 이는 부분적으로 도시와 건물이라는 상반된 것을 의미하는 것일지도 모른다. 그러나 도시와 건물의 관계는 공과 사의 개념 중 겨우 일부일 뿐이다. 무엇보다도 최근의 자본주의 도시들은 공적이지도 사적이지도 않은 공간을 위한 아주 거대한 장소를 필요로 한다.'

프레드릭 제임슨 Fredric Jameson[1]

이 책의 서문은 철학자 위르겐 하버마스 Jürgen Habermas와 사회학자 리차드 세네트 Richard Sennett가 19세기와 20세기를 지나면서 변해가는 공과 사의 관계를 어떻게 보았는지에 관해 서술하고 있다. 하버마스는 개인이 어떻게 친밀함이라는 안전한 경계 내에서 발전하여 익명이라는 공유영역으로 나오게 되었는지에 대해 설명한다. 그는 상점이나 카페와 같은 만남의 장소가 공공의 여론이 형성되는 물리적인 공간이라고 보았다. 미디어 또한 이러한 공공영역의 개념 속에서 마찬가지의 역할을 한다. 리차드 세네트는 "공공 public"이라는 단어가 어떻게 하여 오늘날의 의미를 지니게 되었는지를 도시성 urbanity과 관련지어 설명한다. '그러므로 "공공"이라는 단어는 가족이나 가까운 친구들과의 관계 밖으로 벗어난 삶을 의미하게 되었다. 공공의 영역은 다양하고 복잡한 사회 집단들을 도피 가능한 접촉 속으로 끌어들이게 된다. 이러한 공적 삶의 초점은 대도시에 맞춰졌었다.'[2] 리차드 세네트는『공인의 몰락 *The Fall of Public Man*』에서 공유영역의 발전이 사유영역에 대한 관점의 변화와 얼마나 밀접하게 연관되어 있는지를 설명한다. 그에 따르면 사유영역이 점점 더 우세할수록 공유영역을 위한 낡고 오래된 행위들은 더 이상 유효하지 않게 된다. 다른 한편에서는 사회적 상호작용을 조장하는 공간으로서 공유영역이 지니고 있던 그만의 중요성을 곧 잃게 될 것이라는 두려움도 존재하고 있다.

이 장에서 제시되는 주요한 논점들 중 하나는 공과 사의 변화하는 관계 속에서 건축이 가지는 역할이다. 건축가들은 사회적 변화에 대응할 의무가 있다. 그러나 그들은 그 외에도 '공과 사'와 같은 개념들을 재정의하는 데에도 중요한 역할을 한다. 오스망 Haussmann 시대 파리의 대로와 같은 새로운 공간적 개념들은 새로운 유형의 공적인 공간을 창조하였고, 그를 통해 공유영역에 대한 새로운 표현들에 간접적으로 기여했다고 볼 수 있다. 보들레르 Baudelaire와 졸라 Zola 그리고 프루스트 Proust가 말한 것처럼 19세기 후반 파리의 대로들은 새로운 유형의 공적 삶을 위한 배경을 제공하였다.[3] 공유영역을 정의하는 것은 1920년대와 1930년대의 근대 아방가르드 건축가들에게도 주요한 관심사였다. 새로운 형태의 사회와 공동체를 위한 제안들은 종종 공유영역과 공공건물들을 설명하는 새로운 방법들과도 연결된다. 1920년대 초반에 르 꼬르뷔제 Le Corbusier는 현대 도시 Ville Contemporaine 계획안에서 이미 공유영역에 근본적으로 다른 의미를 부여할 것을 제안하였다. 거리나 광장과 같은 전통적인 도시 공간들은 더 이상 공공영역의 근간을 이루지 못하였다. 공공영역은 이제 실내 주거공간과 외부 풍경 간의 긴장감에 의해 정의되었다. 1950년대 초반부터 시작된 유니떼 다비따시옹 Unité d'Habitation 프로젝트에서는 가로가 건물의 필수적인 부분으로서 다시 제 위치를 찾았다. 풍경이 건물의 지하와 건물 주변으로부터 자유로워진 반면, 공공의 공간은 이전에는 사유영역이었던 주거 건물의 일부가 된다. 브루노 타우트 Bruno Taut나 에른스트 마이 Ernst May와 같은 독일 건축가들은 프랑크푸르트의 주거단지 Siedlung 프로젝트를 통해 공과 사의 훨씬 점진적인 전이를 시도하였다.[4] 이 장에 함께 실린 글들은 건축가들이 공과 사의 변화를 정의하는데 있어 건축이 풀어야 할 과제를 어떻게 보아왔는지, 그리고 그들이 디자이너로서 어떠한 입장을 취했었는지를 설명해준다. 어떤 이들은 점진적인 방법과 중복 속에서 디자이너로서의 매력적인 도전을 추구한 반면 다른 이들은 이보다 더 극단적인 방법을 추구하기도 한다.

영국의 건축가인 앨리슨 스미슨 Alison Smithson과 피터 스미슨 Peter Smithson 부부는 건축가들이 어떻게 공과 사의 새로운 관계를 새로운 접근법으로 연결시켰는지 보여준다. 스미슨 부부는 1967년에 쓴 『걷기 위한 곳과 타기 위한 곳 *Where to Walk and Where to Ride*』에서 이미 근대화로 인해 변해가는 생활양식에 대한 그들의 관심을 표현한 적이 있다. 기술의 진보가 우리의 삶을 짧은 시간에 급진적으로 바꾸어 놓았다. 대량 생산은 더 많은 대중이 텔레비전과 자동차를 사용할 수 있게 해주었고, 이는 결과적으로 우리의 일상생활에 중대한 영향을 미쳤다. 우리는 '삶의 방식과 장소 간의 연결성을 잃어버리고 있다. 따라서 우리는 도시를 더 이상 연속적인 단위로 보지 않고 오히려 일련의 사건들로 간주한다.' 그 시대의 건축가들은 이러한 변화의 영향에 대해 완전히 알고 있지는 못했다. 따라서 스미슨 부부는 이러한 새로운 욕구들을 인지하고, '거주적합성 livability' 을 생성할 수 있는 건축과 도시계획에서 그 해결책을 찾는 것을 자신들의 목표로 삼았다. 스미슨 부부는 '클러스터 도시 Cluster City' 를 통해 공유영역에 대한 새로운 사고의 명확한 시발점으로서 새로운 형태의 이동성과 의사소통을 제안하였다. 이와 밀접하게 연관된 프로젝트는 1958년에 열린 베를린 수도 현상설계의 출품작이다. 이 작품에서 가장 뛰어난 요소는 공공의 공간을 두 배로 늘리는 그들의 제안이었다. 각기 다른 공공의 흐름을 만드는 보행자들과 도로 이용자들은 대부분 서로 떨어져서 위치하고 오직 특정한 지점에서만 다시 만날 뿐이다. 거리 레벨의 상부에는 새로운 공공의 바닥 면이 불규칙한 패턴으로 구성되어 있다. 그곳에는 보행자들이 서로 만날 수 있는 공간이 만들어지며, 오락과 휴식, 공공 회의와 친목 도모를 위한 공간들이 복잡한 교통과 멀리 떨어져서 위치하게 된다. 1970년에는 공공의 공간을 위한 이러한 새로운 모델에 대한 신뢰가 부족했기 때문에 알도 로시 Aldo Rossi나 조르지오 그라씨 Giorgio Grassi와 같은 신합리주의 neo-rationalists 건축가들이 길거리와 상가 건물 그리고 광장 등과 같은 더욱 전통적인 형식의 공공공간으로 다시 되돌아가고자 했던 것인지도 모른다.

렘 콜하스 Rem Koolhaas의 『보편적 도시 *generic city*』에 의하면 새로운 공유영역에 형태를 부여하는데 있어 공공은 거의 아무런 역할을 하지 못하며, 바로 그 부분에서 스미슨 부부는 그것을 건축가의 명백한 과제로 보았다. '보편적 도시는 공유영역에 대한―로마의 포럼과 그리스의 아고라의 관계가 현재의 쇼핑몰과 시내 중심가의 관계까지 이어지는 놀라울 정도로 긴 시간 동안 점진적으로 값어치가 저하된―과수요가 아니라 오히려 공유영역의 잔여물에 의해 확고해진 도시라고 할 수 있다.' 어떤 면에서는 렘 콜하스가 말한 대로 공유영역의 소멸은 곧 도시의 종말을 뜻하는 것일 수도 있다. 렘 콜하스에게 도시는 '보편적' 성격의 것이 되어가고 있고, 전 세계적으로 각기 다른 공간들이 그 어떤 뚜렷한 정체성도 없이 점점 더 비슷하게 변해가고 있다. 이러한 특성 없는 도시의 공간들에 대한 그의 설명은 마크 오제 Marc Augé가 정체성이나 역사 또는 사회적 연관성이 없는 장소들이라고 표현한 '비(非)장소 non-places'를 연상시킨다.[5] 콜하스는 "거리는 죽었다"라고 선언한다. 그곳에는 공통된 역사가 없고 건축은 특색을 잃어버렸다고 그는 말한다. 『보편적 도시』의 마지막에 그는 도시의 소멸을 거꾸로 돌아가는 영화 필름에 빗대며 도시 풍경 속에서 활력이 점점 사라져가는 것을 묘사한다. 여기서 말하는 도시 풍경이란 '시장'이며, 이는 공유영역을 묘사하기 위해 의도적으로 사용된 이미지이다.

사실상 이와 관련된 스미슨 부부의 주장들 이후로 40년 이상, 그리고 세네트가 『공인의 몰락 *The Fall of Public Man*』을 발간한지 30년이 지나서야 서구 도시들의 공적인 차원이 급진적인 변화를 겪고 있다는 것이 명백해졌다. 이러한 변화의 예는 이전에 있었던 공공 서비스들의 점진적인 사유화, 미디어와 정치에서 사적인 삶의 주요한 역할들, 그리고 공적인 공간에 존재하는 보안 카메라 등과 같은 더욱 거대한 감시 체계에서 찾을 수 있다. 세네트와 하버마스가 공유영역을 사회적 상호작용이 일어나는 명확하게 정의된 만남의 장소로 특징지었듯이 공유영역은 공과 사 사이에 많은 단계적 전이와 중첩이 존재하는 상황을 수용해왔다.

게다가 최근 수 십 년간 '가상의' 영역이 등장하였고 이는 일상생활에 부인할 수 없는 영향을 미쳐왔다. 그리고 가끔은 그 일상을 대체하는 듯 보이기도 한다. 공공영역은 더 이상 전통적이고 물리적인 만남의 장소에서 그저 찾아지기만 하는 것이 아니라, 전자고속도로와 모든 종류의 화제가 거론되는 가상의 토론장들로 대체되기도 하는 것처럼 보인다. 예술가이자 건축가인 비토 아콘치 Vito Acconci에 따르면 역사적인 도시 속의 고전적인 공공공간들에 대한 낭만적 개념은 이제 더 이상 현대의 '빠른' 도시와 어울리지 않는다. '전자 시대의 공공공간은 도주 중인 공간이다. 공공의 공간은 도시 내에 존재하는 공간이 아닌 도시 그 자체이다. 즉, 매듭이 아니라 순환 경로이며, 건물과 광장이 아니라 도로와 다리이다. 전자 시대에는 공공이 사적인 것들의 합성물로 재정의 된다. 빠르게 돌아가는 이 시대에, 경계를 가지고 실제적 장소의 형태를 지닌 공공공간은 감속의 과정이자 시간을 멈추어 역사 속에서 더 과거의 시대로 다시 돌아가고자 하는 시도이다. 건물들로 둘러싸이고 기업에 의해 소유되는 광장은 19세기 국가주의를 향한 향수라고 할 수 있다.' 그러나 아콘치는 1990년에 쓴 그의 글 『사유시대의 공공공간 *Public Space in a Private Time*』에서 공공성을 완전히 포기하지는 않는다. 그는 공과 사 사이에 존재하는 경계가 얼마나 유연할 수 있는지를 묘사한다. 특히 공적인 공간의 용도가 시간을 지나오면서 어떻게 급진적으로 사회적 변화에 대응하여 변화할 수 있었는지에 대해 설명한다.

콜하스와 아콘치는 공공성을 더 이상 도시 공간의 관점에서 정의하지 않은 반면, 스페인 건축가 마누엘 데 솔라 모랄레스 Manuel de Solá-Morales는 공공영역과 도시 공간 간의 관계에 대한 개념을 전혀 포기하지 않았다. 오히려 그는 자신의 출판물과 건축 작업들을 통해 도시 환경의 공공적인 측면을 명백하게 공표한다. 1990년대 초반에 쓴 자신의 글 『집합적 공간들에 관하여 *On collective spaces*』에서 그는 공과 사 사이에 위치하면서 심지어 공과 사가 서로 겹쳐질 수도 있는 새로운 유형의 도시 공간을 정의한다. 이것이 바로 '집합적 영역 collective domain' 이다. 솔라 모랄레스에 의하면 건축가와 도시 계획자들의 과제는 이 영역 내에 존재한다. '이것은 근대적 도시 디자인에서 공공 계획가들을 위한 과제이다. 이는 공적인 것도 아니고 사적인 것도 아닌 그 반대의 개념, 즉 공적이기도 하고 사적이기도 한 것이다. 이러한 중간의 공간은 쓸모없는 공간이 아니다. 마케팅과 이윤을 위한 공간일 뿐만 아니라 복합적 형태를 가진 도시 조직의 부분들을 자극하는 공간이다.' 각각의 폐쇄된 사적인 공간들을 서로 연결함으로써 가능해지는 사유영역의 도시화는 더욱 풍부한 도시 경험을 제공해준다. 집합적 성격을 갖는 공간들은 공과 사라는 개념의 혼합체로서 모든 형태와 규모의 수준에서 동시에 제 기능을 한다.

네덜란드 건축가 헤르만 헤르츠버거 Herman Hertzberger는 특히 이러한 '매개 공간' 에 있어서 탁월한 디자이너이다. 그는 공과 사 두 가지 개념 모두 건축가의 과제에 어느 정도는 항상 존재한다고 주장한다. '확실한 사실은 공과 사, 그리고 실내, 실외의 문제들은 상대적인 개념이라는 것이다.' 그에게 도시 공간을 계획하는 주된 목적은 사회적 상호작용을 창조해내는 것에 있다. 『사회적 공간 *Social Spaces* (2002)』에서 헤르츠버거는 모든 건물들은 어느 정도의 공동성을 포함하고 있으며 따라서 소도시의 성격을 지닌다고 말한다. 이러한 관점에서 그는 주거나 사무실과 같은 사적인 건물의 디자인에도 공적인 요소들이 포함되어야 한다고 주장한다. '대규모의 사람들이 한 곳에 모이는 건물들은 작은 규모의 도시와 같은 기능을 한다. 그러므로 그 건물들은 사실상 소도시와 같이 조직되고 계획되어야 한다. 이렇게 집합적으로 사용되는 건물들은 비교적 "공적인" 부분으로 분류되는 거리나 광장들과 같은 내부 구조와, "건물 안의 건물"로서 거리들 간의 네트워크로부터 구별되는 내부인들 만을 위한 부분들을 필요로 한다. 이러한 배열은 당신이 사전 지식을 가지고 있지 않다고 해도 쉽게 길을 찾을 수 있도록 해줄 것이다.' 아펠도른 Apeldoorn에 있는 1960년 말에 헤르츠버거가 디자인 한 네덜란드 보험회사 '센트랄 베헤르 Centraal Beheer Achmea'의 사옥은 이러한 접근법을 보여주는 좋은 예이다. 건물은 거리와 좁은 통로, 그리고 벽감으로 이루어진 거의 도시적인 구조를 띠고 있는데, 그러한 구조 내에 사람들이 모일 수도 있고 건물 내 다른 장소와의 시각적 연결도 존재한다.

헤르만 헤르츠버거가 그의 건축 프로젝트 속에 말하자면 집합적 차원을 불어넣은 한편 아드리안 허즈 Adriaan Geuze는 사회적 상호작용을 위한 또 다른 가능성을 발견하였다. 허즈는『다윈을 가속하기 *Accelerating Darwin* (1993)』에서 현대의 공공공간들은 인간의 창의력이 과소평가되고 있다는 것을 증명해주고 있다고 이야기한다. 오늘날 도시들의 모든 녹지 공간들은 아주 심각할 정도로 미리 프로그램 되어 있어서 그 건물의 거주자들은 지겨워서 죽을 지경이다. 스미슨 부부가 본 1960년대의 도시 거주자들은 아직 새로운 이동성에 대응하는 방법을 모르고 있었던 반면에 허즈가 본 20세기 초반의 도시 거주자들은 이에 대해 조금 더 편안한 듯 보인다. 그들은 더 이상 명백하게 정의된 도시 구조나 공공공간을 추구하지 않는다. 그들은 오히려 그들만의 것으로 만들 수 있는 한정되지 않은 공간들을 추구한다. '새로운 공공공간들은 과도하게 편향되고 신중한 행동을 드러내야 하고, 그 공간의 이용자를 자극하고 방향 감각을 잃게 하여야 한다.… 새로운 공공공간은 공간의 이용자를 조종함으로써 그들이 자신의 행동을 인지하고 더 이상 미리 정해지거나 자동화된 반응으로 다시 돌아가지 않도록 해야만 한다.'

이 장에 실려 있는 글들은 변화하는 공과 사에 대한 정의들에 대해 긍정적인 시각부터 극도로 부정적인 시각까지 다양한 방법으로 대응한다. 헤르츠버거와 솔라 모랄레스는 디자인에서 공유영역과 사유영역 간의 현시대적인 상호 교류와 점진적인 변화를 만들어냄으로써 건축가들의 재량이 도시 공간에 긍정적인 영향을 미칠 수 있다는 입장을 보인다. 그들은 공공영역의 내부화를 하나의 위협으로 본 이론가 마이클 소킨 Michael Sorkin과 브루스 라빈스 Bruce Robbins의 입장과는 반대로[6] 그것을 하나의 도전으로 본다. 또한 디자이너로서 공과 사의 변화하는 정의들이 어떻게 새로운 건축 형식에 영향을 미치고 각기 다른 공유영역들 간의 독특한 연결을 가능하게 하는지에 대해 고민한다. 콜하스와 스미슨 부부, 그리고 아콘치는 새로운 사회적 현상들이 건축과 도시 공간의 개념적 배경에 미치는 영향에 대해 관찰하였다. 스미슨 부부는 이러한 변해가는 정의들에서 건축적 도전을 보았지만 콜하스에게 있어 건축가의 역할은 효력을 다한 듯하다. 그러나 콜하스는 그의 건축을 통해 공과 사의 경계를 탐구한다. 예를 들어 로테르담 Rotterdam에 있는 '쿤스트할 Kunsthal'을 보면, 전시 공간의 입구는 진부하게도 뒷문 쪽에 나있는 데에 반해 공공공간인 가로는 건물의 중심에 위치한다. 허즈는 공공의 공간이 도전적이고 자극적이며 혼란스럽게 만들 수 있는 것이어야 한다고 말한다. 그는 도시 공간의 이용자들이 활동적인 역할을 가지고 도시 속에서 자신만의 공간을 만들 수 있을 때만이 그것을 의미 있는 도시 경험, 즉 진정한 공공영역이라 부를 수 있다고 주장한다. 그리고 이러한 주장은 우리로 하여금 세네트가 언급한 궁극적인 공공공간을 다시 돌아보게 한다. 이는 도시 거주자들이 상호작용적인 관계를 맺는 공간인 극장으로서의 공공공간을 일컫는다. 그러나 이러한 공공공간은 전통적인 시장이나 거리보다도 훨씬 광범위하게 정의된다. 아마도 공공의 공간은 공유영역이 가장 번성할 수 있는 잉여의 공간, 바로 현대 도시의 한정되지 않은 공간에 존재할 것이다.

{주}

1 Fredric Jameson, 'Is Space Political?', in: Neil Leach (ed.), *Rethinking Architecture*. London (Routledge) 1997, p. 257.

2 Richard Sennett, *The Fall of Public Man* (1974). London (Penguin Books) 2002, p. 17.

3 근대적인 파리의 개발과 대중의 경험에 오스망이 미친 영향에 대한 논의는 René Boomkens, *Een drempelwereld. Moderne ervaring en stedelijke openbaarheid*. Rotterdam (NAi Publishers) 1998, pp. 60-64. 을 참조

4 Hilde Heynen, *Architectuur en kritiek van de moderniteit*. Nijmegen (SUN) 2001, pp. 68-99; 영역판: *Hilde Heynen, Architecture and Modernity. A Critique*. Cambridge, Mass. (MIT Press) 1999. 한글판: 건축과 현대성 2008.(시공문화사)를 참조

5 Marc Augé, *Non-Places. Introduction to an Anthropology of Supermodernity*. London / New York (Verso) 1995; original edition: Marc Augé, *Non-lieux. Introduction á une anthropologie de la surmodernité*. Paris (Seuil) 1992.

6 Michael Sorkin, *Variations on a Theme Park. The New American City and the End of Public Space*. New York (Hill and Wang) 1992; Bruce Robbins, *The Phantom Public Sphere*. Minneapolis (University of Minnesota Press) 1993.

WILTONS
BURY RESTAURANT
NEWSAGENTS STATIONERS

톡톡 튀는 새 옷을 입고 걷기 위한 곳 Where to Walk and Where to Ride in our 번쩍이는 새 자동차를 타기 위한 곳 Bouncy New Clothes and in our Shiny New Cars

{앨리슨 스미슨, 피터 스미슨 **Alison and Peter Smithson**}

출처: 1967년 저, Alison & Peter Smithson, *The Emergence of Team 10 out of CIAM*. London (Architectural Association) 1982, 88-91쪽 중에서

1953년 이후로 유럽은 생활양식에 큰 변화를 겪어왔다. 그 변화의 상징은 바로 자동차다. 새로운 양식은 최신 유행의 옷과 '기어 gear' 를 통해 사회 전반에 파급되었다. 운동경기나 운동기술과 같은 것을 함축적으로 의미하는 기어라는 용어는 소수에게만 허락된 부러움과 선망의 대상이 되었다.

큰 도시나 마을의 가로들은 평범한 직업을 가진 평범한 여자들로 활기차다.

적어도 대도시에서는 (여전히 비싸긴 하지만) 매우 색다른 가구들을 구할 수 있다.

일반적인 주택들의 내부 조명 색상들은 이제 지극히 평범하다.

텔레비전은 사람들의 생각을 열고, 스스로를 자신들만의 생활양식을 필요로 하는 하나의 그룹으로 인식하는 새로운 계급을 만들어냈다.

우리는 건축가로서 아직 이런 생활양식에 적합한 건축 환경을 찾아내지 못했고, '그런 생활이 일어날 수 있는 장소' 도 아직 만들어내지 못했다.

유행의 전통은 대량 생산된 제품이나 여전히 권좌에 앉아있는 유행 지난 제품들이 아닌, 운반기구의 거래나 (거래되는 마차나 농장수레, 특히 농장수레는 항상 멋있었다.) 또는 옷(디자인뿐만 아니라 강조된 부분, 선 또는 사회적 분위기, 심지어 소재의 느낌까지도 민망한) 거래를 따라 이어져 왔다. 한편 우리는 주택의 대량생산이 우리의 권리 위에 서도록 내버려 뒀다는 점에서 우리의 거래에 대해 죄책감을 가져야 한다. 우리는 유행의 전통을 19세기 후반 윤리주의자들에 의해 잃어버렸다. 그럼에도 우리는 대량주택 생산자들에게 앞으로 지어질 꿈의 도시나 혹은 그들이 부러운 나머지 복제하고 싶어 할만 한 하나의 본보기를 제시해야만 한다. 오늘날의 건축계는 유명 디자이너가 없는 옷 거래와도 같다.

우리는 효과적인 디자인을 위해 의상 디자이너들처럼 현실을 직시해야만 한다. 이제 우리는 자가용의 소유와 라디오를 비롯한 다양한 음향 기기들의 보급, 그리고 한층 높아진 삶의 기준들과 구매력의 증가를 자연스럽게 받아들여야 한다. 또한 이런 것들이 가족들을 위한 더 큰 규모의 주택을 필요로 한다는 것도 이해해야만 한다.

이러한 변화는 그 특성상 저밀도의 도시와 함께 사물들 간의 더 먼 거리와 더 많은 개방성

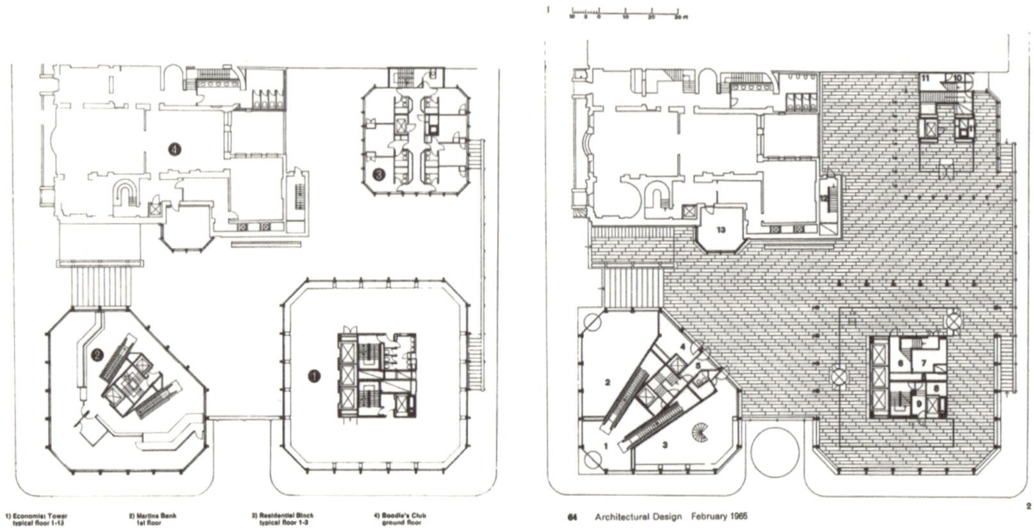
1) Economist Tower typical floor 1-13
2) Martins Bank 1st floor
3) Residential Block typical floor 1-3
4) Boodle's Club ground floor
64 Architectural Design February 1965
2

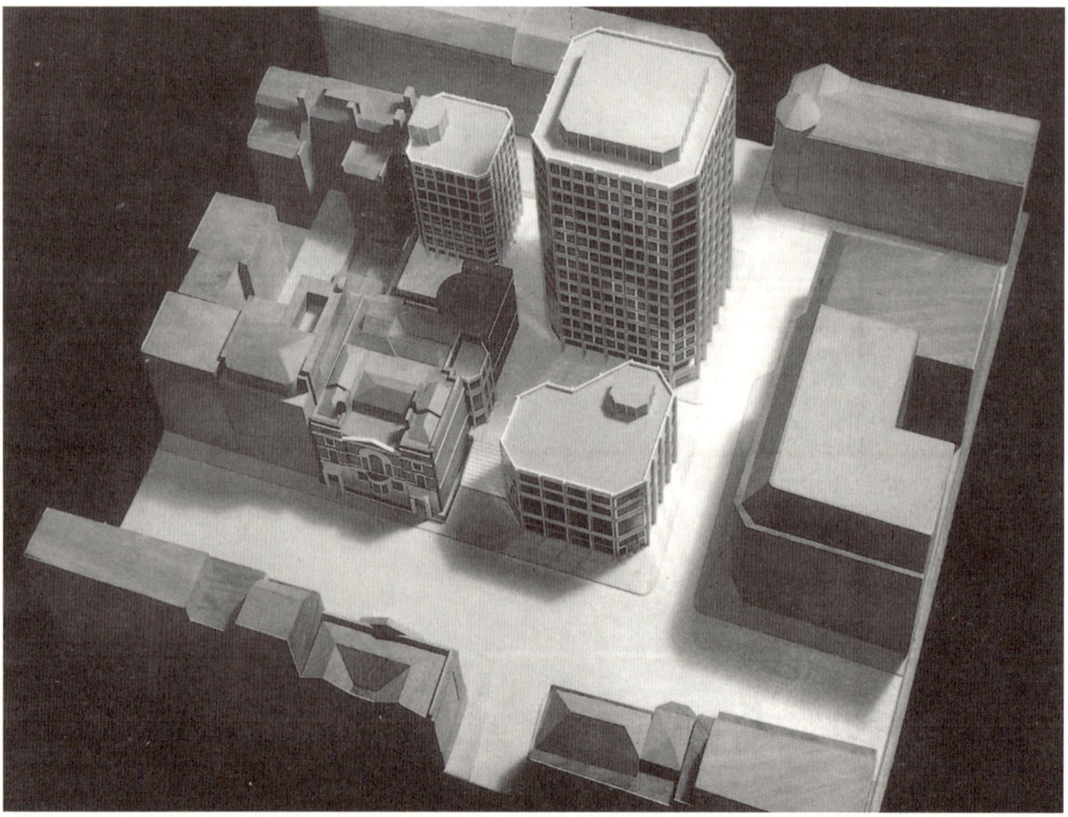

을 요구한다. 다른 느낌, 다른 양식의 삶인 것이다.

우리는 건물들이 중세처럼 각각 독특한 디자인을 유지하면서도 한편으로 좀 더 큰 규모의 콘크리트로 만들어질 수 있도록 하는 산업화된 건축 방법론들을 받아들여야 한다.(파리 외곽의 드랑시 Drancy의 타워들을 제외하고, 유니테 다비따시옹의 프리캐스트 콘크리트 외피에서 시작된 건축의 산업화는 1958년 런던의 로햄프턴 Roehampton 개발 프로젝트에서 그 정점을 찍는다).

우리가 현 시대의 분위기를 알아채지 못하고, 이렇게 새롭고 완벽해진 수단들의 이점을 활용하지 못한 것은 상당부분 우리 자신이 최신 유행의 옷을 입고 번쩍이는 새 자동차를 타고서 어디서 걸어야 할지 그리고 어디서 달려야 할지 확신하지 못하고 있기 때문이다.

우리는 파리를 보면서 집합적 예술의 형태로서 정물화 같은 도시라고 느낀다. 그것은 우리로 하여금 장소들과 삶의 양식을 이어주는 운하를 선망했던 조르쥬 시므농 Georges Simenon의 글에 주목하게 한다. 우리는 그 연결을 잃어버렸다는 것을 알고 있다.

그 연결을 다시 만들어내는 것은 오로지 활기차게 될 것이라고 믿고 있는 장소들과 사람들을 함께 고려함으로써만 가능해진다.

우리는 주택들의 집합 속에서 살아가고 있다. 우리는 움직인다. 우리는 쇼핑을 하고 다시 움직인다.

과거의 생활양식과 가장 달라진 점은 이제 그 거리가 1/3마일을 넘는다면 잘 걷지 않고 자동차를 타고 가면서 사람들과 집들과 하늘을 보게 된다는 것이다. 결국 우리는 도시를 하나의 연속적인 것으로 경험하지 못하고 오히려 일련의 사건들로 이해하게 된다.

일터와 거주지가 모여 있는 넓은 지역 또는 디즈니랜드와 같이 느긋하게 돌아다닐 수 있는 쇼핑 구역으로 이루어진 새로운 생활양식에 맞는 도시 패턴은 손쉬운 익명의 운송수단과 함께 우리의 일상적인 경험과 평범한 도시 생활의 장면에 적합한 조직화의 방법을 제공할 것이다. 그렇게 되면 우리가 멋들어진 새 옷을 입고 걸어 다닐 만한 곳과 반짝이는 새 자동차를 타고 달릴 만한 곳이 명확해질 것이다.

안정적이고 명확하며 알아보기 쉽고 그 주변에서 생활이 가능한 하나의 이러한 집합체를 만들어내는 것은 분명히 가능하다. 그리고 이것이 앞으로 우리가 작업해 나가야 할 부분이다. 만약 우리가 그 범위 내에서 새로운 생활양식을 유지할 수 있을 만큼 충분히 크고, 그 장소의 근본적인 성격이 변화 속에서도 없어지지 않고 더 확고해 질만큼 튼튼한 어떤 집합체를 만들 수 있다면 우리는 우리의 역할을 제대로 해낸 것이다. 대부분의 경우와 마찬가지로 도시가 잘못 구성되어 있다하더라도, 만약 그런 지역들을 유지하는 좋은 기반 시설만 갖춰져 있다면 적어도 우리가 살만한 곳은 있는 것이다.

클러스터 도시 Cluster City

{앨리슨 스미슨, 피터 스미슨 **Alison and Peter Smithson**}

출처: *The Architectural Review* 122 (1957), 333-336쪽 중에서

'빛나는 도시 Ville Radieuse' 에 대한 르 꼬르뷔제의 꿈: 그 계획은 우리로 하여금 '옛 파리 Vieux Paris' 의 종이 식탁보에 그려진 자그마한 무늬 위에 서있는 것처럼 느끼게 한다. 그리고 실제로 그 계획은 그 무늬로부터 고안되었다. 똑같은 이미지에 대한 우리의 반응이 얼마나 다른가? 그의 발화점은 흥분인 반면 우리의 발화점은 예술사적 호기심이다.
그렇지만 그 꿈은 충분히 현실적이었고 지금도 유용하다.

클러스터 도시 – 공동체의 새로운 형태

'자 여기, 보행자들이 완만한 경사로를 따라 1킬로에 달하는 테라스를 거쳐 1층으로 올라갈 수 있는 산책로가 있다. 그 길 옆으로는 아래의 지면이 훤히 내려다보이는 나무꼭대기에 가려진 카페들이 위치해 있다. 또 다른 경사로는 1층에서부터 두 층 높이에 있는 두 번째 산책로로 이어진다. 두 번째 산책로의 한쪽 편은 멋들어진 상점들이 즐비한 뤼 드라 빼 Rue de la Paix거리이고 다른 쪽 편은 도시의 경계를 시원스레 바라볼 수 있는 전망을 제공한다. 한편 세 번째 경사로는 클럽과 식당들이 모여 있는 산책로를 따라 올라간다. 발아래에는 드넓은 공원과 굽이치는 신록의 바다가 펼쳐진다. 그리고 좌우로는 저 너머까지 거대하고 장엄한 완전하게 투명한 유리 마천루들이 서로 경쟁하듯 웅장함과 청명함 그리고 기쁨의 눈부신 장관을 연출하며 우뚝 솟아 있다.…

저 세미라미스 Semiramis의 공중 정원, 3단의 테라스들은 "고요의 거리"이다. 그 우아한 수평선은 거대한 수직의 유리 기둥들 사이의 간격을 보이지 않는 거미줄로 한데 묶고 이어준다.… 소실점처럼 수평선 속으로 사라지는 저 거대한 열주는 자동차들이 빛의 속도로 파리를 가로질러갈 수 있는 일방의 공중 고속도로이다.… 밤의 어둠이 고속도로를 따라 자동차들의 행렬을 뒤덮게 되면 찬란한 빛의 줄기가 여름의 하늘을 가로지르는 유성의 꼬리처럼 자취를 남긴다.'

이 인용문은 1929년 5월, 『강경파 *L'Intransigeant*』에 발표된 글 '거리 The Street' 중 일부이다. 이 글은 르 꼬르뷔제의 초기 작품인 1922년 작 '300만을 위한 도시' 프로젝트의 원칙과 건물 유형을 파리에 적용한 1925년 프로젝트 파리 쁘와송 Voisin 계획에 대한 묘사이다.

우리는 여전히 이러한 꿈을 간직하고 있다. 하지만 우리는 더 이상 르 꼬르뷔제가 이루어질 수 있다고 상상했던 그런 방식은 믿지 않는다. 그의 도시는 거대한 축으로 이루어진 체스판

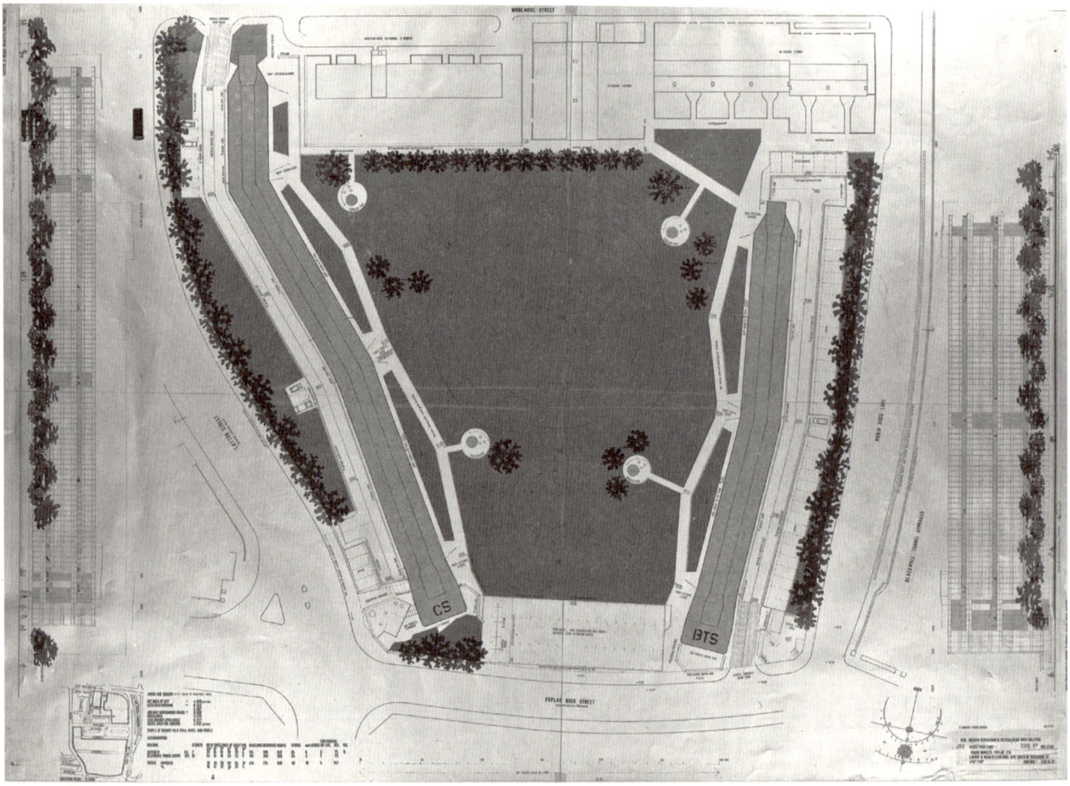
CS
BTS
POPLAR HIGH STREET

EATONS

이다.

우리가 추구하는 것은 더 복잡하고 덜 기하학적인 것이다. 우리는 '치수' 보다는 '흐름'에 더 관심을 갖는다. 우리는 지어진 형태를 통해 변화와 성장, 흐름과 공동체의 활력을 의미 있게 만들 수 있는 건축과 도시를 창조해야만 한다.

모든 건물의 구성에는 전체 공동체 구조의 재생이 내재해 있어야만 한다. 예를 들어 기존의 가로에 세 채의 집을 새로 짓는 문제를 생각해보자. 가로의 각 측면에 있는 집들은 가로 그 자체와 함께 특징적인 도시적 사고를 형성한다. 세 채의 새로운 집들은 기존의 낡은 사고에 의지해서는 안 된다. 오히려 새로운 종류의 공동체 구조에 대한 암시, 징후 등을 제공해야만 한다. 하지만 건축가가 어느 정도 완전하게 그의 작품이 목표하는 바에 대한 종합적인 발상이나 이상을 생각해내지 못한다면 이런 것은 이루어 질 수 없다.

이러한 요구를 만족하는 종합적 발상이 바로 클러스터 Cluster의 개념이다. 클러스터란 복잡하고 종종 유동적이지만 특징적인 구조로 긴밀하게 맺어진 집합체를 말한다. 우리는 건축과 도시계획의 새로운 이상에 대한 그림을 클러스터에서 얻을 수 있을 것이다.

이런 그림을 얻어낸다면 기존의 거리에 세 채의 집을 새로 짓는 문제는 거리의 개념을 여전히 염두에 두면서 오래된 건물들의 입면을 잘라내고 새로운 공동체 구조에 대한 제안과 암시로서 클러스터 복합체를 상세하게 만들어내는 하나의 방법 찾기일 뿐이다. 전통적으로 건축가의 책무는 공동체의 기능과 염원 그리고 믿음을 나타내는 상징이나 이미지를 창조하고, 그것들이 결국 하나의 이해할 수 있는 전체가 되도록 만들어내는 것이다. 클러스터 개념은 우리에게 새

Alison & Smithson / Robin Hood Gardens / Housing complex / Peplar, East London, UK / 1972

로운 도시의 이미지를 만들어내는 방법을 알려준다. 그리고 교통 문제들을 해결하기 위한 대안으로 지금까지 제시되어 온 도시들 간의 자동차 도로, 도시 내의 도로, 오래된 도심 주변의 주차장, 도시 외곽의 쇼핑센터, 도로에서 벗어난 공장들 그리고 주거용 공동숙소 등과 같은 방안들을 좀 더 의미 있게 활용하는 해법을 제안한다.

새로운 도시에 적용되는 또 하나의 개념은 역사적인 주요 지점에서부터 방사형의 도로 형태를 가지며 외주부로 갈수록 주거 밀도와 건폐율이 점차 감소해가는 동심의 순환도로 개념이다.

클러스터의 개념은 하나가 아닌 다수의 '중심' 을 가진다. 공장이나 상업시설, 쇼핑 그리고 여가 시설등과 같이 이용 빈도가 높은 지역들은 공동체를 따라 도처에 산재한다. 그리고 이들은 서로서로 연결되며 나아가 공동의 주거시설이나 도시 고속도로변 주거 전용 마을들과도 이어진다. 누구나 '일하는 곳에서 생활하는 것' 이 가능할 만큼 우리의 삶이 단순한 척 주장을 펼치는 것은 무용지물이다. 이제 우리는 어느 가족이나 그 구성원 중 한 명 이상은 '노동자' 이며, 그가 살 곳을 정하는 것은 매우 복잡한 문제라는 것을 이해해야만 한다. 건축가로서 우리의 책무는 선택권을 만들어 주거나, 의미 있게 차별화된 장소들을 만들어 내거나 또는 진정한 대체적인 삶의 방식을 제공하는 것이다.

우리는 각각의 장소에 대해 성장 가능하면서도 명쾌하고, 어떤 개발의 단계에서나 쉽게 이해할 수 있는 구조와 같은 것을 생각해 내야만 한다. 클러스터는 바로 그런 구조에 대한 개념을 제시하며, 주거비율이나 용적률 제한, 포괄적인 재개발과 강제 수용 등과 같은 기존의 계획방법들은 (적어도 영국에서는) 그 구조의 방향을 이끄는 힘을 제공한다. 더 자유롭게 흐르고 더 다양하며 더 유용한 공동체들이 만들어질 수 없었던 데는 별다른 이유가 없는 듯하다.

보편적 도시 Generic City

{렘 콜하스 Rem Koolhaas}

출처: Rem Koolhaas and Bruce Mau, *S, M, L, XL*. New York(Monacelli Press) 1995, 1248-1264쪽 중에서

1 서문

1.1 공항과 같은 현대의 도시는 '모두 동일하다' 고 볼 수 있을까? 이러한 동일화를 이론화하는 것이 가능할까? 만약 그렇다면 그것은 어떤 궁극적인 형태를 필요로 할까? 동일화는 단지 정체성을 숨기는 대가로서만 가능하다. 그것은 보통 손실인 것처럼 보인다. 그러나 그런 것이 가능하다면 그것은 분명 어떤 의미를 갖는다. 정체성의 불이익은 무엇인가 그리고 반대로 공백의 이로움은 무엇인가? 만약 우연한 듯 보이고 보통은 안타깝게 느껴지는 이러한 균일화가 의도된 과정이거나 차이성으로부터 유사성을 향한 의식적인 움직임이라면? 만약 우리가 '특징에 대한 반대' 라는 세계적인 자유 운동을 목격하고 있다면? 정체성이 다 드러나고 나면 남는 것은 무엇인가? 보편적인 것들?

1.2 정체성이란 물리적인 실체, 역사적인 것들, 맥락, 실존적인 것들로부터 나온다는 점에서 우리는 우리가 만든 현시대의 어떤 것도 그 정체성에 기여한다고는 생각할 수 없다. 하지만 인류의 증가가 기하급수적이라는 사실은 어떤 점에서 살아있는 인류에 의해 자리하고 공유되기에는 과거가 너무 '작아' 질 것이라는 것을 암시한다. 우리 자신들이 그 과거를 다 써버린 것이다. 현재의 인류는 건축에서 역사의 침전물을 찾을 수 있을 정도까지 불가피하게 기존의 것들을 파괴하고 소모해버릴 것이다. 이렇게 과거를 공유하는 형태로서 인식되는 정체성은 실패한 명제이다. 연속적인 인구 팽창의 안정적인 모델에서 역사는 공유하기엔 그 비율이 점점 더 작아질 뿐만 아니라 더 구박받는 부당한 반감기를 갖게 된다. 그리고 그 기록들이 모욕적으로 줄어드는 순간까지 점차적으로 그 의미와 중요성을 잃어가게 된다. 이러한 축소는 지속적인 여행객의 증가, 즉 '특징' 에 대한 끊임없는 요구로 인해 성공적인 정체성들을 의미 없는 먼지로 갈아버리는 사태에 의해 더욱 악화된다.

1.3 정체성은 점점 더 많은 생쥐가 본래의 미끼를 나눠먹어야 하는 쥐덫과 같다. 자세히 들여다보면 그 쥐덫은 수세기 동안 비어있었을지도 모른다. 정체성이 강해질수록 점점 더 많은 것을 그 속에 가두게 되고, 점점 더 확장과 재해석, 재생, 모순을 거부하게 된다. 정체성은 견고하고 굳건한 등대와도 같다. 그 등대는 단지 위태로운 항해를 대가로 치르고 나서야만 그 빛의 패턴이나 위치를 바꿀 수 있다. (파리는 단지 더 파리다워질 수 있을

뿐이다. 이미 파리는 세련된 캐리커처인 하이퍼-파리로 변화하는 중에 있다. 예외도 있다. 확실한 정체성의 부족이 유일한 정체성인 런던은 점점 더 개방적이고 덜 고정적이며 덜 런던다워지고 있다).

1.4 정체성은 중앙 집중적이다. 그것은 정수, 핵심을 강력히 필요로 한다. 정체성의 비극은 단순한 기하학적 용어들로 설명할 수 있다. 영향력의 영역이 확장하면 그에 따라 중심점에 의해 결정되는 면적이 점점 커지게 되고, 안타깝게도 중심의 강도와 권위는 점점 약화된다. 불가피하게 중심과 주변 사이의 거리는 파괴점을 향해 점차 증가한다. 이런 관점에서 본다면 결국 건축적 관심을 끌만한 가치가 있을지도 모르는 일종의 선사시대 환경과 같은 잠재적인 가치를 지닌 구역으로서 변두리에 대한 최근의 뒤늦은 발견은 단지 그 중심점의 중요성이나 중심으로의 종속성에 관한 거짓된 주장일 뿐이다. 중심이 없으면 주변도 없다. 짐작컨대 전자의 이익은 후자의 공허함에 대해 보상한다. 개념적으로 고아가 된 주변의 환경은 그 어미가 여전히 살아있고, 관심을 독차지하며, 그 새끼의 약점을 드러내고 있다는 사실 때문에 더욱 악화된다. 소진된 중심으로부터 느껴지는 최후의 분위기 때문에 주변을 매우 중요한 실체로 이해하는 것이 불가능해진다. 그 정의대로 중심이 주어진 책임을 다하기엔 너무 작을 뿐만 아니라 더 이상 진정한 중심도 아니고 그저 자멸로 향하는 그 과정에 대한 과장된 환상일 뿐이다. 하지만 그 환영과도 같은 모습은 도시의 나머지 부분의 타당성을 부정한다(맨해튼은 도시로 들어가기 위해 별도의 도시기반 시설의 지원을 필요로 하는 사람들을 '다리와 터널의 인간들' 이라고 폄하하면서 그들에게 기반 시설의 비용을 요구한다). 현재의 중앙 집중에 대한 집착을 고수하는 것은 우리 모두를 중심으로부터의 집단적인 망명이라는 어처구니없는 우연의 일치에 의해 권리를 박탈당한 다리와 터널의 인간 그리고 우리 자신이 만든 문명의 2류 시민으로 만들어버린다.

1.5 우리의 중앙 집중적 방식의 계획에서 중심을 가치와 의미의 핵심, 그리고 모든 의미심장한 것들의 원천이라고 주장하는 것은 몇 배로 파괴적이다. (저자는 어린 시절 잠시 극도의 중앙 집중적 도시인 암스테르담에 머물렀다.) 그것은 엄청나게 참기 힘든 중압감인 종속체들의 지속적인 부피 증가뿐만 아니라 그 중심의 변함없는 지속, 다시 말해 근대화를 의미하기도 하기 때문이다. '가장 중요한 장소' 인 중심은 역설적으로 가장 오래됨과 동시에 가장 새 것이 되어야 하며 또한 가장 견고하면서 가장 역동적이어야 한다. 그것은 가장 치열하고 끊임없는 적응 단계를 겪게 된다. 그리고 중심이 육안으로 보이지도 않고 의식되지도 않은 채 변화해야 한다는 사실 때문에 그 단계는 더 위태로워지고 복잡해진다(취리히라는 도시는 일종의 역-고고학으로 되돌아감으로써 가장 급진적이고 가

치 있는 해결책을 찾아냈다. 쇼핑센터, 주차장, 은행, 금고, 실험실과 같은 새로운 현대적인 것들이 중심의 발아래에서 층층이 만들어진다. 그 중심은 더 이상 밖이나 공중으로 확장하지 않고 땅의 중심 그 자체를 향해 내부로 수렴한다). 어느 정도 신중하게 만들어진 도로망, 우회로, 지하 터널을 설치하는 것이나 그 보다 훨씬 많은 별 관련 없는 것들의 건설에서부터, 주택에서 사무실로, 창고에서 다락방으로, 버려진 교회에서 나이트클럽으로 바뀌는 반복되는 변형까지, 그리고 점점 더 비싸지는 쇼핑 구역 내에서 특정한 매장들의 연쇄적인 파산과 연속적인 재개장에서부터, 실용적인 공간의 '공공의' 공간으로의 끊임없는 전환, 보행자 통로화, 새로운 공원의 탄생, 식재, 교량건설, 개방, 역사적인 것들의 체계화된 보존에 이르기까지 모든 진짜는 계속해서 사라진다.

1.6 보편적 도시는 중심의 공동화와 정체성의 속박으로부터 해방된 도시이다. 보편적 도시는 단지 현실적 필요와 능력의 반영일 뿐인 이런 파괴적인 의존의 굴레를 깬다. 그것은 역사가 없는 도시이다. 모든 이들에게 충분히 넓고 쉽다. 유지를 필요로 하지도 않는다. 만약 너무 작아지면 그냥 확장하면 그만이다. 오래되면 스스로 붕괴하고 다시 재생된다. 어느 곳에서나 똑같이 신나거나 지루하다. 그리고 마치 매주 월요일 아침이면 새로운 정체성을 생산해내는 할리우드의 스튜디오들처럼 '피상적' 이다.

2 통계

2.1 보편적 도시는 지난 수십 년 동안 극적으로 성장해왔다. 크기의 증가뿐만 아니라 그 숫자 역시 증가했다. 70년대 초 그 도시는 공식적으로 평균 2백5십만 명, 비공식적으로는 3백만 명 전후의 거주민이 살았다. 지금은 천오백만 명 근처를 맴돈다.

2.2 보편적 도시는 미국에서 시작되었을까? 근본적으로 그 시작을 알 수 없어서 수입해야만 하는 것인가? 어떤 경우든지 간에 보편적 도시는 현재 아시아, 유럽, 호주, 아프리카 등에도 존재한다. 시골지역, 농업지역에서 도시로의 명백한 탈출은 우리가 익히 알고 있는 도시로의 단순한 이주가 아니다. 그것은 매우 깊이 스며들어 시골지역까지 파고들어간 도시, 즉 보편적 도시로의 이동이다.

2.3 아시아와 같은 몇몇 대륙들은 보편적 도시를 열망한다. 다른 대륙들은 그것을 수치스러워한다. 왜냐하면 보편적 도시는 적도 주변에 모여 있는 열대지역을 향해 흘러드는 경향이 있고 그 도시들의 상당수가 아시아에 있기 때문이다. 이해할 수 없는 것들에 의해 나타나는 과도한 낯익음이라는 점에서 이는 모순처럼 보인다. 언젠가 보편적 도시는 바로 그 버려진 서구 문명의 산물이 확산됨으로써 나타나는 재의미론화 resemanticization를 통해 분명히 다시 이국적인 도시가 될 것이다.

2.4 가끔 바르셀로나와 같이 오래되고 독자적인 도시는 그 정체성을 과도하게 단순화함으로써 보편적으로 바뀐다. 그와 같은 도시는 어떠한 로고처럼 알기 쉽게 변하며, 그 반대 현상은 절대로 일어나지 않는다. 적어도 아직까지는 그렇다.

3 <u>일반적인</u>

3.1 보편적 도시는 가상 공간화된 도시적 삶의 상당 부분을 제외하고 남는 것이다. 그곳은 약하고, 넓으며, 흔치 않고, 하나의 침대 조명등에 의해 밝혀진 넓은 공간처럼 조심스럽고 신비로운 감각들의 장소이다. 고전적인 도시들과 비교하면 보편적 도시는 차분하고 보통은 정주의 관점에서 인식된다. 보편적 도시에서는 중앙 집중화 대신 개인인적 '순간들' 이 동시적 현상으로 서로 거리를 두며 일몰직전 사무실의 선명한 조명들의 다양한 색상이나 깊은 밤 간판 조명의 미묘하게 다른 흰색들 사이의 차이와 같이 거의 인지할 수 없는 심미적 경험의 무아지경을 만들어 낸다. 일본음식처럼 감각들은 머릿속에서 재구성되고 심화될 수 있다. 어쩌면 그게 아니라 단순히 무시될 수도 있다(여기에는 선택의 여지가 있다). 이렇게 만연한 집요와 주장의 부재는 강력한 마약과 같은 작용을 한다. 정상적인 이들에게 환각을 초래하는 것이다.

3.2 도시– '사업' –의 가장 두드러진 특징이라 볼 수 있는 것이 갑작스럽게 전도되는 과정에서 보편적 도시의 지배적인 느낌은 으스스한 고요함이라 할 수 있다. 더 고요할수록 순수한 상태에 점점 더 가까워진다. 보편적 도시는 전통적인 도시에 대한 우리의 사랑이 맹목적이 되기 전에 전통적인 도시로 인해 나타났던 '유해성' 을 강조한다. 보편적 도시의 평온함은 긴급 소방훈련처럼 공적영역 public realm을 비움으로써 이루어진다. 오늘날 도시의 표면은 기본적으로 자동차와 같은 필요한 움직임만을 수용한다. 고속도로들은 점점 더 많은 공간을 잠식하며 대로나 광장보다 더 상위의 형태가 되었다. 그들의 디자인은 겉보기에 자동차를 이용한 효율성을 겨냥하는 듯 하지만 사실은 놀라울 만큼 감각적이고 부드러운 공간의 범주에 속하는 실용주의적인 가식이다. 이동을 위한 이런 공적영역들이 치수로 측정될 수 없다는 것은 그 영역들에 대한 새로운 사실이다. 같은 길이의 구간이라도–10 마일이라고 가정하고–어마어마한 수의 완전히 다른 경험들을 가져다준다. 그 길은 5분 거리일 수도, 40분 거리가 될 수도 있다. 거의 아무도 다니지 않거나 모든 인구가 다 사용할 수도 있다. 그것은 보편적 도시가 오히려 강력해지거나 적어도 밀도를 갖게 되는 그 순간의 '속도' 의 순수한 절대적 즐거움을 선사하거나 또는 보편적 도시의 얄팍함이 가장 잘 인식되는 정지의 철저한 폐쇄공포적 순간을 경험하게 한다.

3.3 보편적 도시는 프랙털 fractal, 즉 동일한 단순 구조 단위의 무한 반복이다. 그 도시의 가장 작은 실체, 예컨대 개인용 컴퓨터 혹은 심지어 작은 저장용 디스크로부터도 보편적 도시를 재구축하는 것이 가능하다.

3.4 골프 코스들은 모두 다른 것들로부터 남겨진 것들이다.

3.5 보편적 도시는 전통적인 도시의 전두엽에 맴도는 10자리의 번호가 아닌 좀 더 부드러운 형식, 예를 들어 그 중간 번호들이 동일한 쉬운 전화번호들을 가진다.

4 공항

4.1 한때 완전한 중립의 표상이었던 공항들은 이제 보편적 도시의 가장 고립되고 특징적인 요소들 중 하나로서 그 도시의 차별성을 보여주는 가장 강력한 매체가 되었다. 공항들은 모든 보통의 사람들이 특정한 도시를 경험하게 되는 곳이어야만 한다. 벽면의 사진, 식생, 지역의 복장들은 강렬한 향수 발표회처럼 지역적 정체성에 대한 최초의 중앙 집중화된 하나의 충격이며 가끔은 최후의 충격이 되기도 한다. 아주 멀리 있고 편안하며 이국적이고 정반대이며 지역적이고 동양적이면서 소박하며 새롭고 심지어는 '아직 발견되지 않은' 것들은 감정을 불러일으키는 기록들이다. 그러므로 개념적으로 보았을 때 공항은 세계적이고 집단적이며, 비행과는 무관한 매력 요소들의 사회적 무질서–면세쇼핑, 극적인 공간의 질 그리고 다른 공항과의 빈번하고 신뢰할 만한 연결–가 무자비하게 조작되는 상황에 대한 세계적인 집단적 무의식 위에 각인된 상징적인 기호가 된다. 도상학적/기능적 관점에서 보자면 공항은 초-지역적이자 초-세계적인 하나의 중심이다. 도시 내에서 구할 수 없는 물건을 살 수 있다는 점에서 초-세계적이며, 다른 곳에서는 구할 수 없는 것들을 살 수 있다는 점에서 초-지역적이다.

4.2 공항의 형태는 그 자율성이 점점 커져가는 경향을 보인다. 때로는 실제로 특정한 보편적 도시와 관련이 없는 공항이 있기도 하다. 여행과 연결되지 않은 시설들이 점점 더 많이 설치되면서 점차 커져가는 공항은 도시를 대체하는 단계에 까지 이르렀다. 여행 중의 환경은 보편화 되어가고 있다. 아울러 공항은 수백만의 인구에 더해 가장 많은 일일 노동자들을 수용한다. 공항들은 그 시설들의 완성에 있어 보편적 도시의 구역들과 같으며, 심지어는 때때로 다른 공항으로 가는 것 외에는 탈출할 수 없는 밀폐된 조직이 되는 부수적인 매력을 지닌 보편적 도시의 존재에 대한 이유(보편적 도시의 중심?)와도 같다.

4.3 보편적 도시의 연대(年代)는 그 도시 공항의 기하학적 형태를 가까이서 들여다봄으로써 알아낼 수 있다. 육각형의 평면(독특한 경우 오각형 혹은 칠각형)은 60년대, 직각의 평면과 단면은 70년대, 꼴라쥬 도시 Collage City는 80년대이다. 선형의 평면에서 끝없이 밀

려나간 단 곡선의 단면은 아마 90년대로 볼 수 있을 것이다 (오크나무와 같이 그 구조가 가지로 뻗어있는 것은 독일의 것이다).

4.4 공항은 두 가지 크기로 나타난다. 너무 크거나 너무 작다. 하지만 그들의 규모는 그 수행 능력에 전혀 영향을 미치지 않는다. 이런 사실은 모든 기반 시설들에서 가장 흥미로운 부분은 바로 그들의 근본적인 탄력성이라는 점을 시사한다. 매년 여행객의 수가 정확히 계산되는 데도 불구하고 공항들은 수없이 많은 여행객들에 의해 침공 당하고 살아남고 극도의 불확정성을 향해 확장된다.

5 <u>인구</u>

5.1 보편적 도시는 심각하게 다인종적이다. 평균 8%가 흑인, 12%가 백인, 27%가 스페인계, 37%가 중국인 및 아시아인, 6%는 쉽게 가늠할 수 없는 인종, 나머지 10%가 기타 인종이다. 다인종적일 뿐만 아니라 다문화적이기도 하다. 그래서 보편적 도시에서는 바닥 슬래브 사이에 있는 사원, 중심대로 위에 있는 용, 중심 업무지구에서 볼 수 있는 부처 등이 전혀 놀랍지 않다.

5.2 보편적 도시는 항상 움직이는 사람들, 계속 움직이려는 사람들에 의해 만들어진다. 이는 그들의 근본에 실질이 없음을 설명한다. 맑은 액체 속에서 두 가지 화학 물질들이 융합되며 순식간에 만들어지고 결국에는 뭔지 모를 덩어리로 바닥에 쌓이게 되는 얇은 조각들처럼, 두 가지 이민자들—예를 들어 북쪽으로 올라가는 쿠바의 망명자와 남쪽으로 내려가는 유태인 퇴직자들—이 궁극적으로 또 다른 어떤 곳을 향한 여정에서 충돌하고 합류하면서 순식간에 정착을 만들어낸다. 이렇게 보편적 도시가 탄생한다.

6 <u>도시계획</u>

6.1 보편적 도시의 위대한 독창성은 필요 없는 것—그 소용보다 더 오래된 것—을 간단히 버리고 이상주의의 아스팔트 포장을 현실주의의 착암기로 깨내며 그 곳에서 자라는 어떤 것이라도 받아들이는 것이다. 그런 점에서 보편적 도시는 원시적인 것들과 미래적인 것들을 모두, 사실은 이 두 가지만을 수용한다. 보편적 도시는 도시였던 것으로부터 남겨진 전부이다. 보편적 도시는 기존의 도시였던 대지 위에 준비되는 이후의 도시이다.

6.2 보편적 도시는 로마의 포럼과 그리스의 아고라의 관계가 쇼핑몰과 도심 중심가의 관계로까지 이어지는 놀라울 만큼 기나긴 과정을 통해 점진적으로 그 값어치가 저하되어 온 공적영역 대한 과수요가 아니라 오히려 그 잔여물들에 의해 더 확고해 진다. 근대주의의 근원적인 모델에서는 잔여물들이란 그저 녹지, 관리된 녹지의 정돈, 좋은 의도의 윤리적

인 듯한 주장, 실망스러운 연대, 용도에 불과했다. 보편적 도시에서는 그 문명화의 껍질이 너무 얇기 때문에 그리고 그 도시의 내재적 열대성으로 인해 식생이 정치와 조경의 융합체인 에덴동산의 잔류물로 변형되며 그 잔류물은 그 도시의 정체성의 주된 매개체가 된다. 동시에 범법자들의 망명, 통제할 수 없는 것들, 끝없는 조작의 문제 등은 말끔하게 정돈된 것들과 원시적인 것들의 동시적인 승리를 상징한다. 그것의 부도덕한 무성함은 보편적 도시의 다른 빈곤을 보상한다. 극도로 유기적이지 않은 유기적인 것들은 보편적 도시의 가장 강력한 신화이다.

6.3 거리는 죽었다. 이러한 발견은 거리에 대한 제 정신이 아닐 만큼 긴박한 심폐소생술의 시도와 동시에 일어났다. 대중 예술은 마치 두 죽음이 하나의 생명을 만들어내듯 어디에나 있다.—보존하도록 의도된—보행자 전용화는 그저 자신들의 의도된 숭배의 대상을 발로 짓밟아 파괴해야만 하는 불행한 운명을 지닌 자들의 흐름을 의미할 뿐이다.

6.4 보편적 도시는 수평에서 수직으로 옮겨가고 있다. 마천루는 마치 유일한 최후의 건축 유형이 될 것처럼 보인다. 그것은 모든 것을 삼켜왔다. 마천루는 쌀 농장이나 도심 그 어디에나 존재한다. 그것은 더 이상 어떠한 차이도 만들어내지 않는다. 고층건물들은 더 이상 함께 뭉치지 않는다. 그들은 서로 교류하지 않기 위해 거리를 둔다. 고립 속에서의 과밀은 이상적인 것이다.

6.5 주택은 문제가 아니다. 그것은 완전히 해결되어 왔거나 또는 완전히 운에 맡겨져 왔다. 첫 번째 경우는 합법적이지만 두 번째 경우는 '불법적' 이다. 첫 번째 경우, 주택은 고층건물들 또는 보통 최대 15미터 깊이의 바닥판들인 반면, 두 번째의 경우에는 (완벽한 상호 보완성 속에서) 닥치는 대로 만든 움막의 껍질이다. 하나의 해법은 하늘을 이용하고 다른 하나는 땅을 이용한다. 돈을 지불하는 자들은 공짜인 하늘에 거주하는데 최소의 돈을 가진 자들이 가장 비싼 주거인 땅에 거주한다는 것은 참 이상하다. 어떤 경우든지 간에 주거는 놀랍게도 다년간 매년 두 배가 되는 인구를 수용할 뿐만 아니라, 다양한 종교의 통제가 느슨해짐과 함께 이혼이나 다른 가족 분화의 현상들에 의해 도시의 인구가 두 배가 되는 것과 같은 빈도로 절반으로 줄어들고 있는 각 세대별 평균 거주자의 수까지 모두 수용하고 있음이 명백하다. 주거의 숫자가 늘어날수록 보편적 도시의 밀도는 꾸준히 감소하게 된다.

6.6 모든 보편적 도시는 백지생태에서 출발한다. 아무것도 없었던 곳에 이제는 보편적 도시가 있다. 어떤 것이 있었던 곳에는 보편적 도시가 그것을 대체해왔다. 그 도시들은 그렇게 해야만 한다. 그렇지 않으면 역사 속으로 사라질 것이기 때문이다.

6.7 보편적 도시의 풍경은 보통 과도하게 정돈된— '힘' 이 아직 퇴색되지 않았던 그 도시의

발전 시점부터 존재해 온—부분들과 다른 모든 곳에서 점차적으로 자유로워지는 배치들의 혼합물이다.

6.8 보편적 도시는 모든 선택지가 엇갈려 있는 다항 선택적(선다형) 개념의 극치이자 모든 선택사항들의 문집이다. 보통의 경우 보편적 도시는 어떠한 관료적인 조직이 도시의 개발을 통제하는 통상적인 방식이 아닌, 마치 자연에서 일어나는 것과 같이 다양한 메아리, 포자, 비유, 씨앗들이 지표 위에 임의적으로 떨어지는 것처럼—대지의 자연적 비옥함을 이용하면서— '계획되어' 왔다. 그리고 이제 보편적 도시는 하나의 조화 즉, 때때로 놀라운 결과를 초래하는 임의적인 유전자 조합을 형성한다.

6.9 도시에 관해 쓰는 것은 어쩌면 이해하기 어렵고 결점이 많을 수 있다. 그렇다고 그것이 쓸모없다는 뜻은 아니다. 어쩌면 그것은 단순하게 우리가 새로운 문맹이나 맹목을 발전시켰음을 의미하는 것일지도 모른다. 끊임없는 관찰을 통해 이러한 바그너식의 도시-수프ur-soup(50년 전 나타났던 천재들이 칠판 위에 남겨놓은 글귀들, 맨해튼의 유리 사일로 속에서 산산조각난 판화로 찍어 낸 유엔의 보고서들, 기후에 대한 예리한 안목을 가진 과거의 식민지 사상가의 발견들, 세계적인 돈세탁의 과정으로서 힘을 얻고 있는 디자인 교육의 예측할 수 없는 부작용 등)의 암담함과는 동떨어진 주제, 작은 조각, 실마리 등을 찾을 수 있다.

6.10 보편적 도시에 대한 가장 훌륭한 미학적 정의는 '자유로운 형식'이다. 어떻게 설명할 수 있을까? 개방된 공간, 숲 속의 청명함, 평평한 도시를 상상해보자. 세 가지 요소들, 즉 도로, 건물 그리고 자연이 있다. 그것들은 별다른 이유는 없어 보이지만 유연한 관계성이나 극적인 조직적 다양성 속에서 공존한다. 이 세 가지 중 어떤 것이든지 지배적일 수 있다. 가끔은 '도로'가 사라졌다가 알 수 없는 우회로 위에서 이리저리 헤매다가 다시 발견될 것이다. 때로는 건물은 보이지 않고 단지 자연만 있다. 그리고 마찬가지로 자신도 모르게 건물들에만 둘러싸이게 된다. 이 세 가지가 모두 동시에 사라지는 어떤 두려운 순간들도 있다. 이러한 '대지들 sites'(실제로 대지의 반대는 무엇일까? 대지라는 것들은 도시라는 개념을 관통하는 구멍들과 같은 것이다)에서는 대중 예술이 네스 호의 괴물, 구상적인 것과 추상적인 것의 등분 그리고 보통은 자기 정화처럼 나타난다.

6.11 특정한 도시들은 아직도 건축가들의 실수, 예를 들어 밀집화에 대한 해결책으로서 한 블록과 다른 블록을 연결하는 촉수를 이용해 공중에 보행자 네트워크를 만들어내는 제안과 같은 것들에 대해 심각하게 논쟁 중이다. 하지만 보편적 도시는 그저 데크, 다리, 터널, 고속도로와 같은 건축가들의 발명의 이점을 취할 뿐이다. 이와 같은 연결을 위한 도구들은 마치 원죄를 벗어나려는 듯 50년대의 공상과학 영화보다 더욱 가혹하게 식생의

밀집을 만들어내는 양치식물들과 꽃들로 빈번하게 장식된 채 대규모로 확산되고 있다.

6.12 도로는 자동차만을 위한 것이다. 사람들, 특히 보행자들은 '보행로' 위에서 놀이공원에서와 같이 자동차를 타도록 유혹 받는다. 그 보행로는 보행자들을 지면보다 높게 올려놓고서 역사적인 도시 속의 삶에 대한 기괴한 캐리커처와 같은 하나의 장면 속에서 바람, 열, 험준함, 시원함, 실내, 실외, 냄새, 향기 등과 같은 과장된 환경들의 카탈로그에 그들을 노출시킨다.

6.13 보편적 도시에는 수평성이 있지만 사라지고 있는 중이다. 수평성을 구성하는 것은 아직 잊히지 않은 역사이거나 또는 보존의 새로운 상징으로서의 중심 주변에서 증식하는 튜더 양식의 소수민족 거주지이다.

6.14 역설적으로 보편적 도시 그 자체는 새로움에도 불구하고 신도시들의 무리에 포위당해 있다. 신도시들은 연륜(年輪)과 같다. 어떤 면에서 신도시들은 다섯 살 아이가 선천성 조로증에 의해 주름과 관절염이 늘어나는 것처럼 매우 빠르게 노화되고 있다.

6.15 보편적 도시는 계획의 마지막 죽음을 의미한다. 왜? 이는 보편적 도시가 계획되지 않기 때문이 아니라 사실은 관료들과 개발업자들의 거대한 상호보완적 세계가 천문학적 노력과 돈의 흐름을 보편적 도시의 완성에 쏟아 붓기 때문이다. 같은 금액의 돈이면 도시의 광장을 다이아몬드로 치장할 수도, 진흙 밭을 황금 벽돌로 포장할 수도 있다. 하지만 가장 위험하면서도 가장 신나는 발견은 계획이 어떤 차이점도 만들어내지 못한다는 것이다. 건물들은 지하철 역 인근의 고층 건물처럼 좋은 곳에 세워질 수도 있다. 또는 모든 도로에서 수마일 떨어진 중심가와 같이 잘못 세워질 수도 있다. 그 건물들은 예측 불가능하게 번성하고 소멸된다. 네트워크는 감당할 수 없이 확장되다가 노화되고 부패되며 결국 못쓰게 되어버린다. 인구가 두 배, 세 배, 네 배로 늘었다가 순식간에 사라져버린다. 도시의 표면이 폭발적으로 증가하고 경제는 가속화되다가 서서히 느려지고 거품이 사라지며 붕괴하게 된다. 거대한 태아에게 끊임없이 영양을 공급하는 고대의 어머니들처럼 도시 전체는 압제자들이 본국으로 가져가버린 청사진으로 만들어진 식민지의 사회기반시설 위에 세워진다. 하수관이 작동하는 때, 전화선들의 정확한 위치, 중심가의 입지에 대한 이유, 기념비적 축들이 끝나는 곳에 대해 누구도 어디서 어떻게 되는 것인지 모른다. 이 모든 것들은 영원히 숨겨진 여백과 어마어마하게 많은 느슨함 그리고 적응과 기준, 행동의 지속적이고 유기적인 과정들이 있음을 설명한다. 예상은 가장 기민한 동물의 생물학적 지능과 함께 변한다. 이러한 다양한 선택의 절정에서 인과관계를 다시 정립하는 것은 결코 불가능할 것이다. 그냥 작동하고 있을 뿐이다. 그것이 전부다.

6.16 열대지방을 향한 보편적 도시의 열망은 자동적으로 요새와 성곽으로서의 도시에 대한

어떠한 더 이상의 언급도 거부함을 암시한다. 맹그로브 밀림과 같이 그것은 개방적이고 수용적이다.

7 정치

7.1 보편적 도시는 어느 정도 독재적인 지방 권력 혹은 국가 권력과 (간혹 거리가 먼) 관계성을 가진다. 보통은 누가 됐든지 간에 '지도자'의 측근들이 '도심'이나 변두리의 일부 지역을 개발하거나 혹은 심지어 아무 것도 없는 한 가운데에 새로운 도시를 세워 지도 위에 새 도시를 그려 넣는 결정을 한다.

7.2 흔히 체제는 마치 보편적 도시가 그 체제의 관대함을 통해 독재에 대항하듯이 놀라울 정도의 불가시성으로 진화해 왔다.

8 사회학

8.1 보편적 도시의 승리가 사회학—보편적 도시에 의해 그 '범위'가 가장 터무니없는 상상 이상으로 확장되는 학문—의 승리와 꼭 일치하지는 않는다는 점은 매우 놀랍다. 보편적 도시는 사회학, 즉 사건이다. 각각의 보편적 도시는 하나의 실험용 페트리 접시이거나 또는 모든 가설이 '증명'된 후에는 거의 다시는 저자나 청중들의 머릿속에 떠오르지 않도록 지워져 버리는 무한히 버티고 있는 칠판이다.

8.2 분명한 것은 단 하나의 지배적인 해석에 저항하는 공동체들의 확산—사회적 급변—이 일어나고 있다. 보편적 도시는 과거에 무엇이든 하나로 합쳐버렸던 모든 구조를 느슨하게 하고 있다.

8.3 보편적 도시는 추측에 대해 무한한 인내로써 완강히 저항하기도 한다. 보편적 도시는 형성 중인 사회학을 담아내는데 가장 나쁜 시스템이 사회학일 수 있음을 입증한다. 보편적 도시는 이미 인정받은 어떠한 비평보다도 한 수 앞선다. 보편적 도시는 각 가설을 뒷받침하는 엄청난 양의 근거와 각 가설에 반하는—훨씬 더 인상적인 양의—증거들을 보여준다. A의 경우는 고층건물들이 자멸하게 되고, B에서는 그것들이 영원히 행복하게 된다. C에서는 짐작하건대 그 고층건물들이 어떤 종류의 보이지 않는 '압력'으로부터의 해방을 향한 초석으로 여겨지지만 D의 경우에는 단순히 케케묵은 것으로 보이기도 한다. K에서는 상상을 초월한 수가 건설되는 한편, L에서는 그것들이 폭파될 것이다. 창의성은 불가해하게도 E에서 높고 F에서는 존재하지 않는다. G는 이음새 없이 매끈한 인종의 모자이크이고 H는 내전 직전의 상태만 아니라면 점점 분리주의에 휘둘리게 된다. Y의 경우는 가족구조에 영향을 미침으로써 결코 지속되지 않을 것이지만 Z는 그로

인해 번성하게–학문적인 용어는 앞으로 어떠한 보편적 도시에서의 행위에도 적용되지 않을 것이다–된다. 종교는 V의 경우 약화되고 W의 경우에선 살아남으며 X의 경우에서는 변화된다.

8.4 이상하게도 아무도 이러한 이해의 끝없는 모순이 점증적으로 보편적 도시의 풍요로움을 증명한다고 생각하지 않았다. 그것은 사전에 제거된 하나의 가설인 것이다.

9 **구역들**

9.1 항상 립서비스라고 불리는 구역이 있다. 그곳에서는 최소한의 과거가 보존된다. 보통 그곳에는 낡은 기차나 전차 선로 또는 플라잉 더치맨 유령선의 현지화된 형태처럼 생긴 이층버스가 불길한 종을 울리며 통과한다. 공중전화 박스는 런던에서 옮겨진 빨간색이거나 작은 중국식 지붕이 얹혀 있다. 또한 때늦은 생각, 해안, 너무 늦은 것, 42번가, 단순히 마을 또는 심지어 지하로도 불리는 립서비스는 정교하고 신비로운 하나의 시스템이다. 그것은 오로지 최근에 고안된 것들만이 할 수 있듯이 과거를 기념한다. 그것은 하나의 기계이다.

9.2 보편적 도시는 한 때 과거가 있었다. 왜 그런지 명성을 향한 질주 속에서 그 도시의 상당 부분이 사라져버렸다. 처음에는 슬프게 여겨지지도 않았다.–과거는 분명히 놀라울 만큼 비위생적이었고 심지어 위험하기까지 했다–그리고 아무런 경고 없이 구원은 후회로 바뀌었다. 기다랗고 하얀 머리카락, 회색 양말, 샌들로 상징되는 어떤 선구자들은 과거는 언제나 필요한 것이며 하나의 자원이라고 경고해 왔다. 파괴의 기계는 서서히 멈추었다. 깨끗이 정리된 유클리드적 평면 위에 몇몇 움막들은 무작위로 보존되고 그들이 한 번도 갖지 못했던 영광을 누리게 되었다.

9.3 역사는 그 부재에도 불구하고 보편적 도시의 가장 주된 집착이며 심지어는 산업이다. 해방된 대지 위에서 그리고 보존된 움막들 주변에서 여전히 더 많은 호텔들이 과거의 말소에 정비례로 증가하는 여행객들을 받아들이기 위해 지어지고 있다. 역사의 상실은 호텔들의 수에 아무런 영향을 미치지 않거나 혹은 막바지 흥행 요소일지도 모른다. 관광은 이제 목적지와는 아무 관련이 없다.

9.4 보편적 도시가 구체적인 기억들을 대신해 끌어 모으는 조직들은 보편적인 기억들, 기억의 기억들이다. 동시에 모든 기억들은 아니라도 적어도 추상적이거나 이름뿐인 기억, 끝없이 일어나는 기시감, 포괄적 기억이다.

9.5 립서비스는 절대로 3층 이상의 높이를 넘지 않는 가장 소박한 물리적 형태(제인 제이콥스에 대한 경의? 혹은 그녀의 복수?)에도 불구하고 과거를 하나의 복합체 속에 통째로

압축한다. 역사는 여기서 웃음거리가 아닌 서비스로 되살아난다. 재미있는 모자, 아무것도 입지 않은 알몸, 면사포 등 고객 맞춤형 상품들을 파는 상인들은 그들의 국가가 한때 폐지하기 위해 전쟁을 불사했던 노예, 독재, 질병, 가난, 식민지 등의 조건들을 자발적으로 제정한다. 바이러스의 자기복제처럼 전 세계적인 식민지의 것들이 진짜인 것들의 유일한 무한자원인 것 같다.

9.6 표면상으로 과거가 보존된 장소, 실제로는 과거가 가장 많이 변해버린 장소인 42번가는 마치 망원경의 반대쪽을 통해 바라보듯이 가장 멀리 있거나 또는 완전히 소멸된다.

9.7 단지 과거의 과잉에 대한 기억만이 (여행자들에게 그리고 모든 사람들을 수용하는 보편적 도시에서) 단조로움을 깨부술 수 있을 만큼 충분히 강력하다. 가장 인기 있는 장소들은 마치 불 꺼진 화산의 심장에서 스스로를 따듯하게 하려는 듯, 한때 섹스나 위법행위들과 가장 긴밀하게 연관되어 있었던 곳들이다. 과거에 매춘부, 스트리퍼, 성매매자, 성도착자 그리고 조금 수위를 낮춰서 예술가들이 자주 가던 예전의 장소들에는 순결한 자들이 침범했다. 역설적이게도 정보의 고속도로가 당신의 거실까지 대량의 정보 전송을 통해 음란물을 전달하게 되는 것은 다시 데워진 범죄와 죄악의 불씨 위에서 걷는 듯한 경험을 통해 당신이 특별하고 살아있다고 느끼게 되는 것과 같다. 새로운 아우라를 만들어내지 않는 시대에는 기존 아우라의 가치가 급등한다. 이러한 재 위에서 걷는 것은 그들이 유죄가 될 것이라는 의미에 가장 가까운 것일까? 아니면 페리에 탄산수의 강렬함에 희석된 실존주의일까?

9.8 각각의 보편적 도시에는 반드시 물이 아니라 예를 들자면 사막과 맞닿아 있을 수도 있는 수변 공간이 있다. 하지만 그곳은 마치 가까운 탈출구의 위치가 재미의 가장 큰 담보인 것처럼, 다른 환경과 만나는 적어도 하나 이상의 경계를 가진다. 이곳에서 여행객들은 가판대 무리의 주변에 떼를 지어 모인다. '행상' 의 무리들은 그들에게 그 도시만의 '독특한' 것들을 팔고자 한다. 모든 보편적 도시들의 독특한 부분들은 에펠탑과 사크레쾨르 대성당, 자유의 여신상과 같은 보편적인 기념품과의 과학적 교배물을 만들어 왔다. 예를 들어 물이 들어있는 자그마한 구슬 속에 눈과 함께 또는 만약 적도에 가깝다면 금박조각과 함께 들어있는 보통 200-300미터 높이의 고층 건물, 구멍이 얼금얼금 나있는 가죽 표지의 수첩들, 히피족 샌들(비록 진짜 히피족들은 아주 신속하게 본국으로 송환되었지만)같은 것들이다. 여행객들은 이런 것들에 애정을 표시한다. 아무도 할인 판매를 본 적은 없다. 그리고 그들은 수변 공간에 줄지어 있는 이국적인 음식점에 앉는다. 오늘은 전체 코스의 음식을 먹는다. 매콤하다. 아마 처음이자 마지막으로 뭔가 다른 곳에 있다는 것의 가장 믿을만한 신호다. 패티는 쇠고기 혹은 인조고기이다. 날것은 3000년대

쯤에는 매우 유행할 인간 본래의 행위이다.

9.9 새우는 최고의 전체요리이다. 식품 공급 단계의 단순화—그리고 준비하는 과정의 우여곡절—을 통해 관광객들은 예를 들자면 영국식 머핀과 같은 아무것도 아닌 것을 맛보게 된다.

10 <u>프로그램</u>

10.1 사실 사무실들은 여전히 훨씬 더 많이 남아있다. 사람들은 사무실이 더 이상 필요 없다고 말한다. 5내지 10년 후에는 우리는 모두 집에서 일할 것이다. 하지만 우리는 회의를 할 만큼 충분히 더 큰 집이 필요할 것이다. 사무실은 집으로 교체되어야 할 것이다.

10.2 유일한 활동은 쇼핑이다. 하지만 왜 쇼핑을 일시적인 것이나 임시적인 것으로 여기지 않는가? 쇼핑은 더 나은 때를 기다린다. 그것은 다른 더 나은 할 것을 생각하지 않은 우리의 잘못이다. 같은 공간이 도서관이나 목욕탕 또는 대학과 같은 다른 프로그램으로 감당할 수 없을 만큼 가득 찬다면 끔찍할 것이다. 우리는 그런 프로그램들의 위엄에 두려워하게 될지도 모른다.

10.3 호텔은 보편적 도시의 가장 일반적인 단위 건물이자 보편적 도시를 위한 포괄적 수용시설이 되고 있다. 그것은 적어도 나타나고 사라질 것을 암시하고 다른 곳에 다른 중요한 숙박시설들이 출현할 것을 예견했던 사무실이었다. 호텔은 이제 그 시설들의 확장과 완성을 통해 거의 모든 다른 건물들을 쓸모없게 만드는 일종의 컨테이너이다. 심지어 쇼핑몰로도 쓰이면서 호텔은 21세기 식 도시 생활에 가장 가까운 것이 되었다.

10.4 호텔은 오늘날 자발적 가택연금 상태, 구금상태를 의미한다. 갈만한 어떤 다른 경쟁적인 장소도 남아있지 않다. 당신은 가서 머문다. 점증적으로 그것은 잠겨있는 각자의 방에 갇혀있는 천만 명의 도시, 일종의 거꾸로 돌리는 영상을 형성한다.—밀도가 붕괴되었다.

11 <u>건축</u>

11.1 눈을 감고 베이지색의 폭발을 상상해보라. 그 중심에서 터져 나오는 흥분하지 않은 여성의 성기 색깔들, 금속성 무광의 가지, 카키색 담배, 먼지 가득한 호박, 그리고 백색의 신부를 향해 가고 있는 모든 자동차들을…

11.2 모든 도시에서 그렇듯이 보편적 도시에도 흥미로운 건물과 진부한 건물들이 있다. 두 가지 건물들 모두 미스 반 데 로에 Mies van der Rohe로 그 혈통이 거슬러 올라간다. 전자의 경우는 미스의 불규칙적인 프리드리히슈다트 타워 Friedrichstadt tower (1921)에서, 후자의 경우는 그가 이후로 오랫동안 염두에 두지 않았던 상자 같은 건물들에서 그 근원을 찾을

수 있다. 이러한 관계는 중요하다. 분명하게 미스는 그의 초기 실험들 이후로 흥미롭지 않은 모든 것들, 지루함을 찾고자 했다. 그의 후기 건물들은 기껏해야 초기 작품들의 개념들을 어느 정도 결핍된 채 담아낸 것일 뿐이다. 이는 바람직한 방향으로 나아간 것일까 혹은 억압된 것일까? 하지만 그는 다시는 '흥미로운' 작품을 가능성 있는 건물로 제시하지 않았다. 보편적 도시는 그를 잘못 보여주고 있다. 보편적 도시의 대담한 건축가들은 미스가 버렸던 도전을 쭉 이어와 이제는 상자를 찾아보기 어려울 정도가 되었다. 역설적으로 미스에 대한 이처럼 흥미로운 열렬한 경의는 '바로 그' 미스가 틀렸다는 것을 보여준다.

11.3 보편적 도시의 건축은 분명히 아름다운 것이다. 가공할 속도로 지어지고 훨씬 더 어마어마한 속도로 계획되기 때문에 모든 지어진—문자 그대로의 뜻은 아니지만—각 구조물에 대해 평균 27개의 폐기된 대안들이 있다. 그런 대안들은 아무도 듣지 않지만 모든 구성원 하나하나가 모두 신선한 영감으로 활기차있는 만여 개의 설계사무소에서 계획된다. 짐작컨대 그들의 유명한 동료들보다 훨씬 소박한 이런 사무실들은 건축에 뭔가 문제가 있으며, 단지 그들의 노력만이 그 문제들을 바로 잡을 수 있다는 공통적인 생각으로 똘똘 뭉친다. 숫자의 힘은 그들에게 웅장하고 찬란한 오만을 심어준다. 그들은 한 치의 망설임도 없이 디자인할 수 있는 유일한 존재들이다. 그들은 아주 정확히 1001개의 출처로부터 어떤 천재가 만들어 낸 것보다 더욱 더 많은 부를 모은다. 그들의 교육에는 여행경비와 집값을 제외하고 평균 잡아 3만 달러가 들어간다. 23%는 미국의 소위 아이비리그 대학들에서 세탁되었으며, 그 대학에서 그들은 아주 잠깐 동안 '정식' 직업과 다른 사람들보다 높은 보수를 받는 엘리트를 경험하게 된다. 따라서 3천억 불 가치의 건축 교육(사무실 당 평균 직원 수 100명 × 평균 임금 3만 불 × 전 세계의 사무실 수 10만 개소)이 매 순간 보편적 도시에서 일을 하고 있으며 보편적 도시를 만들어내고 있다.

11.4 복잡한 형태의 건물들은 하나의 건물을 구속복과 산소텐트로 만들어주는 훨씬 더 효과적인 접착제와 실란트에 의한 커튼월 산업에 의존한다. '우리가 입면을 최대한 확장하는데 필요한' 실리콘의 사용은 모든 입면을 평평하게 만들었고, 유리를 돌과 철 그리고 초현대적 불순물인 콘크리트에 접착시켰다. 이러한 접합들은 디자인 보다는 오히려 필요에 따라 모든 것을 하나로 유지하는 투명한 정액 같은 화학물의 자유로운 사용을 통해 지적인 정밀함의 실현을 가능하게 한다. 이는 재료의 접합에 대한 접착제의 승리다. 보편적 도시에서 건축은 다른 모든 것들과 마찬가지로 유연해진 저항체들이자 더 이상 원칙의 적용을 통해서가 아닌 절조 없는 것들의 조직적인 적용을 통한 굴복의 전염병이다.

11.5 보편적 도시는 전반적으로 아시아 도시들이기 때문에 그 건축물에서는 일반적으로 공

기조화가 이루어진다. 이는 현대적 패러다임의 전환-도시는 더 이상 최대한의 개발이 아니라 애매모호한 저개발을 의미한다-의 역설이 첨예해지는 부분이다. 가혹한 것은 바로 그 공조에 의해 보편적인 환경 조절이 이루어지며 한 때 옥외에서 '일어났던' 갑작스런 폭풍, 작은 회오리바람, 카페테리아 안에서의 혹한, 혹서, 심지어 옅은 안개와 같은 기후적 환경이 건물 내에서 재현된다는 것이다. 이것은 전기적인 것들에 대한 추구 속에서 회색의 물질에 의해 인적이 끊겨버린 기계적인 것들의 편협함이다. 무능함인가 아니면 상상력인가?

11.6 참으로 역설적인 것은 보편적 도시가 이런 방식을 통해 가장 전복적이고 가장 이상적인 상태가 된다는 것이다. 보편적 도시는 평범함을 한 차원 높인다. 이는 도시적 규모의 쿠르트 슈비터스 Kurt Schwitters의 '메르츠바우 Merzbau' 와 같다. 보편적 도시는 하나의 '메르츠시티 Merzcity' 다.

11.7 입면의 기울기는 건축적 천재성을 평가하는데 유일하게 믿을 만한 세 가지 지표이다. 예를 들어 뒤로 기울어지는 것은 3점, 앞으로 기울어지는 것은 12점 그리고 뒤로 밀려난 것은 2점 벌점이다(너무나 향수적이다).

11.8 보편적 도시의 외관상 고형적인 물질은 오해의 소지가 있다. 보편적 도시의 체적의 51%는 아트리움으로 구성되어 있다. 아트리움은 실체가 없는 것을 드러내는 능력에 있어 아주 끔찍한 장치이다. 아트리움의 로마식 이름은 건축적 우아함에 대한 영원한 보증인이다. 그 이름의 역사적 기원은 무궁무진한 의미를 담고 있다. 아트리움은 대도시적 편안함을 끊임없이 제공하며 그 속에 도시의 아파트 거주자들을 수용한다.

11.9 아트리움은 비워진 공간이다. 비움은 보편적 도시의 필수적인 건물 단위이다. 역설적으로 아트리움의 공허함은 그것이 매우 물질적임을 보증하고, 부피의 증대는 그것의 물질적인 표명을 위한 유일한 구실이 된다. 아트리움의 내부공간들이 더 완벽하고 반복적일수록 그들의 기본적인 반복은 덜 의식된다.

11.10 선택된 형식은 포스트모던이며 항상 그렇게 남을 것이다. 포스트모더니즘은 건축의 실천과 실체적 공황을 이어주는데 유일하게 성공한 운동이다. 포스트모더니즘은 건축사에 대한 고도로 문명화된 이해를 바탕으로 한 주장이 아니라, 보편적 도시의 발전과 보조를 맞출 만큼 충분히 빠르게 결과를 생산해내는 전문적인 건축에서의 변이 과정이자 하나의 수단이다. 그 최초의 고안자들이 의도했는지는 모르지만 포스트모더니즘은 의식대신 새로운 무의식을 창조한다. 그것은 현대화의 작은 도우미이다. 어떤 것이든 그 역할을 할 수 있다. 중국식 탑 및 또는 토스카나 언덕의 마을을 기초로 한 마천루처럼…

11.11 포스트모더니즘에 대한 모든 저항은 반-민주적이다. 포스트모더니즘은 자선단체에서

주는 크리스마스 선물처럼, 건축을 매우 매력적으로 만드는 '보이지 않는' 포장지를 만들어낸다.

11.12 보편적 도시에서는 거울의 지배력과—그것은 복제를 통해 혹은 소멸되어가는 과정에서 본질을 찾아내려는 필사적인 노력을 통해 그 공허함을 찬양하는 것일까—수 세기 동안 가장 인기 있었고 야만인들을 위해 가장 효과적이라 여겨지는 '선물들' 사이에 연관성이 있을까?

11.13 맥심 고르키 Maxim Gorky는 코니아일랜드의 '다양한 따분함'에 관해 이야기한다. 그는 명백하게 모순어법으로서 그 단어를 사용한다. 따분함은 다양할 수 없다. 하지만 보편적 도시의 끝없는 다양성은 적어도 다양성을 평범하게 만드는 데에는 가깝게 다가간다. 기대와는 달리 진부해진 그 다양성은 색달라지다가 마침내는 잠재적으로 대담하고 즐거워지게 되는 반복의 과정이다. 하지만 그것은 21세기를 위한 것이다.

12 지리학

12.1 보편적 도시는 보통의 기후보다 더운 곳에 위치한다. 그것은 북부가 두 번째 밀레니엄을 이용해 만들어낸 혼돈으로부터 멀러 떨어져 적도를 향해 남쪽으로 옮겨가는 중에 있다. 그것은 이주의 상태에 있는 개념이다. 그것의 궁극적인 지향점은 더 좋은 기후, 더 아름다운 사람들, 즉 열대지역화 되는 것이다. 보편적 도시에는 그 도시가 어떤 다른 곳에 있는 것을 좋아하지 않는 사람들이 거주할 것이다.

12.2 보편적 도시에서 사람들은 그들의 동료들보다 더 아름다워질 뿐만 아니라 일에 대해 덜 근심하고 덜 적대적이며 더 즐거워하는 더욱 온화한 성격이라는 명성을 얻는다. 다시 말해 그들은 건축과 행동 사이에 어떤 관련성이 있으며 도시가 아직 밝혀지지 않은 어떤 방법들을 통해 더 나은 사람들을 만들 수 있음에 대한 증거이다.

12.3 보편적 도시의 가장 강력한 특징들 중 하나는 다른 계절이 없고 시야가 맑은 안정된 날씨이다. 하지만 모든 기상 예보들은 카라치 Karachi의 구름, 눈앞에 닥친 기후 변화와 미래의 기상 악화의 관점에서 보도된다. 파멸의 문제는 윤리적인 것과 종교적인 것에서부터 무시할 수 없는 기상학적인 것의 영역으로 전환되었다. 좋지 않은 날씨는 단지 보편적 도시 주위에 맴도는 기우에 지나지 않는다.

13 정체성

13.1 보편적 도시가 채택한 지도 위에는 계산된(?) 불필요한 중복이 존재한다. 만약 그것이 물로 이루어진 면이라면, 물을 나타내는 기호들이 그에 해당하는 모든 영역에 걸쳐 뿌려

진다. 만약에 항만이라면, 선박들과 크레인들이 내륙에서 멀리 떨어져 나타날 것이다(하지만 컨테이너들 그 자체를 보여주는 것은 말이 안 된다. 보편적인 것들을 보편적인 방법으로 하나하나 특별히 다루는 것은 불가능하다). 만약 아시아라면, '우아한' (관능적이고 쉽게 헤아릴 수 없는) 여성들이 여기저기에서 종교적, 성적인 자신의 관념을 드러내 보이며 유연한 자세를 취한 채 나타나게 된다. 만약 산이 있다면, 제 각각의 안내책자, 메뉴, 입장권, 광고판이 마치 같은 의미의 끊임없는 반복에 다름 아닌 것이 확신을 줄 것처럼 언덕 위에서 버티고 있을 것이다. 그 정체성은 주문과 같다.

14 <u>역사</u>

14.1 역사의 부재에 대한 후회는 성가신 반사적 반응이다. 그것은 역사가 있음이 바람직하다는 무언의 합의를 나타낸다. 하지만 누가 그것이 사실이라 말할 것인가? 도시는 사람들과 과정들이 가장 효율적인 방법으로 함께 거주하는 하나의 평면이며, 대부분의 경우 역사의 존재는 단지 도시의 기능을 떨어뜨릴 뿐이다.

14.2 오늘날 역사는 존재하지 않음으로써 역사의 이론적 가치에 대한 순수한 탐구를 방해하고 있다.

14.3 역사를 통틀어, –단락을 미국식으로 시작하기 위해–도시들은 통합의 과정을 통해 성장해 왔다. 변화는 작은 곳에서 일어난다. 모든 것은 더 나은 방향으로 간다. 문화는 번성하기도 하고 쇠퇴하기도 하며 부흥하다가 사라진다. 또한 침탈되고 침범당하며 굴욕 당하고 훼손되기도 한다. 뿐만 아니라 승리하고 다시 태어나고 황금기를 누리다가 어느덧 침묵에 빠진다. 이 모든 것이 한 장소에서 일어난다. 그런 이유로 고고학은 바로 전문적인 발굴의 작업이 된다. 고고학은 문명(예를 들어 도시)의 켜를 하나하나 벗겨낸다. 꼼꼼하게 그려지지 않은 스케치처럼 보편적 도시는 발전되지 않고 방치된다. 중첩, 강화, 완성의 개념은 보편적 도시에 반하는 것이다. 그곳에 겹겹의 켜는 존재하지 않는다. 보편적 도시의 다음 켜는 다른 어딘가에서 나타난다. 하나의 국가 규모로 볼 수 있는 다음 단계에 있거나 혹은 다른 모든 곳들에 있을 수도 있다. 20세기의 고고학론 archaeologue(더 많은 해석을 이용하는 고고학)은 삽이 아닌 무제한의 항공기 탑승권을 필요로 한다.

14.4 보편적 도시는 도시의 발전을 전파/방출하는데 그 자체의 건망증(보편적 도시와 영원의 유일한 연결고리)을 끊임없이 반복한다. 따라서 보편적 도시에서의 고고학은 도시의 연속적인 망각에 대한 증거이자 도시의 소멸에 대한 기록이 될 것이다. 보편적 도시의 천재성은 빈손이 될 것이다. 다시 말해 벌거벗은 황제가 아닌 어떠한 발굴물이나 발굴 장소조차 찾지 못한 고고학자가 될 것이다.

15 **사회기반시설**

15.1 서로서로 보완하며 전체화되고 있는 사회기반시설들은 점점 더 경쟁적이며 지역적이 되어가고 있다. 그 시설들은 더 이상 어떤 기능적인 총체들을 창조하는 듯 가장하지 않고 이제는 실용적인 독립체들을 파생시킨다. 새로운 사회기반시설은 네트워크와 유기주의 대신, 고립된 곳과 막다른 곳을 만들어 낸다. 더 이상 장대한 이야기가 아닌 기생적인 탈선을 창조하는 것이다. (방콕 시는 A와 B를 연결하는 공중에 떠 있는 지하철 현상 설계에서 3개의 안을 승인했다. 아마 그 중 가장 강력한 안이 당선될 것이다)

15.2 사회기반시설은 더 이상 제법 긴박한 요구에 대한 제법 늦은 대응이 아니라 하나의 전략적 무기, 즉 예측이다. 항구 X가 확장된 것은 매우 흥분된 소비자들에게 배후지를 제공하기 위해서가 아니라 항구 Y가 21세기에 살아남을 기회를 없애거나 축소하기 위해서이다. 한 외딴 섬에서는 북쪽 지역에 세워진 대도시 W를 어색하고 복잡하며 원시적으로 보이도록 하기 위해 아직도 초기 단계에 머물고 있는 남부의 대도시 Z에 새로운 지하철 시스템을 도입한다. V에서의 삶은 U에서의 삶을 결국에는 견딜 수 없도록 만들기 위해 순탄해진다.

16 **문화**

16.1 오로지 풍부하게 넘치는 것만이 중요하다.

16.2 각각 다른 시간대에서 적어도 세 편의 '캣츠' 공연이 열리고 있다. 세계는 고양이 울음소리라는 토성의 고리에 둘러싸여 있다.

16.3 도시는 과거에 거대한 성(性)의 사냥터였다. 보편적 도시는 결혼정보업체와 같은 것이다. 그 도시는 효율적으로 수요와 공급을 맞춘다. 신체적 고통 대신 성적 쾌감, 거기에 가능성이 있다. 가장 음란한 가능성들이 가장 깨끗한 조판을 통해 알려진다. 헬베티카 서체는 음란해져 버렸다.

17 **끝맺음**

17.1 성서에 관한 할리우드 영화를 상상해보라. 성지의 어딘가에 있는 하나의 도시. 시장 장면. 색색의 옷가지, 모피, 비단 장옷을 걸친 단역배우들이 왼쪽, 오른쪽에서 프레임 속으로 걸어 들어가며 소리 지르고, 몸짓을 하고, 두리번거리고, 싸움을 걸고, 웃고, 접착제로 얼룩진 구레나룻과 가발을 긁으며 화면의 가운데를 향해 몰려들기도 하고, 지팡이와 주먹을 휘두르기도 하고, 가판대를 뒤엎기도 하고, 가축들을 짓밟기도 한다. 사람들이 소리친다. 물건을 파는가? 미래를 예언하는가? 신을 부르는가? 지갑들은 소매치기 당하

고 범죄자들은 군중들에게 쫓긴다(또는 도움을 받는다?). 성직자들은 평온을 위해 기도한다. 아이들은 키보다 긴 하의와 장옷을 걸치고 미친 듯이 뛰어다닌다. 가축들이 짓는다. 조각상들이 휘청거린다. 여성들이 비명을 지른다. 두려워서? 혹은 황홀해서? 파도처럼 요동치는 무리가 큰 바다처럼 변한다. 파도가 부서진다. 이제 소리를 없애보자. 침묵, 반가운 구원이다. 그리고 필름을 거꾸로 돌려보자. 이제 소리는 없지만 눈으로 보기에 흥분한 남자들과 여자들이 비틀비틀 뒤로 걷는다. 보는 이는 더 이상 인물들에만 주의를 기울이는 것이 아니라 그들 사이의 공간을 알아채기 시작한다. 중심이 빈다. 마지막 그림자들이 불평을 늘어놓는 듯하며 사각형의 프레임을 떠난다. 하지만 운 좋게도 우리는 그들의 소리를 듣지 못한다. 침묵은 이제 비움에 의해 더 강화된다. 장면은 텅 빈 가판대와 발에 짓밟힌 어떤 파편들을 보여준다. 구원… 그것은 끝났다. 이것이 도시의 이야기다. 도시는 더 이상 없다. 우리는 이제 극장을 나설 수 있다.

사유 시대의 공공공간 Public Space in a Private Time

{비토 아콘치 Vito Acconci}

출처: *Critical Inquiry 16*. Chicago (University of Chicago Press) 1990, 900-918쪽 중에서

1 오래 전의 일이지만 우리는 도시의 거리를 거닐면서 몇 시인지 알 수 있었다. 어느 상점에나 시계가 있었다. 그저 지나가는 길에 상점의 창문을 통해 들여다보기만 하면 됐었다. 하루 일과는 자체적인 시간에 맞춰 시작되고 마감되었다. 하루가 가고 상점들의 불이 꺼지면 가로등불이 여전히 가게 안을 들여다 볼 수 있게 해주었다. 시간을 보는 것은 단지 일을 위해서만이 아니라 즐거움을 위해서이기도 했다. 하지만 시대가 변했다. 그리고 시간은 사라졌다. 정확히 말하자면 사라진 것이 아니라 분명히 세상 밖으로 나온 것이라 할 수 있겠다. 시간은 바이러스처럼 세상에 나타나 거리를 걷는 모든 신체들을 통해 널리 퍼졌다. 시간은 곧바로 심장이 아닌 팔을 향했다. 그것은 손목시계의 형태로 손목에 딱 맞춰졌다. 그 시계는 만드는데 아무 문제없고 차고 다니는데도 아무 걱정 없던 쿼츠 시계였고, 길거리에서 2-3달러면 기성품으로 언제든지 살 수 있었던 싸구려 손목시계였다. 공공의 시간은 죽었다. 공공공간을 위한 시간은 더 이상 없었다. 공공공간은 다음 단계의 이야기였다.

2 공공공간은 오래된 습관이다. '공공공간' 이라는 단어는 눈속임이다. 누구나 그 단어를 듣고 말할 때 자신이 가리킬 수 있고 그 안으로 들어갈 수도 있는 물리적인 장소에 대한 하나의 그림을 떠올릴 수밖에 없게 된다. 하나의 상황만을 생각해야 하는 것이다. 하지만 나는 그 대신 어떤 건축적인 형태를 상상하고, 도시나 마을의 광장이나 도시의 공원을 머릿속에 그린다. 공공공간이란 생각할 것도 없이 대중들이 한데 모일 수 있는 어떠한 장소라고 생각한다. 대중은 두 종류의 공간에 모인다. 첫 번째는 공적인 공간으로 대중이 그곳에 대한 권리를 갖고 있기 때문에 한데 모이게 되는 장소이고, 두 번째는 공공화된 공간으로 대중이 아무런 권리도 가지고 있지 않기 때문에 모이게 되는, 바로 권력에 의해 공공화된 장소이다.

3 공적인 공간에서 대중은 그 공간이 공공화되는 것에 동의해 왔다. 이들은 '도시의 형태' 안에서는 군중이 되며, '도시의 이름' 으로 행동할 때는 공공이 된다. 그들은 오로지 따옴표 안에서만 도시를 '소유' 한다. 도시 안에서 어떤 공간이 '공공' 으로 만들어지는 것은 하나의 주의이자 도시의 나머지 부분은 공공이 아니라는 경고이다. 공공공간을 만든다는 것은 공공공간을 고려하지 않는다는 것을 의미한다. 공공공간은 도시 한가운데 놓

인 장소이지만 도시로부터 고립된 곳이기도 하다. 공공공간은 광장과 같이 골목의 끝이나 막다른 길과는 분리된 개방된 공간이다. 공공공간은 어둡고 연기 가득한 방안의 계략이나 음모와는 거리가 먼, 광장과 같이 밝은 빛의 공간이다.

4 공공화된 공간은 그 반대의 것에서 시작된다. 그 공간은 왕족의 공간 또는 보행자 공간 혹은 어떤 단체의 공간과 같이 전혀 공적이지 않음을 의미하는 공간이다. 이러한 사적이고 특정 집단에 속한 공간은 공공공간의 시초, 시작부터 내재되어 왔다. 이러한 공간이 존재한다는 사실은 스스로 배제되었다고 느끼는 대중들에 대한 비웃음으로서의 사유화라는 욕망을 불러일으켰다. 공간이 권력에 의해 침탈되고 공공화된 그 순간, 그 공간은 사유화된 장소의 근원, 재정립되고 재정착된 사유의 발단을 순차적으로 내포하게 되었다. 그 공간을 넘겨받은 대중은 왕족 또는 대통령 또는 기업가의 자리에 오르게 되었다. 사적인 공간은 대중이 그것을 원할 때 공적이 되었다. 공공공간은 그 공간을 소유한 대중들이 그것을 포기하려 하지 않을 때 사유화된다.

5 공공공간을 만드는 데는 하나님에 대한 믿음 혹은 적어도 어떤 신에 대한 믿음이 필요하다. 그 신이란 대중 그 자체, 좀 더 구체적으로는 믿음의 시스템으로서 역할을 하는 어떤 공인의 생각이나, 또는 대중들 중에서 선택되거나 누군가를 선택한 그 구성원들 중 단

Acconci Studio / Mur Island / Public space and cafe / Graz, Austria / 2003

한 사람, 이 둘 중 하나를 말한다. 그 이후의 시나리오에서 대중은 원료로서 존재한다. 대중이란 단지 단 한 명의 목소리에도 최면에 걸릴 수 있고, 단 한 명의 지도자를 따를 수도 있는 존재일 뿐이다.

6 소도시의 광장과 같이 개방된 공공공간은 무수히 많은 방향들로 이어진 공간이다. 사람들은 그 바닥을 가로지르며 산재된 점들이다. 한 점이 다른 점으로 미끄러져 들어가고 가던 길을 계속 가기 위해 다른 점에서 미끄러져 나온다. 마치 바다 위에 여기저기 흩어진 것 같던 점들은 섬들을 향해 한데 뭉쳐진다. 여기는 개인들은 개인대로, 집단은 그 나름대로 각자 알아서 해야 하는 공간이며 그 어디보다도 가장 안전한 곳이다. 그 공간은 공적이지만 그 공간 안에 있는 사람들이 하나하나의 공인으로서 역할을 하지는 않는다. 공공공간이 모든 사람들이 각각 공인으로서 한데 모이게 되는 집합의 장소가 되기 위해서는 하나의 구심점이 필요하다. 공인으로 보이고 이해되기 위해서는, 그리고 공인으로 행동하고 역할을 다하기 위해서는 그 점들이 마치 한 점을 둘러싸고 있는 것 같은 하나의 원을 형성해야만 한다. 혹은 그 점들이 한 점을 향한 듯한 하나의 직선을 이루어야만 한다. 또는 그 점들이 스스로 하나의 점을 만들어 광장의 바닥을 뒤덮을 정도로 번지고 퍼질 수 있도록 한데 뒤섞여야만 한다.

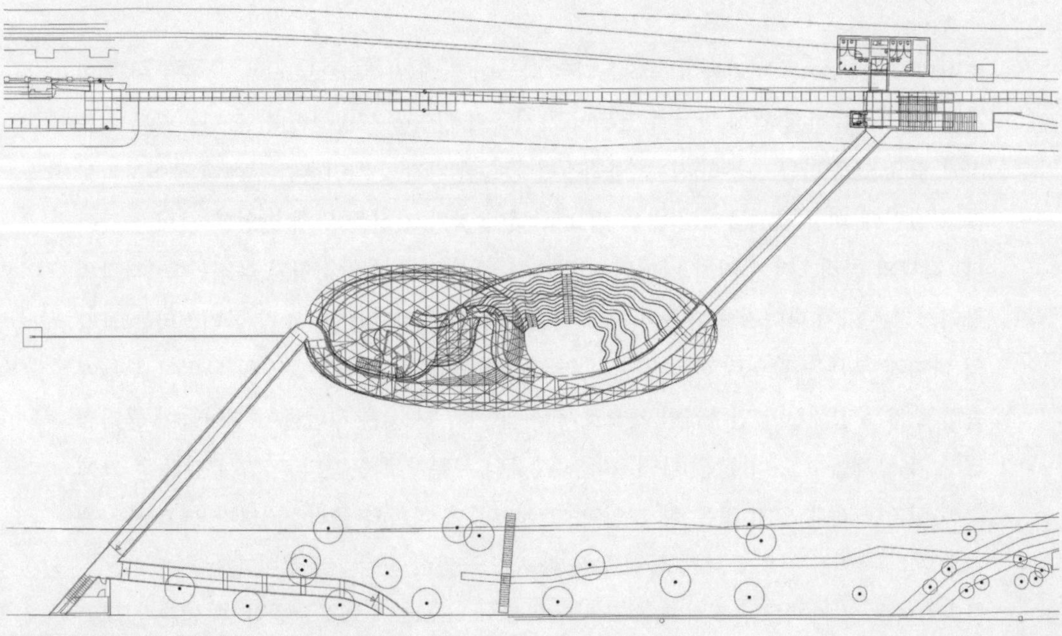

7 광장에 대한 첫 번째 다이어그램은 한 곳에서 다른 곳을 향해 여러 방향으로 흩어지고 나누어지는 점들을 보여줄 것이다. 두 번째 다이어그램은 이러한 점들이 각각 영역들로 응집되는 것을 보여줄 것이다. 처음의 다이어그램은 공원이나 교외지역으로서의 공공공간을 분석한 것이며, 두 번째 것은 도시의 가로나 도시 그 자체로서의 공공공간을 분석한 것이다. 첫 번째 다이어그램에서 점들은 한데 섞이기에는 서로 너무 멀리 떨어져 있다. 사람들은 고립되고 서로 일시적인 순간만을 공유한다. 이러한 공간에서 당신이 할 수 있는 일은 그저 앉아있거나, 책 속에 빠져들거나, 점심을 배불리 먹거나, 지나가는 다른 사람들에 대한 지저분한 상상 속으로 젖어드는 것뿐이다. 두 번째 다이어그램에서는 그 점들이 서로 너무 가까이 떠 밀려서 더 이상 점들로 보이지 않게 되고, 그 공간 자체도 모든 점들로 인해 보이지 않게 된다. 그 점들은 개방된 공간을 터지기 직전까지 가득 채우고 폐쇄해 버린다. 그 공간은 더 이상 수용체로서의 역할을 하지 못하며 이제 다른 것으로 바뀌어야만 한다. 이러한 형태의 공공공간은 잠재적, 정치적으로 활성화된 공간이다. 그러나 그 공간은 단지 그 속에 있는 점들이 외부의 한 점에 의해 한데 모이고 그 점이 원하는 데로 놓일 때에만 그렇게 된다. 그 점은 공간 속으로 들어가 공유된 여론의 형태로 생각 속에 자리 잡거나 혹은 한 명의 지도자의 형태로 공간에 직접 들어가게 될 것이다. 도시의 광장–개방된 공공공간의 모델–은 정치의 장이 되기 위해 민주적 공간이 되기 위한 어떤 권리도 포기한다. 그것은 스스로 자리에서 물러나 권위주의적인 공간이 된다.

8 도시의 광장 piazza은 사람들이 클러스터로 나누어질 때 민주적으로 남는다. 군중의 모임들은 마치 광활한 평원에 펼쳐져 있듯이 자신들의 영역들을 형성한다. 클러스터는 지도자가 필요 없을 만큼 충분히 작다. 클러스터에 속한 각각의 개인은 누구에게 물어보지도 않고 발언에 대한 특권을 인정받을 필요도 없이 자기 자신을 위해 발언할 기회를 갖는다. 각각의 클러스터는 마치 나머지 공간들이 존재하지 않는 것처럼 움직인다. 각각의 클러스터는 마치 나머지 공간들이 필요 없는 것처럼 움직인다. 사실 각 클러스터는 공간의 나머지 부분을 필요로 하지 않는다. 클러스터 공간은 그것이 공간의 나머지 부분에 속하지 않는 한에서만 민주적인 것으로서 존재한다. 더 많은 사람들이 끼어들어 클러스터를 가득 채울수록 더 많은 클러스터가 각각의 부분들로 분해되고, 그 부분들은 그에 속해 있거나 속해 있지 않은 한 개인이 그 부분들을 하나의 클러스터보다 크고 조직을 필요로 하는 어떤 것으로 다시 바꿔 놓을 때까지 끝없이 퍼져나갈 것이다.

9 클러스터는 그 자체를 온전하게 유지하기 위해서 벽으로 자신을 보호할 수 있는 실내공간으로 옮겨간다. 사람들은 바나 카페 그리고 나이트클럽 등에 작은 집단으로 함께 모인

다. 어떤 사람은 그곳에 특별히 서비스를 받기 위해 갈 수도 있고 다른 사람은 무엇보다 한 집단에 소속되기 위해 갈 수도 있다. 그 의도가 무엇이든 간에 그 목적을 달성하기 위해 사람들은 다른 곳이 아닌 이런 특정한 장소에 모여왔다. 개별적인 목적은 '장소감 a sense of place' 이라 불리는 것에 포함된다. '장소' 가 '느껴질' 만큼 충분히 구체적으로 구현될 때 그 ' 장소' 는 주변의 다른 장소들과 구별되어 왔다. 그곳은 '역사적인 장소' 로 보존되거나 혹은 마치 타임캡슐처럼 예전과 같은 상태로 재창조된 장소가 된다. 또는 '가상의 장소' , 다시 말해 마치 스페이스 캡슐이나 타임머신처럼 당신이 방문한 시간과 공간 속에서의 장소와는 거리가 먼 다른 장소를 가져오는 것이다. '역사적인' 클러스터–장소로 가는 것은 집으로 가는 것에 상응한다. 다만 그 집이 가족만을 위한 곳이 아니라 집단의 것이기도 하다는 점만 제외하면 말이다. '역사적 장소' 는 가족의 사적인 시간을 집단의 공적시간으로 바꿔놓는다. '가상의' 클러스터–장소로 오는 것은 휴가를 떠나는 것에 상응한다. 다만 당신이 당신의 뒤뜰을 절대로 벗어날 필요가 없다는 것만 제외하고 말이다. '가상의 장소' 는 낯선 곳의 공공공간을 가정의 사적공간으로 옮겨다 놓는다.

10 이러한 실내의 클러스터–장소들에서 당신은 당신이 대가를 지불한 것을 얻게 된다. 당신은 그 장소를 익숙하게 이용해 온 공동체와 계층에 속하기 위해 대가를 지불한다. 당신은 과거나 미래의 구성 즉, 단순히 그 장소가 어떤가가 아니라 그 장소가 어때야만 하는가에 대한 아이디어에 대가를 지불한다. 당신은 또한 다른 조직들에 대한 접근성에 대가를 지불한다. 적어도 이론적으로는 그 조직들은 최소한 생각대로 그리고 본능적으로 당신이 당신의 취향에 맞게 고를 수 있도록 한데 가까이 묶여있다. 당신은 당신이 행운을 잡을 기회에 대가를 지불해야 한다. 당신은 또 다른 조직에 들어가거나 다른 조직을 소비하기 위해 대가를 지불한다.

11 실내의 클러스터–장소는 자체적인 범주 안에 그 자체 부정의 원칙을 깊이 심어왔다. 자기 파괴적인 클러스터–장소의 원형은 록음악 클럽이다. 다른 실내 클러스터 장소들과 같이 이런 클럽들은 사적으로 소유된다. 그러나 이러한 장소들의 소유주들은 자신들의 자기학대를 드러내거나 자신의 오만함을 내보인다. 그 클럽에는 사람들을 클럽 안으로 끌어들이고 그들을 돈 내는 소비자들로 그곳에 묶어두기 위해 음악이 흘러나온다. 그러나 그 음악 자체의 결과는 너무 시끄럽고 강해서 벽들이 산산조각 나고 만다. 음악의 목적은 문자 그대로 그 건물을 무너뜨리는 것이다. 한편으로 이런 공간들은 자신들을 파괴하는 악기들, 혁명의 악기들을 그 공간 자체의 벽들 안에 받아들임으로써 사유와 소유를 부정한다. 다른 한편으로 이런 장소들은 소유와 사유를 확장하기 위해 파괴를 함부로 전

Acconci Studio / Park In The Water / Park / The Hague, the Netherlands / 1993-1997

용한다.

12 조만간 당신은 그 클러스터-장소를 떠나야 하고 바는 문을 닫는다. 당신은 당신의 아이를 위해 한 잔 더, 집에 가기 전에 한 잔씩 더 하곤 했었다. 당신은 곧장 집으로 가든지 아니면 온 도시를 걸으며 돌아다닌다. 하지만 실내와 실외의 선택, 공과 사의 선택은 이제 너무 낡아 버렸다. 전자시대에는 도시에 대한 모든 정보를 당신 집의 사적공간 안에서 손가락 하나로 컴퓨터 단말기를 이용해 모두 가질 수 있다. 당신은 절대로 자리에서 일어날 필요도, 집을 떠날 필요도 없다. 정보는 당신의 머리와 마음속에 있다. 당신은 정신이 아니라 육체 때문에, 머리가 아니라 생식기 때문에 당신 집에 있는 컴퓨터를 떠나게 된다. 도시의 공공공간은 다른 조직들의 존재이다. 공공공간은 섹스를 위한 유사체이다. 공공공간은 섹스에 대한 욕망의 대상의 합성물이거나 아니면 섹스를 대신하는 이미지들의 복합체이다.

13 시간은 빠르고 공간은 느리다. 공간은 시간을 배열하고 이해하기 위한 시도이다. 공간은 볼만한 어떤 것과 딛고 설만한 단단한 지반에 대한 요구이다. 공간은 사건들의 흐름을 따르고 인과관계를 믿고자 하는 욕망이다. 전자시대는 공간의 흔적을 지우고 장소들을 겹쳐놓는다. 당신은 비행기로 여행을 한다. 당신은 한 장소에 머무르고 그 때 창밖은 모두 하얗다. 그리고서 휙! 당신은 그 사이에 아무것도 없이 다른 장소에 있게 된다. 바늘이 각각의 초가 자리하고 있는 영역을 도는 시계와 디지털 손목시계의 대결이다. 빠른 시간 속에서 공공공간—경계를 갖는 실제적 장소의 형태로서—은 점차 느려지는 과정이자 시간을 멈추고 역사 속을 거슬러 올라가며 이전의 시대로 회귀하고자 하는 시도이다. 건물들로 둘러싸이고 어떤 단체에 의해 소유된 도시의 광장은 19세기 군국주의에 대한 향수이다.

14 전자시대의 공공공간은 바쁘게 움직이고 있는 공간이다. 공공공간은 도시 속의 공간이 아니라 도시 그 자체이다. 지점들이 아니라 순환하는 동선들이다. 건물이나 광장들이 아니라 도로와 다리들이다. 공공공간은 집을 떠나, 집을 대신하는 클러스터-장소들의 모든 편리함을 포기할 것이다. 움직이고 있는 공간은 탈주하고 있는 삶이다. 대화할 시간은 없다. 당신은 당신이 늘 지니고 다니는 라디오를 통해 당신이 필요한 모든 정보를 얻을 수 있기 때문에 대화할 필요도 없다. 당신은 이미 라디오에서 나오는 목소리들, 상점의 창이나 광고판 속의 사람들의 이미지들과 다양한 관계를 맺고 있기 때문에 사람 대 사람의 관계는 필요 없다. 멈추어 서서 관계를 맺을 시간은 없다. 그러한 관계는 길가에 당신과 나란히 서있는 모든 다른 조직들, 하나를 지나 있는 또 다른 한 조직, 다른 한 조직을 대체하는 하나의 조직에 대한 부정일 것이다. 당신은 방문하러 온 것이지 머물려는

것이 아니다.

15 전자시대는 공공을 개인들의 복합체로 재정의한다. 비행기에 타고 있을 때, 당신은 당신이 원하는 어느 곳, 전 세계 어느 곳이나 갈 수 있다. 당신이 있는 곳에 대해 당신이 갖고 있는 이미지는 당신 옆에 앉아 있는 사람이 꿈꾸는 세상과는 다르다.

16 전자기술과 조직체들의 충돌은 정보와 도시들의 조직을 뒤엎을 것이다. 정보의 각 비트 단위는 통제된다. 하지만 정보의 혼합은 우연한 것이며 조직화될 수 없다. 공공공간은 조직체들과 정보와 또 다른 조직체들 사이에 떠도는 공역이다. 공공공간은 전류의 흐름과 성(性)적 자성의 혼합이다. 너무 많은 정보와 너무 많은 물질들, 그리고 너무 많은 조직체들이 허공을 가득 채우고 있어서 당신은 그것들 중 아무거나 하나를 오로지 '당분간만' 신뢰하고 사랑할 수 있을 뿐이다. 진실로 믿는 자가 되는 것은 위험하지 않고 부부가 되는 것에도 아무런 위험성이 없다. 당신은 전자의 영역과 놀아나고 있는 것이며 늘 분주하고 뭔가 얻으려고만 한다.

17 도시 속 공간들의 건물은 이미 기존에 성립된 규칙들에 대한 기능을 부여 받았다. 수직은 건축에 할당되고, 수평은 조경에, 그리고 그 둘 사이의 선들과 그 둘을 관통하는 선들의 네트워크는 기술에 할당된다. 공공예술은 도시에 이미 존재하고 있는 것에 비집고 들어가 그 속에 자신을 맞추고 거기에 뛰어들어야만 한다. 그 실천의 수단은 건조 환경을 수술하는 것이다. 공공예술은 수직적인 것들을 덧붙이고 수평적인 것들을 덜어내며 선들 사이의 네트워크를 곱하기도 하고 나누기도 한다. 공공예술의 목적은 공적이지만 그 수단은 사적일 것이다.

18 건조 환경은 지어지도록 용인되어 왔기 때문에 지어진다. 건조 환경은 그 자체가 제도나 지배적인 문화를 의미하고 반영하기 때문에 지어지도록 용인되어 왔다. 공공예술은 이류 시민과 같이 뒷문으로 들어온다. 공공예술은 이에 대해 한탄하는 대신 그것의 이점을 보고 그 미미한 지위를 이용하기도 한다. 공공예술은 스스로를 미미한 문화의 목소리, 소수의 의견, 야당으로 표현하기도 한다. 공공예술은 이야기를 흥미롭게 끌고 가기 위해 존재한다.

19 새로운 공공예술의 모델은 대중음악이다. 음악은 공간이 아니라 시간이다. 음악은 장소를 필요로 하지 않기 때문에 그 위치를 고수할 필요 없이 대기를 가득 채우고 공간을 차지하지 않는다. 음악이 존재하는 수단은 어떤 것들의 가운데에 놓이는 것이다. 당신은 음악을 듣는 가운데에서도 다른 일들을 할 수 있다. 음악의 혼합은 문화의 혼합을 생산해낸다. 물론 대중음악은 소수의 문화를 이용하긴 하지만 동시에 그들이 그 소수의 문화를 '발견'하고 공개함으로써 다시 태어나 지배적인 문화 속으로 스며들어갈 수 있게 하

기도 한다.

20 워크맨을 주의하라.

공공의 공간들, 집합적 공간들 Public Spaces, Collective Spaces

{마누엘 데 솔라 모랄레스 Manual de Solà-Morales}

출처: *la Vanguardia*, Barcelona, 1992년 5월 12일

19세기가 끝난 이후로 공공공간과 사적공간 사이의 구분은 서구 도시에 대한 도시계획의 개념에서 이론적 중심이 되어왔다. 확장 계획들, 토지 수용 법들, 대도시 공원들 또는 대규모의 토목공사들은 사유영역을 통해 공유영역을 확실하게 구분하는 감동적인 사례들이다. 그리고 이러한 구분을 통해 공적인 것들이 사적인 것들보다 우선시 되고 더 확장되며 발전되어 나가는 것이 허용되는 한, 그 구분은 바람직한 것이었다.

근본적으로 보복성을 갖고 있는 이런 동기는 지난 세기의 유토피아적 아이디어에 그 바탕을 두고 있고, 그 개념에서는 목표로서의 균형 잡힌 도시와 도구로서의 시영화에 대한 이상적인 모델들이 모든 진보적인 도시 계획 정책의 관념적인 대들보가 되었다.

오늘날에도 여전히 많은 공공 행정가들과 제 구실을 하지 못하는 기술자들이 녹지 지구의 보호, 도로의 보존, 기계설비 구역과 무료 공공공간들을 도시계획의 주요 목표로 여긴다. 그리고 똑같은 계획 방식을 추종하는 지역의 단체들과 정치 정당들은 공공의 평방미터가 시민들에게 가장 유용한 도시를 만드는 최적의 방법이라는 주장을 지지한다.

공공공간과 사적공간의 구분은 1970년대 도시에 대한 중요한 이론적 성찰 이후로 그 적용에 있어 두 가지 주요 노선에 따라 진전되었다. 하나는 도시에 대한 전문적 연구에 기초한 것으로 도시형태(거리, 공원, 확장지, 도심)의 주요 형태학적 요소들을 만드는 결정적 도구로서 과거에 있었던 훌륭한 배치방식의 중요성을 주장하는 것이었다. 다른 한 가지 노선은 알도 로시 Aldo Rossi의 『도시의 건축 *the architecture of the city*』에 대한 믿음을 바탕으로 도시와 그 도시의 역사적 기억에 대한 상징적이고 기표적인 정의에 있어 커다란 건축적 파편들의 중요한 역할을 강조한 것으로 이 두 가지 노선들은 서로 연관성을 갖게 되었다.

두 가지 입장 즉, 도시의 가치를 건축으로 보는 입장과 도시 설계를 하나의 프로젝트로서 보는 입장은 각기 '지역과 지구' 의 계획이 기능주의적으로 추상화되는 것을 극복하기 위한 방법론적 가설인 '도상의 도시계획 drawn urbanism' 과, 구체적인 공간적 구축으로서 도시의 형태에 주목하기 위한 방법론적 가설인 '도시적 도시계획 urban urbanism' 으로 이어졌다. 1980년대 초 카탈루냐 지역의 도시 계획이 이 경우의 좋은 예이다.

가장 최근의 도시적 프로그램들은 1970년대에 도시를 도시적, 사회학적, 정치적 사고의 다양하고 훌륭한 주제가 되도록 만든 도시에 대한 이론의 가속화로부터 시작되었다. 근래에 들어

몇몇 유럽의 대도시들에서 나타나는 공공공간들과 공공건물들의 극적 완성—일부는 거리에 의해 정해지고, 일부는 그 원칙들을 망각한 채—은 그 공간과 건물들을 디자인과 미학의 소비를 위한 찬란한 상점의 유리창들과 대중 매체의 경쟁적인 이미지들로 변화시키고 있다. 하지만 오랜 기간에 걸친 도시에 관한 의미심장한 논의는 없다.

바르셀로나에서는 민주적인 정부의 도래와 함께 공공공간으로의 탈출이 극에 달했다. 모든 사람들이 공공공간을 획득하고 고착시키고 기념할 것처럼 보였다. 용감하거나 조금 덜 용감하기도 한 광장들이 건설 구조물들 사이에 비어있는 채로 남아있는 모든 공백들을 점유하면서 등장했다. 1978년에서 1982년 사이에 이러한 빈 공간들을 이용해 새로운 도시의 이미지 및 새로운 형식과 논리를 창조해내는데 더 많은 노력이 집중되었고 이런 노력은 주목할 만한 성공을 이루었다. 이러한 성공은 디자이너들이 항상 현명했기 때문이라기보다는 도시의 공백, 한편으로는 차분하고 무거운 건조물들로부터 도시의 풍경이 변화하는 모습을 보는 감동이 누구에게나 새롭고 활기를 되찾을 수 있는 경험이었기 때문이었다. 어떤 사람들은 그 도시에서 그런 변화를 인지하고 싶어 하지 않았다. 모든 것들은 외부로부터 감탄의 시선을 받았다.

이후 1982년에 이르러 공원들이 나타났다. 위치와 규모가 우연하게 정해진 주요한 공공공

Manuel de Solà-Morales & Rafael Moneo / L'illa Diagonal / Hybrid building / Barcelona, Spain / 1993

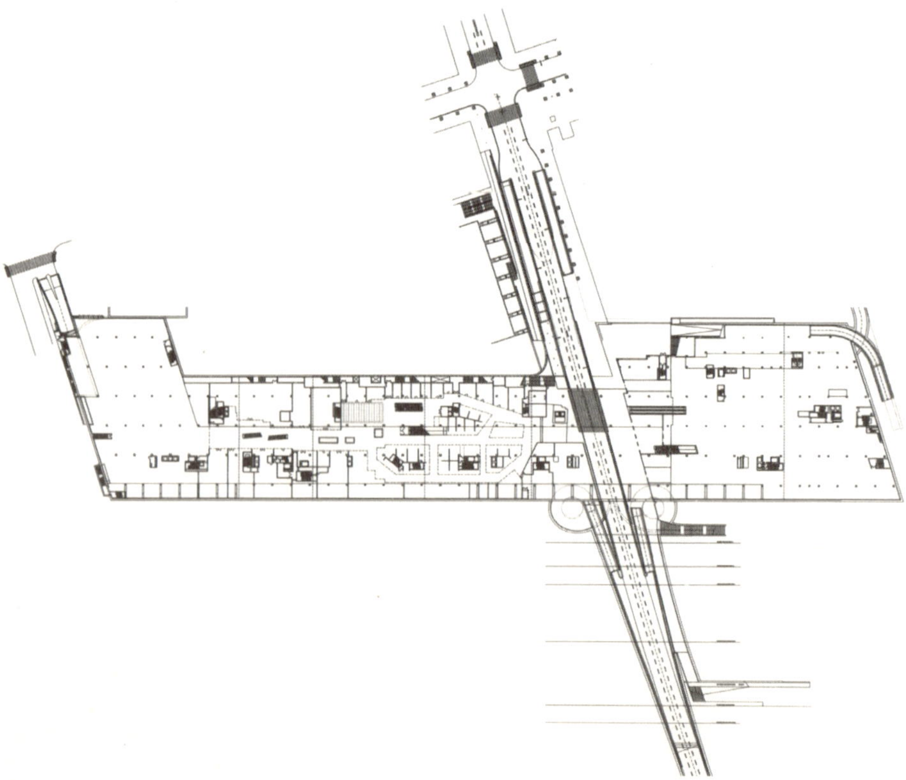

간의 무리인 공원들은 망가져 버린 농장들이나 낡아서 못쓰게 된 가설물들을 통해 도시에 포함되도록 허용되었다.

공원들은 광장과 마찬가지로 만들어질 가능성이 있는 곳에 만들어져 왔다. 거기에는 이전의 도시계획의 허상 (La Merce, Raval) 또는 낙후된 공장지대의 공터 (Espana Industrial, Pegaso) 등의 존재로 인해, 혹은 이미 쓰이지 않는 공공 구역들 (Moll de la Fusta, Escorxadors, Plaza de Sants)의 이전 때문에, 또는 단순히 기존의 공공 광장 (Plaza Real, plazas de Gracia)의 재디자인으로서 시당국의 개입이 손쉽게 이루어졌다.

그 후로 이러한 행위들에 대한 어떤 공간적 일관성이 발견되어 왔음에도 불구하고 기회가 그 위치의 가장 기본적인 척도가 되었음은 명백하고 논리적이다. 그 기회란 공공의 토양 위에서 그 토양자체에 영향을 미치는 행정에 의해 시당국의 디자인과 자산 그리고 토지를 위한 가용공간의 양을 향상시키고 증가시키는 어떤 행위를 할 기회를 말한다. 그 당시 바르셀로나는 시당국의 소유물과 이미지가 점차적으로 서로 동일해져서 결국에는 공식적인 수단 안에서 어떻게 근대성이 이루어지고, 결과적으로 어떻게 공공 소유의 공공 도시 공간들에 강력하고 심지어는 주도적인 이미지를 부여하는 것이 가능한지를 가르쳐주었다.

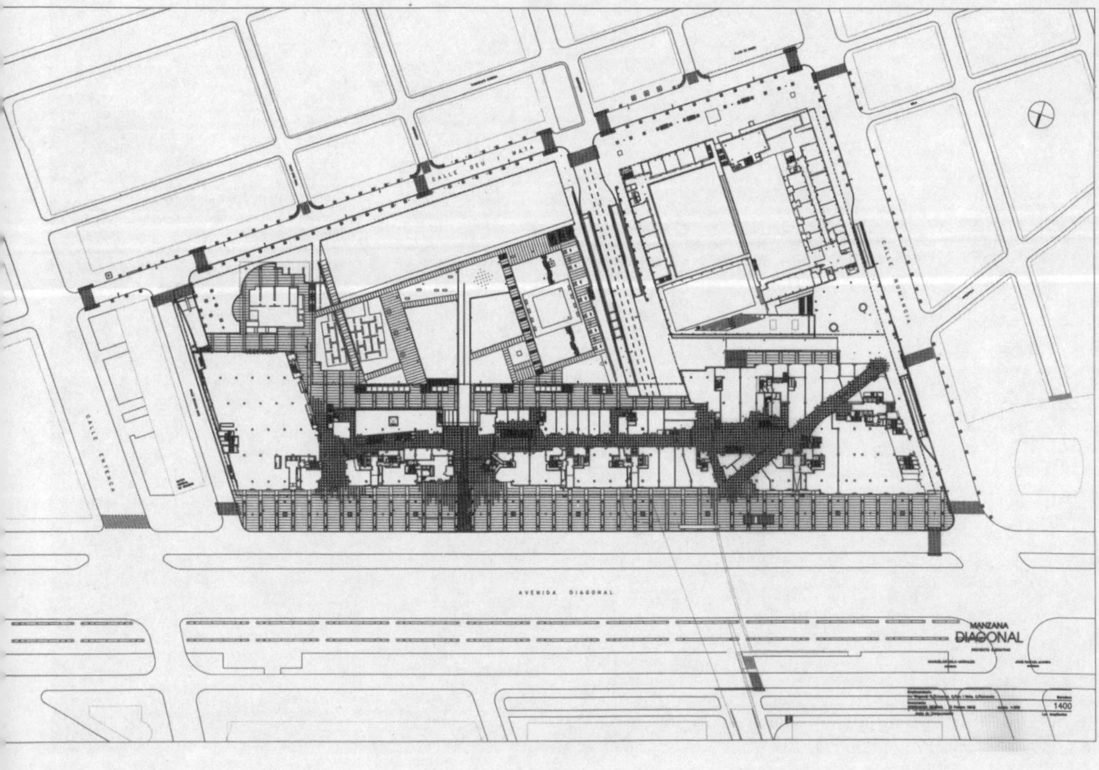

그러나 만약 우리가 단지 행정의 독점적 영역 내에서만 도시의 형상에 관해 관심을 가졌다면 이러한 것들은 위기에 빠졌을 것이다. 근래에 들어서 사적 조직, 예를 들어 주거 영역이나 혹은 사무 공간 영역에서는 혁신적이라 할 수 있는 날카로운 제안들이 나타나지 않았다. 그리고 이런 방식은 산책로, 공원, 광장, 순환 도로, 경기장, 박물관 그리고 공연장 등을 가진 도시의 멋들어진 풍족함과, 공공공간이 비대해져 가는 보통의 도시 분위기에서의 이탈이라는 반박할 수 없는 매력의 엄청난 이점과 함께 나타날 수 있을 것이다.

확실히 공공공간의 중요성은 어느 정도 포괄적이고, 양적으로 지배적이거나 혹은 상징적인 주인공이 되는 것이 아니라 사적인 공간들이 집단적 전유물로 변해가는 동안 공공공간들에 둘러싸인 사적공간들에 주목한다는 것이다. 공공의 성격이 없는 오로지 사적인 건물들과 장소들에 그런 공공의 도시적 성격을 부여하는 것은 사적인 것들을 도시화하기 위한, 다시 말해 사적인 것들을 공공의 일부로 바꾸기 위한 공공공간들의 역할이다.

시우타트 벨라 Ciutat Vella를 예로 들어보자. 라발지역 Raval의 시초는 상당 부분 끊임없이 이

어져온 아주 오래된 계획의 유산들이다. 대부분의 경우 그 유산들은 가용한 토지 위에서 공공의 가장(假裝)이 보여주는 연기이다. 인근의 다른 지역의 열린 공간들은 단순히 주택들과 블록들의 단위 경계에 의해 정의되는 폐허들이다. 그것들이 만들어지는 곳, 거리에서 나타나는 그 열린 공간들의 정렬상태는 오래된 도시 조직 속에 그 공간들을 끼워 넣는 고도로 기술화된 건설의 불합리성을 보여준다. 그리고 근대적인 어휘는 아주 약간 기능적이고, 역설적으로 수사학적임이 드러난다.

시우타트 벨라에서 공공의 역할은 실제적으로 새로운 주택, 광장 그리고 주차공간에 집중된다. 그리고 아마도 이러한 프로그램의 단순성은 그 결과에 대한 개념적 확고함의 근원이 될 수 있을 것이다. 시우타트 벨라에서 공간의 형태는 이러한 근린 지구 재구성의 사회적 수용체에 관한 논의와 강제적으로 관련되어야 한다. 그러고 나서 프로그램에 대한 선택권이 고려되어야한다. 그리고 새로운 프로젝트들의 형식은 그 프로젝트 및 프로젝트에 의한 도시 개발의 결과에 대한 비판보다 우선한다.

아마도 그 프로그램들을 조금 덜 전문적인 관점으로 다루었다면 새로운 형태의 임시 별장, 하숙집, 술집 그리고 좀 더 현대적인 클럽들, 장인들과 판매자들을 위한 유형학적 그룹들 또는 중산층을 위해 익숙한 형식의 주택을 세우는 것 보다는 좀 더 다른 모호하고 복잡한 기능들 또는 새로운 대학 도서관 등과 같은 공간들을 시우타트 벨라의 공공공간들로서 이해할 수 있는 프로젝트들을 생각할 수 있었을지도 모른다. 그리고 일곱 번에 걸쳐 리모델링된 현재의 도시조직의 미완의 모서리들은 그 도시에 거주하는 사람들의 위생적인 공존의 문제에 있어 위생적인 중앙 유럽의 도시 계획의 넓은 간격보다는 훨씬 더 적당한 해결책을 제시할지도 모른다. 이러한 인상적인 수술을 통한 이른바 재생이라는 것은 일어날 것 같지 않아 보인다. 그리고 공간들과 주택 또는 주차장이 함께 존재하는 '공공' 이라는 이름은 그 공간에 필요한 집단적 전용의 바람직한 속성을 아주 즉각적으로 허용하진 않는다.

시우타트 벨라에 실현된 프로젝트가 잘못되었다는 것은 틀린 말이다. 잘못된 것은 단적으로 말해 '공공' 이며, 상당히 어려운 문제들에 대해서는 그 공공으로 인해 그러한 프로젝트들이 적절한 해결책이 되지 못하는 것이다. 잘못된 것은 '공식적인' 도시의 비대함, 즉 어떠한 집합적 삶의 형태들을 무시하거나 심지어는 몰아낼 수도 있는 바로 그것이다.

만일 우리가 집합적 공간을 행정상의 부동산으로 제한시켜 버린다면 그 집합적 공간은 더도 덜도 아닌 그저 공공공간일 뿐이다. 한 도시의 형태학적, 도시적, 건축적, 그리고 시민적 부는 바로 그 도시의 집합적 공간들의 부이자 집합적 삶이 발전하는 모든 장소들의 부이며, 그 부는 확연히 드러나며 기억된다. 그리고 아마도 이런 공간들은 공적이거나 사적인 것이 아니라 공적이면서 동시에 사적인, 점점 늘어나는 일상생활의 공간들이라 할 수 있을 것이다. 그 공간들은 또한 특정한 용도에 의해 차지되어 버린 공공공간 또는 집합적 용도를 갖게 된 사적공간들이다.

카탈루냐 광장의 한 백화점, 그곳은 사적인 장소인가 공적인 장소인가? 백화점의 경제적 이용에 있어 그곳은 분명히 사적인 장소이다. 하지만 시민적 용도나 의미에서는 전혀 그렇지 않다. 그 백화점의 새로운 입면에 대해 논의하는데 5년이 걸렸다는 것은 우연이 아니다. 그리고 '산타마리아 델 마르 Santa Maria del Mar' 교회는 공인가 사인가? 그리고 바르샤 Barca의 축구 경기장이나 호벤투 Joventut의 농구장은 어떤가? 사적인 것과 공적인 것의 범주는 우리에겐 모호하며, 그 구분은 이미 별 도움이 되지 않는다. 또한 그 범주는 그 중요성이나 영역에 있어서 완전히 공적인 산트 하우메 광장 Sant Jaume Square이나 람블라스 Ramblas 거리가 토지 수용에 의해 서로 다른 개인들이 자유롭게 사용할 수 있도록 집합화된 것처럼 훌륭한 공공장소들에 의해 뚜렷해지기도 한다.

바르셀로나에 있는 많은 다른 장소들은 혼재된 집합적 장소들이 가진 극도의 중요성을 보여주는 예들이라 할 수 있다. 보케리아 시장은 아마도 가장 훌륭한 예일 것이다. 그곳은 공적 자산과 운용이 구매자, 판매자, 구경꾼, 관광객 또는 시장에서의 삶이 매일 만들어내는 다양한 상호보완적 작업들을 하는 일꾼이 되기도 하는 시민들의 특별한 활동들 및 그들의 주도권과 완벽하게 관계를 가지기 시작하는 곳이다. 그와 마찬가지로 동일한 속성을 가진 바르셀로네타 Barceloneta 해변의 사라진 스낵바들도 같은 예이다.

길모퉁이의 바, 어린이들이 다니는 학교, 신문 가판대 또는 지하철 정거장들도 역시 공적이지만 집합적이기도 한 장소들로서, 도시민적 삶의 주요 여정들을 형성하는 권리와 의무들의 조직이다. 또한 이러한 장소들 사이에서는 엄격하게 공적인 공간들이 중요하지만 부분적이면서 아마도 매일 필요하지는 않은 역할을 갖게 된다.

할인 매장이나 변두리의 대형 슈퍼마켓, 놀이공원이나 경기장 또는 늘어선 상점들은 매일의 삶에 있어 매우 중요한 장소들이자 집합적인 근대적 공간들이다. 대중교통은 무엇보다도 큰 도시들에서 그 도시의 대중적 이용의 빈도와 규모, 대중의 다양성 그리고 그 도시가 갖는 대도시적 생활의 중요한 요소로서의 심리적 부담에 대한 아주 흔한 지표이다. 이는 빔 벤더스 Wim Wenders 영화에서의 도시공간에 대한 객관적 시점과는 아주 다르게 에릭 로메르 Eric Rohmer의 마지막 영화에서 완벽하게 묘사된다.

호텔들, 주말과 여행객을 위한 식당들, 외곽지역의 디스코텍들은 우리 도시들에서 공공의 형태가 구현되는 모호한 공간들이다. 이러한 공간들은 형태적 중요성에 대한 미사여구 없이 공동의 이익을 위한 장소들을 대표하며 대도시의 변두리지역, -역설적으로-미래의 우리 도시들의 진정한 중심이 될 것이다. 이것은 현대적인 도시의 디자인에서 공공 디자이너들에 주어진 과제이다. 또한 이러한 중간적 장소들–공적이지도 사적이지도 않지만 공적이면서 사적인 것들–즉, 홍보와 이윤에 내 맡겨져 있을 뿐만 아니라 복합적 형태의 도시조직의 고무적인 부분들로서의 무미건조한 공간들, 그 공간들을 현대적으로 디자인 하는 것 또한 그들이 해야 할 일이다. 그리고 '복지 도시 welfare city' –보조 받는 도시 생활–에 대한 케인스 학설을 더욱 다루기 어렵고 눈에 덜 띄며 더욱 흥미로운 지역들에 적용하는 것 또한 마찬가지다. 또 다른 한 가지 과제는 유행하는 어휘와 재료들로 여전히 변장한 채 있는 바로크식 도시 공간들의 범주 속에 좌초하는 것일 것이다. 베르사유는 비록 그 모든 공간들이 공공화 되어있고 무료이긴 하지만 새로운 도시의 모델은 아니다. 이것을 깨닫는 것은 도시계획에서 특별히 중요하다. 그리고 그것은 복합적인 단계의 성찰의 장을 열어준다. 우리는 일관성 있는 사회의 동의된 가치관들의 표현으로서 시민적 공간들–고대 형식에서, 고딕 양식에서, 산업 도시에서–의 모델을 고전적인 방식으로 설명하는데 대해 의문을 제기할 것이다. 그리고 이어서 사회적인 것들을 위한 훌륭한 형태로서의 공공의 조건에 대해서도 질문을 던질 것이다. 한 가지 사실은 그와는 반대로 도시란 엄밀히 말해 사적인 것이 아주 많이 또는 공적인 것들 보다는 많이 사회화 될 수 있는–그리고 자주 그렇게 되는–장소라는 것이며, 좋은 도시란 개인의 건물들, –의도되었건 그렇지 않건 간에– 특별히 좋은 개인의 건물들이 공적 요소가 되고 그 건물들이 도시화되면서 그 이면의 의미와 사회적 가치관을 전달하게 되는 바로 그런 도시이다. '그라시아 거리 Paseo de Gracia'의 작은 궁전들이나 페르난도 거리의 상점들은 그들의 실제 토지 사유를 초월하여 도시화 되었다. 파리의 대로변 건물들의 입면들처럼 그리고 뉴욕의 거대한 마천루들의 로비처럼 말이다.

이 글을 개인의 자율성에 대한 신–자유주의적 찬양으로 읽지 않길 바란다. 이와는 거의 반대로, 지금까지 추론된 것은 공공부문의 간섭주의자로서의 역할이 사유지역들 보다는 사유지가 아닌 곳들에 집합적 특질을 부여하는 것을 추구한다는 점이다. 아마도 시당국의 관리인이 공원과 보도를 직접 디자인 하는 것이 사적인 프로젝트에서 집합적 측면을 어떻게 향상할 것인지에 대해 직접 참여하지 않으면서 논의만 하는 것 보다는 더 매력적이고 쉬울 것이다. 나는 사적이며 공적이고 동시에 공적이면서 사적인 이러한 집합적 공간들의 질을 위해 싸우는 것이 도시에서 건축가들이 해야 할 최선의 과제라고 믿는다.

왜냐하면 좋은 도시란 어떻게 해서든 공공의 가치를 사적인 부분에 부여할 수 있도록 하는 도시이기 때문이다. 그리고 그 공동의 가치가 공공가로나 기념물들 또는 대표적인 건물들에서 만들어지는 것 못지않게 좋은 주택들, 좋은 상점들, 좋은 술집들, 그리고 좋은 개인의 정원들에서 만들어지는 것도 역시 좋은 도시이다. 따라서 개인적인 것들의 질은 개인적인 것이 의미론적으로 집합화되어 결국은 집합적 부가 되는데 필요한 하나의 조건이다. 야행성인 바르셀로나의 술집들은 지난 몇 년 동안 가장 흥미로웠던 도시 요소들 중 하나이다. 왜냐하면 그 술집들의 프라이버시는 이익과 집합적 가치관에 대한 관심과는 분리된 것이기 때문이다.

집합적 공간들은 역사적 도시들의 재산이며 또한 분명히 미래 도시의 주요 뼈대이다. 우리의 도시들에서 그 소유가 불분명한 공간들은 사회적 일상을 의미하는 매일에 다른 도시의 집단들에 의해 매우 일정치 않게 이용되고 전용될 수 있는 공간들이라는 말은 아마 맞는 말일 것이다. 사회학자 프레드릭 제임슨 Frederic Jameson이 이야기 했던 '영양실조의 dystrophic' 도시 형태가 우리 주변에서 공공공간과 사적 재산권의 동시적 손실을 특징짓는다는 말도 아마 맞을 것이다.

사람들은 공공공간과 사적공간을 구분하는 차이들이 억압될 때 그 구분이 사라져 버리는 이런 현대의 상황을 '공상 과학 cyberpunk' 소설이 잘 묘사하고 있다고 이야기 한다. 그들은 블레이드 러너 Blade Runner가 이런 차이들을 억누르고 있다고 이야기 한다. 그리고 움베르토 에코 Umberto Eco는 현시대의 영역에서 나타나는 새로운 중세적 특징에 관해 이야기 하면서 그러한 이야기들을 반박했다.

Manuel de Soà-Morales / Ville-Port / Renovation Marine Base as a new urban settlement/ Saint-Nazaire, France / 2001

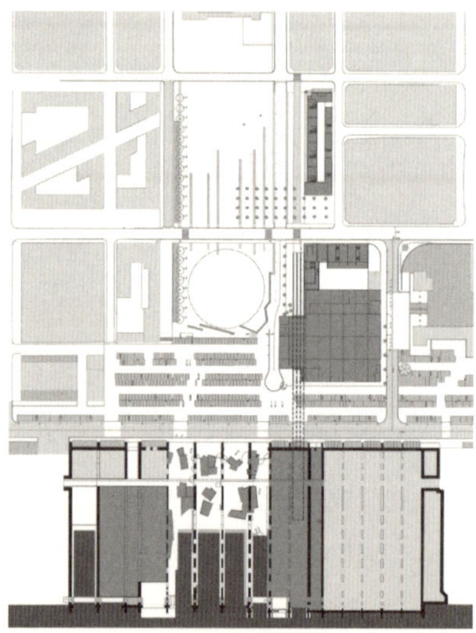

P

따라서 그들 자신 안에 응집된 '도시의 공간들', 즉 부피 없는 건축을 세우기 위한 장소나 그들 내면에서의 일관된 디자인 작품으로서 '공공공간들'을 너무 심각하게 받아들이는 것은 나에게는 어떤 중요성에 대한 이론적 오류처럼 보인다. 도시화의 작업들에서 그 공간들을 '도시 미화'의 프로그램으로서 진지하게 고려하는 것은 의심할 여지없이 미학적 중요성을 정립하는 큰 장점을 갖고 있다. 하지만 공공 작품의 요소들을 유형학적 구조물로 간주하는 듀란드 식의 신-매뉴얼리즘도, 도시민들의 공간의 미래를 건축적 단계에 맡겨버리는 하이퍼-디자인(사실상 신-카밀로 지테 neo-Sitte)도 아닌(그들 스스로를 '근대적'이라고 생각하는 유럽의 주요 도시들의 많은 도시 디자인 프로그램들은 이런 두 가지 입장들 중 어느 하나의 후손들이다), 좀 더 야심 찬 도시 프로젝트로서 공공공간을 진지하게 받아들이는 것은 선입견의 공간이기 보다는 경험의 공간으로서 도시의 집합적 공간의 복잡한 특성을 깨닫게 한다.

집합적 공간, 사회적 이용 Collective Space, Social Use

{헤르만 헤르츠버거 **Herman Hertzberger**}

출처: Herman Hertzberger, *Articulations*, Munich (Prestel) 2002, 38-39쪽 중에서

『건축수업 *Lessons for Students in Architecture*』이라는 책에서 주로 사회적 활동이 일어나는 공간들의 예로서 단연코 가장 많이 제시된 것은 도시의 거실이라 할 수 있는 공적영역 public realm 내의 도시공간들, 즉 거리와 광장이다. 그러나 사실 그러한 사회적 공간들은 우리가 생활하고 일하며 서로 교류하는 어디에서나 찾아볼 수 있다. 그것은 우리가 변함없이 헤어지고 만나는 장소이며 요컨대, 행동과 모험이 있는 곳이다. 그래서 그 공간들은 어쩌면 자유롭게 서있는 건물과 구조물들의 외벽 안쪽에도 존재할 수 있을 것이다. 이것이 도시적인 선형을 따라 건물들이 배치되는 근본적인 이유이다.

우리가 공공의 삶이라고 부르는 것은 단지 도시의 공적인 부분만이 아니라 공적으로 사용되는 건물들에서도 똑같이 빈번하게 일어난다. 그 예로 특별한 때에 사용되는 거리와 광장들과 더불어 극장, 클럽, 경기장, 미술관뿐만 아니라 수많은 사람들이 모이는 쇼핑센터와 기차역 등을 들 수 있다. '수업 Lessons' 은 일시적으로 공공화되는 사적인 지역들, 그리고 공공지역들이나 공공건물들, 이 두 가지 범주 모두의 예들을 많이 보여주었다. 접근성이란 너무나 모호한 것이어서 건물과 가로 사이의 전체적인 관계성은 흔히 붕괴되어 버린다. 공공의 가로처럼 보이지만 문으로 닫아버릴 수 있고 때때로 당신이 실내에 있는지 실외에 있는지 알기 어렵게 만드는 곳인 아케이드를 보라.

확실한 진실은 실내이건 실외이건 공과 사는 상대적 개념이라는 것이다. 단지 거리의 개방성에 맞서는 건물들의 견제만이 이런 연속적인 전이 시스템의 연속상태에 장벽이 된다. 실질적인 관점에서 도시는 감시되고 있는 영역인 건물들과 상대적으로 감시되고 있지 않은 이면의 영역인 가로들로 나누어진다. 우리는 사적인 것들을 굳건히 하는데 공동의 것이 축소되지 않도록 사적인 '요새들' 의 개방성과 거리의 연속성을 유지할 건축적이고 도시적인 방안들을 계속 고민해야만 한다. 공유영역이 억제됨으로 인해 어느 곳에서나 이러한 일이 발생하는 것을 흔히 볼 수 있다.

오랜 세월에 걸쳐 건축가들과 도시계획가들이 공간에 집착했던 시기에는 언제나, 공간들은 거의 항상 사회적 삶을 위한 건물들, 다시 말해 자연발생적으로든 조직화된 방향을 따라서든 집합적인 것에 대한 개념이 표현되고 다수의 사람들이 한데 모이는 장소들에 관한 것이었다. 그런 건물들은 반드시 규모가 크고 따라서 거주의 장소들과는 확연히 대비된다.

악천후를 막기 위해 지붕이 꼭 필요하게 되면 그것은 건물에 요구되는 스팬을 가능하게 하고, 결과적으로 건물의 규모를 키우는 구조적인 수단이 되며, 건물에 인상적인 외관을 부여한다. 건축의 역사는 20세기 들어 전례 없던 규모를 갖게 된 커다란 차양과 아케이드 그리고 기차 역사들이 등장하기 전인 19세기까지 종교적 건물들이 지배적이었다. 그런데 이런 건물들이 공공의 개방된 공간과 경쟁하기 시작하였다.

예전에는 사람들이 교회를 비롯해 대중목욕탕 혹은 회랑에서 모였던데 반해 오늘날에는 쇼핑몰에 모인다. 공간에 대한 우리의 느낌은 그 공간들의 절대적인 규모가 주는 인상에 따라 달라진다.

'집합적 공간은 공적이지도 사적이지도 않은, 더도 덜도 아닌 공공공간일 뿐이다.'

마누엘 데 솔라 모랄레스 Manual de Solà-Marales

실내나 실외나 수많은 사람들이 응집하는 거대한 공간들은 '무엇보다 중요한' 공동의 이익이라는 역할을 통해 그 공간에 대한 호감이나 심지어 친밀감을 주기도 하고 강요하기도 한다.

집합적 공간들이 심어주는 연대감은 사회적 관점에서의 그것과는 다르며 우리는 그 차이점을 잘 알고 있다. 모스크와 마찬가지로 교회들은 비록 다소 모호하지만 메시지가 전파되는 지

점을 중심으로 해서 거의 배타적으로 구성된다. 그리고 그 메시지를 향하는 집회의 눈과 귀가 함께 자리하게 된다. 모든 주의는 우선적으로 단 한 점을 향하며 따라서 그 점은 공간은 중심적 성격을 띠게 된다. 서로에 대한 관심은 별로 없다. 왜냐하면 그들은 그곳에 모여 오로지 서로의 등을 바라보기만 할 뿐이기 때문이다.

극장과 강당 그리고 경기장에서도 주의는 마찬가지로 중심을 향한다. 근본적으로 이런 공간들은 사회적 양식의 관점에서 교회들과는 차이가 있다.

이러한 경우들에서 건물은 공유되는 집중을 강화하고 그 건물들에서 나타나는 어떤 조직화된 사건들 사이의 조화를 촉진하는 포괄적 구조물이 된다. 그럼에도 이러한 구조물의 중요성은 최소한 사회적 삶에서의 거리와 광장, 카페, 로비와 같은 공간들과 그저 한 가지 활동이나 똑같은 활동을 목표로 하는 것이 아니라 모든 사람들이 자신들의 의지와 동작에 따라 행동할 수 있도록, 그래서 그곳에 있는 다른 사람들과의 관계 속에서 그들 자신만의 공간을 찾아낼 기회를 얻을 수 있도록 사회적 접촉에 대한 촉매반응 효과를 갖고 있는 공간적 환경을 갖춘 집합적 공간들의 다른 사례들만큼이나 중요하다.

이런 연대감은 조직화된 사건들을 촉발하는데 아주 훌륭한 역할을 한다. 하지만 그런 사건들은 단지 일정한 거리를 두고 사회적 접촉을 일으킨다. 그러나 그것은 집합적 공간을 사회적

Architectuurstudio Herman Hertzberger / Coda (Cultuur Onder Een Dak) / Municipal museum, archive and library / Apeldoorn, the Netherlands / 2001

공간으로 바꾸는 사회적 접촉이다. 우리가 찾아야만 하는 것은 매우 조직화되어 있어서 더 큰 기회를 제공하고 더 많은 사회적 접촉을 일으키는 공간의 형태이다. 따라서 조우의 기회를 늘리고, 보는 것과 보이는 것에 대한 촉매반응 효과를 갖고 있는 공간들은 사람들을 한데 모이게 하는 그 무엇을 표현하는데 기여할 수 있다. 요컨대 그 공간들은 우리가 도시를 발견하는데 필요한 것을 제공한다. 극장이나 강당의 로비 공간에서 사람들은 커피를 마신다거나 누군가를 찾는다거나 혹은 단순히 그저 눈에 띈다거나 하며 자신들의 기분에 따라 리듬에 맞춰 움직인다. 여기서 주의는 하나의 순간을 그 다음 순간으로 변화시킬 다핵적이고 불규칙적인 패턴에 따라 흩어진다. 중앙 집중화된 행동에 일시적인 자극을 주는 특정한 사건들이 만들어질 때를 제외하고는, 그 불규칙한 패턴은—우리가 로비공간뿐만 아니라 나이트클럽, 카페, 호텔로비 그리고 미술관들에서 발견했듯이—사회적 교류에 더욱 유리한 환경을 만들고, 이런 이유로 그러한 패턴은 도시의 아이디어에 좀 더 가까워지게 된다.

사회적 공간은 도시의 모델이며 그 도시적 공간의 요약판이다.

수많은 사람들이 함께 모이는 건물들은 자그마한 도시로서의 기능을 갖는다. 그래서 그 건물들은 사실 그렇게 구성되고 디자인될 수밖에 없다. 지금 우리가 이야기하고 있는 것은 단순히 시민들이 사용하는 건물들에만 한정된 것이 아니라 흔히 볼 수 있는 사무실 건물들에도 적용되는 것이다. 그런 사적인 시설들이 대중에게 개방되어 있거나 그렇지 않거나 하는 문제는 전혀 상관없다. 점점 더 많은 사람들이 어떤 행위나 모임 또는 파티를 위해 커다란 공간에 모이거나 실제로 일을 하기 위해 닫힌 문 너머의 작은 방들 안에 모일수록 도시를 닮은 조직도 점점 더 많이 생기게 된다.

그렇게 집합적으로 사용되는 건물들은 상대적으로 '공적인' 부분들과 건물 안의 건물들로서 거리의 네트워크와는 구분되는 내부인들 만을 위한 부분들로 나누어지는 거리와 광장의 내부 구조를 필요로 한다. 이러한 구성은 당신이 사전 지식 없이도 길을 찾는 것을 가능하게 한다.

이러한 영역의 공동체적 기능은 공간적 수단을 통해 탁월하게 표현될 수 있으며, 공동체 의식과 집합적 정체성으로서 연대 의식을 확고히 하는데 최적인 모든 종류의 발언과 행위들에 알맞도록 형성될 수 있다. 공간적 개념은 논의의 대상이 되는 집단의 공통적 특성을 활용할 필요가 있다. 많은 방문자들이 올 것으로 예상되는가? 그들은 자주 모이는가? 혼잡한 내부 동선은 있는가? 커피는 어디서 마시는가? 그 건물 내부에서 상점 하나 볼 수 없다 하더라도 당신은 '도시 속에' 있다고 느낄 수 있다.

집합적으로 사용되는 건물은 눈에 띄는 입구를 가진 하나의 오브제로서 독립적으로 존재할 수 있거나 또는 그 건물 속으로 도시가 옮겨질 수 있도록 말하자면 건물 자체를 개방해 버릴 수

Architectuurstudio Herman Hertzberger / Watersniphof and Zwanenhof / Urban settlement and housing project / Middelburg, the Netherlands / 2004

도 있다. 그리고 그 건물은 실내에 있는 도시의 연장선으로 인식될 수도 있다.

그런데 우선적으로 쉽게 19세기의 아케이드나 현재의 '공적인' 쇼핑몰을 떠올려보자. 그런 공간들에서는 공공공간이 실내로 파고들어간다. 그러나 사적인 공간들에 부정적인 영향은 전혀 미치지 않는다. 다시 말해 내부와 외부의 관계는 해체되지만 다른 건물로의 출입구까지 손대지는 못한다.

그래서 도시로서의 건물은 단지 부분적으로만 아케이드나 그와 유사한 것들과 관계를 맺는다. 하지만 형태와 구체성에 관해 우리에게 시사하는 바는 크다.

우리가 지지하고자 하는 것은 어느 정도 집합적으로 사용되는 건물들은 무엇보다 도시와 같이 구성된다는 것이다. 중요한 논의는 그런 건물들이 실제로는 공적이지 않다 하더라도 실질적인 관점에서는 말하자면 주거용 주택보다는 훨씬 더 도시의 일부로서 기능을 하고 있다는 것이다.

따라서 도시의 사회적 삶에서 확실한 한 부분을 차지하고 있는 건물들이 (간절히 바라건대) 첨탑이나 돔에 의지하지 않고 전체적인 도시에 대한 그 기능을 상징적으로 나타내는 것은 당연한 것이다. 가장 중요한 화제는 그 건물들을 유혹적으로 만드는 것, 그리고 대중들이 그 건물에 쉽게 다가갈 수 있다는 사실에 주목하도록 만드는 것이다. 결국 실내의 도시적 구성을 외부에서도 최대한 이해할 수 있도록 만드는 것이 바로 핵심이다.

사회적 공간

사람들이–우연히 또는 서로 지나치면서–마주치는 모든 공간, 혹은–우발적이거나 친목과 약속 때문에 의도적이거나–모임을 통해 한데 모이는 모든 장소에 대해 우리는 사회적 공간이라는 용어를 사용할 수 있다. 사회적 공간은 도시의 중심지나 더 멀리 떨어진 곳, 심지어는 당신이 건축가와 직접적으로 관련될 일 없는 장소들에도 존재할 수 있다. 건축가들은, 도시계획가들 역시도 이런 현상을 분석하고 설명해야만 할 때 그것의 순수한 범위와 복잡성을 단순화시키기 위해 꽤나 어처구니없는 방식을 이용한다. '사회적' 이라는 단어가 제시하는 자선에 대한 비호감의 함축적 의미 또한 이러한 경향에 어느 정도의 영향을 미친다.

집합적 영역에서는 실내와 실외 어디서나 사회적 공간을 발견할 수 있다. 비록 몇몇 장소에서는 분명하게 형성되지만 보통은 카페나 식당, 상점, 클럽, 기차역 등 사람들이 어떤 이유에서건 모이게 되는 어느 곳에나 있다.

도시는 사회적 공간을 합리화 하려는 시도들이 불가피하게 간소화되는 그런 하나의 복잡한 현상이다.

우리의 엄청난 노력에도 불구하고, 모든 단계의 사회적 삶과 그 영향들에서 그러한 삶의 복잡성을 찾아내는 것은 고사하고, 혹시나 쓸모 있을지도 모르는 방법으로 사회적 삶을 계획한다는 것조차도 확실히 불가능 하다.

<u>사회적 공간의 법칙</u>

건물 내부의 공간—벽 사이, 바닥과 기둥 사이, 다시 말해 건설되고 구현된 모든 것들 사이에 남겨진 모든 것—에 사회적 공간의 성격을 부여하는 것은 일부의 디자이너들에게는 의식적이고 결의에 찬 자세를 요구한다. '공식적인' 또는 비공식적인 착석시설들을 갖추고 단기간 또는 장기간의 체류를 제공하는 구역과 같은 장소들을 충분히 만드는 것은 중요하다. 하지만 그 자체로는 충분하지 않다. 만약 한 건물이 적절하게 기능하기 위해서는 사람들이 실제로 서로 조우할 수 있도록 계획되는 것이 필수적이다.

디자인을 할 때 당신은 다른 사람들과의 조우나 회피를 위한 시각적 관계성과 가능성에 영향을 주는데 많은 시간을 투자해야 한다. 전략적 시선들, 보이드 공간을 삽입함으로써 명확해지는 동선의 체류와 교차를 위한 장소들, 계단참, 브리지, 밝고 어두운 공간들, 투명성, 시야에서 벗어난 공간, 시야가 트인 공간 그리고 막고 보호하기 위한 칸막이들—이 모두가 건축가들이 원하는 대로 쓸 수 있는 수단들이다.

아주 기본적인 디자인 전제들과 더불어 현실적인 과정들도 있다. 이런 과정들이 없으면 당신은 길을 잃게 될 것이다. 예를 들어 어느 경우에나 방화 구획—공간적 연속성에 의한 재앙—에 의해 요구되는 칸막이는 실내 공간이 가졌을지도 모르는 '도시성'에 대한 모든 느낌을 배제한다.

여기서 중요한 점은 건물 내부에서 수많은 작은 방들과 공간들과 함께 공간적으로 '훌륭한 디자인 great gesture'을 보호하는 것이다. 건물 내부에서 실제 거리를 모방하고자 하는 함정에 빠지지 않고 특별한 건축적 수단들에 의해 만들어진 연상을 잘 활용하는 것이 옳은 방법이다.

『건축수업』에서 나는 서로 다른 재료들과 원료들이 실내와 실외의 느낌을 어떻게 강조할 수 있는지를 설명했다. 이는 특정한 자연광이 만들어내는 분위기에도 똑같이 적용된다. 예를 들자면 머리 위로 기다랗게 들어오는 빛은 복도와 거리의 차이를 강조할 수 있다.

표준 층고를 높이고 넓이감을 주는 것은 더 크고 더 도시적인 성격을 나타낸다.

사적인 방들에 무의식적으로 적용되는 폐쇄와 보안의 정도에 대한 느낌과 대조되는 이런 '도시성'의 느낌은 그곳에 있는 다른 사람들의 존재와도 상관있다. 공간은 사람들이 물리적으로 존재하지 않는다 하더라도 사람들의 존재를 알릴 수 있다.

당신은 또한 많은 사람들의 수를 더 적어 보이게 하거나 혹은 적은 수의 사람들을 더 분명하게 함으로써 건물 내부의 부산함이나 평화 그리고 고요함에 영향을 줄 수도 있다.

르 꼬르뷔제가 걸어 다니는 동안 공간을 어떻게 경험할 수 있는지를 설명했듯이 '건축적 산책로 promenade architecturale' 의 개념과 유사하게 당신은 사람들을 더 가까이 쉽게 유도하는 더 극적인 (예를 들면, 더 격렬한) 상황이 일어날 수 있도록 사람들의 역동적인 움직임을 더 강조하고 과장하기 위한 공간적 수단을 사용해야 한다. 공간을 구성하는 방법에 따라 조우를 받아들이려 하지 않거나, 심지어는 조우를 인식하지도 못한 채 특별히 다른 사람들이나 어떤 사람을 찾고자 하는 사람들을 위해 조우의 기회를 늘리는 것이 가능해 진다.

공간은 그 구성 방식에 따라 사람들의 관심을 서로에게 집중시키고 그대로 유지하는데 최고의 조건을 만들어냄으로써 매력적인 효과를 가지게 될 수 있고, 사람들을 일종의 자기장처럼 한데 모으거나 묶어둘 수도 있다.

다윈을 가속하기 Accelerating Darwin

{아드리안 허즈 **Adriaan Geuze**}

출처: Hans Ibelings, *The Artificial Landscape. Contemporary architecture, urbanism and landscape architecture in the Netherlands*. Rotterdam (NAi Publishers) 2000, 254-256쪽 중에서

새로운 도시란 마을, 번화가, 외곽지, 공업단지, 항만, 공항, 삼림, 호수, 해변, 자연보호지역 그리고 첨단 농업의 단일 재배법 등을 갖춘 비현실적인 대도시다. 도시는 모든 종류의 소규모 거주지들이 화성 착륙처럼 정착한 근대적 문화의 풍경으로 변화되었다. 도시의 디자인은 지도 위에 펼쳐진 하나의 거대하고 절대적인 그림이다. 현대의 프로그램들은 고고학적 파편들과는 대조적이다. 자연과의 관계에 급진적인 변화가 있었다. 도시는 전체적인 풍경을 지배했고, 남아있는 모든 농업적 풍경은 도시의 형태를 띠게 되었다. 18세기 자연의 느낌, 훌륭한 공원과 잘 조화됐던 19세기 자연에 대한 환상의 아이콘들은 도시 거주자들의 사회적 세계 안에 갇혀 있다. 대중문화는 몽블랑, 폭포, 아열대의 해변과 절벽 그리고 헬레니즘 사원들을 소유해버렸다. 더 나아가 도시 거주자는 인공적인 자연과 기술의 새로운 경이로움을 즐긴다. 대중문화는 위대한 번영을 누리고 있다. 일본의 경제 덕택에 모든 사람이 자동차, 음악, 컴퓨터, 텔레비전 그리고 모터보트와 같은 기술과 이동성에 한발 더 다가가게 되었다. 대중문화 안에서 사람들은 그들의 자유를 발견하고, 그들의 하위문화를 선택하며, 자신들만의 환경을 전용한다. 대중문화와 매체는 발견을 위한 집합적 항해를 창조한다. 한 명의 작은 엘리트를 대신해 도시 인구 전체가 그 역할을 맡는다.

도시 거주자들은 상당한 시간을 여행하는데 소비한다. 그들은 유목민처럼 생활하며 광활한 지역을 뒤덮는다. 그들은 통근자, 행락객, 주말 여행객 등의 역할을 하며 끊임없이 그들의 환경을 바꾸고 있다. 속도와 시간은 전통적인 개념의 공간을 대체해버렸다. 이동은 끊임없이 변화하는 형태 안에서 공간 속에 흩어진 파편들을 연결한다. 도시의 풍경은 도시 거주자들을 이미지와 간판, 광고 등과 같은 중독성 있는 일련의 연속적인 사건들의 홍수 속에 빠뜨린다. 매일 느끼는 고속도로가 19세기 공원의 꼬불꼬불한 경치 좋은 산책로보다 더 가치 있다. 역할들이 서로 뒤바뀌었다. 유선형으로 움직이며 풍경 속을 미끄러지듯 흘러가는 것은 그림같이 물결치는 듯이 조합된 풍경이 아니라 바로 사람들이다.

프로그램이 없는 것들에 대한 감각

란스타드 Randstad는 20세기 후반 문화의 모델 도시라 할 수 있다. 그것은 경계가 둘러싸여 있

지 않은 대도시로, 대중문화가 역사적인 삼각주의 풍경을 일상 속으로 가져오게 된 방식과, 그런 풍경이 나타나게 된 배경을 보여주는 잘 연결된 소규모 거주지들의 다양한 집합체이다. 어떤 사람들은 란스타드를 제도화된 도시 개발에 대한 지지의 증거로 제시한다. 네덜란드 도시계획의 정치적 배후는 개발의 과정을 조정하거나 의도적으로 중단시킴으로써 네덜란드 풍경에 대한 통제력을 유지한다. 어떠한 경우든지 한 가지 사실은 이러한 계획 시스템이 전후 복구에서 주요 사회 기반시설 공사, 항만, 스히폴 공항, 교외지역 그리고 별 모양의 녹지 공간들과 같은 몇몇 중요한 열망들을 지배해왔다는 것이다. 이 중 가장 주목할 만한 것은 마스프라크트 Maasvlakte로 현대 네덜란드 조경의 상징으로 발전하였다.

전쟁 직후 로테르담은 유럽으로의 관문으로서 스스로의 위치를 깨닫게 되었고, 결국 항만지역을 현대화하고 확장하기로 결정하였다. 항구에서 일어나던 행위들은 도시에서 사라졌고, 총 연장 40킬로미터에 달하는 인상적인 항구 복합시설이 계획되어 도시의 서쪽에 지어졌다. 그 절정이자 잠정적인 최종 마무리가 바로 마스프라크트로 알려진, 최초에 그 면적이 2,400 헥타르에 달했던 원양 항만시설의 건설이었다. 새로운 항만 지구를 건설하는데 사용된 모래는 과거 마스 강의 어귀였던 인접한 오스트 포른 Oost Voorne의 호수에서 채취되었다. 단호한 네덜란

West 8 / Duindoornstad / Proposal for a new Coastal Island / North Sea, the Netherlands / 2005 (study)

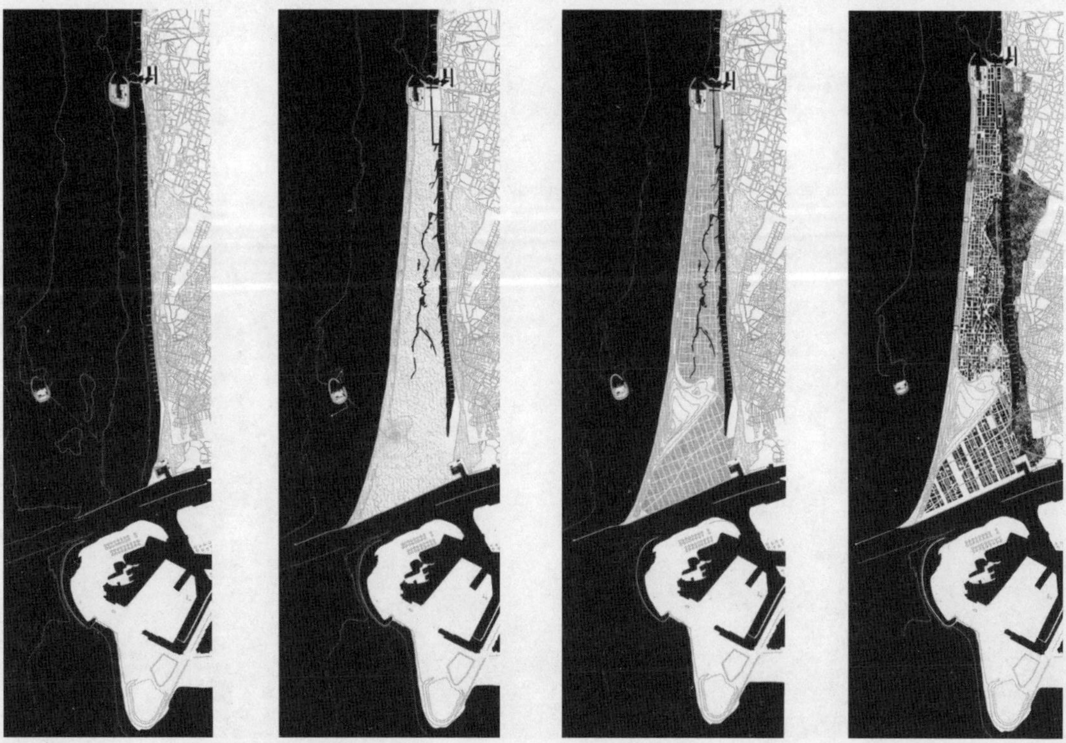

드의 수리 기술자들은 모래 속으로 사라졌던 데 비르 De Beer자연 보호구역을 만드는 짧은 공사를 진행하였다. 토지 보상을 통해 남쪽으로는 오오스트 포른 언덕들이 자연보존지구로 지정되어 항상 항구와 공업지역의 남쪽 한계를 암시하는 가상의 '경계선' 에 의해 보호되었다. 북쪽으로는 노이베 바터베흐 Nieuwe Waterweg 거리에 의해 마스프라크트가 구획된다. 바다 쪽으로 멀리까지 펼쳐진 서쪽 주변은 사람의 코와 같은 모양을 하고 있다. 해안선은 바다 쪽으로 100미터 정도 연장된 댐에 의해 보호된다. 긴 부두의 계선수역과 하르텔 Hartel 운하가 평원에 홈을 낸다. 그 평원은 모든 갈라진 부분과 둥근 돌출부들, 나무의 밑동들로 인해 이상하게 생긴 한 마리의 괴물처럼 보인다. 그 형태는 선형의 기술적인 그리고 법적인 사고의 산물이다. 그 이름(마스 평원 Maas Plain)은 공백과 아직 지어지고 있는 미래에 대한 은유이다. 그곳은 진취성과 낙관론의 정신을 의미하며 미증유의 가능성을 나타낸다. 그 평원으로 이어지는 도로는 막다른 길이다. 그것은 종점이자 절정이다.

그러나 마스프라크트는 미래의 웅장한 원양 항구 그 이상이다. 그곳은 손을 대는 대지의 모든 부분에 색깔과 기호와 음영을 부여하는 네덜란드의 철저한 대지용도 배분 시스템의 허가를 통해 제2의 천성을 얻었다. 원칙적으로 전체 지도에는 기능별로 이미 알고 있거나 아니면 추론할 수 있는 색깔들이 칠해져 있다. 이러한 지도들은 정치적으로도 매우 의미 있기 때문에, 오로지 가치 있는 할당만이 지도 위에 표기되어야 한다는 것이 또 하나의 중요한 원칙이 된다. 그 지도는 정확한 표현이다. 그리고 지도는 문제가 발견되는 곳이다. 그렇다면 모든 바람직하지 않고 예견할 수도 없고 혹은 아주 다루기 어려운 할당들은 어디에 프로그램 되어야 하는가? 아

West 8 / Schouwburgplein / Urban square / Rotterdam, the Netherlands / 1991

무데도 없다! 개발에서는 상당히 엄격하고 확실하게 선택해야 할 것들이 너무나 많다. 심지어는 네덜란드 경제의 경우에도 그렇다. 따라서 대지의 활용 계획에는 도피를 위한 단서, 붙박이 비상 탈출구가 준비된다. 계획 지도에는 항상 기호도 용도도 없는 작은 백지상태의 부분들이 다소 포함되어 있다. 모서리 부분들, 산업 불모지들, 마스프라크트 같은 곳들이다. 마스프라크트는 네덜란드 남서부에 있는 계획의 보육원이 되었다.

얼마 후 그곳에는 마스 발전소와 36개의 대규모(작은 마을 하나 크기의) 기름 저장 탱크, 그리고 뤼르Ruhr 지역의 중공업을 위한 광석과 석탄 터미널이 들어섰다. 넓게 펼쳐진 그 평원은 송전탑, 벌크선, 굴뚝, 기중기들과 끊임없이 변화하는 구름의 풍경으로 뒤덮이고, 흑백 체크무늬 등대의 거슬리는 깜빡임이 곁들여진 하얀색 드럼통들의 고요한 수평선이라는 첫 번째 인상을 갖게 되었다. 이 모든 구성 요소들은 같은 종류의 다른 것들에 비해 초대형이다. 하지만 이런 규모감 없는 풍경 속에서는 이 모든 것들도 크기가 없다. 참고할 만한 것이 없는 덕분에 교통신호, 섭금류의 새들, 발전소 등 모든 것들이 똑같아 보인다. 잡히지도 보이지도 않는 규모이다. 그러는 사이에 그곳은 더 이상 드넓은 공터가 아닌 금기의 도시로 발전하였다. 인상적인 '피조물'의 무리가 그곳에 자리 잡았다. 후크 오브 홀란드 Hook of Holland 해변 반대쪽에서 기름 드럼통들을 볼 수 없게 가려주는 25미터 높이의 인공 언덕, 우라늄 광석 터미널, 조차장, 십여 개의 실험적인 풍력발전기, 항만 준설작업 창고를 포함한 폐기물 하치장, 화학 폐기물 창고, 컨테이너 터미널, 폭발물 처리반의 발파지역, 송어양식장 등이 그것이다. 가장 특이한 프로그램은 국제 재해 센터로, 아파트나 석유 굴착기, 기차, 트럭, 정유공장, 저장탱크, 그리고 이와 비슷한 종류의 것들을 실물크기 모형으로 만들고 그것들을 천연 가스로 불태워버리는 장소이다. 전세계에서 모인 소방관들과 구급대원들이 이곳에서 하루 24시간 훈련을 한다. 이러한 자유지역을 계획하는 것은 어떤 건축적 형태나 미학적 재고의 혜택 없이 발전해왔을 것이다. 하지만 그것은 엄청난 흡인력을 갖게 되었다. 특별한 준비도 없고 홍보도 부족했음에도 그 도시 거주자들은 이 지역을 발견했다. 마스프라크트는 대중적 오락으로 대체되었다. 지붕 위의 서핑보드와 오토바이를 만들던 마쯔다와 닛산 그룹은 자신 있게 트럭과 세미 트레일러의 수송에 참여한다. 그들은 로테르담 유로포트에서부터 항만지역을 가로 지르고 베네룩스 스타 입체차로를 달려 페르니스 정유소들을 지나고, 보틀렉 터널을 통과한 후 카란드 운하의 방풍림을 따라 달리다 기름 드럼통들의 현대적인 스톤헨지를 거쳐 마스프라크트까지 굽이치며 나아간다.

무엇이 대중들로 하여금 이러한 초현실적인 경험을 집단적으로 겪게 하는가? 그 척도는 더 이상 이미 프로그램을 갖고 있는 오락시설들이 아니라 혼란, 탐험 그리고 자기표현이다. 대중들은 자신의 위치를 지정하고 점유하며 스스로에게 자신의 의미를 부여하는 능력이 있다. 모래 평원은 개썰매나 자동차 경주를 위한 연습 장소처럼 보인다. 준설창고는 마치 행글라이더 활주

de Doelen

로처럼 생겼고, 대형 댐은 화석이 가득한 절벽처럼, 바다모래 채석장은 심해 다이빙 장소처럼 보인다. 이곳의 대중들에게는 환상이나 임시변통의 조치가 필요한 것이 아니다. 그들은 자신들만의 이국적 문화를 정의한다.

변화된 인식

정책입안자들은 이런 대중들이 어떻게 '공식적인' 오락시설들을 무시하는지 알게 되는 것을 두려워한다. 대중은 스스로 찾아낸 감각을 음미하고, 인공의 자연과 기술적인 장식을 즐긴다. 도시 거주자들은 자신들만의 환상을 위해 주변 환경을 이용한다. 마스프라크트의 합병지는 도시와 자연에 대한 변화된 인식을 잘 보여준다.

도시 거주자들은 더 이상 측은한 희생자들이 아니라 지적이고 소양을 갖췄으며 끝없는 호기심으로 가득 찬 탐험가들이다. 마크프라크트의 풍경에 대한 그들의 공감은 분명히 도시계획과 공공공간의 디자인에 대한 현시대적 접근법의 선언으로서 역할을 한다. 도시 개발 과정에서 새로운 기차역은 공원에 대한 관념의 격변으로 직결될 수밖에 없는 것이다. 하지만 그 반대 역시 진실이다. 수많은 현대의 디자이너들이 18세기의 형태적 표현양식이 다시 살아나는 낭만주의적 이상과 절충주의의 부활을 보여주고 있다는 것은 짜증나는 일이 아닌가? 도시 거주자들은 공원의 새로운 유행에 대한 개발을 넘어서는 의미 있는 실험과 공공공간의 새로운 장르를 개척하는 실험들을 갈망한다.

충격요법

공공공간 또는 공공의 조경을 조정하는 것은 더 이상 녹지를 만들어내는 것에만 집중되지 않는다. 진정한 도전은 도시 거주자들이 차례로 차지할 공간과 질감을 만들어내는 것이다. 여기에서 자연이 어떤 역할을 할 수는 있지만 연역적인 중요한 역할은 아니다.

도시의 경제와 효율적인 작동은 최적의 기능 배치와 최고의 기반시설에 기초한다. 대중문화의 희열은 서로 다른 문화들의 접근성과 호환성의 산물이며, 도시적 삶에 유명한 동영상 조합의 자유를 주는 것이다. 그러나 이런 자유는 역설적이다. 그에 대한 대가로 지불되는 것은 완전히 프로그램 된 공공공간이다. 현대의 공공공간은 도시의 조직과 관료체계를 반영한다. 집합적인 것에 익숙한 도시의 효율성은 개인을 약화시키는 효과를 가진다. 이미 프로그램이 부여된 공간은 1차원적이다. 인류는 도로 이용자, 행락객 또는 쇼핑객으로 지위가 강등된다. 그들의 행동은 정해져 있다. 거리 풍경의 모든 요소들은 분명하고 표준화된 용도에 맞게 구성되어 있다. 규율이 행동을 좌지우지한다. 공공 조경의 배치는 미리 정해진 길과 보행자 신호등과 같은 부류이다. 이러한 소심한 1차원성은 호기심에 찬 도시인들의 지성을 무시한다. 그들은 가로 구조물의 반란과 통제 불능의 거리 간판, 그리고 초현실적이고 반체제적인 공공공간들에 대한 촉구와 같은 최후의 선언문, 즉 일종의 반응을 요구한다. 이는 충격을 주기 위해서가 아니라 창의성을 끌어내기 위해서이다. 새로운 공공공간들은 사전에 형성된 행위와 재량을 드러내야만 한다. 그리고 그 공간의 사용자들을 화나게 하고 어리둥절하게 만들어야만 한다. 평범한 자전거가 비포장도로용 타이어와 자동 브레이크, 변속기, 인체 공학적 안장, 이온음료 병을 장착하게 되는 시대에는 환경이 인류에게 끊임없이 적응해야 할 필요가 없다. '도시의 하이커들' 은 그들의 환경에 스스로 적응한다. 이는 갈라파고스 군도의 생태를 발견한 후 다윈이 내린 결론, 그 이상도 이하도 아니다. 새로운 공공공간은 이용자들로 하여금 그 공간에서 자신들의 행동을 인식하게 함으로써 그들이 더 이상 기계적이고 이미 프로그램 된 행동들로 돌아갈 수 없게 만드는 그런 방식으로 이용자들을 조정할 것이다. 이러한 공간은 익명성을 과시욕으로, 관람객을 배우로 변화시킨다. 중요한 것은 디자인도 아니고 치수나 재료, 색상의 아름다움도 아닌 독립적인 문화의 감각이며, 이는 도시 거주자가 창조하는 것이다.

로테르담에 있는 쇼우부르흐 광장 Schouwburgplein을 위한 디자인 연구의 몇 가지 관점들은 이러한 맥락에서 이해된다. 계획적 시도가 찾아내기 힘든 현실성을 제공하기 위해 디자인이 이루어졌다. 그 공간은 다양한 방법으로 보편적인 이용 규칙의 쳇바퀴를 피한다. 그 디자인은 지표면, 즉 광장의 바닥에 다시금 활기를 불어넣는 공터를 위한 하나의 시나리오로 이해될 수 있다. 광장의 거대한 규모, 금속과 나무 그리고 표면 마감을 위한 고무의 선택은 도시 거주자들을 혼란스럽게 만드는데 도움을 준다. 그 광장은 다른 행성에서 온 것이며 스스로를 오로지 스카이라인과만 비교한다. 그리고 그곳은 사용자들에 의해 소유되고 이해되어야만 한다. 최종적으로 분위기를 결정하는 광장의 장식과 가구들은 고정된 것이 아니라 특정한 시나리오에 의해 나타난다. 수압식 조명 기둥들은 아이들의 조작에 의해 기계적인 발레를 하도록 만들어졌다. 분수의 압력은 외기 온도와 연결되어 있다. 그곳엔 화분에 담긴 계절 식물들과 크레인을 활용한 움직이는 녹색의 장식이 있다. 광장의 금속 표면은 사용(부식)과 초청된 예술가들(타공, 에칭, 표면처리, 판화)의 작업에 의해 시간이 흐를수록 느낌이 더 풍부해진다. 밤에는 격자의 타공판들에 의해 광장의 바닥이 빛의 은하수로 변하며, 군데군데에는 특정한 행사를 위한 전원 콘센트가 설치되어 있다. 소나무들 사이에 풀어놓은 회색 다람쥐들은 광장 이용자들의 감정에 호소하는 도시적 야생의 요소를 더한다. 주차장과 광장은 서로(출입구, 보이드, 배기탑들)를 배경으로 자리함으로써 둘 사이의 경계가 희미해지며 서로 섞이기 시작한다. 그 공간과 공간의 경험은 의식적인 발걸음, 즉 하나의 선택이다. 그 광장은 하나의 단(壇) 그 이상이며 스스로에게 가변적 용도를 부여한다. 그곳은 도시 거주자들을 자극하고 활동적인 자세를 갖도록 요구한다. 그리고 도시 거주자들에게 그들만의 환상과 정체성을 제공한다.

2장 지각

Architectural Positions

2장 지각 Perception

'건축은 다른 어떤 형태의 예술보다도 우리의 감각적 지각과 더 깊게 연관되어 있다. 시간의 흐름–빛, 그림자 그리고 투명함 –색채효과, 질감, 재료, 디테일 등 모든 것이 복합적인 건축의 경험에 관여한다. 오로지 건축만이 모든 감각, 즉 모든 지각의 복합체를 일시에 깨울 수 있다.'

스티븐 홀 Steven Holl[1]

오늘날의 이미지 문화가 건축에 대한 우리의 사고에 엄청난 영향을 미치고 있음은 논란의 여지가 없다. 우리는 인터넷이나 잡지 또는 책에서 수많은 사진들을 통해 많은 건물들을 '알게 된다.' 건축가들이나 개발업자들 그리고 관료들 역시 디자인을 평가하는데 점점 더 이미지에 디자인의 가치를 두고 있다. 그러나 건축을 '알게 된다는 것'은 이미지의 피상적 이해를 뛰어넘는 것이다. 그것은 시각적 영역을 초월한다. 재료와 형태와 공간들의 청각적, 촉각적 경험 또한 건축에 대한 우리의 반응에 중요한 역할을 한다. 거리, 성격, 친밀성 등과 같은 중요한 건축적 개념들은 눈으로만 읽히는 것이 아니라 온 몸으로 느껴지는 것이다. 개인이 모든 감각을 통해 자신의 공간적 환경을 지각하는 방법인 건축의 지각은 인류의 삶에서 건축이 갖는 역할에 관심을 가진 사람이라면 누구에게나 필수적인 개념이다.

지각이라는 주제는 1970년대 이후 건축에 대한 논의에서 뚜렷이 나타났고, 건축의 추상적 성격을 비판하는데 중요하게 다루어져 왔다. 알베르토 페레즈-고메즈 Alberto Pérez-Gómez는 자신의 저서 『건축과 근대 과학의 위기 *Crisis of Modern Science*』에서 근대 건축은 인간이 지각하는 물리적 현실성으로부터 벗어나 버렸다고 비판한다.[2] 그는 건축의 시적, 지각적 측면들에 더 많은 주의를 기울여야 한다고 주장한다. 건축과 감각적 지각 사이의 연결을 회복하려는 이러한 입장은 현상학의 철학적 담론에 대한 지대한 관심으로 특징된다. 스티븐 홀이나 피터 줌토르 Peter Zumthor 같은 건축가들은 이 같은 주제를 그들의 작품을 통해 강조한다. 공간 지각에서 신체의 역할에 대해 상세하게 이야기하는 프랑스 철학자인 메를로 퐁티 Maurice Merleau-Ponty(1908–1961)의 글은 이러한 건축가들에게 중요한 영감의 원천이다.[3] 1960년대 덴마크 작가인 스틴 아일러 라스무센 Steen Eiler Rasmussen은 공공공간에서의 건축과 관련된 주제로서 지각에 명시적으로 초점을 맞추었다. 라스무센은 공공공간의 건축을 발견하는 방법으로 광장에서 공놀이를 하는 아이들과 거리에서 큰 소리로 상품을 홍보하는 해녀들을 제시한다.[4] 건축과 공공영역을 되돌아보면 우리는 도시 속에서 바라보는 '주체들'과 건축적인 '객체들' 사이의 관계에 대해 다음과 같은 의문을 가지게 된다. 우리가 도시를 경험하는데 건축은 어떤 역할을 하는 것일까? 광장과 건물의 재료들은 어떤 촉각적 역할을 하는 것일까? 그리고 도시의 공간은 어떻게 '소리를' 내는 것일까? 단지 건축가나 도시계획가들만이 아니라 인류 지리학에서부터 환경 심리학에 이르는 학문들의 이론가들 역시 도시에서의 주체와 객체 사이의 관계성을 연구해왔다. 예를 들어 크리스토퍼 알렉산더 Christopher Alexander는 저서 『패턴 언어 *A Pattern Language*』를 통해 인간의 행동과 건축 공간 사이의 관계를 '기다림의 장소', '동선 영역', '활동 지역'과 같은 분명한 패턴들로 압축하고 분류하고자 했다.[5] 케빈 린치 Kevin Lynch의 저서 『도시환경디자인 *The Image of the City*』은 환경 심리학의 관점으로 지각에 접근한다. 그는 도시의 지각은 물리적 그리고 상징적 요소들의 조합에 의해 결정되며, 사람들은 이러한 요소들을 기초로 도시를 이용하는데 필요한 '인지 지도 mental maps'를 창조해 낸다고 밝힌다.[6]

도시와 건축 공간에 대한 지각은 기억 및 상상과 긴밀하게 이어져 있다. 스위스 건축가 피터 줌토르에게는 이와 같은 매우 개인적인 주제들이 건축 디자인에서 주된 역할을 한다. 줌토르는 어린 시절 그의 숙모의 부엌에 대한 기억을 묘사하며 '이러한 기억들은 내가 알고 있는 가장 깊이 있는 건축적 경험을 담고 있다. 그 기억들은 건축가로서 내가 작품을 통해 탐구하는 건축적 공간감의 보고이다'[7] 라고 이야기한다. 줌토르는 공간과 재료들이 친밀감과 따듯함을 주고 심지어는 사람들을 유혹할 수도 있다고 보고, 그의 시각에서 공간과 재료는 거의 독립적인 '특징들'이 된다고 기술한다. 줌토르가 건물과 공간에 어떠한 개성이 있다고 보는 것을 주저하지 않은 한편 건축가 존 헤이덕 John Hejduk은 이러한 의인화를 한 단계 더 발전시켰다. 그는 건축에 대한 그의 이론에 근접한 접근법을 통해 주체와 객체의 경계에 한발 더 다가간다. 그의 이러한 접근법에서는 주택들이 천사들을 상징적으로 나타낼 수도 있고, 사랑이나 죽음을 환기시킬 수도 있다. 이 장에 포함된 그의 글에서 헤이덕은 그림이나 책과 같은 예술 작품에서 관찰자들의 물리적 거리와 근접성을 설명하며 주체와 객체의 관계성을 물리적 관점을 통해 다룬다. 궁극적으로 그는 이러한 거리가 소멸되고 객체와 관찰자의 관계성이 더 이상 드러나지 않고 간략하게 내재화되는 창조적 순간을 강조한다. 헤이덕의 관점에서 이러한 순간은 건축을 만들어 내는 창조적 과정에서 결정적인 역할을 하게 된다. '마음과 가슴이 충만하기 시작한다. 우리는 그 충만을 내적으로 느끼며 그 느낌은 순수한 감각이다. 우리는 우리로부터 벗어나는 생각들로 가득 찬다. 우리는 숨결로 가득해졌다.'

핀란드 건축가인 유하니 팔라스마 Juhani Pallasmaa의 글은 지각을 공공영역의 변화라는 주제와 연관 짓는다. (1장 '정의'를 참고하길 바란다.) 팔라스마는 하버마스와 세네트의 이론을 언급하며, 만약 공공영역이 실제로 도시 공간과 그 사용자들의 상호 작용을 위한 무대로서 설명된다면 사람들은 이러한 공공공간과 어떤 특정한 개별적인 관계성을 갖도록 강요받거나 혹은 그 공간 속에 팔라스마의 표현대로 '거주' 하도록 강제 당한다고 느끼게 될 것이라고 주장한다. 이는 인류와 주변 환경 간의 개별적인 관계를 정의하는 데에는 사적인 단계의 주거뿐만 아니라 공적인 단계의 도시 환경 또한 그 바탕이 되어야 한다는 점을 시사한다. 팔라스마는 현대 사회의 빠른 속도가 이러한 상호 작용을 방해하고 있다고 거듭 강조하며, '느린 시간' 의 부재가 전위의 형성을 야기해 결과적으로 거주민들이 공공영역에서 참여자가 아니라 오히려 이방인이 되고 있다고 설명한다. '사회적 통합의 의식과 공동체적 인류 제도의 존재는 공동의 이미지, 즉 공간적 은유와 기억들에 의해 유발된다. 기억은 상상의 바탕이자 동시에 정체성의 근간이다. 만약 우리의 기억이 희미해진다면 우리의 소속감과 사회의 정체성 역시 그렇게 된다. 기억들은 사회적 교류와 소통에 바탕을 제공한다. 그러나 느리고 서두르지 않는 시간도 마찬가지로 소통과 근접 그리고 고립을 이루어내고 있지 않는가? 전이의 공간과 서두르는 시간이 낯섦과 무심함을 만들어내고 있음은 명확하지 않은가?'

팔라스마는 공공공간의 지각적 특성을 회복하기 위해 전의식의 지각적 영역에서 나타나는 초점 없는 응시를 의미하는 '주변시 peripheral vision' 의 개념을 소개한다. 이것은 우리가 공공공간을 지각하는데 필수적인 것이다. 공공영역을 위한 오늘날의 수많은 건축 및 도시 프로젝트들에서는 이러한 방식의 시선에 대한 어떠한 기회도 찾아볼 수 없다. 이는 그 프로젝트들이 이용자들의 시선을 바로 '초점시 focused vision' 로 유도하려고 하기 때문이다. 이용자들의 '주변시' 에 좀 더 주의를 기울임으로써 더 풍부하고 다양한 경험을 얻는 것이 가능해질 것이며, 그 경험 안에서 공공공간을 경험하고 기억하는 방식에 시간이 한 번 더 큰 역할을 할 수 있을 것이라고 팔라스마는 기술한다.

멕시코 건축가 루이스 바라간 Luis Barragán 은 사적인 공간과 공적인 공간 모두의 지각적 특성에 많은 관심을 가졌다. 바라간의 작품에서 건축과 풍경의 중요성은 동일하며 그의 잘 알려진 작품들 중 상당수는 도시나 자연 풍경 속의 분수나 가벽들과 같은 공공시설물 들이다. 이 장에서 소개될 그의 글에서 바라간은 공적인 삶이 훨씬 더 많은 현대의 도시 생활에도 개인 주택과 정원의 친밀성이 이식될 수 있는지에 대해 성찰한다. 바라간은 정원 디자인과 관련해 '나는 공적인 삶의 양식은 필수적인 것이며 심지어 없어서는 안 된다는 것을 인식하면서도 현대의 개인은 공동체에서의 개인적 활동들 대신 사적인 생활과 사적인 정원이라는 값으로 매길 수 없는 보상을 받고 누릴 수 있다고 믿는다. 나는 개인 주택의 정원에서 더 나아가 하나의 공동체로서 세워진 대규모의 주택 단지에도 사적인 성격의 정원들을 만드는 것이 가능한지 궁금하다' 라고 의문을 던진다. '성형의 아름다움뿐만 아니라 성격과 분위기에도 노력을 쏟는 것이 무엇보다 중요하다' 라고 언급한 바라간의 주장 또한 도시적인 맥락 속에 있는 그의 작품들을 보면 더욱 진실하게 들린다. 바라간이 멕시코시티의 한 위성도시에 디자인 한 다섯 개의 (37 미터에서 57미터 사이의 높이를 가진) 콘크리트 타워들은 도로에서 접근할 때 일어나게 되는 시각적 전환들로 인해 다른 방식으로 지각되는 다채로운 인식의 전환점들이다.

다른 방식의 지각적 실험들은 자하 하디드 Zaha Hadid의 한 작품에서도 역시 중요한 부분을 차지한다. 그 작품은 투시도와 시간을 한데 묶음으로써 복합적이고 다-해석적인 지각을 만들어 내는데 고군분투한다. 하디드는 추상화, 유동성, 중첩 등과 같은 개념들이 중요한 역할을 하는 몇몇 프로젝트들을 설명함으로써 지각에 관한 자신의 생각들을 이야기한다. 겹겹의 켜들과 시간들이 새로운 공간적 경험을 창조해 내도록 조합된다. '두 개의 "시간들"을 병치하는 아이디어는 중첩을 생성해냈으며 종국에는 혼성을 만들어냈다. 다른 시간대에 발생하는 것들이 이제 동시에 일어날 수도 있을 것이다.' 피터 줌토르와 같은 건축가들은 배치의 본질 (대지의 기풍)을 건물의 디자인과 실현의 핵심이라고 본 반면, 하디드는 배치에 다른 역할을 부여한다. 그녀는 배치의 분석을 공간적 실험들을 위한 출발점으로 이용하며 '대지계획에 있어서 건물의 변증법적 관계성, 자연적 구축의 개념, 일정 기간에 걸친 지층들과 같은 것들이 매우 중요해진다. 당신이 어떻게 대지를 다루는지, 대지를 누르고 들어 올리는 것이 어떻게 공간성의 다른 개념들을 표현할 수 있는지, 건물 사이의 사선과 구멍이 전체적으로 어떻게 다른 조직을 의미하는지 등 이 모든 것들이 공간을 자유롭게 하고 우리로 하여금 공간들 사이를 다르게 움직일 수 있도록 한다.' 라고 언급한다.

건축가들이 자신의 작품을 통해 공공영역의 지각에 다가가는 방법론에 기술적 진보가 어떤 영향을 미쳤는지는 1960년대로 거슬러 올라가 미국의 건축가 케빈 린치의 작품을 통해 명확하게 알 수 있다. 저서 『도로 위의 전망 *A View from the Road*』에서 그는 운전자들의 이동성이 어떻게 공공영역에 대한 지각을 변화시켰으며 그에 따라 필연적으로 어떻게 건축 디자인에서 주요한 관심의 초점이 되었는지를 보여준다.[8] 자동차들뿐만 아니라 다른 기술적 진보들 역시 공공영역의 지각에 중요한 영향을 끼쳤다. 애심토트 Asymptote의 하니 라시드 Hani Rashid는 중개와 가상의 공간의 역할이 점점 더 중요해지는 오늘날의 문화적 상황들이 건축에 새로운 기회를 제공한다고 주장한다. 그는 가상의 세계를 실존하는 물리적 세계의 지각에 대한 위협으로 보기 보다는 오히려 건축의 새로운 형태에 다다를 수 있는 흥미로운 방법이라고 설명하면서 다음과 같이 말한다. '애심토트의 작품은 가상의 영역과 물리적 세계를 바탕으로 한 건축이 상호 배타적이지 않음을 인정하면서, 하나가 다른 것에 어떻게 영향을 미치고 지배하게 되는지를 연구하고 탐구한다.' 이는 건축적 지각에서 신체의 역할에 대해 신선한 시각을 갖게 한다. '만약 우리가 오늘날의 세계를 시시각각 변화하고 조정된 환경의 세계라고 이해한다면, 지속적인 감시를 통해서

건 순간적인 재연이나 또는 실시간적 사건의 구조들을 통해서건 신체는 그 존재나 좀 더 심오하게는 그 부재를 빌어 아주 많은 의미를 시사한다. 우리가 오늘날 이해하고 있는 신체는 이러한 이미지 전이의 공간 속에서 변형되고 변화된다.'

켄고 쿠마 Kengo Kuma 역시 건축에서 인체의 존재와 부재에 관해 역설한다. 그의 확실한 목표는 특정한 건물들을 만들어내는 것이기 보다는 인간의 경험을 위한 특정한 환경을 그려내는 것이다. '내가 바라는 것은 인체가 경험할 수 있는 어떠한 장소와 환경을 창조하는 것이다. 나는 인간의 감각으로부터 시작해 전통적인 기술에서 가장 첨단의 기술에 이르기 까지 그 모든 것을 이용하는 건축에 다다르길 원한다.' 우리가 하디드의 작품에서 마주치게 되는 공간적 경험의 역학 대신 쿠마는 확실한 역동성의 부재 또는 '비움 emptiness' 을 강조한다. 그는 이 단어 '비움' 을 공공영역에 대한 아이디어에 강렬한 영향을 미치는 공공공간의 특성을 설명하는데 사용한다. 그는 해석의 여지를 남겨둔 채 '건축은 스스로를 지나치게 강조하지 않는다. 그리고 텅 빈 공간이 존재한다. 사람들이 그들의 주변 환경에 대해 매우 민감해지는 텅 빈 공간 속에……' 라고 이야기 한다.

관찰자의 입장에서 공간과 재료에 대한 이러한 감수성은 이 장에서 소개될 모든 건축가들의 중심 주제이다. 개인적 지각의 주관성과 '사적인' 경험 사이의 명백하고 밀접한 연관성을 고려해보면 단 한 번에 이 주제를 공공영역과 관련짓기는 어려울 것이다. 건축가의 어린 시절 기억들이 불특정 관찰자들이 그의 건물을 인지하는데 어떻게 영향을 미칠 수 있을까? 자하 하디드의 개인적인 건축 실험들이 공공의 삶에서 어떻게 중요한 의미를 가질 수 있을까? 창의적 과정을 통해 생성되고 도시적 맥락에서 '객체' 가 되는 생산물들 속에서 헤이덕에 의해 설명된 근본적 창의성이 어떻게 느껴질 수 있을까? 그럼에도 불구하고 모든 개인들이 건축을 지각하는 방식은 실제로 건축의 공적인 차원을 결정하는데 매우 유용하다. 결국 팔라스마가 그의 글에서 보여주듯이, 건축과 도시 공간에 대한 개인적인 공감은 건축과 도시공간이 그 기능을 하는 방식에 있어 엄청나게 중요하며, 개인적인 반응들이 훨씬 넓은 의미에서 중요성을 가질 수 있음을 의미한다.[9] 건축의 공적인 차원에서 중요한 것은 바로 '주체들' 사이의 상호 관계 그리고 객체와 주체의 관계성[10], 지어진 영역의 '하드웨어' 와 그 속을 돌아다니는 사람들의 '소프트웨어' 사이의 관계성이다.

{주}

1 Steven Holl, Juhani Pallasmaa & Alberto Pérez-Gómez, 'Questions of Perception. Phenomenology of Architecture', *Architecture and Urbanism*. Special issue of A+U, 도쿄, 2월 1998, p. 41.

2 Alberto Pérez-Gómez, 'Introduction to Architecture and the Crisis of Modern Science', in: K. Michael Hays, *Architecture Theory since 1968*. Cambridge, Mass. (MIT Press) 1998, pp. 462-475.

3 Maurice Merleau-Ponty, *Phenomenology of Perception*. New York (Routledge) 2005; 원서: Maurice Merleau-Ponty, *Phénoménologie de la perception*. Paris (Gallimard) 1945.

4 Steen Eiler Rasmussen, *Experiencing Architecture*. Cambridge, Mass. (MIT Press) 1962; reprint Cambridge, Mass. (MIT Press) 1993; 원서: Steen Eiler Rasmussen, *Om at opleve arkitectur*. Copenhagen (G.E.C. Gads Forlag) 1957.

5 Christopher Alexander, *A Pattern Language*. New York (Oxford University Press)1977.

6 Kevin Lynch, *The Image of the City*. Cambridge, Mass. (MIT Press) 1960.

7 Peter Zumthor, 'A Way of Looking at Things', in: *Architecture and Urbanism*. Special issue of A+U, Tokyo, February 1998, p. 6.

8 Kevin Lynch, Donald Appleyard & John R. Myer, *The View from the Road*. Cambridge, Mass. (MIT Press) 1964.

9 현상학의 분야에서 상호 주체성의 개념이 사용된다. Gaston Bachelard, *The Poetics of Space*. Boston, Mass. (Beacon Press) 1994; original edition: Gaston Bachelard, *La poétique* de l' espace. Paris (Presses Universitaires de France) 1957.

10 헤이덕의 마스크 Masque 프로젝트들을 논하며, 빔 판 덴 베르흐는 Wim van den Bergh 도시의 객체와 도시의 주체인 그 도시공간의 거주자들의 이러한 관계를 다음과 같이 언급한다. '마스크는... "가상의" 도시 공간을 그 구체적인 "하드웨어" 및 "소프트웨어"와 함께 생산한다.' John Hejduk - *Berlin Night*. Rotterdam (NAi Publishers) 1993, p. 8. 의 서문 중에서

건축가의 교육: 라노에서의 저녁 The Education of an Architect: Evening in Llano

{존 헤이덕 John Hejduk}

출처: 'Evening in Llano' in: *Education of an Architect. The Irwin S. Chanin School of Architecture of the Cooper Union*. New York (Rizzoli Press) 1988, 340-341쪽 중에서

'천사가 우연히 바다에 떨어질 때 그 위태롭게 펄럭이는 날개는 대양의 폭풍을 예고하며 억눌린 울음소리와 일치하는 조화로운 파동을 일으키는 진동을 만들어 낸다. 해변에서 씻긴 깃털들을 자연적 현상이라고 생각하지 마라.'

건축을 보는 관점은 하나의 거짓으로 해석될 수 있는 가능성이 있다. 지어지는 동안 사라지고, 공개될 때 명확해지고, 부식될 때 드러나며, 사람들로 북적일 때 흉겹고, 닫혔을 때 말을 하며, 교차한다. 그 수단은 잔혹하다. 건축은 미술과 문학, 의학 등과 같은 분야들을 통해 여과된다. 건축은 생략적인 도구이며 점차 증가하고 있다. 결국 건축은 생물학적/자웅 양성적이며 암컷을 찾는다. 건축은 무자비하다.

한 관람객이 한 폭의 그림 앞에 (서거나 혹은 앉거나, 대체로는 서있는 채) 자리한다. 일반적인 감상의 거리는 1에서 3미터 사이이다. 그것이 거리이다. 그 그림은 물리적으로 관람객의 신체 밖에 있다. 그림에 대한 주체와 객체가 무엇이든지 간에 관람자는 벽면에 걸린 작품을 마주한다. 그림은 보통 액자에 걸려있다. 그 액자는 캔버스의 물리적 범위를 한정한다. 캔버스 전체가 보이거나 혹은 일부분에만 관람객의 시선이 모이게 될 것이다. 캔버스와 관람객 사이의 공간은 기하학적으로 설명 가능한 허공이다. 그것은 기하학적 도형으로 둘러싸인 시각적 부피의 공간이다. 그것은 관람객 외부의 공간이다. 관람자는 대체로 멈춰선 채 거리를 두고 작품을 그저 바라볼 뿐이다. 그는 그림과 소통하지만 팔 세 개 혹은 네 개 길이의 거리만큼 떨어져 있다. 그림은 좀처럼 냄새를 풍기지 않는다. 관람자는 눈으로 그림을 받아들일 수 있을 뿐, 호흡으로 받아들이지는 않는다.

관람객이 그림과 전체적으로 이어질 때 모든 실제적 거리는 사라져버린다. 사고—표면이 없는 사고—가 그 사이의 공간을 분명하게 한다. 즉, 빽빽한 빈 공간은 캔버스 표면에 그려진 것의 물질성 속에 스스로를 가둬버린다. 하나의 공존이 일어난다. 어떤 의미에서는 물감을 통해 캔버스 위에 옮겨진 물질화된 사고와 비 물질화된 사고가 함께 작용한다. 물질화된 사고가 순수한 사고 (실체가 없는 사고)와 충돌한다. 그 결과는 뜻밖의 일이다.

관람객의 사고는 그의 신체에서 움직이기 시작해 그의 눈과 캔버스 사이의 공간을 가로 지

른다. 이러한 작용은 소위 주체와 객체를 나누고 있는 공간을 흡수해 버린다. 비 물질화된 사고는 관람객의 신체를 떠나 외부로의 탈출, 즉 그 흔적 안에서 공간을 붕괴시키는 비 물질의 비행을 통해 물리적 공간을 사라지게 한다.

천사의 추락은 슬픈 일이며 보기 힘든 것이다. 보통 그런 일은 천사들 간의 비행 중 충돌에 의해, 특히 하늘에 눈이 가득한 겨울철에 일어난다. 천사들이 활공할 때는 기껏해야 속삭임의 최고조에 달하는 정도의 소리를 낸다. 때때로 그들은 갑작스럽게 눈이 먼다. 그들은 추락하면서 자신의 중립성을 잃게 된다. 그들은 떨어지는 동안 스스로의 날개로 몸을 감싼다. 눈송이들이 날개의 깃털을 무지개 색으로 만든다. 운이 좋은 천사들은 회색의 유령처럼 나타난다. 백야에서는 그들의 윤곽이 희미해진다.

책을 읽는 사람은 보통 앉은 채로 (하지만 가끔은 서거나 누워서) 읽는다. 어느 경우에도 책장위의 단어들은 30센티미터 이상 떨어져 있지 않다. 독자와 책의 거리는 관람객과 그림 사이의 거리보다 훨씬 가깝다. 또한 그림 앞에서 보내는 시간은 책을 읽는 시간보다 훨씬 짧다. 그림에

John Hejduk / Wall House / Residence for visiting artists / Groningen, the Netherlands / 2001

서 주체와 객체의 문제는 관람자가 정면에서 바라보는 하나의 액자의 문제인 반면, 한 권의 책은 보통 여러 쪽에 걸쳐 많은 단락들을 통해 하나의 화제를 제시한다. 책은 물리적으로 더 가깝다. 책은 손에 잡히고 손가락으로 책장을 넘길 수 있다. 그러므로 더욱 촉감적이고 신체와 직접적인 관계가 있다. 그림은 좀처럼 손에 잡히지도 않고 더욱이 손가락으로는 느껴지지도 않는다. 책에서는 상당한 공간의 압축이 일어난다. 시간의 길이는 책을 읽으면서 지나간다. 독자의 사고는 객체인 '책'과 함께 더 많은 시간을 보내는 것을 필요로 하고 사고의 지속은 확장된다. 한 권의 책은 멀리 떨어져 있지 않고 친근한 반면 한 폭의 그림은 그 거리를 계속 유지한다. 한 권의 책의 범위는 그림보다 더 방대하고 그림보다 더 오래 지속된다. 이것이 그림보다 더 좋다는 것은 아니다. 이 두 가지 분야에서 내재된 기억은 아마 똑같이 중요할 것이다.

영화와 책은 유사성을 갖고 있다. 영화는 비록 보통 몇 시간 정도만 지속되지만 앞으로 진행되고 일반적으로는 강력한 주제와 문제를 다루고 있으며 결과적으로 그림보다는 덜 추상적이라 할 수 있다. 영화는 그림이나 책보다 훨씬 멀리 떨어져 있다. 왜냐하면 우리는 영화를 (이상적으로) 우리 자신의 신체가 침묵하게 되는 어두운 극장 안에서 관람하기 때문이다.

이러한 논의의 목적을 위해 내가 주장하려는 것은 그림이나 문학 또는 신체 그 자체와 같은

하나의 작품에 대한 실제적인 창작의 과정이나 생산이 아니다. 내가 추구하고자 하는 것은 건축의 암/수 공간을 찾고 그것을 명시하는 어떤 요소들의 기틀을 만들어 보고자 하는 것이다.

책 속의 글은 전달자와 해설자의 두 가지 역할을 모두 한다. 그것은 그림에서의 물감과는 결과적으로 같은 것이 아니다. 물감은 즉각적이지만 글은 지체한다. 책은 시간을 요하고 시간을 준다. 우리의 사고는 독서를 통해 책의 운동역학 속으로 연장되며, 실제로 인쇄된 글이 그 줄기가 된다. 문학에서 단어들은 지워질 수 있다. 삭제의 과정이다. 그림 속의 사물들은 덧칠되거나 보이지 않게 칠해질 수 있을 뿐이다. 그림을 그리는 것은 금욕적 예술이다. 색상의 수는 제한적이다. 문학 작품에는 수천 개의 단어가 있다. 무제한의 글이 지속적으로 주목 받으며 나타나고 있고 그만큼 빠르게 관심에서 멀어져 사라지고 있다. 글은 취약하고 물감은 그 자리에 점착한다. 글은 사고에 가깝다. 그림은 사고를 단단히 고정하고, 문학은 그것을 점차 에워싼다. 글을 읽을 때 우리는 말할 필요가 있다. 우리는 한 단락을 큰 소리로 읽거나 소리 없이 읽을 수도 있다. 호흡은 이 두 가지 행위 모두에 필요하다. 우리가 소리 없이 읽을 때, 우리는 거의 들리지 않을 만큼 작은 소리로 내면에서 말을 한다. 내적 독서는 물질화된 글을 밖으로부터 가져와서 실체가 없는 내적 사고와 같은 공간에 공존하도록 만든다.

텍사스의 어떠한 계절에는 황혼에 몇몇의 나무줄기들이 인광성을 띄고 있는 것처럼 보인다. 그것들은 단조롭고 투명한 빛을 방출한다. 자세히 살펴보면 그 나무들의 줄기들이 어떤 곤충들의 버려진 번데기 껍질로 완전히 뒤덮여 있는 것을 알 수 있다. 놀랄만한 사실은 그 껍질들이 완전한 상태라는 점이다. 그 내부의 것이 외부의 형태만 남기고 사라졌다는 단 한 가지 차이점을 제외하고는 내부에 원래의 것이 들어있던 정확히 그 상태 그대로이다. 그것은 마치 광학적 효과를 만들어내는 엑스선처럼 보인다. 갑작스럽게 머리 위의 그늘진 잎사귀들에서 합창소리가 들린다. 새로운 형이상학적 형태를 띠고 나무 사이에 숨어있는 곤충들의 소리이다. 그 현상에서 이상한 점은 나무에 꼭 달라붙어있는 곤충들이 남긴 껍질의 외형을 볼 수 있다는 것이다. 이런 비어있는 껍질들은 생명이 버리고 떠나버린 외형이다. 이러한 기이한 현상을 주시하는 동안 우리에게는 나무들 사이에 숨어있는 새로운 외형을 한 곤충들의 소리가 들린다. 우리는 그 소리를 들을 수는 있지만 곤충들을 볼 수는 없다. 어떤 의미로는 우리가 듣는 소리는 영혼의 소리인 것이다.

회화든 문학이든 또는 건축이든, 예술은 사고의 남겨진 껍질이다. 사실 사고는 물질이 아니다. 우리는 사고를 실제로 볼 수 없고 그저 그 흔적만 볼 수 있다. 사고는 스스로 옷을 벗거나 탈피를 함으로써 자신을 명확히 드러낸다. 사고는 스스로의 굴레를 벗어난다.

John Hejduk / Berlin Night / Drawings / 1993

보통 우리는 외부에 대해 눈을 감고 누워서 잔다. 우리는 잠을 자면서 깨어있을 때 보다 호흡에 훨씬 덜 의식적이 된다. 잠을 자면서 우리는 눈을 감고 본다. 우리는 우리 내면의 사고, 즉 우리의 꿈을 본다. 이런 수면의 순간 동안 우리는 완전하게 폐쇄적이며 전체적으로 사적인 상태이다. 우리가 깨어있을 때와 무엇인가를 상상할 때는 비록 내적이라 하더라도 그 상상은 외현을 갈구한다. 꿈의 소리는 더 낮은 데시벨을 갖는다. 꿈의 소리는 꿈 그 자체와 같이 낯설게 느껴질 수 있다. 깨어있을 때 우리는 꿈 속 이미지의 조각들을 표현할 수 있다. 하지만 우리가 꿈의 소리를 표현하는 것은 거의 불가능 하다.

회화에서부터 문학을 거쳐 신체 내부까지 이르는 여정을 통해 우리는 열린 외면으로부터 닫힌 내면까지 거쳐 왔다. 깨어있는 동안 우리는 우리 신체의 내부를 의식하지 않는다. 해부학적 도식이나 모형 등을 관찰할 때 우리는 관음자인 듯 보인다. 그것은 매혹적이며 어느 정도 이해는 되지만 우리는 결코 우리 몸속의 장기 및 신체 부위들과 직접적으로 닿을 수는 없다. 우리 자신의 내재화, 말하자면 신체 내에서 무게를 갖는 신체 부위들은 일생의 대부분에서 사실상 무게를 느낄 수 없다. 몸 안의 통증은 내적인 통증이며 아마도 장기와 관련 있을 것이다. 그러나 그 고통이 그 장기의 모양이나 무게를 보여주지는 않는다.

사실상 우리의 내면은 물질성이 없는 사고만큼이나 우리 자신에게는 무게가 없다. 우리가 가슴에 의해 분출되는 감각과 지속적으로 소통하면서 머리로 살아간다는 점을 살펴보면, 망상적인 내면의 비어있는 공간은 우리 뇌의 내부 공간과 같다. 창조의 기쁨 속에서 마음과 가슴은 충만하기 시작하고 우리는 내적으로 충만함을 느끼며 그 느낌은 순수한 감각이다. 우리는 내부에서 충만하고 감동에 몸을 떤다. 우리는 우리로부터 벗어나는 사고로 가득 찬다. 우리는 숨결로 가득해 졌다.

바쿠스의 숨결

당신의 카라라는 비어있는 돌의 잿빛 구멍 속으로
사라지는 속삭임을 부드럽게 들이마신
그곳에 입을 맞춘다.
당신의 예리한 눈은 당신의 입 속의 침묵에 당황한다.
당신 머리결의 포도송이들은 차갑게 정돈된 이마를 덮는다.
당신의 조물주는 그의 손바닥과 손목을 통해 기적을 만들었다.
그는 모든 소리를 잠재우며 최초의 생기 없는 한숨을 내뱉는
당신의 꽉 닫힌 하얀 대리석에 숨을 불어넣었다.

죽은 자들은 속삭이지 않는다. 그들은 울부짖는다. 대지의 밀도는 그들의 울음소리를 감쇄시킨다. 그들의 소리는 왜곡되고 감소된다.

내가 밝히고자 한 바는 가능성 있는 건축 공간이다. 나는 남성의 숨결과 여성의 숨결이 있음을, 그리고 여전히 우리는 건축에서 여인의 숨결과 그녀의 사고를 충분히 들이마셔야 한다는 것을 강조하고 싶다. 여성의 하늘이 우리의 객체들을 수태시킬 때 우리는 깜짝 놀랄 것이다. 그리고 천사들은 눈물을 멈출 것이다.

공간과 시간에 머물기 – 공공공간의 손실과 복원 Inhabiting Space and Time – the Loss and Recovery of Public Space

{유하니 팔라스마 **Juhani Pallasmaa**}

이 글의 원문은 2007년 5월10일 델프트 공과대학교에서 진행된 아키텍쳐럴 포지션스 세미나 시리즈 중 〈대중의 지각〉 이라는 주제 하에 발표된 강연이다.

'그것은 마치 시간에 대해 열등감을 느끼고 있는 공간이 시간에 대응하기 위해 시간이 가지지 못한 유일한 속성인 아름다움을 이용하는 것과 같다.'

조셉 브로드스키 Joseph Brodsky[1]

공공공간의 극장

현대의 공공공간이 응집력 있고 위엄이 있으며 감각적인 특성들을 잃었다는 주장을 부정할 사람은 아무도 없다. 나는 나폴리의 전통적인 가로 공간이 가진 극장과 같은 본질에 대한 발터 벤야민 Walter Benjamin의 짧은 글을 인용하고자 한다. '건물들은 인기 있는 무대로 사용된다. 그 건물들은 모두 생명력 있는 무수히 많은 극장들로 나누어진다. 발코니, 중정, 창문, 출입구, 계단실, 지붕은 무대이자 동시에 좌석이다.'[2] 이러한 묘사는 공공공간이 인간과 사회의 상호활동, 즉 보는 것과 보이는 것, 참여하는 것과 철회하는 것 그리고 스스로의 의지로 사회적 상호활동의 극장에서 배우가 되거나 또는 관객이 되는 것을 위한 풍부한 공간적 장치임을 의미한다. 공공간은 또한 삶과 문화의 양식들이 소장된 박물관이자 도서관이다. 그리고 적절한 사회적 행동을 위한 안내서이다.

공적 사회공간과 개인적/정신적 공간에서 동일하게 나타나는 극장과 같은 강렬한 상호작용은 중세 이후의 수많은 그림들에 나타나는 도시 공간에 대한 묘사에서도 마주칠 수 있다. 사실 대부분의 중세와 르네상스 시대 회화들의 가장 중요한 주제의식은—그들의 신화적, 종교적 혹은 역사적 주제들과 상관없이—건축적 또는 도시적 공간과 인간성 사이의 상호작용 또는 통합이다.

그러나 현대의 도시 공간은 대개 고립과 분리 그리고 고독의 느낌을 드러내는 듯하다. 그 공간들은 소속감과 연대감의 경험을 고취시키지 않는다. 우리는 집합적으로 그리고 역사적으로 뿌리 깊은 집합체의 구성원이 되는 대신 그러한 공간들에서 고립된 개인들로 남겨진다.

사회적 통합의 결여

감각적 경험을 증가시키고 사회적 상호 활동을 자극해야 할 현대적 공공공간들의 실패는 당연하게도 사회학, 심리학, 정신분석학, 지각, 기호학 등의 관점에서 깊이 있게 연구되어 왔다.

하지만 좋은 의도를 가진 노력들과는 무관하게 오늘날의 공적인 장소들이 근대 초기와 매우 유사한 문제들을 계속해서 겪고 있는 이 때, 우리는 진정으로 내재하는 문제들을 이해하고 있는 것일까? 혹시 공공영역의 형성을 이끌어내는 문제가 전체적으로 건축의 지배와 통제 그리고 건축가의 의식적인 의도를 초월하는 것은 아닐까? 공적 차원이 손실되고 있는 이유가 혹시 현대화, 세계화, 대량 생산과 소비, 이동성, 지속적 변화, 경제 권력 구조와 재빠른 이윤 창출의 과정들의 보이지 않는 메커니즘과 구조 속에 숨어있는 것은 아닐까? 우리가 의도적으로 구축한 외부 공간들이 우선적으로 인간 정신의 문제가 되고 있는 것은 아닐까? 최근 들어, 도시의 공간들을 형성하는 힘이 그 공간들의 인간미를 전반적으로 박탈하고 무형의 비인격적인 디지털 기능이 되어버린 것은 아닐까? 심지어 오늘날의 계획 법규, 디자인 규정 그리고 건물 운용에 대한 확장된 법규화가 다양하고 고무적인 환경을 창조하기 위한 건축가의 디자인 어휘의 질을 결정적으로 저하시키고 있지는 않은가?—친밀한 치수들과 규모, 다양한 지면의 높이, 계단 그리고 현대의 도시 풍경이 보이는 테라스가 없다고 생각해 보라. 우리가 오늘날의 문화적 과정들을 우리 스스로 감독하는 대신 그 과정들의 노예가 되어버린 것이 아닐까? 또한 공적 차원의 손실이 개인화된 삶의 결과는 아닐까? 다시 말해, 리차드 세네트의 유명한 저서의 제목을 빌리자면 '공적 인간의 몰락' 은 아닐까?[3] 도시 공간의 문제들이 근본적으로 디자인과 미학의 범위를 넘어서는 것은 아닐까?

Juhani Pallasmaa / Ruoholahti residential area / Design of canal and outdoor areas / Helsinki, Finland / 1992

공간의 생물학적 근원

처음부터 시작해보자. 첨단 기술, 디지털 통신, 가상현실과 무관하게 우리는 계속해서 생물학적이거나–또는 오히려–생–문화적이며 역사적인 존재들이 되어가고 있다. 우리의 기본적인 생존 및 존재와 관련된 반응들은 여전히 우리의 수많은 유전자와 집합적 기억 속에 겹겹이 숨겨져 있다. 수백만 년에 걸친 인간의 생물학적, 진화적 역사에 기초한 이러한 반응들은 사라지거나 무시되거나 또는 조작될 수 없다. 본질적으로 인간의 행동과 사회적 상호 활동은 무의식적 공간 활용에서부터 가까운 거리에 모여 있는 사람들 사이의 직접적이고 무의식적인 화학적 소통에 이르기까지 공간적으로 촉발되며 통제된다.[4] 우리는 반드시 생물학적 존재로서 가상의 공간에 반응할 것이며, 감각과 기억을 통해 우리의 환경들과의 대화를 지속할 것이다. 바슐라르 Bachelard는 '나의 가장 오래된 기억들은…… 백 년이나 되었거나 아마도 조금 더 오래 되었을 것이다.' 고 말했다.[5] 그러나 나는 오히려 우리의 유전적으로 조건반사적인 반응 속에 숨겨진 가장 오래된 기억들은 수백만 년이나 된 것이라고 주장하고자 한다. 삶과 인간의 의식은 공간과 땔래야 땔 수 없는 것이다. 나는 도시 속에 거주하며 도시는 내 안에 거주한다. 외부의 공간과 나의 내적 정신 공간, 즉 세계와 나의 자아는 끊임없는 연속체이다. 이러한 관점은 물리적 건축 환경에서의 문제들과 정신적 삶에서의 문제들을 직접적으로 연결시킨다. 자칫 거꾸로 생각하는 경향이 있는 만큼, 나는 구축된 공간의 결핍이 정신적 혼란의 증상으로 여겨져야 한다고 주장하고자 한다. 메를로 퐁티가 우리에게 가르쳐주었듯이 공간과 정신의 관계가 인과적 성

격을 갖고 있는 이유가 이 두 가지가 염색체 교차로 한 데 묶여있기 때문만은 아니다.[6]

감각을 통해 공간에 머물기

나는 현대의 공공공간에는 시각적 영역에서 작동하는 것들과 눈의 전체적인 편향된 주도권을 넘어서는 한 가지 감각이 결핍되어 있음을 지적하고자 한다. 우리의 도시들은 자신들의 목소리와 메아리를 잃어버렸다. 오래된 도시의 포장된 좁은 거리를 걷는 것과 주변의 벽에 반사되어 들리는 자신의 발자국 소리를 듣는 것은 커다란 즐거움이다. 나는 도시를 내 귀로 접하면서 도시의 형태적인 복잡성과 재료의 특성들뿐만 아니라 도시 공간들의 규모도 완전히 이해할 수 있다. 그러나 현대 도시의 넓은 공간들과 평평한 표면들은 우리의 소리들을 되돌려주지 않는다. 게다가 음향의 풍경은 대체적으로 상당히 불쾌하다. 나는 소외되고 외로우며 방어적으로 느끼게 된다.

우리의 감각들은 상호작용하고 협력하기를 원한다. 괴테 J.W. von Goethe가 주장했듯이, '손은 보기를 원하고 귀는 어루만지길 원한다.'[7] 경험의 충만함은 이러한 감각적 상호활동에서부터 일어난다. 존 듀이 John Dewey는 그의 저서『경험으로서의 예술 *Art as Experience*』을 통해 이러한 감각의 상호작용과 융합의 중요성을 지적하였다. '시각과 청각뿐만 아니라 촉각과 미각 등의 감각에는 미학적 특성들이 있다. 그러나 그런 미학적 특성은 단순하고 분리된 독립체들로서 감각들의 고립이 아니라 상호작용으로서의 감각들의 연결을 통해 나타나며, 그 연결들은 각각의 감각들의 종류와 색깔, 소리에만 국한되지 않는다.

눈, 귀 그리고 모든 다른 감각기관은 종합적인 반응이 일어나는 유일한 경로이다.'[8] 메를로퐁티 역시 이와 같은 필수적이고 불가분한 통합을 강조한다. '(따라서) 나의 지각은 시각, 촉각, 청각적 능력의 단순한 총합이 아니다. 나는 전체적인 나 자신의 존재 그 자체를 통해 종합적인 방법으로 인지한다. 나는 단 한 번에 나의 모든 감각들에게 말을 건네는 사물의 독특한 구조, 존재의 독특한 방법을 완전히 이해하고 있다.'[9]

건축가로서 우리는 시각적인 풍경들, 눈을 위한 환경들을 디자인 하는 것만 지향하고 있다. 결과적으로 현대의 공공공간에서 결핍된 가장 중요한 단 한 가지는 공간의 적극적인 촉각의 자극이다. 우리는 제법 먼 곳에 있는 건물들의 벽을 무의식적으로 만지고 그들의 모서리, 재료 그리고 디테일들을 쓰다듬으며 견고함과 수분, 온도를 느낀다. 우리는 도시를 단지 눈으로만 느끼는 것이 아니라 주변에 있는 도시 공간의 다양한 높이, 후미진 구석들, 발코니들 그리고 개방된 곳들에 무의식적으로 우리 신체를 투영한다. 그리고 우리의 신체가 환영 받거나 혹은 거절당한다고 느낀다. 도시와 공공공간은 진정으로 우리의 신체 그 자체 그리고 신체 조직들의 일부분이 된다.

가스통 바슐라르 Gaston Bachelard는 '웅크리다 to curl up' 라는 동사를 '거주하다 to inhabit' 라는 동사와 연관 짓는다. '웅크리다' 는 '거주하다' 라는 동사의 현상학에 속한다. 그리고 그렇게 하는 법을 배운 사람들만이 열심히 살아갈 수 있다.' 라고 그는 주장한다.[10] 도시와 공공의 공간을 점유하는 데에도 이 내용이 동일하게 적용된다. 공공영역은 그 기념비적인 성격을 친근함과 연관 짓고, 공동성을 개인성과 엮을 필요가 있다. 그리고 촉각의 초대와 환영의 느낌을 보여줄 필요가 있다. 내가 생각하는 건축의 가장 괜찮은 특성 중 하나는 공적영역의 기념비적인 친근감 또는 친근한 기념비성이다. –알바 알토 Alvar Aalto의 '축소된 ' 새위내찰로 Saynatsalo 시청사를 떠올려보라. 그 애틋한 친근감이 잘 맞는 코트처럼 느껴진다. 이는 공공과 개인의 영역들이 완전히 엮여 있음을 보여준다. 문화와 인간의 '제도들' 은–루이스 칸 Louis Kahn의 개념을 빌리자면–생활공간의 경험들 안에 포함되며, 또한 자아상의 일부가 된다. 그리고 사회적 의미와 책임은 상징화되고 내면화된다.

초점 없는 시선

공간성과 내면성 그리고 촉각을 포괄하는 경험에 있어서 매우 중요한 한 가지 요소는 날카로운 초점을 가진 시선을 의도적으로 억제하는 것이다. 공간의 투시도적 이해는 시선의 건축을 강조한다. 투시도적 집착으로부터 시야를 해방시키기 위한 탐구는 다중 투시적, 동시적 그리고 촉각적 공간의 이해를 가능하게 한다. 투시도적 공간과 집중적인 시선은 당연히 우리를 외부 관찰자로 바꾸어 놓는다. 반면에 동시적, 주변적 그리고 촉각적 공간은 그 포용력으로 우리를 둘러싸고 껴안는다. 그리고 우리를 참여자로 만든다. 아마도 아리스토텔레스 이후 우리가 감각의 범주를 다섯 개로 분리하고 세분화한 것은 이천 년이 넘는 시간 동안 인간의 이해를 잘못 이끌어온 근본적인 실수였을지도 모른다. 사실 신경과학 분야의 최근 연구들은 감각의 양상들이 상호작용하며 교류하는 놀라운 복합성을 즉각적으로 보여주고 있다. 최근의 신경학 연구들도 역시 우리의 신경체계가 복잡한 질서, 예를 들어 복잡성과 질서의 상호작용을 위해 조정되고 있다는 점을 보여준다.

우리의 지각적, 심리학적 메커니즘을 활용하는 것, 그리고 관찰자들의 경험과 세계 사이의

경계를 확실히 하는 것 또한 알바 알토가 만들어낸 공적 환경의 비밀들 중 하나이다. 깊이 있는 건축이란 우리의 존재와 관련된 삶의 세계와 완전히 통합됨으로써 살아있는 것이지 분리된 미학의 대상으로서 인식되는 것이 아니다. 음악을 듣거나 연인과 사랑을 나누는 것과 같이 감정이 고조된 상태에서 우리는 흔히 눈을 감아버림으로써 거리를 두고 객관적으로 바라보지 않게 된다. 마찬가지로 회화의 공간적, 형태적 그리고 색채적 통합도 종종 날카로움이 둔화된 시선으로 감상한다. 심지어 창의적인 활동과 생각은 초점 없고 차별성 없는 시각의 잠재적인

수단을 필요로 하며, 이는 통합적인 촉각적 경험과 융화된다. 창의적인 행위의 대상은 시각과 촉각으로서만 확인되거나 관찰되는 것이 아니라 무의식적으로 받아들여지는 것이다. 즉 정신 분석학적 개념으로 보자면 그것은 자신의 신체 그리고 존재의 조건과 동일시되는 것이다.

주변시

집중된 시선의 영역을 벗어나 경험되는 전의식적 지각 범위가 초점이 맞춰진 이미지만큼이나 실체론적으로 중요하다는 것은 당연한 이야기이다. 실제로 주변시가 우리의 존재와 연관된 체계에서 더 높은 존재적 우선권을 갖고 있다는 의학적 증거들도 있다.[11] 이러한 연구들은 역사적 환경과 자연적 환경의 엄청난 감성적 관계를 비교해볼 때, 현시대의 환경들에 의해 투시되는 주변시의 영역이 없다는 점이 바로 우리시대의 건축과 도시적 환경들로부터 우리가 소외되고 있는 한 가지 이유임을 시사한다.

무의식적인 주변 지각은 망막에 맺힌 이미지를 공간적, 촉각적, 신체적 경험으로 변화시킨다. 주변시는 우리와 공간을 통합한다. 반면에 초점시는 우리를 공간 밖으로 밀어내고 단순한 관찰자로 전락시킨다. 최근의 미니멀리즘적인 표현을 통해 고조되어 온 환원주의적 건축에 대한 현대의 선호는 강력한 시각적 이미지의 소용에 닿지만 공간적, 촉각적 관계와 더불어 주변시의 역할까지도 쉽게 무시해버린다.

건축의 특성을 이해하는 것은 보통 기능의 효율성, 신체적, 인체공학적 편안함 그리고 시각적 아름다움으로 국한된다. 하지만 건축은 또한 근본적으로 정서적 책임을 안고 있기도 하다. 바로 건축은 지각과 이해에 대한 구체적인 틀과 시야를 표현함으로써 세계 속에서 우리의 존재를 구조화하는 것이다. 건축의 정서적 책임은 여기서 멈추지 않는다. 공간, 장소 그리고 건물들은 또한 꿈과 상상을 가능하게 한다. 건축의 또 다른 한 가지 책임은 세계와 우리의 관계를 다시 자극하고 황홀하게 만드는 것이다.

시간에 머물기

폴 비릴리오 Paul Virilio는 '시간이 소멸됨으로 인해 공공공간은 대중의 이미지로 대체되었다.' 고 주장한다.[12] 속도의 건축가이자 철학자의 이러한 주장은 최근 공공공간에 대한 감각이 약화되고 손실되는 것이 도시 공간 그 자체의 부정적인 특징들과 마찬가지로 우리와 시간 사이의 관계가 변화된 결과일지도 모른다는 것을 암시한다. 장소성과 의미에 대한 감각의 손실은 경험적 시간의 실종, 가속 또는 수직적 붕괴와 밀접하게 관련 있다.

에드워드 렐프 Edward Relph는 사고 촉발적 개념인 '실존적 외부성 existential outsideness' 을 사용한다.[13] 이 용어는 시간 및 공간에서의 외부성, 그리고 결과적으로 나타나는 정체 없음의 경험과 연관 있는 듯하다. 정처 없음의 경험은 경험적 시간과 실존적 의미의 부재로부터 나타난다.

일반적으로 시간과 공간 모두 각각의 물리적인 척도를 가지고 서로 분리된 절대적인 물리적 차원들로 이해된다. 그러나 우리의 정서적, 심리적 삶에서 그 두 차원들은 단단히 통합되어 있으며 어느 정도 서로 교환도 가능하다. 우리는 공간에서 머물듯이 시간 속에서도 머문다. 그리고 우리는 공간에서와 같이 시간과 관련해서도 소외감과 외부성을 경험할 수 있다. 철학자 칼스텐 해리스 Karsten Harries는 글을 통해 '건축은 공간을 다루는 것만이 아니다.' 라고 주장하며, '그것은 또한 시간의 테러에 대비한 강력한 방어책이다. 아름다움의 어휘는 근본적으로 시간에 변치 않는 현실의 어휘이다.'[14] 라고 기술한다.

<u>시간의 붕괴</u>

데이비드 하비 David Harvey와 같은 포스트모더니즘의 철학자들은 우리가 공간과 시간을 지각하는데 발생하는 뚜렷한 변화들을 발견했다. 그들은 예를 들자면, 두 가지 물리적 차원들의 기이한 반전 혹은 교류를 지적했다. 바로 시간의 공간화이다. 내가 보기에는 그와 상반되는 반전도 역시 일어난다. 바로 공간의 순간화이다. 이러한 반전들은 오늘날 우리가 흔히 공간을 시간의 단위로 측정하거나 혹은 반대로 공간으로 시간을 측정한다는 사실을 통해 잘 드러난다. 이탈로 칼비노 Italo Calvino는 지난 한 세기 반 동안 이렇게 빨라진 시간에 대해 흥미롭게 언급한다. '오늘날 써진 장편소설들은 아마도 모순일 것이다. 시간의 차원은 크게 뒤흔들려 왔으며, 시간의 파편들이 없다면 우리는 살아갈 수도 생각할 수도 없다. 그 각각의 조각은 시간의 궤적을 따라 멀어지고 즉시 사라진다.'[15] 마찬가지로 오늘날 건축에서 나타나는 방대한 기회의 부족은 느림을 잃어버린 결과이자 침묵의 소멸에 의해 발생된 성적인 관능의 소멸이다.

궁극적인 변화는 바로 현재라는 평판 위로 시간의 지평이 완전히 붕괴되거나 내파되는 것이다. 오늘날과 같은 디지털화된 전자시대에는 세계의 동시성이 적절한 것이라 이야기할 수 있다. 이러한 현상은 의심의 여지없이 장소와 시간을 함께 경험하는 것을 어렵게 하며, 장소와 공공공간과 우리의 연결고리에서 우리를 떼어 놓는다. 데이비드 하비는 이런 현상에 대해 '시-공간 압착 time-space compression' 이라고 기술하며, '나는 우리가 지난 20년 동안 문화적, 사회적 삶에 대해서 뿐만 아니라 정치-경제적 행위, 권력의 균형에 있어서도 혼란과 지장을 초래했던 시-공간 압착의 강렬한 단계를 경험해 왔다는 점을 제시하고자 한다.'[16] 라고 주장한다. 이러한 경험적 압착은 또한 건축적 공간이 인지되는 방식에도 필연적으로 중요한 영향을 미친다. 시-공간 압착이 실존적 상황들에서 우리 자신들을 완전히 밀어내고 우리 삶 속의 이방인으로 만들어버리는 것은 아닐까? 공공공간에서 오랜 시간 머무는 것은 동일화와 소속감을 유발한다. 반면에 서두름과 빠름은 소외와 무관심을 일으킨다.

이러한 시–공간 압착의 과정에서 시간은 이전에 갖고 있던 그 경험적 깊이와 가소성을 잃어버린다. 이러한 붕괴는 현 세계에서 시간의 엄청난 가속에 의해 나타난다. 빠름은 현시대의 산업적 문화의 가장 중대한 결과물이다. 오늘날 도시와 도시계획은 도시 공간에 정착하고 거주하는 것 보다는 한 곳에서 다른 곳으로 이동하는 것과 더 관련 있다. 가장 극적인 것은 우리가 자신의 기억들을 잃어버릴지도 모르는 위험에 직면해 있다는 것이다. 밀란 쿤데라 Milan Kundera는 그 효과에 대해 '느림의 정도는 기억의 강도와 정비례한다. 빠름의 정도는 망각의 강도와 정비례한다.'[17]고 언급한다.

<u>공공공간과 기억</u>

사회 통합에 대한 감각과 인간의 공적 제도들의 존재는 공동의 이미지, 그리고 공간적 은유와 기억들에 의해 환기된다. 기억은 상상의 바탕이자 동시에 정체성의 바탕이다. 만약 우리의 기억이 희미해진다면 우리의 소속감과 사회의 정체성 역시 그렇게 된다. 기억은 사회적 교류와 소통의 바탕을 제공한다. 그러나 느리고 서두르지 않는 시간도 마찬가지로 소통과 근접, 고립을 만들어내지 않는가? 전이의 공간과 서두르는 시간이 낯섦과 무심함을 만들어내고 있음은

명확하지 않은가?

내가 주장하고 있는 것은 도시 공간의 정서적, 실존적 문제들이 건축가들이 흔히 집중하는 건축의 형식적인 문제들을 초월한다는 것이다. 또한 나는 현시대의 문화와 인간의 삶에 대한 생각이 건축에 관한 우리의 생각을 해방시킬지도 모른다는 점을 이야기하고 싶다. 결국 우리는 삶의 물리적, 미학적 환경만을 디자인하는 것이 아니다. 우리는 우리 자신에 대한 이해와 더불어 우리의 존재와 매일의 삶을 경험하는데 대한 틀과 시야를 창조하는 것이다.

'영화나 영화제작자들과는 달리 건축과 건축가들은 왜 디자인 과정에서 인간에 대해 거의 관심을 갖지 않는 것일까? 왜 건축가들은 너무 이론적이며 일반적으로 삶으로부터 동떨어져 있는 것일까?'

– 얀 프라이만 Jan Vrijman, 네덜란드 영화제작자[18]

Juhani Pallasmaa / Kamppi Centre / Design of outdoor areas / Helsinki, Finland / 2006

PRESIDENTTI
SOKOS

{주}

1 Joseph Brodsky, *Watermark*. London (Penguin Books) 1997, 44쪽

2 Walter Benjamin, 'Naples', *Reflections*. Ed. Peter Demetz, New York (Schocken Books) 1978, 167쪽 중에서

3 Richard Sennett, *The Fall of Public Man*. New York (Vintage Books) 1978

4 Edward T. Hall, *The Hidden Dimension*. New York (Doubleday) 1966.

5 Gaston Bachelard, *The Poetics of Space*. Boston (Beacon Press) 1964, p. 188.

6 메를로 퐁티는 『뒤얽힘 – 교차 *The intertwining – The Chiasm*』에서 교차적인 뒤얽힘에 대한 그의 개념을 논한다. *The Visible and the Invisible*. Ed. Claude Lefort, Evanston (Northwestern University Press) 1969.

7 As quoted in Brooke Hodge (ed.), *Not Architecture But Evidence That It Exists, Lauretta Vinciarelli: Watercolors*. Cambridge, Mass. (Harvard University Graduate School of Design) 1998, p. 130. 에서 인용

8 John Dewey, *Art As Experience*. New York (Berkley Publishing Group) 1980, p. 120.

9 Maurice Merleau-Ponty, 'The Film and the New Psychology', Maurice Merleau-Ponty, *Sense and Non-Sense*. Evanstone (Northwestern University Press) 1964, p. 48. 중에서

10 Bachelard, *The Poetics of Space*, p. xxxiv.

11 무의식적 주변시의 중요성에 대한 선구적인 연구는, Anton Ehrenzweig, *The Psychoanalysis of Artistic Vision and Hearing. An Introduction to the Theory of Unconscious Perception*. London (Sheldon Press) 1975, 와 Anton Ehrenzweig, The Hidden Order of Art. London(Paladin) 1973; 원문 1967년판을 참조.

12 Paul Virilio, *Katoamisen estetiikka* (The Aesthetics of Disappearance). Tampere (Gaudeamus) 1994, p. 127. 중에서 미카 매태넨 Mika Määttänen 이 인용.

13 Edward Relph, *Place and Placelessness*. London (Pion Limited) 1986.

14 Karsten Harris, 'Building and the Terror of Time', *Perspecta, The Yale Architectural Journal*, 19. Cambridge, Mass. (MIT Press) 1982.

15 Italo Calvino, *If on a winter's night a traveller*. Orlando (Harcourt, Brace & Company) 1979, p. 8.

16 David Harvey, *The Condition of Post-Modernity*. Cambridge, Mass. (Blackwell Publishers) 1992, p. 284.

17 Milan Kundera, *Slowness*. New York (Harper Collins Publishers) 1966, p. 39.

18 Jan Vrijman, 'Filmmakers Spacemakers', *The Berlage Papers* 11, January 1994.

환경을 위한 정원들 Gardens for Environment

{루이스 바라간 Luis Barragán}

이 글은 캘리포니아 주 코로나도에서 1951년 10월 6일에 열린 캘리포니아 건축위원회와 시에라네바다 지역 컨퍼런스 중 루이스 바라간의 연설문이다. 연설의 원 제목은 『환경을 위한 정원들 *Gardens for Environment: Jardines del Pedregal*』이었으며 *Journal of the American Institute of Architects*, no. 4, April 1952, 167-172쪽에 처음 게재되었다.

나의 친구인 건축가 카를로스 콘트레라스 Carlos Contreras를 통해 이번 건축가들의 회의에 초청 받게 된 것은 큰 영광이다. 그리고 정원이라는 주제로 연설을 요청 받은 것은 더 큰 영광이다…… 나는 우리의 가설을 완성시켜 줄 정원에 대한 약간은 다른 관점을 표현하고자 한다. 우선 콘트레라스는 이 몇몇 단어들에 대한 논의의 소재로서 내가 지난 4년 동안 발전시켜온 한 주거 지역에 관해 이야기 할 것을 나에게 제안했다. 그 곳의 이름은 페드레갈 정원 Jardines del Pedregal이며, 변화가 극심한 형태의 용암 불모지 위에 주택들과 정원들을 세워야만 했다. 운 좋게도 나는 나 자신을 위해 정원을 만들면서 그 지역의 기묘한 풍경을 감상할 수 있었고, 또 그 곳에 있는 바위들의 질감과 형태들의 장점을 가장 장식적이고 인상적인 요소로 이용해 그 아름다움을 누릴 수 있는 정원과 주택들을 지을 수 있겠다는 가능성을 발견했다.

이 작업은 그 지역과 도시를 연결할 것을 필요로 했고 그것은 성공해야만 했다. 나는 건축가 콘트레라스에게 우리가 그 풍경의 본래 특성을 유지하면서 개별 정원들을 위한 부지를 확보할 수 있도록 대지 구획의 레이아웃을 계획하도록 요청했다. 그 부지는 외부와 이웃집들로부터의 시선을 가리기 위해 벽과 나무와 나뭇잎들로 둘러져 각 주택마다 하나씩의 구획으로 계획되었다.

미국과 멕시코에서 주택의 주변에 주로 만드는 개방된 정원과는 완전히 반대인 개별 정원에 대한 이러한 아이디어를 뒷받침하기 위해 나는 현대 생활 방식에 관한 개념들을 몇 가지 보여주려 한다. 그리고 열린 정원과 닫힌 정원, 이 두 가지 형식의 정원들의 차이점에 대한 원인을 찾아보고자 한다.

전 세계에 걸쳐 나타나는 현대 인간의 특징들 중 하나는, 멕시코에서뿐만 아니라 이곳에서도 마찬가지로, 그들이 공공 안에서 살고 있다는 것이다. 인간은 공적인 삶에 더 많은 시간을 쓴다. 점심과 저녁시간의 대부분을 집과 멀리 떨어져서 보낸다. 점심시간은 업무에 관한 이야기로 할애되고 저녁은 음식을 먹고 사람을 사귀는데 활용된다. 그리고 멕시코에서는 아침 시간도 그렇게 사용된다. 여가시간과 모든 여유시간 역시 공적인 삶—클럽, 바, 운동경기, 영화관람

등–의 일부이다. 주말여행은 일반적으로 익숙한 관점에서 봤을 때 이방인들의 무리 속에서 지내는 것이다.

결국 순전히 필요에 의해 가용해진 시간들은 라디오와 텔레비전을 통해 바깥세상과 소통하는데 사용되며, 그 라디오와 텔레비전은 당신의 침실로 운동경기, 음악 방송 그리고 뉴스를 전달해 준다. 전화기의 사용 역시 업무나 사회생활의 약속 등을 이유로 통화를 통해 사람을 집에서 끌어냄으로써 모든 사적인 삶을 침범하는 공적인 삶–공공에서의 삶–을 잘 보여준다. 바로 이러한 사실들 때문에 공공에서 살고 있는, 그리고 공공성의 목적에 적합한 현대적 유형의 인간이 누릴 수 있는 황홀한 매력도 개인 정원의 장점도 없는 개방된 정원들을 만들어낸 것이다.

나는 나 자신에게 이러한 종류의 삶을 사는 현대적 인간이 하루 중 어느 때 명상을 하며 상상을 통해 창의적이고 정신적인 아이디어들을 발전시킬 수 있는지 묻는다. 그리고 또 이러한 방식의 삶이 모든 인간이 매일, 특히 현시대에 더욱 필요로 하는 평화와 고요를 개인이 추구하도록 허용하는가를 묻는다.

그래서 나는 개방된 정원들이 정신이나 혹은 육체의 매일의 휴식에 도움이 된다고 보지 않는다. 그러한 정원들은 우리가 시속 30-40마일로 자동차를 타고 지나가면서나 즐길 수 있을 뿐, 우리가 앉아 쉬거나 거실처럼 사용할 수는 없다. 특히 어떠한 기후나 지역들에서는 정원이 1년 내내 거실처럼 앉고 먹을 수 있는 곳이어야 하며, 주택의 거주자들을 위한 사교의 자리가

Luis Barragán / Jardines del Pedregal / Urban settlement / Mexico City / 1945-1954

되어야 한다는 것은 중요하다. 나는 날마다 생활의 일부를 정원에서 보내는 습관에서부터 나오는 정신적 · 육체적 휴식을 확실하게 표현하고자 한다. 그 정원은 전통적인 가정에서의 정원과 같이 개인적이고 친밀한 소유감과 동일한 느낌을 갖게 해준다. 그러한 종류의 정원은 우리가 매일 먹는 빵과 마찬가지로 아름다움을 일상적으로 느끼게 하고, 힘들이지 않고 긴장감 없이 자발적인 명상의 분위기에 무의식적으로 빠져들게 한다. 이러한 아이디어를 뒷받침하기 위해 나는 러시아의 카트리나 여제 Catherine of Russia를 떠올려본다. 그녀는 정부에 문제가 있고 참모들을 통해서도 그에 대한 해답을 찾지 못했을 때, 정원을 거니는 것이 항상 그녀에게 최선의 해답과 더불어 정신적 평화를 가져다주었다고 이야기 했다.

그래서 나는 건축가들이 아름다움에 대한 감각과 순수 예술과는 다른 정신적 가치들에 대한 취향과 성향을 발달시키기 위해 그들이 짓는 주택과 마찬가지로 정원들도 쓸모 있게 만들어야 한다고 믿고 있다.

이제 나는 개인의 정원과 공공의 정원에 관한 이런 논의들이 다음과 같은 결론을 가져다주길 바란다. 오늘날 인간이 즐거움을 얻기 위해 또는 공동체 안에서의 활동을 위해 요구하는 필수적이며 불가피한 공적인 삶을 그만둘 수 없다면, 우리는 그들에게 개인 정원을 통해 좀 더 사적인 삶의 영유라는 보물을 돌려주어야 한다는 것이다. 그러한 정원은 개성을 계발하고 정신의 획일화를 회피하는데 아주 많은 도움이 될 것이다.

나는 개인 주택들의 정원과 함께 집단적인 공동주택을 위한 개인적인 성격의 정원도 만들어줄 수 있지 않을까하는 의문이 생겼다. 나는 우리가 공동체 정원을 연구하면서 그라나다 Granada에 있는 헤네랄리페 Generalife의 정원들처럼 부분적이고 분리된 정원 구역들에서 개인들이–친근한 구석들과 모퉁이들이 있는–자기만의 정원에 있는 것처럼 느낄 수 있는 그런 성격의 공동 정원을 고려한다면 가능할 것이라고 믿는다. 물론 이러한 정원을 계획하고 디자인하며 아름답게 만드는데 있어 그 특성이나 분위기를 현대적이고 기능적으로 만드는 것을 주의해야만 한다.

또 하나의 의문은 개인 정원들이 포함된 구획에서 보이는 거리와 가로의 모습이다. 여기서 만약에 거리를 한정 짓는 벽들이 마치 수직적인 정원인 듯 나무와 덩굴들 그리고 꽃들에 의해 유연한 시각으로 봤을 때 만족스럽게 처리된다면 그 벽에 의해 한정되는 거리들은 불쾌하지 않을 것이라고 이야기 할 수 있다.

벽의 거리를 장식하는 작업들, 예를 들어 정원의 사생활을 파괴하지 않을 울타리, 자연스러운 거리의 경계로부터 들여 심어진 모퉁이의 가로수들, 분수, 그리고 그 외의 다른 요소들을 늘려감으로써 우리는 특별한 외관을 가진 '정원–가로'와 사람들의 관심을 끄는 부가적인 요소인 아름다움의 인자, 즉 정원들의 '성적 매력 sex-appeal' 이라는 수수께끼의 요소를 소유하게 될 것

Luis Barragán
in collaboration
with Mathias
Goeritz /
Satélite Towers /
Public space and
public art work /
Mexico City /
1957-1958

이다. 이러한 요소는 정원 건축의 예술에서 절대로 빠질 수 없다. 그래서 우리는 큰 저택들과 정원들의 벽으로 한정된 플로렌스의 몇몇 거리를 걸을 때 즐거움을 느낄 수 있는 것이며, 로마와 같이 개인의 정원들이 거리와 얽혀있는 수많은 다른 도시들의 거리는 미국과 멕시코시티에서 볼 수 있는 많은 개방된 정원들이 있는 거리들보다 더 큰 아름다움과 매력을 낳고, 그 아름다움이 벽과 대문에서부터 묻어 나온다.

나는 특별히 멕시코를 아는 사람들에게 파츠쿠아로 Patzcuaro같이 벽과 분수들이 줄지어 서 있는 거리의 아름다움에 대해 이야기해주고 싶다. 그곳에서 우리는 거리의 아름다움을 배가 시키는 가로수와 분수들이 있는 열린 공간과 광장을 향해 개방되고 그곳과 이어진 거리들의 매력을 발견할 수 있다.

페드레갈의 구획에서 가이드라인 역할을 했던 이러한 생각들과 더불어 우리는 건축 개발과 풍경의 조화를 보존하기 위해 고민했다. 우리는 '현대적인 것' 을 통해 우리가 캘리포니아 식민지로 알려져 있다는 사실을 인정하지 않는다는 점을 확실하게 표현하기 위해 시공자들에게 오로지 현대적인 건축물만 디자인하고 짓도록 요구하는 시당국의 규정들을 접수했다.

그 규정들은 대체적으로 대중을 위해 만들어졌으며, 지금 내가 이 자리에서 여러분과 같이 유명한 현대 건축가들에게 이 규정들을 설명하는 것은 어불성설일 것이다. 하지만 그러한 방식이 멕시코로 전해지고, 멕시코에서부터 다시 캘리포니아로 전해진 이래로 멕시코는 캘리포니아 식민시대의 영향이라는 불운을 간직해 왔으며, 멕시코에서 그 불운을 이용하는 것은 매우 어처구니없는 일이다. 그 당시 로스앤젤레스와 할리우드는 캘리포니아의 스페인계 식민지였던 멕시코로 다시 한 번 그런 방식을 전수했다.

멕시코에서 우리가 받아왔던 이런 나쁜 영향에 대해 이야기하면서도 나는 멕시코 건축가들이 지난 몇 년간 멕시코에 세 차례 방문했었고 세계적으로도 유명한 리차드 노이트라 Richard Neutra와 프랭크 로이드 라이트 Frank Lloyd Wright, 그리고 테텔파 Tetelpa—멕시코시티에서 대략 25 킬로미터 쯤 떨어진 작은 마을—에 자신의 주택을 지은 멕시코 건축가들의 좋은 동료인 레이먼드 로위 Raymond Loewy와 같은 캘리포니아 건축가들로부터 그들의 작품과 그들의 출판물 그리고 그들과의 개인적 관계와 교우를 통해 훌륭하고 가치 있는 영향을 받아왔다고 말하지 않을 수 없다.

내가 이러한 영향들에 대해 이야기하는 것은 멕시코 건축가들이 앞서 언급한 건축가들이나 미국의 뛰어난 건축가들의 작품들을 모방한다는 뜻이 아니라 그들이 미국에서 그런 문제들의 해답을 이끌어 냈던 원리들을 연구하고, 이 원리들을 멕시코의 여러 지역들에서 우리들의 문제들을 해결하는데 활용하고자 노력해 왔다는 이야기이다. 우리는 우리가 디자인하고 만들어낸 정원과 주택들이 대지와 프로그램, 그리고 경우에 따라 요구되는 건축 재료들과 일치하도록 실현된 현대적인 작품들이라는 점을 보여주고자 노력하고 있다.

질감과 형태의 바로크식 구성으로 과장된 페드레갈 정원 구획을 통해 우리는 이런 풍경의 아름다움을 해하거나 망치기 위해서가 아니라 바로크식 구성으로는 완성되지 않을 아름다운 건축적 형태를 창조하기 위해서는 그 형태들이 상당한 단순성—성격에 있어 추상적이고, 가급적 직선과 평면이며 기본적인 기하학적 형태들—을 가져야 한다는 것을 깨달았다.

이 바위투성이의 구성을 통해 그 구성을 비옥하게 만드는 두 가지 중요한 요인들을 찾아낼 수 있었다. 그 요인들이란 1)비에 의해 수천 년 동안 쌓여온 먼지로 만들어진 흙과 바위들의 틈새와 구멍이 많은 상태, 그리고 2)천천히 열을 식히면서 바위들을 보존하는 태양열과 함께 규칙적이고 일정한 기후이다.

현대적 정원에서 매우 필수적인 잔디밭도 우리에게는 아무런 문제가 되지 않았다. 우리는 암석의 돌출부를 이용했다. 돌출부들을 제거해내면서 지표면으로부터 1피트의 깊이에 한 겹의 채소용 흙만을 필요로 하는 잔디밭을 만들어냈고, 그 돌들은 벽을 세우는 데 다시 이용했다. 바위들의 틈새를 통해 물이 빠져 나갔기 때문에 배수에도 문제가 없었다.

나는 요즘 '건조한 정원 dry garden' 을 만들려고 계획 중이다. 바위로만 이루어져 있고, 나무도 식생도 없으며, 검은 모래의 길과 보행로가 있는 정원이다. 이것은 화산지대에 대한 또 하나의 실험이 될 것이다.

연설을 마치며 나는 정원 만드는 기술의 오랜 원칙을 몇 가지 언급할까 한다. 하나는 원형의 파노라마 전망이라는 개념을 너무 남용하지 말아야 한다. 왜냐하면 제대로 된 전경을 담은 풍경은 두 배의 가치가 있기 때문이다. 그리고 나는 항상 평탄하지 않고 이상한 형태를 가진 지면을 선호한다. 왜냐하면 그런 지면들은 정원을 만드는데 확실한 성공을 보장해주기 때문이다. 거슬리는 지형에 축복을!

마지막으로 위대한 프랑스 작가이자 조경 예술가인 페르디난드 바크 Ferdinand Bac의 생각을 회상하고자 한다. 그는 정원은 그 속에 전 우주를 담고 있다고 했다. 그것은 우리의 작업에 대한 보상이며, 우리는 정원을 만드는 기술을 통해 인간의 노력이 해낼 수 있는 평온함의 가장 큰 총계치를 알게 된다.

새로운 것에 대한 열망 The Ambition of the New

{자하 하디드 Zaha Hadid}

이 글은 1998년 6월 터키 앙카라에서 열린 '*Anytime*' 컨퍼런스의 발표문이며, Cynthia C. Davidson (ed.), *Anytime*. Cambridge, Mass. (MIT Press) 1999, 90-97쪽에 수록되었다.

… 기본적으로 시간의 개념은 새로운 것과 그 이전에 나타났던 것들의 변증법적 관계에 대한 실험이며, 새로운 것을 만들고 혁신을 성취하는 과정에 대한 연구이다. 나는 시간과 움직임 그리고 새로운 것에 대한 열망이라는 주제에 대해 시간 개념이 내 작품에 미친 영향과 내 자신의 궤적의 관점에서, 그리고 내 작품들의 개념적 중요성뿐만 아니라 지난 20년에 걸친 그 프로젝트들의 시간적 발전이라는 측면에서 이야기 하고자 한다.

우리가 찰나의 순간에 반응해야 한다는 점에서 시간은 잔혹하다. 나의 프로젝트는 사실상 1970년대 중반에 처음 시작되었다. 그때는 모더니스트들의 장식 없는 순수한 디자인 이후로 역사의 개념이 최고조에 달했으며, 포스트모더니티의 관점에서 새로운 아이디어들이 떠오르던 시기였다. 이런 상황은 나에게 파괴와 분열의 개념이 얼마나 평면을 자유롭게 할 수 있는지를 알게 해 주었고, 자유로워진 평면은 추상화와 유동성의 개념 그리고 적당한 시간 내에 왕래할 수 있는 일종의 움직임의 과정을 가능하게 했다. 궁극적으로 이런 생각들과 작업의 방법론들은 나에게 공간성에 대한 새로운 아이디어를 제공해주었다.

나는 AA스쿨 졸업 작품이었던 매우 초기작품인 '말레비치의 텍토닉 Malevich' s Tektonik (1976-1977)' 에서부터 이야기를 시작하고자 한다. 이 프로젝트는 템즈강을 건너는 헝거포드 다리 위에 있는 14층 높이의 호텔의 프로그램적인 요구사항들에 대한 '돌연변이' 요인들을 연구하는 것이었다. 수평적인 '텍토닉' 은 프로그램과 대지의 요구를 만족시키기 위해 임의적인 듯 보이는 절대주의자적 형태의 구성에 순응하며 동시에 그 구성을 활용한다. 14개의 층들은 생각할 수 있는 모든 제약들을 공간을 위한 새로운 가능성으로 바꾸며 구축물에 체계적으로 부착된다.

'말레비치' 의 구축과 호텔이라는 프로그램들의 결합을 통해 그 시대의 이슈들과 그 이슈들이 변화와 새로움이라는 측면에서 시사하는 바를 살펴보기 위해서는 시간적으로 과거의 순간으로—이 경우에서는 20세기 초기로—되돌아 갈 수도 있다는 아이디어가 떠올랐다.

런던에 대한 이러한 버려진 조건들의 중첩으로부터 파열의 아이디어와 사선의 발견—사선이 수많은 다른 각도들을 표현할 수 있다는 발견—을 얻었다. 이러한 사실은 나의 사고에 매우 중요한 것이었다.

우리는 모던이라는 아이디어를 다루는 것이 반드시 기존에 있던 맥락이 소멸됨을 의미한다는 것은 더 이상 맞지 않는다는 것을 깨달았다. 두 개의 '시간들' 을 병치하는 아이디어가 중첩을 창조했고 결국에는 융합을 만들어 냈다. 다른 시간들에서 벌어졌던 일들이 이제 동시에 일어날 수 있다. 우리는 많은 단계들을 동시에 나타나게 하는 고고학과 같은 일종의 x-선 방법론을 개발했다. 도면은 시간 속에서 멈춰진 순간을 의미할 뿐만 아니라 우리에게 다른 종류의 공간성을 발생하게 하는 움직임의 아이디어를 보여준다. 이러한 투상도의 개념은 작업과정에서도 매우 중요해졌다.

두 가지 사건들이 일어나기 시작했다. 투상도와 공간적 조직의 개념 안에는 파열이나 폭파의 아이디어도 존재했다. 파편, 폭발과 '말레비치의 구축' 의 반-중력적인 특성의 조합은 지면으로부터의 약간의 자유 또는 조직적인 유동성의 개념을 가능하게 하는 평면의 자유를 가져왔다. 평면 구성과 투상도의 아이디어 그리고 그 구성의 왜곡들은 일정시간 동안 일어나는 수많은 일련의 사건들이 하나의 이미지로 압축되는 스토리 보드와 같은 하나의 순간에 갇히기 시작했다. 유동성과 압축은 동일한 공간 내에서 공존이 가능한 것이었다.

Zaha Hadid / Phæo / Science centre / Wolfsburg, Germany / 2006

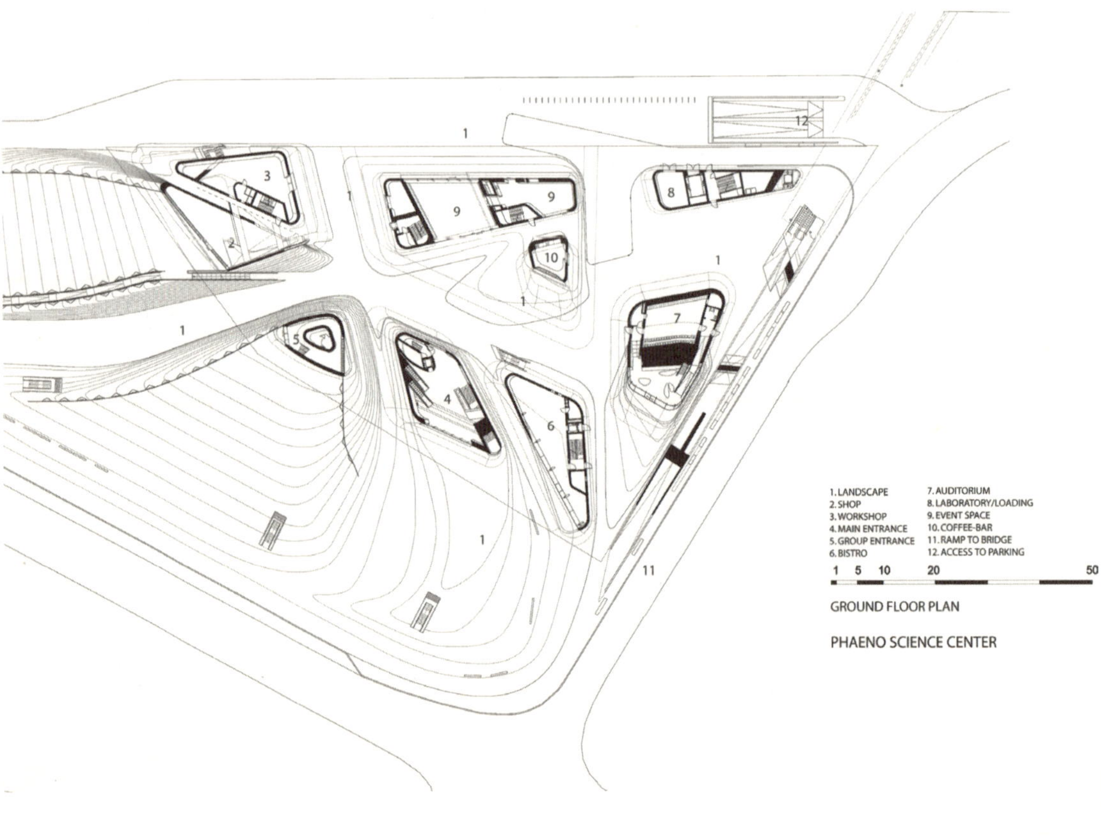

이런 투상도와 공간성의 개념들은 홍콩 피크 Hong Kong Peak 프로젝트(1982–1983)의 도면들에서 매우 강하게 나타난다. 단지 작품의 결과물을 보여주기 위한 하나의 이미지인 투상도는 건물의 삶 속에서 온 하루를 담아내는 도구이자 왜곡, 유동성 그리고 곡선의 개념들과 프로젝트를 연결하는 도구가 되었다. 도시의 언덕 위 높은 대지는 도시 자체의 밀집에 대한 압도적인 중요성과 그 밀집으로부터의 구원을 요구했으며, 그와 더불어 어떠한 프로그램적인 창의성도 필요로 했다. 도시의 지도와 축척을 살펴봄으로써 도시 속의 거대한 방이라는 개념을 포함해 어떠한 공간성의 아이디어를 얻을 수 있었다. 투상도는 실제 건물보다 더 큰 이야기가 되었다. 프로젝트의 범위가 도시 그 자체였기 때문에 투상도 역시 도시의 공간과 압축된 스카이라인에 대한 아이디어가 그 도시 공간에 어떻게 영향을 미칠 수 있는지를 다루었다.

홍콩 피크 프로젝트에서 투상도의 전략은 절단과 투명화의 과정을 통해 실현되었다. 극적인 시각적 효과와 대지 위에 나타나는 자연스러운 도로의 특징들을 강조하기 위해, 다양한 재료의 구축 요소들이 일종의 절대주의자적 지질학에 따라 수직, 수평적으로 언덕에 삽입되었다. 우리는 크라운 랜드 Crown Land의 대지 남측지역에서 대리석을 제거하도록 제안했다. 이렇게 굴착된 바위는 다듬어지고 대지의 여러 부분들에 활용되어 표면 처리된 인공의 산을 이루었다. 그리고 절삭된 부분은 언덕을 향해 펼쳐지면서, 산비탈을 응시하는 일련의 건축적 광선들 안에서 수평적으로 겹쳐진 프로그램들의 중첩을 위한 중심지가 된다.

조경, 바위와 솔리드 사이의 변화, 투명한 것과 유동적인 것 그리고 조원과 채석을 위한 이러한 지리적 아이디어들은 평면의 구성에서 어느 정도의 일시성과 유동성을 나타내기 시작했다.

강렬한 조경 역시 우리의 최근 프로젝트들 중 하나인 카타르에 있는 이슬람 아트 미술관 Museum of Islamic Art(1998)에서 중요한 이슈였다. 상당히 신기한 미술관의 소장품들과 잘 어울리는 이러한 종류의 강력한 시설이 이전에는 없었다는 사실에서 우리는 순간적으로 다르게 보이는 반복적인 패턴들에 대한 이슬람식의 선호에 기초한 독창적인 유형을 발전시킬 수 있었다.

프로젝트의 초기 단계에서는 도면을 통해 추상과 풍경 사이의 연결을 먼저 연구하였다. 도하 Doha에 있는 대지는 건조하고 모래로 덮여 있으며 도하 항을 따라 해안도로와 면하고 있었다. 대지를 제대로 이해하기 위해 우리는 얼마나 다른 종류의 공간들이 아주 크고 높아지는 것에서부터 프로그램들의 중첩을 위한 일종의 다중적 공간으로 전환되는지를 볼 수 있도록 작은 산지 지역 안에 거의 평평한 지형을 만들었다. 중첩과 투상도의 전략을 이용하는 것에 더해, 서예에서처럼 회전시킨 도면들이 유동적인 공간과 움직임의 아이디어를 담아내는 방법으로 사용되었다. 이러한 서예와 유동성의 개념들은 미술관 전시품들의 물질적인 다양성을 담아내기 위

Zaha Hadid / The Peak Project, Kowloon, Hong Kong, Design competition / Hong Kong, China / 1983

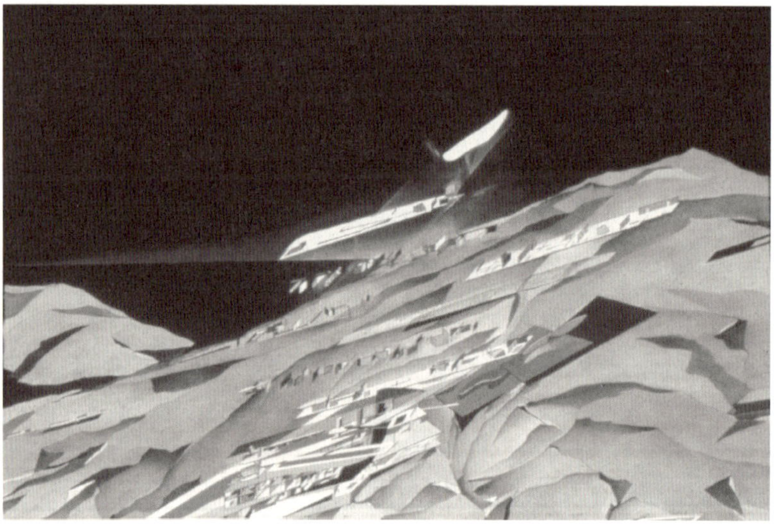

한 방편으로 이용되었다. 그 계획안은 공통된 형태를 공유하는 몇몇의 영향력의 장으로서 배치되었다. 전체적인 건물은 프로그램적인 '오브제들'을 위한 컨테이너로서 역할을 한다. 이러한 개념은 넓은 범위의 유물을 모두 수용하는 수평적이면서 기울어진 바닥판으로 구성된 넓은 계단식 공간인 갤러리에서 잘 드러난다.

여기서 풍경에 대한 건물의 변증법적인 관계성에 대해서도 이야기하지 않을 수 없다. 자연적 지질구조의 개념, 오랜 기간 쌓인 지층들, 모래에 대한 아이디어를 지질학적으로 다루는 그 모든 것들이 매우 중요해졌다. 건물은 단순히 새로운 풍경으로 둘러싸이는 것만이 아니라 그 건축적 구축 안에 풍경의 특징들을 포함하게 되는 것이며, 그럼으로써 건물은 주변의 맥락과 융화되는 것이다.

장식적 조경수, 산책로 그리고 여러 가지 부드러운 지면 처리 등이 절벽 도로의 경계에서부터 건물의 모서리에 이르는 하나의 연속적인 디자인으로 제안되었다. 이 부분은 형태적으로 메인 로비 공간까지 비스듬히 이어지며, 메인 로비를 갤러리 공간과 이어지는 계단식 언덕의 풍경으로 변화시킴과 동시에 미술관으로 들어가는 개방된 출입구 부분을 형성한다.

추상의 개념에서부터 지형학과 유동성의 아이디어들, 파열과 폭발 그리고 지표로부터의 어느 정도의 자유를 의미하는 반 중력의 개념으로 이어지는 이 모든 생각들은 확실히 매우 중요한 것이다. 다른 종류의 중첩된 지형들은 모두 시간이 흐르면서 아주 작은 변화들이 일어나는 과정을 보여준다. 지표를 어떻게 다루고, 어떻게 누르고, 어떻게 들어 올리는가를 통해 공간성의 다른 아이디어들을 찾을 수 있고, 사선과 절단이 건물을 통해 어떻게 전체적으로 다른 구성을 나타내는지를 알 수 있다. 이 모든 것들이 공간을 자유롭게 하고, 그 공간 속에서 우리가 다르게 움직이도록 해주는 것이다.

건축 실험실 : 공간성 탐구하기 Architectural Laboratories: Exploring Spatiality

{하니 라시드 Hani Rashid}

출처: 'Prologue' , Greg Lynnand Hani Rashid, *Architectural Laboratories*. Rotterdam (NAi Publishers) 2002, 93-98쪽 중에서

애심토트가 진행하는 작업은 이 시대를 사는 우리의 문화적 컨텍스트가 가진 독특한 환경 속에서 공간성을 탐구함으로써 건축에 대한 새로운 가능성들이 발견될 수 있다는 믿음과 추측에 근거한 조사와 연구에 대한 전념의 반영이다. 베니스 비엔날레 미국관에 전시했던 각 프로젝트는 종래의 건축적 프로그램들과 관련된 아이디어들에 참조 목록을 제공할 뿐만 아니라 오늘날 공간성과 건축에 대한 우리의 이해를 이루고 구성하는 것이 무엇인가에 대해 질문을 던지는 주제를 담고 있다. 세 개의 분리된 설치작품들은 전시관 안에서 몇 달에 걸쳐 상연되었다. 작품들의 실험적인 성격은 이론적 주제와 실질적 주제를 모두 수면 위로 끌어올리기 위해 세속적이고 규범적인 건축적 전시를 피하고자 하는 시도로서 의도되었다. 우리가 연구했던 세 가지 주제들은 신체와 전자 미디어를 통한 신체의 해체, 인터넷과 현대 도시계획에 대한 그 영향력 그리고 속속들이 도시를 대체하는 공항으로 이루어져 있다. 컴퓨터 디자인의 출현과 디지털 표현에 의한 새로운 형태와 함께 완전히 새로운 건축적 실험과 작품들이 나타났다. 2000년 베니스 비엔날레에서 있었던 컬럼비아 대학의 환경 연구 실험과 애심토트의 작업방식은 건축을 '만드는 것'과 '이론화하는 것' 을 결합하고자 하는 유사한 목적을 가지고 있었다.

세 가지 비엔날레 실험들 중 첫 번째는 방송 건축 즉, 오늘날 우리가 전자 미디어와 텔레비전의 볼거리 그리고 실시간적 전자장의 존재를 마주하며 살고 있다는 신체-공간의 변증법적 결과와 영향에 대한 연구이다. 만약 우리가 오늘날의 세계를 지속적인 감시나 순간적인 재연 또는 실시간적 사건의 구조들을 통해 시시각각 변화하고 조정된 환경의 세계라고 이해한다면 신체는 그 존재나, 좀 더 깊이 있게는 그 부재에 아주 많은 영향을 받는다. 우리가 오늘날 이해하고 있는 신체는 이러한 이미지 전이의 공간 속에서 변형되고 변화된다. 방송 건축에 대한 이러한 연구와 그 결과인 설치 작품은 이러한 논지를 입증하고 탐구하기 위한 시도이다. 체조선수들의 복잡한 연기로부터 공간을 통해 모아진 4차원적 데이터는 물리적인 구조와 울타리의 형성을 가능하게 했다. 이와 같이 신체의 시간적 궤적을 정확하게 맵핑 mapping하는 것은 신체의 공간적, 시간적 이동을 유연하게 만들었다. 그 결과로 만들어진 건축적 총체는 관람자가, 좀 더 정확하게는 참여자가 체조선수들의 공간을 대체해 점유하는 것을 가능하게 한다. 결과적으로 발생하는 실제크기의 구축, 즉 다차원적인 체조선수의 동작을 '추적' 하는 것은 각자의 신체를 물리적 결

합체에 그리고 궁극적으로는 설치작품의 조정된 대응체에 투영하는 것을 참작한다.

데이터플럭스 DataFlux 환경은 실제와 가상의 대응체들에 대한 주제를 계속해서 다룬다. 그리고 우리가 정보기술과 가상의 인터페이스, 데이터스케이프 datascape와 그 외에 비슷한 것들을 계속해서 개발하듯이 실제로는 공간적 연구를 위한 그리고 건축의 확장에 의한 잠재적인 새로운 영역을 탐구하고 있다는 가정을 전제로 한다. 미국관의 두 번째 전시실 대부분을 차지하고 있는 데이터플럭스 환경은 대규모의 물리적인 구축 환경과 단시간의 영상 기반 환경 사이에 애매모호하게 자리하고 있는 구조물을 형성했다. 라이브와이어 LiveWire라고 불리는 기술의 사용은 가장 중요한 요소였다. 라이브 와이어는 기본적으로 빛을 투과하기도 하고 발산하기도 하는 섬유가닥으로 구성되어 있다. 이러한 재료로 이루어진 거대한 삼차원적인 '형태'는 마치 와이어 프레임 구조가 문자 그대로 컴퓨터 스크린의 제약에서부터 자유로워진 듯 물리적 울타리와 같은 '외형'을 만들어냈다. 실제 구조와 그 구조를 이루는 와이어 프레임들의 피드백을 디지털로 기록하면서 만들어진 순환 고리의 영상을 동시에 투사함으로써 또 다른 '애매한' 공간성을 이중적으로 창조했다. 이 두 가지 '데이터' 공간들의 병치, 즉 가상의 것의 물리적 재연 그리고 물리적인 것을 가상화한 공간은 끊임없이 변화하는 영역을 형성했다. 데이터플럭스 환경은 데이터의 입력에 의해 연속적으로 변화하고 재편되는 하나의 건축적 공간이자 물리적 총체와 융합된 정보의 흐름이다.

건축에서 흐름이라는 요소의 영향은 정보의 영역과 컴퓨터 공간에만 한정된 것이 아니다. 이것이 바로 공항의 도시성에 대한 탐구의 영역으로 비엔날레의 세 번째 설치작품이다. 도시들은 역사적으로 수로, 고속도로 그리고 철로와 같은 교역의 루트와 교통의 요지들을 따라 발전해왔다. 도시의 미래와 글로벌 문화의 등장은 불가분의 관계이다. 계속해서 변화하고 있는 오늘날의 세계적인 글로벌 문화 속에서 우리는 새로운 공항 계획과—하나로 엮인 것이 아니라면—그에 연이어 발생하는 도시 공간의 변화를 목격하고 있다. 오늘날 공항은 도시계획의 모든 특징들을 갖춤과 동시에 한편으로 위생적이고 단열되며 통제 가능한 또 다른 도시 공간이다. 다국적 기업들과 항공여행이 낳은 전 세계적인 이동과 현대적 유목 문화의 놀라운 편리함에 대응하여 공항의 혼성된 환경 속에서 새로운 도시계획이 나타난다. 암스테르담의 스히폴과 런던의 히드로 공항은 항공 교통에서뿐만 아니라 쇼핑, 비즈니스 그리고 오락에 있어서도 매우 기술적으로 만들어진 공간의 예이다. 디지털 기술의 출현은 대부분의 비즈니스 영역에서 두 가지 상반되는 듯한 경향을 만들어냈다. 복잡한 전자적 수단에 의한 원거리 통신, 그리고 대면에 대한 필요성과 여행의 폭증이다. 전 세계적으로 산업이 융합하고 성장함에 따라 공항들도 고급 업무지역, 라운지, 종교시설 그리고 과거에는 오로지 진짜 도시공간에만 있었을 법 한 다른 부분들을 과잉 제공함으로써 그 속도를 따라가고자 노력해왔다. 공항이 그저 거쳐 가기만 하는 곳이 아니라 사람들이 머물면서 다양한 방법으로 이용하게 되는 장소로 변화하듯이, 이러한 흐

Asymptote / Hydra-Pier / Exhibition pavilion / Haarlemmermeer, the Netherlands / 2002

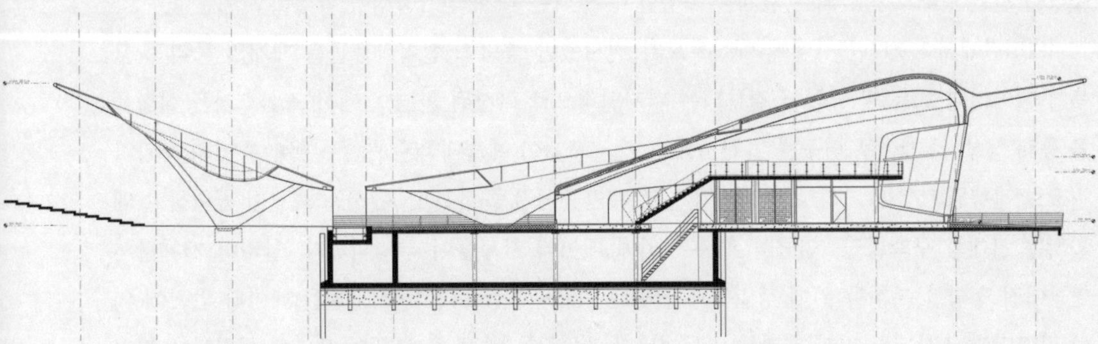

름의 공간들로부터 탄생할 새로운 형태와 프로그램들을 위한 가능성들이 대두하게 된다.

베니스 비엔날레의 '실험실'에서 연구된 개념적인 영역들은 애심토트의 여러 최근작들의 주제가 되기도 했다. 예를 들어 한 작품은 가상의 범위와 물리적 세계에 기초한 건축이 반드시 상호 배타적이지만은 않다는 것을 염두에 두고, 그 둘 중 하나가 다른 하나에 어떻게 영향을 미치고 작용을 하는지를 조사하고 탐구한다. 베니스비엔날레 실험실 프로젝트와 다르지 않게 애심토트의 건축적 도전들은 종종 공간성을 변형하거나 변화시키는 결과를 낳았다. 물리적인 공간과 가상의 공간을 융합하는 것은 몇몇의 설치 작품들과 이론적인 프로젝트들을 통해 지속적으로 연구되어 왔다. 애심토트가 진행했던 정보-스케이프 I-Scape 연구는 정보가 특정한 형태로 전환될 때 그 정보의 의미에 대한 묵상이며, 현재의 공간성을 구성하는데 대한 새로운 이해이다. 컴퓨터와 디지털 기기라는 무기는 표현에 있어서 모든 면들을 바꾸어 놓았다. 유동적이고 변형적인 정보-스케이프가 변모시키는 것은 기구도 건물도 아니며, 순간적인 공간적 자극의 연속적이고 유동적 투사체라 할 수 있는 이미 드러난 기존의 잠재적 건축들이다. 그 건축들은 이미지와 융합된 기묘한 공간들을 형성하면서 변형과 왜곡 그리고 망상에 집착한다. 역동적으로 만들어진 형태들은 프레드릭 키슬러 Frederick Kiesler, 헤르만 핀스털린 Hermann Finsterlin, 안드레아 블록 Andrea Bloc 그리고 다른 무한 공간 추종자들의 작품들의 전통을 이어가며 그 공간들의 표면이자 볼륨이 된다. 그 연출된 집합체들은 가능성과 익숙함의 경로들을 헤집고 다니며 우연히 예상치 못했던 조직체들에 도달한다. 그 집합체들은 한 순간 신체였다가 다음 순간 객체가 되고, 그 다음은 금속, 이어서 플라스틱, 그리고 즉시 복합적인 기하 구조이자 완전한 편평함이 된다. 정보-스케이프 시리즈는 건축이라는 매체를 관통하는 데이터 공간이 몇 가지 안 되는 가소성을 지닌 형태로 전환되는 한계를 초월할 수 있다는 내재적 가능성을 확실히 보여준다.

1999년에서 2002년 사이에 애심토트가 전시했던 플럭스 설치작품들은 개개의 물리적 구축이 데이터의 흐름 및 공급과 결부되는 디지털적으로 확장된 환경 속에서 조심스러운 실험들을 통해 정보-스케이프 연구를 발전시켰다. 캘리포니아 예술대학 California College of Art의 교과과정으로 진행된 CAPP 거리 프로젝트의 일부로 만들어진 플럭스 1.0에서는 표면이 변화하고 왜곡되는 거대한 구축물인 '인공물 artifact' 위에 데이터 자료들이 투영되었다. 물리적 개체로서 만들어진 정확한 복제물 위에 정밀하게 맵핑된 3차원적 컴퓨터 제작 모델은 데이터 입력에 의해 변형되고 조작되는 전시 효과를 만들어냈다. 이러한 '왜곡'은 모델의 표면에 설치된 움직임과 전시물에 대한 접근에 민감한 감지기들에 의해 발생한다. 베니스 비엔날레에서 실외에 설치되었던 플럭스 2.0은 18미터 길이와 2개 층 높이의 규모였다. 그 형태와 구조 그리고 철제 프레임과 공기로 꽉 찬 볼륨의 조합은 물리적 외부공간과 유동적이고 연속적인 변형 상태의 내부공

간 사이의 진동을 느낄 수 있도록 만들어졌다. 두 대의 180도 인터넷 카메라가 달린 설치물은 원형의 회전하는 거울들에 각각 고정되었다. 이 두 개의 대형 원판 거울들은 내부공간의 볼륨을 한정하며 그 가운데 축을 중심으로 작동 가능했다. 내부공간은 회전하는 양방향 거울들의 반투명성을 통해 끊임없는 변화와 재구성의 상태로 인지되었다. 인터넷 상에서는 그와 동일한 공간성이 180도 카메라에 의해 접근되고 경험될 수 있었다. 설치물을 물리적으로 점유하는 개인들이 조작하는 실제 공간과 인터넷 방문자들에 의해 웹캠으로 포착된 선별적 장면들의 조합은 5개월에 걸쳐 160만개에 이르는 공간적 다양성을 생산해 냈다. 이러한 결과적 기록은 안정된 건축이 아니라, 그 외부 환경과의 관계성과 더불어 내부의 공간성도 끊임없이 재구성하는 지속적인 변형의 상태에 있는 건축을 설명한다.

플럭스 프로젝트와는 반대로 구겐하임 가상 미술관 'GVM'은 인터넷을 통해서만 접근할 수 있다. GVM은 물리적인 점유는 아니지만 해체된 상태의 신체가 웹상에서 작동한다는 개념으로부터 자극을 받았으며, 대용의 신체가 공간을 치환하는 것으로 생각할 수 있다. GVM의 변화하는 건축은 필연적으로 융합의 건축을 기대하며 현실과 가상 사이의 변증법을 조화시키고자 노력한다. 프랭크 로이드 라이트가 설계한 물리적 구겐하임 미술관은 신체적인 움직임과 동시에 인식과 경험이 일어나는 나선형의 경사로로 구성되어 있다. 오늘날 우리는 가상의 현실과 구상주의적인 다양한 기술들을 실험함으로써 이러한 공간을 이론화 할 수 있고, 매개변수들을 더 심화할 수도 있다. GVM은 이와 같은 움직임과 지각의 역사를 마주하고 그 방정식을 변형과 흐름으로 풀어내는데 이상적인 프로그램이었다. 여기서, 인터넷을 통한 전 세계 관객들의 동시적인 관람과 참여가 가능해진다. '건축적인' 구성으로 나타나는 구축과 형성은 정보 공간의 융합, 예술의 관람과 교감 그리고 끊임없이 유동적으로 변화하는 건축적 오브제의 생산을 활성화하며 분명하게 한다.

실감의 영역과 가상의 영역의 통합은 애심토트의 뉴욕 증권거래소 (NYSE)를 위한 두 개의 프로젝트들에서도 실험되었다. 기존의 물리적인 거래 환경을 재해석하고 변형하는 것을 개념으로 한 NYSE의 가상 거래소인 '3DTF'의 첫 번째 계획안은 데이터의 흐름과 입력을 배경으로 한다. 결과적으로 만들어진 가상의 환경은 우선적으로 '실제' 거래 공간에 상응하는 와이어 프레임 모델로서 발전되었다. 지속적인 규모의 변화에 대응하는데 이상적인 건축적 아이디어는 디테일의 수준을 향상시켰고, 동적인 다른 수많은 가상의 오브제들의 삽입을 용이하게 했다. 3DTF 프로젝트는 공간과 시간적 차원들을 조정하고, 실제의 거래 환경에 대한 공간적 결과 함께 시각적 결과를 제공하기 위해 가상의 공간에서 가능한 기회를 최대한 활용했다. 3DTF는 몇몇의 다른 가상공간들과 규모들 그리고 몇 가지의 시점들을 동시에 경험하도록 해준다. 이용자들은 실시간으로 일어나는 이벤트들과 동시에 재생되는 가상의 공간 속의 이벤트들을 필요에 따라 누르고, 늘리고, 비틀거나 겹칠 수도 있다. 금융의 '이벤트들' 과 미디어의 뉴스 보도 사이의 관계가 분명해질 때 시간적인 차원의 중요성이 드러나며, 여기서 인과관계가 투명해지고 공간적 변화로서 이해될 수 있게 된다. 이 프로젝트는 실제 거래 공간의 '현실성' 을 재고하기 위한 흥미로운 기회를 제공했다. 애심토트의 3DTF는 비록 가상이며 컴퓨터 환경을 벗어나 구축될 목적은 아니지만 베니스에 세워진 데이터플럭스 환경과 다르지 않게 물리적 공간을 점유하는 데이터 사이를 통과해 움직일 수 있는 미래의 혼성 거래 환경에 대한 효과적인 방향을 제시한다.

뉴욕증권거래소를 위해 완성된 두 번째 작품은 맨해튼 월스트리트에 위치한 역사적으로 중요한 거래소 상황실에 대한 계획으로 구성되었다. 그 프로젝트는 시설들을 최신화하고 3DTF 가상-현실 거래장 모델과 인터페이스를 수용하기 위한 뉴욕증권거래소의 요구에 의한 것이었다. 상황실은 또한 뉴욕증권거래소를 위한 전장이자 위기 관리소로 계획되었다. 가장 주된 건축적 요소는 뒤쪽에 이중으로 휘어진 곡면의 '모자이크 처리된' 커다란 파란색 유리로, 데이터의 이

Asymptote in collaboration with Greg Lynn / Venice Biennale US pavilion / Exhibition pavilion / Venice, Italy / 2000

동과 거래장을 가로지르는 가상 정보들의 액체와 같은 특성에서 영감을 받은 요소이다. 유리벽은 기둥과 수평의 철재들로 이루어진 구조에 매달려 설치되었는데, 그 구조는 60개나 되는 고해상도 평면 모니터들과 가상의 거래장을 보여주는 9개의 다른 스크린들을 지탱할 뿐만 아니라 스크린 모니터에 데이터 전송을 돕는 역할도 한다. 그 결과로 만들어진 것은 극도의 유연성을 얻기 위해 다양한 배열로 동시에 설치될 수 있는 여러 개의 플러그 앤 플레이 모니터 패널들로 이루어진 공중에 떠있는 하나의 평면이다. 건축은 뉴욕증권거래소를 통과하는 데이터와 정보의 연속적인 흐름과 움직임에 대한 물리적인 비유로 인식된다. 유리의 곡면과 그에 딸린 이중 곡선의 카운터는 영업일 내내 이 공간을 부산하게 움직이는 거래인들의 물리적인 나선과 감지된 데이터의 움직임을 모두 담아낸다. 결과적으로 건축은 물리적인 환경들보다는 데이터와 정보의 흐름을 공간화하려는 노력에 더 큰 영향을 받았다.

스히폴 공항 인근의 하를레머미르 Haarlemmermeer에 최근 완공된 애심토트의 하이드라 피어 Hydra Pier 건물은 다른 종류의 흐름을 담고 있다. 건축은 매우 강렬한 인공 조경 안에 인위적으로 만들어진 인공물로 자리하도록 디자인되었다. 19세기까지 오랜 기간 동안 이 지역은 수면보다 5미터 낮았었고 겨우 150년 전에야 육지로 개간되었다. 실내의 볼륨과 외부의 웅덩이를 함께 수용하도록 변형된 두 개의 경사진 유선형의 금속면으로 만들어진 파빌리온 건축 자체는 자연과 기술력을 잘 조화시킨 건축적 풍경이 되었다. 건물로 들어서면 우선 5미터 높이에 물을 담아 원래의 수면 정보를 상징하는 유리로 된 웅덩이 아래를 지난다. 경사진 지붕들은 두 개의 수벽 water-wall 사이에 놓인 진입 교량을 중심으로 양쪽으로 펼쳐져 그 아래의 수변공간을 덮는다. 지속적인 펌프작동과 수류의 조절은 날개 모양의 구조와 합쳐져 반사와 유체의 표면을 만들어낸다. 상공을 비행하는 여행자들의 시선이나 지상의 방문자들의 시점에서 봤을 때 공중에 흐르는 듯한 날개 모양의 전시관 지붕은 낮 동안 하늘을 반사하는 역할을 할 것이며, 밤에는 지붕에 투영된 이미지들이 빛을 낼 것이다. 이렇게 반짝이는 알루미늄 표면을 따라 순환하는 물과 끊임없이 다시 채워지는 웅덩이는 지붕의 개방된 부분을 통해서뿐만 아니라 투명한 웅덩이 하부를 통해서도 보인다. 그 결과로 나타난 공간적 환경은 물의 흐름으로 풍부해지고 그 공간만의 컨텍스트를 만들어내는 데 필요한 요소로서 빛과 반사의 끊임없는 무대를 연출한다.

애심토트의 연구와 실제 프로젝트들, 그리고 비엔날레 미국관에서 진행된 실험 작업들은 모두 궁극적으로 가상과 현실 공간 사이의 변증법적 조화, 즉 디지털 방식과 아날로그 방식의 통합을 어떻게 이루어내는가와 관련된 것이다. 의심의 여지없이 건축의 미래는 디지털 방식으로 가득한 환경의 개념과 새로운 건축이 나타날 수밖에 없는 변화하는 영역들의 중심에 자리할 것이다.

재료로의 회귀 A Return to Materials

{켄고 쿠마 **Kengo Kuma**}

켄고 쿠마의 글은 두 편이 선정되었다. 이 글은 그 중 첫 번째로서 Luigi Alini, *Kengo Kuma: Works and projects*, Milan (Electaarchitecture). 2006. 중 〈재료로의 회귀〉의 일부분이다.

건축과 나의 관계는 특별한 직감으로부터 시작되었다. 나는 그것을 콘크리트에 대한 혐오감, 혹은 불편한 느낌이라고 묘사하고 싶다. 내가 대학생이었을 때 한 건축가가 디자인한 노출콘크리트로 지어진 주택을 방문할 기회가 있었다. 나는 잡지에서 그러한 사진들을 봐왔었고 아름답고 매력적이라고 생각했었다. 하지만 내가 그 주택에 한 발 들이는 순간 나는 본능적으로 뭔가 잘못됐다고 느꼈다. 확실히 뭔가가 제대로 되어있지 않았다. 그 상자 속으로 들어갔을 때 나는 숨조차 쉴 수 없었고 내 근육은 바짝 긴장했으며 체온이 갑자기 뚝 떨어졌다. 나는 무엇 때문에 그런 반응이 나타났는지 알 수 없었다. 아마 그 반응들은 내가 전쟁 이전의 목조식 일본 주택에서 태어나고 자랐다는 사실 때문이었을지도 모른다. 물론 콘크리트는 확실히 매력적으로 보인다. 하지만 내가 자라온 주택에 익숙해진 나의 다른 감각들은 가공되지 않은 콘크리트 상자의 아이디어에 적응할 수 없었다. 나는 맑은 공기를 들이마시기 위해 가능한 빨리 그곳을 벗어나고 싶었다.

어쩌면 그러한 경험 후에 건축가로서 나의 작업은 단 하나의 목표에 집중되어 왔다고 해도 과언이 아닐 것이다. 그것은 바로 콘크리트의 손아귀에서 벗어나는 것이다. 콘크리트는 보편적인 재료이다. 이러한 보편성의 결과로 20세기는 전 세계의 건설 현장에서 지배적인 재료가 되어버린 콘크리트의 시대가 되었다. 일본은 가장 열정적으로 콘크리트를 사용해 온 나라이다. 19세기 이전의 일본 도시들에서는 목조 건물이 일반적이었다. 나무의 부드럽고 섬세한 질감과 향기, 그리고 그와 함께 시공의 휴먼 스케일은 일본의 도시 환경을 특징짓는 요소였다. 일본의 도시들은 세계의 어느 도시들보다도 안락한 곳이었다. 자연에 대한 경외심과 자연 환경과의 공존을 진정한 이상으로 여기는 일본의 전통적인 생활 방식은 건축에서 목재를 사용한 결과들 중 하나였다고 말할 수 있다. 하지만 불행하게도 일본을 덮쳤던 두 번의 엄청난 비극–년 간도 대지진과 1945년 2차 세계대전 패배–이 일본의 목조 건축을 무용지물로 만들어버렸다. 오로지 콘크리트만이 대 지진에 견딜 수 있다는 생각이 보편화 되었고, 일본 정부는 전쟁의 승전국인 미국을 따라가기 위해 콘크리트로 도시들을 재건해야 한다고 결정했다. 이러한 결정은 도시의 모습을 바꾸어놓았을 뿐만 아니라 일본의 고유한 문화를 파괴하고 일본 사람들의 정신을 약화시켰다. 거칠고 무거운 콘크리트로 만들어진 건물들은 섬세한 일본의 감성을 지배했고 자연 환

Kengo Kuma & Associates / Noh Stage / Theatre / Toyama, Japan / 1996

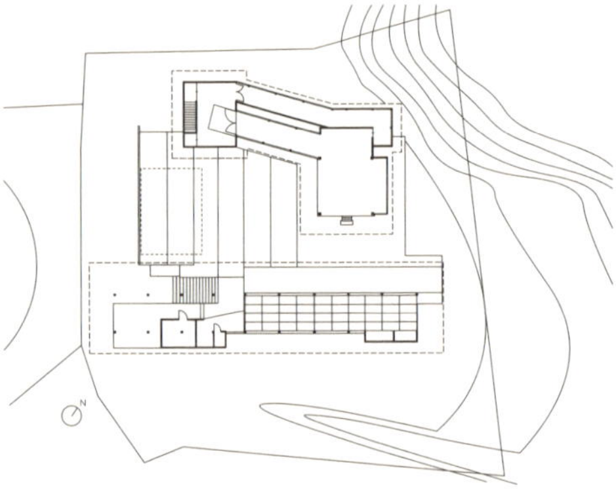

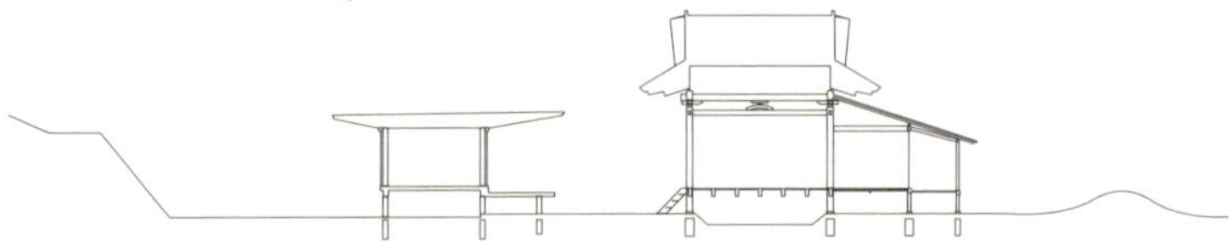

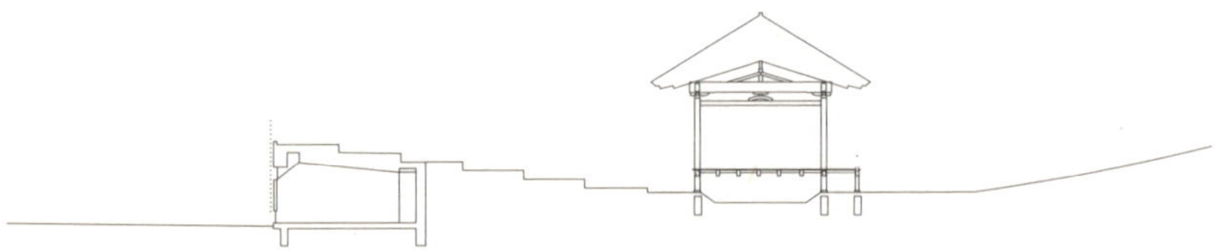

경과의 훨씬 더 분명한 충돌의 상태를 가져왔다. 자연이 지배당하고 변형되어야 할 대상으로 전락하면서 자연에 대한 경외심은 상실되었다.

만약 우리가 자연에 대한 존중의 정신으로 돌아가길 원한다면 우리는 콘크리트를 대체할 새로운 재료를 찾아내고, 그 재료들을 사용하여 건물을 짓고, 도시를 만들며, 사람들의 감성을 끌어올려야만 할 것이다. 그것은 단지 일본만을 위해서가 아니라 전세계를 위한 그리고 우리가 함께 얼굴을 맞대고 살아가야 할 누군가를 위한 하나의 도전이다. 왜냐하면 나는 자연에 대한 본능적인 경외심 없이는 21세기를 살아갈 인류에게 희망이 없다고 믿기 때문이다. 우리는 콘크리트를 대체할 대안을 찾아야만 한다. 그것은 인류가 정신적으로 뿐만 아니라 육체적으로도 필요로 하는 것이다.

……'콘크리트 방법론' 은 기본적으로 재료를 무시하는, 아니 좀 더 정확히 말해 재료의 물성을 완전히 무시하는 방식이다. 이러한 방법론에 지배되어 온 세계에서 재료란 표면에 적용되는 질감을 입히는 수단 외에는 아무것도 아니다. 그러한 재료는 그저 20밀리미터 두께의 외피에 지나지 않으며 콘크리트 면에 덧씌워진 마감일뿐이다. 그런 상태에서 '재료 그 자체의 중요

성' 을 열정적으로 주장하는 것은 말이 되지 않는다. 게다가 재료 자체에 대해 호감을 갖는 것이 '콘크리트 방법론' 에 대한 직접적인 비판이 되는 것도 아니다. 실제로 그러한 자세는 건설에서 현장 타설 콘크리트의 보편화에 최소한의 영향도 미치지 못할 것이다. 재료 자체에 대한 새로운 수준의 관심을 요구하는 것은 단지 '콘크리트 방법론' 을 감출 뿐, 그러한 방법론이 양산해낸 심각한 문제적 상황과 비정상적인 상황을 바꾸는 데는 아무런 도움이 안될 것이다.

……재료에 대한 다양한 방법들의 성찰을 통해 내가 얻게 된 결론은 단순한 한 가지이다. 바로 재료는 마감이 아니라는 것이다. 그것이 전부다. 만약 '재료' 라는 단어가 '콘크리트 방법론' 의 치명적인 지배 아래에서 이미 '마감' 이라는 의미를 함축하고 있다면 아마도 그 단어를 서둘러 버리고 대신 '물질' 이라고 부르는 편이 나을 것이다. 우리가 해야 할 일은 우리 스스로 구조(콘크리트)와 재료(마감)의 세분화에서 탈피하는 것이다. 나는 재료에 대한 새로운 시각을 갖기 위해서는 이미 정립된 사고의 틀에서 어느 정도 거리를 두고 견지하는 것이 필요하다는 것을 깨달았다. 이러한 새로운 관점에서 본다면 물질은 더 이상 마감의 범주 안에 갇히지 않고, 근대의 편의성을 위해 만들어진 구조와 마감의 구분을 불식간에 파괴하고 깔끔하게 '잘라내 버린다.' 그것은 단순히 구조와 재료의 연결 그 이상이다. 공조실, 기계실 그리고 전기 시스템과 같은 성가신 부분들은 같은 방식으로 '제거' 되고, 구획의 편의성은 의문시 된다. 예를 들어 나는 육각형의 건축 작품(목불상을 위한 어도비 점토 박물관 Adobe Museum for Wooden Buddha)을 디자인한 적이 있는데, 땅에서 파낸 흙이 건물 자체의 구조 안에 하나하나 쌓여있는 한치쿠(굽지 않은 벽돌)에 활용되었다.

콘크리트는 보편성이 그 특징이다. 세계 어디서나 동일한 품질과 강도의 콘크리트를 만들 수 있다. 반면 현장에서 파낸 흙으로 만든 어도비 점토벽돌은 보편성과는 정반대인 재료가 되었다. 그곳에 사용된 흙은 오직 특정한 지역에서만 구할 수 있다. 다른 어떤 물질도 그 만큼 지역적이거나 토착적이지 않으며, 그렇게 만들어진 건축은 그야말로 잔디와 같이 땅에서부터 솟아오르게 된다. 그 흙이 어도비 점토 벽돌을 만드는데 적당했다는 것은 우연이었고, 그로 인해 그 대지의 흙은 건축이 되었다. 이는 한 곳에서 다른 곳으로 상품이 이동함으로써 가치가 생산되고 경제가 발전한다는 현대 사회의 주된 전제에 대한 비판이다.

……지난 10여 년 동안의 나의 작품은 대지에서 발견한 돌이나 흙 그리고 나무와 같은 가치 있는 재료들과 콘크리트 사이의 모종의 관계로부터 최대한 거리가 먼 환경을 만들어내고자 했던 노력으로 요약될 수 있다. 더 쉽게 말해 나는 여러 장소에 물질들이 흩뿌려져 있는 그런 모호하고 확신할 수 없는 환경을 좋아한다. 나는 '미립자의 particulate' 건축을 만들고 싶은 것이 아니라 '미립자의' 환경을 창조하고 싶은 것이다. 그렇게 모호한 실체적 이미지들을 구현하는 방법을 찾아내기 위해 나는 모든 사람들의 말에 귀를 기울였고, 장인의 전통적인 기술부터 최

Kengo Kuma & Associates / Stone Museum / Museum / Nasu, Japan / 2000

신의 기술까지 모든 것을 활용했다. 그리고 나는 계속해서 그렇게 해 나가고자 한다. 물론 전통적인 기술을 보존하고 전수하는 것은 중요하다. 하지만 그런 이유로 내가 건축을 하는 것은 아니다. 나는 특정한 기술이나 방법에 의해 강요된 느낌 없이 자유롭게 건축을 만들어내고 싶다. 여기서 내가 잠재적인 미래로 보는 것은 건축이 아니다. 어떤 스타일을 정하는 것보다 우선적으로 내가 더 원하는 것은 인체가 경험할 수 있는 특정한 형태의 장소 그리고 특정한 형태의 환경을 창조하는 것이다. 나는 인간의 감각에서 출발해 전통적인 기술들부터 가장 첨단의 기술들까지 모든 것을 활용하는 건축에 이르길 원한다.

좀 더 넓은 시각에서 본다면 '미립자의' 상태는 무수한 의미를 가진 개념이다. 그것은 단순히 어떤 종류의 공간을 설명하는 것도 아니고 건축이나 도시로 한정 지을 수도 없는 것이다. 그것은 세상을 보는 방식이자 독창적 철학이다. 이런 점에서 나는 전 세계–그리고 단순히 물질이 아닌 기술, 정보 그리고 인류–가 곳곳에 흩어져 '미립자화' 되는 환경을 추구하고 있는 것이다. 구조도 위계도 없다. 시스템도 없다. 모든 것은 하나의 표면 위에 널려져 있다. 과거에는 이와 같은 세계를 거대하고 난해한 혼돈의 상태, 어떤 병든 것 그리고 다루기 불가능한 것일 뿐이라고 여겼다. 위계와 구조 혹은 조합을 알게 되면서 인류는 세상에 대한 통제를 이어왔고, 그래서 처음으로 여유를 가질 수 있게 되었다. 구체성이 추상성에 의해 억압되었을 때 인류는 세상을 어려움 없이 조종할 수 있었다. 그러한 환경에서는 억압의 대표적인 대상이 재료 또는 물질이었다. 그러나 현재의 기술은 구조, 위계 또는 조합의 방법을 이용하지 않고도 혼돈을 특정한 입자들로서 조절할 수 있게 했다. 이런 것이 가능하기 위해서는 모든 요소가 먼저 접촉과 구조에서 벗어나 자유의 조건 아래 있어야 한다. 그렇게 되면 콘크리트 오브제는 스스로의 생동감 넘치는 실체를 잃지 않고 세상과 직접 만날 수 있다. 이것이 '미립자의' 세계에 대해 내가 가지고 있는 비전이다. 이것이 내가 '자유' 라고 부르는 것에 대한 비전이다.

그런 세계에서는 물질과 사물들의 다양성이 재정립될 것이며, 동시에 한때 그러한 물질들을 암시적으로 품고 있었던 특정한 장소들도 되살아날 것이다.

비움의 건축 Architecture of Emptiness

{켄고 쿠마 Kengo Kuma}

이 글은 아키텍처럴 포지션스 세미나, 〈공공의 지각〉의 일환으로 2007년 5월 10일 델프트 공과대학교에서 열린 켄고 쿠마의 강연 중 일부를 옮긴 것이다.

일본에서는 비움에 대해 '마 ma間' 라는 단어를 쓴다. 비움은 나를 비롯한 다른 일본 건축가들에게도 언제나 중요하다. 예를 들어 일본식 비움의 공간을 서양의 광장과 비교하면 가장 큰 차이는 서양 광장은 정치와 경제의 산물이자 그 영향을 받는다는 점이다. 일본 건축의 비움은 그러한 영향으로부터 자유롭다. 16세기 교토의 노(일본식 가무극)-극장은 일본 건축의 비움을 설명하는 훌륭한 예라 할 수 있다. 내가 이 극장에서 가장 좋아하는 것은 무대와 객석 사이의 비어있는 외부공간이다. 이 공간은 하얀 모래로 덮여 있어서 백사장이라고 불리는데 모래 위에는 바람에 의해 만들어지는 자연적인 모래의 패턴이 선을 만들어 낸다.

현대의 많은 노-극장들은 과거의 극장들과 상당히 다르다. 예를 들면 무대와 객석 사이의 비어있는 공간은 사라져버렸다. 극장 전체가 더 큰 규모의 콘크리트 건물 내부에 만들어짐으로 인해 무대와 객석 사이에 본래 있었던 외부의 빈 공간의 정수가 사라져버린 인위적인 분위기를 창조하고 있다.

1997년 나는 새로운 노-극장을 하나 설계했는데 그 프로젝트에서 무대와 객석 사이에 비어있는 외부 공간을 재창조하고자 했다. 여기서는 백색 모래 대신 검은색 모래를 사용했다. 왜냐하면 주변의 숲이 아주 어두웠고, 그 숲과 노-극장의 공공 정원을 연결하고 싶었기 때문이다. 이 개념은 공기조화장치나 추가적인 실내조명을 필요로 하지 않았기 때문에 지속 가능한 해결책이었다. 또한 그 프로젝트에 사용된 재료들은 모두 현지에서 생산된 재료들이었다.

18세기 작가인 히로시게 Hiroshige가 디자인한 나무 블록 미술관 계획안도 역시 비움과 투명성이라는 아이디어에 관한 것이었다. 비어있는 공간에서 사람들은 주변의 환경에 대해 매우 민감해진다. 디자인으로 의해 사람들이 무척 붐비게 되는 서양의 광장과 비교하면, 미술관 전면의 계획되지 않은 빈 공간은 사람들을 주변 환경에 대해 민감하게 만든다. 이러한 비움과 주변의 산과 성지들을 경험하면서 사람들의 감각은 극적으로 변하는데, 사람들은 바람의 향기를 느끼고, 미술관에 들어서기 전에 예술 작품들을 감상하면서 재료의 부드러움을 느끼게 된다.

일본의 내륙해 인근의 키로-산 전망대 디자인에서 나는 산비탈 쪽으로 비워진 길들을 잘라냈다. 이런 절단은 건축에 의해 창조된 비움을 상징한다. 급수와 운하를 위한 키타카미 박물관 프로젝트에서는 조경에 묻혀서 뚜렷한 흔적을 찾을 수 없는 풍경 속의 터널들을 만들었다. 건축은 제방을 조망하는 프레임이 된다. 박물관 전면의 작은 마당은 공공공간의 좋은 예이다. 왜냐하면 건축이 스스로를 과장하지 않으면서 비어있는 공간이 존재하기 때문이다.

3장 기념비성

Architectural Positions

3장 기념비성 Monumentality

'근대적 기념비의 개념은 모순적인 개념이다. 기념비는 근대적일 수 없고 근대적인 것은 기념비가 될 수 없다.'

루이스 멈포드 Lewis Mumford[1]

근대성과 기념비성은 항상 긴장된 관계를 유지해 왔다.[2] 근대적 공공영역과 관련된 기념비성의 중요성은 근대성이 가져온 반복적인 문화적 위기감의 배경과 연관 지어 이해할 수 있다. 마샬 버만 Marshall Berman은 그 위기감을 다음과 같이 설명한다. '…소용돌이 같은 개인적 · 사회적 삶을 경험하는 것, 지각적인 분열과 회복, 문제와 고통, 애매함과 모순 속에서 개인의 세계와 스스로를 발견하는 것, 견고한 모든 것들이 흔적도 없이 사라져버리는 세계의 한 부분이 되는 것.'[3] 버만은 근대성에 맞춰진 변화들로 인해 궁극적인 믿음과 가치에 관한 불확실성이 나타나고, 자신과 사회 그리고 자연의 이미지에 대한 혼란이 야기되며, 마지막으로 개인적인 삶과 집합적 삶이 조직화되고 최적화되는 방법에 있어 끊임없는 충돌이 양산된 과정을 설명한다. 20세기 초 독일의 사회학자였던 막스 베버 Max Weber는 집합적으로 수용되어 사라져버린 가치관에 대해 "세계의 각성"이라고 묘사하며, '엄밀히 말해 궁극적이고 가장 숭고한 가치관들은 공공의 삶에서 퇴보해 신비주의적 삶의 초월적인 영역이나 혹은 직접적이고 사적인 대인 관계에서의 우애로 변해버렸다. 우리들의 가장 훌륭한 예술이 은밀하고 기념비적이지 않다는 것은 우연이 아니다.' 라고 설명했다.[4]

베버가 집합적으로 수용된 가치관의 소멸이 기념비적 예술의 소멸–혹은 불가능–으로 결론지어질 것이라고 믿은 반면 위르겐 하버마스 Jürgen Habermas나 앤소니 기든스 Anthony Giddens와 같은 사회학자들은 그와 다른 관점을 제시한다. 그들은 근대성의 특징이라 할 수 있는 낡은 가치관에 대한 불신이 질서, 정체성 그리고 목적의식의 존재에 대한 인식과 도덕의 틀을 제공하는 새로운 의미들에 관한 지속적인 연구를 낳는다는 것에 동의한다. 앤소니 기든스는 그의 저서『모더니티의 최후 *The Consequences of Modernity*』를 통해 '사회적 관습은 다른 관습에 관한 정보를 수집한 후 지속적으로 시험되고 개량되어 그 특징들이 변화될 수밖에 없다는 사실에서 근대의 사회적 삶의 재귀성을 찾을 수 있다.'[5]고 주장한다. 기든스는 근대적 환경에서 사회 구조는 –이른바 '재귀성'을 대표하는–사회 지식층에 의해 연속적으로 구성과 재구성을 반복하며, 이러한 구조는 예술과 건축에서 잘 나타난다고 설명한다. 프랑스 사회학자 피에르 부르디외 Pierre Bourdieu는 사회적 가치관에 대한 이러한 정의와 설명이 '상징적인 권력'을 얻는 것과 얼마나 밀접하게 연관되는지를 강조해 왔다. 그 권력은 '발언을 통해 주어진 것들을 구성하는 권력, 사람들로 하여금 보고 믿게 하는 권력, 세계의 비전을 공고히 하고 변화시키는 권력, 그리고 그렇게 함으로써 세상에 대한 행동과 세상 그 자체를 견고히 하고 바꾸어가는 권력, 마지막으로 (물리적이건 경제적이건 간에) 힘을 통해 얻어진 것에 상응하는 것들을 유통이라는 특별한 효과를 이용해 손에 넣을 수 있게 하는 거의 마술 같은 권력'[6]을 말한다.

독일 예술 역사가인 알로이스 리글 Alois Riegl은 근대성과 기념비성의 관계를 명쾌하게 이론화한 사상가이다. 1902년 처음 출판된 그의 유명한 논문 『기념비의 현대적 숭배, 그 특징과 기원 *The Modern Cult of Monuments. Its Character and Its Origin*』에서 리글은 기념비를 두 가지 종류, 즉 의도적인 기념비와 비의도적 기념비[7]로 나누었다. 그는 의도적인 기념비를 '한 인간의 업적이나 사건 (또는 사건들의 조합)을 후대에 전할 구체적인 목적으로 세워진 인간의 창조물'[8]로 정의한다. 의도적인 기념비는 기념 또는 다가올 기억과 관계가 있다. 현재에 와서 그러한 기념비들은 '과거의 특정한 순간이나 여러 순간들을 떠올리게 한다.' 그리고 '불멸과 영원한 현재에 대한 요구와 끊임없는 생성의 과정'[9]을 만들어낸다. 비의도적 기념비는 그 수가 훨씬 더 많으며, 그것을 만든 이가 아닌 기념비 그 자체에 대한 현재 우리들의 인식에 의해 그 의미가 정해지는, 문화의 회고적인 기억에 의해 남겨진 유물이다.

근대성이라는 환경 안에서 발생하는 오래된 가치 구조의 불신은 '환멸', '재귀성' 그리고 '상징적 권력'이라는 유사한 종류의 개념들과 더불어 기념비성에 대한 건축적 논쟁을 이해하기 위한 배경을 상세하게 설명한다. 근대성이 등장하기 이전에는 공공영역 안에서 사회적, 종교적 또는 경제적 권력의 안정적인 구조들을 오랫동안 상징화할 수 있었던 건축적 어휘가 존재했을 것이다. 극장과 성, 도서관과 같은 출중하고 인상적인 기념비들은 도시 거주자들에게 정체성을 제공했고, 그 건물들이 가진 특정한 규칙이나 유형들은 공공건축물을 주변보다 더 중요한 것으로 만들었다. 그러나 근대 건축가들은 기념비성에 대해 불편해 했던 것 같다. 이전보다 더 민주적으로 만들어진 근대적 공공영역의 출현과 함께 기념비적 건물들의 낡은 어휘는 이제 못쓰게 되어버린 듯하다. 스미슨 부부는 『미사여구 없이 Without Rhetoric』이라는 강렬한 제목의 저서에서 '우리의 가치관이 여전히 교회와 군주에 의해 정립되던 때와 그 이후 지방 정부와 은행에 의해 결정되던 때에는 건물을 짓는데 있어 이러한 권력을 과시하는 것이 중요했다. 하지만 수많은 다른 요소들이 동시에 영향을 미치고 있는 오늘날, 개개의 건물들을 위한 미사여구의 시대는 갔다.'[10]

근대 건축가들은 인상적인 궁전과 교회들 그리고 시청사에 적용된 규범들을 낡고 못쓰는 것이라 여겼을 것이다. 하지만 그와 동시에 근대 건축은 기념비성과 상징의 필요성으로부터 벗어나지도 못했다. 근대 건축사는 기념비성에 대한 공적이고 새로운 접근법을 표현하기 위한 새로운 수단을 제시하려는 시도였다고 볼 수 있다. 1930년대 중반 루이스 멈포드와 같은 건축가들은 이미 근대주의 규범에 기념비의 개념을 다시 불러올 것을 제안했다. 그들은 기념비를 '기억' 으로 해석하지 않고 대신 엄격한 어원학적 관점에서 20세기로 접어들며 등장한 실용주의적인 건축보다는 표현주의적인 건축에 대한 폭넓은 아이디어로 받아들였다. 이러한 정의는 특히 아돌프 로스 Adolf Loos에 의해 더욱 발전되었다. 그는 유명한 에세이 '건축 *Architecture*' 에서 '예술에 속하는 건축의 범위는 아주 작다. 바로 무덤과 기념비이다. 기능을 만족하는 다른 모든 것들은 예술의 범주에서 배제되어야 한다.'[11]고 주장한다. 1930년대 유럽의 건축 이론에서 기념비성의 개념은 독일의 나치와 러시아의 스탈린주의에서 고전주의로의 회귀에 영향을 받았지만 근대주의 건축가들에 있어서 기념비성은 특정한 양식으로가 아닌 원칙에 대한 강조로의 회귀를 의미했다. 이러한 기념비성에 대한 비역사적 관념의 가장 인상적인 예는 1929년 르 꼬르뷔제가 설계한 국제연맹 League of Nations 계획안이다.

이러한 논의에 있어서 또 하나 주목할 만한 사건은, 기념비성이 여전히 파시스트와 나치 체제의 건축적 상징과 깊은 관련을 맺고 있던 2차 세계대전 직후에 역사학자 지그프리트 기디온 Sigfried Giedion과 예술가인 페르낭 레제 Fernand Léger 그리고 건축가인 호세 루이스 세르트 José Luis Sert가 출판한 『새로운 기념비성 *New Monumentality*』을 위한 변론이다. 위의 세 사람은 기념비성을 오용할 수 있다는 위험성 때문에 역사적 선례를 의도적으로 묵살할 것을 주장했다. 그들의 관점에서 근대 건축은 힘든 길을 가야만 했고, 기념비성에 대한 스스로의 접근법을 발전시켜야만 했다. '영원한 권력의 상징인 건물들, 아크로폴리스… 고딕 성당들… 르네상스 교회들 그리고 엄청난 규모의 18세기 광장들…은 도움이 되지 않는다.… [그들은] 역사를 도둑질하여 영원한 이름들을 잘못 이용한 건축가들과 그들의 후원자들이 창조한 것이며 냉기 속에서 일시적으로 얼어버린 채 잠시 죽어있는 것이다.… 근대 건축은 힘든 길을 가야만 한다!'[12]

기디온과 그의 동료들은 근대적 공동체에 대한 아이디어를 표출할 도시의 중심이 필요하다고 믿었다. '진정한 창조자들의 상상력만이 부족한 도시의 중심을 개발하고, 대중들에게 축제에 대한 오랜 열망을 다시 한 번 심어놓으며, 모든 새로운 재료와 움직임, 색깔 그리고 기술적 가능성들을 포괄하는 역할을 적절히 해낼 수 있다. 다른 어느 누가 이 모든 것들을 활용해 도시의 중심가들을 되살릴 새로운 길을 열 수 있겠는가?' 기념비성에 대한 이러한 근대적인 접근법을 제안하려는 시도는 브라질 건축가 오스카 니마이어 Oscar Niemeyer가 1950년대 말에 설계한 브라질의 새 내륙수도인 브라질리아의 공공건물들의 디자인에서도 찾아볼 수 있다. 니마이어는 그 건물들을 명쾌하게 표현하기 위해 '입법권을 상징하는 형태의 공공건물들이 기념비적인 산책로 위에'[13] 어떻게 배치되는지를 설명한다.

미국의 건축가 루이스 칸은 본 장에도 실려 있는 그의 1944년 글 『기념비성 *Monumentality*』에서 근대적인 기념비성을 의도적으로 만들어내는 것은 거의 불가능하다고 보았다. 칸은 '기념비성은 수수께끼 같다. 그것은 의도적으로 만들어질 수 없는 것이다'라고 언급한다. 그의 개념은 알로이스 리글의 이론적인 입장을 떠올리게 한다. 칸은 '영원의 감정을 전하는 구조물 속에 내재하는 정신적 가치'로 정의되는 기념비성은 판테온과 같은 고전적 건축에서나 찾을 수 있다고 믿었다. 그러나 그의 글은 그러한 고전적인 구조물들의 복제에서 벗어나고자 했던 외침이자 새로운 의미를 지닌 표현, 즉 근대적 기념비성을 향해 더 나아갈 수 있도록 새로운 제품과 건설기술들을 완전히 받아들이기 위한 항변이었다.

룩셈부르크 건축가인 레온 크리에 Léon Krier는 근대 건축은 아직 상당히 의미 있는 표현에 이르지 못했으며, '도상학적이고 상징적인 공허함'으로 특징된다고 주장한다. 그는 대안으로 '역사의 정보', 즉 기존 도시들의 구조 속에 깊이 박혀있는 논리와 근거에 의지할 것을 제안한다. 크리에에 따르면 이러한 역사적인 논리들과 관계를 맺음으로써 오랜 문화 속에 스며있는 공예품이나 건축물의 새로운 구조를 디자인할 수 있는 기회를 얻을 수 있으며, 그로 인해 사회의 많은 부분들에 있어 중요한 의미를 가질 수 있게 된다.

의미를 표현하는 것의 어려움은 다니엘 리베스킨트 Daniel Libeskind가 쓴 『건축에 대한 세 가지 교훈 *Three Lessons in Architecture*』의 주제이기도 하다. 리베스킨트는 자끄 데리다 Jacques Derrida의 '차이difference'의 개념을 언급하며 끊임없이 바뀌고 있는 현대의 상황 속에서 건축가로서 작업을 한다는 것이 어떤 디자인 방식을 의미하는지 설명하고자 했다. 리베스킨트는 근대성의 조건을 '미완과 차이의 영원히 불안정한 움직임'으로 묘사한다. 그리고 '근대성의 조건은 매우 임의적인 방법으로 논의하고 연구해야 하는 공간의 형태이다. 왜냐하면 그것을 설명할 수 있는 어휘가 오늘날에는 없기 때문이다.'라고 언급한다. 놀랍게도 '기억한다는 것'은 필요한 어휘를 찾고자 하는 노력에 아주 중요한 역할을 한다. 리베스킨트는 다음과 같이 주장한다. '나는 스스로 이 과제를 설정했다… 더 이상 수공예나 흘러가버리는 미래라는 무대가 아닌 영원한 미래, 아이디어라는 무대에서 건축을 기억하기 위해…'

피에르 부르디외의 '상징적 권력'에 대한 성찰은 한스 콜호프 Hans Kollhoff가 쓴 글 『오늘날의 건축 *Architecture Today*』속에서 다음과 같이 메아리친다. '건축을 통해 단순히 사회적 환경만을 반영하는데 만족하기에는 우리가 너무 빠르다. 이러한 사실은 혼란스러운 도시 또는 현혹적인 디테일에 정당성을 제공한다. 하지만 우리는 이러한 환경들이 어떻게 되어야만 하는지에 관해 고민하도록 요청 받지 않았는가?' 많은 근대 건축가들처럼 콜호프도 새로운 사회적 가치관을–건축의 형태와 물질성을 통해–분명하게 표현하는데 있어 건축의 역할에 주목했음은 분명한 사실이다. 그러나 그는 이런 역할을 기존의 것들과 전통으로부터 분리된 것으로 여기지 않았다. 반대로 콜호프는 도시디자인과 건축의 역할을 '개념적인 가치관과 물질적인 가치관을 모두를 정립하고 존중하는 것' 에 관한 동시적인 모험으로 이해할 것을 요구한다.

영국의 건축가 제임스 스털링 James Stirling은 그의 글『기념비적으로 비형식적인 것들 *The Monumentally Informal*』을 통해 기념비적인 것에 대한 의문을 더 큰 사회적 그룹들과 소통할 수 있는 건물의 능력과 연결 짓는다. 그는 유명한 프로젝트인 슈투트가르트 미술관 신관 Neue Staatsgalerie in Stuttgart (1984년)을 예로 들며, 자신은 '기념비적' 이 되도록 노력했으며 '그 이유는 그것이 공공건물들의 전통이기도 하지만 또한… 일상적이고 포퓰리스트적이어서 반–모뉴멘탈리즘적이기도 하기 때문이다' 라고 주장한다. 스털링의 주장은 찰스 젱크스 Charles Jencks의 '이중 부호 double-coding' 개념을 떠올리게 한다. 하나의 건물은 이중 부호 개념에 의해 전문가 집단과 아마추어 모두에게 매력적인 다층적 의미를 가지게 된다.[14] 스털링은 슈투트가르트 미술관에서 이중적 참조의 예를 제시한다. 그는 건축역사 속 후기 고전주의 미술관 유형을 암시하는 엄격한 U자형의 구조를 가진 미술관이나 칼 프리드리히 쉉켈의 알테스 미술관 Altes Museum을 자유롭게 재해석한 개방된 로톤다와 같은 모델들을 참조한다. 이러한 첫 번째 참조 예들은 그의 미술관에서 대중적이고 상업적인 건축에서부터 유래된 요소들, 즉 밝은 파란색이나 빨간색의 철골 출입구 캐노피, 두꺼운 분홍색 튜브로 만들어진 옥상 난간, 밝은 녹색의 고무 바닥…등으로 표현되었다.

다른 글에 비해 다소 덜 분명하지만 기념비성의 주제에 대한 또 하나의 현대적인 대안은 이 책에 실려 있는 이탈리아 도시계획가 베르나르도 세끼 Bernardo Secchi의 글『연구와 행동을 위한 제안서 *An agenda for research and action*』에서도 찾아볼 수 있다. 세끼는 점차 증가하고 있는 '불완전한 사회들' 의 등장과 이러한 사회의 개발에 마주해 건축과 도시계획의 대표적인 역할은 무엇이어야 하는가에 대한 의문에 주목한다. 놀랍게도 그가 주장하는 것은 이러한 개발의 차이를 흡수할 수 있는 개방되고 한정적이지 않은 도시의 형태들이 아니다. 그는 다음과 같이 결론 내린다. '세계가 점점 더 차이와 편파 그리고 불확실성에 의해 지배되는 것으로 대변될수록 나는 점점 더 도시계획은 사회의 연속적인 상호작용을 일으키기 위해 정밀함, 즉 정확한 용어와 구문을 만들어내야 한다고 믿게 된다. 그 정밀함은 어떠한 행위들과 그 행위들을 유발하는 논의와 이미지에 구체적인 형태를 제공하는데 기여해야만 한다.'

이 장에서 다루고 있는 서로 다른 입장들은 근대성의 환경이 기념비성을 시사성 있는 주제로 바꾸어 놓았다는 점을 명확히 한다. 지그프리트 기디온은『아홉 가지 논점들 *Nine Points* (1943년)』을 통해 '세 번째 단계가 앞에 놓여있다. 지난 세기에 일어났던 일들과 근대 건축이 존재해

온 방식을 생각해볼 때 그것은 가장 위험하고 어려운 단계이다. 이는 기념비적인 표현의 재정복이다' 라고 언급하며 주거와 도시계획에 집착한 근대 건축은 또 다른 문제에 직면하였다고 이미 경고했다. 건축 문화에 있어 현재의 입장들을 보면 기디온의 주장은 그 힘을 전혀 잃지 않은 듯 보인다. 오늘날 우리는 기념비성을 어떻게 정의하고 예상할 것인가? 기념비성이란 '과장된 것' 이나 '거창한 것' 과는 다른 것일까? 건축가들이 공공건물에 특정한 상징성을 부여할 가능성이 아직 남아있는가? 혹은 공공 도서관, 병원 그리고 개인 사무실 건물들은 현 시대의 환경 속에서 비슷해 보이도록 선고 받은 것일까? 이와 같은 질문들은 현재에도 여전히 우리의 건축적 담론의 중심으로 남아 있다.

{주}

1 Mumford, 'The Death of the Monument', James L. Martin, Ben Nicholson, & N. Gabo (ed.), *Circle. An International Survey of Constructive Art*. London (Faber and Faber) 1937. 중에서

2 건축에 있어서 모더니티와 기념비성에 대한 논의는 Christiane C. Collins & George R. Collins, 'Monumentality. A Critical Matter in Modern Architecture', *Harvard Architectural Review 4*, Cambridge, Mass. (MIT Press), 1984, pp. 14-35.를 참고

3 Marshall Berman, *All That Is Solid Melts Into Air*. London (Verso) 1982 (ninth edition).

4 Max Weber, 'Science as a Vocation' (1919), Max Weber, Hans Heinrich Gerth & C Wright Mills, *From Max Weber: Essays in Sociology*. Oxford (Oxford University Press) 1946. 중에서

5 Anthony Giddens, *The Consequences of Modernity*. Stanford (Stanford University Press) 1990, p. 98.

6 Pierre Bourdieu, *Language and Symbolic Power*. Cambridge, Mass. (MIT Press) 1991, p. 170.

7 Alois Riegl, 'The Modern Cult of Monuments. Its Character and Its Origin' (1902), *Oppositions Journal* no. 25, New York (Rizzoli) 1982, pp. 21-50. 중에서

8 앞의 책, 21쪽

9 앞의 책 24, 38쪽

10 Peter & Alison Smithson, *Without Rhetoric*, 1973.

11 Adolf Loos, 'Architecture' (1910), Roberto Schezen, Kenneth Frampton, & Joseph Rosa, *Adolf Loos. Architecture 1903-1932*. New York (Monacelli) 1996, p. 15. 중에서

12 S. Giedion, F. Léger & J.L. Sert, 'Nine Points on Monumentality' (1943), Joan Ockman & Edward Eigen, *Architecture Culture 1943-1968*. New York (Rizzoli) 1993, pp. 29-30. 중에서

13 Oscar Niemeyer, *The Curves of Time. The Memoirs of Oscar Niemeyer*. London (Phaidon) 2000, p. 46.

14 Charles Jencks, *The Language of Postmodern Architecture* (1977). New York (Rizzoli) 1991.

기념비성 Monumentality

{루이스 칸 **Louis I. Kahn**}

이 글은 호세 루이스 세르트, 페르낭 레제 그리고 지그프리트 기디온의 저서 『기념비성에 대한 아홉 가지 논점들 *Nine Points on Monumentality*』을 화두로 기념비성에 대한 위의 세 명과의 토론에 기고한 루이스 칸의 원고로, 기념비성에 대한 기디온의 에세이를 포함한 다섯 개의 다른 논문들과 함께 폴 주커 Paul Zucker의 『새로운 건축과 도시계획 *New architecture and city planning*』, 1944에 수록되었다.

황금은 아름다운 물질이다. 그것은 조각가의 손에 달려있다.
건축에서 기념비성이란 그 영원성 속에서 첨가되고 변화하는 감성을 전달하는 하나의 구조물 속에 내제된 정신적 특성으로 정의될 수 있을 것이다. 우리는 고대 그리스 문명의 대표적인 상징적 건축인 파르테논 신전을 통해 그러한 특성을 느낄 수 있다.

혹자들은 우리가 단 하나의 강렬한 목적으로 표현될 수 없는 불안정한 상대성의 환경 속에 살고 있다고 주장한다. 나는 그 이유가 수많은 동료 건축가들이 우리가 건축에 기념비성의 특징을 부여할 수 있을 것이라는 것을 심리적으로 믿지 않기 때문이라고 생각한다.

하지만 우리는 이미 학교나 커뮤니티 센터 또는 문화센터와 같은 사회적 기념비들에 완전한 건축적 표현을 심어놓지 않았던가? 우리는 어떤 자극, 어떤 움직임, 어떤 사회적 · 정치적 현상들을 더 경험해야 하는가? 어떤 사건 또는 어떤 철학이 문명의 흔적을 기념하려는 우리의 의지를 불러일으킬 것인가? 그리고 그러한 원동력들이 우리의 건축에 어떤 결과를 미칠 것인가?

과학으로 인해 건축가가 중력과 풍력에 충분히 저항할 수 있는 재료들의 조합에 대해 탐구하는 것이 가능해졌다.

최근의 미술, 조각 그리고 건축의 실험가들과 철학자들은 동료 예술가들의 작품에 새로운 용기와 정신을 서서히 주입해 왔다.

기념비성은 수수께끼와 같다. 의도적으로 만들어 질 수 없는 것이다. 대헌장 Magna Carta을 작성하는데 최고의 잉크가 필요하지는 않은 것과 마찬가지로 기념비적인 성격의 작품에 최고의 재료도 최신의 기술도 필요가 없다.

그럼에도 우리의 기념비적 건축물들은 인상적인 모습, 형태의 명쾌함 그리고 논리적인 치수 등에 상당 부분을 할애해 구조적 완벽성을 향한 노력을 보여준다.

지식에 고무되어 그 지식을 따른다면 우리는 새로운 재료와 방법에 의해 나타나는 형태들을 발전시켜 나가게 될 것이다. 따라서 이 글의 주제는 과학과 기술이 건축가와 기술자들에게 제시해온 더 넓은 시야에 대해 간략하게 언급하고, 그들이 제안하는 가능성 있는 구조적 개념과 표현들의 희미한 윤곽을 그려보는 것이다.

사람들의 욕망과 열망, 사랑과 증오를 담아내며 그들의 유물이 되는 성당을 다른 시대에 다시 만들어 낼 수 있는 건축가는 없다. 따라서 우리가 과거의 기념비적인 구조물들에 대해 가지고 있는 이미지들은 그 시대와 동일한 강렬함과 의미를 지닌 채 다시 살아날 수는 없다. 그것들의 충실한 복제는 타협할 수 없는 것이다. 하지만 우리는 감히 이러한 건축이 가르쳐주는 교훈을 무시할 수는 없다. 왜냐하면 그 과거의 기념비들은 어떤 면에서 미래의 건축이 '의지' 해야 할 위대함의 공통적인 특징들을 갖고 있기 때문이다.

고대 그리스 건축에서는 기술이 재료와 근본적으로 연관되었다. 구조재를 이루는 각각의 석재와 부속은 석재가 지속적인 하중을 견디지 못해 발생하는 좌굴을 방지하기 위해 서로의 하중을 정밀하게 지탱하도록 만들어졌다.

위대한 성당의 건설자들은 명확한 목적을 추구하고 완성하고자 하는 열정의 마음으로 골조의 구조부재들을 바라보았다. 그들은 속이 꽉 찬 엄청난 하중의 구조 옹벽들을 세웠던 미숙함과 두려움의 시기를 벗어나, 아래와 외부로 향하는 응력을 만들어내는 석재 볼트 위에 석재를 쌓는 과감한 이론을 발전시켰다. 그리고 이러한 역학적 관계는 버트레스의 특성이 덧붙여진 기둥이나 벽으로 이어지게 되었다. 버트레스는 하중 지점들 사이에 경량벽체 설치를 가능하게 했고 이러한 커튼월들은 필연적으로 대형 유리창의 사용으로 발전되었다. 초창기의 미숙한 이론

Louis Kahn / Philadelphia / City hall and urban settlement/ Philadelphia, USA / 1957

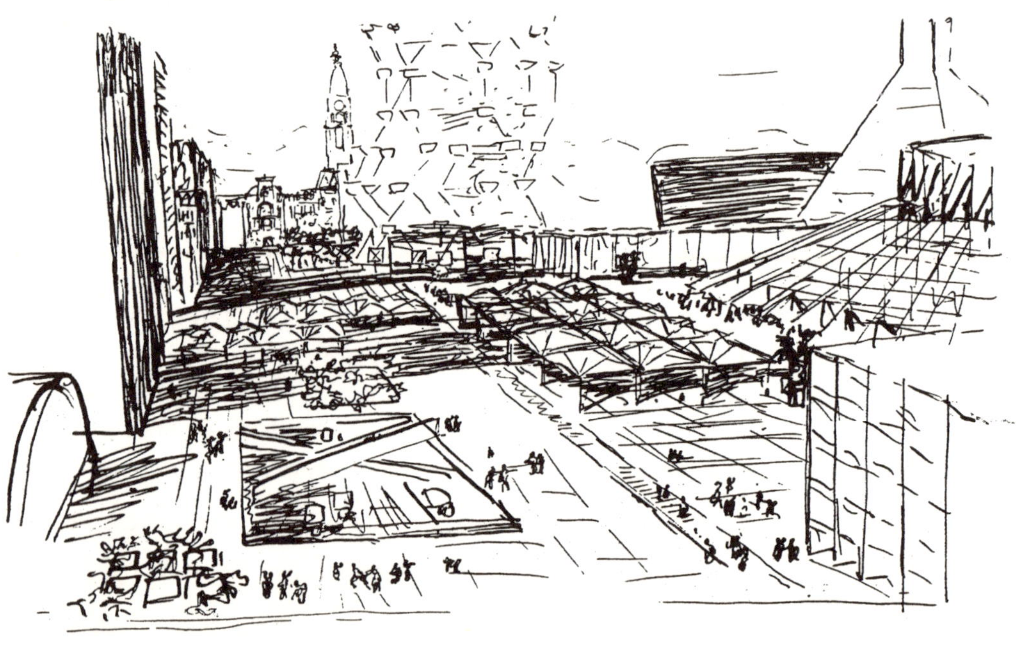

들로부터 도출된 이러한 구조적 개념은 정서적으로 감성적인 분위기를 창조하기 위해 누구도 따라올 수 없는 더 높은 층고와 더 넓은 스팬을 확보하고자 했던 노력들에 매우 훌륭한 결과물들을 가져다주었다.

로마 식 볼트, 돔, 아치의 영향은 건축역사의 페이지들을 거쳐 오면서 골 깊게 아로새겨졌다. 그 기본 형태와 구조적 아이디어들은 로마네스크, 고딕, 르네상스를 거쳐 오늘날에까지 찾아볼 수 있다. 그 형태와 아이디어들은 계속해서 나타나겠지만 우리의 과학적 · 공학적 기술에 의해 가능해진 힘들이 거기에 덧붙여질 것이다.

19세기 후반의 기술자들은 기본적인 원칙들로부터 지침서의 공식들을 개발해 냈다. 더 빨리 더 많은 건물들이 요구됨에 따라 기본적인 원칙들을 상당히 망각한 채 그 지침서의 내용만을 활용하는 지침서 기술자들이 탄생하였다. 오늘날 우리는 새로운 용어는 아니지만 구조물들의 연속성에 대해 종종 듣는데, 이는 지침서를 서고로 밀어내 버릴 것만 같은 최근의 신기술과 관련해서 지극히 중요한 용어이다.

I-형강은 부재의 사용함에 있어 하중의 분석을 통해 그 형태를 도출한 기술적인 성과이다. 그것은 단면이 넓은 부분이 중력의 중심으로부터 가능한 한 멀리 떨어져 집중되도록 디자인되었다. 그 형태는 규격화된 생산이 용이하도록 맞춰졌고, 심지어 규격화된 생산 과정의 부산물인 용접 모서리도 한쪽 단면에서 다른 쪽으로 연속적으로 하중을 전달하는데 도움을 준다는 것이 밝혀졌다.

대량 생산된 재료의 구성에서 발생 가능한 불일치를 보완하도록 여러 가지 안전 요소들이 고안되었다. 이러한 제작에 필요한 대형 기계와 장비들도 모두 표준화된 것이다.

안전 요소들 (한 기술자가 일컬었듯 무지의 요소들)의 조합과 표준화는 계산보다 더 두꺼운 단면을 권장하는 지침서에서 부재를 선택하는 것으로 기술 활용의 범위를 좁혀버렸고, 나아가 하중 다이어그램이 나타내는 더욱 우아한 곡선들을 잠잠하게 만들며 기술적 표현의 영역을 제한해 버렸다. 예를 들어 I형강을 캔틸레버 부재로 사용하는 일반적인 관행은 필요한 재료의 두께가 지지단부에서 바깥쪽으로 갈수록 눈에 띄게 감소하는 것을 보여주는 하중 다이어그램과는 아무런 상관이 없다.

접합부 시공의 일반적인 관행은 모든 접합부를 기둥과 연결하고, 부재들을 복잡하고 보기 싫게 만드는 헌지로 처리한다.

경제적으로 더 높은 강도를 얻기 위해 중력의 중심으로부터 떨어진 곳에 단면적을 집중시키는 구조적인 해결책보다 더 나은 원리는 관모양이다. 왜냐하면 관성 모멘트가 커질수록 강도도 커지기 때문이다.

I형강과 동일한 단면적을 갖는 (결과적으로 더 큰 지름을 갖는) 관형으로 기계 생산된 형강

은 일반 I형강보다 어마어마하게 더 큰 강도를 가질 것이다.

관형 부재는 새로운 것이 아니다. 다만 광범위하게 활용되기에는 접합부 시공의 기술적인 한계로 인해 그 발전이 더뎌진 것이다. 아주 최근까지 용접은 건축 법규상 불법이었다. 용접이 허용되는 경우에는 모든 접합부에서 하중 시험이 요구되었다.

구조 디자인은 현재의 모멘트 계수들을 무시하고 구조적 지속성의 효과에 근거한 계산을 발전시켜야만 한다. 전단력과 저항 모멘트가 적어도 지지 부재의 값과 같아지는 강접합의 구조적 효율성은 연결부의 용접에 의해 얻어진다. 기둥이 보의 일부가 되면 일반적으로 기둥에 대해 고려하지 않았던 추가적인 하중을 견디게 된다.

기술자와 건축가는 기본 원칙으로 돌아가 새로운 지식을 위해 과학자들을 참고하고 그들과 함께 해야 한다. 그리고 구조물의 거동에 대한 판단력을 재고하고 편리한 제작보다는 오히려 디자인으로부터 나온 형태에 대한 새로운 감각을 습득해야만 한다.

I형강의 플랜지와 앵글의 리벳 시공은 복잡하고 볼품없다. 용접은 더 큰 강도와 더 높은 이용 효율을 가진 형태를 가능하게 하는 순수한 기술에 있어 커다란 성취라는 문을 열어주었다. 구조적인 형태의 선택은 한데 맞춰지는 부속들의 편리한 제작보다는 오히려 디자인으로부터 나온다.

리브, 볼트, 돔, 버트레스는 이 시대의 건축 대가들이 좀 더 감성적으로 마음을 흔들기 위해 공간을 감싸고자 할 때만 더욱 보편적이고 훨씬 단순한 방법으로 다시 나타난다. 그런 부위들은 석재에서부터 작아져 분광학을 이용하는 과학자들이나 광탄성 기록에 의해서는 보일 수도, 관찰될 수도, 실험될 수도 없게 된다. 과학자의 발견은 좀 더 기본적인 형태의 공식으로 건축가와 기술자에게 전해진다. 하지만 그런 방식을 통해 건설자들은 선입견이나 두려움 없이 그 발견들을 팔레트의 중요한 부분으로 활용할 것이다. 그것이 근대적 방식이다.

경험과 가용한 재료로부터 도출된 기본적으로 단순한 시공방식에 의지하는 고딕 건축에는 한계가 있었을 것이다. 더 큰 스팬과 높이에 다다르고자 했던 보베 생 피에르 대성당의 건설자들은 완전히 실패했다.

석재의 압축강도는 수 백 파운드에 이른다.

반면에 철재는 압축강도뿐만 아니라 휨과 인장강도도 수천 파운드에 달한다.

보베 성당에는 우리가 갖고 있는 철재가 필요했다. 그리고 우리가 갖고 있는 지식이 필요했다.

유리는 하늘을 볼 수 있게 했을 것이다. 그리고 곧은 형태로 만들어지고 하중의 패턴을 보여주는 연속적인 유선형으로 가공된 관형의 노출 리브와 판재 그리고 기둥들의 상호작용에 의해 구획되는 공간을 둘러싸는 외피의 일부가 되었어야 했다. 각 부재는 노출할 가치가 있는 연

Louis Kahn / Salk Institute / University building / La Jolla, USA / 1966

속적인 구조의 통일성을 만들어내기 위해 다른 부재와 용접되었어야 했다. 왜냐하면 기술자는 스스로의 미학적 생명력을 갖고 있는 아름다움의 법칙에 어떠한 저항도 하지 않기 때문이다. 금속은 오늘날 그 고유한 구성요소들에 의해 퇴화로부터 보호되어 친근한 재료로 숙성되었어야 한다.

지금의 세대는 주거와 건강에 문제가 있는 대중들을 위해 건물을 지어야 할 의무와 혜택을 학수고대하고 있다.

지금의 세대는 우리의 도시들이 유행에 뒤쳐진 것을 인식하고 있다.

지금의 세대는 비행선을 필수적인 것으로 받아들인다.

공장들은 수평적인 구성을 채택했다. 인구의 변화는 인류의 완전한 삶을 위해 적어도 일시적으로는 넓은 부분의 처녀지를 바꾸어놓도록 요구해왔다.

완전하고 영구적인 마을의 건설은 윌로우 런 Willow Run에서 처음 시도되었고 노동자들을 위한 마을로서 거의 실현될 뻔 했었다.

정부는 사회적 개혁의 시작을 받아들였다.

전쟁 물자는 건전한 경제와 같은 척도로 받아들여지는 일반적인 물자가 될지도 모른다. 대서양 헌장의 숭고한 원칙들은 아직까지 시도되지 않았지만 약속되어 있다.

앞으로 다가올 미래에도 국가 간의 의회를 위한 장소, 노동과 산업을 위한 공공건물, 우리 시대의 업적과 포부를 수용할 기념비들이라 할 수 있는 성당, 문화센터, 의사당, 세계도 World Island가 샤르트르 대성당, 수정궁, 팔라초 스트로찌 Palazzo Strozzi 또는 타지마할과 닮은꼴로 지어져야만 할까?

전쟁 기술을 통한 콘크리트, 철 그리고 목재의 발전은 이상적인 건물들의 개념에 대해 확고한 믿음을 간직한 사고방식을 이끌어 가는데 적합한 성숙의 신호를 보내고 있다. 구조물의 거대한 주요 골조는 노출될 권리를 가져야 한다. 시각적인 접근을 이유로 가려져야 할 이유는 더 이상 없다. 대리석과 목재는 편안함을 느끼게 한다. 흥미로운 질감과 색상을 가진 투명, 반투명, 불투명 재료를 이용한 새로운 벽체 생산품들은 더욱 섬세한 형태의 지지 부재에 매달리거나 고정된다. 그림이 그려진 바닥판들은 넓고 폐쇄적인 공간에서 동선을 명확하게 보여준다. 조각은 내부공간을 아름답게 장식한다.

뛰어난 건축 디자인의 대가들은 복잡한 현대적인 요구들을 단순한 용어들로 풀어내거나 해석하기 위해 건축가가 취할 수 있는 방향을 제시하였다. 그들은 벽, 기둥, 보, 지붕, 늑재, 창의 의미와 공간 속에서 그것들의 상호관계에 대해 분명하게 다시 설명했다. 이러한 요소들이 형식의 복제를 통해 실내 공간에 잘못 적용된 집합체들을 떠올려 보면 그 당시에 그 요소들은 분명히 다시 고려되었어야 한다.

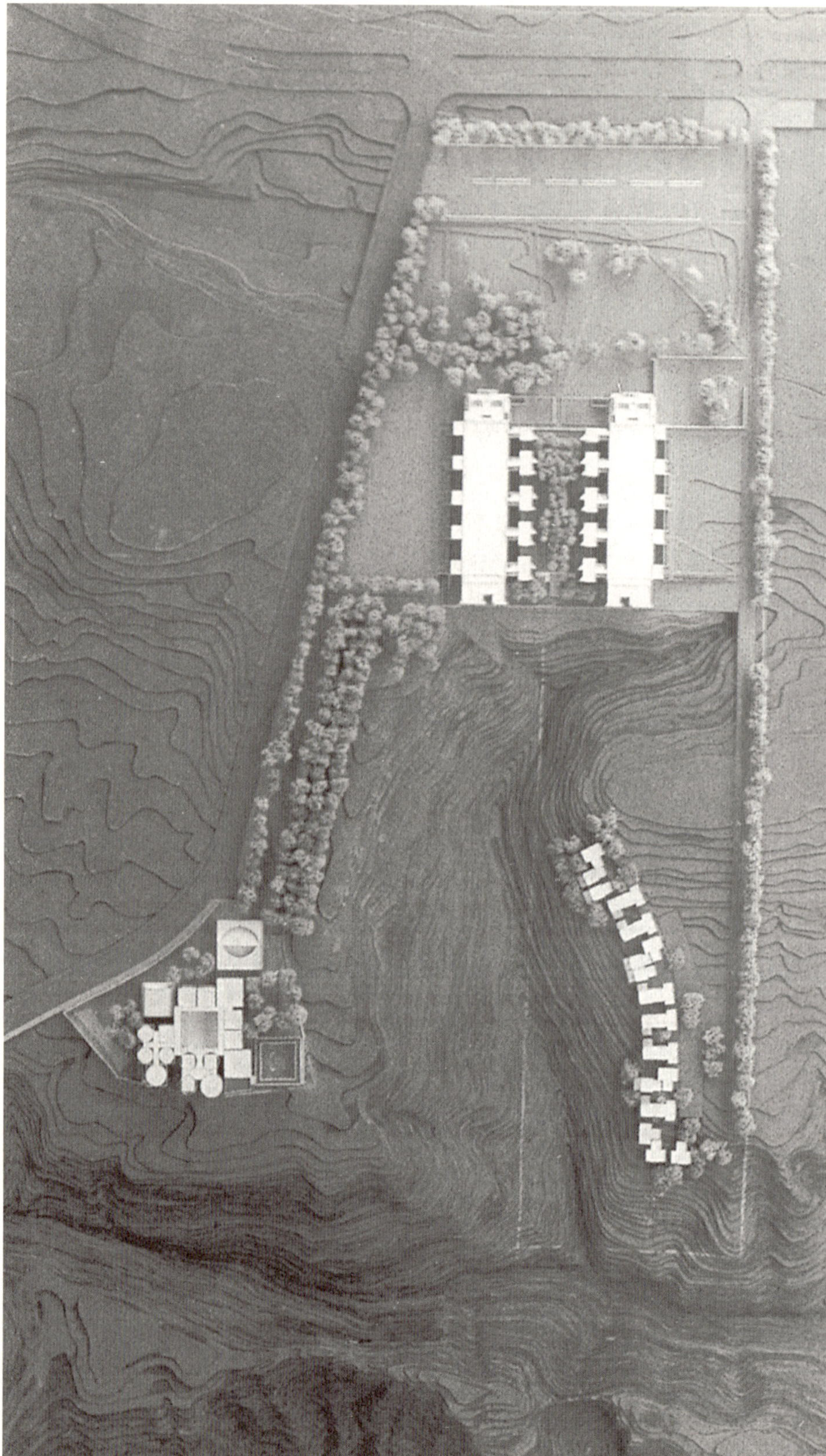

종합적인 건축을 향한 노력들은 이러한 요소들을 발전시키고 그 의미를 세련하는데 도움이 될 것이다. 실내공간을 나누는 벽체는 실내와 실외를 나누는 벽체와는 다르다. 조적벽은 언제나 옹벽과 울타리 벽의 역할을 해낼 것이다. 각 요소들에 더 직접적으로 대처하기 위해 디자인된 내부의 슬래브에 의해 보강된다면 그 벽체는 장식적인 균질함 덕분에 외벽으로도 사용될 수 있을 것이다.

구조적 독창성은 실내의 기둥을 없애버릴 수도 있을 것이다. 그러나 꼭 있어야 한다면 그 자리는 기둥만을 위해 남겨놓고 그 독립성은 공간 계획에 있어서 존중되어야 한다.

구조적 문제점들은 지붕 주변에 집중된다. 그 표면의 내구성과 아름다움은 과학에 맞서는 중요한 문제이다. 건물의 외부 윤곽의 일부로 드러나는 돔과 볼트 그리고 아치들의 마감재는 구조 디자인의 필수적인 부분이 될 수도 있다. 필요와 기후 그리고 원하는 결과에 따라 스테인리스나 콘크리트, 경량 패널의 구조용 합성수지와 구조적 유리, 대형 강화 유리 주물 등이 돔과 볼트를 위해 선택될 수도 있다. 평지붕의 마감재도 계획되어 있건 아니건 간에 이와 동일하게 고려되어야만 한다.

대도시 지역의 시민들과 그들의 대표자들은 국립 교육기관의 지원을 받는 문화센터를 위한 프로그램들을 만들어냈다. 시민들로 구성된 위원회는 건축가와 기술자들과 협력했다. 비용은 논의되지 않았다. 시간은 '필수적인 것' 이 아니었다. 프로그램의 진보만이 많은 이들의 관심사였다.

위의 내용을 통해 우리는 건물의 고귀한 원칙을 알 수 있다. 문화센터 부지에서 어느 정도 떨어져 있는 훨씬 높은 건물들은 동일한 느낌으로 받아들여지지 않는다. 그 부지는 대지 건축에서 굵은 획의 내부를 한정하는 어두운 숲에 의해 구획된 외딴 전원지역에서는 두드러지게 높은 지대이다.

지면에서 첫 번째 반작용은 골조 프레임의 거대한 조각적 형태에서 나타난다. 건축가의 핵심 아이디어의 중추는 디자인 과정 동안 그 아이디어를 파괴하고자 하는 힘에 성공적으로 맞선다. 전체적인 유기체의 여러 복잡성을 해결하기 위해 그 창조자는 그를 둘러싼 많은 사람들과 사물들에 영향을 받아 결론을 도출하고 결정을 내려 왔었다.

평면은 그가 구획한 공간으로 시작하거나 끝나는 것이 아니라 정교하고 웅장한 조각에 인접한 부분에서부터 주변 대지의 능선과 식생까지 확장되고, 먼 거리의 언덕까지 더욱더 멀리 연장된다.

인접해 있는 지면의 조각은 테라스와 수영장, 계단과 진입로에 대한 그의 열망을 만족시킬 수 있는 더욱 강한 기하학적 평판들과 육면체들을 만들어내려는 그의 사고를 단련했다. 조경 디자이너는 낙엽수의 잎의 레이스 무늬로 짜인 자유로운 기하학적 형태를 다시 첨가함으로써 이러한 평면들에 대응하고 그들을 더욱 강조하였다.

평면은 특정한 용도로 디자인 된 작은 구역들이 넓은 스팬에 걸쳐 배치되어 있는 것을 잘 보여주며 그 구역들은 유리 패널과 단열 슬래브, 대리석 등에 의해 전체로부터 분리된다. 각 구역을 나누는 칸막이들은 동선의 패턴과는 무관한 자유로운 구조이다. 바닥 평면은 연속적인 듯 보인다. 큰 로비공간은 무대까지 내려가는 원형극장의 일부이다. 상부에 설치된 높낮이가 있는 일련의 프리즘 유리 돔을 통해 자연광이 유입된다.

입구에서 약간 떨어진 앞쪽에는 눈부신 색상의 거대한 벽화가 있다. 멀리서는 분명하게 나타났던 형태가 가까이 다가가면 선명하면서도 투박한 색상의 힘을 가진 각각의 형태들로 분리되어 보인다.

한쪽으로는 조각, 회화, 공예품을 전시한 커뮤니티 전시관이 있다. 그곳에는 직업 예술 학교에 다니는 젊은 남녀의 작품이 전시된다. 그들은 재료의 활용을 강조하는 기본 원칙에 입각해 그들을 지도해 온 사람들에 의해 그들의 재능을 평가받았기 때문에 그곳에 전시될 수 있었다. 정서적 적응은 전시작가 스스로가 접촉과 비교, 경험을 통해 평가하도록 남겨진다.

조각은 형태와 구성을 한정하려는 경향을 보인다. 대리석과 일반 석재는 예전의 방식대로 조각된다. 주물은 새로운 합금과 플라스틱의 내구성을 확보하는데 선호되는 방법이다. 고형체가 금속 박판과 금속 튜브와 조합된다. 그 소재는 결합방법에 한계가 없음을 보여주었다.

새로운 재료와 도구들, 화학적 색조, 예술가가 원하는 대로 쓸 수 있는 제품 그리고 아이디어에 의해 예술가의 작품은 활기를 띄게 된다. 금속 스프레이와 텍스쳐건 역시 미세한 조절을 통해 조각, 회화, 공예품을 위한 도구가 되었다. 젊은 작가들 중 한 명은 크고 불규칙적인 투명한 플라스틱 상자 속에서 화려한 색상의 다른 형태와 사물들을 주조해냈다. 그 플라스틱을 통해 구와 다양한 각도의 평면들, 자유로운 형태의 구리선 등을 볼 수 있다.

건축가는 형태에 대한 이러한 실험들을 통해 결국 구조에 알맞은 장식을 선택하는 방법을 배우게 될 것이다. 지금까지 건축가는 그런 실험들을 생략했었다. 그의 판단은 공간 속에서 독립적인 형태를 가능하게 한다.

일부 젊은 예술가들은 공간과 관련해서 스케일에 대한 이론을 발전시켜온 연륜 있는 한 조각가의 작품들에 영향을 받았다. 그 조각가는 어떤 구조적 작품의 규모가 증가하면 그보다 작은 작품의 단일체적 성격은 거기에 적용할 수 없다고 주장했다. 그는 큰 작품을 만들기 위해서 일관된 크기의 작은 부품을 선택하거나 또는 빛과 그림자가 만들어내는 전체적인 형태의 효과에 맞춰 섬세하게 조정해가며 블록을 쌓기 위해 육면체, 각기둥, 구와 같은 명쾌한 형태의 모듈을 활용했다. 먼 거리에서 보면 그의 작품은 수많은 블록들과 그 위에 비치는 햇빛의 작용에 의해 만들어지는 질감에 따라 다양하게 변화하는 특성을 갖게 된다.

다가올 미래를 지배할 새로운 사고를 깨닫기 전에 우리는 모든 원천들로부터 나온 지식들을 지능적으로 활용할 준비를 해야만 한다. 소수의 무능한 자들만이 과거의 방식에 대한 향수어린 동경을 버리지 못하고 남겨질 것이다.

철, 경량 금속, 콘크리트, 가스, 목재합판, 석면, 고무 그리고 플라스틱은 오늘날 기본적인 건축 자재로 자리 잡았다. 리벳팅은 용접으로 대체되고 있고, 철근 콘크리트는 최종 정제단계에 첨가물을 사용함으로써 초창기에 사용되었던 프리 스트레스트 철근 콘크리트나 진동기, 배합조절 등의 방식으로부터 벗어나고 있다. 목재합판은 원목을 빠른 속도로 대체하고 있고 시각적으로도 유사한 친근감을 주며, 플라스틱은 그 잠재력이 무궁무진해서 오로지 수많은 플라스틱 제품들을 게재하는 데에만 열중하는 수많은 잡지와 학술지들이 이미 엄청난 관심과 기대를 받으면서 읽히고 있다. 이러한 재료들의 검증되지 않은 특성들이 분석되고 있고 오래된 공식들은 폐기되고 있다. 새로운 합금강, 비산방지 단열 유리 그리고 무수한 종류의 합성물질들이 이미 앞서 언급된 재료들과 함께 디자이너의 새로운 팔레트를 채우고 있다.

건물에서의 진보가 소유의 방식, 신조, 스타일 의식, 전례, 검증되지 않은 건축 자재들, 임의적인 표준들, 뒤떨어진 법과 규정들, 숙련되지 않은 일꾼들과 솜씨 없는 장인들로 인해 어느 정도까지 지연이 되는지는 미지수이다. 하지만 과학의 발견과 응용은 정상적으로 통제된 진보를 틀어지게 만들고 최근 들어 우리의 희망을 낙관적인 수준으로 끌어올린 전쟁 물자들의 발전에 큰 진전을 가져왔다.

표준화, 프리패브, 통제된 실험과 시험들 그리고 전문화는 예술가의 섬세한 감각과는 어울릴 수 없는 괴물이 아니다. 그것들은 순전히 삶을 위한 재료들의 폭넓은 잠재성들을 조절하기 위한 현대적인 수단일 뿐이다. 화학, 물리학, 공학, 제조 그리고 조립은 예술가들이 그것들을 사용하는데 있어 공포를 떨쳐내고 창의적인 직관을 확장하며 스스로에게 새로운 용기를 불어넣어 결과적으로 탐구되지 않은 장소들을 탐험하기 위해 반드시 필요한 지식이 될 것이다. 그렇게 함으로써 그의 작품은 생애의 일부가 될 것이며 동시대에 즐거움과 편익을 제공하게 될 것이다.

나는 기념비성이 과학적으로 이루어지질 수 있다거나 혹은 하나의 개념을 기념비성으로 끌고 가는 건축가 특유의 독창성에 의해 그의 작품이 인류에 대한 가장 훌륭한 공헌에 이르게 된다고 주장하고 싶지는 않다. 나는 그저 여러 분야에 걸쳐 우리 시대의 발전과 함께 성장하고자 하는 의지를 가진 건축가를 존경하기 때문에 그들을 옹호하는 것이다. 왜냐하면 그들은 자신들의 동료보다 훨씬 앞서있는 자신을 발견하게 될 테니까…

사각지대 The Blind Spot

{레온 크리에 **Léon Krier**}

출처: *Architectural Design 4*, 1978, 218-221쪽 중에서

이제껏 이토록 많은 사람들과 전문가들, 기관과 잡지들, 그리고 이토록 많은 언론들이 건축에 관심을 가진 적이 없었다. 문장(紋章)에 호사스럽게 '건축'을 내세우는 그러한 학교와 전문가들도 넘쳐나지 않았다. 이토록 많은 건축학도와 선생들 그리고 역사가들도 없었다. 하지만… 그럼에도 지금은 건축이 잘못 정의된—수긍할 수 없지만—것처럼 보일뿐만 아니라 이들 대부분이 건축이 무엇인지 모르고 그것이 어떻게 들어지는지도 모르고 있는 것 같다. 건축이 무엇이라고 확실히 말할 수는 없지만 어떤 이들은 건축이 마치 죽은 것처럼 주장한다. 만약 당신이 건축에 대한 근대적인 정의를 찾고자 한다면 당신은 근대 건축을 주제로 한 수천 권의 책을 찾아보게 될 것이다. 하지만 그중 단 몇 권만이 근대 건축의 정의에 가까이나마 다가갈 수 있을 것이다.…

건축술 art of building

따라서 우리는 그 올바른 정의를 이해하기 위해 다른 정의들에 의지해야만 할 것이다. 카트르메르 드퀸시 Quatremére de Quincy는 건축이라는 주제에 사전의 약 30쪽을 할애한다.[1] 그리고 건축의 노동적인 측면은 배제한 채 건축을 모방적인 건조(建造)의 체계, 즉 건축술로서 정의한다. 하지만 만약 건축이 근본적으로 지적인 분야라면 그 주제이자 근원인 건조로부터 자유로워지기를 원할 수도 원해서도 안 된다.

따라서 건축이란 근본적으로 자연에서 건물로의 물질적 변형에 대한 지식의 총체로 이루어지며 결과적으로는 모방적 건조체계에서 건축술로의 전환과 관련된 지식의 총체로 구성된다.

건축에 대해 이와 같이 정의한다면 이 특별한 기술은 죽었을 뿐만 아니라 '포스트모던 건축'은 고사하고 근대 건축이라는 용어를 사용하는 것조차도 어원적으로 우스운 것이다. 건축학교와 설계사무소들 그리고 전문 단체들의 규정을 살펴보면, 건축을 만드는 것과 자연에 관한 지식의 흐름과 관련되거나 그 지식에 열중하는 것은 한 가지도 없다는 것을 알 수 있다.

건축도 아니고 건물도 아닌

'건축은 기능, 내구성, 질서, 인간애, 자연 그리고 아름다움에 의존한다. 근대 건축은 이 어떤 것도 갖고 있지 않다' (퀸란 테리 Quinlan Terry).[2] 근대 건축이 건축에 속하지 않는다는 사실은

Léon Krier / New Town of Poundbury / City extension / Dochester, UK / 1993

'근대 건축'의 도식적이며 상징적인 공허함을 통해 설명할 수 있다. 근대 건축은 오히려 포장하는 것에 속하며, 근대 건축의 야심찬 사례들도 포장술의 영역에 가까웠다. 근대 건축은 건물에 속하지도 않는다. 건물은 하나의 문화로서 장인의 영역에 그 뿌리를 두고 있기 때문에 산업화된 분업과 강제적인 '대중적' 교육(혹은 재교육)에 의해서만 파괴되도록 오랜 역사를 거쳐 집합적인 기억에 의해 순환되어 왔다. 지적인 장인 문화로서의 건축과 건물은 사라져 버렸다. 1968년 이래로 선진 산업화라는 새로운 영토를 구축하기 위한 기반시설들이 잔혹하게 건설되면서 유럽의 도시들이 무자비하게 망가져가는 동안 건축계는 누구도 헤어날 수 없는 위기에 빠져들었다. 오로지 건축계의 가장 구시대적인 알력만이 이상–그들이 유일하게 스스로 확신할 수 있는 필요와 불가피함–을 통해 그들을 진정시킬 수 있었다.

건축에 대한 새로운 흥미

건축 부흥의 필연적 징후를 건축에 대한 흥미에서 찾는 것은 순진한 일일 수도 있다. 최근의 실험들이 공통적으로 가지고 있는 유일한 특징은 전에 없던 가장 천박하고 소란스러운 방법으로 양식들을 병치하는 그 실험들의 단편적인 특성과 자극적 절충주의이다. 그리고 대부분의 경우 그러한 실험들은 삶과 문화의 모든 단계에 스며있는 산업화 시대의 가장 중요한 보편적인 문화 현상과 기계시대의 진정한 시대정신과 밀접하게 관련된 저질의 상품으로 끝나버린다.

건축의 잉여화

건축의 근본과 생산에 필수적인 수공업(공업화의 반대로서) 문화는 무시하며 예술적인 형태에만 관심을 갖는 한 건축과 건물 문화의 어떠한 부흥도 한때 인간의 가장 중요한 관심사였던 그 문화를 더 하찮아보이게 만들뿐이다. 과거 자연의 시련에 맞서는 인간의 궁극적 피난처를 약속했던 건축과 건물은 단순히 포장과 산업화된 도구의 문제 정도로 축소되었다. 하지만 '기계시대의 공허함에 대해 우리는 우리에게 위안을 주고 우리를 부드럽게 도취시키는 실내장식으로 대응해야 한다.'[3] 그리고 나는 신로코코와 신입체파 사이에 너무 큰 차이를 두지는 않을 것이다.

분업과 반-공업화 저항

공식적인 제도권에 의해서는 어떤 것도 기대할 수 없다. 건축의 재편은 반-공업화 저항의 일환으로서 장인정신의 부활에 대한 지지를 통해서만 서서히 일어날 수 있다. 아담 스미스 Adam Smith에 따르면 '무지는 산업화의 어머니다.'[4] 산업의 분업화는 작업 진행의 극한적 이간이라는 결과를 낳았다. 결과적으로 노동계급의 굴욕은 모든 저항적 문화의 등장을 지금까지 금지해왔고 앞으로도 계속해서 억제할 것이다. 노동계층의 실존적 고통은 그들을 점점 더 저항하지 못하도록 만들고, 생산과 무비판적 소비를 통한 그들의 전체적인 착취로 이어질 것이다. 다른 한편으로 산업적 분업화와 건물의 장인문화의 종말은 건축 작업을 단지 지적인 호기심에 지나지 않은 것으로 퇴보시켰다. 장인정신은 지적 문화나 수공업 문화 그 어느 문화에서나 가장 기본이 되는 것이기에 장인정신의 파괴는 실질적으로 인류애의 파괴를 의미한다. 인류를 자유롭게 하겠다는 그 약속의 실천과는 거리가 먼 공업화된 생산은 단지 좀 더 급진적이고 간과할 수 없는 형태로 노동을 우습게 여기는 인간의 노예화를 반복하고 있을 뿐이다.

영속과 변형

'만약 세상에 공공공간이 필요하다면 그것은 한 세대만을 위해 세워질 수도 없고 오로지 살아있는 자들만을 위해 계획될 수도 없다. 그것은 언젠가는 생이 다할 인간의 일생을 뛰어넘어야만 한다. 세속적 불멸을 향한 잠재적인 초월이 없이는 엄밀히 말해 정치도 공동체적 세계도 공적영역도 불가능하다.'[5] '돌의 도시 The city of stone'[6] 는 이동성의 이점에 대한 죽은 듯한 불가변성 혹은 심지어 그에 대한 게으름과 유사한 의미가 되었다.

Léon Krier / Drawings on principles of urbanity and the public sphere / 1982-2007

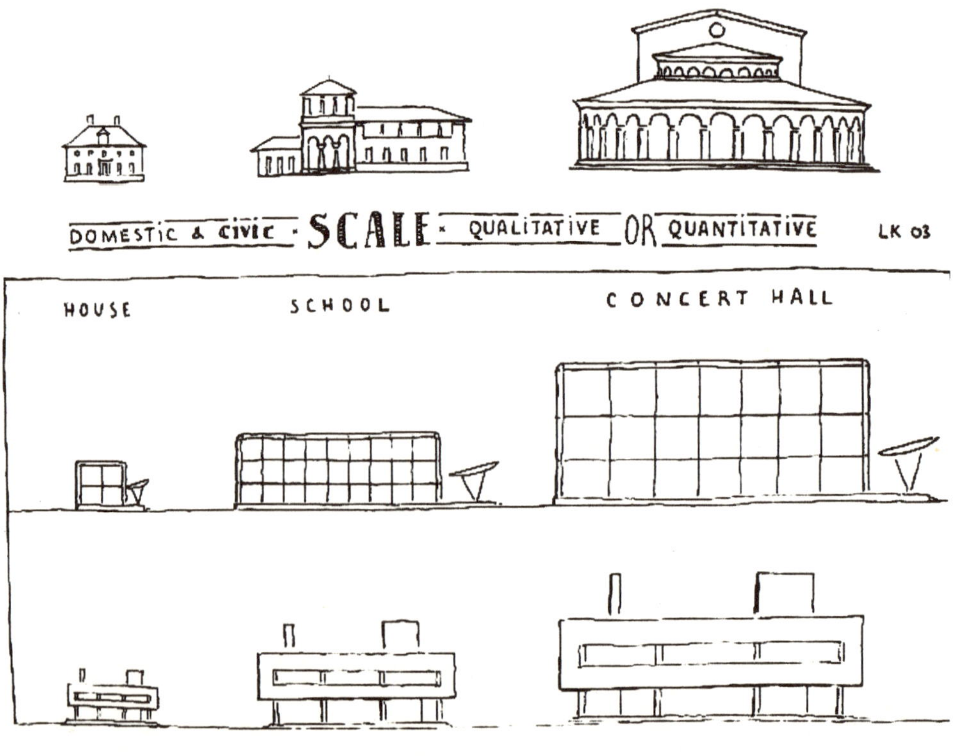

여러 세대에 걸쳐 지어져서 그 건설자들의 일생을 필연적으로 초월하게 되는 완성되고 보호된 세계는 비록 단단하긴 하지만—또는 잠재적으로 영속적이지만—부수적인 필요에 따라 조정되고 변형되었다. 그러한 도시와 건물들을 매우 성공적으로 그리고 오랫동안 사용하고 난 후 파괴해버리는 것은 음료를 다 마신 후 컵을 깨는 것만큼이나 터무니없고 쓸모없는 짓처럼 보인다.

우리는 건축과 건물이 지하의 복류처럼 지표로부터 사라지고 있는 시대에 살고 있기 때문에 이러한 견고한 구조물들은 자신들이 건축을 완전히 죽여 버렸다고 생각하는 그런 세대에게 반드시 모욕적인 것이 되어야만 한다. 그렇게 된다면 나는 큰 기쁨을 느끼고 이를 교훈으로 삼을 것이다. '당신은 무턱대고 덤벼들 수는 없다. 당신은 철근콘크리트 건물 위에 코린트식 기둥을 덧붙일 수도 없고 그 건물을 건축이라 부를 수도 없다. 건축이란 그보다 훨씬 더 근본적인 것이다.'[7]

역사의 지식

이 '훨씬 더 근본적인 것' 이란 새로운 세대의 건축가, 활동가, 역사가, 장인 그리고 예술가들이

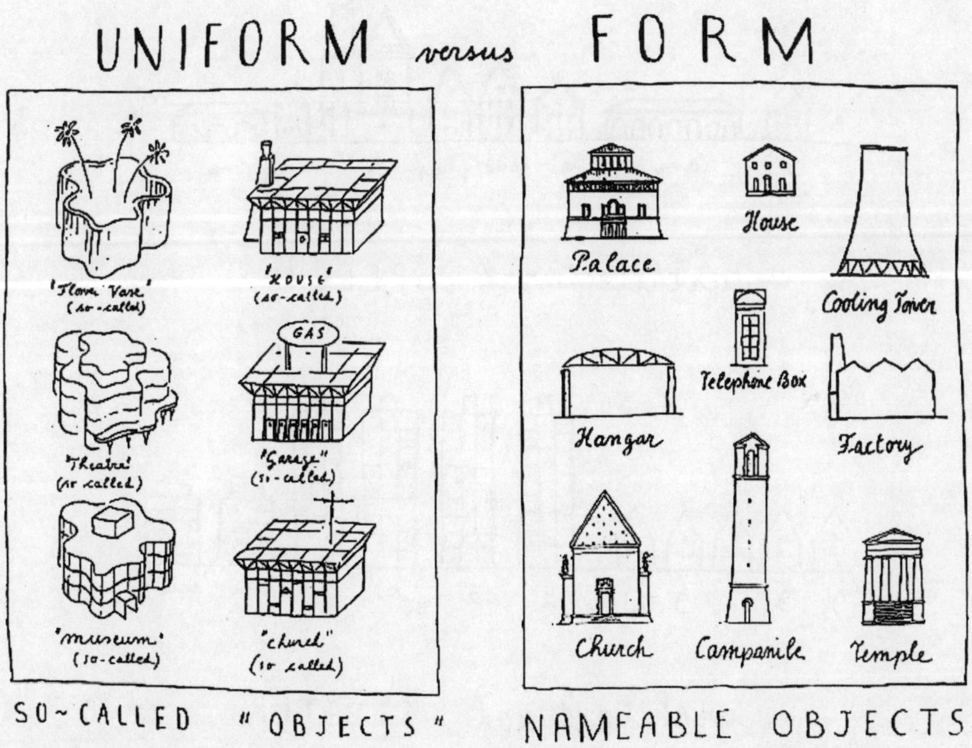

수많은 다른 분야에서 싸우고 있다는 것을 의미한다. 그리고 이 '훨씬 더 근본적인 것'은 불합리한 우리의 교육시스템에서도, 과학적인 조사에 의해서도, 전문적인 사무실이나 기관들에서도 확실히 얻을 수 없는 것이다. 그것은 산업화 이전의 유럽문명이 남겨져 있는 문서나 현장에서 발견되어야 하는 것이다. 복잡한 사회적, 문화적 그리고 경제적 구조는 새로운 도시와 장인문화의 도구들을—예술사적 관점에서 분류하고 기록하기 위해서가 아니라—더 정교하게 만들기 위한 연구를 위해 충분한 흔적들을 여전히 남겨준다. 이는 '미지에서 온 소식'이 될 수 없으며, 여전히 산업화에 대한 대규모의 저항이 가능한 도시 사회에서만 가능한 일이다.

상징과 간판

한편으로는 간판의 유형과 '장식된 헛간 decorated sheds'의 근본적인 차이를, 다른 한편으로는 건물의 유형과 도시공간들의 근본적인 차이를 이제 명확히 해야만 한다. 건물과 공공공간의 유형학적 질서는 사회와 그 사회의 제도들이 현실성을 정립하는데 조직적 중심이 된다. 간판의

유형은 현실에서 다른 사회적 장소를 창조하는 것의 가능성을 부정한다. 코카콜라나 홀리데이 인의 간판들은 라스베이거스나 로스앤젤리스나 똑같다. 벤츄리는 간판의 더 폭넓은 다양성을 옹호할지도 모른다. 하지만 상인 집단이 존재했던 모든 곳에는 상업적 간판들이 존재해왔다. 상업적 도식과 무의미한 크기를 문화적 노력과 표현의 가장 중요한 전달체인 양 만드는 것은 편협한 상업적 제국주의를 절실히 필요한 문화적 기틀 위에 올려놓으려는 은근히 숨겨진 시도일 뿐이다. 그리고 그러한 상업적 도식의 바람직하지 않은 생각은 아마존에서부터 과거 사이공에 이르기까지 전 세계를 오염시켜버린 이후로도 점점 더 많은 것을 필요로 하고 있다. 그러나 제국주의와 금욕주의적 청렴함을 뒤흔들고 있는 이 심각한 위기는 그 공허한 문화적 허세로 인해 한동안은 구원받지 못할 것이다. '눈을 뜨고 보면 복합성은 때때로 단순한 어리석음에 지나지 않고 우리시대는 그런 것들로 넘쳐난다.'[8]

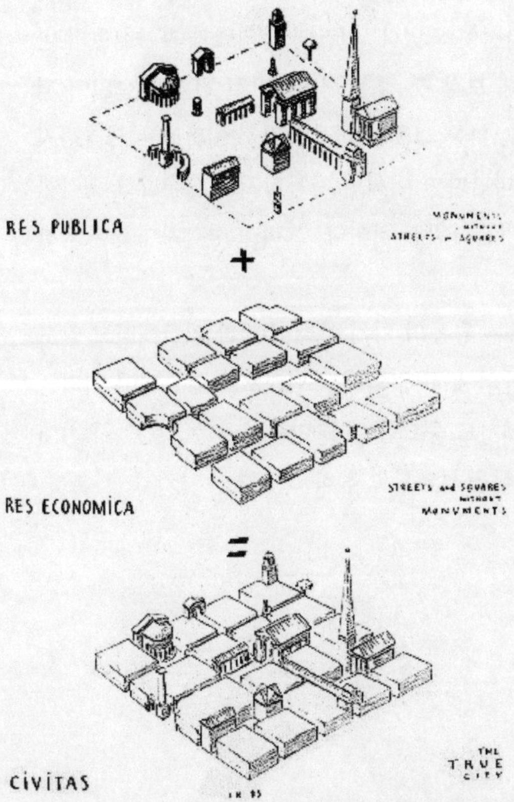

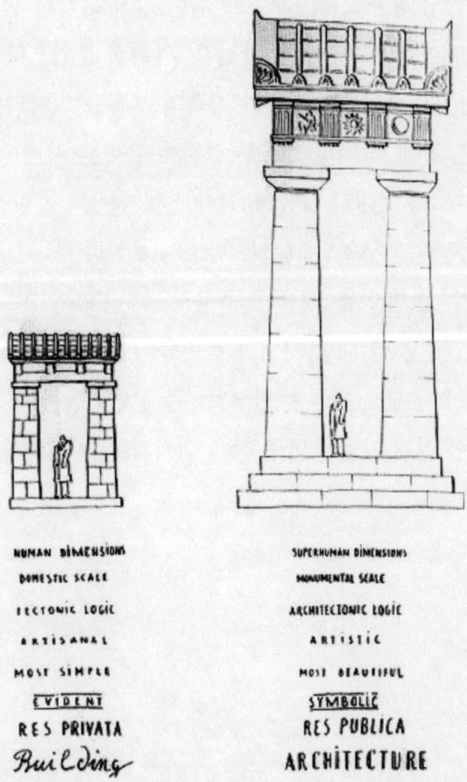

다가올 변형들

사실상 지난 30년간의 모든 대규모 건축 사업들은 비난받아야만 한다. 그들은 비인간적이고, 비효율적이고, 보기 흉하고, 잘못 세워졌으며, 치안에 많은 비용이 든다. 이러한 인류의 사막들은 미래를 계획함에 있어 중요한 문제로 인식되어야 한다. 그들은 활기찬 도시의 중심부를 파괴해버렸을 뿐만 아니라 기술적, 사회적 수선을 필요로 하고 있다. 말하자면 그들은 탈도시화–다시 구획되고 재도시화–되어야할 필요가 있다. 3년 전 AA건축학교에서 우리는 프랑스 정부가 전후주거를 신속히 복구하기 위해 만들었던 일련의 건축 구성들을 활용하여 그 지역당국과 정부의 주거계획을 어떻게 조정하고 재–도시화할 수 있는지에 대해 다양한 제안들을 연구했었다.[9]

역사와 문화에 대한 우리의 태도가 변해야만 한다면 무엇보다 문화적, 정치적 역사를 일련의 종말론적 단절이나 되돌아갈 수 없는 단계로 가르치는 것에서부터 벗어나야만 한다.

사각지대

'우리가 원하는 것은 즐거움을 줄이지 않고 건강을 증진하는 것이다.'[10] 소수의 즐거운 특권이었던 정규교육은 모두를 위한 길고 복잡한 필수과정이 되었다. 인간의 창의력과 자아실현의 바탕이었던 수작업은 산업적, 사회적 분업으로 인해 보잘 것 없고 사회적으로 천대받는 일이 되었다. '나는 평생 동안 건축의 부흥을 기다려왔다. 나는 그것이 이루어질 것이라고는 생각하지 않는다. 하지만 올바른 생각이 올바른 시대에 나타난다면 어쩌면 가능할지도 모른다고 생각한다. 그 얼마나 훌륭하겠는가! 세계는 다시 한 번 아름다워질 것이다. 그리고 사각지대를 제외하고는 그 무엇도 그것을 멈추지 못한다.'[11]

한편으로 '교육', '효율성' 그리고 '안전'이라는 공동의 기치 아래 우리가 인간애라고 알고 있는 것에 대한 기억과 능력들이 엄청난 어리석음의 유희에 의해 조직적으로 압도되어 버리는 이 시대에, 다른 한편으로 '규제 없이는 어느 곳에서도 중요한 것을 만들어낼 수 없는' 이 시대에 어떤 이들은 아주 작은 의식과 기억 그리고 지식을 살려두고자 하고 있다.[12]

{주}

1 Quatremère de Quincy, *Encyclopédie Méthodique-Architecture*. Paris 1788.

2 Quinlan Terry, *Building Design*, September 17th,1976. 중에서

3 Le Corbusier, *L'artdécoratif*, 1925

4 Adam Smith, Karl Marx가 인용, *The Capital. Division* of Labour and Manufacturing, 1867. 중에서

5 Hannah Ahrendt, *The Human Condition*, 1958.

6 GeorgioGrassi, *La construzione logica della città*, 1966.

7 Quinlan Terry, *Building Design*, September 17th,1976. 중에서

8 Leonardo Sciascia, *Le Nouvel Observateur*, November 1977. 에서의 인터뷰

9 *Architecture and Urbanism*. Special feature: 'The City within the City', organised by Léon Krier.

10 William Morris in *Useless Toil*.

11 Raymond Erith, *Royal Academy Catalogue*, 1976.

12 Karl Marx, *The Capital. Division of Labour and Manufacturing*, 1867.

Daniel Libeskind / Jewish Museum / Museum / Berlin, Germany / 2001

건축에 대한 세 가지 교훈 Three Lessons in Architecture

{다니엘 리베스킨트 **Daniel Libeskind**}

출처: *Architectural Monographs, Daniel Libeskind*. London (Countersign) 1991, Academy Editions, 37-61쪽 중에서

나는 오늘날 건축을 하고, 건축을 가르치고, 건축을 배우는 것이 백 년 전 사람들이 했던 것과는 매우 다른 결과들을 수반한다고 믿고 있으며, 우리 모두가 근대적 세계의 다른 가능성과 발전의 단계에 서 있다고 생각한다. 그리고 나는 건축이 종말에 들어섰다고 믿는다. 이는 건축이 이미 끝났다는 뜻이 아니라 종말의 조건을 갖추고 있다는 것을 뜻한다. 건축을 하는 모든 사람들이 의식적으로든 무의식적으로든 건축이 어떻게든 끝이 나게 될 것이라는 것을 느끼고 있지만 현재는 그것이 구체적인 범주에 있지 않기 때문에 말하기 매우 어렵다는 것을 어느 정도 짐작하고 있는 듯하다. 따라서 나는 쉽게 말할 수 없는 이 주제에 대해 내가 할 수 있는 최대한 명쾌하게 이야기 하고자 한다. 왜냐하면 그것은 세계라는 카탈로그에서 찾을 수 있는 것이 아니기 때문이다.

어쨌든 내가 말하고자 하는 것은—데리다의 말을 빌리자면—일종의 차이 difference에 관한 것이며 다음의 단 한 줄로 그 차이를 분명하게 하고자 한다. 만약 평형상태라는 것이 확보될 수 있었다면 이미 오래 전에 확보되었을 것이다. 평형상태는 오로지 두 가지 조건 아래에서만 이루어질 수 있다. 한 가지는 현실성은 애매하거나 불확실하다는 것이며, 그것은 평형상태가 불확정성의 맥락 속에서 성취될 수 있다는 일종의 하이젠베르크/몬드리안적 Heisenberg/Mondriaan 가정이다. 이 가정은 실현되지 않았다. 다른 하나는 세계의 포괄적인 의미, 즉 경계는 없지만 유한한 의미를 가정함으로써 평형상태가 성취될 수 있다는 것으로 그 의미들은 말하자면 아인슈타인의 의미, 신화의 의미, 중심화 된 세계의 의미이다. 하지만 말할 필요도 없이 이 조건들 중 어느 하나도 경험되지 않았고 앞으로도 되지 않을 것이다. 그렇다면 지속적인 기초 위에서 불안정한 영원한 미완과 차이의 움직임을 만들어내는 세계의 공간적 형태란 무엇인가? 오늘날에는 그것을 설명할 수 있는 어휘가 없기 때문에 내는 매우 잠정적인 방법으로 그 공간의 형태에 대해 언급하고 탐구한다. 그러한 현상을 논하는데 있어 합의된 어휘는 존재하지 않는다. 나는 당신이 참고할 만한 그림을 하나 그려보고자 한다. 그 그림을 통해 지금 내가 하고자 하는 짧은 논의의 윤곽을 그릴 수 있기 때문이다.

내가 개괄적이고 종합적으로 보여주고자 하는 바는 내가 몇 년 전 몇몇 동료들과 함께 이탈리아의 한 도시에서 전시했던 '건축에 대한 세 가지 교훈'이라는 제목의 작품의 개요이다. 그

프로젝트는 베니스비엔날레 전시를 위한 것으로 그 주제를 다루는데 있어 내가 제시하고자 했던 것은 단순히 다른 기술, 다시 말해 이상적이거나 기술적인 해결책만이 아니었다. 그 대신 참여할 수 있는 현실을 연구함으로써 대안적인 해결책을 보여주고자 했다. 그리고 질문을 던지는 이들에게 참여 가능한 경험을 제공함으로써 한편으로는 건축의 문제를 중요하게 여길 수 있도록, 다른 한편으로는 건축의 문제를 부분적으로 의식하지 못하도록 했다. 나는 팔마노바 Palmanova(이탈리아 북부 베네토 지방에 있는 한 도시)의 도시 문제를 다루기로 했다.

나는 이 프로그램의 기획자들에게 세 부분으로 나누어진 커다란 하나의 움직임, 하나의 장치를 발표했다. 나는 그것을 기계적인 세 가지 순간—건축을 읽는 순간, 기억하는 순간 그리고 쓰는 순간—을 통해 여러분에게 설명할 것이다. 그리고 어느 하나의 관점에서 시작해 다른 관점에서 끝맺을 것이다. 하지만 내가 이 그림을 하나의 전체로 다룰 것이라는 점은 부디 기억해 주길 바란다. 사실 사람들은 어디서나 시작하고 끝낼 수 있다. 그것이 꼭 악순환인 것만은 아니다. 어떤 점에서는 스스로의 가정을 극복함으로써 주어진 문제를 파괴하고 없애버리며 건축의 다른 차원을 드러내는 하나의 순환, 즉 하나의 커다란 해석의 고리가 된다. 내가 여기서 제시하는 세 가지 교훈은 건축에 대한 세 가지 교훈 A) 건축과 그에 상응하는 것을 읽는 것으로서 읽는 장치, B) 건축을 기억하는 현재의 교훈과 기억 장치, 마지막으로 C) 건축과 그에 상응하는 것을 쓰는 것, 쓰는 장치이다. 그리고 이들은 형이상학적 장치들(실제로는 그 장치들은 아무것도 하지 않기 때문에 다른 영역에 속한다)로 매우 흥미로운 과정을 보여준다. 왜냐하면 앞서 이야기했듯이 건축은 시작에서부터 이제 그 끝에 이르렀기 때문이다. 결국 종말은 미래에는 당연히 아무것도 아니고 과거에도 아무것도 아니었으며 현재에도 아무것도 아니기 때문에—이는 세 단계 모두에서 동시적이다—어떤 점에서는 과거와 미래의 전체적인 운명을 회복하는 것이 가능하다. 세 가지 장치들은 특히 서양 건축사의 우여곡절에 대한 근원적 기억을 보여준다. 그들은 하나의 장치를 이루며 상호 의존적이다. 각 장치는 다른 장치로의 출발점이 된다. 이 장치의 목적은 종말을 빼앗는 것이 아니라 스스로에게 종말을 풀어주는 것이다. 나는 건축에서 오브제란 진정으로 중요한 것의 잔류물일 뿐이며, 그 중요한 것이란 바로 참여 가능한 경험(그들의 생산에 관련된 현실의 표상)이라고 생각한다. 우리가 가지고 있는 모든 것이 그러한 종류의 잔류물이라고 할 수 있다. 내가 회복하고자 하는 것은 오브제가 아니라 바로 이러한 경험이다.

A 건축 읽기

건축을 읽는 것은 거의 잊혀진 (중세의) 건축 과정, 즉 아직 완전히 공개되지 않은 자신들 만의 방법을 통한 건축의 과정을 가르쳐준다. (페트라르카 Petrarch에게 바쳐진) 읽기 장치가 등장했던 중세의 수도원과 같이, 구축의 방법과 이해의 기술은 그 장치가 만들어내는 글의 움직임과

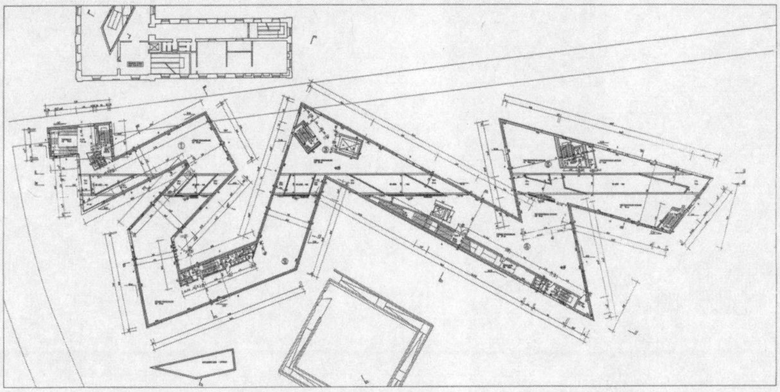

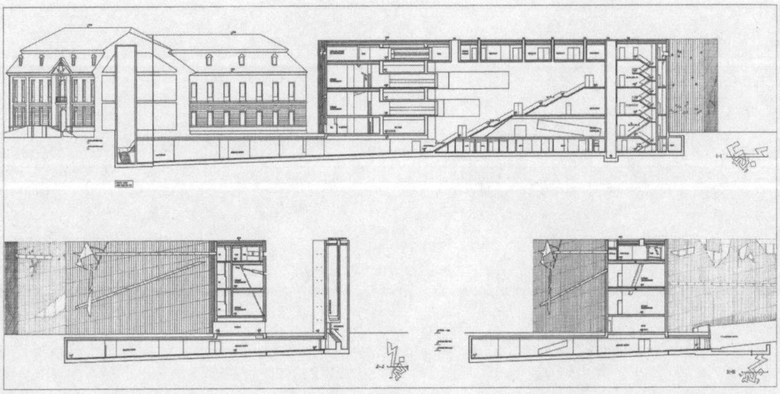

일치하는 건축에서의 장인정신의 혁명을 초래한다. 고고학적 재구성(라멜리, 팔마노바, 군사기술)과 그것을 움직이는 의지(형이상학, 수도생활, 이념) 사이의 교차점이 되는 읽기 장치는 건축에 관한 글들과 유사한 현실성을 드러낸다. 여덟 권의 책들–앞으로 나아가기 위해 뒤돌아감으로써 자연스럽게 스스로 해결하는 존재의 망각이 소리 내는 하나하나의 단어–이 여덟 개의 선반 위에 놓여있다. 그 책들은 왔다 갔다 하며 서로를 비교할 뿐만 아니라 형이상학 metaphysics의 마지막 일곱 철자들의 무게와 비교되는데, 이는 읽는 위치에서 접근할 수 없는 관계성을 가진 기어들과 차축들을 맞물리게 한다. 바퀴는 회전한다. 그리고 혁명을 완성하기 위해 스스로의 불용과 운동에 의한 아름다움을 내보이면서 그 시작점으로 되돌아가게 된다. 접합부에 접착제를 쓰지 않고 근대적인 에너지를 쓰지 않는 '중세적' 방법으로 만들어지기 때문에 이러한 기계는 물질에 대한 정신의 승리, 어둠에 대한 촛불의 승리를 의미한다. 그것은 책과 마찬가지로 오로지 나무로만 만들어졌다.

B 건축 기억하기

건축 기억하기는 건축에서 여전히 기억될 수 있는 것으로 구성된다. 역사적인 프로그램이 되는 현장들은 길리오 까밀로Giulio Camillo의 기억극장에서 가져왔다. 이 극장은 '획기적인 돌파구 Deus ex machina' 에 대한 극도의 고민과 전통을 서로 엮어내는 정밀한 기억의 직조로서 르네상스 정신의 유용성을 나타내며 내부의 장치와 구성을 보여준다. (에라스무스 Erasmus에게 바쳐진) 기억장치는 오로지–모든 볼거리가 그 밖에서만 펼쳐지는–무대 뒤편으로만 이루어진다. 이러한 인공의 보조 장치는 투영과 은폐 그리고 환상을 만들어내는 메커니즘을 통해 베니스의 프로젝트를 드러내기도 하고 숨기기도 한다. 그 장치의 구축 과정은 고전적인 원형무대(상상, 치수, 아이디어)에 머물러 있기 때문에, 기계 장치들의 전위적인 요소(파르네즈 극장 대 올림피코 극장 Teatro Farnese versus Teatro Olimpico)는 기억이 성공적으로 대리적 권한을 유지했던 그런 장소들에서만 나타난다.

휴머니즘에 대한 장대한 자만심의 망령인 기억 장치는 그 현장들을 대지로부터 분리시켜 운명적인 본래의 장소인 조이스의 더블린과 타틀린의 모스크바로 되돌려 보내고자 애쓴다.

기억 장치는 '르네상스' 형식으로 완성되기 때문에 우리가 오드라덱 Odradek을 가까이 하는 일종의 독창성과 변덕 같은 것에 의해 더 풍부해진다.

그 장치는 나무로 만들어졌고, 그 구조 내부에는 왕이 보게 될 '매달린 종이들' 이 들어있다. 이 작품은 건축의 모습을 가진 단계를 나타내며, 자신의 존재에 대한 명확한 증거가 된다. '정신 착란의 포럼 schizophrenic forum' 과 '구름 장치 cloud machine' 를 비롯한 18개의 부수적인 볼거리들 또한 나무로 만들어졌다. 색상이 없는 붉은 핏빛은 이름 없이 남겨진 것을 위한 내부 성소의 빛나는 외부를 밝혀준다. 금속은 있는 그대로 스스로를 밝히기 위한 오로지 비–구조적인 이유로 사용되었다. 밧줄들이 도처에 사용되었다.

C 건축 쓰기

건축 쓰기는 예술도 과학도 없이 건축을 만드는 법을 가르쳐준다. 빈틈없이 만들어진 이 장치는 건축의 시학을 공업화하여 활자를 만들어 내는 자체적인 가능성에 제물로 바친다. 건축은 구두를 만드는 것과 마찬가지로 못을 제자리에 박는 문제가 되었다.

(볼테르 Voltaire에게 바쳐진 한줄기 빛을 던지는 검은색의) 쓰기 장치는 기억과 읽기라는 두 재료를 모두 처리하기 때문에 돌출되는 것을 정확하게 계산해 넣는다. 도시(팔마노바) 그 자체뿐만 아니라 문화라는 책 속에 기록된 모든 장소들이 여기서 수집되고 폐기된다. 깨우쳐진 시야를 통해 지식의 불규칙한 모자이크들이 짜 맞춰진다. 네 개의 큰 면에서 각각 일곱 열씩 일곱 개의 면들이 동일하게 반복된다. 건축의 총체는 땅, 하늘, 인간 그리고 신 이 4가지의 호혜에

Daniel Libeskind / Memory Foundations / Reconstruction of Ground Zero / New York, USA / Construction due 2011

의해 크게 흔들리고, 현 시대 상황을 살펴보아야 할 여지를 남겨놓는다. 이러한 '불가사의한' 계산기 또는 개연성 컴퓨터의 네 면들이 사라지는 것은 빅터 휴고 Victor Hugo의 예언과 밀접하게 관련된 건축의 기록된 운명의 전조가 된다. 4면의 육면체들은 다음과 같은 풍자적인 방식으로 작동한다.

1. 도시는 구원의 별로서 굴절되어 '부기우기' 성좌로 엉겨버리고
2. 49×4면의 공간-수학적 질서를 산산조각 내어 못쓰게 만들어버리는 금속성 반사이며
3. 도식적 징조나 건축적 점성술을 암시하는 기하학적 기호로 구성되고
4. 자신의 감출 수 없는 약점을 보호하기 위해 무심한 순례자와 동행하는 마흔아홉 명의 성자들을 열거한다.

이와 같이 그 메커니즘을 안정되게 유지하기 위한 전산화된 통제(스물여덟 개의 손잡이들)가 존재하지 않는다면 전체를 통해 흐르는 대립과 상호보완적 호혜는 즉시 그 메커니즘을 파괴해버릴 '불안정한 기술'을 만들어내게 된다. 쓰기 장치는 최초의 전체적으로 불안정한 문자이다. 오르고 선회한 후 내려가고자 하는 조종사의 노력에 저항하고 신화 속의 직선을 따라 잘 날아가는 '안정된' 건축적 텍스트와는 대조적으로, 이 '불안정한' 프로토타입은 자연스러운 항로를 재빠르게 찾지는 못할 것이다. 그 장치는 텍스트의 허공을 이리저리 뛰어넘으며 아마 다시는 그 시작점을 절대 드러낼 수 없을 듯한 (시작할 때의 위치와 끝날 때의 위치를 알 수 없는) '능동적 통제장치'에 의해 조정된다. 쓰기 장치는 루셀Roussel의 학문에 대한 기여다. 그것은 그 존재가 필연적이며 불확정적인 그러한 기적적인 모습들을 통해 아프리카와 이태리의 느낌을 연결한다. 격자 위에 안젤리카Angelica와 격자 위에서 불탄 성 도나텔라 St Donatella 그리고 발 위에서 불타는 텍스트에 의해 죽은 모셈 Mossem과 이마에서 불타는 약강 오보격 텍스트에 의해 죽은 콘스탄티노플의 성 테오도르 St Theodore. 이 '4인조'를 회전시킴으로써 그 배열은 해석을 위한 준비가 된 듯 보인다. 이러한 임의적으로 보이는 관계들은 대부분 작동 가능한 2,662개의 부속들로 구성된 극도로 섬세한 시스템에 의해 만들어진다. 모든 것은 장소, 이름, 개인의 예측할 수 없는 합리화와 관련된다. 한 순간의 움직임, 장소의 비축과 설명, 도시, 건물의 유형, 신, 징조, 성자, 상상의 존재들, 망각의 현실은 조작자에게 거의 감당할 수 없는 어려움을 던질 것이다. 하지만 이 어려움은 불교적 행동으로 전환하기 위한 획기적인 수련을 통해 제거될 수 있다.

오늘날의 건축 Architecture Today

{한스 콜호프 Hans Kollhoff}

출처: *DOMUS 756*. Milan, January 1994, 72-77쪽 중에서

'시대착오적으로 들릴지 모르지만 나는 도시가 좋다. 그러나 도시는 자연이나 시골과는 정반대이며 인공적이고 자그맣다. 나는 도시의 정신없는 북적임과 외곽지역의 고독함 모두를 즐긴다.'

'도시 영역을 구성하는 요소는 단위 건물들이다. 구조적 구성 요소들로 분해되지 않으면서 조정 가능한 하나의 덩어리가 도시의 단위 건물을 위한 기본 틀이다.'

'도시의 건축은 석재들 중 하나와 같다. 우리의 집합적 기억은 석재 안에 집중된다. 승강기 코어의 석회암 블록들이 없었다면 미스 반 데 로에의 커튼월 마천루는 어떻게 되었을까?'

'결국 우리는 비 물질화의 시대에 살고 있기 때문에 건물에 자연적 재료들을 사용하는 것을 선호하는 것이다.'

나는 튜링기아 Thuringia의 한 농장에서 태어나 여섯 살까지 살았다. 내가 볼 수 있는 한에서는 주변에 평야와 숲, 그리고 멀리는 산과 '낡은 탑' 뿐이었다. 언덕 위에 세워진 그 탑은 커다란 바위로 만든 거대한 원형의 요새로 슬레이트 지붕의 주택들에 둘러싸여 있었다. 겨울철에는 그 농장에 눈이 자주 내려서 말이 끄는 짐수레로 마을까지 우유를 가져가는 것은 성가신 일이었다. 거의 사각형인 농장은 네 개의 건물로 둘러싸여 있었다. 그 건물들은 커다란 헛간, 기다란 마구간, 그리고 주택과 모루가 놓여있는 대장간이었다.

내가 도시를 느끼는데 이러한 경험이 영향을 미쳤음은 의심할 여지가 없다. 시대착오적으로 들릴지 모르지만 나는 도시가 좋다. 그러나 도시는 자연과 시골과는 정반대이고 인공적이며 자그맣다. 나는 내 인생의 대부분을 도시에서 보냈다. 그곳은 내가 살아가고 일하는 곳이다. 하지만 때때로 나는 산이나 외곽으로 나가고 싶은 충동을 느낀다. 나는 도시의 정신없는 북적임과 외곽지역의 고독함 모두를 즐긴다. 그것이 이 두 가지가 어떤 형태로든 섞이는 것을 내가 혐오하는 이유이다. 나는 목초지에 있는 슈퍼마켓만큼이나 뒤뜰에 있는 비오톱을 싫어한다. 이 두 가지 모두 내 두 눈뿐만 아니라 건축에서 드러나는 수 백 년을 흘러온 유럽식 생활 방식도 망쳐놓는다. 도심에 있는 시민 정원의 목가적 경험은 농장지대에 있는 중고차 주차장만큼이나

부적절한 것이다. 도시에 숲을 조성하고자 하는 충동이 도시 변두리의 무분별한 자연 파괴를 동반한 점은 우리 일상의 정신분열증의 일부이다. 사람들은 건물의 고밀화에 반대한다. 그러면서도 한편으로는 훼손되지 않은 자연을 즐기기 위해서는 더욱더 멀리 운전해서 나가야 될 것이라는 점을 의식하지 못한다.

베를린은, 아니 적어도 서베를린은 도시가 어디서 끝나고 변두리가 시작되는지를 보여주는 명확한 선을 그어놓은 장벽의 유일한 이점을 잘 활용하고 있었다. 어떤 이들은 그것이 유럽의 다른 어떤 도시도 누릴 수 없는 특권이었음을 깨닫기도 전에 이제는 그 도시가 발트해 연안까지 멀리 확장되는 것을 두려워하게 될 것이다. 만약 생태학적으로 긴요한 것이 있는데 그것이 자그맣게 만들어 진다면, 건물과 도시로 점유된 대지를 최소한으로 제한해야 한다.

도시 구조를 이루는 아파트에 살고, 공장에서 일하며, 백화점에서 쇼핑을 함으로써 모든 사람들이 쉽게 변두리로 나가게 될 것이다. 부가적인 결과로 시간의 절약, 사회적 기반과 교통비용의 절약이라는 보상을 받을 것이다. 물론 증가하는 건물의 밀도를 위한 계획들은 앞으로 오랫동안 논쟁의 주제가 될 수 있다는 한계를 가지고 있다. 왜냐하면 베를린은 다른 유럽의 도시들과 비교할 때 전원도시에 가깝기 때문이다. 도시가 외곽으로 확장하는 것을 막고자 하는 공동의 접근법에 동의하지 못하는 베를린과 브란덴부르크, 그리고 그 도시들을 아우르는 국가의 무능은 우리 눈앞에 펼쳐지는 파멸의 개발에 대한 합리화로 이용되기보다는 오히려 그 문제에

Hans Kollhoff in collaboration with Christian Rapp / Piraeus / Housing complex / Amsterdam, the Netherlands / 1994

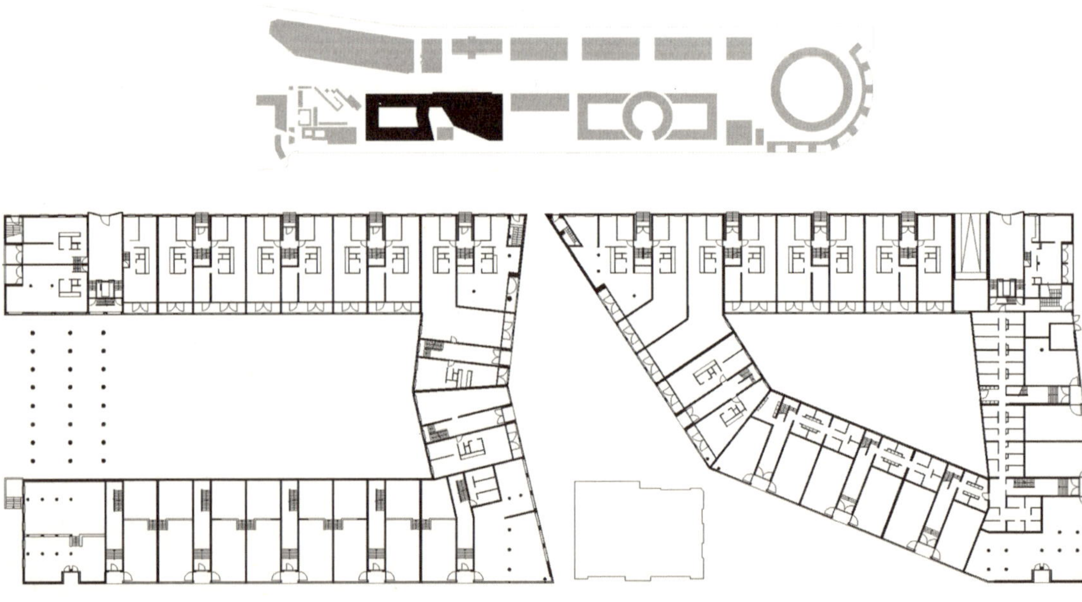

대한 여론분열의 암시로 해석되어야 한다. 이러한 배경에 반해, 최근 들어 근대적 도시계획의 가능성에 대한 뒤늦은 이행으로서 매우 자주 찬미되고 상당한 인기를 얻고 있는 변두리에 관한 국제적인 논의는 베를린의 또 다른 면을 보여준다. 베를린은 아무런 사전 준비 없이 공업지역의 불모지와 폐기된 철도 또는 항만을 위한 개발뿐만 아니라 넓은 역사적인 도심 지역까지 계획할 수 있다는 독특한 상황에 놓여 있다.

사진 속의 변두리가 간직한 가능성은 현실에서 절대로 실현될 수 없다. 이미지와 현실 사이에는 차이라는 세계가 존재한다. 미학적 형태를 부적절한 곳에 가져다 대는 포스트모더니스트들의 속임수는 변두리에 한해서는 아직 완전한 도시가 아니거나 또는 더 이상 도시가 아닌 어떤 것에 대한 표현으로서 어느 정도 참을 만하다. 하지만 도심에서의 그것은 절대적으로 견딜 수 없이 파괴적인 것이다. 19세기 후반에 개발된 베를린의 한 지역인 모아비트 Moabit는 베를린 컬쳐 포럼 Culture Forum과 같은 곳들에서 느낄 수 있는 도시풍경의 모델이 될 수 있는 산업화 초기부터의 유형들을 모아놓은 거대한 모음집으로, 도심에서는 실패할 운명이었을 것이다. 미디어에 끌려 다니는 우리의 민주주의 제도들을 수용해야 할 새로운 건물들이 외면할 수 없는 기계화의 힘과 어떻게 동등한 입장에서 경쟁할 수 있었을까? 한때 서베를린의 단부였던 남부 프리드리히스타드 Friedrichstadt는 두 개의 베를린이 다시 하나로 엮이고 여전히 남겨진 전쟁 전의 대도시 이미지에 맞춰지도록 요구되면서 이제야 두 개의 절반이었던 도시의 중심에 자리하고 있다는 정체성을 되찾게 되었다. 우리 앞에 놓인 것은 국제 건축전의 재활, 즉 IBA(베를린 국제 건축전)의 회복이다. 고맙게도 주택에 한정되지 않은 프로그램들로 가득한 도심에서 우리는 어떤 건물을 세워야만 하는가? 쓸데없는 무시로 가득한 모든 장난과 이간 그리고 '모순의 게임'은 그 모든 것들에 대한 배경으로서의 기능을 해야 할 충분한 도시구조, 도시구획이 더 이상 남겨져 있지 않은 곳에서 예외가 규칙이 되는 순간 중단 되어야만 한다. 아주 천박한 하스 빌딩 Haas Building과 싸구려 일리노이 센터 Illinois Center는 시대착오적이라 할 수 있는 컨텍스트 속에서 유연해질 수 없다면 부정적인 것으로 인식될 것이다.

공동체 의식을 제대로 다룰 수 있는지, 그 이웃들을 존중하는지 그리고 비슷한 부류들과 대화에 나설 수 있는지를 모든 건물들이 스스로에게 질문해봐야 하지 않을까? 그것이 바로 오늘날의 건축이 과거의 건축을 다루는 방법이다. 오늘날의 건물들은 오만하고 배려가 부족하기 때문에 성공한 고객의 테이블 주위 빈 공간에 무례하게 자리 잡는다. 하지만 과거의 건축이 소수의 집단이 된다면 모든 것이 아주 잠시 즐거움을 줄 수 있을지는 모르지만 길게는 말로 못할 비참함을 느끼게 할 수도 있는 바보들의 집단으로 변해버릴 것이다.

하나의 건물은 다른 유사한 건물들과 소통의 장을 만든다. 개별 건물들의 향이 만들어내는 공간은 건물들 간의 관계를 잘 반영한다. 거리와 광장이 변화를 무한히 수용할 수 있는 도시 공간의 형식임은 이미 증명되었다. 지금의 세기는 이러한 유형을 확장하는데 본질적으로 새로운 기여를 하여왔는가? 도시 영역을 이루는 요소는 단위 건물이다. 대형 구조물도 자유로운 건물 요소들의 구성도 그 역할을 해내지 못한다. 이 이유는 전자는 더 이상, 후자는 아직 전체적인 건물로서 경험될 수 없기 때문이다. 구조적인 요소들로 분리되지 않으면서 조정 가능한 하나의 덩어리가 도시의 단위 건물을 위한 기본 틀이 된다.

이 덩어리는 무너지지도, 무너질 듯 보이지도 않도록 땅 위에 견고하게 세워진다. 단단한 기초가 만들어진다. 지붕이 확실하게 정해진다. 지붕선은 건물과 하늘을 구분 짓는다. 1층은 공공의 성격을 드러내고 기초부의 형태는 거리와 가로의 기능적인 연결을 표현한다. 볼륨의 모서리는 매스가 흘러가버리는 것을 멈추기 위해 유지해야만 되는 어떤 것을 절실히 필요로 한다. 그 모서리는 명확한 관계성이 정립된 하나의 단위로서 건물을 한정한다. 이제 바닥판들이 첨가되고 입면을 통해 외관을 갖추게 된다. 추상적인 육면체는 나의 신체와 관계를 가질 수 있는 규모의 오브제가 된다. 당연히 하중을 전달하는데 이용되는 기둥들이 실내의 벽체와 입면이 만나게 되는 모든 곳에 자리한다. 나는 하나의 모듈을 결정해야 한다. 기둥들 뒤편으로 전단벽들과 창을 위한 개구부 사이의 게임이 시작된다. 그리고 부재의 수직성을 보기 위한 진자가 앞뒤로 흔들린다. 건물의 표면은 격자 창틀이나 개구부를 가진 외피가 되며, 기둥이나 바닥 중 어떤 것

을 두드러지게 할 것인가를 결정하는 지배적인 수평선 또는 수직선을 표현하게 될 것이다. 필요한 기둥들과 페러핏들이 제자리에 있을 때 개구부들은 확실하게 고정된다. 이는 구조적인 요구사항들을 꼼꼼하게 만족시키는 한편, 건물의 외관을 섬세하게 조율하는 결과를 낳는다. 마지막으로 입구가 결정된다. 입구는 먼 곳에서도 그 위치를 알아볼 수 있게 건물의 바닥판을 벗어나 나타난다. 그리고 이제 다시 육면체로 돌아오면 우리는 구축적 표현을 위해 구멍 난 외피를 버리고, 특정한 기능으로 활용되거나 어떠한 상황이 요구하는 표현에 대한 모든 범위의 가능성을 열어두었다. 건축가의 예술적 자유는 전통과 혁신의 명백한 대립을 해결하는 성문화되지 않은 건축적 합의를 바탕으로 이제 완전하게 발전할 수 있다. 도시의 건축은 석재들 중 하나와 같다. 알도 로시가 이야기한 지속성은 유리와 알루미늄에서는 확실하게 드러나지 않는다. 도시의 건축이 단순히 눈을 즐겁게 하는 것을 넘어 그 시대를 초월해야만 한다고 생각한다면 고트프리드 젬퍼 Gottfried Semper가 보여준 철의 건축에 관한 의구심은 확실히 그 타당성을 잃지 않는다. 우리의 집합적인 기억은 바로 석재 안에 집중된다. 승강기 코어의 석회암 블록들이 없었다면 미스 반 데 로에의 커튼월 마천루는 어떻게 되었을까?

내가 석재 건축이라 이야기하는 것은 벽돌이나 심지어 전통적인 플라스터로 만들어 질 수 있는 단일체적 형태를 의미한다. 하지만 기성의 외장 패널이나 스티로폼 위의 얇은 플라스터마

감은 이러한 기능을 충족하지 못하고 결국 건물이 도시적인 외관을 갖느냐 아니냐를 판단하는 결정적인 디테일이 된다. 오픈 조인트 혹은 실리콘으로 매워진 줄눈은 도시적 디자인 요소로서 기능을 갖는다. 피라미드의 건설자들이 실행했던 다층적 입면의 원칙을 따르지 않는 것은 의문스러운 일이다. 그리고 잘못 인도된 기능주의자들의 정직함 때문인지 또는 단순히 상인들의 부적합한 기술들의 결과인지는 모르지만 그 입면을 수요 창출에 열을 올리는 산업에 의해 판매되는 총체적으로 표준화된 제품들로 통합해버리는 것은 우리의 무능에 대한 더 큰 의문이다.

표면과 줄눈의 처리는 석재 건축의 외관에 있어서 가장 결정적인 것이다. 석재 건축은 표면의 가공과 센티미터 단위 두께의 조인트에서 튀어나온 앵커의 처리 방식에 따라 졸부들이 기계적인 조립품으로 만든 건물처럼 보일 수도 있고, 수세기에 걸쳐 다듬어진 자연스러워 보이는 조인트를 보여줄 수도 있다. 건설 산업이 계속해서 무작위로 새로운 발명품들을 만들어내고 부동산 개발업자들에게 들어가는 비용이 증가한다는 이유만으로 새로운 구조를 만드는 모든 공법들을 받아들인다는 것은 전혀 타당성이 없다. 석재 대신에 천여가지 색상의 가루 설탕이 입혀진 타일들이 주어진다면 어떠한 설계사무실도 1밀리미터 두께의 더러운 갈색 코팅 뒤로 설치된 목재 창틀이 그 물성을 유지할 것이라고 보장하지 않을 것이다. 공업화된 대량 생산은 그 시작부터 지금까지 건축가들의 희망을 계속해서 무시해버리고 있다. 당신이 표준화된 창틀에 반

대할 수 있는 것은 장인의 기술을 잊지 않고 있는 작은 사무실과 일을 하거나 시장에서의 손해를 매울 수 있는 기회를 찾은 사무실들과 함께 작업을 할 때뿐이다. 미국에서 원더 브레드가 너무 부드럽고 말랑해서 어떤 것도 만들 수 없었을 때 사람들은 발효된 반죽으로 빵을 만드는 방법을 갑작스럽게 기억해냈다.

나는 위트레흐트 Utrecht에 있는 슈뢰더 하우스 Schröder house를 더 오래 전에 방문했어야 했다. 근대 건축의 모든 비극은 그 건물에서 이미 만들어지고 있었다. 그 건물, 아니 그 구성은 실제로 색채로 만들어졌다. 건물들의 비 물질화는 단순하지만 잔혹하게 일관된 방법으로 세상이 표면처리 되기를 기대했다. 회반죽을 바른 벽돌이나 콘크리트는 회색의 표면 아래 똑같이 잘 감춰져 있으며, 기본적인 색상들에 가려진 선형의 요소들이 철인지 나무인지는 알 수가 없다. 구조적 상세들은 중요하지 않다. 정말 중요한 것은 추상적 색채 환경이다. '추상적 색채 환경'이란 페인트칠을 통해서만 특출한 예술적 중요성을 드러내는 일종의 브리 콜라주이다. 카드보드 입간판 같은 이 건물의 평면은 누르거나 돌리거나 끌어내리는 낡고 힘든 방식으로만 작동하는 요소들로 복잡하다. 그런데 단면에서는 그 요소들이 함께 보이지 않는다. 색채가 없었다면 입체감은 결코 얻어지지 못했을 것이다. 그 건물에서 결코 멈춰서 있지 않고 어떤 원심력으로부터 외부로 밀어내는 듯한 공간감을 주는 것은 바로 색채이다.

Hans Kollhoff / Leibniz Kolonnaden, Walter Benjamin Platz / Office building and housing complex / Berlin, Germany / 2001

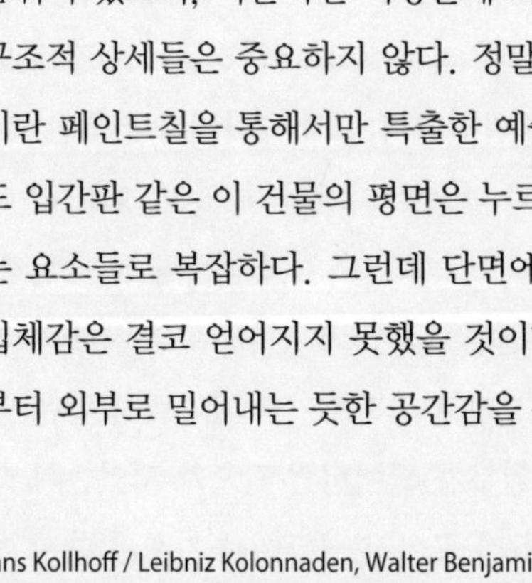

전통적으로 지어진 줄지어선 주택들에 허술하게 달라붙어 있는 섬세한 구성요소들은 풍경과 관계를 갖기 위해 그 주택들을 의도적으로 외면한다. 그리고 도시에 등을 돌려 네덜란드의 시골지역으로 시선을 향한다. 이는 도심에 있는 고등학교를 다니는 딸을 둔 예술 애호가인 괴짜고객이 원하는 것이다. 사치스러운 여성과 그녀의 예술가 혹은 건축가가 건축의 발전에 근본적인 영향을 미치지 못해서 당신이 그 건축을 마주하고 섰을 때 마치 그 순간까지는 높은 자질과 교양을 갖추었던 건축가의 실패를 이해하는데 중요한 열쇠가 되는 모든 악의 근원을 바라보고 있는 듯이 느끼게 된다면, 이러한 현상은 그다지 중요하지 않은 것처럼 넘겨버릴 수도 있을 것이다.

건축을 통해 단순히 사회적 환경을 반영하는데 만족하기에는 우리는 너무나 빠르다. 이는 혼돈의 도시나 화려한 디테일에 정당성을 부여한다. 하지만 우리는 이러한 환경들이 어떻게 되어야만 하는지 생각하도록 요구받고 있지 않은가? 일반적 관점에서 도시 디자인과 건축은 개념적인 가치와 물질적 가치를 모두 세우고 존중하기 위한 수단으로 여겨질 수 있지 않을까? 하지만 근대화에 침식된 유럽의 도시들을 평가한다면 우리는 도시적 건축의 전통을 던져 버린 계획가들의 모든 노력이 비참한 실패로 돌아갔다는 우울한 결론에 이르게 된다. 우리 시대의 기계적 미학도, 19세기 후반의 강력한 공업적 주조 성형도, 그리고 칸딘스키나 말레비치 같은 이들로부터 빌려온 활력도 우리의 전문성이 한낱 미디어의 일부가 되어버릴 각오가 되었는지 그리고 환각의 우주로 뛰어들 준비가 되었는지 혹은 70여 년 전 끊어진 실타래를 기꺼이 다시 이을 준비가 되었는지에 대한 질문에 직면하고 있다는 사실을 덮어버릴 수는 없다. 근본적으로 세계는 서로 다르지 않기 때문에 우리는 수세기에 걸쳐 고도로 정제된 도시 문화로 발전한 모든 것들도 뒤집어버릴 수 있다는 결론에 이른다. 마찬가지로 미디어가 만들어낸 지금 이 세계 또한 근본적으로 새로운 것이 아니기 때문에 우리는 과거에도 있었고 현재에도 여전히 도처에 있는 유럽의 도시문화는 잊어버릴 가치가 있을 것이라는 교훈을 얻는다.

그러나 베를린의 현재 상황은 다른 유럽의 도시들과는 급격하게 다르다. 여기서 요구되는 것은 19세기에 대부분 만들어진 획일적인 도시 구조의 빈틈을 채우기 위한 색채의 빛도 아니고 무엇보다 도시의 경계에 업무지구를 계획하는 문제도 아니다. 지금 필요한 것은 20세기의 끝자락에 유럽의 도심이 어떤 모습을 갖춰야 할 것인지를 고민하는 것이다. 그리고 베를린은 배터리 파크 시티 이후 도크랜드와 라 데팡스에 이어 한 번 더 유럽의 도시 개발을 위한 실험실의 역할을 하게 될 것이다. 발전의 경이로움이 우리 모두를 행복하게 만들어 줄 것이라는 근대적 도시 디자인이 만들어낸 모든 가능성들이 실망으로 바뀌어 버렸기 때문에 우리는 위와 같은 도시들이 다시 한 번 스스로를 발견하기를 바랄 뿐이다.

기념비적으로 비형식적인 것들 The Monumentally Informal

{제임스 스털링 James Stirling}

출처: James Stirling, *Neue Staatsgalerie Stuttgart*. Stuttgart (Finanzministerium Baden-Würtemberg) 1984, 9-17쪽 중에서

나는 우리가 하는 작업이 결코 단순하지 않으며 건축 디자인에는 작용과 반작용이 항상 공존한다고 생각한다. 우리는 슈투트가르트 미술관 신관이 공공건물을 위한 전통방식을 대표하기 때문에 기념비적이길 바라지만 한편으로는 비형식적이고 포퓰리즘적이어서 구불거리는 보도와 텅 빈 중심 공간 그리고 채색 등을 폭넓게 포함하는 반-모뉴멘탈리즘적이기를 희망하기도 한다. 나는 '추상 Abstract' 이나 '구상 representational' 둘 중 하나로 범주화할 수 있는 우리의 초창기 프로젝트들을 간략하게 언급해가면서 컨텍스트에 관련된 우리의 작업들에 대해 생각해 보고자 한다.[1] '추상' 은 근대 운동과 관련된 양식으로 큐비즘, 구성주의, 데 스틸De Stijl 그리고 건축의 모든 새로운 사조들로부터 나온 말이다. '구상' 은 전통과 지역성, 역사, 친근함의 인식 그리고 일반적으로 세월이 흘러도 변치 않는 건축적 유산들과 관련이 있다. 나는 초창기부터 한 가지 범주에 포함되어 다른 범주에서는 종종 제외되는 우리의 프로젝트들에 이 두 가지가 함께 공존해왔다고 믿고 있다. 최근에는 특히 슈투트가르트 미술관 프로젝트에서 동일한 건물 안에 이 두 양상이 상호 보완적으로 공존하고 있다고 생각한다.

단절된 로마 Roma Interrotta(12명의 건축가들이 놀리 Nolli의 1748년 도시계획을 최신화하기 위해 로마를 부분적으로 재건축했던 설계 경기)에서 우리는 트라스테베리 Trasteveri 전역에 걸쳐 통합되거나 병치된 지난 25년간의 프로젝트들을 활용해 맥락주의에 관한 이론을 세웠다. '컨텍스트와 관련된 도시계획의 기법은 다소 즉흥적인 감이 있긴 하지만 건물이 시각적 컨텍스트에 영향을 받으면서 그 '존재' 를 확인, 보완한다는 면에서 어느 정도 역사와도 일맥상통한다.'[2]

나는 1950년에 건축학교를 마쳤다. 곧이어 하게 된 프로젝트는 완벽하게 '추상' 이었던 주택(1951)이었는데, 20세기 이전의 그 어떤 것들도 '추상' 의 참조가 될 만한 것은 없었고 당시 우리는 근대 건축이 이 모든 것을 다 해낼 수 있을 것이라고 믿었다.

곧이어 하게 된 마을 주택 프로젝트(1955)는 그와 반대로 중세시대부터 존재해 온 도심마을과 형태는 전혀 다르지 않으면서 전통적이고 지역적인 '구상' 을 대표하는 전형적인 영국식 마을을 어떻게 확장할지에 대한 연구였다. 이와 유사하게 사우스 켄싱턴에 있는 한 부호의 주택 프로젝트(1957)는 에드워드 시대의 저택 지역에 지어질 예정이었는데, 그 지역의 맥락에 맞는 재료들과 형태에 영향을 많이 받아 일렬로 늘어선 돌벽과 구리지붕을 이용해 '구상' 임을 표현

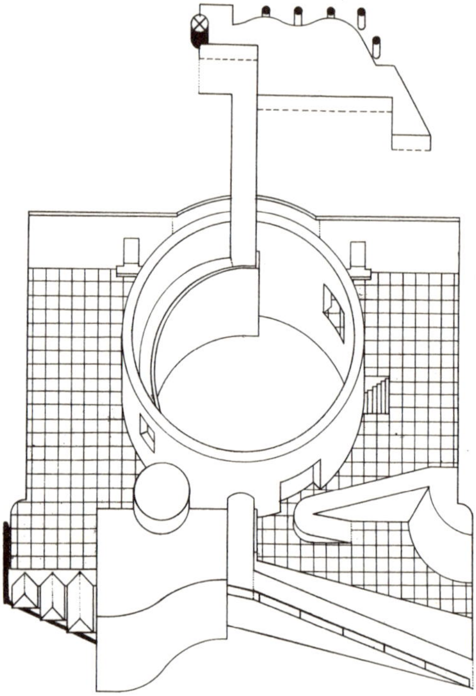

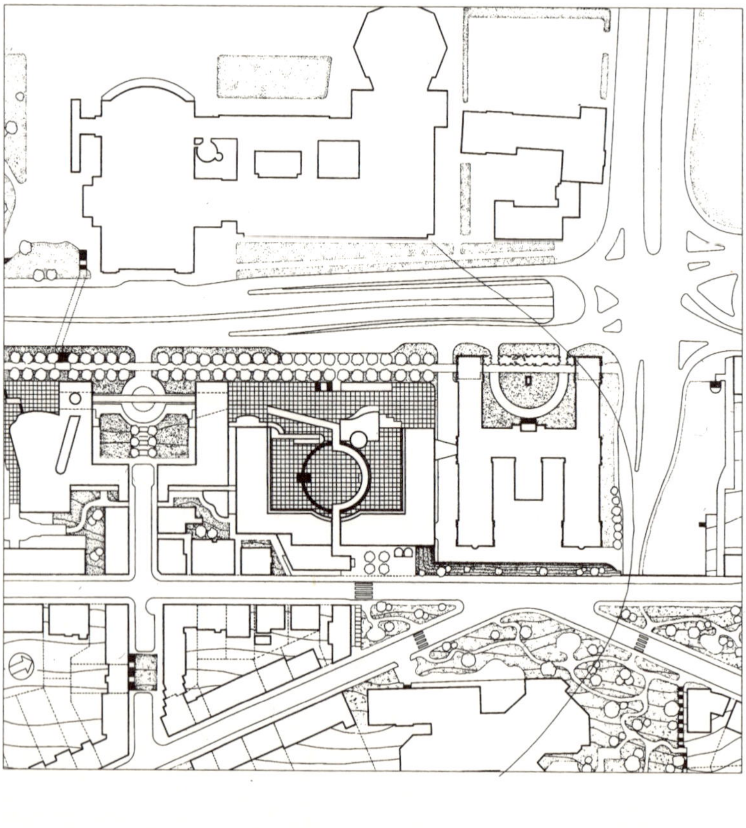

하였다.

그러나 레스터 대학(1959)의 공대 건물과 같이 초기에 지어진 건물들은 배경적 컨텍스트의 영향이 거의 없다는 점에서 '추상'의 범주에 속하는 경향을 가지고 있다. 아마도 대학의 뒷마당에 위치했기 때문일 것이다.

우리의 첫 번째 미술관/화랑 디자인은 스코틀랜드의 세인트 앤드류 대학(1971)에 있는 것이었다. 18세기 주택과 그 옆에 위치한 오두막을 보존해 아트센터로 개조하였다. 우리는 ('추상'적인) 첨단 기술 요소(헤이즐미어 Haslemere에 있는 올리베티 Olivetti 트레이닝 센터의 커튼월 외벽)과 ('구상'적인) 전통의 소박한 석벽을 결합하여 미술관, 극장, 스튜디오를 추가로 만들었다. 휘어진 높은 벽들은 주택을 오두막과 새로운 숙소로 연결시키며 그 구역 내 옥외공간을 한정했다.

1975년에 우리는 서독에서 두 개의 현상설계에 초청되었는데 그 중 첫 번째가 뒤셀도르프 Düsseldorf 미술관이었다. 미술관 전체를 대표하고 상징하며, 큰 도시구역 내에서 묻혀버리지 않으면서도 역사적 중심지에서의 그 영향력을 최소화도록 디자인 된 신고전주의식 입구 전시관이 원형의 보이드 공간으로부터 뻗어져 나오는 이 작품에도 '구상'과 '추상'이 공존한다. 이는 주변에 비슷한 몇몇 '신고전적'인 건물들이 있었고, 내가 19세기 미술관들 사이에 분명한 연관성이 존재한다고 생각했기 때문이다. 주된 건물은 '추상'이라 할 수 있지만, 입구의 전시관은 전쟁 전에 비슷한 크기의 건물이 같은 장소에 세워져 도시의 귀중한 예술품들을 전시했었다는 점에서 오히려 전통, 역사, 익숙함 그리고 아마도 고고학이나 기억과 연관된 '구상'에 해당된다 하겠다. 개인적으로는 이 프로젝트가 지어지지 않은 것이 안타깝다. 그 프로젝트가 우리의 독일 미술관 시리즈—뒤셀도르프/쾰른/슈투트가르트—의 첫 시작이었기 때문이다. 예전에 지었던 대학교 건물 시리즈—레스터/캐임브릿지/옥스퍼드—와도 유사하다. 이는 많은 건축가들에게 일어나는 현상이기도 한데 (예를 들어 로스앤젤리스에 있는 프랭크 로이드 라이트의 콘크리트 블록 주택들과 파리에 있는 르 꼬르뷔제의 초기 스튜디오 주택들) 왜 프로젝트들이 이따금씩 시리즈로 만들어졌는지는 잘 모르겠다.

독일에서의 두 번째 현상설계는 쾰른 köln에 있는 미술관이었다. '구상적/상징적' 요소들과 '추상적/기술적' 양상들을 통합하였고, 회랑식 입구 홀과 선큰의 조각 정원은 대성당이 존재하고 있음을 보여주는 두 개의 상징적 요소가 되었다. 자유롭게 놓인 지붕이 설치된 에스컬레이터들과 다목적 객석은 복선철로와 현수교의 기술적인 특징들을 표현한다. 라인강을 가로지르는 호엔촐레른 Hohenzollern 다리를 축으로 형성된 새로운 건물들의 기념비적인 (그리고 대칭적인) 집합은 성당의 첨탑을 떠올리게 한다.

우리는 독일에서의 세 번째 현상설계에 당선됐다. 그 프로젝트에서는 오래된 맥락과 새로

운 맥락의 상호 연관된 특성들을 다음과 같이 고려하였다.[3]

a. 기존의 건물들은 그 지역의 거리가 가진 특성들을 보존한 채 최대한으로 유지되었다. 전쟁으로 파괴된 슈투트가르트는 전후 건설로 인해 오히려 더 많이 파손된 상태였기 때문에 건물들을 최대한 보존해내는 것이 현상설계의 중요한 부분이었다. 오이겐슈트라쎄 Eugenstrasse에 있는 극장 후방시설동과 위르반슈트라쎄 Urbanstrasse의 미술관 협회와 같은 신축 건물들은 거리에 들어서 있는 인접한 건물들과 같은 규모, 배치, 재료를 갖는다.
b. 구갤러리(1837)는 신고전주의적이면서 U자 형태의 평면이었다. 주출입구를 향해 반원형의 진입도로가 있었고 고전적인 항아리4를 대신해 말을 탄 남자가 앞마당 중앙에 놓여있었다. 신관 또한 U자 형태이지만 반원형 진입로 대신 원형의 중정이 있다. (칼을 든) 말을 탄 남자는 평면의 동일한 축선 상에 위치한 (광고판이 설치된) 택시 승강장 구조물에 의해 다시 한 번 강조된다.
c. 새로 지어진 극장동은 (비슷한 규모와 재료들로) 구갤러리를 다시 한 번 떠올리게 한다. 둘 다 대로 쪽을 향한 입구들을 갖춘 전면 광장을 부분적으로 포함한다. 커다란 주차장이 있는 콘라드 아데나우어 슈트라쎄 Konrad Adenauer Strasse를 마주보고 3미터 높이의 테라스를 설치하는 것은 현상설계의 필수사항이었다. 그리고 현장을 가로지르는 일반인을 위한 오솔길 또한 안타깝게도 하나의 도시구역의 특성을 유지하는 데는 전혀 도움이 되지 않는 사항이었으나 많은 독일 내 현상설계에서는 보편적으로 요구되는 것이었다.

나는 이 건물이 미술관을 연상시킬 수 있길 바란다. 방문객들이 그것을 보고 '미술관처럼 보인다.' 라고 느꼈으면 좋겠다. 그런 전례들은 20세기보다는 19세기 건물들에서 몇 가지 찾아 볼 수 있다. 예를 들어 역사적으로 많이 사용되어온 아치형 개구부를 도처에 사용된 코니스가 아닌 조각 테라스의 경계를 뚜렷하게 하는데 사용된 것과 같이, 비록 전통적인 요소들이 근대적인 방법으로 사용되긴 했지만 전통적인 요소들과 새로운 요소들이 잘 결합되어 디테일을 구성하고 있다. 마찬가지 예로 입구나 기타의 것들의 위계를 결정짓는 구성주의적 캐노피의 집합들도 있다. 나는 싱켈의 알테스 박물관이 19세기를 잘 대표하는 박물관의 원형이라고 이야기하고 싶다. 그 박물관은 굉장히 흥미로운 특성을 가지고 있는데, 자유롭게 흐르는 듯한 공간과는 대조적으로 병렬로 배치된 방들과, 그 방들이 아무리 작아도 어느 정도의 기념비성은 가지고 있다는 점을 들 수 있다. 도시에서는 랜드마크를 갖추는 것이 필수적이다.—기념비가 전혀 없는 도시는 어떠한 장소성도 갖지 못한다. 나에게 있어서 기념비성이란 크기나 스타일과는 무관하게 전적으로 '존재감' 과 관련된 것이기 때문에 의자 하나도 충분히 기념비적이 될 수 있다.—나

James Stirling / Runcorn New Town Housing / Housing complex / Liverpool, UK / 1967-1976

는 그런 의자를 몇 개 가지고 있다.

물론 고전주의를 그대로 반영하는 것은 더 이상 받아들여지지 않는다. 이 건물의 중앙에 위치한 판테온은 절정의 공간이라기보다는 하나의 빈 공간—공간이 아닌 것 같은 방—이며, 반구형 돔 대신 하늘을 향해 열려 있다. 평면은 축을 따르지만 개별 방들은 간간이 자유로운 평면과 결합하여 배치되고, 중앙 축의 양쪽 측면을 따라 개방적인 오솔길이 놓이도록 절충되었다. 이와 같이 우연하게 기념비적이 된 것들은 신중하게 의도된 비형식성에 의해 약화된다. '정면' 의 양면성은 대로가 가지는 모호함과 잘 부합한다. (콘라드 아데나우어 슈트라쎄는 거리라기보다 도로에 가깝다.) '아케이드' 를 대신하는 정면은 건물을 가로질러 통과하는 보행 동선을 따라 주변의 상황들을 보여주며 뒤로 물러난다. '기념비적으로 비형식적임' 에 기여하는 몇몇 디테일들은 석벽의 병렬적 나열과 출입구의 캐노피, 두꺼운 튜브 패러핏 난간 손잡이와 입구 홀을 향해 S자로 휘어진 돌출 창문과 같은 색채가 강한 금속 조립품들, 택시 정류장 구조물, 흡기 탑 등등이 있다. 이러한 형형색색의 요소들은 기념비적인 석재를 캐는 채석장의 외양에 잘 어울릴 듯하다. 내부에 사용되는 (일반적인 광을 잘 낸 돌 대신 사용된) 녹색의 고무바닥은 오늘날의 미술관이 대중적인 오락을 위한 장소가 될 수 있다는 점을 환기시켜주는데, 음향적인 가치를 갖고 있을 뿐만 아니라 그곳에는 매우 적합한 마감이었다. 밝게 도색된 개방형 승강기 부품과 방사형 천정 조명, 휘어진 조리대 등 모든 것이 비형식성을 보여주는데 기여하고 있다. 전시공간의 천정 격자 조명을 보면 오늘날의 쇼핑몰처럼 미술 전시회 옆에 자리 잡은 매장이 연상될지도 모른다. 하지만 여기서는 이러한 연상과 함께 나팔모양 기둥의 기념비적인 존재도 더불어 나타난다. 이들 외에도 더 깊이 있는 연구를 위해 살펴봐야 할 비유의 예들은 훨씬 더 많다.

'역사적으로 건축의 예술성은 매우 중요한 요소로 기억되어 왔다. 그러나 근대 건축의 출현과 함께 사회학적, 기능적 그리고 부동산적 가치가 더욱 영향력을 가지게 되었다. 아이러니하게도 근대 건축에서 나타나는 확실성의 상실과 맞물려 복지국가에 대한 확신과 엄격한 상업적 표준 역시 퇴색해간다고 나는 믿고 있다. 어떤 점에서는 건물이 주변과 시대의 컨텍스트에 적합해야 한다는 태곳적 열망이 다시금 자리를 잡고 있는 듯하다. 적어도 우리의 건축주들은 지금 그렇게 원하고 있다. 근대 건축—바우하우스, 국제주의 양식 등 어떤 이름이 됐건—의 추상적인 어휘와 씨름해야 하는 건축가들에게는 이러한 어휘가 단조롭게 반복될 뿐 아니라 의미의 폭도 매우 한정적이었기 때문에 근대 운동의 혁명적인 국면이 지나간 것은 환영할 만한 일이다. 나는 건축의 주류는 보통 점진적이라고 생각한다. 그리고 혁명이 계속해서 일어나고는 있지만 (그리고 근대 운동도 분명히 하나의 혁명이었지만) 그럼에도 불구하고 혁명은 자주 일어나지 않는 희박한 기회이다. 오늘날 돌이켜보면 건축역사는 근대 운동에서 첨단기술에 이르는 모든 것을 포함하는 건축가의 배경이라고 거의 확실하게 간주할 수 있다. 건축가들은 항상 앞으로 나아가기 위해 뒤돌아봤으며, 화가, 음악가, 조각가처럼 우리는 우리의 예술에 '구상'과 '추상'의 요소들을 함께 포함할 수 있어야만 한다. 따라서 유토피아를 실현하려는 부담에서는 벗어났으나 특별히 도시라는 영역에서의 책임은 오히려 커진 우리는 극단적인 건축의 연속적인 진화를 통해 기억에 풍부히 남을 수 있는 작품을 만들어내는 좀 더 자유로운 미래를 기대해야 한다.' 나는 구상과 추상에 더해 슈투트가르트 미술관이 기념비적이면서 비형식적이고, 전통적임과 동시에 첨단의 기술이기를 바란다.[5]

합리적인 예산과 높은 기술력이 바탕이 되었던 슈투트가르트 미술관 프로젝트에 참여하게 된 것은 큰 기쁨이었다. 그 프로젝트를 통해 우리는 좋은 재료들을 사용하고 복잡한 디테일들을 완성하며 시공 상의 문제들을 피해갈 수 있었다. 나는 이 프로젝트에 참여했던 모든 이들에게 찬사를 보내고 싶다.

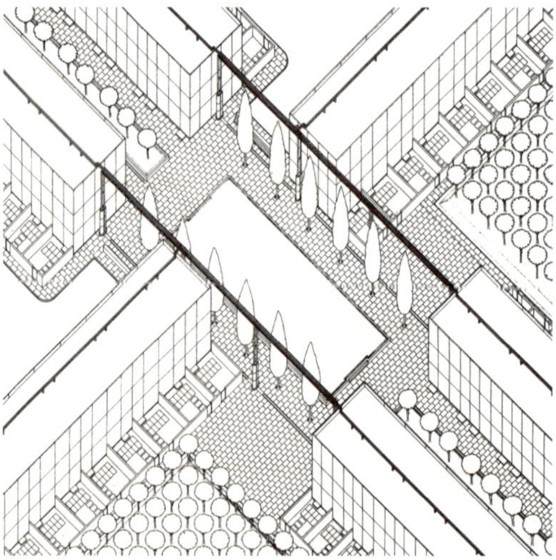

{주}

1 'JS Lecture 81(슬라이드 쇼)의 주제는 예일대 건축대학에서 처음으로 발표됐다.

2 *Architectural Design* 3/4, 1978, and *Roma Interrotta*, May/June 1979: Incontri Internazionali d' Arte. 를 참조

3 설계 설명서에서 발췌

4 이 고전 스타일의 항아리는 재발견되어 수리된 후 새로 지어진 극장(new theatre)의 앞마당 정원에 설치되었다.

5 1979년 Rice School of Architecture에서의 연설에서.

Studio Secchi-Viganò / Hoog Kortrijk / Urban plan, public spaces and cemetery / Kortrijk, Belgium / 1990

연구와 행동을 위한 제안서 An Agenda for Research and Action

{베르나르도 세끼 Bernardo Secchi}

출처: *Casabella* Vol. 56, No. 593, September 1992, 70-71쪽 중에서

내가 종전에 논문집을 통해서 제시했던 가설은 나에게 적잖은 당혹감을 가져다주었다. 따라서 이 주제로 다시 돌아가 더욱 심도 깊은 논의를 하고, 연구와 행동에 관해 몇 가지를 제안해야 할 필요가 있을 것 같다.

내가 되짚어보고자 하는 점은 세 가지다. 첫 번째는 '소수집단'에 관한 것이고, 두 번째는 '불확실성', 세 번째는 '도시계획'이다. 이들은 내가 이전의 글에서 제시했던 주요 가설들의 근거가 되었던 질문들이다.

'소수집단'들의 복합체로서 내가 묘사한 현대 사회는 헌법 제정의 시대를 시작으로 법제화의 시대를 거쳐 '탈 코드화 시대'까지, 그리고 서양 사상의 희망이자 악몽으로 흘러내려온 루소부터 루만까지 이어지는 자율성에 관한 모든 개념을 담고 있으며, 다른 여러 가지 유기체론적 형태나 서로 갈등하고 있는 계급들의 사회적 형태로 나타나는 전체론적 주장의 악몽과 희망에 반대되는 것이다.

'불확실성'은 계획의 효율성에 관한 도시계획가들의 사고와 현대 사회의 특징들을 그 배경으로 한다. 이러한 도시계획가로는 린드블롬 Lindblom, 빌다브스키 Vildavsky, 프리드만 Friedman, 베버 Webber, 숀 Schon, 포레스터 Forester 외에도 여러 명이 있다.

마지막으로 도시계획의 과제와 역할에 대한 내 생각은 이미지들이 가진 건설적인 특성 그리고 '사회 구조와 사회 의미론'에 관련한 루만과 그 외 다른 이들의 성찰에 전제를 두고 있다.

내 가설들이 포괄적이거나 무겁지는 않다. 단지 좀 더 제한된 의미의 '이성의 움직임'에 가깝다. 그 가설들은 '불완전한 사회들'이 점점 더 많이 나타날 것이라는 주장을 통해 현대 사회의 차별화가 보여주는 특정한 면면들을 묘사하는 것에 더해 그 차별화의 '형태'까지 설명하고자 한다. 그리고 상상력의 중요성과 사회 구조와 상상력의 연관성을 강조함으로써 도시계획의 기술적인 측면에 보다 명확한 의미를 부여하기 위해 사회에서 도시계획의 입지를 더욱 폭넓게 재조명하는 것을 목적으로 한다.

적어도 내 견해로는 진보적이지만 여전히 불완전한 이 사회의 미완성의 근원에는 두 가지 현상이 존재한다. 첫째는 성숙한 사회의 소비 행동 영역과 관련된 것이고, 둘째는 다양한 사회 구성원들 간의 상호작용을 조절하는 규범의 영역과 연관되어 있다.

최근 수십 년 동안 유럽 국가들에서 많은 사람들이 소비 행동의 형태를 통해 추정할 수 있

는 중요한 문제들을 관찰해왔다. 특히 이탈리아의 경우 소득의 증가율이 소비에 영향을 미쳤다는 것뿐만 아니라 무엇보다 재화와 용역의 소비 분배가 조정되었다는 것을 알 수 있다. 이탈리아를 예로 들면 소비에 관해서 간단하지만 진부하지만은 않은 이야기를 해볼 수 있다. 상품에 대한 소비자들의 관심이 단순히 먹을 것이나 편안한 안식처와 같은 '기본 욕구' 에서 더 나아가 국가적인 안정이나 가정의 안식까지 그 개념이 확산되면서, 부유한 사회의 전형적인 재화인 가전기기와 자동차에까지 소비자들의 이목이 집중된다는 것이다. 여기에는 별장, 여행, 스포츠, 오락, 패션, 교육 등이 속한다. 그러나 여기에 더욱 날카로운 분석은 지역적 불균형이 뚜렷한 국가에서 이러한 현상들이 발생하기는 하지만 모든 국가가 똑같이 이런 양상을 보이는 것은 아니라는 것이다. 예를 들어 어떤 나라들은 우리보다 더 부유한 데도 불구하고 별장 같은 것들이 많지 않은 곳도 있다. 세심한 분석가들은 이러한 다른 양상과 과정들이 자원, 그 중에서도 특히 인적 자원 '동원' 의 메커니즘의 차이와 일치한다는 것을 알게 될 것이다. 즉 '개인주의적 동원' 의 양상과 영역이 공동체적 동원의 양상과 영역으로 대체되면서 '소수집단' 의 양상과 영역도 집단적 동원의 양상으로 대체되는 것이다.

도시계획가들의 시각에서는 최근의 소비 동향이 대부분 거대한 규모의 '위치 자산 positional assets' 을 겨냥하고 있다는 의견이 타당성을 갖는다. 그들이 일컫는 위치 자산이란 시장만으로는 쉽게 생성할 수 없으며, 고유하고 배타적인 가치를 갖는 재화를 가리킨다. 예로는 좋은 전망, 독보적 위치, 유명한 거리 또는 지역을 들 수 있고 이 외에도 많다. 오늘날 '질 quality' 이라는 화두에 있어서 강조되는 바는 아마도 우리가 경험하는 양상의 특성에 대한 피상적 지표가 아닐까 싶다. 나의 첫 번째 가설은 많은 소수집단들이 '위치 자산' 을 이용하고 소유하는데 대한 접근 전략의 측면에서 그들의 행동이나 정체성을 정의하는 집단의 형태를 갖는다는 것이다. 다시 말해 자원 경제와 위치 경제 간에 경계를 두는 움직임은 '소수집단' 의 출현과 깊게 관련된 현상이라는 것이다. 이는 결론이라기보다는 연구를 위한 주제에 더 가깝다.

그러나 현대 사회에서는 각기 다른 집단들이 권리 거부권의 힘을 이례적으로 행사하는 경우를 많이 볼 수 있다. 거대하고 집단적인 사회적 주장에 익숙해져 있는 사람들에게는 그런 집단들의 분포가 곧 도무지 이해할 수 없는 권력의 지형도를 구성하는 경우인데, 이러한 집단적 행위에 있어 새로운 규칙을 통해 양립성과 일관성으로의 회귀를 촉발하려는 시도는 더욱 미세하면서도 새로운 권리 거부권의 힘을 형성하게 되는 것이다. 최근 들어 도시계획에서 입법적인 행위란 특별히 황금어장과도 같이 여겨져 왔다. 이는 권리 거부권의 힘에 의해 점점 더 많은 참여와 조정이 이루어지고, 그들의 정체성과 정당성을 세우는 새로운 소수집단들의 출현이 더욱 증가되었음을 의미한다.

어떤 소수집단들은 국가 경제로부터 점점 더 많은 이익을 얻어내는데 이러한 권력을 이용해 왔다. 이는 새로운 주요 시스템들에 불평등을 야기함으로써 매우 생산적인 영역에서 생겨난 엄청난 부를 그들에게 유리하게 재분배하기 위해서이다. 이렇게 축적된 부의 많은 부분이 '단골 고객' 차원에서 특권 체제를 확대하고 강화하는 데에 쓰이거나, 보다 독보적인 가치나 중요성을 지닌 '위치 자산' 에 접근하기 위해 사용되고 있다고 볼 수도 있다. 아마도 이탈리아는 유럽의 대체적인 경향 중에서도 매우 극단적인 경우라 할 수 있다. 그 대가로 무엇보다도 먼저 공적 분야에서, 그 다음으로 사적 분야에서 전체적인 경제 체제의 비효율성이 증가했으며 불평등이 심화되었다. 이는 당연히 하나의 가설에 불과하나 기존에 있던 가설보다는 더욱 타당하고 정확해 보인다.

대규모 집단의 사회적 주장과 그 주장을 동반하는 서술을 포기하는 것은 역사에 대한 목적론적 해석의 포기와 모든 사회계약주의자들의 관점, 정책의 세속화 등의 근간을 이룬다. 이것이 바로 사회계약론적 관점이 최근 몇 십 년간 그토록 큰 성공을 이뤄낸 이유이고, 정치적 구조가 모두를 만족시킬 수 있는 상황을 향해 점진적으로 움직이고 다양하게 상호작용함으로써 자체적으로 갈등을 해결해낸 이유이다. 이는 곧 이념 대신에 타협과 교류를, 계획 대신 과정을,

디자인 대신에 묘사를, 고객은 '왕' 이라는 말 대신에 불확실성을, 유토피아를 보여주는 것 대신에 한계를 인식하게 해준다.

도시계획 분야에서는 이러한 점들이 중요한 시기를 특징짓는다. 점차 증가하고 있는 원칙의 기본적인 특성에 대한 예리한 고찰이 타협이라는 측면에 은근슬쩍 떠넘겨지면서 이제는 원칙의 포기와 합쳐지게 된 것이다. 다른 유럽 국가들처럼 대부분의 이탈리아 사람들은 린드블롬과 그 외 도시계획가들의 분석의 배경에 반대하며, 타협의 잔재들로 이루어진 복합체로서 널리 상징되는 사회 속에서 다양한 관련 주체들의 목적을 성취하기 위한 유일한 합법적 절차는 오로지 상호교류를 통해 일시적인 균형과 합의에 이르기 위한 점증적 행동이라는 생각을 빠르게 받아들였다.

가끔씩 우리는 우리가 알고 있는 어떤 중요한 문제들에 대해서 진지하게 고려하지 않는 듯하다. 그 첫 번째 문제는 위치 자산의 전형적인 '불가분성' 과 권리 거부권의 힘에 관한 문제다. 이는 오래 전부터 논의된 바 있으며, 그 사례가 너무 많아서 언급할 필요도 없을 것이다. 그러나 이 문제에 대해 깊게 생각해본 사람이라면 점진주의의 한계, 점진주의가 전체적 합의에 도달할 수 없다는 논리적 무력함, 그리고 한때 '결함' 이라는 딱지가 붙었던 교류의 방식을 점진주의가 이겨내야 할 필요성 등을 잘 알고 있을 것이다. 두 번째 문제는 환상, 무력함, 상식, 환원주의적 추측 등의 건설적 역할과 연관성이 있다. 과학 발달사에 관한 책을 아주 많이 읽었다거나 이 문제에 대해 깊이 생각해본 사람이라면 행동의 가치를 발견하는 순간은 바로 '혼란에 대한 사과문' 을 쓸 때라는 것을 잘 알 것이다.

만약 우리가 사회적 상호작용에 대해 피상적으로 시험하지 않고 보다 충분히 몰두한다면, 그리고 다양한 주체들의 애매한 정체성과 그들에 의해서 붉거지는 논쟁들 사이의 거리를 좁히지만 않는다면 우리는 그러한 차원들의 중요성을 알아챌 수 있다. 다양한 주체들의 목적과 행동, 전략, 반응은 견고한 환원주의적인 추측과 거대한 속세의 무력함의 관점에서 만들어진다. 도시계획가들과 행정기관의 기술자들은 아주 천천히 작동하는 징계의 압박 속에서 스스로 자신들의 업무와 역할을 정립한다.

정확히 말해, 사회적 상호작용을 대화라고 주장하는 이들은 그들이 책상에 앉아 빈둥거릴 수 있게 해준 그것, 바로 상상력에 대해 진지하게 고민을 했어야 했다. 그러나 사회적 상호작용을 더 이상 줄일 수 없는 갈등이라고 주장하는 사람들조차도 서로 충돌하는 요소들이 종종 단순히 직접적이고 객관적인 이익집단이 아닌 사회 전체의 이미지들에 반하는 것이라는 걸 알고 있었을 것이다. 다양한 주체들이 도시계획에 수반되는 사회적 실천에 있어 자신들에 유리한 특정한 미사여구를 사용함으로써 자신들의 목적을 드러내는 것만은 아니다. 오히려 전체적인 사회적 '거래' 를 정교하게 만들어내며, 그 거래에서의 주체와 문제 그리고 해결책을 찾기 위한

Studio Secchi-Viganò / Spoor Noord / Park / Antwerp, Belgium / 2005

전략을 찾아내고 있다.

가끔 도시계획가들은 사회적 행위들 속에서 오랜 시간 형성된 사고, 즉 우연한 사건에 대해 냉담한 듯 보이는 그 사고의 거대한 건설적인 힘에 대해 깨닫고 경이로워하게 된다. 이는 케인즈 Keynes의 개념이었다. 케인즈에 의하면 결국 그 사고는 이해관계를 넘어선 것이며, 적어도 부분적으로는 정체성과 이해관계를 만들어내는 세계관의 구성요소이다.

내 의견은 다음과 같다. 연구와 고찰을 위한 이 거창한 주제는 실질적으로 지난 20년간 억압되어 왔고, 이는 '구체적으로 연관된 이해관계들' 간의 상호작용뿐만 아니라 사회적 상호작용을 천천히 억제해왔으며, 더 나아가 특정한 개인들 사이의 상호작용까지 감소시켜왔다는 것이다. 그리고 이러한 지형 안에서 '정치적 상호교류'는 사회로부터 가장 삐뚤어진 형태로 스스로를 심각하게 격리시키는 정도까지 확장될 수 있었다는 것이다.

우리가 '도시계획'을 비평하는 관점에서 본다면 점진주의자들이 되풀이 하는 이야기들은 얼핏 불완전하고 위축된 상상력에 의한 성급하고 피상적인 산물로 보일지도 모른다. 무엇보다도 점진주의자들은 단순히 논쟁이나 정당화를 좋아한다기보다 도시계획과 그것의 미사여구가 지니고 있는 '구조적인' 차원을 이해할 능력이 안 되는 것 같다. 사회에서 도시계획과 도시계획 실무자들이 갖는 의미, 그들의 책임감, 그리고 그들의 필수적인 의무 등에 대하여 전혀 이해를 못하고 있는 것이다.

점진주의자들은 왜 19세기의 '부르주아 도시'가 그러한 모습을 띠게 되었는지, 그리고 20세기 중반의 외곽지역은 왜 지금의 모습을 하게 되었는지 결코 설명할 수 없을 것이다. 부르주아 계급과 투기의 현상은 도시와 영토에 의해 설정되는 구체적인 형태를 설명하기에는 너무 모호하다. 그 형태들을 이해하기 위해서는 '규칙성의 개념'이라는 아주 오랜 역사와 현대적 움직임에 의해 생겨난 이미지들에 대해 각각 언급하지 않을 수 없다. 점진주의자들은 이것이 마치 그들과 관련 없는 일이라는 듯 어깨를 들썩이며 모른 체 한다. 그러나 점진주의적 조정에 대한 요구가 만들어지려면 이러한 구체적인 형태들 즉, 다양한 사회적 집단들의 일상이 이루어지는 물질적 환경을 언급하지 않고서는 불가능하다.

이러한 연구 주제를 마주한다면 우리는 '도시 마케팅'이나 '도시 경영'의 전문가보다 '도시계획가'들이 더욱 흥미롭고 구체적인 역할을 한다는 것을 알게 된다. 도시의 전문가가 더욱 비판적인 객관성을 가지고 효율성에 대해 관찰만 할 수 있다면, 도시계획가는 그의 연구와 고찰, 관심을 사회적 행동의 거대한 건설적 이미지가 형성되는 영역으로 돌릴 수 있을 것이다. 그리고 결국에는 징계라는 특정한 세계관의 산물인 도시계획이 각 기관과 법률, 환경 등에 수정과 변형을 가하는 구체적인 조치를 통해 의견일치의 가능성과 집합적인 이미지에 서서히 영향을 미친다는 것을 알게 될 것이다. 다양한 주체들의 행동이나 목표의 조화가 반드시 타협을 통해서 이루어질 수 있는 것만은 아니다. 새로운 기술을 이용하는 것이 반드시 효율성의 증대를 가져오는 것은 아닌 것처럼 말이다.

게다가 이러한 연구 주제를 외면하지 않는다면 도시계획가는 지난 20년간 실질적으로 외면 받아왔던 또 다른 문제인 '기술'의 역할, 즉 사회적 상호작용 내에서 어떤 행위를 하는 올바른 방법에 대해 더 잘 이해하게 될 것이다. 이탈리아는 어쩌면 다른 유럽국가들 보다 잘못된 것들이 더 많이 넘쳐나는 곳이다. 이러한 상황은 보통 진부한 설명들로 다루어진다. 도시계획가의 기술들은 무한정 유연한 것이 아니다. 그런 기술들은 점진주의에 영감을 받은 타협의 연속체를 수용할 수 없으며, 우리가 분리된 것들과 불가분한 것들을 다루도록 강요한다. 다시 말하지만 이는 아주 오래된 논제이다.

기술이 아무 상황에나 무작정 적용될 수 있을 만큼 유연하다는 개념은 틀린 것이며, 이는 어떤 것이 유연해지고 예측하지 못한 것에 적용되기 위해서는 반드시 애매모호해져야 한다는 뜻과 직결된다. 스패너를 사용할 때 의식적으로 또는 호기심에서 낡은 설명서를 찾아보는 사람은 아무도 없을 것이다.

세상이 점점 더 차이와 편파, 불확실성에 지배되는 것처럼 표현될수록 도시계획 프로젝트는 더 많은 정확성, 즉 정확한 어휘와 구문을 더 많이 생산해야만 한다. 그렇게 함으로써 엄밀히 말해 불가피하게 '결함'을 가진 정치적 교류가 선호하는 '소수집단'에 가로 막히지 않는 더 지속적인 사회적 상호작용이 가능해 진다. 그리고 도시계획 프로젝트는 행위들과 그 행위들을 일으키는 담론과 이미지들에 명확한 형태를 부여하는데 기여해야만 한다. 어떤 대화에서든 우리는 항상 명확하게 이야기하는 것을 선호하며, 위험하거나 애매한 문구를 사용하는 사람들을 신용하지 않는다. 이는 도덕적인 문제가 아니다. 더 나은 사회를 만들 수 있다고 믿는 사람들이 갖춘 최소한의 합리성에서 나온 태도인 것이다.

4장 시간성

시뮬레이션 도시의 건축 {토요 이토 Toyo Ito}

다른 삶을 위한 다른 건축 / 통합된 도시계획 {콩스탕 Constant}

시간 왜곡: 기념비 {피터 아이젠만 Peter Eisenman}

지속성 (아직 나타나지 않은 것들과 이미 사라진 것들의 만남) / 도시와 전원의 지역성 이해에 대한 일곱 가지 원칙 {스티븐 홀 Steven Holl}

도시의 건축 {알도 로시 Aldo Rossi}

집합적 기억의 건축. 도시 형태의 끝없는 카탈로그 {오스발트 마티아스 웅거스 Oswald Mathias Ungers}

4장 시간성 Temporalities

'만약 세계가 어떠한 공공의 공간을 포함하게 된다면 그 공간은 단지 한 세대에만 존재하는 것이 아니며, 주거만을 위한 공간으로 계획되어서도 안 된다. 그것은 유한한 인간의 수명을 초월할 수 있는 것이어야 한다…… 잠재적인 세속적 영원성을 향한 초월이 없다면 엄밀히 말해 어떠한 정책도, 어떠한 세상도, 어떠한 공적영역도 존재할 수 없다.'

한나 아렌트 Hannah Arendt[1]

근대성의 특징 중 가장 중요한 것은 과거와 현재에 대한 상반된 태도이다.[2] 예를 들어 철학자 지그문트 바흐만 Zygmund Bauman은 근대성이 전통적인 사회 구조에 분열을 일으킨다고 언급하였다. 이러한 분열은 자유와 연결되는 개념이지만 동시에 과거, 현재 그리고 미래 사이의 자의적인 연결성을 상실한다는 의미를 포함하기도 한다. 역사 또한 항상 하나의 일직선상에서 자명하게 쓰이는 것은 아니다. 성 아우렐리우스 아우구스티누스 Aurelius Augustinus (서기 354-430)는 그리스인들과 로마인들이 주로 믿었던 신화적인 시간의 개념에 반하여 선형적인 관점을 주장하였다. 당시 그리스들과 로마인들은 긴 시간의 역사를 '영속적인' 순환의 개념으로 해석하였다. 하지만 아우구스티누스는 시간이 어딘가로 이어져 바로 '신의 도시'가 도래하는 순간에 다다른다고 가정하였다.[3] 계몽기에 발생한 철학의 세속화는 단지 그 절정기에만 영향을 미쳤을 뿐 어떠한 목적에 도달하기 위해 나아가는 역사의 한 과정이라는 개념에 변화를 준 것은 아니다. 근대성이란 분명 연속성을 끊어놓는 개념이다. 과거에 대한 논리적인 추측으로는 더 이상 현재와 미래를 내다볼 수 없게 되었다. 특히 근대화의 결과가 서서히 나타나고 새로운 과학적 견해들이 뚜렷해질 무렵인 1900년대쯤에는 철학자와 예술가들이 과거에 대한 틀을 깰 것을 적극적으로 주장했다. 과거라는 틀을 깨는 것만이 유토피아와 같은 미래에 도달할 수 있는 유일한 방법이라고 믿었던 것이다. 그러나 20세기를 거치면서 이러한 실증주의는 그 어두운 본질을 드러내기 시작하였고, 이중성을 갖게 되었다. 1, 2차 세계 대전과 사회주의의 붕괴 같은 대격변들은 유토피아가 결코 현실로 이루어질 수 없으며 오히려 더욱 악화되었음을 여실히 보여주었다. 포스트모더니즘 철학 사조가 출현한 1970년대 이후 지금까지 바로 이 진보의 사상이 비판을 불러일으켰다. 일부 포스트모더니즘 사상가들은 프리드리히 니체 Friedrich Nietzsche

(1844-1900)의 사상을 부분적으로 받아들이면서 역사를 연속선상으로 보는 선형적 관점을 거부하고, 어떠한 사건이 영원히 되풀이 된다는 순환적 패턴으로 그들의 믿음을 돌렸다.

시간에 대한 이런 상이한 견해는 건축에도 영향을 주었다. 1900년대에 이르러 아돌프 로스 Adolf Loos는 인간의 일상생활에 영향을 주는 변화에 건축이 뒤쳐져서는 안 된다고 역설하였다. 새로운 기술의 등장과 함께 과거에 비해 물건들이 장식적이지 않고 단순해지면서 그 결과로 장인정신은 공장생산으로 대체되었다. 로스는 또한 건축에서 인위적인 장식을 거부하는 대신 장식을 배제하여 특색은 없지만 기능적인 구조의 건축을 주장함으로써 이러한 흐름에 호응하였으며,[4] 이것을 시대정신의 표현으로 보았다.

토요 이토 Toyo Ito는 자신의 에세이 『시뮬레이션 도시의 건축 *Architecture in a Simulated City*』에서 기술적인 변화에 대한 집합적 경험을 배경으로 건축의 역할에 대해 유사한 정의를 다시 내린다. 그는 사실상 오늘날 일어나는 다양한 네트워크들이 다층적인 시간적 경험을 제공하며, 그 속에서 가상과 현실이 어우러지고, 먼 거리가 서로 연결될 수 있거나 혹은 아예 제거될 수도 있다고 주장한다. 결국 이토는 현대 도시의 삶이 대체로 게임 속의 세계에서 특히 잘 나타나는 가상성과 모의성에 기반을 두고 있다고 주장한다. 상업이 이러한 변화들을 충분히 잘 이해하고 있는 만큼 건축 또한 이에 뒤져서는 안 된다는 것이다. 이토는 새로운 건축은 이러한 시대정신에 잘 부합해야 할 필요성이 있다고 주장했다. 그는 자신이 계획하고 있는 프로젝트의 종류를 설명하였는데 그것들은 문화의 몇 가지 가시적인 특징들을 강조한 것이었다. 특히 비디오 영상은 현대의 삶이 일시적이라는 점과 새로운 경험과 사건들을 끊임없이 모색해야 한다는 점을 보여준다. 이토는 건축이 반드시 이러한 문화와 통합되어야 함을 강조하고 있다. '내가 주장하는 것은 건축이 비디오 영상으로 대체되어야 한다거나 일시적인 건물로 사용되어야 한다는 것이 아니다. 다만 우리는 영원한 본질을 지닌 허구적이면서도 영속적인 건축물을 지어야 한다는 것이다.' 이토는 건축과 공공영역이 마주한 두 가지 과제를 제시한다. 점차 허구화되어가는 우리들의 일용품들에 반해 물리적 외형을 지닌 건축물들은 어떻게 만들어 져야하는가의 문제와, 끊임없이 변화하는 의사소통과 '사라지고' 있는 공동체 속에서 어떻게 영속적인 건축을 만들 것인가의 문제이다.

1960년대 네덜란드의 예술가이자 건축가인 콩스탕 뉴베니 Constant Nieuwenhuys는 신기술의 도래가 사람들의 여가 선용에 거대한 변화를 야기할 것이라 예측했다. 그는 여가 활동과 같은 관련 주제에 대한 그의 의견을 명확히 표현하는 건축물을 고안하고자 했다. 뉴 바빌론 New Babylon이라는 그의 제안은 유토피아와 같은 미래를 묘사하는 건축의 예로 볼 수 있다. 커다란 구조물이 기존 도시와 풍경을 가로질러 쭉 뻗어있고, 그 안에 둘러싸인 공간은 집합적 공간으로서 새로운 도시 거주자들이 유목민과 같이 이곳저곳 옮겨 다닐 수 있는 순수한 자유를 제공하는 곳이다. 1950년대 말을 향할 때쯤 콩스탕은 국제 상황주의자 Internationale Situationiste 그룹에 속해 있었다. 이 그룹은 도시 연구의 실험적 방법을 찾기 위한 모임이었는데 특히 도시 안에서 일어나는 삶의 사회적인 측면을 가장 자세하게 연구하던 모임이었다. 뉴 바빌론은 이러한 사상의 공간적인 실현이라 볼 수 있고, 상황주의자가 보는 차갑고 정적이며 생기 없는 현대 도시에 대한 비판이라고도 볼 수 있다. 콩스탕은『다른 삶을 위한 다른 건축 *Another city for another life*』에서 현대의 근린주구에는 집합적 공간이 없다고 말한다. 그는 이러한 집합적 공간이 매우 중요하고, 삶의 성취감을 느낄 수 있으며, 여가와 놀이가 만들어지는 공간이라 믿었다.[5] '무엇보다도 확장된 자의성을 통해 생산에 필요한 일거리를 감소시키는 것은 여가를 위한 욕구와 변화 그리고 행동의 다양성을 창조해내며, 이에 대한 필요성의 의지가 사회적 공간을 최대화하는 집단 거주지라는 새로운 개념으로 이어진다.'

근대화로 인해 나타난 변화 중 하나는 이동의 새로운 개념을 열어준 시간의 표준화이다. 예를 들어 철도는 모든 도시에서 같은 시계를 써야만 가능한 것이다. 정거장이 생겨나면서 여러 지역의 시계는 급속히 하나로 통일되었다.[6] 프랑스 철학자 앙리 베르그송 Henri Bergson (1895–1941)은 이러한 시간의 표준화를 지속적으로 증가하는 시간관념의 표현이라고 보았다. 그러나 이러한 시간관념은 사람들이 경험하는 시간과는 상충된다. 어떤 상황에서는 1분이 1시간처럼 길게 느껴지지만, 또 어떤 상황에서는 1분이 눈 깜짝할 사이에 지나가는 것처럼 짧게 느껴지기도 하기 때문이다. 베르그송은 이러한 시간을 구별하여 우리가 경험하는 시간을 '체감 시간 real time' 이라 하고, 우리가 측정하는 시간을 '추상 시간 abstract time' 이라 하였다. 추상 시간은 물리적인 시간으로 순서나 연대기적인 특성을 지니며 체감시간에 대한 상징적인 이미지를 제공해준다. 그러나 우리가 경험하는 것은 '베르그송의 지속성 Bergson's duree' 이라 부르는 시간의 흐름 또는 지속성이다. 이러한 시간의 흐름은 상대적이고 주관적인 개념이며, 이를 자각하는 데에는 우리의 '의식' 이 주된 역할을 한다.[7]

근대 건축의 역사학자인 지그프리트 기디온 Siegfried Giedion은 유명한 저서『공간, 시간 그리고 건축 *Space, Time and Architecture*』을 통해 건축가들이 시간을 의식하는데 변화가 필요하다고 경고한다. 그는 인간의 의식이 공간 air의 식민화에 상당히 많은 영향을 받고 있다고 말한다. 새로운 사상들이 르네상스 사상의 독점을 소멸시켰고 그로 인해 공간과 시간의 새로운 관계가 생겨났다. 한 가지 사물의 다른 면들을 동시에 보여주는 입체주의 이미지를 만들어내는 예술가들은 기디온이 언급한 이런 변화에 특히 민감하다. 그는 건축가들이 입체파 예술가들을 본받아야 한다고 주장한다. 예를 들면 유리를 사용해 내부와 외부를 동시에 경험할 수 있도록 투명성을 부여하는 것 등을 말한다.[8] 이와 유사하게 사회지리학자 데이비드 하비 David Harvey는 저서『포스트모던의 조건 *The Post-Modern Condition*』에서 오늘날의 과학기술 역시 '시공간의 압축' 이라 부르는 시간과 공간의 관계를 형성한다고 말했다. 현실과 가상 사이의 새로운 네트워크는 우리의 거리감을 약화시킴과 동시에 체감 시간의 가치를 더욱 향상시키면서 이동성의 속도를 증가시킨다.[9]

피터 아이젠만 Peter Eisenman은 『시간 왜곡: 기념비 *Time Warps: The Monument*』에서 도시의 특징들 중 특히 기념비에 대한 사람들의 개인적 경험을 강조한다. 그의 개념은 베를린에 세워진 유태인 대학살 기념비를 통해 구체화되었다. 아돌프 로스는 유명한 저서 『건축 *Architektur*』에서 예술로서의 건축에 대해 논한다. 그는 특히 그 기념의 중요성이 즉각적으로 이해되는 묘비에 집중한다. 묘비는 어떤 한 사람에 대한 기억을 대표하는 것이라 할 수 있다. 아이젠만은 이러한 대표성과 인식의 가능성이 유태인 대학살 기념비에는 적용될 수 없음을 강조한다. 비록 유태인 대학살이 하나의 기억이 아닌 집합적인 기억이기는 하지만 하나의 건축물만으로는 그것을 표현하기는 고사하고 '이해' 되지도 않을 것이라 보았다. 그것은 불가능한 과제이며 아이젠만은 단순한 기념을 실제적으로 인식할 수 있는 시간의 조절로 전환함으로써 그 과제에 답한다. 그는 다음과 같이 말한다. '이 기념비의 시간 즉, 이 기념비의 꼭대기 면에서부터 지면까지의 지속성은 우리가 그것을 경험하는 시간과는 동떨어진 개념이다.' 그 기념비는 단조로우면서도 높이나 경사가 조금씩 틀어진 작은 판들로 조합된 거대한 격자 판으로 디자인되어 그 전체성을 인식하거나 '이해' 하기란 불가능하다. 이런 컨텍스트 속에서는 더 이상 과거에 대한 기억이나 향수는 찾아볼 수 없다. 오직 살아있는 개인들의 경험만이 이 기념비에 존재할 뿐이다.' 건축물은 방문자들에게 '경험' 을 주기 위한 것이지 굳이 '이해' 라는 것이 꼭 그 속에 필요한 것은 아니다. 아이젠만이 선택한 접근법은 또한 어떤 체계나 탈선의 위험이 있다는 것을 보여주고자 하고 있다.

스티븐 홀 Steven Holl도 아이젠만처럼 시간에 대한 개인적 감각을 건축의 한 요소로서 중요시한다. 홀은 시간을 경험한다는 것은 공간을 경험하는 것과 같다고 말한다. 사람은 공간적 진행의 관점에서 시간의 흐름을 느낄 수 있을 뿐이다. 이는 공간을 통해 움직임으로써 그리고 하루가 지나갈 때 빛의 양이 변화하는 것을 통해 그리고 계절의 변화를 통해 가능하다. 시간을 경험하는 것은 항상 인간의 신체와 '발생한 사건' 사이의 관계이다. 경험 그 자체는 일시적이지만 경험이 일어나는 공간, 즉 건축적 환경이라는 것은 일시적인 것을 초월하는 성격의 것이다. 그러므로 건축은 집합적인 경험을 가능하게 한다. 기디온과 하비는 오늘날의 경험이라는 것은 공간과 시간의 연관성으로부터 변형된 것이라고 말한다. 홀 또한 그의 글을 통해 다음과 같이 의견을 같이한다. '디지털 방식의 의사소통 덕분에 동시성과 완전히 새로운 시간의 다양성을 경험할 수 있게 되었다. 오직 시간의 거리만이 이러한 변화의 분명한 그림을 보여줄 수 있다. 결국 모든 시간의 비교는 공간과 시간만이 우리의 살아있는 육체와 발생하는 사건들 사이의 유일한 연결고리가 되는 대우주 속에서는 여전히 적절한 것이다. 그 연결 관계의 경험적 척도가 바로 지속성이다.'

철학자 한나 아렌트는 자신의 작품 『인류의 근본적 다수성 *the fundamental plurality of humankind*』을 통해 공공영역과 관련된 시간성의 또 다른 측면을 제시한다.[10] 아렌트의 견해에 따르면 인간 존재의 핵심은 사회를 구성하는 타인과의 '의미심장한' 상호작용이다. 사람은 말과 행동을 통해 공동의 목적에 기여한다. 이러한 말과 행동을 통해 각 개인은 타인에게 자신의 모습을 드러내며 이것이 공공영역을 만든다. 공공영역 그 자체는 영원성을 지닌다. 만약 공공영역을 구성하는 말과 행동이 기록되지 않는다면 그것들은 금방 잊힐 것이다. 아렌트는 이러한 공공영역의 틀은 공공영역 그 자체보다 더 지속적이고 안정적으로 구성되어야 한다고 주장한다. 아렌트는 공공영역에서 그러한 지속성을 만들어주는 필수적 조건은 바로 '인간의 책략 *human artifice*'과 건축물의 실재적 세계, 사회 기반 시설, 그리고 도구들이라고 말한다. 하지만 아렌트는 이러한 실재적 세계의 지속성이 근대성에 의해 강압 받고 있다고 지목한다. 상업적 사고방식이 실재적 세계를 조종하게 되었고, 그 결과 '상품' 역시 '가치절하' 와 '이익의 환수 기간' 에 의해 결정되는 순환적 시간 간격에 편입되어버렸다. 이러한 순환은 점점 가속화되고 있으며 공공의 목적을 위기에 빠뜨린다.[11]

실재적 세계의 지속성을 키워야 한다는 아렌트와 같은 주장은 건축 분야에서도 찾아 볼 수 있다. 이탈리아의 건축가 알도 로시 Aldo Rossi는 아렌트와 비슷한 시기에 최근 들어 더욱 유명해진 그의 저서 『도시의 건축 *The Architecture of the City*』을 출판했다. 그는 형태와 기능이 얽혀있는 듯 보이는 도시에서 그 기능성에만 초점을 두는 것을 맹렬히 비판했다. 그에게 이런 관점은 도시 구조에 대한 접근법으로서는 너무나 정적인 것이었다. 로시는 자신의 저서에서 '도시는 변형을 통해서 존속되는 것이며, 도시가 겪어 온 기능들의 단순한 변형들의 복합이 바로 그 도시 구조의 실재적 순간들이라고 생각한다.'[12] 라고 말한다. 기능은 구조보다 더욱 급속하게 변화한다고 그는 주장한다. 정확히 말하자면 도시의 구조를 만드는 것은 긴 시간의 지속 longue duree이며, 집합적인 기억들을 만드는 것은 바로 도시의 구조라고 할 수 있다. 그런 과정을 통해 도시는 비로소 개인과 집단, 보편적인 것과 독특한 것 간의 상호작용이 될 수 있으며, 이러한 상호작용은 공공영역과 사적영역의 관계에서 그리고 합리적인 디자인과 도시의 독자성 사이의 건축에서도 잘 나타난다.

마티아스 웅거스 Mathias Ungers도 이 책에 실린 글 『집합적 기억의 건축 *Architecture of the Collective Memory*』를 통해 도시를 정적이고 순수하게 보는 건축의 관점을 명백히 거부한다. 그는 도시를 형성과 변형의 끊임없고 계속적인 역사로 이해하였고, 그 역사가 생각과 사상, 결정과 사건의 축적을 이루어낸다고 보았다. 이러한 관점에서 도시란 균질한 체계나 뚜렷한 그림이 아니라 '집합의 기억들로 채워진 공간이자 비밀과 놀라움으로 가득 찬 사물' 이다. 웅거스는 건축에 있어서 전형적인 형태에 특별한 역할을 부여한다. 그는 심리학자 칼 융 Carl Jung (1875-1961)의 이론을 언급하며 전형적인 형태라는 것은 수 세기에 걸쳐온 아주 중요한 개념이며, 따라서 인간성에 공통된 기초를 제공한다고 말한다. 융은 집단적 무의식은 전형적인 이미지 속에 존재한다고 주장했다. 이러한 이유로 건축의 전형들은 상상력을 자극할 수 있는 것이며, 웅거스는 도시의 미래가 발전하는 방향을 찾는데 이러한 상상력이 필수적이라고 여겼다.

이 장에서는 시간에 대한 다양한 개념들이 공공영역과 어떻게 연결되는지 알아보고자 한다. 본질적으로 건축은 비교적 지속적인 반면에 건축가들은 과거, 현재, 미래에 대하여 서로 상반된 입장들을 보이고 있다. 어떤 건축가들은 사회적 변화에 직접적으로 반응하여 그들의 건축을 통해 미래에 대한 예측을 보여준다. 특히 콩스탕의 뉴 바빌론 프로젝트는 이를 대표적으로 보여준다. 토요 이토 역시 사회적 · 기술적 변화를 공공을 위한 또는 공공을 이루는 현대적 건축물을 찾기 위한 출발점으로 받아들인다. 이러한 미래 지향적 작업 방법론들과는 반대로 알도 로시와 마티아스 웅거스는 집합적 기억을 수용하기 위한 도시적 구조물들의 지속성을 강조한다. 일례로 알도 로시에게 있어 변형적 과정을 가능하게 해주는 것은 바로 기념비들의 지속성이다. 웅거스에 따르면 과거로부터의 전형은 미래를 상상하는 새로운 기회를 제공한다. 피터 아이젠만과 스티븐 홀은 현대의 시대정신을 되풀이하는 것이 아니라 더 중요한 가시적인 '순간' 을 만들어냄으로써 현재의 경험에 그들의 관심을 집중한다. 피터 아이젠만의 유태인 대학살 기념비에서처럼 그들의 작품이 과거와 강력한 연관성을 맺을 때조차 그들은 특정한 순간을 통해서만 다른 시간을 감지할 수 있다고 믿으며 현재에 대한 즉각적인 경험 속에서 건축의 가치를 발견하고자 한다.

{주}

1 Hannah Arendt, *The Human Condition* (1958). Chicago / London (University of Chicago Press) 1998, p. 55.

2 본 책의 서문 22-29쪽 참조.

3 St. Augustine's *Confessiones* (c. AD 397-398): Aurelius Augustine, *Confessions*. Cambridge, Mass. (Harvard University Press) 1960 와 특히 St. Augustine's *De civitate Dei* (c. AD 350): Aurelius Augustine, *The City of God*. London (Heinemann) 1957. 을 참조

4 Adolf Loos, 'Ornament und Verbrechen' (1908); 영역본, Adolf Loos, *Ornament and Crime*. Berkeley (Ariadne Press) 1998.

5 콩스탕은 여기서 요한 하우징거 Johan Huizinga의 문화의 원천들 중 하나로서의 놀이라는 개념에 근거한다. Johan Huizinga, Homo Ludens. *A Study of the Play-Element in Culture*. London (Routledge), 2003; 네덜란드어 원서: Johan Huizinga, *Homo ludens. Proeve eener bepaling van het spel-element der cultuur*. Haarlem (H.D. Tjeenk Willink) 1938. 를 참조

6 Auke van der Woud, *Een nieuwe wereld. Het ontstaan van het moderne Nederland*. Amsterdam (Bert Bakker) 2006, pp. 157-162. 에서 판 데르 보우드 Van der Woud는 '정규화 normalization' 의 예로서 공간의 도표화, 강류(江流)의 통제, 그리고 정부의 조직화를 이야기 한다.

7 Henri Bergson, 'Matter and Memory', in: Keith Ansell Pearson & John Mullarkey (eds.), Henri Bergson. Key Writings. New York (Continuum) 2002, pp. 81-137; original edition: *Matière et mémoire. Essai sur la relation du corps à l'esprit.* Paris (Presses Universitaires de France) 1939.

8 Sigfried Giedion, *Space, Time and Architecture. The Growth of a New Tradition* (1939). Cambridge, Mass. (Harvard University Press) 1997 (fifth edition), p. 435.

9 David Harvey, *The Condition of Postmodernity. An Enquiry into the Origins of Cultural Changes.* Malden, Mass. (Blackwell) 1990, pp. 201-323.

10 이 책의 서문 29~31쪽 참조

11 Arendt, *The Human Condition*, 1998 (1958), p. 307.

12 Aldo Rossi, *The Architecture of the City*. Cambridge, Mass. (MIT Press) 1982, p. 5; 원서: Aldo Rossi, *L'architettura della città*. Padova (Marsilio) 1966.

Toyo Ito & Associates, Architects / Tower of Winds / Folly / Yokohama, Japan / 1986

시뮬레이션 도시의 건축 Architecture in a Simulated City

{토요 이토 Toyo Ito}

출처: *Architectural Design/Architectural Monographs 41, Toyo Ito*. London (Academy Editions) 1995, 7-9쪽 이 글은 1995년 런던에서 열린 〈일본의 미래 The vision of Japan〉에 전시되었던 아라타 이소자키 Arata Isozaki가 〈꿈 *Dreams*〉이라고 명명한 설치작품에 대한 설명으로 시작한다.

…… 〈꿈〉, 그 작가인 아라타 이소자키에 따르면 처음에는 이 작품에 〈시뮬레이션 Simulation〉 이라는 제목을 붙였다고 한다. 왜냐하면 그것은 오늘날 도쿄에 대한 환영을 보여주기 때문이다. 하지만 이 '시뮬레이션' 이라는 말이 일반 대중들에게는 이해하기에 너무 어렵다는 사람들의 반응 때문에 '꿈' 이라고 바꾸었다. 어떤 면에서 도쿄는 시뮬레이션의 도시이다. -도쿄의 이미지들을 통해 보는 모든 경험이 거의 가부키쵸 Kabukicho의 밤거리를 거니는 듯한 느낌을 주기 때문이다. 우리는 무수한 비디오 영상들에 노출되어 있고 엄청난 사운드에 젖어있다. 비디오 게임의 스크린을 들여다보는 것만으로도 우리는 이미 그 속에 있는 것과 마찬가지다……

하지만 방 안에 존재하는 '시뮬레이션' 과 실제 가부키쵸의 '현실' 사이에는 분명한 차이가 존재한다. 실제 가부키쵸라는 마을은 끝없는 소음과 혼란으로 가득 차있지만 스크린에 비추어지는 이 도시의 가상의 이미지 조합들은 잠시 후 백색잡음으로 가득 차거나 컴퓨터 그래픽의 일부로서 곧 꺼지고 말 것이다. 요컨대 그 도시의 풍경은 자체의 본질을 잃고 아침 안개 속으로 사라질 것이다. 모든 현실적인 장면들은 고요한 깨달음의 상태로 녹아들 것이다. 이는 마치 일종의 '극락세계 nirvana' 와도 같다. 우리가 미래에 대해 상상해 보았을 때 고도의 기술적 통제 말고 또 어떠한 상황들을 떠올릴 수 있겠는가?

〈꿈〉 속의 일련의 비디오 영상에는 다섯 개의 오브제들이 등장한다. 이 오브제들은 젊은 영국인인 앤서니 던 Anthony Dunne이 디자인한 것으로, 이제 막 포장지에서 꺼낸 텔레비전 세트 같이 보이기도 하고, 정보로 가득 찬 공기 안에서 숨 쉬고 있는 재미있는 안드로이드 같기도 하다. 그들은 주변의 소음이나 영상에서 흘러나오는 독특한 소리들에 맞추어 영상을 전환한다. 상업용 텔레비전들은 마치 회사원이 주요한 정보를 일방적으로 제공하기 위해 정장을 입는 것처럼 미리 포장되어 나온다. 이 오브제들은 지극히 개인적이면서 시적인 듯 보이다. 그리고 우리가 소음에 둘러싸여 있다는 사실을 재발견 할 수 있도록 해준다. 우리의 인체 속에도 그 오브제들처럼 소음을 들이 마실 수 있는 부가적인 기관이 있다. 감지하지 못할 뿐이지 우리의 신체는 끊임없이 과학기술의 공기 속에 노출되어 있다. 우리는 그 과학기술에 대해 반응하고 거기에 우리의 생물학적 리듬을 맞추기도 한다. 어쩌면 우리는 무의식중에 이미 로봇화된 존재일지도 모를 일이다.

〈바람의 알 the Egg of Winds〉로 잘 알려진 오카와바타 강변 도시 21 마을의 B입구는 이와 비슷한 개념을 기초로 한다. 알루미늄 패널로 감싸진 8미터의 지름에 16미터의 길이의 커다란 알은 높이 솟은 두동의 빌딩 사이에 떠있다. 이 알은 낮에는 햇빛을 반사시키는 역할만 하지만 밤에는 구멍이 뚫려있는 알루미늄 패널의 표면과 알 내부의 스크린 위에 다섯 개의 LCD 프로젝터가 보여주는 녹화된 이미지와 생중계 이미지가 함께 나타난다. 은빛으로 반짝거리는 알은 밤이 되면 홀로그램보다도 더 비현실적으로 보이는 흐릿한 3차원의 존재가 되기도 한다. 지나가는 사람들은 잠시 멈춰 서서 그 알을 쳐다보며 그것이 무엇인지 궁금해 하다가 또 다시 걸어간다. 그 오브제는 길거리에 붙어있는 텔레비전들이나 도심의 높은 빌딩의 한쪽 벽에 붙어있는 커다란 칼라 스크린과는 다르게 주위를 둘러싸고 있는 정보로 가득 찬 공기를 통해 보이는 비디오 영상들을 담고 있다. 이것은 바람 사이를 오가는 이미지의 오브제이다.

〈바람의 알〉이 완성될 즈음, 비슷한 형태의 오브제가 우연히 브뤼셀에서도 전시되었다. 그것은 강변도시 21 마을 입구 B의 초기모델로, 삼각형의 면들로 구성된 다면체 또는 배와 같은

모습을 띠고 있다. 브뤼셀에 있는 알은 반투명한 천과 구멍이 뚫린 알루미늄 패널로 덮여있고 바닥은 투명한 아크릴 재질로 되어있다. 그 안에 들어갈 수는 없지만 위에서 비치는 자연광으로 인해 반투명의 천을 통해 비치는 내부의 진열된 의자와 테이블들을 볼 수 있다. 사람들은 알 속에 포장된 도시생활을 환상처럼 들여다보게 된다. 그것들은 모두 일시적인 오브제로, 실제로 존재하지도 않고 어떠한 질감도 없는 신기루와도 같다. 또한 어떤 구조라기보다는 무지개와 같이 일시적인 현상과 같은 것이다. 〈바람의 알〉은 본래 미래의 집을 보여주기 위한 모델로 의도된 작품이었으나 더 이상 발전시키기에는 너무 많은 비용이 들었다. 그러나 그것은 가상의 도시에서 공기라는 매개체를 통해 새로운 생활양식을 보여주고자 한 나의 목표를 잘 이루어주었다.

위에서 말한 두 개의 '바람의 알'을 함께 생각해 보면 아마도 그것들을 '바람의 디자인'이라고 부를 수 있을 것이다. 공기가 담고 있는 정보들을 보기 위해 우리는 그 정보들을 시각화할 수 있는 필터를 사용할 줄 알아야 한다. 건축적 발전은 이와 같은 필터의 발견을 향해 나아가야 할 것이다.

Toyo Ito & Associates, Architects / Sendai Mediatheque / Cultural centre / Sendai, Japan / 2001

몇 년 전에 일본 요코하마역 앞에 지어진 〈바람의 탑 The Tower of Winds〉은 바람의 디자인을 가장 효율적으로 형상화한 것이다. 그 탑은 미술관이라기보다는 오히려 네온사인 가득한 도심의 한가운데 설치되어 있다는 점에서 특징적인 전시작품이라 할 수 있다. 비록 다른 네온사인 광고들보다 더 화려하게 반짝이지는 않지만 필터와 같이 그 주변의 공기를 걸러내고 정화하는 듯한 인상을 준다고 평가 받는다. 이 역시 내 본래 의도가 단지 공기 속으로 빛을 방사하는 오브제를 만드는 것이 아니라 공기 자체를 빛으로 바꾸는 데에 있었기 때문이다.

브뤼셀에 있는 〈바람의 알〉은 전시회 〈파오 Pao〉를 위해 제작된 작품이다. 내가 설계했던 '도쿄 유목여성을 위한 주거 A Dwelling for Tokyo Nomad Women' 는 도시 주택의 모델하우스였다. 그것은 도시의 삶이 그 삶의 시각화에 비례하여 매일 그 현실성을 잃어가는 모습을 이미지화하여 보여준다. 이런 의미에서 위에서 말한 두 가지 알은 모두 새로운 삶을 의미하는 컨테이너라는 공통적인 특징을 가진다. 나는 도시의 삶에서 현실성을 잃어가는 모습이 이미지와 같은 건축의 '이면 flip-side' 이라는 점을 보여주고 싶었다.

어느 시대에나 새로운 삶에 대한 꿈은 새로운 공간으로 이어졌다. 17세기 중반에는 사람들이 전자기기로 가득 찬 집에서 현대적인 삶을 누리는 것을 꿈꿔왔다. 그 꿈은 개방된 평지붕이나 약간은 경사진 지붕으로 덮여있고 밝게 불이 켜진 집으로 상징화되었다. 그 안에는 빌트인 냉장고와 가스 오븐, 크롬 파이프 프레임에 살짝 휘어진 얇은 나무 판으로 등을 댄 식탁 의자들이 있었다. 근대화된 삶에서는 핵가족이 아주 밝은 이미지로 포장되어 안정되고 편안한 느낌을 주었다. 흰색 와이셔츠를 입은 가장은 스틸과 유리로 만들어진 현대적인 사무실에서 일을 하고, 집에 돌아오면 부인과 아이들이 기다리고 있는 부엌과 거실로 향한다. 폭스바겐이나 시트로앵2 CV 같은 것들이 밖에 주차되어 있다면 더할 나위 없이 완벽한 삶의 이미지가 되는 것이다.

전자 세대에서 이상적이었던 삶은 기본적으로 현대인의 생활에 잘 구현되어있는 반면, 컴퓨터 세대의 이상적인 삶에 대한 적절한 위치는 아직 찾지 못한 것 같다. 집을 비교하는 것보다는 오히려 구시대적인 폭스바겐이나 시트로앵과 오늘날의 도요타나 닛산을 비교함으로써 그 차이를 더 효과적으로 알 수 있다. 폭스바겐과 시트로앵은 다양한 기계적 기능에 부합하도록 디자인 된 데에 반해, 오늘날 다양한 전자 장비들을 통합한 일본의 자동차들은 내부의 다양한 과학 기술을 드러내지 않고 인위적인 패키지 디자인 아래로 숨긴다. 오늘날의 자동차들은 마치 이미지가 기계 장치에 어울리지 않는 것처럼 디자인 되어 있다. 이러한 경향은 최근 들어 가전제품 구매에도 적용되고 있다. 자동차와 산업 디자인 전반이 소비자들의 패션 감각적인 요구를 만족시키기 위해 현대적 스타일을 추구하는 반면, 주거 디자인은 비록 의도적이긴 하지만 완전히 보수주의를 향해 돌아가고 있다. 애초부터 그 "기능"과 "형태"가 절대 가까워 질 수 없는 건축의 세계에서는 일본의 국민총생산이 증가하는 속도만큼 스타일에 있어 향수적인 표현을 지향해 왔다.

그렇다면 오늘날의 새로운 삶이란 무엇일까? 우리는 유행을 따르는 사소한 아이템들에 과도하게 눈이 팔려 이러한 질문에 진지하게 생각하기에는 너무도 바쁘다. 백화점이나 편의점에는 먹을 것과 입을 것 그리고 일상에 필요한 생필품들이 마치 우리의 꿈인 냥 밝게 빛나며 선반에 진열되어 있다. 그러나 그것들은 우리가 먹고 입고 집에 가져다둘 때쯤이면 이미 빛을 잃거나 사라지고 없는 것이다. 그 순간부터 우리는 다시 그것들을 대체할만한 아이템들을 찾아 나서게 된다.

식료품에서부터 주거에 이르기까지 이러한 상품들의 형태 이면에는 지속적인 균질화의 과정이 숨어있으며 표면적으로는 아주 개별적으로 보인다. 오늘날의 자동차 디자인에서도 살펴보았듯이 내용물이 균질화된 것들은 겉으로 보이는 특성에서만 사소한 차이를 보인다. 건축 또한 이와 비슷한 방향으로 전개될 수밖에 없을 것이다. 예를 들면 에어컨의 발달은 건물과 그 지

역의 기후를 단절시키는 역할을 하며, 어떤 스타일의 집이든 세계 어느 곳에나 지어질 수 있다는 것을 증명해준다. 오직 표면적으로만 다른 형태로 장식되어 외견상 독특해 보이는 건축 작품들은 그 내용물에 있어서는 균질화 되었다고 할 수 있다. 그것들은 편의점 선반에 놓여있는 랩에 싸인 생선의 살코기와도 다름없는 부패하기 쉬운 것들이다. 랩에 둘러싸여 냉동될 수 있는 획일적인 환경 아래에서만 유일하게 진열될 수 있는 있기 때문이다.

강철과 유리가 발명된 이래로 우리는 '보편적인 공간 universal space'을 꿈꿔왔다. 그러나 유클리드 기하학의 좌표라고 해도 손색없을 만큼 균질한 이러한 보편적인 공간은 이론적으로는 균질해 보일지 모르겠지만 그다지 균질함을 지니고 있지는 않다. 완전히 획일적인 중립성을 원하는 이러한 경향은 지역적인 다양화와 건축의 기념비성에 대한 바람에 의해 억제되었고, 완전한 균질화는 건축가들 스스로 '건축'을 거의 무의식적으로 숭배하면서 방지되어 왔다.

오늘날 건축에 있어서 균질화라는 현상은 보편적 공간에 대한 미적인 추구와는 다소 다른 방향으로 표현되고 있다. 오늘날 균질화된 것은 바로 사회 그 자체이다. 그리고 건축가들은 헛되이 그에 맞서 싸우고 있는 것이다. 건축가들이 특징이나 개인적인 표현에 더 많이 치중할수록 그의 작품들도 마치 유클리드 기하학의 좌표가 비슷하게 연결되어 있는 것처럼 균질화 된다. 이제 사회 전체가 '수축 포장'되어 밀폐된 공간에 동봉될 차례이다.

언젠가 건축가들이 균질화를 갈망했었던 때도 있었다. 바로 사회가 혼란의 시대로 빠져들었을 때였다. 그들은 마치 용암과 같이 이해하기 힘들고 이질적인 성격의 투명하고 중립적인 잣대들을 사회에 들이대었다. 그러나 그들이 균질화에 성공한 것은 보편적인 사무 공간이었고 그마저도 닫혀있는 영역 안에 한정된 것이었다. 만약 그들이 사무실 바깥으로 걸음을 옮긴다면 그 균질화는 현실적이고 흙투성이인 공간으로 빠져들게 될 것이다.

오늘날 우리의 환경은 텅 빈 광채로 가득 차 있다. 일용품들이 편의점 선반을 가득 채우듯이 도시들도 메말라가며 암울해지고 있다. 지난 십 년간 우리의 도시들은 거대한 드라이어에 습기가 말라버렸다. 오늘날 우리는 다양한 상품들에 둘러싸여 있으면서도 완전히 획일화된 분위기 속에서 살아가고 있다. 우리의 '부'는 도시들을 함께 유지해주는 아주 얇은 필름 하나로 겨우 지탱되고 있을 뿐이다.

시뮬레이션의 삶은 사회를 덮고 있는 이 필름에 기반을 둔 구조이다. 그것은 번화가와 같은 중립적인 공간을 남겨두는 대신에 온갖 사무실과 주거공간에 침투해왔다. 사람들은 일이 끝나고 집에 가기 전에 먹고, 노래하고, 춤추고, 이야기하고, 영화를 보고, 극장에 가고, 게임을 하거나 쇼핑을 즐기기 위해 어디든지 모여든다. 사무실과 집 사이의 시간과 공간은 완전히 허구적인 것이다. 그들은 어떤 요리든 집에서 요리한 것처럼 먹고, 마치 영화배우인 것처럼 노래하고 춤추며, 서로 가장 친한 친구들인 냥 토론하고, 부에 대한 환상을 영속화하기 위해 쇼핑을 하고, 마치 들판에서 뛰거나 바다에서 수영하듯이 스포츠 센터에서 운동을 한다. 심지어 우리의 가정생활조차 시뮬레이션인 것처럼 느껴진다. 우리는 더 이상 현실과 비현실을 구분 지을 수 없다.

우리는 현실에 대한 시각적 감각뿐만 아니라 청각과 미각도 모두 잃어버렸다. 우리는 더 이상 무엇이 맛있는 것인지 확신할 수 없고, 우리가 듣고 느끼는 것이 진실인지도 알 수 없다. 우리의 신체는 모르는 사이에 변해버렸다. 이는 상품과 소통의 체계가 급진적인 변화를 겪어왔기 때문이다. 우리는 단순하게 이미지를 조작함으로써 현실과 비현실의 양극을 바꿀 수 있도록 우리 자신을 변화시켜 온 것이다.

미디어의 발달은 상품 자체의 현실성을 흐리면서 상품으로부터 언어를 분리시키는 결과를 가져 왔다. 우리는 발전시켜온 이미지들은 어떤 물리적인 현실과도 연결성이 없다. 이미 가상의 삶이 널리 퍼져 이제는 다른 형태의 의사소통이 불가능할 정도로 비현실적인 의사소통은 불가피한 일상이 되어버렸다. 한 지역 공동체에 깊이 뿌리 박혀 있던 의사소통은 더 이상 중요하지 않게 되었다. 대신 도시에서 번성하는 것은 바로 물리적인 거리를 거부하고, 즉각적이고 일시적이며, 불특정적이지만 다양한 미디어들 간의 네트워크이다.

가상의 도시에서 건축물을 지을 때 유의해야 할 점이 두 가지 있다. 하나는 일용품들이 더 이상 갖지 못하는 물리적인 실체를 건축물이 갖도록 하는 것이며, 다른 하나는 지역 공동체가 사라지고 의사소통의 형태가 끊임없이 변화하는 가운데 끝없이 지속 가능한 건축물을 만들어 내는 것이다. 이러한 모순적인 문제들은 해결하기가 아주 어렵지만 그 모순을 해결하지 못한다면 건축이 무슨 소용이 있겠는가?

그 어디에도 확실한 해결책은 없어 보인다. 그러나 한 가지 확실히 말할 수 있는 것은 이러한 문제를 무시한 채 한발 물러서 있는 것이 우리에게는 아주 의미 없는 일이라는 것이다. 우리는 반드시 이 모순을 해결하기 위해 고군분투해야만 한다. 먼저 우리는 비디오 영상과 같은 건축 또는 허구의 건축을 만드는 방법을 배워야 한다. 그리고 그 건축물들을 일시적이고 순간적인 것으로 만들어야 한다. 그러나 내가 말하고자 하는 것은 건축이 영상 이미지들로 대체되어야 한다거나 또는 임시적인 건축물들을 사용해야 한다는 의미가 아니다. 오히려 우리는 영구적인 독립체이면서 일시적이고 허구적인 건축물을 지어야 한다. 우리는 공간을 창조하기 위해 도시들로부터 얻은 힘을 활용해야 한다. 그리고 그 도시들이 가진 허구성의 효과를 충분히 이용해야 할 것이다. 나는 이러한 도시 그 자체에 자극을 받아 〈바람의 탑〉과 〈바람의 알〉을 만들 때 빛과 비디오 영상들을 이용해 허구적이고 일시적인 이미지를 제시하였다. 나는 LCD 스크린을 이용해 허구적이고 일시적인 이미지들을 자연스럽게 떠올리게 하는 몇몇 프로젝트들을 시도했었는데, 파리의 '일본문화원' 과 미나미 아오야마에 있는 '나카메구로 T빌딩' 과 'F빌딩' 등이 있었다. 뒤에 언급한 두 프로젝트는 압출된 실크스크린 필름으로 만들어진 띠를 활용한 것이다. '삿포로 맥주공장 게스트 하우스' 나 야츠시로에 있는 '갤러리 8' 와 같은 프로젝트에서는 본래 평면인 대지 위에 인공조경을 계획함으로써 자연보다 더 자연스러운 이미지를 창조해 내기 위해 노력하였다.

이러한 조작들은 모두 시뮬레이션이다. 비현실적인 도시에 시뮬레이션이 아닌 건축은 없다. '갤러리 8' 앞에 있는 언덕은 다소 인위적이지만 일단 완성되면 마치 100년 넘게 그곳에 있었던 것처럼 보일 것이다.

오늘날의 현실이란 이런 허구주의를 넘어서 만들어진다. 우리는 이제 경계 없는 현실 세계에 살고 있으며 이것은 우리의 건축에 반영 된다. 모든 사회가 미리 포장되고 밀봉되는 이 때, 우리가 할 수 있는 일은 그 내용물을 현실적으로 보이도록 만들기 보다는 포장지를 아름답게 가꾸는 일이다. 우리가 이 허구의 구조를 어떻게 정의하느냐에 따라 건축의 운명이 결정될 것이다.

다른 삶을 위한 다른 건축 Another city for another life

{콩스탕 Constant}

출처: Lebero Andreotti and Xavier Costa (eds.), *Theory of the derive, and other situationist writings on the city*. 바르셀로나 현대미술관 / ACTAR) 1996

도시성의 위기가 점점 더 심화되고 있다. 우리 주변에 있는 고대와 현대 건축물은 이미 정립된 형태의 행위와 명백하게 불일치하고, 우리가 추구하는 새로운 삶의 형태와는 훨씬 더 불일치한다. 그 결과는 우리에게 아주 절망적이고 척박한 환경을 가지고 왔다.

오래된 지역의 거리들은 고속도로로 바뀌었고, 여가 생활은 관광업으로 인해 상업화되고 변질되었다. 이러한 도시에서 사회적 관계를 맺기란 불가능하다. 새롭게 지어진 환경에서는 오직 두 가지 모티브만이 모든 것을 지배한다. 자동차를 운전하는 것과 집에서 쉬는 것. 이것은 부르주아들의 행복을 비참하게 표현하는 것이며 여기에는 농담하며 여가와 유희에 몰두하는 행위는 결여되어 있다.

마을 전체를 신속하게 지어야 할 필요성에 직면하게 되면서 철근 콘크리트로 만들어진 묘지들이 만들어지고 그 속에는 지루함으로부터 사형선고를 받은 거대한 인구들이 갇혀 있다. 만약 이러한 상태가 그들에게 아무런 이익을 가져다주지 않고 그들의 여가 생활에 아무 보탬이 안 되며 지금보다 더 큰 상상력이 요구된다면 세상이 원하는 대로 각각 사용되고 있는 이 뛰어난 기술적 발명품들은 앞으로 어떻게 사용되어야 할까?

우리는 모험을 갈망한다. 어떤 이는 지구에서 그것을 찾지 못해 달나라까지 떠난 적도 있지만 우리는 먼저 지구의 변화에 도박을 거는 것이 낫다고 생각한다. 우리는 지구에서 새로운 상황을 창조해낼 것을 제안한다. 우리는 삶과 문화 속에서 일어나는 효과적인 활동들을 방해하는 법들을 위반해야 한다고 믿고 있다. 우리는 새로운 시대의 새벽을 맞고 있으며, 우리에게 기쁨을 주도록 계획된 통합된 도시화라는 더 행복한 삶의 이미지를 이미 머릿속에 그리고 있다.

따라서 우리가 생각하는 영역은 개인주의로 인해 쇠퇴한 문화를 해방시켜 줄 창조적인 에너지를 흡수할 수 있는 집단적 창의성의 자유로운 표현이자 도시의 결합체이다. 우리는 우리가 살고 싶어 하는 새로운 환경을 창조해내는 데에 전통적인 예술은 그 어떤 역할도 할 수 없을 것이라는 의견을 가지고 있다.

우리는 새로운 기술을 발명해가는 과정에 있다. 우리는 기존의 도시가 제시할 수 있는 가능성에 대해 시험하며 미래 도시에 대한 모델과 계획을 만들어가고 있는 중이다. 우리는 모든 새로운 발명품을 받아들여야 한다는 필요성을 인지하고 있다. 그리고 미래의 건축은 끝없이 변화

Constant / Figures in Space – Travel Sketch / Ink on paper / 30 x 24 cm / 1965

Constant / New Babylon, Hanging Sector / Metal (iron, steel, copper, aluminium), blind rivets, oil / 100 x 130 x 80 cm / 1960

하는 우리들의 행동과 직결된 새로운 환경을 창조함으로써 삶의 역동적인 변화에 극도로 유연하게 대처할 수 있어야 함을 우리는 알고 있다.

이에 도시화에 관한 우리의 개념은 사회적인 것이라 할 수 있다. 우리는 녹색의 도시 ville verte라는 개념에 반대한다. '녹화된 도시'에서는 적당한 간격을 두고 고립된 마천루들로 인해 사람들의 보편적인 행동이나 그들 간의 직접적인 관계성이 감소될 수밖에 없기 때문이다. 환경과 그 환경이 만들어내는 행태가 직접적인 연관성을 갖기 위해서는 광역도시권이 필수적이다. 이동의 속도와 통신의 발전으로 인해 광역도시권의 공동체 생활이 침식될 것이라고 생각하는 자들은 인간의 현실적인 욕구를 간과한 것이다. 모든 현대의 건축가들이 받아들인 녹색 도시의 이미지에 대해 우리가 반대하는 것은 도로와 모든 건축물들이 (순간의 욕구에 따라 공간을 다른 용도로 변형하는 것을 허용하는) 공공의 공간뿐만 아니라 주거단지까지 포함하여 지면으로부터 자유로운 연속적인 공간적 구조물로 대체되는 덮여있는 도시의 이미지이다. 기능적인 측면에서 모든 교통은 그 구조물 아래나 상부의 테라스 위로 지나갈 것이기 때문에 가로는 존재하지 않는다. 각 마을을 구성하는 수많은 공간들은 횡단이 가능하며 다양한 형태를 갖는다. 그리고 그 공간들은 복잡하고 거대한 사회적 공간을 형성한다. 한때 공원 안에서 살고자 했던 개인주의적인 귀족들이 가졌던 생각, 자연으로 돌아가고자 했던 그런 생각과는 다르게 우리는 이 거대한 구조물을 통해 색다른 공간에서 기후와 빛과 소리를 우리 마음대로 조절하며 자연을 극복할 수 있는 가능성을 발견한다.

우리가 의도하는 것이 이상화된 실용적 삶에 더 많은 우월성을 두는 새로운 기능주의인가? 일단 기능이라는 것이 자리 잡게 되면 게임이 뒤따른다는 것을 잊어서는 안 된다. 오랜 시간 동안 건축은 공간과 그 주변 환경과 게임을 해왔다. 녹색의 도시에는 환경이 결핍되어 있다. 우리는 그와 반대로 주변 환경을 더욱 활용하기를 원한다. 그리고 그 환경은 우리의 욕구를 만족시켜줄 수 있을 것이다.

우리가 상상하는 미래의 도시는 환경의 활용을 통해 독특하고 다양한 감각적인 충격을 느끼게 할 것이다. 공기조화, 소리, 빛과 같은 물질적 환경들을 창의적으로 조절하고 활용함으로써 과거에는 예측하지 못했던 게임들이 이제는 가능해질 것이다. 도시계획가들은 현대 도시를 장악하고 있는 불협화음을 조화시키는 것에 대한 연구를 이미 시작하였다. 수많은 다른 문제들이 스스로 드러났듯이 새로운 창조의 영역과의 조우도 머지않았다. 조만간 실현될 우주여행은 이러한 발전에 큰 영향을 줄 것이다. 왜냐하면 다른 행성에 설치될 오아시스는 곧 보호된 도시의 필요성에 대한 문제를 야기할 것이며, 이는 아마도 우리가 미래의 도시화에 대해 연구하는데 유용한 견본을 제공해 줄 것이기 때문이다.

Constant / New Babylon, View of New Babylonian Sectors / Watercolor and pencil on photomontage / 135 x 223 cm / 1971

하지만 무엇보다도, 자동화가 확대되면서 나타난 생산에 필요한 노동의 감소가 여가의 필요성과 행동의 다양성 그리고 그 행태적 특성의 변화를 이끌어낼 것이며 이는 사회적 공간을 최소화하고자 하는 녹색 도시의 개념과는 반대로 최대의 사회적 공간을 갖는 집단적 주거의 새로운 개념으로 귀결될 것이다. 미래의 도시는 반드시 여러 개의 기둥 위에 지어진 연속적인 구조물로 이루어지거나 또는 공공의 만남과 교통 순환을 위해 빈 공간으로 남겨진 지면 위에 주거와 오락 등을 위한 지속적인 구역과 생산과 분배를 위한 구역이 공존하는 색다른 구조로 이루어진 확장된 체계로서 인식되어야 한다. 오늘날 실험되고 있는 초경량 자재나 단열 · 방음 자재들을 활용해 구조물은 더욱 가볍게 하고 지지 부재는 더 효율적으로 배치할 수 있게 될 것이다. 이런 식으로 도시는 낮은 레벨과 높은 레벨, 다른 높이의 바닥판들과 테라스 그리고 실제 우리 주변부터 주요 도시들에 이르기까지 다양한 규모의 레벨에서 창조될 수 있다. 이러한 도시에서는 구조물이 지어지는 표면이 100퍼센트일 때 테라스와 그 아래 공간으로 이루어진 자유 표면(파테어와 테라스 parterre and terraces)이 200퍼센트가 되는 반면, 전통적인 도시에서는 위와 같은 요소가 각각 80퍼센트와 20퍼센트였다는 것을 명심해야 할 것이다. 심지어 녹색의 도시에서는 반대로 20퍼센트와 80퍼센트가 될 수도 있다. 테라스는 도시의 전체의 표면으로 확장해 나가며 스포츠를 위한 공간이나 항공기와 헬리콥터의 활주로 또는 채소를 키우는 공간으로도 사용될 수 있는 옥외 공간을 형성한다. 인위적으로 조성된 그 공간들은 어디에서나 계단 또는 승강기로 접근이 가능하다. 다른 높이의 층들은 근린 공간과 의사소통 공간으로 나누어지며, 그 공간들은 주변 환경의 무한한 다양성을 창조해낼 수 있는 가능성을 제공함과 동시에 거주자들 간의 잦은 조우를 유도할 수 있을 것이다. 전문화된 창조자들은 모든 기술적 수단들을 동원해 주변 환경을 규칙적이고 의식적으로 변화시킬 것이다. 그리고 그들은 전문적인 상황주의자들이 될 것이다.

환경을 창조하는 수단에 대한 깊이 있는 연구와 이후의 심리적 영향은 현재 우리가 풀어야 할 과제들 중 하나이다. 하중을 견디는 구조와 더불어 그것의 미적인 측면을 실현시킬 수 있는 기술에 대해 연구하는 것은 조각가와 기술자들의 특별한 과제이다. 특히 우리가 착수한 과제 해결의 준비 작업에 진전을 가져오기 위해서는 기술자들의 기여가 긴급히 필요하다.

만약 우리가 지금까지 엄청나게 공을 들여 그려온 이 프로젝트가 환상이라는 꿈으로 지고 말 위기에 처해 있다면 우리는 이렇게 주장하고 싶다. 이 프로젝트는 기술적 관점에서 실행 가능한 일이고, 인류의 관점에서 바람직한 일이며, 사회적 관점에서 필수불가결한 일이라고 말이다. 인간성 전체를 지배하는 불만족은 이 프로젝트들을 실행해 해소하지 않으면 안될 만큼 나날이 증가할 것이다. 그리고 그 프로젝트들은 보다 풍요롭고 만족스러운 삶을 실현하는데 기여하게 될 것이다.

통합된 도시계획 Unitary Urbanism

{콩스탕 Constant}

출처: Robyn de Jong-Dalziel 영역, Mark Wigley, *Constant's New Babylon*. Rotterdam (010 Publishers) 1998, 92-95쪽 중에서
이 글의 원본은 1960년 12월 20일 암스테르담의 스테델라이크 미술관 Stedelijk Museum에서 열린 'Unitair urbanisme' 강연의 미출판 네덜란드어 원고이다.

근대 도시계획가들이 실패한 원인은 그들의 기회주의와 자신들이 직면한 문제에 대한 수동적인 자세, 그리고 낡은 문화적 인습과 사회 속에 지속되어 왔던 이미지에 대한 무조건적인 존중에 있다.

오늘날의 도시계획은 주거와 교통 문제가 대부분인 사회적 · 경제적 현안들에 대한 다소 미학적인 해결책으로 국한 되었다. 그 실제적 이유는 이러한 문제점들에 대한 신속하고 즉각적인 해결책을 찾기 위해 도시계획가들이 그 문제들을 사회적 삶의 전체성과는 분리하여 생각했고 문화적 이슈와는 상관없는 일인 듯이 여겨왔기 때문이다. 그 결과 도시계획가들은 시대에 뒤쳐져서 발전과는 영원히 멀어지게 된 것이다……

실제로 근대의 도시계획가들은 도시를 노동자와 상품의 효율적인 운송, 사람들의 수용과 창고의 보관, 그리고 산업적이고 상업적인 활동들에 최적화된 생산의 거대한 중심점으로 간주하였다. 그 나머지는 말하자면 창조성이라고도 할 수 있는 여가생활과 오락의 부류에 속하는 선택적인 것들이었다.

……도시계획은 산업 디자인이 아니다. 도시는 기능적 객체가 아니며 미학적으로 '견고한' 것도 아니다. 도시는 인간의 삶과 모험이 펼쳐지는 인간에 의해 지어진 인위적인 풍경이다. 그러므로 도시를 노동자의 도구에 비유할 것이 아니라 예술가의 노리개 정도에 비유하는 편이 나을 것이다. 그러나 노리개도 사실 적절한 비유는 아니다. 왜냐하면 도시는 우리 삶의 역동적이고 통합적인 부분이며 또 그렇게 되어야만 하는 것이기 때문이다. 나는 여기서—요한 하우징거 Johan Huizinga가 언급한 '유희의 인간 Homo Ludens'을 생각하며— '문화'보다는 '삶의 유희 the game of life'라는 말을 신중하게 언급하고 싶다. 왜냐하면 문화라는 것은 오해를 불러일으키기 쉽기 때문이다. 문화는 현 세기에 존재하는 전통적인 문화의 형태와 대중적인 허위의 문화에 수반되는 현상 사이의 분열에 너무 오랫동안 타협해왔다. 문학, 미술, 음악 등과 같은 개인적 형태의 전형적인 창조적 활동은 그것을 가능하게 한 개인주의와 함께 이제 그 의미를 서서히 잃어가는 과정에 있다. 이러한 '대량화'의 세기에 더 이상 대중이 결여된 전통이나 낡아빠진

문화 표본의 전승자 또는 우월성이라는 망각의 희생자로부터 찾을 수 없는 새로운 문화의 형태를 어디서 찾을 수 있을까? 도시는 '대중'을 양산해왔고, 오직 그 대중만이 도시에 형태를 부여할 수 있다. 그렇다면 도대체 대중이란 누구를 말하는 것일까?

…… 만약 우리가 현재의 결점을 보완하기를 체념하거나 미래에 대한 두려움으로 뒷걸음질 치기를 원하는 것이 아니라면 우리는 대중 속에 여전히 잠들어 있는 무한한 창조적 잠재성에 의존해야만 한다. 우리는 반드시 대중이라고 불리는 이들을 자연을 정복하는 데에 성공한 사람들, 전례 없는 사회적 자유를 그들 스스로 쟁취한 사람들 그리고 사실상 무제한의 자원을 소유한 사람들로 이해해야 한다. 새로운 문화란 대중문화가 될 수도 있다. 또는 문화라는 것이 전혀 존재하지 않을 수도 있다. 미래를 손에 쥐고 있으며 현재 일어나는 사건들의 주된 피해자이기도 한 대중들은 급성장하면서 점점 그 영향력을 더해가고 있다. 대중은 우리 모두가 속한 집단이며, 통합된 도시화를 위한 새로운 문화에 있어 절대적으로 필수적인 환경과 생활양식간의 통일성을 성취해야만 하는 존재이다.

나는 통합적 도시화를 아주 복잡하고 변화무쌍하며 지속적인 활동, 즉 일상생활의 방식과

Constant / New Babylon, Space Eater / Metal, ink on plexiglass, paint on wood / 65 x 90 x 65 cm / 1959

일상적인 환경에 신중하게 개입하는 것으로 정의하고자 한다. 이러한 개입은 우리의 현실적 욕구와 그 욕구들을 차례로 변화시킬 가능성 그리고 곧 떠오를 새로운 가능성을 우리의 삶과 지속적으로 조화시키는 것을 목적으로 한다. 나는 정적인 물질적 기능주의에 대한 다른 종류의 '형태부여'와 같은 단순히 다른 미학을 근대적 도시의 미학과 대비하고자 하는 것이 아니다. 통합적 도시화는 유연성을 가진다. 그리고 우리의 삶의 형태를 변화시킬 수 있는 우리 자신의 자유를 존중한다. 통합적 도시화는 모든 욕구와 모든 기술적, 지형적, 심리적 가능성 그리고 모든 상황에 적용이 가능하다. 그것은 창조적인 충동을 객관화하고 예술 활동을 집산화하며 역동적인 생활양식을 구체화한다.……

우리는 (기계적인 공정을 조정하고 통제함으로써 모든 일상의 업무들을 기계화하는) '자동화'가 규칙적이고 체계적인 생산의 자동화를 의미하며, 이른바 여가 시간의 어마어마한 증대를 가져다 줄 것이라는 점을 우리는 보편적으로 인정하고 있다. 이러한 여가 시간의 증대에 따른 사회적 결과에 대한 두려움은 자동화가 현재 기술적으로 실행 가능함에도 불구하고 더딘 속도로 진전되고 있는 이유들 중 하나이다. 그럼에도 불구하고 우리는 자동화가 단지 기술적 가능

Constant / New Babylon, Amsterdam / Ink on map / 200 x 300 cm / 1968

성으로만 그치지 않고 예측 가능한 미래에 사회적 사실이 될 것이라 예상하고 있다. 그리고 도시계획은 지금 이러한 사실을 중요하게 다루어야만 한다. 어떠한 경우든 일종의 노예와 같이 노동을 수행하는 로봇의 발전은…… 조만간 이른바 대중, 전례 없는 자유, 여가시간의 선용과 삶의 자유로운 실현을 위한 꿈 꿔보지 못했던 기회라는 인간성을 가져다 줄 것이다.

'사회적 공간 social space' 이라는 개념을 좀 더 자세히 살펴보자. 역사적으로 가로는 단순한 교통망 그 이상이었다. 통행 공간으로서의 역할보다 더 중요했던 부가적인 기능은 집단적 삶의 공간으로서의 기능이었다. 이 집합적 공간은 소수의 개인들 간의 왕래와 접촉, 다시 말해 더 은밀하고 사적인 영역에 속하지 않는 모든 활동들뿐만 아니라 시장, 축제, 박람회, 정치적 활동 등 모든 공공의 이벤트들이 발생하는 곳이었다. 길거리로 쏟아져 나왔던 호텔과 카페들은 사람들이 교통으로부터 피신 할 수 있는 공공공간이자 이러한 집합적 공간의 연속이었다. 엄청난 교통의 증가는 바로 이러한 '거리' 의 사회적 기능을 앗아가 버렸다. 마지막 피난처로 카페가 남아있기는 하지만 이제 거리 자체는 교통 노선이 되어 고립된 주거 공간의 단위를 구분 짓는 날카로운 경계선 역할을 하고 있다. 이것은 지난 세기 동안의 카페의 중요성을 잘 설명해주고 있다. 통합적 도시화가 사회적 공간과 밀접한 연관이 있다는 것은 다가올 대중문화에 필수적인 개인 간의 잦은 접촉의 역할과도 관련이 있기 때문에 매우 중요하다. 통합적 도시화라는 측면에서 삶의 실현은 도시계획에서 사회적 공간이 갖는 위치에 대단히 의존적이다. 결국 우리의 일상생활에 영향을 주고 우리의 일상생활을 결정짓기도 하는 모든 사건들은 바로 이러한 공간에서 일어나기 때문이다. 그 공간에서는 물질적 환경에 신중한 개입이 가장 효과를 잘 발휘할 수 있으며, 오직 그곳에서만 이러한 개입이 환경의 창조를 겨냥한 집합적 게임이 된다.

이러한 거리의 기능은 사회적 공간이 가지는 문화적 중요성으로 인해 단순한 실용주의적 기능, 특히 오늘날 산업 도시에서 사회적 공간을 희생시켜 온 교통과 생산이라는 기능과 분리될 수밖에 없게 되었다. 대규모의 사회적 공간을 창조하고 유지함으로써 대중문화가 나타나게 되고, 더 많은 여가 시간을—혹은 삶에 대한 보다 자유로운 태도를—기대할 수 있게 된다. 또한 낡고 오랜 전제 조건인 인구와 교통의 무한한 증가가 지속될 수 있게 된다. 이것이 바로 뉴 바빌론이 한편으로는 교통과 산업적 공간을 엄격하게 구분하고 다른 한편으로는 주거와 사회적 공간을 나누는 수직적 분리에 바탕을 두게 된 이유이다. 이는 다층구조로 이루어져 있으며 지상의 공간을 완전히 자유롭게 활용할 수 있는 필로티로 지지되는 덮여있는 도시의 원리를 받아들였기 때문에 가능한 것이다. 주거 공간과 집합적으로 이용되는 공간을 모두 포함하는 실제적인 도시체는 결과적으로 지면과는 떨어져 교통이 접근할 수 없도록 들어 올려져 있으며, 이는 지상 공간을 100퍼센트 원하는 대로 사용할 수 있도록 해준다. 교통은 건물의 위치에 제약을 받지 않고 자유롭게 최단의 경로를 선택할 수 있다. 그러나 이 도시를 방문한 방문객들은 자동차를 옥상으로 올려다 놓는 수많은 승강기 중 하나에 자신의 차를 맡겨야만 할 것이다.…

구조물의 거대한 사이즈 때문에 각 층에는 햇볕을 거의 들지 않는다. 따라서 그 도시의 실내공간은 인위적으로 채광되고 환기되며 공조되어야 한다. 하지만 여기에는 자연을 충실하게 모방하고자 하는 의도는 전혀 없다. 오히려 엔지니어링 설비들을 사회적 공간 안에서 심리적 · 지리적 게임을 위한 강력한 환경을 조성하는 자원으로서 아주 효율적으로 사용하였다. 이 도시계획의 전형적인 선형 구조는 개발되지 않은 채 텅 비어있는 공간으로부터 공간의 사용자들이 절대로 몇 백 미터조차도 벗어날 수 없다는 것을 보여준다. 하지만 도시체의 끝없이 광활한 지역을 며칠 동안, 심지어 몇 주 동안 모든 구역마다 있는 주거 지역 내의 숙박시설을 찾아다니며 공간에서 공간으로, 환경에서 환경으로 뉴 바빌론을 탐험하며 걸어 다니는 것 역시 가능하다. 또는 자동차를 타고 도시 풍경을 가로질러 한 구역의 지상 공간에서 다른 구역으로 이동하거나, 도시 아래로 지나가다가 다른 어떤 곳으로 다시 올라오는 등의 여행을 할 수도 있다. 이 도시체 내부의 실내 공간은 오직 15퍼센트만이 영속적인 주거 또는 호텔로 할애되어 있을 뿐이며 나머지는 모두 사회적 공간이다. 이 사회적 공간은 반드시 한 공간 위에 다른 공간이 있고 수백 미터 길이로 되어 있는 하나의 거대한 홀로 인식되어야 하며, 그 거대한 홀은 하나의 작은 방에서부터 커다란 공공의 광장까지 아주 다양하고 색다른 크고 작은 공간들로 세분화될 수 있다.

시간 왜곡: 기념비 Time Warps: the Monument

{피터 아이젠만 Peter Eisenman}

출처: Cynthia C. Davidson (ed.), *Anytime*. Cambridge, Mass. (MIT Press) 1999, 250-257쪽 중에서

토마스 핀천 Thomas Pynchon은 그의 저서 『메이슨과 딕슨 *Mason & Dixon*』에서 '시간은 보이지 않는 공간이다' 라고 했다. 이 말을 '시간은 공간의 전제조건이다' 라고 받아들여야 할까? 이에 대해 프레드릭 제임슨 Fred Jameson은 '포스트모던의 조건은 시간을 공간으로 변형하는 것이다.' 라고 말한 것으로 보아 적어도 그는 그렇게 생각한 것 같다. 하지만 나는 그것이 토마스 핀천이 생각하고 있었던 바가 아니라고 생각한다. 시간은 원둘레가 365.25도로 나누어진 중국의 원형 달력이 한 해의 날짜 수만큼 눈금을 가리키기 시작했을 때부터 언제나 공간과 연결되어왔다. 그러나 예수회 선교사들이 그 달력의 원둘레를 360도로 바꾸면서 이러한 공간과 시간의 상관관계가 깨져버렸다.

『메이슨과 딕슨』이 표면적으로는 공간에 관한 것을 다루고 있지만 핀천이 그 책에서 18세기에 대해 연구한 내용은 대부분 시간, 그리고 시간과 공간의 괴리에 관한 것이었다. 예를 들자면 공해상에서 시계를 사용하는 것이 얼마나 어려운 일인지를 묘사하였고, 예수에 미친 사람들이 1752년에 어떻게 율리우스력에서 11일을 잘라내어 그레고리력을 만들었는지도 설명했다. 이는 오늘날의 세계 경제가 지역성이라는 관점을 통해 임의적이면서 상대적인 세계 시간을 낳았다는 점에서 지금 일어나는 상황들과도 사실 크게 다르지 않다.

미국에서 가장 큰 주인 알래스카 주를 살펴보자. 최초의 알래스카에는 6개의 표준 시간대가 존재했었다. 남동쪽에 있는 주노 Juneau에서 북서쪽에 있는 놈 Nome까지는 4시간이 걸리는데, 알래스카는 표준 시간대가 지구의 곡선을 따라 좁아지는 극지 부근에 있기 때문에 당시에는 시각으로 보면 4시간이 채 안 되는 이른 시각에 도착하게 되는 것이었다. 그러나 알래스카가 미국의 일부가 되고 나서는 6개의 표준 시간대를 가지는 것이 정치적 · 경제적으로 실용적이지 않았다. 알래스카에는 하나의 표준 시간대가 필요했고 그 아래에 위치한 48개의 주 중에서 캘리포니아와 상관되어야만 했다. 그 결과 알래스카 전체가 임의로 캘리포니아와 한 시간 정도 차이가 나는 단 하나의 표준 시간대를 사용하게 되었는데 이와 같은 임의적인 결정 때문에 오늘날 알래스카에서는 진짜 시간이 사라져버렸다. 주노에서 놈까지 이동하는 실시간을 기록하던 시계는 50년 전 알래스카에만 존재할 뿐이다.

오늘날의 시간은 옛날만큼 위치나 공간에 얽매여 있지 않다. 이는 어떤 측면에서 우리의 이동 속도가 빨라졌기 때문이기도 하지만 완전히 다른 측면에서는 우리의 정치적, 경제적, 사회

적 고려가 공간과 상관없이 이루어지고 있기 때문이기도 하다. 그러나 건축에서 시간과 공간은 다소 다른 문제이다. 왜냐하면 이 주제가 주체와 '움직이지 않는 건축이라는 객체'의 상관관계라는 또 다른 논점을 불러일으키기 때문이다. 역사적으로 볼 때 주체는 시간의 경험을 통해 건축의 객체를 이해하게 된다. 주체가 건축물의 내부와 건축물의 주변으로 더 많이 이동할수록 그 주체는 객체를 더 잘 이해할 수 있게 되는 것이다. 이러한 이해는 일반적으로 격자, 축, 배열 또는 건축적 산책 promenade architecturale과 같은 일련의 관계 항들에 의해 정해진다. 건축적 산책이란 공간의 경험에 있어서 일련의 이해 과정의 연속적인 배열이다. 객체의 시간과 객체 경험의 시간 그리고 주체의 이해는 서로 불가분하게 연결되어 있는 것이다.

아인슈타인의 상대성 이론이 발전함에 따라 주체적 경험의 외부에 있는 연속체로서 시공간의 개념은 공간의 4차원인 시간을 포함한 개념적 현실이 되었다. 지그프리트 기디온 Sigfried Giedion은 『공간, 시간 그리고 건축 *Space, Time and Architecture*』에서 근대 건축에서 나타나는 이러한 상관관계를 수학적 · 물리학적으로 나타내고자 하였다. 기디온은 주체가 건축의 내부와 외부를 동시에 인지할 수 있도록 투명한 유리를 통해 시공간의 상호 관입이라는 개념을 표현하였다. 고전적인 축을 사용할 필요도 없었고 건축적 산책과 같은 최신식의 개념도 필요 없었다. 분명 르 꼬르뷔제가 보여준 스트라스부르그 Strasbourg의 원형 경사로와 뽀와시 Poissy에 있는 문다네움 Mundaneum 프로젝트의 나선형 경사로는 고전 건축의 대칭적인 축으로부터 신체적 균형의 축으로 옮겨가고자 하는 시도였다. 그러나 이러한 변위는 서사적인 고전주의 시기에서도 일어났었다. 그 당시에도 시간과 공간은 여전히 동시성의 연속체로 받아들여졌다. 기디온의 이른바 '공간의 4차원'에 대한 고찰은 1940년대에는 하나의 기준처럼 보였지만 가상의 공간과 가상의 시간이 발달한 오늘날에는 오히려 순진해 보인다. 투명성은 사실상 작은 해프닝으로 판명 났으며, 건축은 시간과 공간에 관한 더욱 정교한 아이디어로 옮겨가기 시작했다. 오늘날의 후기 구조주의적 시대에는 시공간에 대한 고전적인 개념과 현대적인 개념이 모두 중요해졌다. 실제로 시간과 공간의 연속체가 분리되어버렸다는 관점도 존재한다. 시간은 더 이상 공간에 의해 한정될 필요가 없다. 어떻게 보면 시간이 과거에는 건축에서 단 한 번도 개념화된 적 없는 방식으로 공간에 머물고 있는지도 모른다. 예를 들어 인터넷상에 존재하는 가상의 시간과 공간은 건축에서 불가능한 것이다. 오직 개념적인 가능성으로만 존재한다.

1912년에 앙리 베르그송 Henri Bergson은 『물질과 기억 *Matter and Memory*』에서 객체의 시간과 주체의 경험적 시간 사이에 차이가 있을 수 있다는 가능성을 소개한 적이 있다. 그는 시간이 연대적 또는 서사적 시간과 지속성의 시간 이 두 가지로 나누어질 수 있음을 명시하며, 연대적 시간은 정도의 차이와 관련이 있고 지속성의 시간은 종류의 차이로 볼 수 있다는 관점을 제시하였다. 일반적으로는 건축이 연대적 시간으로 경험된다고 간주되었던 반면에 베르그송의 시간

Peter Eisenman / Memorial to the Murdered Jews of Europe / Memorial / Berlin, Germany / 2005

에 대한 개념은 지속성의 시간과 인지의 시간을 분리할 수 있다는 가능성을 제안하였다. 예를 들어 각설탕이 물에 용해되는 것을 생각해보면 각설탕이 지속되는 시간은 각설탕이 녹는다는 것을 인지하는 주체의 시간과 아무런 관련이 없다.

베르그송의 두 가지 시간성은 우리의 최근 프로젝트에도 반영되었다. 하나는 애리조나 카디날스의 경기장이며, 다른 하나는 베를린에 있는 학살된 유대인을 기념하는 기념비이다. 그 둘은 사뭇 다른 프로젝트들이지만 둘 다 후기 구조주의적 기념비라 할 수 있다. 경기장으로서의 기념비와 기념관으로서의 기념비는 두 가지 성격의 프로그램–지표적인 프로그램과 상징적인 프로그램–에 의해 제약됨과 동시에 과거의 표현 수단으로부터 자유로워지는 초현실성을 가진 의미 있는 장소들Loci이다. 경기장의 지표적인 프로그램은 동기가 부여된 프로그램이다. 거기에는 기표와 기의가 내재화되어 있다. 그들은 서로 분리될 수 없다. 예를 들면 경기가 진행되는 공간과 경기 관람자들의 관계성을 바꾸는 것은 불가능하기 때문에 각 공간들은 한정적인 기능에 의해 조정되고 있는 것이다. 마찬가지로 경기장 내부의 시간은 공간에서 경험할 수 있는 그 시간의 상태와 분리될 수 없는 것이다. 유대인 대학살 기념비는 이와 다른 경우이다.

아돌프 로스 Adolf Loos는 건축이란 기념비와 무덤에 관한 것이라고 주장했다. 이는 인간 개인의 삶이 원석이나 평판조각, 십자가 또는 별에 기념될 수 있음을 의미한다. 다시 말해 동기 부여된 상징과는 반대되는 관습적인 상징에 의해 기념될 수 있다는 뜻이다. 그러나 관습적인 상징의 기능은 유대인 대학살과 히로시마 원폭으로 인한 수많은 죽음과 함께 끝났다. 건축은 더 이상 이전에 기억했던 것처럼 삶을 기억하지 않는다. 왜냐하면 그러한 사건들로 인해 과거에 개인의 죽음과 개인의 삶의 상징이었던 표지물들이 가지는 의미가 달라져 버렸기 때문이다. 이러한 변화는 역사나 기억, 기념의 개념과 궁극적으로는 이들과 시간의 연관성에까지 심오한 영향을 미쳤다. 만약 오늘날 건축에서 객체의 시간과 주체의 시간을 분리할 수 있다면–즉 기념하기 위한 객체의 내재된 시간을 경험의 시간과 분리할 수 있다면–유대인 대학살은 가장 중요한 주제가 된다. 대부분의 건축가들은 시간이 공간에 의해 제한되거나 공간 내부와 주변에 발생하는 주체의 움직임에 의해 제약 받는 것을 당연하게 생각하고 있다. 오늘날 상징적 기념비의 공간이란 인위적인 통제이며, 그곳에서 건축가가 유일하게 조절할 수 있는 것은 객체의 시간과는 구분되는 경험의 시간을 통제하는 것이다.

유대인 대학살과 그 뒤에 일어난 히로시마 원폭의 어마어마한 규모를 보면 전통적인 건축 기법으로 그 공포감을 표현하고자 하는 것이 얼마나 부적절한지 잘 알 수 있다. 기념비가 실제로 유대인들을 가두었던 수용소 자리에 지어지는 순간, 그곳은 실제 시간을 기억하는 장소Locus가 되었다. 그 기념비는 시간과 장소가 반드시 구체화되는 하나의 시간이자 하나의 기억이다. 좀 더 정확히 말하면 유대인 학살에 대한 기억에 쉽게 동화될 수 있게 하는 것이 바로 그 특수성이다. 왜냐하면 과거의 그 수용소가 바로 기억의 상징으로 작동하기 때문이다.

'과거에 일어났던 사건들을 기억하는 것' 에 관해 마르셀 프루스트 Marcel Proust는 기억에는 두 가지가 있는데, 한 가지는 예전 사실 그대로가 아닌 원하는 방향으로 과거를 기억을 하는 감상벽에 젖어있는 향수병이고, 또 다른 한 가지는 살아있는 것으로서 과거에 대한 향수가 전혀 없이 현재에도 활발히 살아 숨 쉬는 기억이라고 주장했다. 유대인 대학살은 객체의 형태로 기억될 수도, 객체 자체에 대한 향수를 유발하는 과거의 장소로 기억될 수도 없다. 왜냐하면 유대인 대학살은 기억으로부터 향수를 영원히 파열시켜버렸기 때문이다. 유대인 대학살에 대한 오늘의 기억은 과거가 지금 현재에 활발히 살아 숨 쉬고 있는 그러한 살아 있는 상태이어야만 한다. 이런 맥락에서 우리의 기념비는 향수와는 구별되는 기억에 대한 새로운 개념을 제시하고자 하는 것이다. 이를 위해 우리는 기념비의 시간과 기념비의 지속시간을 인간의 경험적 시간 또는 어떠한 가능한 이해의 시간과는 다르게 만들었다. 이는 마치 상징적 기념비가 자체적으로 붕괴되어 지표적 기념비가 되는 것과 같은 것이다. 우리의 기념비가 세워지는 베를린의 컨텍스트는 지극히 막대한 진부함을 특징으로 한다. 그것이 의미하는 것은 합리적이고 질서정연한 체계가 정해진 규모 이상으로 커지거나 그 의도된 목적을 초과할 때 사실상 인간 이성과의 접점을 잃는다는 것이다. 우리의 입장을 옹호하자면, 규칙적으로 보이는 기둥들의 격자는 더 이상 시간과 공간의 일관성을 보장하지 않는다. 오히려 이 격자 체계는 모든 폐쇄된 체계의 질서들은 실패할 가능성이 크다는 것을 보여주기 위해 보기에 질서정연한 듯한 모든 체계에 내재된 불규칙성과 잠재적인 혼란성을 드러내기 시작한다. 이러한 잠재성은 우리 프로젝트의 시간, 다시 말해 내재적인 시간과 이 프로젝트의 주체가 경험하는 시간 사이를 명확히 구분 짓는다.

이는 다음과 같은 방법으로 이루어진다. 약 4천 개의 콘크리트 기둥들에는 시초가 되는 질서가 있다. 각 기둥들은 폭 92센티미터에 2에서 3미터 길이를 가지고 있으며, 높이는 0에서 5미터까지 다양하다. 기둥 간의 간격 92센티미터는 그 사이로 오직 한 사람만이 지나갈 수 있도록 하기 위한 치수이다. 기둥을 받치는 바닥면은 대지 높이에서 약 3미터 정도 낮은 지점까지 굴절된다. 마찬가지 방식으로 기둥의 상단면들 또한 굴절되어 물결치는 바다처럼 보이는데, 기둥의 바닥 면들과는 다르게 굴절된다. 그러한 차이는 순전히 무작위적이고 임의적인 표현의 문제처럼 보인다. 그러나 이 경우에서는 아니다. 기둥의 윗면과 아랫부분의 지면은 베를린이라는 더 큰 대지의 컨텍스트 안에서 그 공간에 특정한 부피감을 주는 위상학적 격자 선들의 변화에 의해 결정된다. 이 두 가지 위상학적 표면들은 그들 사이에서 불안정의 공간을 표현하고 있는 것이다. 이러한 공간이야 말로 객체의 경험만으로는 절대로 이해될 수 없는 곳이다. 이 공간은 객체의 공간에 새겨진 내재적 시간을 정의한다. 콘크리트 기둥으로 만들어진 바닥면들과 상단면들에서 나타나는 이러한 위상학적 불규칙성으로 인해 각 기둥은 저마다 다른 기둥을 향해 약간씩 기울어지게 되었다. 각 기둥의 모서리는 바닥과 3도씩 기울어져 만난다. 이러한 바닥 모양에서 물결치는 파도의 모습은 개별적인 기둥과 그 주변을 둘러 싼 개별적 공간의 컨텍스트에 의해서만 경험할 수 있다. 이러한 경험이 세 가지 실체들—바닥면의 위상, 기둥들의 위치 그리고 기둥의 윗면—사이의 인지적이며 추상적인 차이를 만들어내면서 엄격한 질서를 가진 듯한 가늠할 수 없는 공간을 만들어낸다. 따라서 객체의 시간이란 기둥의 가장 낮은 바닥면과 가장 높은 상단면에 새겨져 있는 것이다. 바닥면의 불확실성은 격자 축의 방향성을 산산조각 내 다방향성을 가지도록 만든다. 이곳에는 들어가는 입구가 따로 정해져 있지 않고, 나가는 출구 역시 정해진 곳 없으며, 중심공간이나 꼭 도달해야만 하는 목적지도 없다. 이곳은 미로같이 복잡하지도 않고 위계를 가진 것도 아니다. 오히려 이 공간전체가 위계구조와 의도적 움직임을 파괴하고 있다. 이와 같은 공간은 기념비 내부에서 베를린 가로의 격자뿐만 아니라 규칙적인 내부 격자의 안정적 질서라는 망각을 파괴하는 것이다. 그 공간은 상실의 공간, 명상의 공간, 현재에서 기억이 비어있는 공간을 이루게 된다.

전통적인 기념비들은 그것이 나타내는 상징적인 이미지에 의해 이해된다. 이러한 기념비들은 전통적인 건축물에서와 같이 시간만으로는 이해할 수 없으며 오히려 공간에서의 순간으로 이해할 수 있다. 경험과 인지 사이에는 시공간의 연관성이 존재하기 때문에 그러한 기념비들은 미로와 같이 시간적 경험을 요구하는 건축 내부에서 보임과 동시에 이해된다. 우리의 기념비는 시간적 경험을 요구하지만 시공간의 연관성을 부숴버린다. 개인적 경험의 시간은 지금부터 50년이 지난 후에도 아마 똑같을 것이다. 이 기념비는 유대인 대학살에 대한 어떠한 추가적인 이해도 보장하지 않는다. 왜냐하면 이해가 불가능하기 때문이다. 이러한 기념의 시간과, 상단면에서 지면까지 그 기념의 지속성은 우리가 그것을 경험하는 경험적 시간과는 동떨어져 있다. 이런 맥락에서는 향수도 과거의 기억도 존재하지 않으며 오직 기념비를 통한 개인적 경험의 살아있는 기억만이 숨 쉬고 있을 뿐이다. 길을 잃을 만한 곳이 전혀 없는 이 공간에서도 어떤 이는 길을 잃는다. 길을 잃었다는 느낌은 시간 속의 괴리에서 오는 것이다.

건축의 상징적인 기능과 지표적인 기능이 분리될 때 그로 인해 얻게 되는 것은 각각의 반복 속에서 예상하지 못한 결과를 찾아낼 수도 있다는 잠재성에 대한 가능성이다. 그 결과는 과거에 있었던 실제 시간과 현재에 존재하는 가상의 시간을 모두 기억하는 장소이다. 기념비란 상징이나 지표의 가능성을 잃어버린 존재이다. 시작도 끝도 없고, 그 어떤 의미도 없으며, 공간과 마찬가지로 시간의 경험도 없다. 그것은 단지 기억에 대한 과거의 가능성으로서의 기억일 뿐이다.

Peter Eisenman /
Greater Columbus
Convention Center /
Convention center /
Columbus, USA /
1993

지속성 Duration (아직 나타나지 않은 것들과 이미 사라진 것들의 만남)

{스티븐 홀 Steven Holl}

출처: *Parallax*. NewYork (Princeton Architectural Press) 2000

'나는 단순히 물이 시간의 이미지를 표현하는 것으로 생각했었다. 그리고 매년 새해가 되기 바로 전날에는 약간은 원시신앙처럼 물 가까이… 특히 바다에서… 내 자신을 발견하려 했었다. 이는 새로운 구원, 새로운 한줌의 시간이 다가오는 것을 보기 위함이었다.'

조셉 브로드스키의〈워터마크 Watermark〉

앙리 베르그송은 그의 저서『물질과 기억 *Matter and Memory* (1911)』에서 시간은 말로 표현할 수 없으며, 말로 표현할 수 있는 것은 오직 시간의 지속성뿐이라고 말했다. 지속성, 즉 유동적이며 흐르는 시간은 과거와 현재, 미래가 어우러지는 곳의 존재에 대한 경험과 복잡하게 얽혀있다. 만약 시간의 한 끝점이 개인의 경험적 시간이라면 다른 끝점은 과학적으로 측정되는 추상적이고 특색 없는 시간일 것이다. 우리가 이러한 역동적인 양 극단의 균형을 유지할 때 우리는 패러다임의 전환에 얽히게 된다. 크로노미터로 측정되는 시간 이론에 대한 앙리 베르그송의 비평은 시간과 공간이 동등하다는 주장과 함께 지속성으로서의 심리적 시간을 옹호하고 있다.

시간과 공간에 대한 절대적인 관점과 상대적인 관점 사이에서 오는 이론적 갈등은 정체성, 개인성, 특성 등의 매우 다른 개념들을 끌어낸다. 고트프리트 빌헬름 라이프니츠 Gottfried Wilhelm Leibniz는 시간과 공간을 상대적인 것으로 보았다. 그의 주장은 알버트 아인슈타인의 보편적 상대성의 이론으로 인해 더욱 명확해졌다. 이론적 물리학은 여전히 해결되지 못한 채 남겨졌지만, 우주는 우리의 관점이 진화하듯이 시간 속에서 발전하고 있다. 시간은 오직 과정이나 현상과의 관계를 통해서만 이해된다. 하나의 장소와 시간 속에 살아있는 인간 존재의 지속성은 상대적인 개념이다. 어떠한 존재의 시간성은 일시적인 것으로 시간의 존재를 목표로 채택된 환경이다. 공간과 건축은 일시적인 것을 초월한다.

우리는 1979년, 베르그송의『물질과 기억』에 등장한 첫 번째 분석으로부터 영감을 얻어 뉴욕에 있는 스카스데일 Scarsdale에 '벽안의 벽 walls within walls' 이라는 개념을 기본으로 수영장이 있는 집과 조각 공원을 디자인하여 지었다. 우리는 시간에 대해 몇 가지 다른 관점에서 접근하고자 했다. 첫째로 대지의 주변을 둘러싼 18세기의 돌로 만들어진 벽은 그곳의 순환적이고 신비로운 시간의 출발점이 되었다. 둘째로 계절과 날짜라는 시간은 그 작은 프로젝트에 들어오는 햇빛의 각도와 관련 있다. 길이방향의 입면 한쪽 구석에 여름 하지점과 나란히 놓이도록 뚫은 두 개의 원형 창문으로 태양의 각도 변화를 일별, 월별로 측정할 수 있었다.

수영장을 포함한 건물과 조각 공원은 우리가 '벽안의 벽' 으로 다가가 그 주위를 둘러보는데 일련의 흥미로운 공간적 시점의 변화를 제공한다. 공간은 시간을 통해 움직이는 신체에 의해 인지된다. 이 실험은 우리에게 최초의 가공되지 않은 시공간 다기관 manifold 이었다.

경험의 지속성으로서 시간은 개인과 공간에 대해 상대적이다. 콘스탄틴 브랑쿠시 Constantin Brancusi는 자신만의 타임캡슐을 상상하고 만들었다. 그의 작업공간은 『끝없는 기둥 *Endless column*』이 시간을 알려주는 파리 한복판의 변함없는 카르페티옹 Carpation 마을이었다. 이곳에서는 공간과 문화의 한정된 시간이 영원함과 대치되었다.

1989년부터 1999년까지 60번 이상 일본을 오가면서 수많은 작업을 진행하던 중에 나는 또 다른 시간의 개념을 알게 되었다. '갤러리 마 MA間' 에서의 시간과 공간의 결합이라는 개념은

Steven Holl / iasma Museum of Contemporary Art / Museum / Helsinki, Finland / 1998

아주 고전적이지만 놀라운 것이었다. 이 개념은 나로 하여금 고대 동양 사상과 현대 서양 사상의 신비로운 유사성에 눈을 뜨게 했다. 시간이란 단지 그 안에서 일어나는 사건의 결과로서 지속된다는 서양의 사상은 '시간은 그 무엇도 아니라'는 14세기 도겐 스님의 '우지 uji', 또는 '존재 시간'과 비슷한 개념이다. 불교에서 시간이란 지속적인 흐름이자 모든 분명한 형태들을 존재론적으로 비현실적이고 부패하게 만드는 유동성이다. 존재와 부재는 사물의 다른 측면이 아니라 그것 자체가 사물의 본질인 것이다.

시간에 대한 다양한 추상적 개념들은 건축과 극장으로 이어진다. 1990년 베니스 영화제를 위해 디자인한 '팔라초 델 치네마 Palazzo del Cinema'는 시간과 공간의 빛에 관한 세 가지 해석을 가능하게 한다.

1. 극장 내에서 붕괴되고 확장된 시간은 확장되고 왜곡된 건물의 구성에 표현된다. 이는 극장이 가진 시간을 늘리거나 압축하는 능력과도 닮아있다. 극장은 20년을 1분으로 압축하기도 하고 4초를 20분으로 확장하기도 한다.
2. 아주 얇은 시간은 극장들 사이의 갈라진 틈을 통해 그 아래 작은 늪지로 떨어지는 햇빛에 비친다. 물방울 하나하나에 반사된 햇빛들은 커다란 공공의 동굴을 살아 숨 쉬게 한다.
3. 절대적 시간은 로비에 있는 '사각의 판테온 cubic pantheon'을 가로질러 비춰지는 햇빛의 투영광으로 측정된다.

그 건물은 영화적인 시간과 영화적인 공간을 담기 위한 하나의 그릇으로 병 모양을 하고 있으며, 베니스로 이어지는 늪지 방향으로 입구가 열려 있다. 극장 건물은 이러한 틀과 맞물려 태양광이 아래의 물까지 도달할 수 있도록 역동적이고 거대한 균열과 틈을 만들어준다. 단면에서는 서로 꼭 붙잡고 있는 손 것처럼 매스가 조금씩 틀어지면서 공간의 내부와 외부를 변화시킨다.

영화적 공간에 대한 연구는 건축을 구상하는데 역동적인 도구를 제공해준다. 예를 들어 미켈란젤로 안토니니 Michelangelo Antonion의 영화 〈라노떼 La Notte〉에서는 카메라가 밀라노에 있는 피렐리 Perelli 건물의 바닥면을 비춰주는데, 이는 현대 도시의 수직적인 시차(視差)를 나타내는 것이다. 영화적 공간은 종종 전체적으로 객체화된 외부 공간 없이 일련의 실내 공간들만을 순서대로 연결하는 데서 만들어지곤 한다. 이와 같이 건축은 안팎이 바뀜으로써 창조될 수도 있는 것이다.

시간에 대한 패러다임의 전환에 관한 논의는 오늘날에도 계속되고 있다. 디지털 방식의 의사소통은 동시성과 시간의 새로운 다양성을 가져왔다. 이와 같은 변화의 이미지는 시간의 거리

감을 통해 선명하게 드러난다. 결국 살아 움직이는 우리의 신체와 사건의 발생 사이의 유일한 연결고리가 시간과 공간이라고 본다면 상대적인 시간에 대한 비교는 여전히 유효한 것이며, 그러한 신체와 사건들의 경험적인 척도가 바로 지속성이다.

멕시코 과달라하라 Guadalajara의 새로운 '문화센터' 프로젝트의 초기 단계에서 우리는 공중의 고층부와 지상의 저층부로 나누어진 150개의 호텔 객실과 200개의 단위 주거로 구성된 하나의 단지를 제안했다. 서로 긴밀하게 엮여 있는 각 구역들은 각각의 아파트와 호텔 객실에 남북 방향의 근사한 전망을 제공한다. 고층부는 과거 곡물을 재배하던 지면에서부터 20미터 높이에 떠있다. 저층부가 정원을 향해 안쪽으로 집중되는 반면 고층부는 원경을 향해 외부로 뻗어나간다. 각 구역들은 북쪽으로 배치된 저층부의 호텔 객실과 고층부에 있는 영구 아파트들로 구성된 호텔과 정원을 갖춘 주거의 복합시설을 포함한다. 조용한 사이광장에는 고층부의 그림자가 기하학적인 형태로 저층부의 지형을 가로지른다.

두 개의 공간적 수평선은 두 개의 시간적 수평선을 보여준다. 고대의 멕시코 달력에는 각각 20일로 채워진 18개의 달이 존재했었다. 그래서 고층부에는 18개의 팔이 있다. 그리고 저층부에 새겨진 다섯 개의 '사이 공간' 은 고대 멕시코 시대를 상징한다. 이 다섯 개의 공간은 각각 20개의 주거공간으로 접근할 수 있는 출입구를 제공한다.

'상형 문자' 와도 같은 이 공간에 햇빛으로 드리워진 그림자는 고대와의 불가분한 연결성을 통해 현재와 과거를 보여준다. 건축은 무한의 세계를 열망하지만 하나의 프로젝트는 '순수한 소멸' 이 될 수도 있다. 전과 후, 시작과 끝 그리고 원인과 결과를 무시한 채 아직 나타나지 않은 것들이 이미 사라진 것들을 만나게 되는 것이다.

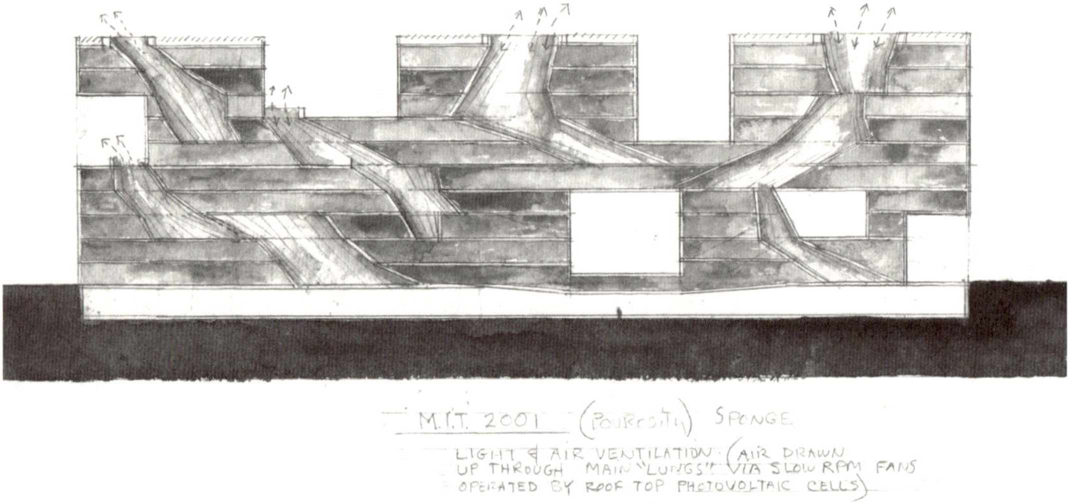

Steven Holl / Simmons hall, Massachusetts Institute of Technology / Student housing / Cambridge, USA / 2002

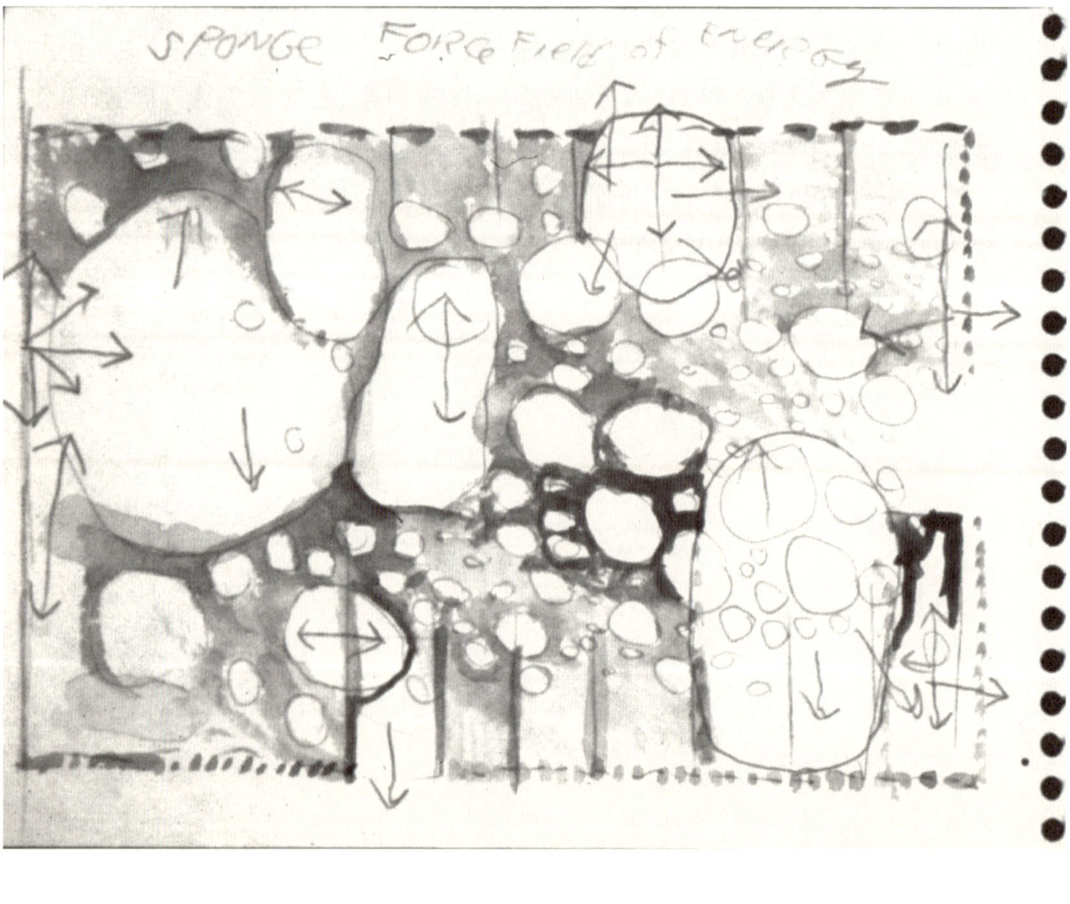

도시와 전원의 지역성 이해에 대한 일곱 가지 원칙 Seven Principles for the Interpretation of Urban and Rural Vernacular

{스티븐 홀 **Steven Holl**}

이 글은 스티븐 홀의 초기 작품에서 나타나는 유형학적 접근법의 예이다.
출처: 'Teeter Totter Principles', *Perspecta*, 21 (1984), 30-51쪽 중에서

문화에 기반을 둔 건물의 양식을 가리키는 전통적인 단어들은 발명을 통해 변형되고 재해석되어야 한다. 그러나 발명은 제한, 즉 '원칙'을 필요로 한다. 이상이나 신조와는 다르게 원칙은 의사 결정의 기반이 되는 것이다. 융통성 없는 법보다는 오히려 원칙들이 국내 프로젝트들에 대한 통합적 지역성 연구의 특징을 결정지을 것이다.

1 공공과 개인

공공공간의 정의는 도시 건설의 본질이다. 사로부터 공을 분리하는 선은 가장 기본적인 경계선이다. 심지어 교외의 주택도 공적인 면과 사적인 면을 갖고 있다.

2 도시적 형태

도시의 건물이나 건물 군들은 전체적인 도시계획이나 도시구역과 직접적인 연관이 있다. 전체적인 도시 구조의 한 부분으로서 건물은 세 가지 형식의 벽을 가지고 있다. 바로 정면성을 정립하기 때문에 가장 중요한 요소가 되는 공적인 입면, 반 개방적인 블라인드나 공유벽, 마지막으로 도시의 단위 블록이나 중정에 면한 내부의 벽들이다. 도시의 기하학적 솔리드와 보이드를 형성하며 서로 밀접하게 엮여있는 도시의 건물들은 위에서 언급한 세 가지 기본적인 외피들의 다양한 관계에 의해 특징지어지며, 그 외피들은 더 큰 도시 패턴에 종속된다. 근대적인 미국의 도시에는 전체 블록을 채우는 공적이지 않은 새로운 건물들 (예를 들어 개발업자들의 마천루들)이 순전히 그 규모로 인해 자동적으로 기념비가 되고 있다. 주변 환경과는 대조를 이루는 이러한 기념비적 건물들은 실제로 모든 면이 공적인 입면으로서 도시적인 책임을 갖는다.

3 평면과 단면

건물의 유형에서 반복되는 평면과 단면의 구성에 대한 근대적인 해석은 스타일과 기술에 상관없이 건축 (그리고 도시 디자인)을 뒤트는 방법 중 하나다. 건축적 형태의 기본적인 잠재성은 평면과 단면에 있는데, 이는 매스와 공간의 내적 또는 외적인 관계를 형성한다.

4 기하학

토착적인 건축물은 전체 매스부터 현관, 창문, 대문과 같은 요소들까지 모든 것을 기하학적으

로 단순하게 유지하는 것을 지속적으로 고수한다. 건축에서 기하학적 관계란 단순한 것과 복잡한 것을 연결해주고, 고대와 현대를 연결해주는 것이다. 명쾌한 기하학은 언제나 유행으로부터 독립적이며 세월에 변치 않는 목표들을 담고 있다.

5 아이디어

모든 건축 작품에는 개념이 있어야 한다. 건축은 직관적으로 그리고 지적으로 경험되는 것이다. 건축은 임마누엘 칸트 Immanuel Kant의 설명에 충실히 따른다. '내용물의 다양성은 규칙의 통일성에 의해 한데 묶이며 이 둘은 서로 긴밀하게 관련되어 있다.' 건축의 전체가 부분들의 콜라주 보다 더 커질 때 직관적인 열정은 지적인 정신과 함께 한다.

6 장식

건축은 아이디어에서 태어날 때 감성적인 생명체가 된다. 장식의 목적은 아이디어 또는 개념을 극대화하기 위함이다. 이를 대체하는 가장 흔한 대안은 바로 임의적인 패턴을 가진 생기 없는 건축물을 배열하는 것이다. 루이스 설리반 Louis Sullivan은 다음과 같이 말했다. '전체적인 구성은 보다 심오한 것인 반면 장식적인 요소들은 더욱 강렬한 것이다. 하지만 이 두 가지 모두 감정이라는 같은 뿌리에서부터 솟아나야 하는 것이다.' 디테일 또는 장식이 매스의 하위에 있는 것이라고 생각하는 것은 옛날 일이다. 제4왕조의 오벨리스크부터 13세기 유럽의 단순한 매스들에 이르기까지, 매스의 지배적인 명쾌함은 결코 디테일에 의해 사라지는 것이 아니다. 르두 Ledoux나 싱켈 Schinkel, 설리번 Sullivan 같은 많은 건축 거장들의 작품들에서도 잘 나타나는 이러한 원리는 지역성의 건축에 대한 증거이기도 하다. 목수 건축가의 육면체 집에는 절제되고 전체 매스에 맞춰진 디테일을 가진 문과 창문들이 뚫린다.

7 비례

전체를 측정하여 부분으로 나누는 것은 건물의 수학적 관계를 정립하는 것으로서, 지역주의 건축가들에게는 직관적인 것이었다. 고대로부터 건축의 정교함은 건물에서 조화의 관계를 정립하는 것에서부터 나오는 것이었다. 건축 걸작들은 일련의 유사한 비례를 반영해 왔다. 다양한 비례 체계 중에서 특히 많이 사용된 비례는 바로 1대 1.618 이라는 황금비율로, 이는 건축에서 아주 중요한 역할을 했다. 이 비율이 모든 식물과 동물에 적용된다는 것은 자연에 가까운 비율임을 뜻한다. 소라 껍데기의 나선이 커지는 비율과 인간의 손가락 마디의 비율, 꽃과 나뭇잎의 마디 사이의 비율 등이 모두 이 황금비율을 지니고 있다. 요하네스 케플러 Johannes Kepler는 황금비율을 두고 '기하학에서 가장 중요한 두 가지 보물 중 하나이며 아주 귀한 보석과도 같다' 라고 언급하였다. 이러한 비례의 규칙은 고대의 수학적 조합과 함께 건축을 더욱 정교하게 하며 건축과 자연을 조화롭게 한다.

도시의 건축 The Architecture of the City

{알도 로시 **Aldo Rossi**}

출처: Aldo Rossi, *The Architecture of the City*, Cambridge, Mass. (MIT Press)1982에서 발췌

원서: Aldo Rossi, *L 'architetturadellacittà*, Padova (Marsilio) 1966

※ 이 장에는 독자의 이해를 돕기 위해, 기존에 출간된 이태리어 판 원서의 번역문을 옮겨 실었다.
번역문 출처: 오경근 역, *도시의 건축*, 동녘, 2006

이 책의 주제인 도시를 나는 건축으로 이해한다. 그리고 건축을 도시의 시각적 이미지와 도시의 모든 건축뿐만 아니라 무엇보다 건설물, 즉 시간과 더불어 형성된 도시의 건설물로 말하려 한다. 나는 이러한 관점으로부터 나의 특별한 지식과는 별개로 매우 포괄적인 도시 분석 방법을 세울 수 있다고 확신한다. 이 관점에서 도시는, 인간의 집단적 삶이 지금까지 이루어 온 궁극적이고도 최종적인 자료일 뿐만 아니라, 인간의 집단이 현재에도 살고 있는 창조된 환경으로 나타나기 때문이다.

실증적 의미에서 나는 건축을, 그것이 속해 있는 사회나 문명 생활로부터 분리할 수 없는 창조물로, 따라서 그 성격상 집단적인 것으로 이해한다. 원시인들은 거주지를 건설할 때, 늘 아름다움을 향한 의지와 함께 인공의 기후를 만들고 삶에 가장 적합한 환경을 실현하려고 노력하였다. 그리고 그들은 건축을 최초의 도시 흔적과 함께 건설하기 시작하였다. 이렇듯 건축은 문명과 함께 태어난 영속적 · 보편적 · 필수적 형성물이다.

더 나은 생활 환경을 창조하고 아름다움을 지향하는 것은 건축의 변하지 않는 특성이다. 이러한 양상은 건축에 관한 모든 실증적 연구를 통해 증명되며, 도시를 인간이 창조한 것으로 설명한다. 또 건축은 사회에 구체적인 형태를 부여하고, 사회와 자연과 밀접한 관계를 맺고 탄생하기 때문에 다른 어떤 예술이나 과학과는 근본부터가 다르다.

방금 말한 내용들을 바탕으로 우리는 도시를 실증적으로 연구할 수 있다. 도시는 인간 최초의 거주 형태에서 이미 그 윤곽이 드러난다. 그리고 시간과 더불어 도시는 자신을 기반으로 성장하고, 도시 자신의 의식과 기억을 습득한다. 도시가 형성되는 과정에서 그 최초의 동기들은 영속하지만, 동시에 도시는 자신의 고유한 발전 동기들을 결정하고 변경한다.

이탈리아의 피렌체는 구체적인 형태의 도시다. 그러나 피렌체의 기억과 이미지는 또 다른 경험을 불러일으키고, 표상하는 가치를 지니고 있다. 한편, 피렌체에 대한 보편적 경험만으로 피렌체의 정확한 형태, 즉 피렌체는 어떤 유형의 도시인가를 설명한다는 것은 불가능하다.

특수와 보편 그리고 개인과 집단의 대조는 도시와 도시의 건설물인 도시의 건축으로부터 부상하며, 이러한 대조는 우리가 이 책에서 도시를 연구하게 될 주요 관점들 가운데 하나다. 특수와 보편 그리고 개인과 집단의 대조는 공공영역과 사적영역의 관계에서, 도시 건축을 일정한 기준에 따라 합리적으로 계획하는 문제와 '로쿠스 locus'의 다양한 가치의 관계에서, 그리고 공공건물과 사적건물의 관계에서 다양한 양상으로 뚜렷하게 나타난다.

도시를 각 지역별로 분석하는 연구는 언제나 그 결과를 종합하는 데 어려움을 가중시켰으며, 분석 재료를 양의 문제로 순조롭게 평가할 수 없도록 하였다. 모든 개입 작업 intervento은 작업을 조정할 수 있는 일반적 기준과 관련되어야 할 것 같았던 반면에, 모든 연구 지역은 자신만의 '고유한 로쿠스 locus solus'를 지니고 있는 것처럼 보였다. 그래서 나는 각 지역의 특수 상황과 연관되어 있는 개입 작업을 통일된 기준에 근거하여 합리적으로 설정할 수 있으리라는 것을 부정하게 되었으며, 오히려 각 지역의 특수 상황이 개입 작업의 성격을 규정한다는 사실을 인식하게 되었다.

<u>도시적 형성물의 복합성</u>

. . . 나는 앞서 단순기능주의의 분류화에서 나타나는 부정적 양상을 지적하였다. 그러나 다시 한번 밝히지만 단순기능주의의 분류화가 우리가 인정할 만한 건축편람 정도의 목적으로 이용된다면 여러 모로 유용할 것이라 생각한다. 단순기능주의의 분류화는 모든 도시적 형성물이 하나의 정확한 기능에 따라 안정적으로 구성된다는 것과, 도시적 형성물의 구조는 도시적 형성물이 어느 한 특별한 순간에 수행하는 기능과 일치한다는 것을 전제로 한다.

그러나 도시는 변화하면서 지속하는 것이며, 도시가 점차 수행하는 단순하거나 복잡한 기능들은 도시 구조의 현실에서 발생하는 다양한 계기들이다. 그러므로 기능은, 현실과 부합하지 않는 원인과 결과라는 직선의 관계로 해석되는 것이 아니라 다양한 성격의 형성물들과의 더욱 복잡한 관계에서 그 의미가 파악될 때만이 채택될 수 있는 것이다. 이러한 관계에서 살펴본 기능은 '용도'나 '유기적 조직화'로 설명되는 기능과 확실히 다른 것이다.

앞에서 도시적 형성물은 그 성격이 복합적이라고 하였는데, 이렇게 말하는 것은 도시적 형성물은 그를 구성하는 요소를 갖고 있으며, 그 구성 요소 모두는 서로 가치가 다르다고 말하는 것과 같다(우리는 유형적 요소를 설명하면서 유형적 요소는 모델에서 그 자신의 고유한 역할을 하는 것이라 말했다. 즉, 유형이라는 불변의 것 역시 도시적 형성물을 구성하는 요소다). . . .

도시적 형성물은 구체적으로 어떻게 복합적인가 하는 질문을 던질 수 있을 것이다. 나는 이 질문에 대해 앞에서 샤보와 포에트의 이론을 분석하면서 부분적으로 답하였다. 샤보는 '도시의 정신'을 확인하였으며 포에트는 영속성 개념의 중요성을 강조하였다. 우리는 이들의 주장이 단순기능주의를 넘어서 도시적 형성물의 질을 밝히는 문제에 근접해 있다는 점을 인정해야 할 것이다. 한편, 도시적 형성물의 질을 살피는 문제는 그 동안 많은 관심을 받지 못하였다. 이 문제는 단지 역사 연구 분야에서만 간혹 나타나곤 하였다. 그러나 도시적 형성물의 성격은 예술 작품의 성격과 대단히 유사하다는 것과, 무엇보다도 도시적 형성물의 집단적 성격 속에 도시적 형성물을 이해할 수 있는 중요한 요소가 존재한다는 것을 인식하고 주장한 역사 연구 분야의 성과 덕택에 이 문제는 결정적으로 발전할 수 있었다.

지금까지 언급한 내용을 바탕으로 도시 구조를 해독하는 작업의 윤곽을 잡을 수 있으나, 그 전에 일반적인 성격의 질문 두 개를 제시할 필요가 있다.

1) 어떠한 관점에서 도시를 해독하는 작업을 수행할 수 있으며, 도시 구조를 파악할 수 있는 방법은 얼마나 되는가? 도시 구조를 해독하는 작업이 다른 여러 학문 분야와 관련한다고 말할 수 있는가? 만일 그렇다면 그것은 무엇을 의미하는가? 또 다른 여러 학문 분야와 관련한다면 그 가운데 어떤 분야가 다른 학과들과 비교할 때 더욱 중요한가? 이 질문들은 서로 긴밀하게 관련되어 있음을 쉽게 알 수 있을 것이다.

2) 도시학의 독자성은 어떻게 가능한가?

이 가운데 결정적인 것은 물론 두 번째 질문이다. 사실 도시학이 존재한다면 첫 번째 항의 질문들은 거의 의미가 없을 것이다. 오늘날 우리가 종종 다양한 학과로 구성된 공동 연구로 정의해야 할 것 같은 이 문제는 특수한 대상과 관련한 모든 지식 분야에서 나타나는 것처럼 앞으로는 전문적 작업과 관련된 문제가 될 것이다.

두 번째 질문에 명확하게 답변하려면 도시는 종합체로서 건설된다는 것을, 즉 도시를 구성하는 모든 요소는 도시라는 한 형성물을 건설하기 위해 참여한다는 것을 인정할 필요가 있다. 다시 말해서, 가장 일반적인 수준에서 도시는 인간의 이성이 진보한 상태(인간이 만든 가장 훌륭한 창조물이므로)라고 말할 수 있으며, 이러한 진술은 도시와 모든 도시적 형성물은 그 성격상 집단적인 것이라는 본질적인 문제를 이해할 때 그 의미가 있다.

나는 왜 역사학자들만이 완성된 도시의 모습을 보여 주는가에 대해 스스로 자주 묻곤 하였다. 역사학자들은 도시적 형성물을 도시라는 종합체 속에서 파악하기 때문에 그러한 분석이 가능했을 것이라고 믿는다.

도시학을 역사학으로 생각하는 것은 명백한 오류이며, 만일 그렇게 생각한다면 도시를 오직 도시 역사만으로 말해야 할 것이다. 그러므로 지금 내가 말하고자 하는 것은 단지 도시의 역사적 연구가 도시를 그 구조적 관점에서 볼 때에도 도시에 관한 다른 어떤 조사나 연구보다 훨씬 만족스러운 결과들을 제공하는 것으로 보인다는 점이다. 뒷부분에서 역사적 고찰에서 비롯된 도시 문제들을 검토하면서 도시의 역사적 연구가 도시학 분야에 기여한 내용들을 상세히 다룰 것이

Aldo Rossi / Teatro del Mondo / Floating theatre / Venice, Italy / 1979

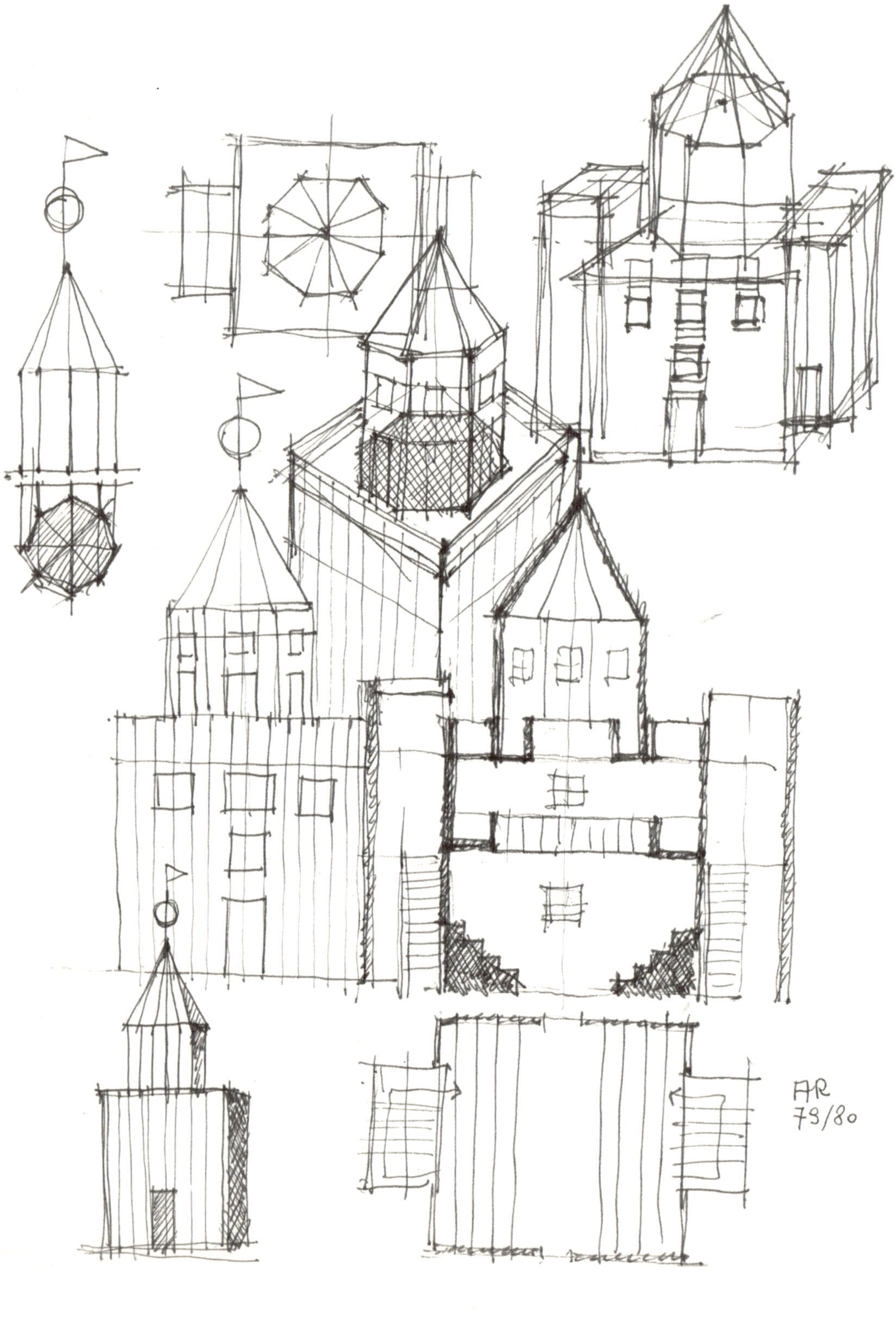

나, 이 문제는 워낙 중요한 것이니만큼 현시점에서 몇몇 특별한 논제들을 살펴보고자 한다.

지금 다루려는 논제는 앞에서 소개하였던 포에트와 라브당의 영속성 이론과 관련하는 것으로 이들의 이론이 내가 초두에 세웠던, 도시를 인공물로 보는 가설과 부분적으로 연결되어 있다는 것을 알게 될 것이다. 한편, 이 논제를 고찰하기에 앞서 과거와 미래의 차이를 다음과 같은 관점에서 구별해 볼 필요가 있다. 즉, 인식론의 관점에서 과거는 현재에도 부분적으로 경험되고 있는 것이며, 도시학의 관점에서 과거는 영속성에 그 의미를 부여하는 것이다. 따라서 영속성은 우리가 여전히 경험하고 있는 과거가 된다.

이 부분에서 포에트의 이론이 다소 분명하지 않기 때문에 간략하게 다시 한번 그의 이론을 설명하려 한다. 포에트의 이론은 도시의 발전 과정과 관련한 경제적 가설이 포함된 많은 가설들을 토대로 구성된 것이기는 하나, 근본적으로 역사 이론이며 지속성을 나타내는 현상들에 초점을 맞춘 이론이다. 지속성은 과거의 물리적 증거인 기념물을 통해 확인할 수 있을 뿐만 아니라 도시의 도로선 tracciati과 평면의 지속성을 통해서도 증명할 수 있다. 이 도로선의 지속성과 평면의 지속성이 포에트가 발견한 가장 중요한 것들이다. 그에 따르면 도시는 발전 축을 기초

로 영속할 뿐만 아니라 도로선의 위치를 유지하며, 현재의 것보다 더욱 오래되었거나 종종 아주 먼 과거의 것이기도 한 형성물의 방향과 의미에 따라 성장하는 것이다. 이렇게 형성물은 때로 연속되는 생명력을 부여 받으면서 그 자체로 변함없이 영속하기도 하지만, 때로는 소멸되어 그 형태나 물리적 증거 또는 '로쿠스' 만을 영속시키기도 한다. 그러므로 포에트에게서 가장 중요한 영속성은 도로와 평면으로부터 주어진다. 도시의 평면은 다양한 발전 단계를 거치면서 영속하고 여러 속성들로 구별되며, 종종 변형하기도 하지만 근본적으로는 움직이지 않는 것이기 때문이다. 이것이 포에트 이론의 가장 유효한 측면이다. 비록 역사 이론이라고 완벽하게 정의할 수는 없으나 그의 이론은 근본적으로 역사의 연구로부터 태어난 것이다.

언뜻 보아서는 영속성이 도시적 형성물의 모든 연속성을 포용할 수 있을 것 같지만 사실은 그렇지 않다. 왜냐하면 도시에서 모든 것이 다 영속하지도 않을 뿐더러 영속한다 하더라도 서로 비교할 수 없을 만큼 다른 양상을 띠기 때문이다. 이러한 의미에서 도시적 형성물을 영속성을 통해 설명하는 방법론은 그것을 변형시키는 현재의 작용들을 초월해서 형성물을 바라보도록 한다. 그러므로 영속성에 근거한 방법론은 근본적으로 고립화의 방법론이다. 이처럼 역사적 방법론은 영속성을 규명하는 것이 아니라, 늘 오직 영속성을 통해서만 형성되는 것이다. 왜냐

Aldo Rossi / Bonnefantenmuseum / Museum / Maastricht, the Netherlands / 1995

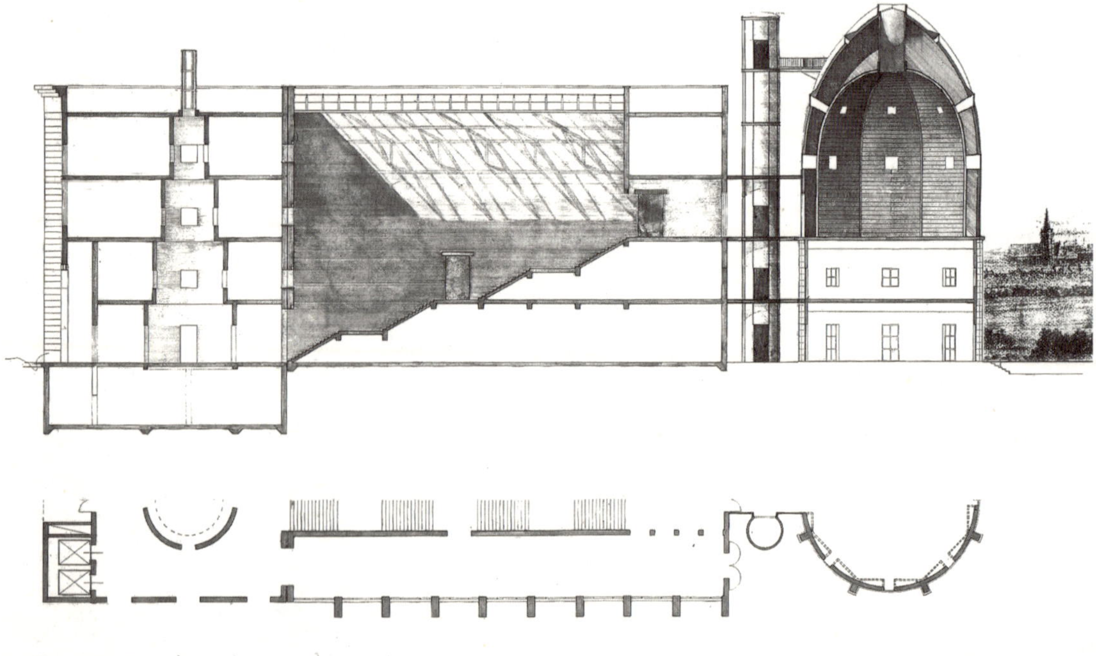

하면 오직 영속성만이 과거를 현재와 구별하는 모든 것을 밝히면서 과거의 도시를 보여줄 수 있기 때문이다. 그러므로 영속성은 도시의 상태와 관련해 도시에서 고립되고 이탈된 형성물이 될 수 있다. 결국 영속성은 여전히 경험하고 있는 과거의 형태를 통해서가 아니면 도시 체계에 특성을 부여할 수 없는 것이다.

이러한 점에서 영속성의 문제는 서로 다른 두 가지 양상을 제시한다. 하나는 영속 요소를 병리적 요소로 보는 것이며, 다른 하나는 추진적 요소로 보는 것이다. 어떤 요소는 우리가 도시를 종합체의 모습으로 이해하는 데 필요한 형성물이며, 어떤 요소는 결국 우리가 도시 체계와 더욱 긴밀히 연결할 수 없는 일련의 형성물들로 나타난다.

나는 활기차게 영속하는 요소와 병리적인 것으로 생각할 만한 요소의 차이점을 그다지 명확하게 설명하지 않았다. 이러한 점에서 체계적이지는 않으나 몇 가지 생각들을 발전시키려 한다. 이 책의 앞부분에서 나는 파도바의 재판소를 언급하면서 이 건물의 영속성을 강조하였다. 이 건물의 영속성은 우리가 이 기념물에서 여전히 과거의 형태를 경험하고 있다는 것뿐만 아니라, 과거에 형성된 이 건물의 물리적 형태가 그 동안 다양한 기능을 수용해 왔으며 지금도 도시의 주요 건물로 그 주변 지역에 영향을 미치면서 계속 그 기능을 수행하고 있다는 것을 의미한

다. 그리고 이 건물의 일부는 여전히 사용되고 있다. 즉, 모두가 인정하는 예술 작품임에도 불구하고 건물 1층은 소매시장 기능을 무난히 수행하고 있다. 이것이 이 건물의 유효성을 입증하는 것이다.

다른 예로 에스파냐 그라나다의 알함브라 궁전을 들 수 있다. 이 궁전에는 더 이상 무어 인이나 카스티야 왕족이 살지 않지만, 기능주의자의 분류화를 인정한다면 우리는 이 건물을 그라나다에서 가장 중요한 도시 기능을 수행하는 건물로 선언해야 할 것이다. 우리는 파도바에서 느낄 수 있었던 것과는 완전히 다른 과거의 형태를 그라나다에서 경험하게 된다(완전히 다르지 않다면 적어도 상당 부분이 다르게). 파도바의 건물에서 과거의 형태는 다양한 기능을 수용하면서 도시와 긴밀한 관계를 유지하였고, 그 동안 수 차례 변형되었으며 여전히 우리에게 그 변형의 가능성을 생각하도록 한다. 반면에 그라나다의 건물에서 과거의 형태는 도시 속에서 고립되어 있으며, 그 형태에 다른 어떤 것도 추가할 수 없음은 물론이고 더 이상 변형될 수 없는 본질적 경험을 형성한다(이러한 의미에서 조용히 제거할 수도 있었던 카를 5세 궁전은 실질적인 실패작으로 보인다). 그러나 두 경우 모두에서 도시적 형성물들은 제거될 수 없는 도시의 부분들이다. 왜냐하면 바로 이 도시적 형성물들이 도시를 구성하고 있기 때문이다.

이 예들을 소개하면서 또 한번 나는 이상스럽게도 지속적인 도시적 형성물을 기념물과 유

사한 것으로 설명하는 논의를 진행하였다. 사실 이탈리아 베네치아의 총독관저 팔라초 두칼레 Palazzo Ducale나 프랑스 님 Nimes의 로마 원형극장, 또는 에스파냐 코르도바 Cordoba의 회교사원 메스쿠이타 Mezquita를 예로 들었더라도 논의의 내용은 바뀌지 않았을 것이다. 나는 지속성을 지닌 도시적 형성물을 기념물과 동일한 것으로 생각하는 편이다. 그리고 기념물은 도시 속에서 지속하는 것이며, 그 물리적 형태를 통해 실제적으로 지속하는 것이라고 생각한다(아주 특별한 경우는 제외하고). 이러한 기념물의 지속성과 영속성은 도시를 구성하는 기념물의 의의, 역사, 예술, 존재성, 기억으로부터 나온 결과다.

한편, 나는 이미 기능이 도시적 형성물의 연속성을 정의하기에 불충분하다는 것과, 도시적 형성물의 유형적 기원이 단순히 기능이라면 지금까지 존속하여 온 그 어떠한 현상도 기능을 통해서는 설명할 수 없다는 것을 증명하려 하였다. 기능은 언제나 그것을 필요로 하는 시대와 사회에서 특성화되며, 기능에 직접적으로 의존하는 것은 단지 그 기능이 전개하려는 것과만 관계를 가질 뿐이다. 그러므로 단 하나의 기능에 따라 결정된 도시적 형성물은 그 기능을 수행하는 것 외에는 달리 사용할 수 없다. 그러나 실제로 우리는 이미 오래 전에 본래의 기능을 잃어버린 도시 요소를 여전히 이용하고 있다. 따라서 이러한 도시적 형성물의 가치는 오직 그의 형태를 통해 존재한다. 그리고 도시적 형성물의 형태는 도시의 일반적인 형태에 긴밀하게 참여하며,

이를테면 도시의 상수(常數)가 된다. 도시적 형성물은 도시의 구성 요소나 기초 요소와 긴밀히 연관되어 있는 경우가 많고, 기념물로 나타나기도 한다. 따라서 도시적 형성물의 연구에서 시간이라는 매개변수의 절대적 중요성을 살펴보려 한다면 이러한 문제로부터 떠오르는 주요 요소들을 소개하는 것만으로도 충분할 것이다. 그러므로 모든 도시적 형성물을 특정 시대에서 정의된 어떤 것으로 생각하는 태도는 우리 연구 분야에서 발생할 수 있는 가장 위험한 접근 방법이다.

도시의 형태는 언제나 도시와 함께해 온 시간의 형태다. 그래서 도시의 형태에는 수많은 시간이 존재한다. 도시는 한 사람의 삶이 지속되는 동안 계속해서 그 사람 주변의 모습을 변화시킨다. 그러나 그 변화의 기준은 늘 동일하지 않다. 보들레르 C. P. Baudelaire는 이렇게 말했다. "옛 파리는 더 이상 존재하지 않는구나(도시의 모습이 얼마나 빠르게 바뀌는가. 아! 인간의 마음보다도 빠르게)." 유년 시절을 보냈던 집이 믿을 수 없을 정도로 낡아 있는 것을 보는 순간, 도시는 변하면서 우리의 기억을 지워 버린다는 사실을 깨닫게 된다.

Aldo Rossi / The analogue city / Collage / 1976

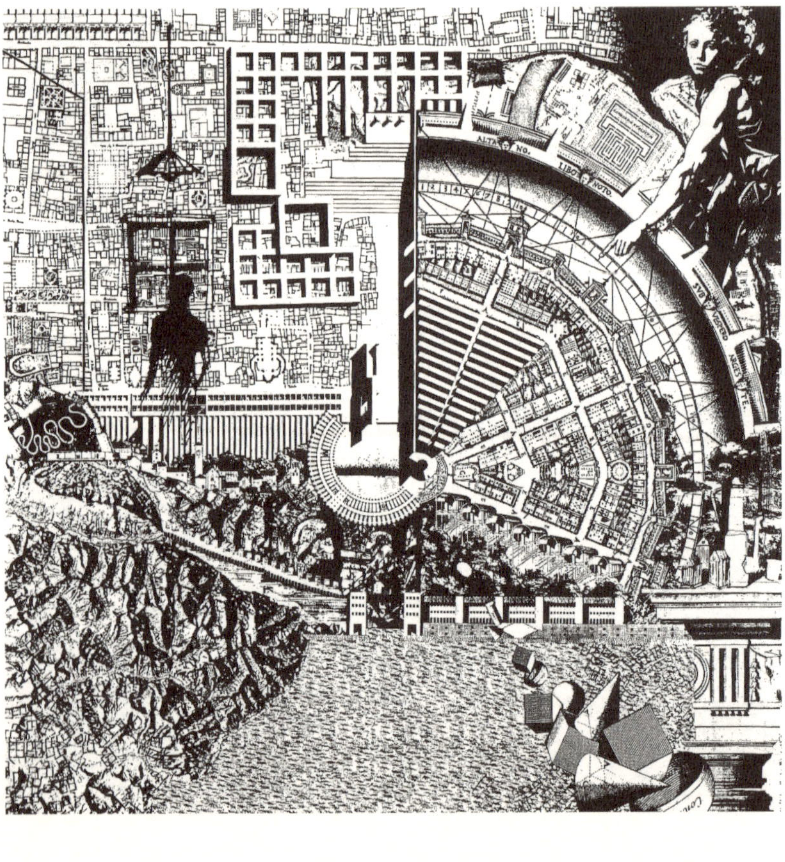

집합적 기억의 건축. 도시 형태의 끝없는 카탈로그 Architecture of the Collective Memory. The Infinite Catalogue of Urban Forms

{오스발트 마티아스 웅거스 **Oswald Mathias Ungers**}

원문 출처: *Lotus international*, 24 (1979), 4-11쪽 중에서

이탈로 칼비노 Italo Calvino의 『보이지 않는 도시들 *Invisible cities*』는 베네치아인 탐험가 마르코 폴로 Marco Polo가 먼 곳에 있는 한 나라의 황제와 나눈 가상의 대화를 담고 있다. '그때 쿠빌라이 한 Kublai Khan이 마르코 폴로의 말을 가로막았다. 아니 가로막는 상상을 했거나, 마르코 폴로가 칸의 질문으로 자신의 말이 끊기는 상상을 했다. "당신은 항상 머리를 뒤로 향한 채 앞으로 가는가?" 또는 "당신이 보는 것은 항상 당신의 뒤에 있는가?" 아니면 "당신의 모험은 과거에서만 일어나는 것인가?"'

이 모든 질문들은 마르코 폴로가 자신이 찾고자 했던 것은 항상 앞서 있다는 것을 설명하거나 또는 설명하는 것을 상상하거나, 아니 설명을 하는 것으로 상상되거나 결국은 성공적으로 설명했다는 것을 뜻한다. 그리고 비록 그것이 과거의 문제였다 하더라도 그 과거는 마르코 폴로가 여정을 거치면서 점차적으로 변화하였을 것이다. 왜냐하면 여행자의 과거는 그가 거치는 경로에 따라 변화하기 때문이다. 이러한 과거는 시간이 지남에 따라 하루하루를 더해가는 그러한 가까운 과거가 아니라, 그보다 훨씬 먼 과거이다. 새로운 도시에 도착하면 여행자는 그가 이전에는 깨닫지 못했던 과거를 다시 찾게 된다. 더 이상 당신이 아닌, 그리고 더 이상 당신이 소유하고 있는 것이 아닌 이러한 생소함은 주인 없는 낯선 장소들에서 당신을 기다리고 있다.

마르코 폴로가 도시로 들어간다.: 그는 광장에서 그의 삶이 될 수도 있었던 순간을 살고 있는 어떤 사람을 만난다. 만약 오래 전 그가 시간 안에 멈춰서 있었거나 혹은 오래 전 갈림길에서 방황한 끝에 그가 지금 택한 길이 아닌 다른 길을 선택했었다면 그는 바로 그 광장에서 그 사람의 자리에 있었을지 모른다. 지금까지 살펴 본 그의 실제 과거와 가설적인 과거는 그를 배제한 과거이다. 그는 멈출 수가 없었다. 그는 그를 기다리고 있는, 또는 다른 과거가 있는, 아니면 미래에 그가 겪을지도 모르는, 그리고 지금은 다른 누군가의 현재가 있는 또 다른 도시로 가야만 했다. 이루어지지 못한 미래는 그저 과거의 잔재, 죽은 잔재일 뿐이다.

여기에 쿠빌라이 한이 질문을 던졌다. '너의 과거를 다시 경험하게 해줄 여행은?' 이 질문은 또한 다음과 같이 표현될 수도 있다.: '너의 미래를 되찾게 해줄 여행은?' 그리고 마르코 폴로는 대답했다. '다른 곳을 본다는 것은 부정적인 거울을 보는 것과 마찬가지입니다. 탐험가는 그가 갖지 못한, 그리고 앞으로도 그가 가지지 못할 많은 부분을 발견하고 나서야 자신이 가진

것이 아주 작다는 걸 깨닫게 되는 거지요.'

'저는 또한 다른 모든 도시들을 추정할 수 있게 하는 모델이 되는 도시를 생각했습니다.' 마르코 폴로가 대답했다. '그것은 바로 예외와 불일치, 모순과 배제로 이루어진 그런 도시 입니다. 만약에 그러한 도시가 실현될 것 같지 않다면 우리는 비정상적인 요소들의 가짓수를 줄여 그 도시가 존재할 가능성을 키울 것입니다. 저는 오직 저의 모델에서 예외들을 제외할 수 밖에 없고, 내가 나아가는 방향이 무엇이건 간에 항상 예외로서 존재하는 도시들 중 하나에 도착하게 될 것입니다. 하지만 저의 이런 행동을 어떤 한계 이상으로 밀어붙일 수는 없습니다. 너무 있을 듯한 도시를 만들지도 모르기 때문입니다.'

위대한 황제가 마르코 폴로의 과거에 대한 이야기를 듣고 그의 미래에 대한 느낌을 되찾게 되기 수세기 전에 그리스 문명의 위대한 칭송자인 로마의 하드리아누 황제는 로마 인근 티볼리 Tivoli에 있는 어릴 적 자신이 살던 시골집에 제국 주변을 여행했던 기억들을 다시 모았다. 그 집은 하나의 건물이라기보다 장소들의 집합체로, 황제가 보았고 기억하고 싶었던 공간들로 이루어진 보다 실제적인 도시였다. 아주 멀고 오래된 과거라는 걸작의 찬미자이자 고고학자였던 하드리아누 황제는 고전적인 기념물의 복제품들을 고안해내고 역사의 가장 찬란했던 순간들을 티부르 Tibur에 있는 그의 저택에 모아놓았다.

그와 같은 시기에 동시대를 살았던 플루타르크 Plutarch는 기억을 불러일으켜 줄 무궁무진한 과거의 본보기와 사례들의 호수에 의지해 기억에 바탕을 둔 도덕적 가치인 아름다움과 진실로 향하는 길을 발견하고 문화의 풍요성을 강조하면서 그리스와 로마의 위대함을 되새겼다.

하드리아누 황제의 저택과 플루타르크의 『영웅전 *Parallel lives*』은 모두 지식과 믿음의, 그리고 이성과 감성과 열정의, 또 과거와 현재의 복잡한 앙상블을 이루는 '인본주의' 의 의미의 집합체이다.

하드리아누의 저택을 창조적 시대의 끝자락으로 볼 수 있을지도 모르지만 그것은 또한 각 세대들의 존경을 통해 신성화되는 문화적 부를 강조하는 고전주의의 시작이기도 하다. 그 저택은 이집트의 사찰과 운하, 그리스의 여인상, 그리고 영웅 전설이나 신화에서 묘사된 많은 공간들을 병치시키며 그의 정신 속에 흔적을 남겨온, 그러한 역사의 조각들이 모여 만들어진 기억의 건축에 대한 첫 번째 증거이다. 그 저택의 중심 장소는 바로 하드리아누의 휴식처였던 '고풍스러운 지식' 으로 온통 가득 차 있는 도서관이다.

그 저택에는 이상적인 도시의 개념, 즉 인간성을 지닌 도시, 예술과 과학을 위한 장소, '고전적인' 환경에서 인본주의적인 사상을 한데 모아놓은 '세계' 의 축소 모형이 수집되어 있다. 같은 의미에서 과거의 사건들과 관계를 갖는 그 저택은 순수주의적인 선언이나 혹은 균일한 체계로서가 아니라 집합적 기억으로 가득 채워진 공간으로서, 그리고 비밀과 놀라움과 '기념비적

추모' 로 가득 찬 오브제로서, 또 '기억' 을 의미하는 라틴어 '모네오 moneo' 로서 미래를 위한 모델의 역할을 한다.

장소들의 회상: 그것이 바로 하드리아누가 생각한 도시의 개념이다.; 고유의 특성과 정체성을 지닌 각각의 공간들은 그 주변의 다른 공간과 경쟁하기도 하지만 상호간에 서로를 풍요롭게도 한다. 이는 모든 건물이 그만의 고유한 규칙과 질서에 의해서 계획되고 세워지고 받아들여지는 것이라고 믿는 다원주의적 개념이다. '발견' 을 숨기고 특정한 위치에 디자인 되는 도시의 모든 부분들은 서로 충돌하고 상호작용하며 상호 보완함으로써 도시의 컨텍스트를 응집시키는 사건들의 조합이자 파편과 조각들의 집합체이다. 하드리아누의 저택은 하나의 개념으로서의 로마 도시에 대한 완벽한 전형을 보여준다. 그 개념은 밀레투스 Miletus와 프리에네 Priene에 등과 같은 그리스 도시에 질서를 부여했던 히포다무스 Hippodamus의 포괄적인 격자 체계에 반하는 것이다.

밀레투스는 명백하고 직접적이고 정확하고 측정가능하며 기하학적인, 그리고 조화롭게 기능하는 이론이다. 하드리아누의 특색 없는 이상은 다양하고 예측불가이면서 공간적으로는 풍부한 대립되는 양극성을 갖고 있다. 그것은 통합적이면서 밀레투스와 유사성을 갖는다. 바로 개인주의적이라는 것이다. 히포다무스는 모듈적 요소를 반복적으로 되풀이함으로써 구체적인 조건에서 시작하여 전체적인 개념으로 나아간다. 도시에 대한 하드리아누의 개념은 즉각적인 정신적 반응을 불러일으킨다. 그의 작업은 선견지명적인 것이었다. 그의 정보는 하나의 이미지로부터 시작되는 '상상' 을 바탕으로 한다. 그리고 그 상상은 구체적인 조건들까지 이어지는 그 하나의 이미지를 찾기 위해 가장 일반적인 방식으로 사물을 바라보는 것이다. 그의 현실은 '현실은 측정가능하기에 존재한다.' 라고 생각한 히포다무스의 현실과는 달리 그의 상상력이 인지하는 그대로의 것이다.

하드리아누의 이상적인 저택에서 실현된 그의 개념은 계량적인 공간이 일관성 있는 체계를 갖춘 예지력 있는 공간으로 변화하는 그 시발점이자 일치관계의 개념－단순화의 개념－이 형태론적인 개념－복합성의 개념－으로 전이되는 출발점이다. 그러므로 이 저택은 사상과 사실, 물질과 상태의 형성과 변화를 표현하는 대표적인 모델이다. 왜냐하면 그러한 사고와 사실, 물질과 상태는 시간의 연속성에서 나타나기 때문이다. 현실은 형태학적인 측면에서 보이는 것이고, 물리적인 현상은 그들의 변형에 있어서 '게슈탈트적 형상들 Gestalten' 과 같이 인지되는 것이다. 이러한 사고의 과정은 근본적으로 이미지, 유추, 상징, 기호의 적용을 통해 서로 무관한 다양한 현실을 개념화하는 상상의 과정이다.

'세계는 나의 상상력이다' －이는 모든 살아 있는 생명체와 깨어있는 존재들에 적용되는 단 하

Oswald Mathias Ungers / Deutsches Architekturmuseum / Museum / Frankfurt am Main, Germany / 1984

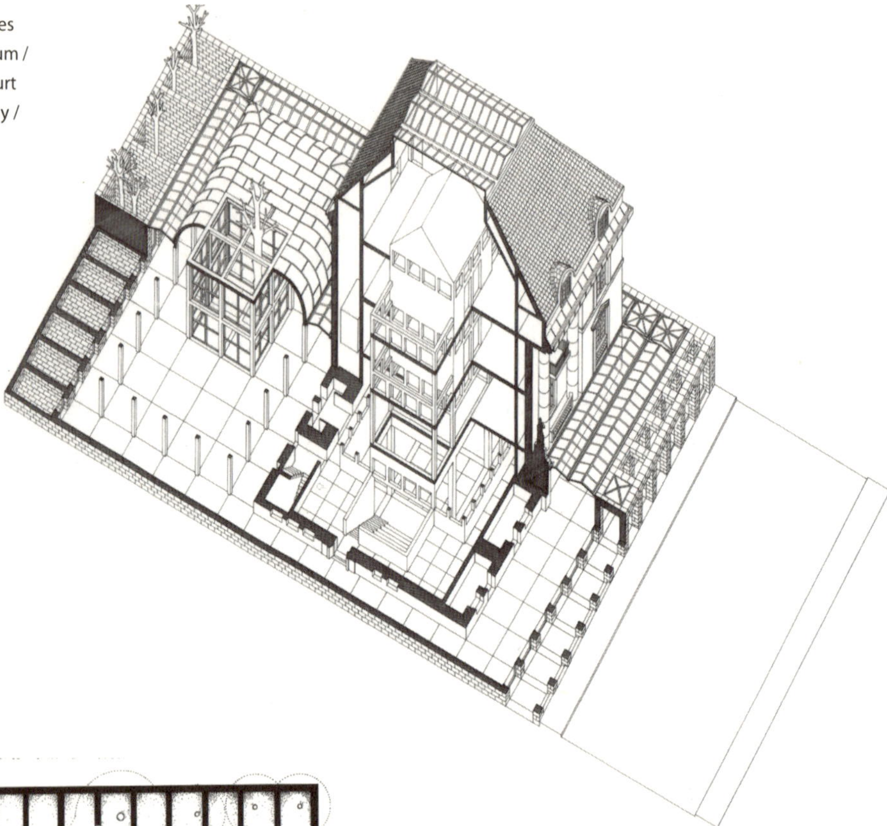

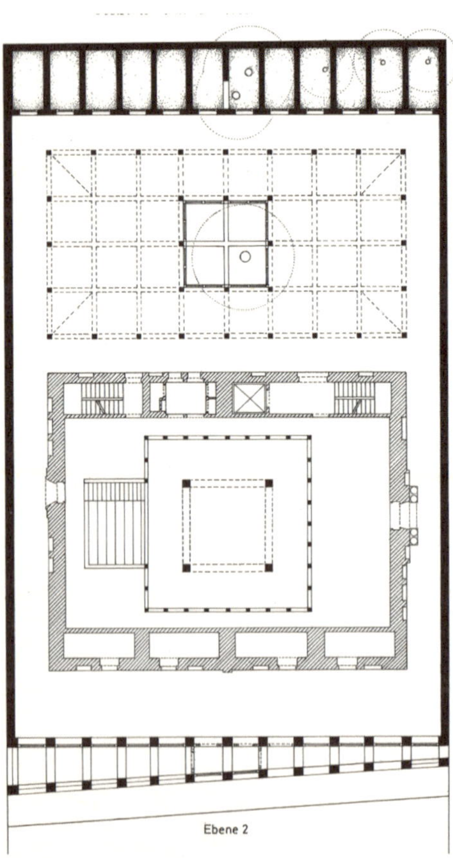

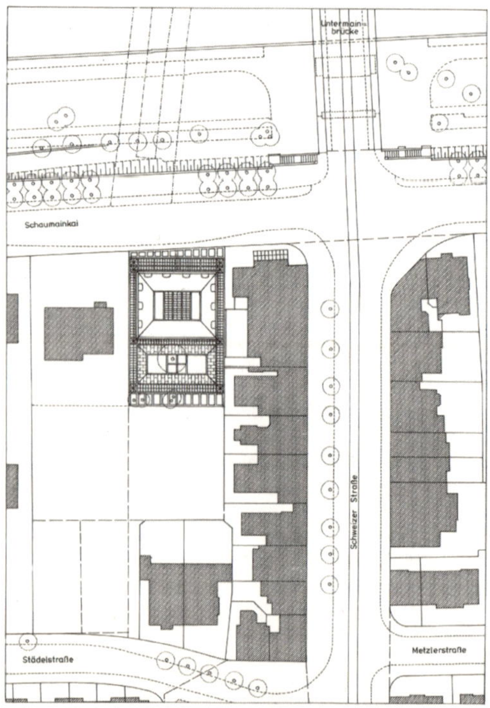

나의 진실이다. 그러나 오직 인간만이 정신을 반영하는 추상적 개념을 계발할 수 있다. 그리고 누군가가 정말 그렇게 한다면 그의 내면에는 철학적 사유가 존재하게 된다. 따라서 태양도 대지도 없지만 그에게는 태양을 바라볼 수 있는 눈이 있고 대지를 느낄 수 있는 손이 있다는 것이 확실하고 명백해질 것이다. 그렇게 되면 어떠한 사실도 다른 모든 사실보다 확실하거나 독립적일 수 없으며, 이보다 더 확실한 사실은 없다. 따라서 세계는 그저 이해를 위해 존재하는 모든 것, 모든 주체와 관계를 맺는 객체, 한마디로 말하자면 인지자의 이미지, 즉 상상력에 불과할 뿐이다. 이는 당연히 과거와 모든 미래뿐만 아니라 현재에도, 그리고 가장 가까운 곳뿐만 아니라 가장 먼 곳에도 적용된다. 왜냐하면 그것은 이 모든 것들이 구별되는 시간과 공간 자체에도 해당되는 것이기 때문이다. 이 모든 것들은 어쨌든 주체만이 존재하는 세상, 그리고 주체에 의해 불가피하게 조건적인 본질로 가득 차버린 이 세상에 속하고 있거나 혹은 속할 수도 있다. '세계는 인지하는 것이다.' (쇼펜하우어 Schopenhauer)

건축비평가들은 하드리아누의 저택 계획안과 네덜란드 엔스헤데 Enschede에 있는 1963년에 디자인된 기숙사 건물의 계획안을 무척이나 자주 비교해 왔다. 사실 이 두 프로젝트에는 명백

한 유사점들이 존재하고, 두 가지 계획안이 서로 비슷할 뿐만 아니라 실제로 상당부분 일치하기도 한다. 엔스헤데의 기숙사는 말하자면 실제 도시계획들로부터 구상된 요소들과 축소된 도시를 재구성하는 프로젝트이다. 이 프로젝트는 그 내부에 대우주를 반영하고 있는 소우주처럼 만들어진 커다란 모델을 본 따서 만든 작은 복제물로 디자인 되었다. 그 프로젝트에서는 개인주택, 도시구역, 복합건물, 정원의 오브제, 길거리와 광장, 집합적 환경과 사적 환경 등과 같은 더 큰 규모의 대항체의 틀을 형성하는 기성의 형식들과 원형(原形)의 부분들을 모두 발견할 수 있다. 사적인 기능들과 공적인 기능들은 주거 형태와 거주 양식의 형태론적 연속체를 수용하는 인용구들로 이루어진 환경 속에서 상호 보완한다. 그 계획안은 시각적, 사회적 경험으로서의 도시에 대한 해설의 의미를 지닌다. 그 프로젝트는 도시로부터 구문과 어휘를 차용하고 도시를 부분으로서 뿐만 아니라 전체로 나타냄으로써 그 도시에 대한 하나의 은유로서 읽혀야 한다.

하드리아누의 저택이 도시와 같이 구성된 것처럼 엔스헤데의 기숙사 프로젝트는 인본주의 원리에 바탕을 둔 도시의 개념을 완벽하게 보여준다. 그 프로젝트는 하드리아누의 저택처럼 '집합적 기억' 의 건축이며, 특성상 다원주의적이고, 공간적 관계상 상호보완적이며, 도시 구조상 복잡하고, 건축 어휘상 정교한 특성을 지니고 있다.

엔스헤데의 학생용 기숙사보다 이러한 성격이 더욱 강하게 나타나는 기억의 건축, 회상의 환경은 1964년에 베를린에 지어진 티어가르텐 Tiergarten 박물관 설계의 주제이자 내용이 되었다. 엔스헤데 프로젝트가 도시의 일반적인 측면을 모아놓은 것이라면, 이 박물관 프로젝트는 베를린을 더욱 두드러지게 하고 강조하며 특징짓는 주거 구역과 거리 그리고 광장을 구성함으로써 보다 특수하고 구체적인 선례를 보여준다. 서로 다른 박물관 구역들의 디자인은 거의 시골과 같은 중정형 건물에서부터, 구역 내에 있는 구역의 디자인과 가장 정교한 실내 디자인에까지 광범위한 역사적 스펙트럼을 반영한다. 박물관 복합체는 전시물들과 관련된 장소나 도시의 역사 속 선례들과 기억들 그리고 사건들을 재구성한다.

박물관은 과거의 공간이 예지력 있는 미래로 비추어지는 '정신의 도시' 로 인식된다. 이러한 도시에서는 의식적이거나 무의식적인 기억에 의해서 생성되고 변형된 요소들이 '보편적으로 인간적이며 초개인적인 타당성을 누리는' 전형 archetypes들을 상징적으로 보여준다. (칼 구스타프 융 C. G. Jung)

전형이란 일반적으로 전해져 내려오며 모든 사람에게 보편적이라고 일컬어지는 원시시대의 이미지와 사상으로서 '집단적 무의식' 속에 자리 잡고 있다. (칼 구스타프 융)

이러한 원시적인 상징들은 어느 시대, 어느 시간대에나 의미를 발하며 문학, 예술, 건축 등 매우 다양한 형태에서 찾아볼 수 있다. 이러한 전형들이 도시를 만든다. 그것들은 본능처럼 전승되어 내려오고, 오래된 다른 형태의 이미지로 다시 재현될 수도 있다. 이러한 전형들은 다른 어느 곳보다도 독특한 역사의 흐름을 이어온 로마에서 잘 드러난다. 그러나 이들은 베를린 계획에서도 잠재적으로 널리 퍼져, 발견되고 탄생하고 완성되기를 기다리고 있다.

그러므로 도시는 한 형태에서 다른 형태로의 생성과 변형의 역사이며, 개념과 사상, 결정과 사건, 현실과 재앙들을 재현하는 사건들의 교과서와도 같은 형태학적 연속체다. 그것은 통일된 그림이 아닌 조각과 파편, 유형과 대응형의 생생한 총체이자 모순의 병치이며, 일직선상의 과정이라기보다는 변증법적인 과정이라 할 수 있다. 역사 속에서 오랜 시간동안 세계적인 본보기의 역할을 했던 '로마' 나 인본주의 시대의 역사에 등장하는 베를린이나 그 도시의 내용은 정반합의 법칙이었다.

하드리안의 저택이 '주거 안의 주거' 라는 개념을 상징적으로 나타내고 있다면 박물관 프로젝트는 '구역 안의 구역' 이라는 개념을 보여준다. 베를린과 로마는 둘 다 '도시 안의 도시' 라는 개념을 보여주는 모델로서 역할을 하고 있는지도 모른다. 그렇다면 이러한 모델은 미래에 대한 도시적 개념이 될 뿐만 아니라 베를린의 역사적 의미도 전달하고 있다고 볼 수 있다. 만약 베를린이 '집단적 무의식 collective unconscious' 의 결과로서 도시 안의 도시의 개념을 담고 있다면 그것은 하발란트쉐프트 Havellandschaft를 문화적인 풍경으로 바꿔놓고자 하는, 그리고 이렇게 함으로써 '도시 안의 도시' 라는 아이디어를 인본주의적인 측면에서 개념화하고자 하는 프레드리히 빌헬름 4세 Friedrich Wilhelm IV의 의지를 의식적으로 실행한 것이다. '북유럽 국가의 풍경을 고대 남쪽의 문화적 풍경으로 서서히 변화시키는 것이 그의 가장 큰 소망이었다. 그러한 문화적 풍경은 건축적 랜드마크들에 의해서 구성되는 것이다.' (엘 헤니그, 프러시아 왕 프리드리히 벨헬름 4세 L. Henig in Friedrich Wilhelm IV von Preussen 중에서)

하발란트쉐프트를 바꾸고자 했던 '프리드리히 빌헬름 4세' 의 제안은 하드리아누의 저택에서 표현된 인본주의적 정신과 같은 것이다. 그는 고대에 대한 기억의 조각들과 다른 문화, 다른 역사적 시대의 사례들을 풍경 속에 집어넣고 그것을 건축적 사건들의 군도(群島)로 전환함으로써 베를린에서 포츠담까지의 가로를 교육적 풍경으로 변화시키고자 했다. 다양한 역사적 시대에서 차용된 이러한 기성형식들은 현재를 집합적 기억들의 연속체와 연관시키면서 과거를 미래에 투영했다. 각각의 건축의 섬은 과거의 이미지를 회상하게 하고 새로운 모험과 시각적 상상력을 더욱 자극하여 보는 이의 정신을 풍요롭게 한다.

'집단의 무의식' 의 도시는 분명 도시에나 존재한다. 그러나 '집합적 기억' 을 가진 도시는 아직 실현되지 않았다. 현재로서는 오직 도시로 완성된 정원에만 존재할 뿐이며 그 안에서는 장소들을 회상하는 것이 창조적인 사고로 여겨진다. 싱켈과 르네 Lenné, 그리고 당대 건축가들이 함께 고안하고 실행한 '글리니케 성의 정원 Schlosspark Glienicke' 의 경우가 이에 해당한다. 글리니케 성은 인본주의 도시에 대한 싱켈의 유토피아의 정수를 포함하고 있는 듯하며 이는 베를린의 중심을 위한 그의 계획에 실제로 반영되었다.

또 다른 이상향의 정원은 18세기 계몽주의 시대의 사상을 이루고 있는 '뵐리츠 Wörlitz' 에 있는 공원이다. 하지만 가장 뛰어난 유토피아적 모델은 하펠 Havel 계곡을 문화적 풍경으로 바꾸는 통합적 계획의 일부분으로서 패터 요셉 르네 Peter Josef Lenné가 디자인한 상수시 Sanssouci와 샬로텐 호프 Charlotten-hof에 있는 정원이다. 위의 세 가지 유토피아적 정원들은 도시를 위한 열쇠를 쥐고 있을지도 모른다. 그리고 그 도시에서는 이탈로 칼비노가 표현했듯이 '욕망은 이미 기억이 된다.…'

[프리드리히슈타트 Friedrichstadt] 프로젝트를 진행하는 동안 이탈로 칼비노가 보여준 마르코 폴로와 쿠빌라이 한의 다음의 허구적인 대화는 항상 존재했다.

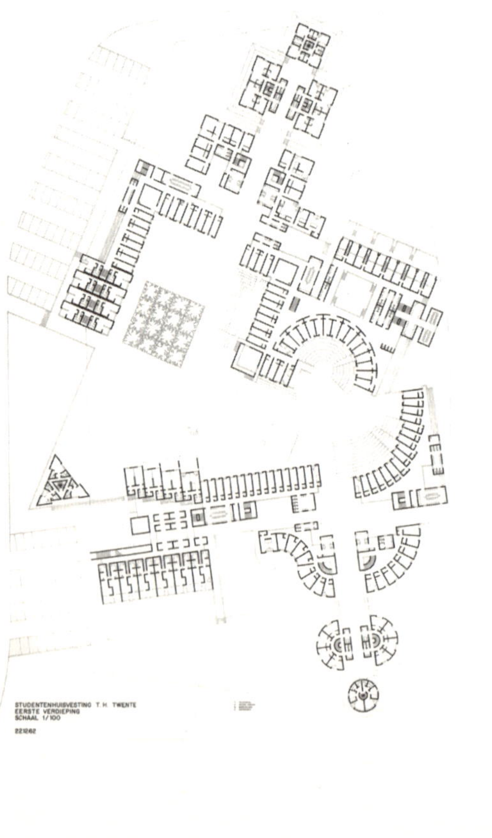

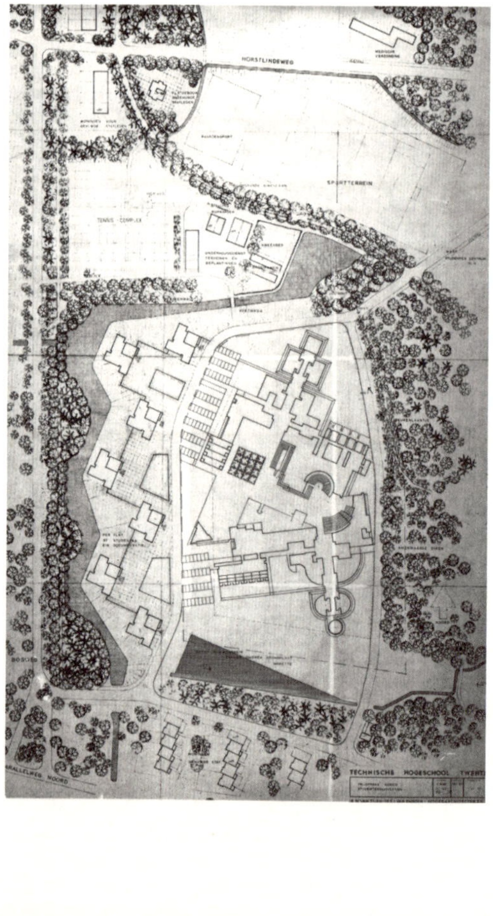

Oswald Mathias Ungers / Student accommodation at TH Twente / Student housing / Enschede, the Netherlands / 1964

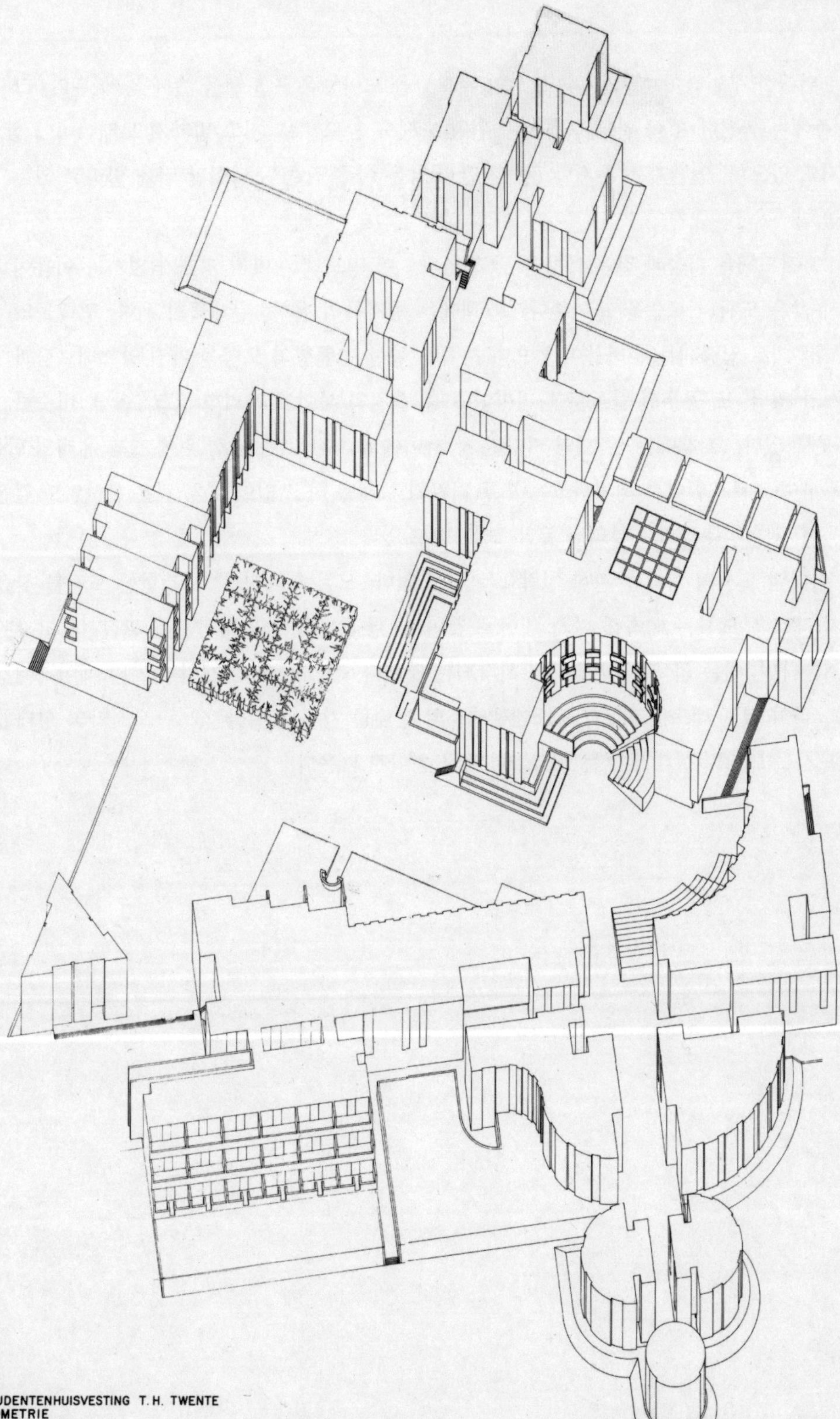

STUDENTENHUISVESTING T. H. TWENTE
ISOMETRIE
SCHAAL 1/100

221262

'위대한 쿠빌라이 한은 온갖 도시의 지도들을 모아놓은 지도책을 손에 넣게 된다. 그 도시들 중에는 굳건한 초석 위에 벽들이 세워진 도시도 있고, 무너지고 망가져 모래더미에 삼켜진 도시도 있으며, 언젠가는 존재할 것이지만 지금은 아주 작은 구덩이만 입을 벌리고 있는 도시도 있다.

그 지도책은 다음과 같은 내용을 담고 있다.: 이 지도책은 아직 형태가 없거나 이름이 지어지지 않은 도시의 모습을 보여준다. 그 책에는 왕자들의 운하, 황제들의 운하, 귀족들의 운하 등 가운데로 집중되는 운하들이 있으며 북쪽을 향한 반원형의 모양을 가진 암스테르담과 같은 도시가 있다. 또 곤두선 탑들로 둘러싸인 고층 습원의 사이에 자리한 요크York 와 비슷하게 생긴 곳도 있다. 그 책에는 두 개의 커다란 강 사이에 위치한 길쭉한 섬 위에 철과 유리의 탑들이 가득하며 브로드웨이를 제외하고는 모두 격자의 형태를 하고 있어 마치 깊은 운하와도 같은 거리들이 나열된 뉴욕으로 알려진 뉴암스테르담도 있다.

이처럼 도시의 형태에 관한 일람표는 끝이 없다. 모든 형태가 그에 적합한 도시를 찾을 때까지 새로운 도시는 계속해 다시 태어날 것이다. 형태가 도시의 다양성을 고갈시키고 분열을 가져온다면, 이는 곧 도시의 멸망이 시작되는 것이다. 그 지도책의 제일 마지막 페이지에는 시작과 끝이 없는 네트워크들과 로스앤젤레스의 형태를 가진 도시들, 교토-오사카의 형태를 가진 도시들 그리고 형태가 없는 도시들이 마구 쏟아져 나온다.'

5장 이미지

당신은 공공의 삶에 대가를 지불해야 한다 {찰스 무어 Charles W. Moore}

A&P 주차장이 갖는 의의, 또는 라스베이거스의 교훈 {로버트 벤츄리 Robert Venturi와 데니스 스콧 브라운 Denise Scott Brown}

도시 공간 개념의 유형학적 · 형태학적 요소들 {롭 크리에 Rob Krier}

감각적 현실 {존 아담스 저디 Jon Adams Jerde}

밀랍 날개 {미키엘 리다이크 Michiel Riedijk}

건축과 가상의 세계 {장 누벨 Jean Nouvel}

Architectural Positions

5장 이미지 Image

'최소의 노력으로 무언가를 얻고자 하는 욕구를 충족시키기 위해 물, 가스, 전기 등을 아주 먼 곳에서부터 집까지 끌어온 것처럼, 우리는 집에서 시각이나 청각의 이미지들을 받아 볼 수 있을 것이고, 그 이미지들은 단순한 손동작 하나에 혹은 단순한 사인 하나에 사라지기도 하고 나타나기도 할 것이다.'

폴 발레리 Paul Valéry[1]

'공간적 이미지는 사회의 꿈이다. 상형문자와도 같은 공간적 이미지가 해석되는 곳에서는 어디서든지 사회적 현실의 근본을 발견할 수 있다.'

지크프리트 크라카우어 Sigfried Kracauer[2]

'시간이 소멸되면서 공공의 이미지가 공공의 공간을 대체하게 되었다.'

폴 비릴리오 Paul Virilio[3]

이미지에 대해 이야기 하지 않고서는 근대적 공공영역이나 근대 건축에 대해 생각하는 것이 불가능하다. 역사 편찬이나 기업의 광고, 홍보와 같은 공식적인 것에서부터 약도나 전단지, 팸플릿 등 비공식적이고 시급한 것에 이르기까지, 이미지는 공적영역 public realm에서 근대적 건축이 출현하고 진보하는 데에 아주 중요한 역할을 해왔다. 마찬가지로 공적영역의 이미지를 창출하는 것 또한 근대 건축에서 중요한 과제로 여겨져 왔다. 근대주의자들이 제시했던 희망적인 형태, 근대적인 오피스들의 인상적인 자태, 혹은 근대적인 요양원 건축에서 볼 수 있는 역동적인 형태 등은 그러한 예들 중 일부이다.

근대적 건축 문화에서 나타난 이미지에 대한 관심은 그다지 놀라운 일이 아니다. 결론적으로 근대성, 특히 근대적 공공영역의 진보는 이미지가 대중 매체와 복제를 통해 많은 발전을 이룬 것과도 일맥상통한다. 독일의 철학가 발터 벤야민 Walter Benjamin은 1936년에 발간한 유명한 저서『기술복제시대의 예술작품 *The Work of Art in the Age of Technological Reproducibility*』에서 이러한 변화의 과정에 대해 다음과 같이 설명하였다. '1900년 전후로 기술의 복제는 모두가 아는 저명한 예술 작품을 복제하는 것에서 더 나아가 그들의 작품을 섬세하게 수정하는 수준에까지 이르게 되었다. 이는 다른 한편으로 예술의 변화 과정 속에서 기술의 복제가 확실한 지위를 갖게 된 이유이기도 하다.'[4]

벤야민은 기술복제를 복사나 모방 등 기존에 존재하던 복제의 형식과는 다른 것으로 규명하고, 석판 인쇄에서부터 사진을 거쳐 그 사진의 이미지가 완전하게 표현되는 영화까지 이어지는 기술복제의 혈통을 추적해간다. 그는 기술복제에만 존재하는 새로운 관념, 즉 '진짜 작품과 "똑같은" 프린트를 요구하는 것은 말도 안 된다' 고 생각하는 방식은 진짜를 거부하는 것이며, 이는 곧 진짜 예술품과 전통의 권위를 거부하는 것이라고 생각했다.

그는 저서에 다음과 같이 썼다. '복제의 기술은 복제된 사물을 전통의 영역으로부터 분리해 낸다. 오랜 세월을 거친 과거의 예술 작품이 복제 기술을 통해 복제됨으로써 독특한 존재가 대중적인 존재로 대체된다. 그리고 수용자들이 그 복제품을 접하게 되면서 복제된 것은 현실이 된다.'[5] 벤야민은 기술적 복제로 인해 예술 작품이 전통성이나 진위 여부로부터 해방되었고 또한 얼마나 많은 사람들이 감상하느냐가 작품의 성공과 중요성을 판단하는데 영향을 미치게 되면서 예술에서 평가의 근거를 극적으로 변화시켰다고 보았다. 이에 대해 그는 '양이 곧 질이 되었다.' 라고 말한다.[6]

근대적 문화에서 대중적인 이미지가 가지는 역할과 특성은 프랑스 이론가 롤랑 바르트 Roland Barthes의 저서 『신화론 *Mythologies*』에서도 깊이 있게 다루어졌다. 바르트는 일상적인 현실의 모순과 갈등 그리고 모호함을 초월하는 이미지에 대한 강한 열망이 근대적 대중문화에서 어떻게 나타나는지를 설명한다. 그는 자동차 시트로앵 DS를 예로 들며, 광고에서 내세우는 이미지는 자동차를 신속한 이동을 위한 운송 수단뿐만 아니라 신성하고 안정된 공간으로도 묘사하고 있다고 설명한다. 첫 번째 의미는 자동차로서의 시트로앵이라는 명시적인 의미를 담고 있고 이는 자연스럽게 두 번째 의미인 신성하고 안정적인 공간으로서의 함축적인 의미로 연결된다. 바르트는 이와 같은 대중적인 이미지에 대해 다음과 같이 언급한다. '대중이 원하는 것은 (중략) 사물에 대한 이상적인 이해이다. 이는 일상적인 상황을 만들어내는 요소들이 갖고 있는 모호함을 넘어 잠시 떠오르는 인간의 희열이며, 어떠한 장애도, 도피도, 모순도 없이 원인과 징후들이 마침내 서로 일치하게 되는 보편적인 대자연의 전경 앞에 놓인 인간의 기쁨이다.'[7] 바르트에 따르면 이러한 종류의 이미지들은 영화나 광고와 같은 문화적 표현들을 통해 대중에게 대량으로 제공된다. 그는 이따금씩 자연스럽게 나타나지만 보통은 명백하게 또는 보편적으로 나타나는 대중적인 이미지들이 어떻게 지배적인 관념들에 의해 구성되고 정의되는지를 설명한다. 바르트의 『신화론』에서는 이와 같은 이미지들의 정체성이 신화로 표현되기 시작한다.

이탈리아의 작가이자 문화 이론가인 움베르트 에코 Umberto Eco는 저서 『초현실로의 여행

Travels in Hyper reality』을 통해 바르트의 생각에 '건조 환경' 의 개념을 추가하며 바르트의 개념을 확장하였다. 그는 관광객들이 실제 크기의 집들과 똑같이 만들어진 디즈니랜드의 집들을 보면서 '기술은 자연이 우리에게 줄 수 있는 것 보다 더 많은 현실성을 줄 수 있구나' 라고 느끼게 된다고 하였다.[8] 에코는 실제 삶에서 '환상적인 과거' 에 대한 우리의 상상과 공상을 만족시켜 주는 것은 바로 '초현실 hyper reality' 이라고 주장한다. 디즈니랜드를 방문한 사람들은 이러한 규칙을 정확히 관찰했을 때 비로소 '실제의 것' 을 즐기게 되고, 디즈니랜드 밖에서는 만날 수 없었던 도시의 환경을 경험할 수 있는 것이다.

프랑스 철학가 장 보드리야르 Jean Baudrillard의 저서인『시뮬라크르와 시뮬라시옹 *Simulacra and Simulations*』은 사람들을 매료시키는 디즈니랜드 속 '상상의 세계' 는 주변의 모든 것을 '현실' 로 믿게 만드는 '가상' 으로 표상된다고 설명한다.[9] 장 보드리야르는 '디즈니랜드의 상상은 진실도 거짓도 아니다. 그것은 현실의 허구성에 다시 활기를 불어넣기 위해 설치된 억제 장치와도 같은 것이기 때문이다. 다시 말해 디즈니랜드는 어른들은 "현실" 세계의 다른 어딘가에 존재하며 진정한 동심은 어느 곳에나 있는 것이 아니라는 믿음을 주기 위해 어린이들만의 세계가 되어야만 한다.' 고 주장한다.[10] 그에게 디즈니랜드는 근대 이미지 발전의 최종 단계를 보여주는 실례이다. 그 발전의 과정에서 이미지는 더 이상 현실과 어떠한 관계도 맺지 않는다. 그것은 순수한 복제품 simulacrum 이다. '더 이상 겉으로 보이는 질서의 복제품이 아닌 시뮬라시옹 simulation에 의한 복제품인 것이다.' 보드리야르는 더 나아가서 현실은 복제품으로 완벽하게 대체가 가능하기 때문에 복제품은 더 이상 현실과 분별될 수 없으며, 그것이 바로 초현실이라고 주장한다. 그는 자신의 다른 저서『커뮤니케이션의 황홀경 *The Ecstasy of Communication*』에서 초현실의 존재를 공공공간의 소멸과 연결 짓는다. '인체와 풍경과 시간. (중략) 이 모든 것이 계속해서 배경처럼 사라진다. 공공의 공간도 이와 마찬가지다. 사회라는 극장과 정치라는 극장은 여러 개의 머리를 가진 크고 부드러운 형체로 점점 더 축소되다가 거리, 기념비, 시장, 풍경 등과 같은 공공의 공간이 사라지는 순간에 모든 것에 침범한다. 그리고 그 자체의 음란함을 이용해 공적인 삶을 현실화하거나, 누군가 원한다면 물질화하기도 하며, 또는 공적인 삶 그 자체를 전시함으로써 독점하기도 한다. 이것이 바로 오늘날의 건축이며, 움직이고 있는 원자와 분자, 입자들이 반영되는 거대한 스크린이다. 그리고 그것은 공공의 영역이나 진정한 공공의 장소가 아닌 순환과 환기 그리고 영원한 연결성을 지닌 거대한 공간이다.'[11]

건축에서 '이미지' 의 이용과 이미지와 공공영역의 관계에 대한 논의는 건축가들 사이에서도 중요한 문제였다. 미국 건축가 찰스 무어 Charles Moore의 1965년 저서『당신은 공공의 삶에 대가를 지불해야 한다. *You Have to Pay for Public Life*』는 이러한 논의에 커다란 기여를 했다. 무어는 위 책에서 디즈니랜드 테마 파크가 '공적인 환경을 경험할 수 있는 기회들을 재창조하기 위해'

역사적인 건물들과 공공공간의 이미지들을 어떻게 활용했는지를 명확하게 설명한다. '디즈니랜드에서는 공공영역에서 관람할 수도 있고 참여할 수도 있는 일종의 연극이 만들어진다.' 그는 다양한 사건들과 크고 작은 드라마들로 가득한 이러한 공공의 세계를 담고 있는 디즈니랜드가 미국 도시에서 대부분 사라져버린 공공의 질을 지닌 재상상화 re-imagination를 의미한다고 보았다. 그는 디즈니랜드를 진정한 공공영역으로 인정할 수 있는지에 대해 비판적인 의문을 제기한다. '희한하게도 디즈니랜드는 공공의 공간인데도 불구하도 공짜가 아니다. 그곳에 입장하기 위해서는 입구에서 표를 사야 한다.' 그는 이어서 디즈니랜드는 '타인' 을 위한 여지가 없는 공간이라고 강조한다. '자연스러운 점이 하나도 없다는 것이 오히려 디즈니랜드의 광경을 망친다.'

무어의 글은 현실이 되었다. 손상되지 않은 역사적 이미지에 의지하고자 하는 경향은 광범위하게 전파되었다. 쇼르드 스테르스 Sjoerd Soeters가 설계한 네덜란드의 바타비아 아울렛 센터 Batavia Outlet centre에 있는 '요새' 와 같은 주거단지나, 웨스트8 West8이 디자인한 아메르스포르트 Amersfoort의 운하 마을인 데 라크 De Laak는 이러한 경향을 잘 표현하고 있다. 마이클 소킨 Michael Sorkin과 같은 비평가들은 이러한 현상을 일컬어 도시와 공공공간의 '디즈니랜드화 Disneyfication' 라고 칭하였다.[12] 그들은 디즈니랜드화된 환경에서는 불 꺼진 건물이나 인적 없는 거리, 노숙자와 마약중독자 등과 같이 거주자나 관광객, 소비자를 겁먹게 하는 그 어떤 위협도 존재할 여지가 없다는 사실에 대해 경고한다. 그러한 환경에서는 오히려 모든 것이 오래된 도시의 단순하고 단조로우며 조화로운 이미지에 부합한다.

1970년대 중반에 찰스 무어는 뉴올리언스 New Orleans의 '이탈리아 광장 Piazza d'Italia' 프로젝트를 통해 디즈니랜드화의 경험으로부터 긍정적인 교훈을 이끌어내려 시도했다. 그는 의도적으로 공공의 광장을 역사적 이미지들로 이루어진 인상적인 콜라주로 디자인하였다. 영국의 건축 비평가 찰스 젱크스 Charles Jencks는 이 광장의 본질은 '그것이 적어도 다른 두 개의 그룹, 즉 건축적 문제들에 관심 있는 건축가 및 소수의 관계자들의 그룹과 안락함과 전통적 건축방법 그리고 전통적 생활양식에 관심을 가진 방문객들이나 수많은 대중들의 그룹에 동시에 어필한다는 사실' 에 있다고 지적하였다.[13] 젱크스에 의하면 이러한 전문적인 요소와 대중적인 이미지들의 조합은 건축가와 공공공간의 이용자들 사이에 긴장감을 없애고 이 둘을 화해시켜주는 이상적인 조리법이라고 할 수 있다.

로버트 벤츄리 Robert Venturi와 데니스 스콧 브라운 Denise Scott Brown 그리고 스티븐 이즈노어 Steven Izenour 역시 1968년에 발표된 연구인 『라스베이거스의 교훈 *Learning from LasVegas*』에서 공공영역과 대중적 이미지에 대해 다루고자 했다. 그들은 유명한 '오리 duck' 와 '장식된 가건물 decorated shed' 를 구분하며 라스베이거스 스트립 strip 지역의 공공공간과 건축을 연관 짓는 두 가지의 대중적인 '근대적' 도구들을 정의하였다. 그들은 스트립 지역의 건축들을 네온사인으로 뒤덮인 '장식된 가건물', 즉 장식이 적용된 기본적인 건물들로 특징지으며, 그들이 '오리'라고 부르는 하나의 조각물로 서있는 건물의 유형과 대조시켰다. '오리는 어떠한 상징이 되는 특별한 건축물이다. 반면에 장식된 가건물은 상징물을 적용한 지극히 평범한 가옥이다. 우리는 이 두 가지 건축이 모두 유효하다고 믿는다. (중략) 그러나 오리가 근대 건축에 만연함에도 우리는 이를 오늘날의 건축에 적합하지 않다고 생각한다.'[14]

롭 크리에 Rob Krier의 작품에서는 산업혁명 이전의 건축과 도시를 표현하는 이미지들이 아주 중요한 역할을 한다. 크리에는 특정한 이미지들의 선택에 대해 근대화 운동에 의해 급격히 새로워진 공공영역의 이미지들에 대한 하나의 반응이라고 설명한다. 그는 이러한 이미지들이 제대로 이해되지 못했기 때문에 근대적 건물들과 도시들에 거주하는 거주자들로부터 인정받지 못했다고 보았다. 그가 생각하기에는 이러한 곤궁에서 빠져나올 수 있는 방법은 과거에 성공적이라고 인정되었던 역사적인 유형과 형태로 되돌아가는 것이었다. 그러나 크리에는 유형과 형태의 본질에 그다지 관심을 두지 않았다. 그의 견해에 따르면 제 기능을 하는 도시의 공간은 '우리가 의식적으로 외부 공간을 도시적 공간으로 받아들이도록 만드는 기하학적 특성과 미적인 질에 대한 명백한 가독성'에 의해 정의된다. 실제로 크리에가 실험했던 연구들에서 도시를 정의하는 요소는 더 이상 구성이나 프로그램이 아닌 기하학과 미학이다. 그는 친숙한 거리의 이미지를 없애고 전통적인 공공공간의 모습에 도달하고자 하였다.

대규모의 군중을 다룰 수 있는 이미지나 방법론에 관심을 갖고 있는 미국의 건축설계 그룹인 저디 파트너십 Jerde Partnership은 매력적인 이미지들을 이용해 특정한 주제의 분위기를 지닌 공공환경을 디자인하는 것으로 유명하다. 존 애덤스 John Adams는 자신의 글 『본능적 현실 *Visceral Reality*』을 통해 자신은 근대 건축과 도시 계획에서 사라져 신화가 되어버린 공동체 생활에 대해 책임감을 느끼고 있다고 언급했다. 이러한 배경에서 저디 파트너십은 이른바 '진정한 도시의 경험'을 재발명하는 것을 야심찬 목표로 삼고 있다. 존 저디는 회사가 관여하는 모든 프로젝트에 대해 '풍요성과 복합성을 지닌 공공의 삶을 새롭게 할 공동의 환경, 공동의 장의 르네상스'를 디자인하기 위한 하나의 시도라고 말한다. 다른 건축가들이 공적영역을 디자인할 수 있는 기회를 두고 주저하는데 반해 존 저디의 대답은 아주 명쾌하다. '다행스럽게도 공동의 경험은 계획 가능한 이벤트이다.' 저디 파트너십의 작품들은 정체성이라는 단 한 가지를 창출하기 위해 다양한 자원들로부터 광대한 범위의 이미지들을 동원한다. 이는 모호하고 모순을 가진 정체성이 아니라 통일성을 창조하는 이미지의 구성이라 할 수 있다.

건축에서 이미지들은 항상 어떤 관점이나 반응을 이끌어내기 위한 효과를 만들어내는데 이용되었다. 노이텔링스 Neutelings와 리다이크 Riedijk에게 이미지는 '오직 미래에만 존재할 수 있는 어떤 것' 을 떠올리게 하는 건축의 아주 오랜 과제를 해결하는데 무엇보다 중요한 역할을 한다. 따라서 이미지는 디자인 과정의 필수 요소이며 디자인 과정 그 자체보다 더 중요하다고도 할 수 있다. 미키엘 리다이크 Michiel Riedijk는 그가 쓴 글에서 공공영역이 등장하면서 새로운 공공의 프로그램들이 함께 나타났다고 주장한다. 그는 이러한 공공의 건물을 어떻게 표현하는 것이 적절한지에 대해 아직도 더 많은 논의가 필요하며, 그에 적합한 표현 방법을 찾는 것이 현대 건축의 중요한 도전이자 건축가들의 가장 주된 과제라 적시한다. 노이텔링스와 리다이크는 이 문제에 대해 소극적인 입장을 취하지 않는다. 그들은 적절한 표현을 찾기 위해 극대의 효과를 추구한다고 솔직하게 이야기한다. 미니멀리즘에 반대되는 그들의 주장은 마치 오감을 위한 상쾌한 목욕과 같은, 이미지와 개념들이 인상 깊게 넘쳐나는 건축적 맥시멀리즘이라 볼 수 있다.

오늘날 대중의 이미지는 더 이상 책장이나 캔버스에 한정되지 않는다. 실제로 불과 몇 년 전까지는 들어보지도 못한 '가상' 이라는 단어가 지금 시대에는 이미지를 표현하는 최고의 유행어가 되었다는 사실에는 의심의 여지가 없다. 가상현실은 상호작용하는 멀티미디어 기술을 설명하는 대표적인 문구가 되어 가고 있다. 수년간 인터넷이라는 안락한 모호성 안에서 번성한 가상의 공동체는 최근 들어 대중의 눈에 상업적인 관문으로 비쳐지고 있으며 계속해서 대중에게 그 연결 고리를 넓혀가고 있다.

문화 이론가들은 이러한 새로운 공공영역들이 실제의 공공공간을 점점 더 낡은 것으로 만들고 있다고 주장한다. 그들의 견해에서는 공적인 삶이란 더 이상 거리나 광장, 공공건물, 사람들에게서 나오는 것이 아니라 통신망이나 온라인광장, IP주소, 블로그, 채팅창, 아이디 등으로부터 나오는 것이다. 프랑스 건축가 장 누벨 Jean Nouvel은 이러한 용어들을 명쾌하게 다룬다. 만약 건축가가 가상세계와 연관된 일을 해야 한다면 모순되게도 그 일은 현실세계에서 이루어져야만 한다. 그는 저서 『건축과 가상의 세계 *L'architecture et le monde virtuel*』에서 다음과 같이 주장한다. '건축은 이미지의 창출이다. 인지의 시대를 꿰뚫어보기 위해서는 공간을 삼차원으로만 생각하는 것을 멈추어야 한다. 과거에는 공간에 대해 지원하는 공간 servant spaces과 지원받는 공간 served spaces으로 나누어 생각했던 이도 있었다. 하지만 지금은 그 두 가지의 접점에 관해 생각해야 한다.' 장 누벨은 건축이란 가상세계와 관계를 맺는 순간 급격하게 변화한다고 지적한다. 그에게 가상세계의 건축은 더 이상 공간이나 형태와 같은 구체적인 표현의 개념이 아니다. 가상세계는 공공과 개인의 관계 그리고 내부와 외부의 관계를 뒤집으며 새로운 잣대와 접근법의 원리를 제시한다. 누벨은 가상세계로 인해 건축이 '한계의 소멸' 이라는 개념을 포괄하는 중대한 논의와 도전에 맞닥뜨리게 되었다는 것을 인식하였다. 그는 이러한 새로운 상황으로 인해 사유영역과 공유영역 사이의 한계를 파악하고 이해할 수 있는 방법에 대해 더욱 깊이 있는 연구가 가능해졌다고 믿는다.

이 장에 실린 모든 건축가들의 입장은 오랜 역사를 가진 공적 삶에 대한 안락한 이미지와, 뿌리까지 바꾸려는 급변적인 성격의 새로운 대안 사이에 감도는 긴장감과 관련이 있다. 찰스 무어, 롭 크리에, 로버트 벤츄리, 데니스 스콧 브라운, 저디 파트너십, 장 누벨의 관점은 최근 수십 년간 건축가들이 긴장감 도는 이러한 상황에 맞추어 반복적으로 이미지와 공공영역에 관한 자신들의 입장을 취하여 왔다는 것을 보여준다. 하지만 로버트 벤츄리는 최근의 저서에서 과거와 근대의 차이점을 다음과 같이 설명하고 있다. '전자의 시대에서 (중략) 이미지는 시간이 지나면서 변화한다.' 벤츄리에게 이 주장은 가치판단을 배재한 관찰 그 이상의 의미를 갖는다. 그는 '정보는 고정적이지 않고 무한히 변화할 수 있는 것' 이기 때문에 공공영역의 건축을 위한 새로운 희망의 관점을 열어주는 것이라고 보았다.[15]

{주}

1 Paul Valéry, 'The Conquest ofUbiquity', Paul Valéry & Ralph Mannheim, *Aesthetics*. New York (Pantheon Books)1964, p. 226. 중에서

2 Sigfried Kracauer, *Strassen in Berlin und anderswo*. Frankfurt, 1964, p. 70.

3 Paul Virilio, *The Vision Machine*. Bloomington(Indiana University Press)1994, p. 64; 원서: Paul Virilio, *La machine devision*. Paris (Gallilée) 1988.

4 Walter Benjamin, 'The Work of Art in the Age of Technological Reproducibility' (1936), Walter Benjamin, Howard Eiland & Michael William Jennings, *Walter Benjamin. Selected writings*. Vol. 3, 1935-1938. Cambridge, Mass. / London (The Belknap Press of University Press) 2006, p. 25. 중에서

5 앞의 책 256쪽

6 앞의 책 257쪽

7 Roland Barthes, *Mythologies*. New York (Hill and Wang)1972; original edition: Roland Barthes, *Mythologies*. Paris(Seuil) 1957.

8 Umberto Eco, *Travels in Hyperreality. Essays*. San Diego(Harcourt Brace Jovanovich)1986, p. 44.

9 Jean Baudrillard, 'Simulacra and Simulations', Jean Baudrillard & Mark Koster, *Selected Writings*. Stanford(Stanford University Press)1988, pp. 166-184. 중에서

10 앞의 책 167쪽

11 Jean Baudrillard, 'The Ecstasy of Communication', Hal Foster, *The Anti-Aesthetic. Essays on Postmodern Culture*. Port Townsend, WA (Bay Press)1983, pp. 129-130. 중에서

12 Michael Sorkin, *Variationson a Theme Park: the New American City and the Endof Public Space*. New York(Hill and Wang) 1992.

13 Charles Jencks, *The Language of Post-Modern Architecture*. New York (Rizzoli) 1977, p. 146.

14 Robert Venturi, Denise Scott Brown and Steven Izenour, *Learning from Las Vegas*. Cambridge, Mass. (MIT Press) 1972, p. 87.

15 Robert Venturi, *Iconography and Electronics upon a Generic Architecture*. Cambridge, Mass. (MIT Press) 1996, pp. 4-5.

당신은 공공의 삶에 대가를 지불해야 한다 You Have to Pay for the Public Life

{찰스 무어 Charles W. Moore}

출처: *Perspecta*, Vol. 9 (1965), 57-65 쪽과 68-106쪽 중에서

논의를 진행하기에 앞서, 우리는 먼저 공적영역 public realm이 무엇인지에 관해 고려해 보아야 할 것이다. 또는 오히려, 우리가 추구하는 '기념비성' 과 ' 도시성' 이라는 것이 다른 어떤 사회가 아닌 우리 자신들의 사회에 적합한 기능을 할 수 있도록 하기 위해, 지금 캘리포니아의 모습은 어떠하고, 또 몇 십 년 이후의 모습은 어떠할지를 고려해 보아야 한다. 모든 나라의 신생 도시들이 그러하듯, 캘리포니아의 도시들에서도 (캘리포니아의 거의 모든 도시들이 신생 도시들이다.) 건물들의 형식은 폭발적으로 증가하는 그 수만큼 표준화되어 있다. 인구 밀집 지역 주변으로는 거의 모든 곳에, 이제 막 피어나는 잔디로 둘러싸인 작지만 새로운 집들이 나타난다. 이들은, 변두리 지역의 급성장과 그 성장의 속도 그리고 고속도로를 타고 그 집들이 이미 도달한 것 보다 더욱 멀리 뻗어나가는 기다란 상업의 손들로 인해 실제적인 경계가 없다는 점만 제외한다면, 도시의 경계에 있다고 말할 수 있을 것이다. 한편으로 그다지 오래 되지 않은 지역에서는 지역지구제 zoning 법규가 허락하는 순간 곧 바로 주택들이 밀려나가고, 지하에 있는 주차장만이 접근 편리한 유일한 편의시설인 아파트들이 그 자리들을 대체하게 된다.

새로운 주택들은 독립적이고 사적이며, 거주자들을 다른 공간으로 데려다 줄 자동차들이 그 주변을 둘러싸고 있는 섬들과 같다. 아마도 자동차와 주거지는 아주 비슷해, 그 각각이 자동차와 주거지의 특성을 둘 다 가지고 있는 움직이는 주거지라고 생각하는 것이 더욱 유용하고 정확할지 모른다. 이들 모두는 상당히 새로우며 그 미래는 짧다. 주택뿐만 아니라 자동차에서도 모든 것이 매우 규격화되어 있지만, 적어도 구매자들이 선택의 고통을 겪을 수 있게끔 차이들 두어, 사용자들은 그것을 소유하는 동안 그 차이를 쉽게 알아보게 되고, 사유의 느낌이 완성된다. 이러한 사유는 거의 초능력에 가까운 이동성을 지닌다. 주택은 트레일러 주택이나 자동차들 보다 어느 한 곳에 훨씬 덜 얽매인다. 이러한 주택들은 자동차처럼 움직일 수 있는 것은 아니지만, 어느 한 곳에 매여있지 않은 채 교외 지역이라는 바닷가에 자리잡고 있다. 이러한 형태의 주거지는 요트가 아닌 자동차들이 주변을 따라 정박해 있는 작은 섬이며, 바람이 없는 곳을 찾아 다니는 거대한 크롬으로 장식된 배로 인해 더 작아 보이게 된다.

결국 이는 그 속에서 유동적인 거주민들이 어떠한 규제도 받지 않고 섬과 섬을 여행할 수 있는 하나의 떠다니는 세상이다. 그들은 해안가에는 얼씬도 할 필요가 없을 것이다. 자동차를 탄 채로 이용할 수 있는 '드라이브-인' 은행이 있고, '드라이브-인' 극장이 있고, '드라이브-

인' 구두수선집이 있기 때문이다. 심지어 마린 카운티 Marin County에는 언론에서 그 형태에 대해 이미 어마어마한 극찬을 보낸 프랭크 로이드 라이트 Frank Lloyd Wright의 전기적이며 아마도 역사적일지 모르는 주요 작품인 드라이브-인 시빅 센터가 있다. 여기서 어떠한 구심체도 없이, 서로 인접해 있고 점점 더 구별이 어려워지는 교외 지역 공동체들로 가득 찬 이런 자치주 county를 위한, 예상했겠지만 그 공동체에서 공공의식을 가진 수많은 지도자들이 얻어내기 위해 오랜 시간 힘들게 싸워왔던, 도시적 활동을 위한 중심, 곧 공적영역 public realm이 나타내게 될 것이다. 그 공적영역은 우리의 모습을 지속하기 위해 유동적인 대중들이 모였던 일종의 부두였을 것이다. 그리고 그 중요성에 있어 도시적은 아니더라도 시민적이라 할 수 있는, 어딘가에 있는 특별한 장소를 나타낸다는 점에서 기념비적이었을지 모른다. 그러나 그것은 이러한 유동적인 교외 거주자들을 위한 부두라기 보다는 대부분의 배들보다 훨씬 더 크고, 틀림없이 현재 두 개의 언덕 사이에 (사실은 쐐기 모양으로) 정박되어 있는 또 다른 배일 뿐이다. 그것은 함께 움직일 사람들을 거의 필요로 하지 않으며, 그들을 거의 되돌려주지도 않는다. 그것은 현관 입구 바로 옆에 있는 아랫면의 한 점으로부터 사람들이 그 내부를 꿰뚫어 보도록 허용하지만 그 이상

의 관계는 저지되며, 그래서 출구를 찾지 못해 머무는 것은 매우 흔한 일이다……

사실, 대중을 배제하지 않는 어떤 가능한 방법이라도 동원해 가치를 평가 한다면, 디즈니랜드는 과거 수십 년에 걸쳐 서양에서 가장 중요하고 독보적인 건축으로 여겨져야 한다. 그곳에 한번도 가보지 않은 사람들이 만들어낼 수 밖에 없었던, '디즈니랜드는 일종의 미키 마우스의 물리적 확장체일 것이다' 라는 추측은 정확한 것이 못 된다. 대신에 디즈니랜드는 단독적으로, 그 주변의 유일한 경계라고는 바다뿐이며 (맨하탄 아일랜드 Manhattan Island에서 볼 수 있었던 우리의 혁명적인 실험에 의하지 않고는) 중심지라는 것은 찾아볼 수가 없는, 캘리포니아 남부의 특색 없이 떠다니는 사적인 세계 속에서 사라진 공적영역의 많은 요소들을 대체하는 데에 관련된다. 이상하게도 디즈니랜드는 공공의 장소임에도 불구하고 공짜가 아니다. 당신은 그곳에 들어가기 위해 입구에서 티켓을 구입해야 한다. 하기는 베르사유 Versailles에 들어가기 위해서도 어마어마한 돈을 내야 한다. 그처럼 이제 당신은 공공의 삶을 위해 돈을 지불해야 하는 것이다.

디즈니랜드는 (특히 로스앤젤레스에는 더 이상 보이지 않는) 공공의 환경에 대응할 모든 기회들을 재창조했다는 이유로 엄청나게 중요하고 성공적인 것으로 보인다. 디즈니랜드는 사람

Charles W. Moore / Piazza d'talia / Urban square / New Orleans, USA / 1978

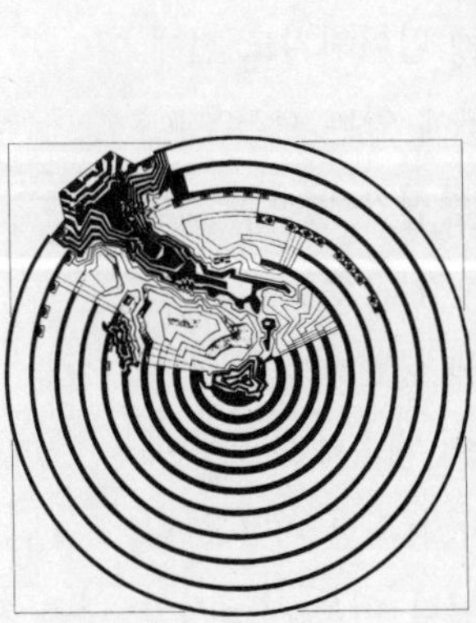

들이 공공영역에서 구경을 할 수도 있고, 직접 참여할 수도 있는 일종의 연극을 가능하게 한다. 산타아나 고속도로 Santa Ana Freeway에서 내려, 로스앤젤레스 시청에서 한 시간 남짓한 거리에, 교외 바닷가의 어디쯤, 생각할 수 있는 장소와는 거리가 먼 곳에, 디즈니랜드는 하나의 장소, 즉 연속적인 사건들과 크고 작은 드라마로 가득 채워진 사실상 완전한 공공의 세계이자, 로켓과 같은 썰매의 속도, (또는 그럼에도 불구하고 로켓 발사의 속도), 혹은 말이 끌고 가는 거리의 자동차들의 속도에까지 대응할 기회들이 있는, 중요성과 재미의 단계에 따라 이루어진 공간을 창조했다. 우화 속의 환상, 개척자의 모험, 정글 또는 미래 세계 등의 배경이 되는 1910년 당시의 미국의 메인 스트리트를 재현하는 것이 그들의 주요 테마였다. 그리고 정확한 세심함으로 만들어진 이 다양성은 우리의 역사에서 현 시점에 우리가 갈망하는 듯 보이는 어색함 없이 일종의 참여가 가능하도록 하는 열쇠가 되었다(물론 이는 내가 말하고자 하는 요점이 아닐뿐더러, 나는 우리 사회의 오락에 대한 개념을 분석하고 비판하는 비평가가 될 생각도 없다. 하지만, 분명 문명화가 가지고 있는 여성의 바람직성에 대한 가장 명확한 최신의 이미지는, 부득이하게 순결한 처녀임을 주장하면서도, 옷을 거의 차려 입지 않거나 종종 깃털이 달린 지나치게 사치스러운 장식을 차려 입고는 마치 저속하고 음란하게 상상되는 매음굴에서 아무렇게나 까불며 노는 여성들이다. 확실히 이런 종류의 이미지를 추구하는 문명이란 꽤 특별한 오락을 필요로 한다).

자연스러운 점 하나 없다는 것이 오히려 디즈니랜드의 광경을 망친다. 모든 것이 마치 헐리우드에서 우리의 눈을 즐겁게 하기 위해 지난 백 년 동안 제공했던 뮤지컬 코미디의 마을만큼이나 결점 하나 없이 완벽하다. 티끌 하나 없는 도로 위에 껌 종이 하나가 채 떨어지기도 전에, 의상을 차려 입은 멋있고 잘생긴 사람들이 그것을 모조리 쓸어 간다. 이 곳에 있는 모든 것이 바깥 세상과는 전혀 딴 판으로 돌아간다. 버클리 Berkeley는 얼마 전만 해도 중심가에 여러 개의 분수가 있는 아주 자랑스러운 곳이었다. 한 때 그 곳에는 도시 간 연락 기차가 운행됐었고, 자동차들도 주차를 하곤 했었다. 내가 이 글을 쓸 때쯤 버클리의 분수들은 이제 영원히 잠들 것이라고 알려졌다. 이는 바로 대중들이 그곳을 자주 애용하게 되었고 이 때문에 계속해서 분수에 세척제를 넣어야 했는데 도시에서 분수대의 파이프들을 지속적으로 청소하기 위한 비용을 감당할 수가 없었기 때문이다. 삶이란 디즈니랜드에서와는 다르다. 삶은 그보다 더욱 사실적인 것이다. 디즈니랜드에서는 분수대가 돌아가고, 폭포수가 여기저기 튀고, 밤에는 작은 전구들이 나무를 밝혀주고 모든 것이 깨끗하게 유지된다.

황홀할 만큼 정확하게 이 모든 종류의 다른 시간과 장소들을 재현해내는 데에 보여진 기술들은 물론 할리우드에서 지금의 한 세기를 걸쳐 발전해온 것들이다. 세기 초의 중심가에서 볼 수 있었던 생강쿠키를 재현해낼 때도, 미시시피 강의 외륜 증기선을 떠올릴 때도, 심지어 때와

SANCTI IOSEPHI

얼룩을 제거하고, 섬세함과 가상 사이의 교묘한 부분에 맞춰 규모를 축소시키는 동안에도, 디즈니의 전문가들은 기가 막히게 정확하다.

디즈니의 가장 대표적인 기념물이자, 판타지랜드 Fantasyland로 불리는 구역에서 아주 중요한 미키 마우스-백설공주와 같은 종류의 것들은 이상하게도 나머지 것들에 비해 그다지 성공적인 것으로 보이지는 않는다. 왜냐하면 부득이하게도 그것은 가상의 세계로 향하는 모든 길목에 널려 있기 때문이다. 그 외 다른 존재들은 잘 속을 수 있게 만들어 놓았지만, 왜 그런지 사진 찍히는 것을 피한다.

이곳에서 독보적으로 가장 신나는 경험은 당연히 판타지랜드에서 스키 슬로프의 리프트와 같은 케이블카를 타고 가며 환상의 성들 위로 솟아올라, 속이 비어 있고 놀라울 만큼 수직으로 오가는 썰매로 가득 찬 것으로 밝혀진, 마터호른 Matterhorn이라 불리는 파피에 마세 papier-mâché로 만든 커다란 산을 뚫고 쑥 들어가는 것이다. 거기에서 투모로우랜드Tomor-rowland 위로 휙 지나가게 된다. 그러고 나면 이제 아무도 그 산이 마터호른인지, 심지어 그것이 산이었는지 조차, 아니면 썰매들이 그 산의 외부에 있는 경사면에서 속도가 줄었다는 것 조차 모를 것이다. 그러

Charles W. Moore
(Centerbrook Architects) /
Colby college's Cotter union /
University building /
Waterville, USA / 1985

나 그 공간 안에 있다는 경험은 실제적인 것이다. 그것은 마치 피라네지 감옥 Piranesi prison을 보는 것 같기도 하고, 또는 런던 지하철에서 에스컬레이터를 타는 것처럼, 엄청나게 신나는 일이다.

물론 이러한 다양한 즐거움과 기술에도 불구하고, 디즈니랜드는 완전한 공공의 경험을 제공하지는 못한다. 예를 들어, 정치적 경험은 여기서 나타나지 않는다. 그리고 그 공간은 우리의 혁명적인 테스트를 통과하지도 못할 것이다. 그러나 개개인의 방문객들이 동일시 할 수 있는 무언가를 찾을 훌륭한 기회를 보장하기에 아주 충분할 정도로 다양한 형태와 활동들을 지니고 있다. 한 가지 뚜렷한 차이는 정교한 (그리고 값비싼) 배타적내 집단 전문가의 유희의 일부로서 건축가들에 의해, 제공되는 단일 이미지들의 결핍 또는 부조리이다.

이러한 떠다니는 회색의 교외에서 차별화를 위한 가장 빠르고 좋은 방법은, 현재 우리가 진짜 문제가 무엇인지 찾는 것보다도 훨씬 더 정확한 정의를 위한 기술과 흥미를 발전시켜 나가는 것에서 비롯될 것이라는 희망은 존재한다. 만약 이 모든 장소들과 문제들이 (끝 없이 반복되는 신생 도시들의 특성으로 미루어 보았을 때) 유사하다면, 무언가 특별한 것을 만들고자 하는 모든 활동들이 거짓되고 소용없는 것이 된다. 다른 한편으로 만약 어떠한 장소를 다른 장소와 차별화하고 어떠한 건물을 다른 건물과 차별화하기 위한 근본적으로 유효한 토대가 존재한다면, 그리고 이러한 차별화가, 문제를 정의하기에는 너무 투박한 우리의 기술 때문에 지금 만들어질 수 없다면, 건축가들이 이미 사용 가능한 다른 도구들, 그 중에서도 수학이나 오퍼레이션 리서치 등의 도구들을 사용하는 것이 도움이 될지도 모른다. 믿기지 않을 만큼의 예민함과 복잡성을 가진 전자 장치들이 지배하는, 지금 발전 중인 산업 공장들이 우리에게 더욱 한정된 범위의 산물을 제공하기보다는, 더 다양하고 광대한 산물을 줄 수 있어야만 한다는 것을 우리는 기대할 수 있어야 한다. 우리가 건축가의 입장으로서 예상하는 그대로, 지금 우리가 하는 것보다 더욱 정확하고 완벽하게 우리에게 주어진 문제들의 독특한 사항들, 심지어는 특이한 점들을 발견하기 위해, 컴퓨터와 오퍼레이션 리서치 방법들부터 시작해서 잘 활용되고 있지 않는 우리 자신의 분석적 능력들에 이르기까지 우리에게 가용한 기술을 활용함으로써, 우리는 지금 우리가 찾아낸 것 보다 더 광대하고 더 완전하며 더욱 차별화된 특정 범위의 해결책들을 성취해낼 수 있을 것이다. 그렇다면 적어도 우리는 방법을 갖고 있는 것이다. 기회가 된다면 우리는, 우리에게 떠맡겨진 사회적, 경제적 제한에 못지않게, 우리의 분석적 도구들과 건축가로서 불충분한 토대를 바탕으로 일반화하려는 경향의 맹목적임에 의해서도 강제된 획일성의 압박으로부터 따분한 교외의 바닷가를 구해낼 수 있다.

공적영역을 창조하고자 하는 실제 의뢰의 기회를 위해서는, 우리는 반드시 다른 시대 또는 다른 장소의 시설보다는 다른 자원들, 즉 공공의 활동과 장소에 관심을 두었던 사람이나 기관들을 고려해보아야 한다. 우리는 부분적으로 디즈니랜드에 더 기댈 수도 있고, 자신들만의 미키 마우스에 대한 환상을 더 큰 공공의 이익이라는 더 넓은 시각 속에 기꺼이 감춘 이들에게 의지할 수도 있으며, 그럼에도 불구하고 특정한 문제와 특정한 공간에 주의를 집중할 수 있고 흔쾌히 그렇게 하려는 이들에게 의지할 수도 있다. 디즈니랜드는 그 위치가 임의적이라 할 지라도, 로스앤젤레스가 그러하듯 특별한 곳이며, 상상에 미치는 그 힘의 상당부분은 바로 사실로부터 나온다.

디즈니랜드 체인은, 마치 하루 종일 운전을 하지만 결국 그들이 떠나온 곳과 똑같이 생긴 곳에 도착했다는 절망감에 지친 여행객들을 짓누르는 전 대륙에 걸쳐 있는 획일적으로 생긴 모텔들의 새로운 체인과 다르지 않은 불안을 조성하는 효과를 발휘할 것이다. 차별화된 장소의 점진적인 소실과 특색 없는 비-장소의 점진적인 출현, 그리고 특별한 의미를 지닌 장소들의 범람이 잠들어 있던 시민들을 깨어나게 하고, 공공의 생활을 위해 돈을 지불하도록 요구하는 그 날을 기대할 수도 있다. 그러나 그런 날을 기다리는 것은 그리 현명한 일이 아닐 것이다……

캘리포니아의 도시들은 훨씬 더 크고 넓고 특색 없지만, 그들의 지출 예산 역시 엄청 나다. (특히, 고속도로 건설을 위해서 말이다.) 그 도시들을 차별화시킬 만한 특징들이 모두 사라지기 전에, 그 특징들에 즉시 주목해야할 필요가 있다. 아직 존재하지도 않는 기관이 우리를 위해 전통적인 유형의 기념비를 지어주기를 기다리기에는, 또는 지금 공짜로 영위하고 있는 공적영역의 사라져 가는 장소들에 대한 대중의 의식을 일깨울 정도로 충분히 매력적인 대재앙이 일어나기만을 마냥 기다리기에는 시간이 부족하며 그럴 필요 조차 없다. 우리가 건축가로서 가장 먼저, 그리고 효과적으로 해낼 수 있는 일은, 특색 하나 없는 교외의 바닷가에 지금처럼 모호하고 애매한 일반화를 부과하는 대신, 바로 우리 사회의 고귀하면서도 복잡하고 다양한 기능들에 대한 알맞은 형태들의 어휘를 개발하고자 하는 것이다. 그렇다면 우리는 우리의 특별한 주의를 끌기 위해, 공공의 생활을 창출하고, 대중이 그에 대한 대가를 지불하는 그러한 것들을 해결하기 시작할 것이다. 이러한 것들은 시청이나 말을 탄 동상과 같은 어떤 특정 시간대, 또는 공간대의 것이 아니라, 이보다 더 크고 나은, 더 많이 공적으로 활용되는 어떤 것이 되는 것이 더 나을 것이다. 예를 들어, 고속도로가 그런 것이 될 수 있다. 고속도로는 거실과 같은 그리고 혼돈에 빠진 도시 계획가들이 당신으로 하여금 이 도시 전체가 그렇게 되어야 한다고 믿도록 만드는 것과 같은, 그런 개인을 위해 만들어진 시설이 아니다. 그러한 고속도로와 같은 것들은 공공의 사용을 위한 것이며, 공적영역의 일부분이다. 그리고 만약 그러한 것들 곁에서 가만히 있지 못하는 구조물들과 그 아래의 주차를 위한 (혹은 아무것도 할 수 없는) 사막과 같은 공간들이 아직 말이 되지 않는다면, 이는 당연히 지금까지 공적영역에 대해 너무 많은 게 아니라 너무 적은 준비와 기여와 이해가 있어왔기 때문이다. 고속도로는 미래에 진정한 기념비로서의 역할을 할 수 있을 것이다. 즉 지금까지 오직 현 세기에서만 가능한 속도로 공간과 빛, 움직임, 그리고 타인과 타인의 물건과의 관계를 경험할 수 있는 사람들이 특별한 기념을 위해 한 켠에 놓아둔 장소가 될 수 있을 것이다. 일단 그러한 장소들이 도시의 일부로 간주되기 시작하면, 도시에 관한 대중의 상상을 다시 불어넣기에 충분히 거대하고 강한 구조가 존재하게 되는 것이다. 이것은 더 이상 교외의 잡초 덤불 속에 가려져야 하거나 쇠사슬로 된 울타리 뒤에 감추어져야 할 부끄러움 따위가 아니다. 그것은 바로 다른 장소로 스스로 탈바꿈하며 꿈틀거리기 시작한 하나의 장소를 위한 표시이다. 놀랄 것도 없이 우리는 디즈니랜드에서 가장 흥미로운 비전을 엿볼 수 있다. 플라스틱으로 만들어진 산의 내부를 달리는 썰매 위의 공중 궤도로부터 바라본 매터호른 내부에는, 공공의 삶을 위해 만들어진 하나의 장소에 대한 비전, 바로 더 역동적이고 더 거대하며 심지어 어쩌면 다른 어떤 세상이 이제껏 봐왔던 것보다 사람들과 대중에게 더욱 유용할지도 모르는, 급격히 떠오르는 일종의 기념비에 대한 비전이 존재한다.

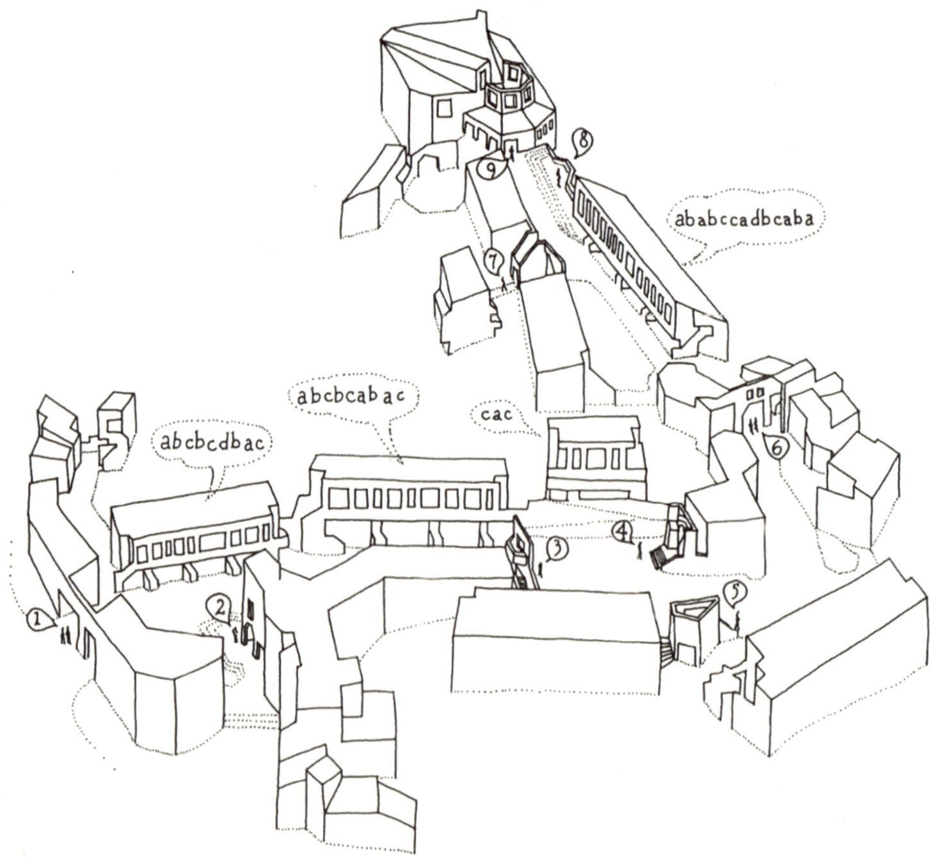

A&P 주차장이 갖는 의의, 또는 라스베이거스의 교훈 A Significance for A&P Parking Lots, or Learning from Las Vegas

{로버트 벤츄리 Robert Venturi와 데니스 스콧 브라운 Denise Scott Brown}

출처: *Architectural Forum*, No. 2, 1968, 36-42쪽 중에서

기존에 존재하고 있는 풍경으로부터 교훈을 얻는 것은 건축가들에게는 혁명적인 방법이다. 이는 1920년에 르 꼬르뷔제가 제안했던 파리를 모두 허물고 다시 만드는 것만큼 확실한 방법은 아니지만 그보다 좀 더 내성 있는 방법이라 할 수 있다. 이는 우리가 사물을 어떻게 바라보느냐의 문제이다. 라스베이거스의 번화가인 스트립 거리는 특별히 건축가들에게 긍정적이고 반감 없는 관점을 가질 것을 요구한다. 건축가들은 주관적인 편견 없이 주변 환경을 바라보고자 하는 경향이 부족하다. 이는 정통적인 근대 건축이 진보적이기 때문이며 다르게 말하면 혁명적이고 이상주의적이며 순수주의적이기 때문이다. 기존에 존재하는 것들은 현재 매우 불만족스러운 상태이다. 근대 건축은 결코 관대하지 않다. 건축가들은 지금 존재하는 것들의 가치를 높이기보다는 기존에 존재해온 환경을 변화시키는 것을 더욱 선호해왔다……

근대 건축은 상업적인 지역성을 배제하기 보다는 그들만의 지역성을 개발하고 실행함으로써 그것을 향상시키고 보편화하는데 노력을 기울였다. 또 근대 건축은 미술과 예술의 조합을 거부해왔다. 이탈리아의 풍경은 언제나 비트루비우스적인 것과 저속함을 조화시킨 것이었다. 두오모 duomo 주변 건물들의 윤곽, 대가가 조각한 대문의 건너편에 있는 세탁소의 가름막, 로마네스크식 앱스 apse를 등지고 서있는 수페르코테매지오르사 Supercortemaggiore의 주유소 등이 그 예라 할 수 있다. 헐벗은 아이들은 결코 '우리' 분수대에서 놀 수 없었다. 그리고 건축가 이오 밍 페이 I. M. Pei도 66번 도로에서는 결코 행복할 수 없을 것이다.

공간으로서의 건축

건축가들은 이탈리아 풍경 속에서 유일하게 단 하나의 요소, 광장 piazza에 매료되었다. 광장 공간의 전통적이고 보행자를 고려한 규모와 복잡하게 닫혀 있는 구조는 66번 도로나 로스앤젤레스의 공간적 확장보다 건축가에게 더 매력적으로 다가온다. 건축가들은 공간에서 성장해 왔고 닫혀있는 공간은 가장 다루기 쉽다. 지난 40년 간 근대 건축의 이론가들은 미술이나 조각, 문학으로부터 건축을 분리해내기 위한 근본적인 요소로서 공간에 집중해 왔다(간혹 르 꼬르뷔제와 프랭크 로이드 라이트는 예외가 되기도 한다). 그들이 내린 건축에 대한 정의는 그 매체가 가진 특출함을 전면에 내세운다. 때때로 조각과 미술이 공간적 특성을 지닐 수 있을지는 몰라도 조각

건축이나 미술 건축은 그들의 분야가 될 수 없다. 왜냐하면 공간은 신성한 것이기 때문이다.

순수주의 건축은 부분적으로 19세기의 절충주의에 대한 대항으로 생겨났다. 고딕양식의 교회들, 르네상스 양식의 은행들, 자코비언 양식의 저택들은 모두 회화적이었다. 스타일의 조합은 매체의 조합을 의미했다. 이러한 건물들은 문학적, 종교적, 국가적 또는 의도적인 상징주의를 표현하기 위해 역사적인 양식의 옷을 입은 채 과거를 낭만적으로 암시하면서 명쾌한 연상을 떠올리게 했다. 프로그램과 구조에 적합하게 대응할 수 있는 공간과 형태에 관한 건축의 정의는 아직 충분하지 않다. 건축이 다른 분야들과 중첩되면서 그 정의는 더욱 모호해졌을지 모르지만 건축의 의미는 더욱 풍부해졌다.

근대 건축가들은 건축이 미술과 조각, 그래픽과 조합되는 도상학 iconology의 전통을 포기하였다. 우뚝 선 첨탑 위에 새겨진 섬세한 상형문자들, 로마 양식의 창틀에 새겨진 전형적인 명문들, 산 타폴리나레 Sant'Apollinare의 모자이크 장식들, 지오토 Giotto 예배당의 구석구석에서 볼 수 있는 문양들, 고딕양식의 주출입구 주변으로 소중하게 놓인 천사들, 심지어 베네치아식 저택에서 볼 수 있는 착시 현상을 일으키는 프레스코화까지, 이 모든 것은 단순한 장식으로서의 역할을 넘어 건축 공간에 더욱 심오한 메시지를 부여한다. 근대 건축에서는 다른 예술과의 통합이 항상 좋은 것으로 여겨져 왔다. 그러나 누구도 미스 반 데 로에의 작품 위에 색을 입히지 않았다. 채색된 패널들은 눈에 보이지 않도록 접히는 방식으로 구조와는 별도로 설치되어 있다. 그의 건축 내부 공간이나 주변에서는 조각품들을 볼 수 있지만 건물의 외관에서는 거의 찾아볼 수 없다. 예술의 오브제는 그 자체가 가진 가치를 희생함으로써 건축적 공간을 강화하는데 이용되었다. 바르셀로나 파빌리온에 설치된 콜베 Kolbe의 작품은 규제된 공간을 돋보이게 한다. 그 작품이 전달하는 메시지는 주로 건축적인 것이다. 대부분의 근대 건축물에 설치된 이주 작은 안내판들은 여자화장실 등과 같이 꼭 필요한 메시지만 담고 있는데, 그런 메시지 전달조차도 아까운 듯 마지못해 최소한의 악센트만을 담고 있다.

상징으로서의 건축

예술에서 '대중적 상징의 소멸'을 목격해온 비평가와 역사가들은 하나의 표현으로서 형태의 상징주의나 내용을 강조하는 것을 피했던 정통적인 근대 건축가들의 입장을 지지했다. 그들에게 의미는 형태에 내재된 인상학적 특성들을 통해 전달되는 것이었다. 앨런 코큰 Alan Colquhoun이 제안하였듯이[1], 건축 형태의 창조는 아주 가끔은 직관의 도움을 받되 논리적인 과정이어야 했고, 과거 경험의 이미지로부터 자유로워야 했으며, 오직 프로그램과 구조에 의해서만 결정되어야 하는 것이었다.

하지만 최근 들어 일부 비평가들이 추상적인 형태가 내용과 의미를 어느 정도까지 전달할 수 있는지에 대해 의문을 제기하고 있다. 다른 비평가들은 기능주의자들이 주로 근대의 예술 운동과 산업의 지역성으로부터 그들만의 형태적 어휘를 찾아냈다고 주장하기도 한다. 아키그램 Archigram 그룹과 같은 후대의 추종자들은 대중예술과 우주산업에 반발하면서도 동시에 관심을 가졌다. 사실 우리는 '과거의 형태와 그 형태를 유형학적 모델로 사용하는 것으로부터 자유롭지 못하다. 만약 우리가 자유롭다고 생각한다면 우리는 상상의 나래를 마음껏 펼칠 기회를 놓친 것이며 타인과 소통할 수 있는 힘을 잃어버린 것이다.[2] 하지만 대부분의 비평가들은 우리 주변에 뉴요커 신문의 광고 전단지부터 휴스턴의 거대한 옥외 광고판까지 설득력을 지닌 문장학 heraldry들이 산재해 있는데도 불구하고 대중적인 상업예술 속에서 유지되고 있는 도상학적 특성을 무시해왔다. 19세기 절충주의 속에서 상징적인 건축의 '평가절하'를 주도한 그들의 이론은 고속도로변으로 줄지어 서있는 구상주의적인 건축의 가치를 발견할 수 없도록 만들었다. 도로변의 절충주의를 인정하는 사람들은 그러한 구성주의적 건축들이 적어도 수십 년 전, 아니 수백 년 전에 유행하던 케케묵은 상투적인 문구를 과시하고 있다며 폄하한다. 그러나 그게 무슨 문제인가? 오늘날 시간은 매우 빠르게 흘러가는데……

몬티셀로 모텔의 간판은 치펜데일식 서랍장의 실루엣을 하고 있는데, 고속도로에서 보면 모텔 자체보다 먼저 눈에 들어온다. 이러한 양식이나 간판은 반공간적인 건축이다. 그것은 공간을 넘어선 소통의 건축이다. 의사소통은 풍경과 건축에 있어서 하나의 요소로서 공간을 지배

Robert Venturi and Denise Scott Brown / Sketches 'Learning from Las Vegas' and 'Internal Street Diagram'

한다. 그러나 그것은 새로운 척도의 풍경을 위한 것이다. 오래된 절충주의의 철학적 연상은 전통적인 풍경의 유순한 공간에서 만끽할 수 있는 미묘하고도 복잡한 의미를 환기시킨다. 도로변 절충주의가 가진 상업적 설득력은 거대한 공간과 높은 속도, 복잡한 프로그램들의 광대하고 복잡하며 새로운 풍경 속에서 강한 영향력을 발휘한다. 양식과 간판은 멀리 떨어져 있거나 순식간에 지나가는 다양한 요소들 사이의 연결을 만들어낸다. 그것이 전달하는 메시지는 본질적으로 상업적이지만 그 컨텍스트는 근본적으로 새로운 것이다……

보행자에 맞는 규모에서 공간을 지배하는 표지판들의 우월함은 큰 공항에서도 경험할 수 있다. 커다란 기차역에서는 사실상 표지판 없이도 매표소와 상점들, 대기실 그리고 택시에서 내려 플랫폼을 따라 기차 타는 곳까지 통하는 단순한 축선 체계만 있으면 길을 찾는데 아무런 문제가 없다. 건축가들은 건물에 표지판을 설치하는 것에 반대한다. '평면이 명쾌하다면 어디로 가야 하는지 알 수 있기 때문에 표지판은 굳이 필요치 않을 것이다.' 하지만 복잡한 프로그램과 환경들로 인해 순수한 건축적 3요소인 공간을 위한 구조, 형태, 빛 외에 더욱 복잡한 요소의 조합들이 요구되고 있다. 그들은 단 하나의 미묘한 표현보다는 강렬한 의사소통을 위한 건축을 제시한다.

설득의 건축

클로버 모양의 입체 교차로나 공항은 효율성과 안전성을 위해 자동차로 움직이는 사람들이나 보행자들과 의사소통하는 반면에 언어와 상징은 상업적 설득을 위해 공간에 사용될 수도 있다. 중동의 시장인 바자 bazaar에는 표지판이라곤 전혀 없지만 사실상 그 변화가 전체가 표지판이나 다름없다. 바자에서는 근접성을 통해 의사소통이 가능하다. 구매자들은 시장의 좁은 통로를 따라 상인들을 인지하고 그들의 냄새를 맡는다. 그리고 상인들에 의해 직접적인 언어적 설득이 이루어진다. 중세 마을의 좁은 거리에서도 표지판은 존재하지만 설득은 주로 빵집의 문과 창문을 통해 새어 나오는 진짜 케이크의 냄새를 맡고 눈으로 보는 것만으로 이루어진다. 중심가에는 상점의 쇼윈도들이 인도를 따라 보행자를 향해 줄지어 서있고, 차를 타고 다니는 사람들을 향해 거리에 수직으로 서있는 표지판들이 그 광경을 거의 똑같이 지배하고 있다.

가로 상점가의 슈퍼마켓 창문에는 상품들이 진열되어 있지 않다. 그곳에는 그 날의 할인행사를 알리는 표지판이 붙어 있을 뿐이다. 그러나 그것들도 주차장에서 들어오는 보행자들에 의해 읽히는 것들이다. 건물 그 자체는 고속도로에서 물러나 있거나 반쯤 가려진 상태인데, 이는 마치 도시 환경이 주차된 차들로 인해 대부분 가려지는 것과 비슷한 광경이다. 대규모의 주차공간은 편의성과 동시에 상징성 때문에 후문 쪽이 아닌 전면에 위치하고 있다. 이러한 건물들은 보통 낮게 지어지는데, 그것은 냉난방에 낮은 층고가 유리하며 매장 구성의 기술이 2층을 어렵게 만들기 때문이다. 이곳의 건축은 중립적이다. 왜냐하면 건물이 도로에서 거의 보이지 않기 때문이다. 즉 건물과 상품 모두 도로로부터 이격되어 있다. 커다란 표지판은 운전자와 상점을 이어주기 위해 우뚝 서있고, 도로를 따라 고속도로를 향해 서있는 거대한 광고판은 케이크 가루와 전국 각지의 공장에서 제조된 세척제를 홍보하고 있다. 공간 내부의 그래픽 표지판은 이러한 풍경의 건축이 된다. 더 들어가 보면, 상인들의 입으로 전해졌던 설득이 이제는 그래픽으로 만들어진 포장으로 대체되었다는 사실만 제외한다면 A&P는 바자로 돌아온 것이다. 좀 더 큰 규모에서 본다면 고속도로에서 멀찌감치 떨어진 쇼핑센터는 보행자 몰들을 중세의 거리로 되돌려 놓았다.

역사적 전통과 A&P

A&P 주차 공간은 베르사유궁전 이래로 진행되어 온 대규모 공간의 진화과정 중 가장 최근의 단계이다. 빠른 속도의 고속도로와 드문드문 위치해 있는 낮은 건물들을 나누는 공간에는 울타리가 둘러쳐져 있지도 않고 방향성도 거의 없다. 그 광장을 가로질러 움직이는 것은 완전히 고립된 두 형태들 사이를 통과하는 것이다. 이러한 풍경을 통과해 움직이는 것은 여러 가지 요소들의 매우 광활하고 광범위한 조합, 즉 상업적 광경의 대조합 megatexture 위로 이동하는 것이다. 그곳의 주차공간은 아스팔트로 조경된 화단이다. 주차선의 패턴은 베르사유 궁전의 포장패턴이나 연석, 가장자리의 울타리 그리고 타피 베르 tapis verts라 불리는 초록색융단이 그러하듯이 방향을 알려준다. 격자로 배치된 조명들은 이 거대한 공간의 정체성과 지속성을 강조하는 포인트로서 줄지어선 조각들과 항아리들 그리고 오벨리스크들을 대신한다. 그러나 대조합을 발견하고 통일시키는 것은 고속도로 표지판들로, 이는 그들의 조각적 형상 또는 그림 같은 실루엣, 공간에서의 특정한 위치, 비추어진 형상, 그리고 그래픽적 의미를 통해 이루어진다. 그 표지판들은 멀리 떨어진 곳에서부터 단 몇 초 만에 수백 개의 조합들을 만들어내면서 의미들의 복잡성을 전달하고 공간을 통해 언어적 · 상징적 결합을 이루어낸다. 상징이 공간을 지배한다. 건축만으로는 충분하지 않다. 공간적인 관계는 단순한 형태 이상의 상징들에 의해 만들어지기 때문에 이러한 풍경에서 건축은 공간 속의 형태이기보다는 오히려 공간 속의 상징이 된다. 건축은 큰 표지판을 아주 조금 한정할 뿐이며 작은 건물은 66번 도로의 법칙이다.

표지판은 건물보다 더욱 중요하다. 소유주의 예산에는 이와 같은 의미가 반영되어 있다. 전면에 걸려 있는 간판은 저속하지만 화려한 오락물이고 그 뒤에 서 있는 건물은 적당히 필요한 것이다. 건축은 저렴한 것이다. 때때로 건물 자체가 간판이 될 수도 있다. 햄버거 모양을 하고 있는 건물은 조각적 상징이자 건축적 공간이다. 내부와 외부의 모순은 근대화 운동 이전에도 건축에서 특히, 기념비적 건축이나 도시에서 흔히 볼 수 있는 것이었다. 바로크식 돔은 공간적 구성일 뿐만 아니라 상징이기도 하다. 그 돔들은 도시의 환경을 지배하고 자신들의 상징적 메시지를 전달하기 위해 내부보다 외부가 더 크고 높도록 설계되었다. 서부지역 상점들의 가식적인 입면에서도 이와 같은 일이 일어난다. 일반적으로 상점의 입면은 그곳의 중요성에 대해 의사소통하고 거리의 질과 통일성을 높이기 위해 실제 내부보다 높고 크다. 그러나 가식적 입면들은 중심가의 규모와 질서를 따른다. 오늘날 서부 고속도로 주변의 사막 마을을 통해 우리는 순수하지 않은 의사소통의 건축에 대한 새롭고 생생한 교훈을 얻을 수 있다. 사막과 같은 빛바랜 갈색의 작고 낮은 건물들은 지금은 고속도로가 된 거리로부터 분리되거나 멀리 떨어져 있고, 그 가식적인 입면들은 높고 커다란 간판으로 분리되어 고속도로를 향해 직각으로 서있다. 만약에 이 간판들을 떼어 버린다면 장소성은 존재하지 않을 것이다. 사막 마을은 고속도로를 따라 강화된 의사소통이다.

이는 스트립 거리에서 나타나는 두 가지 종류의 질서들 사이에 대비를 더 강조한다. 하나는 거리를 이루는 요소들의 명백한 시각적 질서이고, 다른 하나는 건물과 표지판 사이의 난해한 시각적 질서이다. 고속도로에 '속한' 지역은 공유된 질서이다. 고속도로에서 '벗어난' 지역은 하나의 개별적인 질서이다. 고속도로의 구성요소들은 공공의 것이다. 그러나 건물과 간판들은 사적인 것이다. 이 둘은 한데 결합되면서 연속성 '과' 단절성, 진행 '과' 중단, 명백함 '과' 모호함, 협동 '과' 경쟁, 공동체 '와' 낡은 개인주의를 포용한다.

스트립 거리의 건축

전형적인 카지노 복합단지는 주차장 너머 건너편 도로에서도 보이도록 고속도로에 충분히 가까이 위치하고 있다. 그러나 차도나 회차 공간, 주차공간을 수용하기 위해 충분히 멀리 물러나 있기도 하다. 전면의 주차장은 일종의 교환권이다. 주차장은 고객들을 안심시켜주지만 건물을 가리지는 않는다. 이곳은 고객이 금액을 지불하는 고급주차장이다. 카지노 복합 단지 주변에 있는 대부분의 주차장들은 호텔과 바로 연결되며 고속도로에서도 보이도록 해놓았다. 주차장은 결코 뒤쪽에 위치하는 법이 없다. 고속도로의 공간과 이동의 규모는 건물들 사이의 거리를 결정하는 요인이 된다. 건물들은 고속도로를 달리는 속도에서도 인지될 수 있도록 멀리 떨어져 있어야 한다. 주차공간은 스트립 거리에서 정면으로 보이는 장면에서는 한 때 중심가였을 때보다는 못하지만 여전히 적절한 충전제가 된다. 스트립 거리의 대표적인 특징 중 하나가 바로 건물들 사이의 이러한 광대한 공간이다. 프리몬트가 Fremont Street가 스트립보다 사진이 더 잘 받는다는 사실은 매우 중요하다. 엽서 한 장이면 골든 호슈 Golden Horseshoe, 민트호텔 Mint Hotel, 골든 너겟 Golden Nugget, 럭키 카지노 Lucky Casino 등의 광경을 한 눈에 볼 수 있다. 그러나 한 컷의 스트립 거리는 그만큼 화려하지 않다. 이 거대한 공간은 한 컷의 사진보다는 연속 촬영한 사진으로 봐야 한다.

이 복합단지의 측면 역시 중요하다. 정면을 볼 때와는 달리 측면을 보기 위해서는 차를 타고 멀리 떨어진 곳에서부터 다가가면서 꽤 오랜 시간 바라보아야하기 때문이다. 영국 중세 양식의 길고 낮은 목재 골조로 된 알라딘 카지노의 모텔 쪽 측면의 리드미컬한 박공들은 근대적인 근동 Near-Eastern 취향의 카지노 정면과는 대조를 이루면서, 주변에 위치한 '텍사코역 Texaco station의 간판과 거대한 조각상 사이로 주차공간을 건너 강렬하게 읽힌다. 스트립 거리에 있는 카지노의 정면들은 오른쪽 차선에 있는 차량들을 맞이하기 위해 종종 오른쪽을 향해 형태와 장식에 변화를 준다. 근대적인 양식들은 평면도에서 사선을 이루는 포르트코셰르 portecochere를 이용한다. 브라질식의 국제주의 양식들은 자유로운 형태들을 이용한다. 휴게소, 숙박 시설 그리고 다른 더 단순한 유형의 건물들도 고속도로를 향하여 그 요소들의 위치와 형태가 변화하는 이러한 체계를 따르고 있다. 건물의 정면과는 무관하게 건물의 후면은 뚜렷한 건축양식이 없는데, 이는 건물 전체가 정면을 향해 있어 건물 후면을 보는 사람은 아무도 없기 때문이다.

도시를 벗어나면서 스트립 거리와 모하비 사막 사이에 나타나는 유일한 변화는 낡고 버려진 빈 깡통들로 가득한 지역이다. 도시 내에서 보면 이러한 변화는 엄청나게 갑작스러운 것이다. 고속도로와 민감한 관계를 갖는 정면을 가진 카지노는 그 후면을 버려진 기계 장비와 휴게소들로 너저분한 주변 환경을 향해 돌린다.

건물보다 더욱 고속도로를 향하고 있는 것은 바로 표지판이다. 건물과는 독립적이며 어느 정도 조각적이거나 회화적인 느낌을 주는 거대한 간판은 고속도로 가장자리에서 고속도로와 직각을 이루는 그 위치에 따라, 그 규모에 따라, 가끔은 그 자체의 형태에 따라 다양하게 변화한다.

내부의 오아시스

카지노의 후면이 자동차에서 보이는 풍경의 시각적 충격을 목적으로 하는 정면과 다르다면, 카지노의 내부는 이와는 또 다른 이유로 외부와 대조를 이룬다. 정문을 지나 내부로 들어서면 동선의 순서는 도박장부터 시작하여 식사 공간, 오락 공간, 그리고 쇼핑 공간을 거쳐 마지막으로 호텔에까지 이른다. 측면에 주차하고 내부로 들어가는 사람들이 이러한 순서를 방해할 수도 있지만 전체적인 동선은 도박장에 그 초점이 맞추어져 있다. 라스베이거스의 어느 호텔이든 로비로 들어서면 불가피하게 호텔 프런트가 등 뒤에 위치하게 되고 눈앞에는 도박 테이블과 기계들이 자리한다. 로비가 바로 도박장이다. 호텔의 내부 공간과 파티오 공간은 외부 환경과의 과도한 격리로 인해 오아시스와 같은 특성을 갖는다.……

넓고 낮은 공간

라스베이거스의 카지노는 넓고 낮은 공간이다. 이는 공조와 예산 문제로 인해 높이가 낮아질 수밖에 없는 대부분의 공공건물의 전형적인 공간 형태이다(거울처럼 반사되는 낮은 천장 때문에 밖에서 내부의 도박 공간을 비춰볼 수 있다). 과거에는 용적이 구조적 경간에 의해 결정되었고 높이는 비교적 다루기 쉬운 것이었다. 우리에게는 경간이 다루기 쉬운 것이고, 용적은 높이에 대한 기계적, 경제적 제한에 의해 정해지는 것이다. 그러나 겨우 10피트 높이의 기차역, 레스토랑, 쇼핑 공간들은 당연히 우리의 환경에서는 그 기념비성에 대해 달라진 태도를 보일 수밖에 없다. 과거에는 큰 경간과 그에 수반되는 높이가 건축의 기념비성을 이루는 한 요소였다. 그러나 오늘날의 기념비란 아스트로돔이나 링컨 센터 또는 보조금을 받는 공항 등과 같은 소수의 걸작들이 아니다. 이러한 곳들은 그저 크고 높은 공간이 저절로 건축적 기념비를 만들어내지는 못한다는 것을 증명해줄 뿐이다. 펜실베니아역의 기념비적 공간은 지상으로 다니는 전철로 대체되었고, 그랜드센트럴역의 기념비적 공간은 광고의 수단으로 참으로 아름답게 개조된 채 남아있다. 결국 우리가 건축적 기념비성을 얻고자 할 때는 그것이 좀처럼 성취되지 않는다. 우리의 돈과 기술은 대규모의 상징적인 건축적 요소들을 통합함으로써 공동체의 응집을 표현

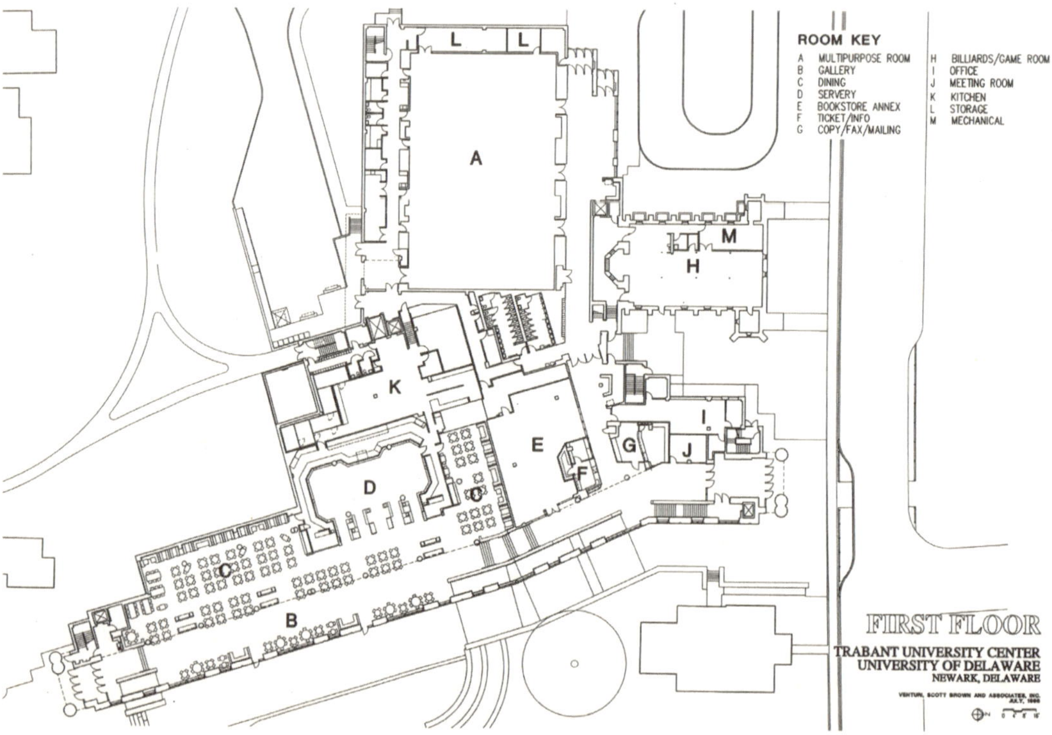

하던 전통적인 기념비성을 위해 쓰이지 않는다. 아마도 오늘날의 성당들은 회중석 없는 예배당이라는 것을 인정해야 할지도 모른다. 커다란 극장과 야구장을 제외한 대규모의 흔치 않은 집합적 공간은 표면적으로는 서로 무관한 익명의 개개인이 모여 이루는 군중을 위한 공간이다. 벽감이 설치된 어두운 레스토랑의 크고 낮은 미로들은 라스베이거스의 카지노처럼 서로 조합되어 있지만 동시에 서로 분리되어 있다. 카지노의 불빛들은 그 낮은 공간에 새로운 기념비성을 부여해 준다. 어둡고 막혀있는 공간에서 통제되는 인위적이고 다채로운 불빛들은 그 공간의 물리적인 실루엣을 흐리며 공간을 확장하고 통합한다. 당신은 더 이상 경계가 명확한 광장에 있는 것이 아니라, 한밤에 흔들리는 도시의 불빛들 속에 서있는 것이다.

<u>포함과 어려운 규칙</u>

앙리 베르그송 Henri Bergson은 우리가 볼 수 없는 질서를 '무질서'라고 불렀다. 스트립 거리에서 나타나는 질서는 복합적인 질서이다…… 그것은 전문가에 의해서 통제되는 규칙도 아니고 눈에 쉽게 띄지도 않는다. 빅토르 바자렐리 Victor Vasarely의 그림 속의 일정하지 않은 배열들처럼 다양하게 변화하는 병치된 질서들을 살아있는 신체의 살아있는 눈으로 발견하고 해석해내야

Robert Venturi and Denise Scott Brown / Trabant Student Center / University building / Newark, USA / 1996

한다. 통일성, 그것은 바로 '그 통일성을 이루고 있는 충돌하는 요소들에 대한 통제를 유지하는 것이지만 그러나 단지 유지만할 뿐이다. 혼돈은 아주 가까이에 있다. 혼돈의 근접성, 바로 그 혼돈의 회피성이 무게를 더한다.'[3]

이 글에서 라스베이거스는 건축적 의사소통의 현상으로서만 분석되었다. 그곳의 가치는 의심받은 적이 없다. 상업적 광고, 도박의 흥미, 그리고 경쟁적 본능은 이와는 다른 문제다. 이러한 맥락에서 차를 몰고 들어가는 드라이브-인 교회에 대한 분석도 드라이브-인 레스토랑에 대한 분석과 일맥상통한다. 왜냐하면 이것은 내용에 대한 연구가 아니라 수단에 대한 연구이기 때문이다. 그러나 상업적 설득의 수단과 광고판들의 스카이라인이 왜 공공의 목적과 문화적 향상에 도움이 될 수 없는지에 대해서는 이유가 없다. 하지만 이것이 전적으로 건축가에게 달린 문제는 아니다.

{주}

1 Alan Colquhoun, 'Typology and Design Method', *Arena, Architectural Association Journal*, June 1967.

2 앞의 책 14쪽

3 August Heckscher, *The Public Happiness*. New York (Atheneum Publishers) 1962, p. 289.

도시 공간 개념의 유형학적 · 형태학적 요소들 Typological and Morphological Elements of the Concept of Urban Space

{롭 크리에 Rob Krier}

출처: Rob Krier, *Urban Space*. London (Academy Editions)1979, 1장과 2장 중에서

서론

이 글에 깔려있는 기본적인 전제는 근대적 도시들에 살고 있는 우리는 도시 공간에 대한 전통적인 이해를 잃었다는 것이다. 이러한 상실의 원인은 도시거주자들에게는 익숙한 것이다. 그들은 자신들의 환경을 충분히 인식하고, 현재와 과거의 도시 계획의 성과를 비교할 수 있을 만큼 충분히 민감하며, 과거의 방식에 대해 사형을 선고할 정도로 강인한 성격을 지니고 있다. 그러나 이러한 확신 하나만으로는 도시 계획에 대한 연구를 수행할 수 없다. 먼저 '도시 공간이라는 용어가 어떻게 이해되어야 하는가?' 의 문제와 '도시 구조 내에서 그것이 의미하는 것은 무엇인가?' 의 문제가 명확하게 정의되어야 한다. 이를 통해 우리는 도시 공간이라는 개념이 근대 도시 계획에서 어떠한 유효성을 지니는지, 그리고 무엇이 바탕이 되어야 하는지 시험해 나갈 수 있는 것이다. 이러한 맥락에서 '공간' 이라는 것은 뜨겁게 논의되는 개념이다. 나는 새로운 정의를 내리고자 하는 것이 아니라 오히려 본래의 의미를 현재로 되가져오려는 것이다.

'도시 공간' 에 대한 정의

만약 도시 공간에 대한 개념을 정의하는데 미적인 판단기준을 배제한다면 우리는 마을에 존재하는 모든 건물들 사이의 공간과 서로 다른 지역에 존재하는 건물들 사이의 모든 공간을 도시 공간으로 계획할 수밖에 없을 것이다.

도시 공간은 기하학적으로 높이가 다양하다. 이들의 기하학적 특성과 미학적 성질로 인해 우리는 의식적으로 외부 공간을 도시 공간으로 인식하게 된다.

내부-외부 공간의 양극성은 이 글에서 지속적으로 증명될 것이다. 왜냐하면 두 가지 공간 모두 그 기능이나 형태면에서 아주 비슷한 규칙을 따르기 때문이다. 기후와 환경의 위험으로부터 보호받는 내부 공간은 프라이버시라는 효과적인 상징성을 지닌다. 외부 공간은 야외에서 대중과 함께 하는 공간이며 반-공공적인 공간 혹은 개인적인 공간 속에서 방해 받지 않고 움직일 수 있는 열린 공간이라 할 수 있다.

도시 공간의 미학적인 특성에 깔려 있는 기본적인 개념에 대해서는 아래에서 자세히 설명할 것이며 유형에 따라 체계적으로 분류할 것이다. 그 과정에서 명확한 미학적 요소와 혼란스

러운 감정적 요소들을 분명하게 구분해 볼 것이다. 모든 미학적 분석은 취향이라는 주관적인 관점을 가질 수밖에 없는 위험을 안고 있다. 내가 이 문제에 대한 수많은 논의들을 지켜본 바로는 개개인마다 다를 수 있는 시각적 · 감각적 습관들은 미학적 진실을 밝혀내는 데에 적용되는 광범위한 사회-정치적 태도와 문화적 태도에 의해 더 강해지게 된다. 예컨대 바로크식 도시 계획이나 전위적인 건축 등과 같이 예술사에 존재했던 양식들은 유용하면서 필수적이기도 하다.

그러나 그러한 건축물들은 그 시대가 가지고 있던 사회적 구조와 거의 항상 동일시되었다. 유럽 예술사에서 1600년에서 1730년 사이의 양식적 규범들이 그 당시 지배계층과 그들의 예술가들의 바람들로 인해 거의 운명적으로 정해졌다고는 보이지는 않는다. 물론 역사가들은 역사의 매 시기가 그 시대의 내적인 논리를 갖고 있으며, 다른 시대를 이루는 요소로 쉽게 대체되거나 분리될 수 없는 하나의 단위를 형성한다고 본다.

예술가와 같은 창의적인 사람들은 완전히 다른 접근법을 갖고 있을지 모른다. 예술가가 어떠한 미학적 기술을 사용할지 결정을 내리는 과정이 항상 명백하게 설명될 수 있는 추정에 근거하지는 않는다. 여기서는 그의 예술적 '욕구 libido' 가 아주 중요하다. 한 시대의 문화적 기여

Rob Krier Christoph Kohl Architekten / Brandevoort / City extension / Helmond, the Netherlands / 2001

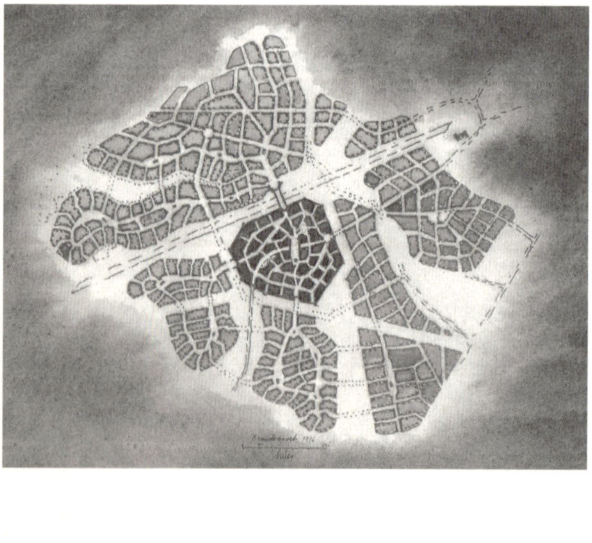

는 그와 관련된 고도로 복잡한 패턴을 가진 현상을 기초로 발전하며 그 현상은 뒤이어서 역사가들에 심오한 연구의 주제가 된다. 이러한 예는 우리가 생각할 수 있는 어떠한 역사적 시대에서나 동일하게 나타나는 복잡한 문제들을 던져준다. 우리는 우리만의 합리적인 논리 체계를 구성하기에 앞서 이러한 예에 대해 끊임없이 논의해야 한다. 예술의 역사는 각 시대가 그 이전 시대에 있었던 완전히 동화된 기능적, 형식적 요소들을 조금씩 벗어나면서 점진적으로 발전해 나간다. 사회가 역사에 더 많은 관심을 가질수록 그 역사적 양식의 요소를 더 쉽고 깊이 있게 다룰 수 있게 된다. 이런 당연한 말은 이전의 모든 시대에 보편적으로 수용된 형태적 어휘의 풍부함과 예술가들의 관련성이 정당화될 때 매우 중요한 의미를 갖는다. 이는 17세기에도 유효했던 것처럼 20세기에도 적용 가능한 것이다……

세기가 바뀔 즈음의 세대는 예술의 엘리트주의 경향에 감사하기보다 언제나 새로운 모델들을 추구했다. 그들은 그 모델들을 부분적으로 다른 국가나 다른 시대의 민속 예술에서 찾곤 했는데 이는 지금까지 거의 주목 받지 못했다.

이전에는 존재한 적 없었던 발견에 대한 소동은 미개한 것으로만 여겨졌던 사람들에 의한 무명의 미술, 조각, 건축, 음악, 노래로부터 시작되었고, 처음으로 문화에 대한 그들의 기여가 문명화 단계와는 상관없이 적절하게 평가되었다. 어떤 예술가들은 순수 이론의 영역에서 창의적 소재를 찾았고, 시각적 형태의 기본적인 요소들과 그 잠재적 변형 가능성('추상화')에 대해 다루기도 하였다. 그러나 다른 예술가들은 사회 비평이나 사회 정의에 대한 비판으로부터 소재를 얻었고, 형식적으로 단순한 도구('표현주의')를 이용하여 그들의 과제를 수행하였다.

엘리트주의 경향을 지닌 예술적 전통이 중단된 것은 예술가들이 자신들의 패턴(지배 계층과 그들의 문화적 독재)에서 벗어나고자 노력할 때부터라고 할 수 있다. 이러한 움직임은 프랑스혁명이 일어나기 직전까지 계속되었다……

다음에 나오는 분류법은 그 어떤 가치 판단도 포함하고 있지 않다. 그것은 제한된 수의 가능한 다양성과 그 조합을 이용해 도시 공간을 구성하는 근본적인 형태들을 열거하는 것이다. 도시 공간을 구성하는 각 요소들의 미학적 질은 그 요소를 이루는 세부 항목들 간의 구조적 상호관계에 의해 특징지어진다. 공간적 본질의 물리적 특성을 다룰 때는 항상 미학적 질을 파악하고자 해야 한다. 거리와 광장이라는 두 가지 기본 요소가 있다. '내부 공간'에 대해 분류할 때는 이 요소들이 복도와 방이 된다. 이 두 가지 공간적 형태의 기하학적 특성은 똑같다. 이 둘은 오직 그들을 둘러싸는 벽의 치수와 그들을 특징짓는 기능이나 동선의 형태에 의해서만 차이를 가진다.

광장

광장은 인간이 도시 공간을 이용한 첫 번째 수단이었을 가능성이 아주 높다. 광장은 개방된 공간을 주택들이 둘러싸면서 만들어진다. 이러한 배열은 외부로부터의 공격에 노출되는 표면적을 최소화함으로써 외부의 공격에 대한 방어를 용이하게 할 뿐만 아니라 그 내부공간에 대한 통제 수준을 높일 수 있도록 해준다. 광장과 같은 성격의 중정은 종종 상징적인 가치를 지니기도 한다. 그러한 이유로 중정은 신성한 장소로 세워진 수많은 건축물들(아고라, 토론장, 수녀원, 모스크 사원 등)의 대표적인 모델로 선택되기도 하였다. 이처럼 중심부에 위치한 중정이나 안마당 주변으로 건물을 짓는 방식이 고안되면서 이러한 공간적 패턴은 미래를 위한 모델이 되었다. 광장 주변을 단위 주택들이 둘러싸듯이 가운데의 중정 주변을 방들이 둘러쌌다.

가로

중앙의 광장을 둘러싸는 모든 가용 공간에 일단 집들이 들어서기 시작한다. 그리고 주거지역이 확장되면서 가로가 만들어진다. 가로는 땅을 구획하기 위한 기본적인 틀이 되고 개별 단위의 필지들로 통하는 접근로가 된다. 광장은 시간을 보내기에 매력적인 규모를 갖춘 공간이지만 가로는 이보다 더 심오한 기능적 특성을 지니고 있는 공간이다. 가로에 서있으면 본의 아니게 교통의 혼잡에 말려들게 된다. 가로의 건축적 배경은 오직 통행하는 동안에만 인지된다. 현재의 도시까지 이어져 내려온 가로의 배열은 지금과는 매우 다른 기능적 목적을 위해 고안된 것이었다. 과거의 가로는 인간과 말과 마차의 크기에 맞추어 계획되었다. 가로가 인간의 이동이나 활동에는 적합하도록 남겨져 왔지만 자동차를 이용한 교통의 흐름에 어울리지 않는다. 가로는 하나의 가로를 따라 세워진 마을처럼 자율적인 고립 공간으로서 작동하는 것이 아니다. 가로는 주로 거대한 네트워크의 일부로 인식된다. 우리는 과거 역사 속의 도시들을 통해 제법 복잡한 배열에 의해 공간적 관계의 다양성이 무궁무진하게 만들어질 수 있음을 알게 되었다.

도시 공간의 전형적 기능들

도시의 활동은 공공영역과 사적영역에서 모두 일어난다. 사람들은 두 영역에서 비슷한 행동 패턴을 보인다. 그 결과로 모든 시대에 걸쳐 공공공간이 구성되는 방법은 사적인 주거 공간을 계획하는 데에 중요한 영향을 미쳐왔다.

우리는 개인과 집단 사이에 완벽한 조화를 만들어내는 일종의 사회적 관습이 존재하고 있다는 것을 거의 추론적으로 알고 있다. 우리의 가장 큰 관심은 무엇보다도 도시의 열린 공간에서 일어나는 활동들이다. 그런 활동은 어떤 사람이 자신의 집이라는 친숙한 영역을 벗어나서 하는 활동 또는 그 활동을 위해 공공공간을 이용하는 활동을 뜻하며, 예를 들자면 일하러 가거나, 쇼핑을 하거나, 물건을 팔거나, 오락을 하거나, 여가를 즐기거나, 운동을 하거나, 무언가를 전달하거나 배달하는 등의 행위들을 말한다. 비록 자동차의 운행을 위한 길목의 역할을 하는 아스팔트 카펫조차 여전히 '가로' 라고 불리지만 그것은 그 단어가 지닌 본래의 의미와는 아무런 관계가 없다. 분명히 자동차를 이용한 사람과 물건의 운송도 도시의 주된 기능이긴 하지만 주변의 공간적 배경은 필요로 하지 않는다. 이것은 적당한 속도를 지닌 마차와 같은 대중적인 운송 수단이나 보행자의 이동과는 다른 성격의 것이다. 오늘날 우리는 호화로운 자동차들로 꽉 막힌 대로의 교통정체와 자동차가 내뿜는 연기로 인한 대기오염을 겪고 있음에도 불구하고 도로변의 카페들은 사람들로 북적인다.

이제 광장과 가로에 의해 정의되는 공간들이 가진 특징적인 기능에 대해 간략하게 살펴보고자 한다.

광장

광장의 공간적 형식은 훌륭하게도 주거 용도에 잘 어울린다. 광장은 사적인 영역의 내부에 있는 중정이나 안마당과도 같은 것이다. 중정이 있는 집의 형태는 도시 주택의 가장 오래된 유형이다. 중정이 있는 집의 형태는 반박의 여지없이 명백한 이점을 가지고 있음에도 불구하고 오늘날에는 신임을 잃고 있다. 왜냐하면 이러한 유형의 주택은 모두 이데올로기적인 오해를 불러일으키기에 너무도 쉽고, 사람들은 이러한 디자인이 공동의 생활양식이나 특정한 철학에 강제적으로 순응하도록 암묵적으로 강요할지 모른다는 두려움을 가지고 있기 때문이다.

이웃에 대한 불안으로 인해 이러한 건물의 유형이 억제되어 왔다는 것은 분명한 사실이다. 그러나 대가족의 해체와 함께 나타난 소수의 젊은 사람들에게 공동의 생활이 인기를 얻게 됨에 따라 과거와 같은 방식의 이웃이라는 개념과 그에 따르는 건물의 유형도 분명히 가까운 미래에 다시 각광받게 될 것이다.

공공영역에서의 광장도 이와 동일한 발전을 거쳤다. 시장, 연병장, 행사를 치르는 광장, 교회, 시청 등의 앞에 위치한 광장들과 중세의 모든 유물들은 그들 본래의 기능과 내용의 상징성을 박탈 당해왔고, 여러 장소들에서 보수주의자들의 활동을 통해서만 지켜져 왔을 뿐이다.

기디온은 『공간, 시간 그리고 건축 *Space, Time, and Architecture*』을 통해 건축에서 상징주의의 상

실을 설명하고 애도하였다. 그는 1930년 르 꼬르뷔제와 1960년 요른 웃존 Jorn Utzon에 대해 쓴 글에서 상징주의의 상실은 아마도 예술적 표현을 향한 강렬한 자극에 의해 보상받을 수 있을 것이라며 그의 소망을 표현했다. 그는 새로운 건축 기술에 대한 높은 기대를 가지고 있었다. 나는 앞서 공간과 건물이 가질 수 있는 시적인 내용과 미적인 질의 중요성에 대해 강조한 바 있다. 지금 이 논의에서 상징주의의 개념과 상징주의가 가진 모든 윤리적, 종교적 함축을 언급하고자 하는 것은 아니다. 다만 미학적 · 상징적 분류에 대해 임의적으로 혼동하는 것에 대하여 경고하고 싶을 뿐이다. 만약 내가 루브르가 박물관이 아니라 주택이나 성, 사무실 등으로도 똑같이 사용될 수도 있었다고 주장한다면 그것은 건물의 유형이나 그 공간 자체에 대해 말하고 있는 것이지, 그것의 구조적 해법과 연결되는 세부적이고 역사적인, 그리고 정치-사회적인 외부 요인에 대해 말하고 있는 것이 아님을 명심하여야 한다. 다른 공간적 유형들이 지닌 그 각각의 미적인 가치는 시대를 거치면서 다양화될 수 있는 상징적 해석과 무관한 것처럼, 영원하지 않은 기능적인 문제와도 관계가 없는 것이다.

최우선 순위가 공간의 시각적 매력이라는 가정 하에 만약 공공의 열린 공간들에 가로수나 도로포장 그리고 다른 가로 시설물 등에 대한 투자가 불가능하다면 어떻게 될까? 만약 서로 인접한 주택들의 미적인 질이 무시되거나 정면을 향한 입구들이 조화를 이루지 않는다면 어떻게 될까? 가로의 다른 구역들이 부적절하게 구획되거나 규모에 있어서 서로 균형이 맞지 않다면 어떻게 될까? 이러한 요인들이 바로 가로와 광장의 기능적 일관성을 이루는 세심한 문화적 역할을 한다. 로시가 말하는 '공간의 시학 poetry of space' 의 기능을 만족시키는 것은 기술적 요구사항을 만족시켜야 하는 것처럼 자명한 것이다. 정말 순수하게 객관적인 시각으로 보더라도 이는 아주 기본적인 것이다.

사람들이 더 이상 음악과 미술을 하지 않고 그림을 그리거나 춤을 추지 않는 것을 상상해 본 적이 있는가? 이렇게 물으면 아마 모두가 '아니' 라고 대답할 것이다. 그러나 건축의 역할은 그렇게 필수적인 것처럼 여겨지지 않는 듯하다. 건축은 대부분의 사람들에게 있어 실재적이고 유용하며 실용적인 것이다. 어떤 경우든 간에 건축의 역할은 실내 공간에서는 아늑함을 창조해 내고 실외 공간에서는 높은 신분의 상징을 나타내는 것으로 여겨진다. 그 외의 다른 것들은 있으면 좋고 없어도 그만인 것으로 분류된다. 나는 역사상 건축이 중요하게 여겨지지 않는 시대는 말로는 표현할 수 없는 비극과 문화적 위기에 처한 사회를 보여주는 것이라 주장한다. 당대의 음악이 이를 적절하게 표현하고 있다.

상업적인 가로에 관한 문제로 돌아가서, 그것은 주거지역의 가로와는 다르게 만들어져야 한다. 상업적인 가로는 비교적 좁아야 한다. 지나가던 사람들이 거리의 이쪽에서 저 쪽으로 건너가지 않고도 반대편 거리에 진열된 모든 상품들을 한 눈에 구경할 수 있어야 한다. 적어도 이런 것들이 쇼핑객들이 하는 행동이고, 분명히 상인들이 원하는 것이다. 쇼핑 거리의 또 다른 공간적 형태는 베른 Berne의 오래된 도심에서 찾아볼 수 있는데, 그곳에서 보행자들은 아케이드에 의해 혹독한 날씨로부터 보호받는 진열된 상품들을 구경할 수 있다. 이러한 유형의 쇼핑 거리는 오늘날까지도 그 효율성과 매력을 이어가고 있다. 보행자가 도로에 의해 지장을 받는 일은 비교적 적다. 도로는 높이가 좀 더 낮기 때문이다. 이러한 가로 공간은 우리에게 좋은 본보기가 될 수 있다. 19세기부터 전해져 내려오는 유리로 덮인 아케이드나 통행로들 역시 이와 같다고 할 수 있다.

이러한 형태의 가로의 출현은 도시 계획의 역사에 있어서 매력적인 일이 아닐 수가 없다. 로마 양식이 더욱 번성함에 따라 균질한 가로의 네트워크 내에 위치한 간선도로들이 중요해지면서 그리스 식민 도시의 획일적이고 도식적인 계획을 수정해야 할 필요성이 대두되었다. 이는 가로에 특별하고 훌륭한 건축적 특징들을 부여함으로써 성취되었는데, 그 특징들은 오늘날에는 더 이상 명확하게 추측할 수 없는 중요한 기능적 상징을 내포하고 있었다. 이러한 상징들은 주로 정치적이고 종교적인 목적을 위해 존재했던 아고라 agora나 포럼 forum 등과는 대조적으

Rob Krier Christoph Kohl Architekten / De Resident / Urban plan / The Hague, the Netherlands / 2002

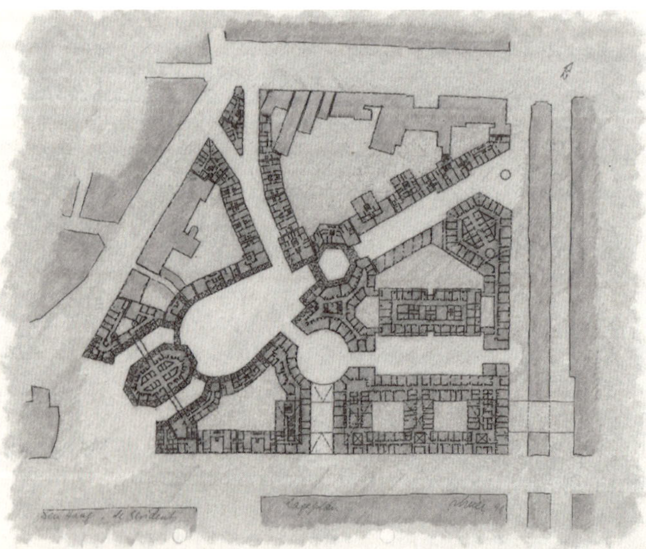

로, 뭔지는 모르지만 분명히 상징적인 특성뿐만 아니라 상업적인 특성까지도 가지고 있었다. 로마인들은 이러한 유형의 가로 공간을 완성할 수 있는 놀랄만한 상상력을 지닌 사람들이었다. 예를 들어 기존에 존재하는 도시 구조의 특징에 따른 가로 방향의 변화는 가로 건너편에 세워진 입구들이 방위표의 기점역할을 함으로써 강조되었다. 브뤼셀에 있는 갤러리 생 튀베르 Galeries St. Hubert에서도 동일한 원리로 이 문제를 해결하였다. 끝없이 뻗어있을 것만 같은 남겨진 가로의 네트워크와는 대조적으로 가로 공간은 이러한 방식을 통해 시각적으로 나누기 편리한 공간으로 구분된다. 여기서 가로가 건물들에 의해 명확하게 드러나지 않은 채 바로 광장 속으로 확장되어 가는 것은 드문 경우라는 것도 함께 짚고 넘어가야 한다. 가로와 광장은 대부분 독립적이고 자율적인 공간으로 여겨졌었다.

로마와 그리스의 도시 계획가들이 공간적 관계성을 나타내기 위해 이용했던 장치들은 유럽에서 로마 제국이 쇠퇴함에 따라 망각 속으로 사라졌다. 포럼이나 바실리카 등과 같은 독립적인 건물의 유형들은 중세 시대에도 변함없이 받아들여졌다. 수도원의 경우를 예로 들 수 있겠다. 전통적인 건축 방법을 사용했던 이러한 고대 양식의 도시공간들이 한 세기가 바뀔 때까지 거의 변함없이 유지되었던 북아프리카나 근동, 그리고 스페인 일부 지역에서는 포럼은 더 이상 공공의 공간으로 받아들여지지 않았다.

감각적 현실 visceral reality

{존 아담스 저디 **Jon Adams Jerde**}

출처: Jon Adams Jerde, *The Jerde Partnership International*. Visceral Reality. Milan (L' Arca Edizioni) 1998

'사람이 없이는 도시도 없다.'

셰익스피어, 코리올라누스 Coriolanus, 1623

현대 건축에서 중요한 이슈는 양식의 문제가 아니라 인간의 환경에 비추어 보았을 때 건축이 가져야할 역할의 문제이다.

인류가 '변화하는 것' 에 대해 세계적인 시각으로 바라본다면 인간과 지구(두 가지 다 자연적이면서 살아있는 실체들이다) 사이에 동시에 발생하는 관계는 결국 실현 가능한 것이다. 새로운 천 년을 맞이하며 우리는 포용적이고 광대한 목적을 꿈꾸고 성취할 수 있는 상황으로 접어들고 있다. 그러나 지난 10년간의 문화적이고 물리적인 단절로 인해 입은 피해를 복구하기 위해서는 아직 할 일이 많다.

근대적 도시 계획과 디자인은 인간을 전체와 동떨어지게 만드는 결과를 낳았다. 도시는 분열되었다. 교외 지역은 확장하며 파괴된 도시의 쓸모없는 땅들을 포위했다. 도시의 기반 구조는 포용적인 체계보다는 해안가를 파괴하고 자연 환경으로부터 도시를 단절시키는 배타적인 체계를 강요했다. 도시는 그 자체로 공식이 되었다. 주택, 사무실, 상업공간, 보호시설 등이 계획되고 지어져야 할 대지는 도시재생 정책이 축소되면서 점차 백지화되어가고 있다. 시장에 대한 현명한 분석과 개발을 위한 견적은 보편적인 해결책들을 만들어낼 뿐이다. 다른 구조체나 주변의 컨텍스트와 전혀 관련 없는 단일 구조물들은 도시적 경험을 변화시키면서 세워졌다. 오래된 질서의 화합적이고 경험적인 구조는 파괴되어 버렸다. 컨텍스트에 대한 경쟁적 태도와 통합에 대한 반발은 새로운 건물들이 사회 분열을 조장하는 환경을 더욱 강화한다는 사실을 확실히 보여주었다. 그러한 건물들에는 포괄적이거나 포용적인 문화적 잣대가 없었다.

과거에는 투지에 불타는 단 하나의 세계를 만드는 데에 기여했던 건축 작업들은 이제 더 이상 실행 가능하지 않다. 우리가 살고 있는 새로운 시대에는 디자인의 전제로서 포용성과 연결성이 요구되고 있다. 지난 수년간 지속된 분열의 시기를 지나 마침내 우리는 공동체로의 귀환에 다시 눈을 뜨게 되었다. 그 방향이 바로 통일성이라는 데에는 의심의 여지가 없다. 이렇게 '변화하는 것' 에 도움을 주는 것이 바로 건축가들의 도전이다.

공동체

저디 파트너십은 필사적인 요구에 대한 해답을 찾기 위해 애쓰고 있다. 우리의 모험은 진정한 도시 경험을 재발명하는 것이다. 다시 말해 우리는 인간의 공동체적 장(場), 즉 풍요롭고 복합적인 공공의 생활을 되살리기 위해 공동체적 환경의 르네상스에 적합한 그릇을 디자인하는 것이다. 우리는 통일성을 향해 나아가는 세계적인 움직임에 동참하기 시작한 인류를 위하여 광대한 만남의 공간을 창조한다. 우리의 프로젝트는 세계적인 탈바꿈이 시작되는 데에 일조하는 것이다. 이는 전 세계에 존재하는 도시의 변형을 야기하는데 촉매와 같은 역할을 하며, 21세기에 접어들어 우리 사회의 문화적인 목표와 열망에 큰 영향을 미치고 있다.

'공동체적 경험은 계획 가능한 사건이다……'

멋진 장소들은 시간이 흐르면서 익명의 편집에 의해 그저 그런 곳이 된다. 프랑스나 시카고, 베니스나 발리의 마을 등은 수 백 년, 심지어 수 천 년을 거쳐 그렇게 '되었다.' 이들을 조율하고 정제하는 데에는 꽤 오랜 기간의 시행착오가 있었다. 그러한 장소들은 깊이 있고 지속적인 문화로부터 발전을 거듭해왔고 개인과 집단에 의해 영향을 받았다. 이런 식으로 공동체와 물리적 공간은 연결되었다.

오늘날의 자유 시장경제 체제는 공간에 영향을 미치는 이와 유사한 혁명적 과정을 10년 이내에 완수할 것을 요구한다. 세계 경제의 참가자들은 더 이상 천천히 성장할 시간적 여유가 없다. 도시의 풍경과 환경들은 이제 인스턴트 세계로 디자인 되고 있다.

진정한 공동체를 창조한다는 것은 저절로 이루어지는 세계화 과정의 결과가 아니다. 오히려 연결성에 대항하는 고립된 환경들이 나타난다. 다행히도 공동체적 경험은 계획 가능한 사건이다. 우리가 도전하는 것은 한 때는 하나였던 도시에서 분리되고 해체되어버린 부분들을 다시 모아 통일성을 고취하는—촉발하는—작업이다.

우리는 의도적인 도시의 대본, 즉 의식적으로 공동체적 도시계획을 창조하기 위한 방법을 디자인해 왔다. 우리의 작품들은 컨텍스트를 표현함과 동시에 그 컨텍스트를 통해 알려져야 할 의무를 갖고 있다는 것을 전제로 한다. 그러므로 우리의 작품들은 융통성 있고 유연하다. 우리가 수행했던 프로젝트들은 각각 서로 다른 내부적인 현실과 특성을 가지고 있으나 한편으로는 빈틈을 채우며 도시 속으로 다시 결합되기도 한다. 우리는 분리되어있던 도시의 요소들을 한데 결합하는 화합의 식민지들을 세우기 위해, 불타버린 듯한 도심과 버려진 열차선로, 방치된 해안가 등과 같은 버려진 환경으로 되돌아갔다.

우리는 프로젝트가 거대한 도시 구조 내의 강렬한 줄기가 되도록 디자인한다. 우리는 도시보다 작고 건물보다 큰 넓은 대지들을 다룬다. 어떤 이들은 그것을 구역 또는 근린이라고 부르

기도 한다. 이는 모든 복합적 경험들을 활성화하기에 충분한 도시적인 요소들을 갖추고 있는 지역들이다. 우리는 사람들에게 특색 없는 도시 경관이나 일반적으로 소외감을 느끼게 하는 교외의 환경이 아닌, 그 특색만으로도 구별이 가능한 '장소성'을 만들어주고자 한다. 그 장소들은 일관된 의도를 지니고 있다. 그러나 동시에 무한한 가능성도 가지고 있다.

협업 co-creativity

우리의 작업은 과정 지향적이다. 우리는 대규모의 협동을 가능하게 하는 협업이라고 부르는 작업 방식을 발전시켜 왔다. 우리는 이제 20세기 초반의 식민주의를 새로운 형태의 연결성으로 대체할 수 있다. 동양과 서양은 연속선상에 있다. 어느 하나가 다른 하나에 종속되는 것이 아니라 문화적 이점은 공유하고 문화적 약점은 서로 보완해 주는 것이다. 대규모의 장소들을 짧은 시간 안에 계획하기 위해 우리는 최종적인 콜라주에 영향을 미치는 개인들과 시설들의 순차적 중첩을 이끌어낸다.

이러한 방법을 통해 혁명의 과정을 더욱 가속화하는 집단적 목소리와 힘에 더 가까이 다가갈 수 있게 된다. 이러한 디자인 과정은 최종의 작업을 복잡하게 만드는 놀라움과 우연함을 통해 각 도시에 존재하는 동일한 다원주의를 구현한다.

가장 근본적인 도전은 바로 수세기에 걸친 집합적 노력(같은 돌을 문지르고 형태를 잡아 가는 수많은 손들)을 10년 또는 그보다 짧은 시간의 틀 속에 융합하는 것이다. 우리는 수세기 간 이뤄졌던 일을 몇 년 만에 해내려 한다. 도시 계획가들이 전통적으로 수 백 년에 걸쳐 다층적 의미를 규정해 온 그곳에서 우리는 거대한 시간의 덩어리를 찰나의 시간으로 압축한다.

보강재

저디 파트너십은 건축과 경관과 공동체가 '성장'하기 위한 보강재를 바탕에 깔고 디자인을 시작한다. 이러한 보강재는 20세기 근대주의자들이 주변 컨텍스트와는 전혀 어울리지 않게 독립적으로 세워놓은 자기만족적인 건축적 오브제들과는 매우 다른 것이다. 우리의 디자인 과정은 이미 존재하는 영역 위에 촉매가 되는 요소들을 떨어뜨리는 것이다.

보강재들은 주변 환경을 변화시키거나 그 환경에 따라 변화하는 유익한 부분들이고, 그것들을 이용하는 대중에 맞춰지기를 기대하며, 늘 변화하는 청중과의 대화를 원한다. 우리의 프로젝트는 지어지는 순간 변화하기 시작한다. 사람들이 그곳을 이용하고, 바꾸고, 움직이게 하면서 그 프로젝트는 자기만의 생명력을 갖기 시작한다. 그 프로젝트는 자제력을 잃고 확장하며 정교해진다. 저디 파트너십은 애초에 다른 용도로 디자인된 환경 속에 액세서리로 판매시설과 오락시설 등의 요소들을 첨가한다. 우리의 작업은 특별히 미리 준비해 두어야 할 조건이나 프로그램들을 필요로 하지 않는다. 오히려 우리의 작업은 기반시설이나 기관, 도시나 교외 지역 등 모든 프로그램들의 가치를 향상시키는 역할을 한다. 우리의 프로젝트가 개입하는 순간 기존의 요소들은 더욱 고양되고 더 많은 잠재적 가능성을 지니게 된다. 우리의 작업은 주변의 컨텍스트를 향상시켜 부분의 합 그 이상이 되도록 만들어낸다.

상업

우리는 '대중 집중적인' 프로그램인 '상업'에 초점을 맞춤으로써 공동의 경험을 재발견하기 시작했다. 우리는 쇼핑센터가 미국의 집합적 삶이 남아있는 마지막 장소라는 것을 알게 되었다. 쇼핑센터는 모든 사람들을 위해 창조되는 것이며, 대중의 어휘로 말한다. 쇼핑몰은 사실상 끝없이 성장해가는 교외 지역에서 일하고 살아가는 시민들을 위한 만남의 장소이다. 그러나 상업시설은 기능과 합리성에 그 초점을 두었었다. 시장의 표준 유형으로 미국 전역에 걸쳐 불처럼 퍼져나갔던 쇼핑센터는 이제 낡아 버렸다. 본래 오직 쇼핑만을 위한 기계로서 설계된 —순수하고 단순한—쇼핑몰들에서는 도시 환경에 존재하는 복잡한 경험과 같은 것을 찾아볼 수 없다. 우리는 쇼핑센터가 다시 한 번 우리에게 도시의 경험, 다시 말해 교외 지역에서는 부정되었던 풍요롭고 복잡한 공공의 삶을 되살려 줄 공동체적 환경을 다시 안겨줄 수 있을 것이라 믿었다. 우리는 쇼핑센터가 소비자들을 위해서뿐만 아니라 '시민'들을 위해서도 더 잘 계획되어야 한다고 믿고 있었다.

우리는 쇼핑센터를 주변의 군중들과 관계를 갖고 자신들과 공유할 수 있는 자극적인 환경을 경험해 본 군중들을 끌어당기는 일종의 촉매제로 사용한다.

'우리들의 도전은 일반적인 것을 특별하게 만드는 것이다……'

부동산 산업에서 쇼핑몰의 원형은 아주 복잡한 규칙과 행위들로 매우 잘 가꾸어지고 잘 정의되었다. 우리는 그 쇼핑몰에 기능을 방해하지 않으면서도 놀랍고 흥미로운 순간들을 더하는 새로운 요소들을 가미함으로써 그 전형적인 형태를 각색했다. 우리는 강렬함과 활동성을 활용하여 마력 있는 특징을 창조한다. 우리의 프로젝트는 감각을 자극한다. 우리는 이용자들의 모험심을 고무하면서 동시에 편안함의 수준을 지킨다. 매우 황홀한 요소들과 실용적인 요소들이 공존하고 서로를 향상시키는 것이다.

우리는 지난 역사 속에서 이미 정립된 양식으로부터 고안한 보강재를 사용한다. 이탈리아의 힐 타운이라든지 베니스 또는 아랍의 카스바 등과 같은 오래된 사례들을 보면 도시는 사회적 패턴과 지형학적 환경들을 기반으로 세워졌다. 공간과 움직임의 연속적 경험은 여러 가지 기하학적 형태와 각도와 곡선들을 수반한다. 공간적 다양성은 일상생활 속의 패턴으로부터 진화한다.

우리는 경험적 사건들로 만들어진 비슷한 연속적 경험을 구축한다. 우리는 활발함과 고요함 사이의 균형이나 극적인 사건의 수준을 조율하고, -어른거리거나 리듬감 있게 빛나는 혹은 밝게 빛나고 색상이 있는-빛의 다양함을 강렬하거나 희미하게, 또는 네온사인처럼 화려하거나 수채화처럼 차분하게 조절함으로써 강한 감정을 이끌어낸다. 이것들이 모여 독특한 감각적, 감정적 경험을 만들어 내는 것이다. 우리의 영감은 전 세계의 익명의 장소들로부터 오는 것이며 경험의 파편과 조각, 부스러기들로부터 얻어지는 것이다.

우리는 새로운 형태의 공동체를 만들려고 한다. 우리는 점점 발전하는 전 세계적 연결성으로부터 자극을 받아, 지역적 양식들이 더욱 중요하게 여겨졌던 원시적인 시절을 떠올리게 하는 인간 상호작용의 형태를 기대하고 고무한다. 세계가 점점 더 '가상'의 것이 되어감에 따라 우리는 우리의 감정적 본능을 강화하는 것이다. 인간들 사이의 근본적인 관계성을 강화하기 위해 우리는 세계의 어휘를 사용한다. 우리는 진정으로 성공한 프로젝트란 일상적인 삶의 전제조건이 되는 패턴에 딱 맞아 들어가야 한다고 믿는다.

<u>경험적 디자인</u>

우리의 목적은 인간의 정신에 활기를 불어넣어 줄 수 있는 풍부한 경험적 장소들을 구현하는

The Jerde Partnership / Namba Parks / Shopping mall / Osaka, Japan / 2003

것이다. 우리는 건축가들이 대부분 정적인 사물에 도취되어 결국 움직일 수 있는 경험을 해쳤다고 생각한다. 우리가 하는 일은 바로 시간을 디자인하는 것이다. 물론 우리의 프로젝트들이 정적인 것으로서 디자인 되었다면 그것은 아마 비생산적이었을 것이다. 하지만 보강재가 변화와 진화를 고무함으로써 그 프로젝트들은 진화하는 역사적, 문화적 연속체의 일부가 된다. 경험적 디자인은 역사적 줄기를 잡아내는 일이다. 가장 중요한 디자인의 대상은 사물이 아니라 시간 그 자체이다. 경험적 디자인은 어떠한 시간과 장소에서 일어나는 일들을 디자인하는 것이다.

뉴욕 타임즈는 건축 형태에 대한 한 기사에서 "미적 감정 aesthetic emotion"이라는 용어를 사용한 적이 있다. 언뜻 명쾌해 보이지만 유심히 검토한 결과, 이 용어는 꽤 특별한 것이었다. 이 용어는 마치 감정과 연결되는 어떤 미적인 특별한 영역이 있는 것처럼 이해되었다. 그 기사는 다음과 같이 쓰여 있었다. '미적 감정은 그리스나 멕시코의 신전을 오르거나, 프랑스 성당 또는 성 소피아 성당 안에 서 있거나, 피에로 델라 프란체스카 Piero della Francesca나 마티스 Matisse, 타오 치Tao Chi 등의 미술작품을 감상하거나, 아즈텍 문명이나 이집트 문명 또는 미켈란젤로의 조각상으로부터 격렬한 강인함을 느끼거나 할 때 사람들이 느끼는 감정이다.' 우리는 모두 이와 같은 감정을 느껴본 적이 있다. 파리의 대로에서 처음으로 보낸 오후를 기억하는가? 아니면 블루리지산 Blue Ridge Mountains의 호숫가에서 아침을 맞아본 적이 있는가? 이런 기억들은 아마도 일반적인 경험을 넘어선 것들일 것이다. 이는 그 어떤 전문적인 지식 없이도 느낄 수 있는 감정적 충격이며, 여기에는 그러한 충격을 일으키는 감정 이외에는 그 무엇도 필요치 않다. 그리고 그것은 누구에게나 일어나는 경험이다. 우리가 찾아낸 사실은 장소와 그 장소의 모습 persona이 미적 감정을 일으킬 수 있다는 것이다. 그리고 당신이 매순간 짤막한 행동들을 창조하고 물리적 시각표상에 그것들을 한데 엮을 때, 당신은 인류에게 독특하다 못해 심지어 아주 특별하기까지 한 경험과 기회들을 부여할 기회를 가지게 된다는 사실이다.

정체성의 창조

세계적인 응집이 등장했다고 해서 우리가 반드시 세계적인 디자인 양식의 빈곤을 경험해야 하는 것은 아니다. 국제주의 양식은 사실 우리에게 경쟁적인 세계 시장에서 정체성을 강화하는 것이 곧 힘 있는 문화들 사이의 상호작용을 강화할 것이라는 교훈을 가르쳐주었다. 우리의 프로젝트는 호스트 문화와 호스트 장소의 어휘로 이야기한다. 이는 그 프로젝트들이 그 어휘의 유기적인 상징성을 잘 나타내고, 그 어휘로부터 '성장' 해왔기 때문이다. 각각의 호스트 도시는 독특한 특징이 되는 정신을 지니고 있다. 각 도시의 거주자들은 실제 삶보다 크거나 작은 그들만의 집에 대한 환상 즉, 장소성에 대한 집단적 환상을 가진다. 장소성에 대한 환상은 사람들이 자신의 집과 유대를 형성하는 가장 기본적인 지각적 방법이다. 우리는 성공적인 도시의 개념이 실제적인 방법으로 긍정적인 환상을 약속할 것이라 믿는다. 이는 단순히 컨텍스트에 대한 적합성 그 이상을 의미한다. 모든 장소들은 각각의 특성이나 모습 persona을 지닌다. 보스턴다움이나 뉴욕다움 등과 같이 말이다. 이는 이미지와 소리, 냄새 등의 감각을 만들어내는 비교적 단순한 것들의 조합을 통해 (만약 숨겨져 있다면) 발견할 수 있다. 이러한 감각들이 하나로 합쳐져서 모습과, 장소, 목적을 인지할 수 있게 하는 것이다. 우리의 프로젝트들은 이러한 호스트 장소 그리고 모습이나 정신 등의 존재를 정확하게 특징짓는다(샌디에고에 있는 홀튼 플라자 Horton Plaza의 경우, 우리는 반-열대지방의 느낌, 남부 캘리포니아의 태양, 그리고 깊은 그림자와 색감과 같은 라틴 아메리카적 근원에서 영감을 얻었다). 이러한 특징들은 마치 극장에서와 같이 증폭되어 실제 삶보다 더욱 거대하게 느껴지게 된다. 당신은 장소를 경험함에 있어 그 장소가 어떠해야 하는지 당신이 믿고 있는 이상적인 환상보다 더 증폭된 음량으로 경험하게 된다. 이는 호스트 도시가 공적인 삶의 관점에서 줄 수 있는 것과 제공하는 것에 대한 약속을 이행한다. 어떠한 호스트 대지의 기억에 우리의 태도를 반영하기 위해 우리는 종종 이미 그곳에

존재하는 건물들의 파편들을 이용하거나, 기존에 존재하던 도시의 어휘를 통해 프로젝트를 구성하기도 한다. 우리는 도시의 어휘와 도시의 환상을 추론한 뒤 그 요소들로부터 하나의 총체를 창조하게 된다.

'새 천년의 도전은 한 때 하나였던 조각들을 다시 하나로 맞추는 것이다……'

우리는 세계적인 '변화하는 것' 을 직관적으로 바라봄으로써 얻을 수 있는 이점을 활용한다. 우리는 고객들과 현지의 건축가들 그리고 전 세계에서 모인 다른 주민들과의 협동을 통해 경험을 창조하고 만들어 나갈 수 있게 되었다. 10억 명이 넘는 사람들이 매년 우리의 프로젝트들을 방문한다.

문화적, 지역적 그리고 경제적 경계의 엄청난 변화와 심지어는 그 해체로 인해 '너' 와 '나' 의 대립적 문화는 이제 '우리' 의 문화로 변모했다. 집단적 무의식이나 '만물의 동조' 와 같은 융Jung의 개념은 그 어느 때보다 더 진화하는 인간 환경에 관한 개념을 만들어내도록 우리를 자극한다. 세계의 문화는 융이 언급한 볶음 솥과 같이 감정적으로 원시적인 것부터 시작해서 기술

적으로 진보된 원형적인 파편들까지, 모든 것이 함께 끊임없이 뒤섞여 점차 비옥해진다.

우리를 무질서의 궁지로 몰아넣는 것은 기억, 즉 문화적 연속체와 우리의 연결이다. 기억은 이미 세워진 세계를 그 기억을 담기 위한 용기로 사용한다. 그리고 건축은 우리의 과거와 미래를 연결하는 줄기가 되어야 한다. 모더니즘은 그 줄기를 단절시킨 추상적이고 강요된 이념이었다. 우리는 의식보다 직관에 기대어 이념적인 것을 넘어서 경험적인 것들에 전념한다.

이렇게 쪼개지고 자기-가식적인 새로운 세계적 컨텍스트 속에서 우리는 가치를 창조하기 위해 노력한다. 그리고 20세기 후반의 조각난 사회적 힘들에 활기를 불어넣고 그 힘들을 향상시키며 하나로 합치고자 고군분투하고 있다.

The Jerde Partnership / Universal Citywalk / Entertainment center / Los Angeles, USA / 1993

통합

공동체를 향한 욕구는 보편적인 것이다. 세계의 모든 국가들이 근대화를 지속하면서 뿌리째 뽑힌 공동체들은 도시 환경과 교외 지역 환경 모두에서 연결성을 추구한다. 우리의 노력들은 이전에는 인식되지 않았던 독특한 목표에 집중되어 왔다. 그 작업은 건축적인 것이지만 단순히 건축가들의 작업인 것만은 아니다. 그 작업은 도시적이지만 단순히 도시 계획가들의 작업이지만은 않다. 우리는 건물을 초월한 주제를 다룬다. 우리가 하는 작업은 시간에 대해 다루면서 인간의 공동체를 증진시키는데 필요한 도구들을 생산하기 위해 많은 분야들을 통합하고자 하는 것이다.

우리는 도시의 형태를 새롭게 제시하고 갱신하며, 영향을 미치기에 충분할 만큼 개방된 새로운 조직들을 창조한다. 그러면 미래는 인도된 방식으로 지속될 것이다. 이러한 과정에서는 쓸모 있는 용도들과 새로운 포괄적 구성 요소들을 창조하는 것, 그리고 이전에는 분리되어 있던 요소들을 한데 모으는 것과 같은 일상적인 요소들의 부합적 구성과 결부된 모든 것들이 중요하게 다루어진다.

우리는 일상이라는 예술을 다룬다. 우리는 신비로움과 진부함의 결합을 꿈꾼다. 우리의 진정한 고객은 대중 그 자체이다. 우리는 사람들이 대중적이고 집합적인 환경 속에서 진실로 그리고 행복하게 살아갈 수 있도록 한다.

밀랍 날개 Wings of Beeswax

{미키엘 리다이크 Michiel Riedijk}

이 글은 2007년 5월15일 델프트 공과대학교에서 열린 아키텍쳐럴 포지션스 세미나 〈이미지, 건물 그리고 공공공간〉에서의 강연이다.

신화

2000년쯤 전 한 건축가가 세계 문학의 첫 출현이라 할 만한 것을 만들었다. 오비디우스의 『메타모포시스 *Metamorphoses*』에는 사티로스와 켄타우로스 그리고 다른 여러 신화적 인물들과 함께 건축가이자 발명가인 다이달로스와 그의 아들 이카로스에 대한 이야기가 등장한다. 다이달로스는 크레타 섬의 미노스 왕으로부터 미노타우로스를 가두기 위한 미궁을 만들라는 명을 받게 된다. 흉측한 괴물 미노타우로스는 절반은 인간, 절반은 황소의 모습을 하고 있었는데 그 프로젝트가 끝남과 동시에 건축가를 잡아먹으려는 속셈이었다. 고대의 그리스 시대에서 조차 건축가와 건축주의 관계는 그리 좋지만은 않았던 것 같다. 몸이 찢기고 잡아먹힐지도 모른다는 것은 결코 기쁜 일이 아니다. 결국 다이달로스는 나무와 깃털을 밀랍으로 고정시켜 날개를 만들고, 그 날개를 이용해 아들과 함께 그들이 직접 만든 감옥으로부터 날아올라 무사히 탈출했다.

신뢰

건물을 디자인하고 건설하는 것은 신뢰에 관한 것이다. 건축주들은 건축가와 시공자들의 지식과 기술을 믿고 신뢰해야만 한다. 그리고 무엇보다도 건축주는 미래에 대해 어떠한 확신이 있어야 한다. 일단 건물이 지어지고나면 그 디자인이 가치와 의미를 발전시켜 나가는 것은 오직 미래에만 일어날 수 있는 일이다. 건축가로서 당신은 비록 그 날개가 겨우 나무와 깃털과 밀랍에 의지하고 있다고 할지라도 언젠가는 책상으로부터 (신화에서 그들이 탈출하듯이) 높이 오르는데 성공할 수 있다는 자신감을 가져야 한다. 디자인의 매 과정마다 어려움이 숨어있을 것이고, 당신은 탁월한 기교와 발명으로 그것을 극복할 수 있을 것이다.

이는 수천 년 전 최초의 건축물이 지어진 이래로 지금까지 우리가 하고 있는 작업의 원칙이었다. 건물은 바람과 비로부터 우리를 보호해 주어야 하고, 우리가 먹고 쉴 수 있는 공간을 제공해 주어야 한다. 어떤 경우에는 조상과 신을 기리기 위한 의식의 장소가 되어야 한다. 우리에게 안식처를 제공해 줄 것이라는 신뢰가 없었다면 건물은 지어지지 않았을 것이다. 조상과 신을 섬길 수 있는 장소가 될 수 있을 것이라는 신뢰가 없었다면 건물은 지어지지 않았을 것이다. 신전이나 기념비들이 신을 위로해줄 것이라는 믿음이 없었다면 그 누구도 건물을 지을 생각조

차 하지 않았을 것이다.

디자인하기

디자인의 가치는 결코 과거에 존재하지 않는다. 왜냐하면 그것은 미래에만 이해될 수 있기 때문이다. 당연하게도 지나가버린 과거에 대한 희미한 향수로는 미래에 대한 믿음을 채울 수 없다. 과거는 우리에게 현재의 과제에 대해 어떠한 준비된 대답도 제시해 주지 않는다. 산업화 이전의 소규모 사회가 가졌던 아름다움은 근대의 건축가와 도시 계획가들이 다루어야만 하는 거대한 규모와 대중을 위한 모델로서의 역할을 할 수가 없다. 미래는 지금 우리가 알고 있는 것들의 단순한 변형이 아니기 때문 현재의 사고나 개념들을 통해 미래의 디자인을 위한 하나의 모델을 추정하는 것은 결코 적절하지 않다. 디자인한다는 것은 아직은 알려지지 않은 미래에 대해 상상하는 것, 세계가 어떻게 변할지에 대한 비전이나 개념을 그리는 것, 그리고 환기(喚起)에 관한 것이다. 비록 오늘날의 과학기술들이 우리가 더욱 즐겁고 지속가능하며 안전한 세계를 디자인하고 만드는 것을 도와줄 것이라는 믿음이 건축과 도시계획의 중심적 사상이 되어야 하긴 하지만 가능한 미래에 대한 아이디어 환기가 무엇보다 우선시 되어야 한다. 디자인은 지식과 기술 그리고 환기가 통합된 삼위일체이다. 이 세 꼭짓점들이 서로를 더욱 강인하게 한다. 그러

Neutelings Riedijk Architects / Netherlands Institute for Sound and Vision /
Museum and archive / Hilversum, the Netherlands / 2005

나 이 셋은 가끔씩 구분하기가 어려우며 꼬여있는 전선 뭉치처럼 서로 떼어낼 수 없는 것이다. 영감과 직관이야말로 바로 이 삼위일체를 묶어주는 접착제와 같다.

환기 Evocation

환기는 디자인의 기본적인 전제조건이다. 모든 스케치와 연구, 모형들은 어떠한 이미지나 미래에만 존재할 수 있는 그 무언가에 대한 자극을 불러일으키는 것을 목적으로 한다. 또한 디자인이 나무나 돌, 유리로 실현되고 난 후에야 비로소 현실이 되는 세계를 환기시키기 위함이다. 디자인하는 것은 상상의 오케스트라를 의미한다. 창조자의 영감은 목적의식을 가진 건물이 결과로 나타나는 그러한 방법으로 전환되어야 한다. 손에 잡히는 물리적인 요소들을 선택하고 조직하고 형성하는 것은 어떠한 환기를 일으키는데 중심이 된다.

기술

건축에 관한 지식과 건축의 역사는 우리 사무실의 디자인 과정에 여러 가지 방식으로 영향을 미친다. 이러한 지식의 많은 부분이 분석과 추론에 직접적으로 연관되어 있다. 몇 가지 다른 방

법들을 이용해 건축주의 요구, 즉 건물을 짓는 일을 이끌어내는 우리의 능력은 아주 중요하다. 비록 이러한 형태의 지식도 디자인의 구성과 직접적으로 연관되기는 하지만 가능한 물리적 표현들에 대한 분석을 풀어내는 것이 여전히 필요하다. 이러한 분석들은 객관적이고 사실적이며, 어떠한 형태의 유혹과 환기도 피해간다. 건축적 기술들은 격자의 사이즈, 비율, 조닝 체계, 서비스 코어의 위치, 환기(換氣) ventilation의 개념, 그리고 아이디어를 물리적인 형태로 전환하는데 필요한 다른 도구들로 구성된다.

지식

건축의 역사는 의사결정을 하는데 있어 통합적, 연상적, 결정요인적 혹은 공간적 방식으로 활용할 수 있는 일종의 참조체계를 제공한다. 예를 들어 다주식(多柱式) 홀의 물리적 형태는 카르나크 Karnak의 신전을 코르도바 모스크와 연결 짓기도 하고 앙리 라부르스트 Henri Labrouste가 설계한 파리의 국립도서관과 연결시키기도 한다. 공간적 구조나 형태들의 연상적 힘은 그들의 본래 용도나 전통적으로 부여된 기능으로부터 분리되어 우리의 작업에 영감을 불어넣어주는 자원이 된다. 특정한 형식이나 유형에 대한 우리의 지식은 디자인 과정을 통해 항상 변형된다. 이

러한 변화는 공간적 그리고 기능적으로 의미 있는 디자인을 성취하는데 아주 중요한 요소이다. 네덜란드 에데Ede에 있는 인쇄 회사 사옥을 디자인할 때 우리가 했듯이, 고대 로마의 임플루비움 impluvium이 있는 중정의 텃밭과 같은 잘 다듬어진 형식이 인쇄소로 변형될 수도 있다. 두 개의 측면 통로와 그보다 높은 회중석을 가진 건축적 유형은 교회뿐만 아니라 멋진 수영장을 만들어 낼 수도 있다. 예를 들어 건축적 유형을 그 원래의 용도와 의미로부터 분리해내는 것과 같은 분석과 해부는 기존에 존재하던 어떤 전문적 분야의 지식을 해석해낼 수 있도록 해준다. 이것이 새로운 조합과 배열을 낳는다.

비움

우리 사무실에서 디자인한 많은 건물들은 새로운 과제에 대한 해답, 특히 고대 기술에 관해 축적된 지식에 근거를 둔 근대적인 해답처럼 보일 수도 있을 것이다. 힐베르숨 Hilversum에 있는 네덜란드 음향영상 연구소는 세 부분으로 구성되어 있다. 자체적인 논리와 특징적인 재료로 이루어진 각 부분은 중앙에 위치한 커다란 아트리움을 중심으로 그 주변에 배열되어 있다. 아트리움 공간은 지하의 자료실로 둘러 싸여있는데, 이는 석벽 속에 무덤을 만들어 놓은 고대의 공동묘지를 암시하는 것이다. 효율적인 바닥판으로 마감된 방과 복도로 이루어진 사무영역은 자료실에 수직으로 배치되어 있으며, 전시공간의 매스는 마치 자료실 위에 착륙한 은색의 우주선처럼 보인다. 그 가운데의 비어있는 공간은 실제로 건물의 심장부이다. 이러한 빈 공간의 형태는 그 주변의 다른 요소들에 의해 뚜렷하게 정의된다. 이 공간은 실체적 의미에서나 가상적 의미에서나 공유영역 내에 존재하는 새로운 내부공간이 되며, 물리적으로는 낡아 버린 미디어파크에 새로운 만남의 공간을 제공한다. 이외에도 이 내부공간은 텔레비전 방송들이나 인터넷 생방송의 배경을 형성하며 텔레비전과 새로운 미디어의 초현실성을 강조하기도 한다. 그런 점에서 이 건물의 내부공간은 외부보다 훨씬 더 공적인 성격을 띠는 것일지도 모른다. 오늘날에는 우리 주변에 있는 건물들의 내부공간보다 공공건물의 내부공간이 더욱 친숙한 경우도 많다. 가끔은 우리가 이웃집의 거실보다는 백악관의 대통령 집무실이 어떻게 생겨야하는지에 대해 더 많은 아이디어를 가지고 있는 것 같다.

흐릿함

이 건물은 근대적인 텔레비전 스튜디오들로 이루어진 산업지역과 바로 인접해 있는 비교적 작은 규모의 주택들 사이에 강력하고도 기념비적인 규모로 자리를 잡고 있다. 건물의 외관은 그 주변을 둘러싸는 공공의 공간에 도발적이면서 다채로운 인상을 준다. 입면에는 아주 강렬한 색채들이 입혀져 있다. 그것들은 대부분 텔레비전 역사에서 고전으로 여겨지는 이미지들을 양각으로 입힌 유리판으로 덮여 있다. 이 유리들은 TV 프로듀서이자 그래픽 디자이너인 얍 드룹스테엔 Jaap Drupsteen이 디자인하였다. 파르테논 신전의 프리즈 장식에 전사와 마차들뿐만 아니라 수로 운송자나 둥글게 모여서 춤추는 사람들도 새겨져 있듯이, 이 건물의 입면에도 역시 현재의 수많은 이미지들과 최근의 역사에 대한 우리만의 해석이 모두 표현되어 있다. 코르넬리스 판 데르 히이스트 Cornelis van der Geest의 작품 모음집에 실려 있는 빌렘 판 하흐트 Willem van Haacht의 그림을 보면 모든 이미지들이 모여서 하나의 새로운 이미지를 창출하며 새로운 해석의 가능성을 열어준다. 입면에 적용된 각각의 이미지들은 가끔 알아볼 수는 있지만 전체적으로 잘못 조정된 텔레비전 화면처럼 성가시게 보이는 것과 같은 시각적 노이즈의 다채로운 외피 속으로 스며든다. 넘쳐나는 이미지들은 도시 속에서 밝고 다채롭게 빛나는 하나의 새로운 모습을 창출한다.

폼페이 Pompeii

아펠도른 Apeldoorn에 있는 세무서 프로젝트에서는 역사의 재해석과 건물을 구성하는 요소로서 빈 공간이 모두 아주 중요한 역할을 갖는다. 끝없는 숫자로 이루어진 가상의 돈으로 가득한 디지털 금고들을 수용하는 건물은 중요한 공공의 기능을 상징한다. 그러나 이는 대중에게 공개되지 않는다. 네덜란드 영상음향 연구소와는 달리 세무서는 건물의 상당 부분이 벨루베 Veluwe 언덕의 사질토에 묻혀 거의 보이지 않는 구조를 갖고 있다. 우리의 작업은 기존에 존재하던 네 개 동의 업무용 고층 건물과 두개 동의 전산센터를 병합하는 것이었다. 우리는 업무용 고층 건물들이 지어지기 전부터 이미 주춧돌이 존재했던 것처럼 만드는 개념을 강조하기 위해 건물의 형태를 주춧돌처럼 디자인했다. 이 건물은 신화 속의 사티로스와 도마뱀이라는 이질적인 모티브로 장식된 새로운 폼페이와도 같다. 물을 뿜어내는 거대한 괴물 같은 마스크들이 건물의 입면을 구성한다. 예술가 롭 비르자 Rob Birza가 디자인한 이 도마뱀들은 마치 국가의 보물들을 지키려는 듯 물에서 튀어나와 건물의 입면을 타고 기어 올라간다. 커다란 두개의 선큰가든은 그 위에 있는 여러 동의 건물들을 하나로 모으는 역할을 한다. 복합단지의 중심 동선은 오래된 사찰처럼 선큰가든의 열린 공간을 빙 둘러 뿔 모양으로 쏟아지는 빛을 따라 움직인다.

이 열린 공간이 바로 복합단지의 새로운 심장부가 된다. 이러한 특정한 건물은 대중이 접근할 수 없는 성격의 공간이지만 대중의 이익을 위한 공간이기도 하기 때문에 이 공유영역에서 건물의 지붕은 전혀 중요치 않다.

공공성

도시적 사회와 시민적 공공공간의 성격은 계속적으로 변화할 수밖에 없다. 고전적인 공공공간은 교육과 토론, 무역과 시민 민주주의가 일어나는 공간이었다. 공공의 삶 자체가 이러한 공간들을 만들어낸 것이다. 시간이 흐르면서 공공의 삶은 그 일부가 하나의 전체를 이루는 공유영역으로부터 떨어져 나오는 정도까지 변화하고 성장하였다. 그 부분들은 스스로를 담아낼 수 있는 세계와 내부 공간 그리고 그들만의 비어있는 영역을 형성하기 시작하였다. 관공서, 학교, 상점 그리고 작업장이 나타나게 된 것이다. 이러한 발전과 함께 그와 같은 기능들에 적합한 공공공간을 표현하는 형태를 찾아낼 필요성이 대두되었다. 고전적인 지침서들은 이미 그리스의 기둥 양식들을 도리아식, 이오니아식, 코린트식 등으로 구분하고 있다. 이들 각각은 공공의 건물들을 그 주변의 배경이나 수많은 건조물들과 구분 짓는 그들만의 표현 능력과 의미를 지니고 있다. 각각의 고전적인 기둥양식들은 특정한 건축 작업에 적합한 것이었다.

오늘날 우리에게도 이와 비슷한 일들이 일어난다. 모든 건축 작업에서 우리는 적절한 표현양식을 찾기도 하고, 어떤 새롭고 특정한 어휘를 창조해내고자 노력하기도 한다. 주거용 프로젝트의 표현양식들은 도시적이고 중립적이며 다소 차가운 느낌일 것이다. 비주거용 건물들에서는 강렬한 색채를 가진 이미지를 발전시키기도 하고, 어떤 경우에는 문자 그대로 아주 멋진

Neutelings Riedijk Architects / Minnaert Building / University building / Utrecht, the Netherlands / 1998

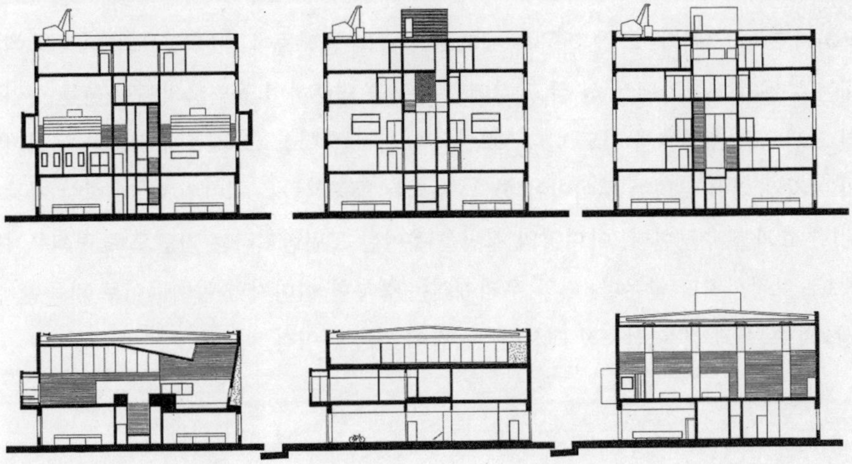

Neutelings Riedijk Architects / Scheepvaart- en Transportcollege / School building / Rotterdam, the Netherlands / 2005

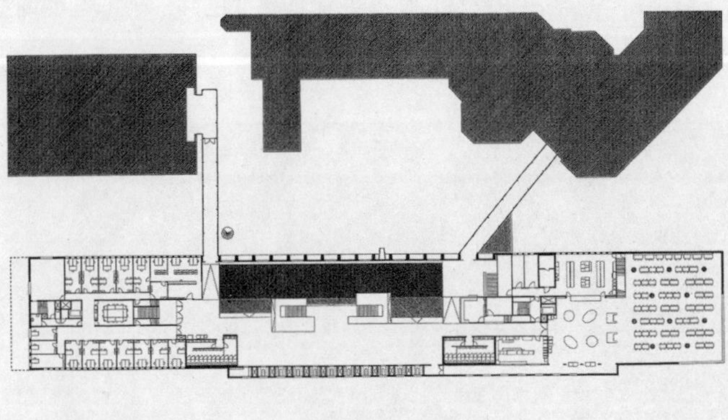

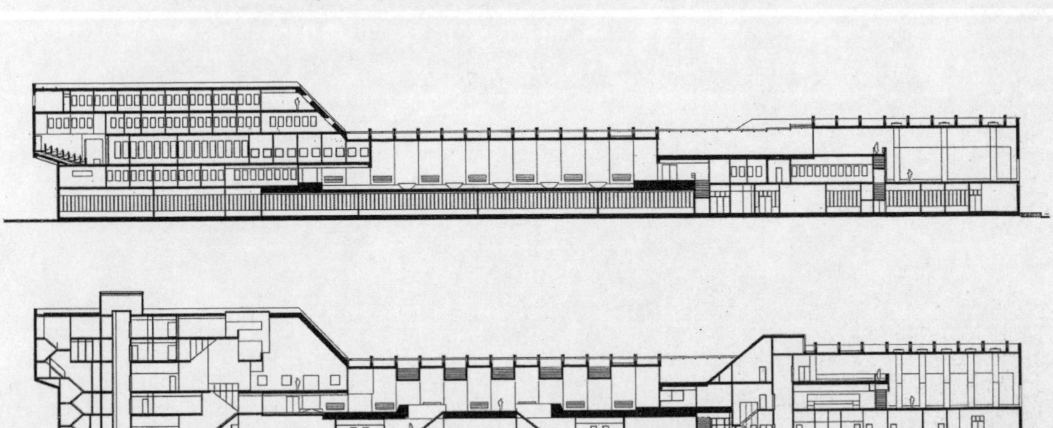

재료를 사용하기도 할 것이다. 그런 건물은 때때로 선박의 엔진들이 내는 굉음과 디젤의 매연이 만들어내는 부두의 교향곡에서 선 굵고 강인한 부분을 연주하며 공업항의 구조물들 사이에서 조각적인 느낌으로 충격을 주기도 한다. 표현적 메시지는 항상 그 과업에 적절한 것이어야 하며 오해의 여지가 없이 분명한 것이어야 한다. 우리는 공공건물을 디자인 할 때 항상 가능한 한 가장 뚜렷한 효과를 추구한다. 아디어의 결핍을 우아한 모던함이라는 가면으로 덧씌우거나 미니멀리즘으로 포장하지도 않는다. 다만 우리에게는 풍부한 이미지와 아이디어로 가득한, 오감을 위한 상쾌한 목욕과 같은 건축적 맥시멀리즘만이 있을 뿐이다.

자만심

미로를 탈출한 다이달로스와 이카로스는 자신들의 발명과 디자인을 자신하며 더욱더 높이 날아올랐다. 아버지의 경고에도 불구하고 이카로스는 태양의 열에 밀랍이 녹아 날개가 떨어져 나갈 때까지 계속해서 높이 날았다. 결국 이카로스는 바다로 추락해 빠져 죽게 된다. 이 고대 전설이 주는 교훈은 매우 단순하다. 우리 자신의 발명품에 대한 과도한 자만은 때때로 우리 작업

에 재앙과 같은 결과를 가져오기도 한다. 그렇다고 건축가가 산업화 이전의 사회에는 존재하지 않았던 새로운 발명들을 수용해서는 안 된다고 생각하는 것은 답답한 사고이다. 그러한 생각은 당신이 스스로 디자인한 미로를 결코 벗어날 수 없으며, 미노타우로스에게 불가피하게 잡아먹힐 수밖에 없음을 의미할 뿐이다.

건축과 가상의 세계 Architecture and the Virtual World

{장 누벨 Jean Nouvel}

이 글은 1995년 5월20일, 21일 토마스 모어 센터의 후원으로 라브레슬L'Arbresle에 있는 라 뚜레뜨 La Tourette 수도원에서 열린 학회에서 있었던 논의로서 에티네 리젠트 Etienne Regent에 의해 재기록 되었다.

나는 건축가로서 실제적인 것으로부터 자유로워 본 적이 없다. 나는 항상 실제적인 것을 머릿속에 그린다. 나는 그러한 순간 속에서 일한다. 이러한 맥락에서 나는 '가상성 virtuality' 이 유행하는 이 시대에 실제라는 개념이 무엇을 의미하는지 의문을 갖지 않을 수 없다. 건축은 실존하는 공간에서 자신의 존재를 정의한다. 그것은 물질과 무게 그리고 비, 바람, 추운 날씨 등의 요소들에 맞선 하나의 투쟁이다. 벽으로 둘러싸이고 지붕이 씌워진 건축의 공간은 이러한 환경과의 대립 속에서 신체, 도구, 인공 기관의 확장체가 된다. 공간은 환경과 관련되면서 동시에 거리를 두고 있다. 바로 전용 appropriation이다. 공간을 전용하는 수단에 역사가 있듯이 기술 혁명에도 역사가 존재한다.

건축적인 활동을 정의하는 것은 근본적으로 기술적인 분리의 실행, 즉 벽이다. 공간을 가로질러 가기 위해서는 먼저 우리의 눈이, 그 다음에는 신체가 내부와 외부 사이를 나누고 있는 막을 한번은 지나가야만 한다(그 막이란 바로 이러한 움직임이 통과하는 창과 문이다). 이런 점에서 상인방은 가장 최초의 건축적 표현이며 그 다음에는 아치, 그리고 기둥-보 시스템까지 이어진다. 빛과 시선을 향해 열려 있으면서 내부와 외부의 환경을 분리하는 막인 유리는 최초에는 기름이 발려진 외피가 이용되었다가 다음에는 반투명한 조각들의 뭉치가 활용되었고, 유리판에 이르렀다가 이윽고 오늘날에는 15미터 길이의 패널까지 이어져 왔다. 유리벽은 경이로운 미래를 담고 있다. '똑똑한' 매개체의 역할을 하는 유리벽들은 열을 내기도도 하고 스크린이 될 수도 있으며 이미지의 전달 매체가 되기도 한다. 따라서 사람들은 전체가 유리로 만들어진 건물을 상상하거나 건물이 이미지를 가진 빛의 대체품으로 나타나는 것을 목격할 수도 있다. 이것이 바로 폴 비릴리오 Paul Virilio가 이야기 한 미래의 고딕 건축이다. 공간은 막을 거침으로써 공간의 연속성에 대한 근대적인 원리를 바꾸어놓은 공간 속의 공간이라는 '특유의' 특징을 갖기 시작한다.

이제는 어느 순간이 또 다른 공간에 존재하는 이러한 새로운 현실의 양면성을 상상하고, 한계의 다양성과 새로운 복잡성에 익숙해지며, 건물과 주변 환경을 연관 짓는 조건들을 정의해야 하는 때이다.

한계의 소멸

가상성에 대한 미적인 개념이 가진 더욱 공격적인 이론적 사고방식 인해 이전에는 드러나지 않았던 한계에 대한 우려와 이해의 문제를 해결해야만 하는 상황과 싸우는 것이 가능하게 되었다.

다소 자극적이지만 내가 소멸이라는 주제를 잡은 이유도 이러한 맥락에서이다. 어떤 이는 건물을 구성하는 특정 요소들에 최첨단의 기술을 활용해 가상성과 모호함을 부여하고자 하는 현실 모방의 게임 속에 빠져든다. 예를 들자면 내가 라 데팡스에 계획된 끝없는 타워의 스카이라인이 사라지도록 만들거나, 파리 라스파유 Raspail 거리에 있는 까르띠에 재단 건물의 경계를 없애 버리는 것과 같은 것이다. 이는 실제적인 것일 뿐만 아니라 상상의 일부이기도 하다.

까르띠에 재단의 경우에는 모든 입면이 두꺼워지고 확장되면서 경계의 위치가 소멸되는 동안 우리는 반사에 의한 이미지들을 줄임으로써 건축물의 입면을 예리하게 해석했다. 내가 건물의 정면을 사라지게 만든 것은 연결성을 제거하는 정교한 작업을 통해서 가능했으며, 유리 세 장을 겹침으로써 나는 한계의 소멸을 얻을 수 있었다. 그렇다고 이것이 국제주의 건축가들의

방식을 부정하는 것을 의미하는 것은 아니다. 외부와 내부 사이의 관계에는 여전히 모호함이 존재한다. 나는 항상 우리가 가정해야만 하는 통로와 출입구에 관한 이해라는 문제와 마주친다. 우리 다루는 문제는 사실의 직접성이다. 건물에 대한 거리감을 만들어내는 것은 온전히 뇌리에서의 인지되는 시선의 경험이다. 우리가 만들어 온 모든 기술적인 현실들은 사물의 가상성을 다루기 위한 것들이었다. 우리는 8미터 × 3미터 크기의 유리로 만들어진 외장패널과 16미터 폭의 경간에 42센티미터 두께를 가진 바닥판을 사용했는데 이것은 기록적인 것이다.

우리는 공간을 구성하는 요소들을 착각이 들 정도로 자유롭게 함으로써 그에 대한 인식도 자유롭게 만든다. 물질이 없다면 투시도가 아닌 뭔가 다른 것을 구성할 수 있을 것이다. 그리고 반사의 상호 작용에 의해 건축이 모방성을 갖게 된다면 주된 문제는 더 이상 물질이 아니다. 순간적인 시선을 통해 건물에 대한 우려를 불식시키고자 하는 광란의 작업 속에서 우리는 건축의 개념과 가상성을 발견하게 된다. 건축적 감정은 다양한 인식의 요소들이 불확정적이고 일시적으로 수렴하는 그 순간과 관련 있다. 영속적인 것은 더 이상 하나의 광경이 아니라 변화하는 수많은 찰나의 광경들이다.

Ateliers Jean Nouvel / Fondation Cartier / Museum building, exhibition center / Paris, France / 1994

이러한 관점에서 이론적인 한계의 소멸은 매우 위태로운 도박이다. 일종의 감정과도 같은 감각들을 통해 움직이는 신체들을 표현하는 것은 소멸을 모방하는 것이다. 베를린에 세워진 갤러리 라파예트 Galeries Lafayette의 중정에 있는 평평한 유리로 만들어진 뿔의 경우 신체는 이미지에 투영되며 반사 유리의 반대편으로 통과해 간다. 이미지 속에 신체가 반사됨으로써 한계는 공간의 경계를 넘어 그 중심부를 관통한다. 현기증이 난다.

건축은 이미지의 창출이다. 인지의 시대를 꿰뚫기 위해서는 공간을 오로지 삼차원의 관점에서만 생각하는 것을 멈추어야 한다. 오늘날에는 희미하거나 자기만족적인 공간으로 가득한 건축적 행위들이 너무나도 많다. 과거에는 공간을 대접하는 공간과 대접받는 공간으로 나누어 생각했다면, 지금 우리는 그 두 가지의 접점에 관해 생각해야 한다. 이는 정육면체의 여섯 가지 면들이 프로그램된 이미지가 되는 그 순간, 미적인 것이란 더 이상 공간, 형태, 그리고 기술적 표현 사이의 관계가 아닌 사물과 빛과 이미지의 관계에서 나온다는 것을 의미한다. 이는 이미지가 공과 사, 내부와 외부의 친밀한 관계를 뒤엎고 근접성에 대한 새로운 차원의 원리를 드러내기 때문이다.

<u>현실적인 것의 맥락화와 증강</u>

소멸은 양식적이거나 장식적인 건축에 있지 않다. 나의 관심사는 어떠한 모호성을 제시하고, 소실점들의 다양성을 제공하며, 고전적 공간 · 고전적 투시도와 모순되는 개념을 더 모으고 선택하며 준비하는 것이다. 이는 불안정하고 불확실한 것들이 가진 연약함에 한걸음 더 다가가기 위해 나 스스로를 안정적이고 확고한 사실의 숙명으로부터 분리해내는 것이다. 단절된 공간적 · 시간적 연속성에 의해 비선형의 위상학적 형태를 갖지만 거리감의 영향과 2차원으로 축소된 형태적 작업에 의해 망가지기도 하는 정보의 네트워크 속에서, 현실적인 것들은 신체의 함축적 의미인 지성을 거치며 한층 증강된다.

물질에 대한 작업은 벽의 두께에 초점을 맞춘 하나의 기술이자 도구가 된다. 건물의 적절성이라는 것은 평면에서 나타나는 것이 아니다. 까르띠에 재단의 평면보다 더 단순한 평면을 만든다는 것은 거의 불가능하다. 따라서 프로젝트를 계획하고 그것에 대해 의사소통하며 그것을 파는 일은 아주 어려운 일인 것이다. 컴퓨터에 의한 시뮬레이션 모델은 주변 환경 속에서 그 건물이 구현됨으로써 만들어지는 간섭에 의한 연결 효과를 더 복잡하게 만드는 환원적 요소들을 남긴다.

우리의 목적은 불가시성, 개념 그리고 분석에 관한 관념을 다룰 수 있게 되는 것이다. 가상의 미학은 상황의 미학을 필요로 한다. 이는 물질성을 다루는 것이 아니라 지리학적인 상황이나 문화적인 상황을 고려하면서 컨텍스트를 이론화하는 작업이다. 나는 프랑크푸르트의 프로

Ateliers Jean Nouvel / Onyx Cultural center / Cultural center /Saint-Herblain, France / 1988

젝트에서와 같이 '무 nothings' 에 대해 작업하는 것을 즐긴다. '무' 는 거울이나 투명한 유리, 완전한 검은색, 이론적으로 가능한 회색, 순순한 흰색 등을 일컫는다. 근대의 현실성에 조심스레 닻을 내리는 것과 투명성의 어휘 그리고 부재 absence에 대한 작업을 통해 나는 건축을 이루는 것은 형태만이 아니며 그 건물이 나타내는 프로그램과 상징성 또한 중요하다는 것을 보여주기 위한 수단과 미학적 개입의 순간을 만들어 낼 수 있었다. 개념적 접근은 다른 차원의 이상과 컨텍스트 사이에서 시너지 효과를 발휘한다. 건축적 표현은 현실에서 가능한 것과 관련된 문화적 선택이기에 그 용도의 상징적인 차원을 발견해야 한다.

근대 미학은 기적의 미학이다. 이는 건물을 구성하는 요소들이 점점 더 기본적이고 근본적이며 없는 듯 보이지만 다양한 용도를 지니고 있음을 의미한다. 건축 역시 다른 디자인 분야들처럼 축소화를 향한 진화에 가세하고 있다. 오브제들은 최소의 부피와 표현으로 최대의 효과를 발휘한다. 만약 모든 것들이 그저 개념에서만 존재하거나 현실에서는 없는 것이라면 건축은 가상의 것이다. 건축가들이 흥미롭게 여기는 것은 가상의 것들이 실재하게 될 때, 즉 거울 뒤에서나 이미지를 통해 어떠한 활동이 나타나고 이행되기 시작하며 현실적인 것으로 이해될 때의 효과를 구상하는 것이다.

따라서 건축은 물질적인 사실이며, 물질적인 존재를 지니지 않은 건축은 가상의 것이므로 건축가는 사람들을 속이는 게임을 하고 있는 것이다. 이러한 가상성의 미학은 수학, 이론, 시뮬레이션, 빛 등의 모든 미학적 분야들과 관련 있다. 아이디어는 여전히 우리를 움직이게 하는 어떠한 물질을 필요로 한다. 그러므로 '가상의 건축' 을 위해 노력한다는 것은 불가능한 것들을 가능하게 만드는 과정 속에서 불가능한 것들을 열망하는 것이다. 이것이 바로 그러한 건축에 손을 대고 싶어 하는 건축가들의 근본적인 모순이다. 만약에 이 모든 것을 물질 없이 해결하는 것이 가능하거나 더 이상 물질적인 것이 존재하지 않는다면 이는 물질과의 관계에 있어서 인간성의 진화, 즉 '현실' 을 향한 진전의 표현일 뿐이다. 가상이라는 것은 현실의 확장에 불과하다. 상상은 또 다른 역할을 지니고 있다. 일단 상상이 꿈과 목표를 정하고 나면, 건축가나 전략가와 같은 사람들의 합리적인 사고가 새로운 현실을 창조하기 위해 이러한 가상성을 파괴하려 할 것이다. 나는 가상의 첫 번째 기능은 실제 현실과 통합되어야 하는 것이라 믿고 있다.

6장 실천

Architectural Positions

6장 실천 Practices

교회가 영화관으로, 은행이 여피족의 식당으로, 모자공장이 예술가들의 스튜디오로 바뀐다. 지하철 터널들이 나이트클럽으로 바뀌기도 하고 종종 나이트클럽이 교회로 바뀌기도 한다. 건축을 패션의 일부처럼 표현하는 오늘날의 잡지와 대중매체의 이미지들처럼, 기능과 형태 사이에 숨어있는 인과관계는 그 기능이 거의 일시적인 것으로 취급되고 있는 상황에서 벗어나기 어려워 보인다.……

베르나르 츄미 Bernard Tschumi[1]

사회과학자들에게 있어 공간과 전통적인 실천들 간의 관계성은 완벽한 연구 주제이다. 프랑스 학자이자 철학가인 앙리 르페브르 Henri Lefebvre(1901-1991)와 미셸 드 세르토 Michel de Certeau (1925-1986) 그리고 피에르 부르디외 Pierre Bourdieu (1930-2002)는 이 주제에 특별한 관심을 가졌다. 르페브르는 그의 저서 『공간의 생산 *La production del'espace*, 1974』를 통해 엄격한 물리적 공간에서 더욱 확장된 공간의 개념을 소개했다. 그는 '(사회적) 공간은 (사회적) 산물이다. 고로 모든 부수적 이형들을 가진 생산수단이라 할 수 있는 모든 사회는 그 사회만의 공간을 생산한다.'[2] 라고 주장한다. 즉 르페브르에게 공간이란 본질적으로 존재하지 않지만 인간의 활동과 그 외의 다른 공간적 실천을 통해 창조되는 것이다. 또한 르페브르는 일상과 그 일상을 위해 활용되는 공간 속에서 권력의 관계가 잘 드러난다고 말한다. 이러한 관계는 물리적인 공간의 배치와 그것이 구현되는 방식에서 구체적으로 나타난다. 이처럼 르페브르에게 공간이란 권력과 권력관계의 중심에 놓여있는 것이었다. 따라서 르페브르가 1970년대 당시 지배적이었던 공간 생산수단에 대해 노골적으로 비판했던 것도 결코 놀랄만한 일이 아니다. 르페브르의 관점에서 보면 소비 중심 사회에서는 만물을 경제와 경제의 과학인 통계학의 맥락에서 보아야 하는 것이었다. 의도적으로 계획된 공간을 필요로 하는 공공영역과 관련된 공간은 전적으로 단 하나의 목적, 즉 쇼핑, 문화, 오락 등과 같은 행위를 수용하는 데에 그 초점이 맞춰진다. 르페브르는 규범으로부터의 일탈이나 다양성의 출현 및 존재를 조금도 용납하지 않는 자본주의적인 대중사회를 위한 공간 창조에 반론을 제기하며, 다양한 사상과 개인들로 뒤섞여있는 멜팅폿 melting pot 과 같은 하나의 도시, 수많은 인구로 가득 찬 도시를 제안한다. 도시는 불일치와 차이가 존재하기에 완벽한 장소이다. 또한 이러한 차이가 긍정적인 의미를 지닐 수도 있는 곳이다.

프랑스의 역사가이자 심리분석자인 미셸 드 세르토 Michel de Certeau도 르페브르와 관점을 같이한다. 그 역시 르페브르와 마찬가지로 공간적인 권력 관계를 중점적으로 다루고 있는 자신의 저서『일상의 실천 *L'invention du quotidien*』의 제1권 '행동의 기술 Arts defaire' 를 통해 '무력한' 자들이 어떻게 매일의 일상적인 활동들 속에서 이러한 권력을 벗어날 방법들을 찾아내는지에 대해 기술한다. 그리고 그러한 방법이 바로 언어나 예술 등을 통해 대체적인 의미를 생산해낼 수 있도록 해준다고 주장한다. 드 세르토는 또 권력을 가진 자들이 세계를 움직이고 지배하기 위한 자신들의 지위를 더욱 굳건하게 만들기 위해 어떻게 전략을 발전시켜 가는지에 대해서도 설명한다. 권력이 없는 '다른 사람들' 은 드 세르토가 지칭한 '전술 tactics' 을 발전시킴으로써 지배적 질서의 규칙을 회피하고자 한다. 이러한 전술은 체제 전복적인 의미를 가진다. 무력한 자들은 기존 질서의 범위에서 벗어나 그들만의 공간을 창조하기 위한 또 다른 수단들을 추구하거나 혹은 기존 질서 자체를 공격한다.[3]

공간적 실천에 대한 사회학적 관점은 세 번째 개척자인 피에르 부르디외 Pierre Bourdieu의 저서『행위의 이론에 대한 개론 *Esquisse d'une theorie de la pratique*』에서도 잘 드러난다. 그는 저서를 통해 활용 praxis에 대한 이론으로서 진정한 인간 행동학을 발전시켰다.[4] 부르디외에게 활용이란 인간과 세계간의 상호관계를 의미한다. 이러한 관계는 보는 것, 말하는 것, 행동하는 것 등을 모두 포함한다. 요컨대 우리가 행하는 외부의 현실과 관련된 (넓은 의미에서의) 모든 '활동들' 을 포함하는 것이다. 이처럼 부르디외는 인간의 모든 행동들을 아우르는 포괄적 이론을 정립하고자 하였다.

공간과 실천적 행위 사이의 관계는 사회과학으로 설명되는 것만은 아니다. 근대 건축에서도 물리적 공간과 공간적 실천 사이의 관계는 근본적인 주제로 끊임없이 다루어져 왔다. 근대 건축의 역사는 공간과 행위의 개념 그리고 그들 간의 상호관계의 반복적인 정의와 재정의로 설명될 수 있다. 예컨대 몇몇 기능주의에 대한 지지자들은 공간적 실천을 '기능' 으로 정의하기도 했다. 그들은 자연을 모방한다는 고전적인 개념을 수용하고, 미국 건축가 루이스 설리반 Louis Sullivan의 '형태는 기능을 따른다. Form follows function' 는 명제를 그들의 모티브로 삼았다. 설리반은 '삶은 그 표현을 통해 인식되는 것이기에 형태는 영원히 기능을 따른다는 사실은 모든 사물에 깃들어 있는 법칙이다' 라고 썼다.[5] 이러한 개념은 완벽한 형태는—부분적인 장식을 피함으로써—완벽하게 기능적이며 시간에 얽매이지 않는 건축을 가능케 할 것이라는 기대와 함께 오랜 기간 동안 근대 건축의 일반적인 원리로 받아들여졌다.

한편으로 많은 기능주의 건축가들은 물리적인 건축의 형태를 새롭게 함으로써 사회적 실천도 달라질 수 있다고 믿었다. 독일의 건축가 아돌프 베네 Adolf Behne는 1923년에 그의 저서『기능적인 현대건물 *Der moderne Zweckbau*』에서 다음과 같이 썼다. '기능주의자들 역시 편의성에 대한 강력한 지지자이지만 그들은 그 편의성을 고정적이고 불변이며 융통성 없는 상수로 보지 않았다. 오히려 인간에 대한 이해를 높이고 그에 따라 인간에게 영향을 줄 수 있도록 자신이 확장하고, 정제하고, 강화하고, 바람직한 방향으로 승화시킬 수 있는 하나의 도구로 보았다. 기능주의자들에게 있어서 그들 각각의 성취된 목표는 더 나은 새로운 개인을 창조해내기 위한 수단이며, 그러한 방편을 통해 기능주의적 건물에 사는 거주자들은 모든 것을 소유하게 되고 건축가는 그 거주자들을 소유하게 된다.'[6]

미국의 사회학자 허버트 갠스 Herbert Gans도 이러한 공간적 실천과 물리적 공간의 긴밀한 관계를 깊이 있게 다루었다. 그는 저서 『인간과 도시계획 *People and Plans*, 1969』에서 '물리적인 환경은 도시계획가들이 생각하는 것보다 많은 효과를 내지 못한다. 사람들은 자신들의 성향과 비슷한 행동 양식을 이루고 유지하기 위해 충돌을 회피하는 이른바 "규범을 벗어난 이용 non-conforming use"을 통해 도시계획가들이 예상하는 효과를 회피하며, 이는 가끔 나쁜 결과를 가져오는 것으로 인식되기도 한다.[7]

제인 제이콥스 Jane Jacobs는 『미국 대도시의 죽음과 삶 *The Death and Life of Great American Cities*, 1961』에서 근대 건축가들의 '톱-다운' 접근법은 도시에서 공공의 삶을 형성하는 일상의 실천을 충분히 고려하고 있지 않다고 주장한다. '도시를 디자인하는 도시계획가들이나 건축가들 그리고 그들의 추종자들이 주변 상황을 관찰하고 이해하는 것이 얼마나 중요한지를 의식적으로 간과하는 것은 아니다. 그들은 그저 도시는 어떻게 움직여야 하며, 그 도시 속의 사람과 업무들을 어떻게 하면 이롭게 할 수 있을지에 대해 정통적인 근대적 도시계획의 성인이나 현자들을 통해 배우는 데에만 고심해온 것이다.'[8] 비슷한 관점에서 덴마크의 도시계획가 얀 겔 Jan Gehl은 그의 저서 『삶이 있는 도시 디자인 *Life Between Buildings. Using Public Space*』에서 '사회적 활동', 예를 들어 '공공의 공간에 존재하는 다른 사람들과 관련하여 일어나는 모든 활동'에 조금 더 관심을 기울일 것을 주장한다. '사회적 활동이란 뛰어 노는 어린이들, 인사, 대화 등 다양한 종류의 공동체적 활동들을 포함하며, 마지막으로—가장 많이 산재해 있는 사회적 활동으로서—단순히 다른 사람들을 만나고 이야기를 듣는 수동적인 접촉들까지 모두 포함하는 것이다.'[9]

1960년대의 디자이너 세대에게는 공간의 실천에 이러한 다양성을 부여하는 것이 건축에 있어서 가장 주된 주제였다. 주제의 초점은 다양한 행위와 프로그램들에 대한 건물의 유연성과 적응성에 맞춰졌다. 네덜란드에서는 욘 하브라켄 John Habraken이 주로 SAR(건축가들의 연구를 위한 재단)의 연구 과제를 통해 이 주제를 다루었다. 그는 저서 『주거대 *Supports*』에서 광대하고 지속적인 건물의 구조와 그 내부 구성의 가변성을 나누어 생각하였다. 그는 매일의 일상적 행위가 펼쳐지고 건물이 거주자들에 의해 전용되고 특징지어질 수 있는 '기반 base'으로서의 건축을 강조하였다.[10]

프랑스의 건축가 베르나르 츄미 Bernard Tschumi는 앙리 르페브르가 주장한 프로그램 되지 않은 공간에 큰 영향을 받았다. 츄미는 공간을 주로 사건과 행동의 개념과 연관 짓는데, 그 속에서 그 시대의 공공의 삶의 일시성 같은 것들이 나타날 수 있다고 보았다. 공간은 더 이상 특정한 프로그램에 의해 형성되는 것이 아니라 그 안에서 일어나는 신체적 움직임이나 사건들에 의해 만들어지는 것이다. 사건과 공간 사이에 선형적 인과 관계는 존재하지 않는다. 그 둘은 모호하게 연결되어 있어서 독립적인 성격을 띠면서 동시에 서로 불가분한 것이기도 하다. 예를 들어 파리의 라 빌레트 공원 Parc de la Villette의 유명한 빨간색 폴리들 follies은 특별히 정해진 프로그램이 없지만 공원의 공간적인 특징을 결정짓는 중요한 요소가 되며 다양한 용도로 쓰이기도 한다. 그 폴리들의 건축은 가끔씩 강압적인 성격을 띠기도 하지만 대부분의 경우 아주 개방적이다. 이는 이 책에 실려 있는 츄미의 글 『건축의 폭력성 *Violence of Architecture*』에서도 언급된다. 츄미는 신체와 그 신체의 움직임이 일어나는 공간의 관계성을 '폭력' 이라는 은유를 통해 표현하였다. '폭력' 은 신체에 미치는 건축의 영향만을 뜻하는 것이 아니다. 다르게 보자면 신체가 건축에 침입하는 것과도 같은 것이다. '건물과 그 사용자간에 발생하는 모든 관계가 일종의 폭력이다. 건물의 용도와 무관하게 그 관계는 주어진 공간 속으로 사람의 신체가 침입하는 것을 의미하고, 이는 하나의 질서 속으로 또 다른 질서가 침범하는 것을 뜻하기도 한다.'

건축가 집단인 슈퍼스튜디오 Superstudio는 공간적 · 사회적 실천은 더 이상 어떠한 규정에도 속하지 않는다고 보았다. 슈퍼스튜디오의 사진 콜라주와 미래에 대한 여러 가지 이미지들은 사람들이 계급과 유형의 구분 없이 자유롭게 움직이는 사회를 묘사한다. 슈퍼스튜디오의 건축가들은 '거대 표면 supersurface' 에 대한 그들의 유토피아적 연구를 통해 '비판적 존재로, 지식의 도구로 그리고 철학적 사색으로 이해할 수 있는 디자인 활동에 대한 비판적인 자세 (혹은 희망)' 을 그들의 사회적 과제로 묘사한다. '거대 표면' 은 한계 없는 건축을 향한 극단적인 탐구이다. 지구의 표면 전체가 보이지 않는 격자로 덮여 있다. 풀밭 여기저기에서 접속 포인트를 찾을 수 있고, 그곳에서 장비를 플러그인 하거나 당신이 원하는 대로 공간을 사용할 수 있다. 그들은 이러한 모델이 형식적인 구조물들의 수를 감소시키는데 기여한다고 주장한다. 그렇게 함으로써 다시 개념화된 건축은 슈퍼스튜디오의 건축가들이 집합적 의식행위로 묘사하는 의식절차를 명확하게 표현하는데 하나의 역할을 갖게 된다. 공유된 의식절차는 계속해서 존재하며, 실행되는 과정에서 공동체를 더욱 확고하게 한다. 그러나 그들이 주장하는 바는 이러한 의식 행위들이 기념비적인 건물에만 한정된 것이 아니라—흔히 생각하는 것이지만—모든 건물들이 알 수 없는 의식을 위해 디자인된다는 것이다.

라울 분쇼텐 Raoul Bunschoten은 모더니즘에 뒤이은 건축을 '사회 공학' 의 한 형태라고 보았다. 그의 관점에서 건축은— '거주의 기계' 로서—인간의 삶의 방향이나 정치적인 통찰력에 영향을 미치는 것이 아니라 사회적 변화의 수단이 되는 공공의 공간이다. 저서 『공공의 공간 *Public Spaces*』에서 분쇼텐은 '공공공간이 가진 특성은 다양한 사람, 사건, 집합적 표현, 프로그램 등에 대해 여전히 주요한 매력을 갖는다. 그러나 그 형태는 새로운 추세와 권력, 욕망에 맞춰져 지속적으로 변화하며 오랜 시간에 걸친 변화를 통해 다양해진다.' 라고 말한다. 그러므로 공공의 공간은 도시 생활의 필수적인 요소이자 지속적인 상호작용의 중심지 locus이며, 그 공간을 통하여 인간의 가능성이 확장될 것이다. 분쇼텐은 프로젝트와 저서를 통해 모든 것을 고정시키지 않고 개방성을 추구하는 공공 공간의 디자인에 대한 새로운 접근법을 추구한다. 그는 최신 기술들을 이용해 프로그램을 계속해서 반복적으로 재구성하고, 특정한 공간적, 사회적 그리고 정치적 질을 향상시키기는 것이 가능해야만 한다고 보았다.

유엔 스튜디오 UN Studio의 벤 판 베르켈 Ben van Berkel과 캐롤라인 보스 Caroline Bos는 '액상의 건축 Liquid Architecture' 을 통해 디자인으로 사회 과정들에 대응하는 새로운 방법을 찾는다. 오늘날의 상상은 지역 단위의 특성을 강조하면서 동시에 더욱 거대한 균질성으로 이어지는 듯한 역동적인 사회와 세계화에 영향을 받는다. '오늘날 정책이라는 것은 건축이 생산되는 상황, 건축적 상상과 공공의 삶에 대한 공동의 상상, 그리고 이러한 요소들의 상호 관계를 가시적으로 만들어주는 기술들 사이의 비판적 관련성을 의미한다.' 유엔 스튜디오는 건축적 구조들을 이와 같이 정의하고자 한다. 판 베르켈과 보스는 그 구조들을 더 이상 균질하고 선형적인 시스템을 표현하는 것으로 보지 않고 오히려 실현화의 과정으로 여긴다. 그러한 구조들은 규모가 없고, 쉽게 변화하며, 다양한 정체성을 수용할 수 있다. 그리고 그것이 바로 오늘날의 건축에 요구되는 것이다. '어떻게 하면 공공을 매개로 한 새로운 공간을 현재의 건축적 효과 속에 녹여낼 수 있을까?' 그들이 저서 『무브 Move』의 서론에서 던진 이 질문은 이 책에서도 다시 한 번 등장한다.

알레한드로 자에라 폴로 Alejandro Zaera Polo도 건축의 구성에 있어서 개방성이라는 유사한 개념을 추구한다. 그는 이 책에서 다루고 있는 『무질서를 초월한 질서 *Order beyond Chaos*』가 실려 있는 저서 『하이젠베르그는 잊어라 Forget Heisenberg』에서 기존의 양식들은 '정적이고 완전하며 이상적인 신체의 한계 내에 가둘 수 없는 흐름들과 다양성들에 의해 점차적으로 결정되어가는 문화 속에서 제 역할을 하기에는 너무나 완고하고 환원주의적이다' 라고 썼다. 그는 그리스 철학에 등장하는 창조의 신을 언급하며 '조물주적 demiurgic' 방법론을 설명한다. 비록 데미우르고스 Demiurge가 만물을 창조했을지는 모르지만 그는 얼굴이 없는 하나의 배경에 불과한 신이었다. 아리스토텔레스는 그를 '첫 번째 부동의 동자 first unmovedmover' 라고 칭하였다. 자에라 폴로는 데미우르고스를 건축의 모델로 이용한다. 그는 건축의 전형이나 유형으로 되돌아가는 것이 아니라, 인체의 움직임을 그 시작점으로 간주함으로써 건축을 그 근원에 가까운 상태로 지속할 수 있다고 보았다. 정보의 시대에서는 상징성과 유형 그리고 의미를 갖는 것에 대한 책임을 떨쳐버림으로써 '정보와 형태'가 하나로 합쳐지는 것이 가능해 진다.

밀라노의 건축가 안토니오 모네스티롤리 Antonio Monestiroli는 건축이 계속해서 다른 모습을 보여줄 수 있다는 생각이나, 혹은 이런 방식으로 모든 면에서 적합한 공간이 생산될 수 있다고 보는 생각에 이의를 제기한다. 그는 특히 대중의 인지가능성에 의구심을 가지며 이것이 아주 중요한 요점임을 강조한다. 건축은 예술의 공공적인 형태이므로 공공에 책임을 갖는다. 모네스티롤리는 그의 저서 『방법의 문제 Question of Method』에서 '대중과 디자이너 간에는 양방향 관계가 존재한다. 대중은 그들에 속한 문화를 완전한 형태로 표현해내는 과제를 건축가에게 맡긴다. 건축가들은 이러한 과제를 실행하고 대중에게 다시 돌려주는 것이다'라고 언급한다. 이 글에서 그는 기존에 이미 존재하던 것을 짓기 위해서가 아니라 새로운 상황에서 기존의 지식을 적용함으로써 인식 가능한 건축을 성취하기 위해 모든 프로젝트에서 역할을 해야만 하는 네 가지 요소들을 전면에 내세운다. 그 네 가지 요소란 주제 theme, 유형 type, 공간 space 그리고 기술적 형태 technical form이다. 형태는 이 요소들 간의 균형을 찾음으로써 결정되는 것이다. 그는 프로그램이나 목적과의 관계성에 대해서는 논하지 않는다. 그는 이들이 유형의 필수적인 부분이라고 보았다. 건축의 고전적인 규칙에 따르면 주제도 역시 유형을 결정하는 요소이다. 역사와의 끈을 놓지 않은 채 프로그램과 기능의 변화를 견딜 수 있는 것은 유형이다. 건축가의 과제는 특정한 장소성을 만들어내기 위해 가용한 기술적 자원을 동원해 유형을 변형하는 것이다.

20세기를 거치면서 사회 공학으로서의 건축에 대한 기대가 감소하였다. 공간이나 프로그램을 궁극적으로 결정하는 것은 건축가가 아니라 일상생활 속에서 일시적인 행위들을 통해 그 공간을 사용하는 사용자이다. 건축가가 강조해야 하는 문제는 이제 인간의 사회적 실천의 다양성을 위해 어떠한 공간을 제공하느냐이다. 그렇다면 건축은 무엇보다 츄미가 제안하는 바와 같이 사건들을 위한 공간을 제공하는 '중립적' 외피가 되어야 할까? 슈퍼스튜디오가 주장한 바대로 건축이 아직 미래를 향한 과정을 구성할 수 있는 잠재성을 갖고 있을까? 혹은 라울 분쇼텐이 주장하듯이 건축은 공공의 공간으로 사용되기 위한 개방성을 안고 있는가? 그리고 사회적 실천들이 변해감에 따라 건축 그 자체도 역시 바뀌어야 하는가? 유엔 스튜디오와 자에라 폴로의 글에서 설명하듯이 개방적 구조를 만들어내기 위해 건축은 새로운 기술을 수용해야만 하는가? 아니면 모네스티롤리의 주장처럼 건축이란 여전히 인간 활동에 적합한 기본적인 틀을 제공하는, 기존에 이해되어 온 레파토리를 간직한 지속적인 요소들인가? 이 장에서 제시되는 논점들은 각각의 타당성을 견지하고 있다. 결국 건축가들이 몇 번이고 계속해서 마주치게 될 근본적인 이슈 중 하나는 바로 건축가들이 대중의 기대, 대중의 상상, 대중의 삶을 어떻게 고려할 수 있는가의 문제이다.

{주}

1 Bernard Tschumi, 'De-, Dis-,Ex-', Bernard Tschumi, *Architecture and Disjunction*. Cambridge, Mass. (MIT Press)1996, 217쪽 중에서

2 Henri Lefebvre, *La productionde l' espace*. Paris (Anthropos)1974; 영역본: Henri Lefebvre, *The Production of Space*. Oxford / Cambridge, Mass. (Blackwell)1991.

3 Michel de Certeau, *L'inventiondu quotidien*. Vol. 1, *Arts defaire*. Paris (Gallimard) 1980;영역본: *The Practice of Everyday Life*. Berkeley (University of California Press) 1984.

4 Pierre Bourdieu, *Outline of a Theory of Practice*. Cambridge(Cambridge University Press)1985; 원서: Pierre Bourdieu, *Esquisse d'une théorie de la pratique*, précédé de *Trois Etudes d'ethnologie Kabyle*. Paris(Droz) 1972.

5 Louis H. Sullivan, 'The Tall Office Building Artificially Considered', *Lippincott's Magazine*, Philadelphia 1896. 중에서

6 Adolf Behne, *Der modern Zweckbau*. Munich (Drei Masken Verlag) 1926; 영역본: Rosemarie H. Bletter (ed.), *The Modern Functional Building*. Getty Research Institute for the History of Art and the Humanities, Santa Monica1996.

7 Herbert Gans, *People and Plans*. New York (Basic Books)1968, 19쪽

8 Jane Jacobs, Scott Campbell & Susan S. Fainstein(eds.), *Readings in Planning Theory*. Hoboken, NJ (Wiley Blackwell) 2002 (second edition), 64쪽 중에서

9 Jan Gehl, *Life Between Buildings. Using Public Space*. Copenhagen (Arkitektens Forlag) 1996, 14쪽

10 John Habraken, *Supports: an Alternate to Mass Housing*. Gateshead, UK (The Urban International Press) 2000(reprint of the 1972 edition); 원서: *De dragers ende mensen. Het einde van demassawoningbouw*. Amsterdam(Scheltema & Holkema)1962.

건축의 폭력성 Violence of Architecture

{베르나르 츄미 Bernard Tschumi}

출처: Bernard Tschumi, *Architecture and Disjunction*. Cambridge, Mass. (MIT Press)1996, 121-139쪽 중에서

1. 행동 없이는 건축은 존재할 수 없고, 이벤트와 프로그램이 없는 건축 또한 존재할 수 없다.
2. 더 나아가 폭력성 없는 건축이란 있을 수 없다.

위의 첫 번째 글은 행위를 희생하고 공간을 우선시 하는 것을 거부한다는 점에서 건축적 통념을 거스른다. 두 번째 발언은 비록 사물의 논리와 인간의 논리가 세계와의 관계에 있어 서로 독립적인 것이라 하더라도 언젠가는 그 둘이 서로 격렬하게 직면하는 상황을 피할 수 없다는 것을 주장하고 있다. 건물과 사용자의 관계는 하나의 폭력이다. 이는 어떠한 용도의 건물이든 주어진 공간에 대한 인체의 침입, 즉 하나의 질서에 대한 다른 질서의 침입을 의미한다. 이러한 침입이야말로 건축 본연의 의미이다. 건축 내부에서 일어나는 이벤트들을 무시한 채 건축의 의미를 그 공간에 대한 이해의 개념으로만 일축하는 것은 건축을 입면에만 국한시키는 것만큼이나 지나친 단순화이다.

'폭력성' 이라고 해서 신체적, 정신적 온전함을 파괴하는 잔인함을 의미하는 것은 아니다. 그것은 개인과 그 주변 공간들이 형성하는 관계의 강렬함을 표현하기 위한 은유이다. 우리의 논점은 양식의 문제가 아니다. 근대 건축이 고전주의 건축이나 파시스트, 사회주의자 또는 지역주의적 다양성보다 더 폭력적이거나 덜 폭력적이라고는 할 수 없다. 건축의 폭력성은 근본적이며 불가피한 것이다. 죄수와 교도관의 관계, 범죄자와 경찰의 관계, 환자와 의사의 관계, 질서와 무질서의 관계처럼 건축 또한 이벤트들과 결부되어 있기 때문이다. 이는 공간이 그 안에서 일어나는 행동들을 한정하듯 행동들 또한 공간을 한정한다는 것을 의미한다. 따라서 공간과 행동은 서로 불가분의 관계에 있으며, 건축에 대한 그 어떤 해석이나 도면 또는 개념으로도 이 사실을 거부할 수는 없다.

무엇보다 중요한 것은 바로 행동과 공간 사이의 관계가 서로 비슷하게 영향을 미치는 대칭적 관계인가 아니면 한쪽이 다른 쪽을 명백히 지배하는 비대칭적 관계인가를 명확히 하는 것이다.

공간을 침범하는 인체들

우선, 모든 개인이 건축의 통제된 질서체계 안으로 침입함으로써 인간 존재 그 자체만으로 공

간에 영향을 미치게 되는 폭력이 존재한다. 건물 안으로 들어간다는 것은 아주 섬세한 행동이다. 그러나 그것은 정확한 질서를 가진 기하학의 균형을 깨뜨리는 것이다 (뛰는 사람이나 싸우고 있는 사람, 연인들이 찍혀있는 건축 사진을 본적 있는가?) 사람의 몸은 유동적이고 불규칙한 움직임을 통해 새롭고 예상치 못한 온갖 종류의 공간을 형성한다. 따라서 건축은 디자인 개념을 통해 조심스럽게 정립된 규칙과는 무관하게 움직이는 사용자들과 끊임없는 상호 관계를 맺는 하나의 유기체이다. 건축에서 인간의 몸이 항상 문제가 되었음은 놀랄 만한 일이 아니다. 신체는 항상 극단적인 건축적 야망을 제한해왔기 때문이다. 그러한 신체는 건축적 질서의 순수성을 교란한다. 그것은 위험한 금기와도 같은 것이다.

폭력이 항상 존재하는 것은 아니다. 반란이나 소요, 내란, 그리고 혁명 등과 같은 폭력들이 제한된 시간 동안에만 지속되는 것처럼 공간에 대해 인체가 저지르는 폭력도 일시적이다. 그러나 그것은 언제나 암시적이다. 문은 누군가 문틀을 건너는 움직임을 의미하며 복도는 그러한 움직임을 막아서는 다른 움직임의 진행을 암시한다. 각각의 건축 공간은 그 안에서 머물게 될 침입의 존재를 암시한다. (그리고 바란다.)

Bernard Tschumi / Parc de la Villette / Park / Paris, France / 1982

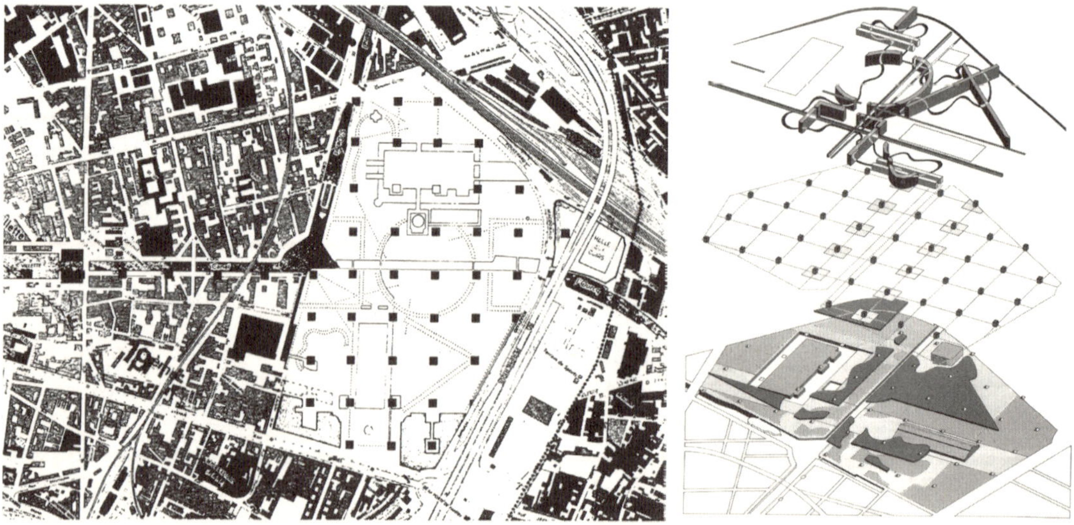

인체를 침범하는 공간

만약에 인체가 건축 공간의 순수성을 침해한다면 당연히 그와 반대되는 상황에 대해서도 의문을 재기할 수 있다. 사람 수에 비해 폭이 좁은 복도는 사람들에게 폭력성을 가한다. 이것이 바로 건축이 이용자에게 미치는 상징적인 또는 물리적인 공격성이다. 주지하건대 지금 나는 최근의 행동주의자들이 제시하는 건축적 접근법들을 재론하고자 하는 것이 아니다. 단지 그러한 폭력성이 물리적으로 존재한다는 것과 그것이 상상과 같은 방법으로 전혀 악의 없이 일어난다는 사실을 강조하고 싶을 뿐이다.

당신의 신체가 머무는 장소는 당신의 무의식과 상상 속에 행복할 수 있는 공간 또는 위협적인 공간으로서 새겨진다. 만약 당신이 상상 속의 공간적 표상을 버려야만 한다면 어떻게 될까? 고문자는 희생자인 당신이 되돌아오기를 바란다. 그는 희생자의 위신을 떨어뜨리고, 당신이 가진 주체로서의 정체성을 잃어버리게 만들고자하기 때문이다. 갑자기 당신에게는 선택의 여지가 없어진다. 달아나는 것은 불가능하다. 방들은 너무 좁거나 너무 넓고, 천장도 너무 낮거나 너무 높다. 공간에 의해 발생하는 폭력은 공간적 고문이나 마찬가지이다.

팔라디오 Palladio가 설계한 빌라 로톤다 Villa Rotonda를 예로 들어보자. 당신은 수많은 축들 중 하나를 따라 걸어간다. 그리고 중앙의 공간을 거쳐 다른 끝에 도달해서는 언덕이 있는 풍경 대신 또 다른 빌라 로톤다의 계단을 발견한다. 그리고 같은 과정이 반복된다. 이러한 끝없는 반복은 처음에는 어떤 묘한 욕망들을 불러일으키지만 이내 가학적이고 불능이며 폭력적으로 변해버린다.

이러한 불쾌함을 유발하는 공간적 장치는 어떤 형태로든지 나타날 수 있다. 감각을 잃게 만드는 새하얀 무반향실이 될 수도 있고, 심리적 분열 상태를 유발하는 비정형의 공간이 될 수도 있다. 가파르고 위험한 계단이나 의도적으로 사람 수에 비해 비좁게 만들어진 통로는 사색의 대상에서 잘못 활용된 도구로 급진적으로 변해버린 건축의 예를 보여준다. 동시에 폭력성을 수용하는 주체—우리—가 이러한 공간적 공격을 받고 싶어 하는 경우도 있다는 것을 명심해야 한다. 이는 마치 당신이 고통스러운—하지만 즐거울 수도 있는—육체적 또는 정신적 충격을 견뎌내기 위해 록 콘서트에 가서 굳이 시끄러운 스피커 앞에 가까이 서있는 것과 같은 것이다. 과도한 소음을 추종하기 위한 장소는 과도한 공간을 추종하기 위한 장소를 의미한다. 결국 폭력에 대한 사랑은 고대로부터 이어져 오는 즐거움이다.

왜 건축이론은 이런 즐거움을 지속적으로 거부하면서 건축이 (적어도 공식적으로는) 신체적 편안함을 제공하는 것뿐만 아니라 시각적 즐거움도 제공해 주어야 한다고 강조해 왔을까? 음악이 만드는 불협화음의 폭력에서부터 스포츠를 통한 신체적 충돌의 쾌락까지, 그리고 갱스터 영화에서부터 마르키 드 사드 Marquis de Sade에 이르기까지 인간의 모든 활동에서 이러한 폭력성의 쾌락을 경험할 수 있다는 점을 고려한다면 이러한 전제는 매우 기이한 것이다.

관습화된 폭력성

이렇듯 공간이 주는 절묘한 기쁨, 건축이 주는 충격적인 고문, 혼미한 풍경을 가로지르는 고통스러운 산책로, 그리고 배우가 무대의 장식을 보완하는 연극적 이벤트들. 누가 이 모든 것들을 계획하고 조종할 것인가? 과연 누가…… ? 건축가가? 17세기까지는 베르니니 Bernini가 무대 전체를 지휘했었고, 이후 망사르 Mansart가 '루이 14세'를 위한 연회를, 그리고 알베르트 스피어 Albert Speer의 차갑고도 아름다운 집회가 그 뒤를 이었다. 결국 이런 폭력성의 가장 본질적인 행위, 즉 살아있는 신체와 죽어있는 석조 간의 터무니없는 교접이라는 행위는 당신이 반복해서 건물에 드나듦으로 인해 끝없이 반복될지도 모르지만, 그렇다 하더라도 그것은 독특한 것이며 미리 연습해 볼 수 없는 경험이다. 건축가들은 예측 가능한 통로를 따라 순종적인 우리의 신체를 유도하고, 경사로를 따라 이따금씩 빼어난 전망을 보여주며, 공간 속에 우리의 신체를 침범시키는 것을 관습화함으로써 언제나 이러한 '통제할 수 없는 폭력성'을 정화하기를 꿈꿀 것이다. 르 꼬르뷔제 Le Corbusier가 설계한 카펜터 센터 Carpenter Center는 건물을 관통하는 경사로를 통해 건축적 입체 속으로 스며드는 인체의 진정한 움직임을 보여준다. 반대로 말해 건축적 입체가 인체의 움직임을 강력히 유도한다고도 할 수 있다.

공간과 신체의 근원적이고 자발적인 상호작용은 종종 관습에 의해 정화되기도 한다. 예를 들어 16세기의 야외극들과 나탄 알트만 Nathan Altman이 생 페테르부르크에 재현한 '겨울 궁전 습격 The Storming of the Winter Palace' 은 자발적인 폭력성의 관습적 모방이다. 이러한 관습들은 끝없이 반복되면서 시간과 장소의 선택, 희생자의 선정과 같이 통제를 벗어난 근원적 활동의 모든 요소들을 구속한다.

관습은 공간과 행위 간의 거의 고착된 관계를 의미한다. 관습은 최초의 이벤트가 초래한 혼돈 이후에 새로운 질서를 정립시킨다. 긴장을 조정하고 관습으로 이를 바로잡는 것이 필요해질 때에는 단 하나의 요소도 간과되어서는 안 된다. 이상하거나 예상치 못한 일이 발생해서는 안 되며 통제는 절대적이어야 하는 것이다.

프로그램: 호혜와 충돌

이러한 통제는 물론 쉽게 성취될 수 없는 것이다. 건축적인 '발레 메카닉 ballet mecanique' 같은 것에서, 일상생활에서 지속적으로 일어나는 뉘른베르크 전당대회 같은 것에서, 공간적 친밀감이 높은 꼭두각시 인형극에서 건축가들이 개인과 사회의 모든 움직임 하나하나를 프로그램 하고자 했다면 현재의 체제들은 거의 남아있지 않았을 것이다. 그리고 모든 자발적인 움직임들이 한 순간에 견고한 통로 속에서 굳어져버렸다면 어떠한 체제도 남지 못했을 것이다. 그 관계는 더 복잡 미묘해서 권력의 문제뿐만 아니라 건축이 이벤트를 지배하느냐 이벤트가 건축을 지배하느냐의 문제마저도 초월한다. 마치 죄수와 교도관, 사냥꾼과 사냥감의 피할 수 없는 관계만큼 대칭적이다. 그러나 사냥꾼과 사냥감 둘 다 생필품, 음식, 은신처, 기타 등등과 같이 사냥과는 관계없을 것만 같은 기본적인 욕구들을 고려해야만 한다. 사냥꾼과 사냥감은 자신들이 죽음과 관련된 치명적인 게임에 연루되어 있다는 사실과 상관없이 이러한 욕구들을 즐긴다. 그들은 각기 자급자족적이다. 오직 서로의 현실에 직면했을 때에만 그들의 전략은 완전하게 상호의존적이 되어 누가 시작하고 누가 반응하는 것인지를 구분할 수 없게 된다. 이와 똑같은 현상이 건축에서도 일어나며, 건물이 이용자와 관계를 맺는 방식이나 공간이 이벤트 또는 프로그램과 관계를 맺는 방식에서도 발생한다. 어떠한 이벤트가 조직적으로 반복되는 경우에도 일단 그 이벤트가 사전에 알려지면 그것은 하나의 프로그램, 즉 일련의 형식적인 행위들의 서술적인 공표가 된다.

공간과 프로그램이 서로 독립적일 때, 건축적 고려 사항들이 실용적 고려 사항들에 의존하지 않고 공간이 하나의 논리 안에 다른 이벤트들을 지니게 되는 무관심의 전략을 발견할 수 있다.

이러한 현상은 수정궁 Crystal Palace이나 19세기 대영박람회의 특징 없는 가건물들에서 발견할 수 있는데, 그곳에는 식민지의 희귀한 비단을 두른 코끼리부터 국제적인 권투 시합까지 다양한 이벤트들이 수용되었다. 이와는 아주 다른 방식이지만 같은 예로 위트레흐트 Utrecht에 있는 게리 리트펠트 Gerrit Rietveld의 주택을 들 수 있다. 이곳은 공간과 그 용도의 우연한 대비에도 불구하고, 아니 어쩌면 그것으로 인해 건축 어휘에 있어서 매우 뛰어나며 그 안에서 살기에도 불편함이 없는 공간이다.

또 다른 경우에는 건축 공간과 프로그램이 완전히 상호의존적이고 서로의 존재에 전적으로 영향을 미치게 되기도 한다. 이러한 경우 사용자의 요구에 대한 건축가의 시각에 따라 모든 건축 요소들이 결정된다. (그 결정은 사용자의 태도를 결정지을 수도 있다.) 건축가들이 무대세트를 디자인하고, 대본을 쓰며, 배우들을 감독하는 것이다. 1920년대의 독일공작연맹 Werkbund의 이상적인 주방 계획안에서도 그러한 예를 볼 수 있는데, 거의 생화학적인 주부의 일거수일투족

이 디자이너들의 지속적인 관찰을 통해 세심하게 모니터 되었다. 포포바 Popova의 무대 세트 위에서 연기한 메이어홀드 Meyerhold의 생체기계도 유사한 예로 볼 수 있으며, 등장인물들의 논리가 역동적인 무대 배경의 논리에 맞게 혹은 그와 대조되게 연기되었다. 이는 프랭크 로이드 라이트 Frank Lloyd Wright의 구겐하임 미술관에서도 마찬가지이다. 움직임이냐 공간이냐의 문제는 그 둘 사이에 궁극적으로 깊은 유대가 형성되어 있기 때문에 이 중 어느 것이 먼저이고 어느 것이 다른 것에 영향을 미치는지에 대해 알아내는 것의 문제가 아니다. 단지 힘의 방향이 달라질 뿐 결국 그 둘은 동일한 한 쌍의 관계를 갖는 것이다(내가 서로 독립적이면서 상호의존적이기도 한 이 둘의 관계에 대해 개략적으로 서술하는 것은 그 둘이 모더니즘 대 휴머니즘, 형태주의 대 기능주의 등과 같이 건축가나 비평가들이 일반적으로 선전하고 싶어 하는 관례적인 이념들과는 관계없이 존재한다는 사실을 주장하고자 하는 것이다).

물론 대부분의 관계는 행동과 공간의 독립적인 관계와 상호의존적인 관계 그 사이 어디쯤에 위치한다. 당신은 주방에서 잠을 잘 수도 있다. 그리고 주방에서 싸우거나 사랑을 나눌 수도 있다. 이러한 변화들이 무의미한 것은 아니다. 18세기 감옥의 건축 유형이 20세기에 시청으로 바뀌게 될 때, 이러한 변화는 필연적으로 공공시설에 대한 중요한 표현 방식을 제시하게 된다.

확실히 덜 극적이긴 하지만 맨해튼의 산업용 공장이 주거시설로 바뀔 때도 비슷한 변화들이 발생하였다. 어떤 행위가 공간에 의해 한정되는 것과 마찬가지로 공간 역시 행위에 의해 특성을 갖게 된다. 하나가 다른 하나를 촉발하는 것이 아니라 그들은 상호의존적으로 존재하는 것이다. 오직 그 둘이 서로 교차할 때만이 서로에게 영향을 미친다.

쿨레쇼프 Kuleshov의 실험을 떠올려보자. 그 실험에서 배우들의 무표정한 얼굴을 찍은 동일한 사진들을 다양한 상황 속에 대입해 보았는데 청중들은 똑같은 사진의 연속적인 배열에도 불구하고 각 상황마다 그 표정을 다르게 해석하였다. 건축에서도 이와 동일한 효과가 발생한다. 이벤트가 각각의 새로운 공간에 의해 변화하게 되는 것이다. 그리고 그와 반대의 경우도 나타난다. 즉, 주어진 '자율적인' 공간으로 인해 프로그램의 모순이 발생함으로써 공간은 새로운 차원의 의미를 지니게 된다. 이벤트와 공간은 서로 합쳐지지 않고 서로에게 영향을 미친다. 마찬가지로 만약 시스티나 예배당 Sistine Chapel이 장대높이뛰기라는 이벤트를 위해 사용된다면 그 건축물은 기존의 관례적인 선한 의도로 이용되지 않을 것이다. 그러한 관습에 대한 침해는 잠시 동안 실제적이며 무소불능할 것이다. 하지만 문화적 기대에 대한 도전은 곧 받아들여지게 된다. 폭력적인 초현실주의적 콜라주 collage가 광고의 미사여구에 많은 영감을 주었듯이, 침범

Bernard Tschumi / Rouen Concert Hall / Concert hall / Rouen, France / 1998-2001

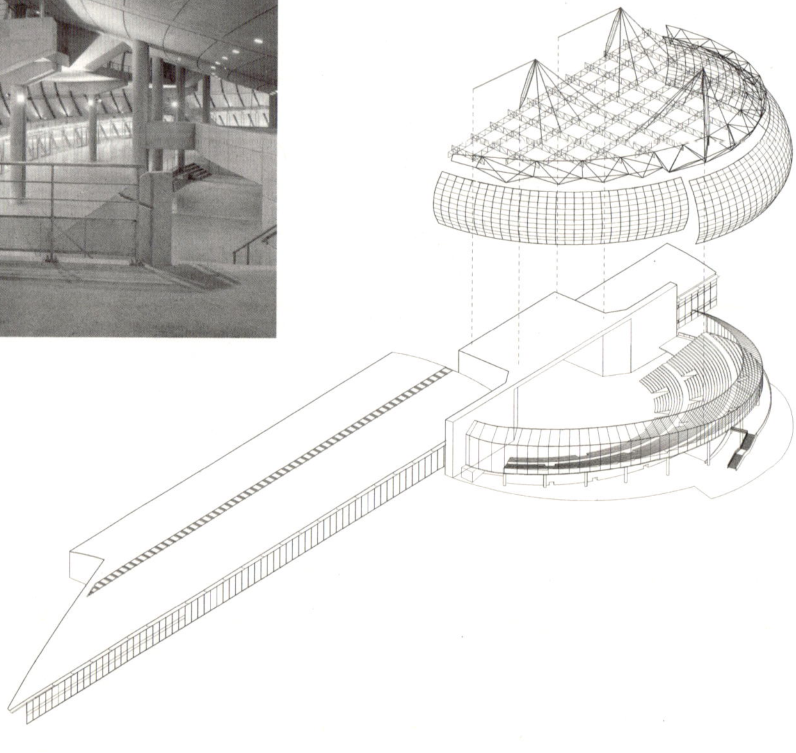

된 규칙들은 상징적인 동기를 통해서건 기술적인 동기를 통해서건 간에 매일의 일상생활 속에 규합된다.

만약 폭력성이 어떤 관계성의 강렬함을 은유하는 것이라면 건축의 물질성은 그 은유를 초월하는 것이다. 건축에는 깊은 관능, 즉 뜨거운 에로티시즘이 존재한다. 건축에 내재해 있는 폭력성은 그것에 의해 발휘되는 합리적인 또는 비합리적인 힘에 따라 변화한다. 그 힘들은 부족할 수도 있고 과할 수도 있다. 집 안에서 활동이 거의 없는 활동저하 상태는 활동항진 상태만큼이나 불안감을 줄 수 있다. 금욕주의와 지나친 흥청거림은 건축 이론가들이 인정하는 것보다 더욱 밀접하며, 리트펠트나 비트겐슈타인 Ludwig Wittgenstein이 설계한 주택의 금욕주의는 불가피하게도 가장 성대하게 벌어지는 술잔치를 암시하기도 한다. (문화적 기대는 단지 폭력성의 인식에 영향을 미칠 뿐 그 본질을 바꾸지는 못한다. 예를 들어 잠들어 있는 연인의 얼굴을 때리는 행위가 문화마다 다르게 인식되는 것과 마찬가지다.)

건축과 이벤트는 암시적으로든 노골적으로든 지속적으로 서로의 규칙을 침범한다. 잘 조직화되어 구성된 규칙들은, 의문스러울 수도 있지만 여전히 항상 참조할만한 기준이 된다. 하나의 건물은 그것을 부인하기 위해 일어나는 행위를 위한 참조점이기도 하다. 건축의 이론은 그

건축이 허용하는 용도에 의해 위협받는 질서의 이론이며 그 반대가 되기도 한다.

폭력성의 개념을 건축적 체제에 통합하는 것은 (이것이 내 논쟁의 목적이기도 하다) 궁극적으로 건축에서의 새로운 즐거움을 위한 것이다. 여타 다른 형태의 폭력과 마찬가지로 건축의 폭력성도 역시 변화와 재생의 가능성을 내포한다. 다른 여타 폭력과 마찬가지로 건축의 폭력성도 디오니소스적인 것이다. 우리는 건축의 폭력성을 받아들여야만 한다. 그리고 역동적인 방법으로 유지되어 온 그것의 모순들에 대해서도 그 모순들의 충돌과 상보성을 이해해야 한다.

문뜩 드는 생각이지만 두 가지 유형의 부분적 폭력성들, 특히 건축적이지 않은 유형의 폭력성들은 구분되어야 한다. 첫째는 형태적 폭력성으로, 사물들 간의 충돌을 의미한다. 형태와 형태가 맞서는 폭력, 지오반니 피라네시 Giovanni Battista Piranesi의 대비에 의한 폭력, 슈비터스 Kurt Schwitters의 메르츠바우 Merzbau 콜라주에서 오는 폭력, 그리고 그 외의 건축적 충돌에 의한 폭력 등을 그 예로 들 수 있다. 왜곡, 분열, 압축, 파열 그리고 해체는 형태를 조작하는 데에 내재되어 있는 폭력이다. 이러한 폭력성은 주변 환경 속에 지어지는 새로운 건설이 일으키는 분열이기도 한데, 이는 건설이 그것이 대체하는 기존의 것들을 파괴할 뿐만 아니라 그것이 점유하는 영역도 침해하기 때문이다. 그 예로 19세기 파리 교외 지역의 컨텍스트 속에서 나타나는 아돌프 로스 Adolf Loos가 설계한 트리스탄 차라 Tristan Tzara 주택의 폭력성이나 혹은 커튼월로 가득한 거리에서 볼 수 있는 역사성의 암시에 의한 파괴적인 효과를 들 수 있다. 이러한 맥락에서의 폭력성은 차이에 대한 격론적 폭력에 지나지 않는다. 이에 대해 논의하는 것은 사회학, 심리학, 미학의 과제이다.

하지만 네온으로 만든 뒤틀린 페디먼트와 그것을 지지하는 부서진 코린트식 기둥이 측면에 서있는 출입문은 폭력적이기 보다는 오히려 웃음거리처럼 보인다. 제임스 조이스 James Joyce의 '도어럼 doorlumn' 은 말장난이자 동시에 언어의 문화적 위기에 대한 비판이기도 했다. '피네간의 경야 Finnegans Wake' 는 기둥, 계단, 창문, 그리고 이들의 다양한 조합과 같은 건축적 어휘의 구성요소들이 보자르 Beaux Arts나 바우하우스 Bauhaus와 같은 특정한 문화적 시기를 통해 정의될 때, 이러한 구성요소들이 특정한 규범으로부터의 일탈로 인해 공격받을 수도 있음을 암시한다. 이러한 형식적인 불복종은 궁극적으로 아무런 해가 없으며, 심지어는 침해된 금지 규정들이 그 과도한 특성들을 점차 잃어가면서 새로운 양식을 초래할 수도 있다. 따라서 이러한 불복종은 새로운 즐거움을 선사하고 뒤이어 또다시 침범될 새로운 규범을 완성해가게 된다.

부분적인 폭력성의 두 번째 유형은 은유적인 표현이 아니다. 프로그램의 폭력성은 공간의 용도와 행위, 이벤트를 포함하며 우연히 또는 의도적으로 특히 사악하고 파괴적인 성격을 지니게 되는 프로그램들까지도 포괄한다. 이러한 폭력성에는 살인과 억류와 고문이 있으며, 이들이 곧 도살장, 강제 수용소 또는 고문실이 되는 것이다.

Superstudio / The Continuous Monument / Theoretical project / 1969-1971

근본적인 활동들: 삶 Life / 의식 Ceremony

{수퍼스튜디오 Superstudio}

출처: Martin van Schaik and Ottokar Máçel(eds.), *Exit Utopia. Architectural Provocations* 1956-1976. Munich (Prestel) 2005

서론

건축가들은 우리 삶에서 가장 근본적인 문제와 같은 거창한 주제는 결코 다루지 않는다. 건축은 우리 삶의 가장자리에 머물면서 우리 삶의 과정 중 오직 일부에만 관여할 뿐이며, 일반적으로 우리들의 행동들이 이미 성문화되었을 때 확고하게 명시된 문제들에 대한 해답을 제공해준다.

비록 그 해답이 일탈적이거나 애매할지라도 그 해답의 생산과 소비에 적용되는 논리는 어떠한 현실적인 격변도 피해간다. 건축은 그 어떤 대안적 방안도 제시하지 않는다. 왜냐하면 건축은 정확히 어떠한 탈선도 하지 않으려고 하는 성향을 지니게 된 수단들을 사용하기 때문이다. 그래서 급진적인 건축가의 작업들이 학구적이거나 반동적인 건축가의 작업과도 닮은 것처럼 노동자 계급의 집은 우아한 저택을 닮아있는 것이다. 이 둘의 유일한 차이점은 지어지는 양에 있으며, 삶의 질은 이미 정해져 있다. 건축가들은 자신들의 역할을 받아들이는데 있어서 시스템의 교묘한 술책을 만들어내기 위해 모두 공범이 된다. 그리고서 아방가르드 건축가들은(오히려 연극 속에 나오는 '젊은 연인들' 같이) 가장 견고하게 고정된 역할들 중 하나를 맡게 되는 것이다.

그 시점에서 건축가가 자기 자신과 자신이 하고 있는 작업에서 미적인 의미, 환경오염 그리고 근심하는 이에 대한 위로 consolatrix afflictorum를 깨닫게 되면서 잘 닦여진 그의 앞길에 갑작스러운 장애물이 나타나기도 한다. 그렇게 되면 근본적인 활동에 대한 재정의에 집중하고 그 행동들과 건축 간의 연관성을 우선적으로 시험해보는 것이 일관성 있는 활동 또는 구원에 대한 마지막 시도가 된다.

이러한 작용들은 모든 건축광들을 없애기 위한 해결책이 된다. 건축의 이러한 잠정적인 인류학적, 철학적 재정립은 우리의 환원주의적인 과정들의 중심이 된다.

삶

또는 진정한 근대 건축의 공공적 이미지.

거대 표면 Supersurface: 지구 위 삶에 대한 대안적 모델

건축은 더 이상 인위적인 광경과 '제2의 빈곤' 을 만들어내는, 욕구의 복합화로 번안된 인간과

환경간의 중재의 개념이 아닌 융합과학이 되었다.

(신체 통제 기술에서부터 철학까지, 그리고 논리학 분야에서부터 의학, 생체공학, 지리학 등에 이르기까지) 서로 다른 분야들의 자료와 경향에 대한 대조와 추정을 통하여 선도적 이미지는 더 이상 노동 (그리고 권력과 그와 관련된 폭력성)이 아닌 소외되지 않은 인간관계에 바탕을 둔 삶으로 그려지게 된다. 이것이 건축이 '계획가'로서 활동할 수 있는 마지막 기회이다. 일련의 환원적인 절차들을 진행함으로써 우리는 유발된 필요에서 근본적인 필요로 넘어갈 수 있다. 근본적인 필요에만 집중된 기술은 어렵지 않게 그 필요들을 충족시킬 수 있다.

여기서 두 가지 방향의 연구를 예상해볼 수 있다. 하나는 인간의 신체와 마음을 더 잘 이용하는데 대한 연구이고, 다른 하나는 삼차원의 도구 (다시 말해 환원주의적인 과정) 없이 환경을 조정하는데 대한 연구이다. 에너지와 정보의 배전망에 의해 균질한 상태가 된 지구는 새로운 힘을 얻게 된 삶에 대한 본연의 지지자가 된다. 인위적인 전류와 열 차단, 방사선 등의 에너지를 통한 환경의 조정이라는 가정. 내부와 외부 사이에 있는 분열막의 소멸에 대한 연구. 평원의 동굴과 불. 미기후, 넓은 지역, 훨씬 가벼운 외피. 하드웨어에서 소프트웨어까지. 서비스와 커뮤니케이션을 위해 사용되는 지구. 3D 지원이 필요 없는 도시. 균질한 등방성 isotropic을 띄는 거대 표면에 대한 가정.

거대 표면: 마음가짐의 모델

이것은 규모의 전위에 의해 구체적인 형태를 얻을 수 있는 단순한 현실의 삼차원 모델이 아니다. 이것은 지식을 향한 수단, 비판적 존재, 철학적 사색으로 이해할 수 있는 디자인 활동에 대한 비판적 태도 (또는 디자인 활동에 대한 소망)의 시각화이다.

우리는 에너지와 정보의 네트워크가 모든 적절한 주거가능 지역으로 확장되는 것을 상상할 수 있다. 이러한 네트워크를 통해 노동 없는 삶, 욕구로부터의 자유, 그리고 새로운 잠재화된 인간성이 가능해진다.

(최상의 주거지역인) 계곡을 예로 들어보자. 그리고 우리가 오늘날의 경작과 같이 균질한 일련의 작업에 착수했다고 가정해보자. 우리가 모든 지역에 에너지와 정보전달을 위한 격자망 grid을 설치했다고 상상해보자. 이 격자망은 어느 점이나 두 개의 직선이 교차하는 지점으로 설명되는 '전체장 total field'이라는 상황을 만들어 낸다. 주요 선들이 교차하는 지점에는 '범용플러그'가 설치될 것으로 예상할 수 있는 '요지'를 표시한다.

에너지의 네트워크는 다른 배열들로도 가정할 수 있다. 첫 번째는 한계상황으로서 선형적 개발이다. 다른 하나는 점차적으로 증가하는 다른 부분의 영역들을 덮을 수 있는 가능성을 가진 다른 면적 단위의 발전을 포함한다. 환경의 유형은 우리가 어떠한 마을이나 대도시로부터 거리를 구하는 방법과 비슷하게, 오로지 덮여있는 지역의 비율에 따라서만 달라진다.

몇 가지 유형들:

10% 덮인 경우. 네트워크가 그 영역에 걸쳐 확장하는 연속적인 띠의 형태로 발전된다.

50% 덮인 경우. 네트워크가 1 km ×1 km의 사각형으로 이루어진 체스판 모양으로 발전하며, 개방된 지역의 사각형들을 점차적으로 대체한다.

100% 덮인 경우. 네트워크는 산과 바다, 강에 의해 자연적 경계가 형성되는 연속적인 개발로 변형된다.

생존 전략을 위한 다양한 가설들

의사소통, 소프트웨어, 중앙기억장치, 개인 단말기들의 종합적 시스템에 대한 가설. 방어벽 없이 새로운 환경에의 적응, 에너지 분배에 대한 가설. 영역의 순환적 사용, 인구의 이동, 네트워크의 작동과 정지의 수학적인 모델들……

모델에서 이러한 네트워크는 데카르트적 사각형 표면으로 표현되며, 이는 당연히 물리적 의미로 이해되어야 하지만 자원들의 정연하고 합리적인 분배에 대한 시각 언어적 은유로도 이해되어야 한다.

우리는 잔디밭에서 쉽게 볼 수는 없지만 마음만 먹으면 금방 찾아낼 수 있는 몇 개 안 되는 접속점들을 포함해 범용플러그를 구성하는 이러한 보이지 않는 격자망을 상상할 수 있다. 그 모델에서 이러한 플러그들은 정교하고 소형화된 다양한 장치들을 부착할 수 있는 요술 상자(블랙박스)의 형태로 구현된다. 이러한 장치들(전자기기를 향한 꿈)을 통해 모든 사람들이 자신의 생존에 필요한 요소들을 합성해 낼 수 있다. 이것이 바로 기본적인 욕구를 위한 범용플러그이다.

거대 표면의 사용. 실제 삶에서의 예

가끔씩 우리는 호수의 수면 아래나 거대 표면의 뚜렷한 격자망으로 이루어진 평원의 잔디밭 아래를 들여다보며 전율의 순간을 느낀다.

대청소

고대의 영광은 폐허나 기둥조차 남은 것이 거의 없다. 대부분 애처로운 잔해와, 낡고 흔들거리는 의자들뿐이다.

환원주의적 과정들은 모든 영역의 활동을 아우른다. 따라서 우리는 유도된 욕구에서 기본적 욕구로, 물질에서 에너지로, 사물에서 사고로의 이행을 목격한다.

보이지 않는 돔

당신은 오직 플러그를 뽑거나 연결하기만 하면 된다. : 바람직한 미기후(기온, 습도 등)가 즉시 만들어진다, 당신은 정보의 네트워크에 접속한다, 당신은 음식과 물 분쇄기의 스위치를 켠다. 이제 더 이상 남의 떡이 커 보이는 일은 없다.

몇 가지 사실을 알려주는 다른 유형의 이미지들:

수많은 사람들이 집중되는 장소들은 항상 체제의 가치를 표현하는3차원적 구조들과 함께 도시의 에너지와 정보 네트워크에 그 바탕을 두어 왔다. 여가시간에 해변이나 시골에 모여 있는 대규모의 군중들은 사실은 기계적인 이동식 소형서비스들(자동차, 라디오, 휴대용 냉장고)의 '도움을 받는' 수많은 대중들의 집단이 집중하는 것이다. '아일 오브 와이트 페스티벌 Isle of Wight'

이나 '우드스탁 페스티벌' 과 같은 집중은 바탕으로서의 삼차원적 구조의 등장 없이도 '도시적' 삶이 가능하다는 것을 보여준다.

대규모의 군중이 자율적으로 모이고 흩어지는 경향은 점점 더 삼차원 구조의 존재 여부와는 상관없는 문제가 되어가고 있다. 자유로운 집합과 분산, 영원한 유목생활, 그리고 기존에 정립된 계급구조를 초월한 대인관계의 선택은 노동으로부터 해방된 사회에서 더욱 뚜렷이 나타나는 특성들이다. 이러한 종류의 이행은 지적인 과정의 표상이라 할 수 있다. 논리적인 사고의 구조는 우리의 무의식적인 동기와 지속적으로 비교(혹은 대조)될 것이다. 우리의 근본적인 욕구들은 고도로 정교한 (그리고 소형화된) 기술들을 통하여 충족될 수 있다. 더 뛰어난 사고능력과 우리의 초자연적 잠재성을 통합적으로 사용하는 것은 욕구로부터 해방된 삶을 위한 기반이자 그 삶의 이유가 될 것이다.

교외의 판자촌, 퇴락한 도시, 야영지, 빈민가, 천막의 도시들 또는 지오데식 돔들은 가장 경제적인 수단을 통해 환경을 조절하고자 하는 유사한 바람들의 다양한 표현이다.

우리의 모델은 모든 형식적인 구조물들을 제거하거나 모든 디자인 활동을 개념적인 영역으로 전이시키는 것과 같은 발전하는 경향들을 논리적으로 선별해 놓은 것이다. 실질적으로 생산과 소비에 대한 거부, 즉 노동에 대한 거부는 비물리적인 은유로 가시화된다.

야영지

당신은 어디든 원하는 곳에서 당신의 부족이나 가족들과 함께 할 수 있다. 이제는 피난처도 필요 없다. 기후환경이나 체온조절의 기제가 전체적인 편안함을 보장하도록 잘 조절되었기 때문이다. 우리는 기껏해야 재미로 피난처 혹은 집, 건축을 만들어 볼 수 있을 뿐이다.

사람과 사람 사이의 거리가 사람들이 모이는 길을 만들고, 그곳이 곧 '장소들 the places' 이 된다. 누군가 홀로 있다면 그 장소는 작은 방이 된다. 두 사람이 함께 있다면 그곳은 더 큰방이 된다. 만약 열 명이 있다면 그곳은 학교가 된다. 백 명 정도의 사람들이 있다면 극장이 되고, 천 명이 있다면 강당이 된다. 만 명이라면 도시가 되고, 백만 명이 있다면 그 장소는 대도시가 되는 것이다.

유목생활은 그들의 영원한 조건이다. 개인들의 이동은 상호작용함으로써 연속적인 흐름을 만들어낸다. 개인의 이동 혹은 이주는 정확한 규범, 사람과 사람사이의 거리, 매력과 반응 사이의 거리, 사랑과 증오 사이의 거리에 의해 조절되는 것으로도 생각할 수 있다.

이러한 흐름에 의해 일부의 이동은 전체의 이동에 영향을 주게 된다.

A에서 B로의 여행

더 이상 도시나 성은 필요치 않을 것이다.

더 이상 길이나 광장이 있어야 할 이유도 없을 것이다.

(거주가 불가능한 일부 사막이나 산을 제외한) 모든 지점이 다른 지점과 동일해질 것이다.

그러므로 지도 위에서 임의의 한 점을 선택하면서 우리는 말할 수 있을 것이다: 나의 집은 3일, 두 달, 혹은 십년동안 이곳에 있을 거라고.

그리고 우리는 준비 없이 우리가 좋아하는 물건만 가지고 그 길(B라고 부르자)을 나설 것이다. A에서 B로의 여행은 긴 여정일 수도 있고 짧은 여정일 수도 있다. 어떠한 경우든 그것은 A라는 출발점과 B라는 도착점 사이의 이상적인 선 위에 놓인 모든 지점에서 삶의 행위가 일어나는 지속적인 이주가 될 것이다.

알다시피 그것은 단순히 물질의 이동만은 아닐 것이다.

다음은 우리가 이동할 때 가져가게 될 물건들이다: 이상하게 눌려진 꽃 몇 송이, 비디오테이프 몇 개, 몇 장의 가족사진, 구겨진 종이 위에 그린 그림 한 장, 낡은 옷가지의 천과 풀잎을 엮어 만든 깔개, 좋은 옷 한 벌과 망가진 책 한권. 이런 것들이 바로 당신이 챙겨갈 물건들이 될

Superstudio / Misura Furniture / Furniture / 1970

것이다. 어떤 사람들은 친구들을 위해 몇 마리의 동물들을 데려 갈 지도 모른다. 예를 들면: 브레멘 음악대의 사중주 또는 말 한 마리와 개 두 마리 그리고 비둘기 두 마리, 또는 고양이 열두 마리와 다섯 마리의 강아지 그리고 한 마리의 염소를 가져갈 수도 있다. 반면에 오직 기억만을 가져가는 이들도 있을 것이다. 그 기억은 눈에 보이는 사물처럼 아주 밝고 선명해진다. 또 다른 이들은 한 팔을 높이든 채 주먹을 꽉 쥐고 갈 수도 있다. 심지어 어떤 이들은 배워둔 매직워드 magic word를 여행 가방이나 표준으로 삼아 지니고 떠날 것이다.

고요함, 이해, 자신감, 용기, 에너지, 열정, 선함, 감사, 조화, 기쁨, 사랑, 인내, 평온함, 단순함, 의지, 지혜(이것은 로베르토 아사지올리 Roberto Assagioli 박사의 '좋은 생각을 떠올리게 하는 말의기술 Technique of Evocative Words' 에 나오는 카드들의 완전한 구성이다.) 그러나 A에서 B로 이동하는 거의 모든 사람들은 하나의 거대한 포스탈 마켓 Postal Market 잡지의 카탈로그와 같은 단 하나의 가시적인 물체, 즉 자기 자신만을 가지고 갈 것이다. 당신은 무엇을 가져갈 것인가?

우리는 침묵을 유지하고 우리 신체에 귀를 기울일 것이다. 우리는 귀로 피가 흐르는 소리를 듣고, 관절과 치아가 부딪히는 미세한 소리를 들으며, 피부의 질감을 확인하고, 몸과 머리에 난 털들의 패턴을 살펴보기도 할 것이다. 우리는 심장이 뛰는 소리와 우리의 숨결에 귀 기울일 것이다. 우리는 우리 자신이 살아있음을 알게 될 것이다.

우리는 아주 복잡 미묘한 근육의 곡예를 할 것이다.

우리는 아주 복잡 미묘한 정신의 곡예를 할 것이다.

…….

<u>의식</u> Ceremony

알려지지 않은 의식을 위한 건물……

언젠가 (전혀 낯설지 않은) 어느 외국에 도착하자마자 나는 포스터와 신문을 보고 한 기념비적인 건물의 공식적인 개관행사가 열린다는 것을 알았다. 아니 기념비적인 건물이라기보다는 새로운 (내가 생각하고 이해하기에) 공공빌딩의 개관식이었다. 어쩌면 내 언어적인 문제 때문에 내가 이해하지 못하는 그냥 새로 지은 건축물이었을지도 모르겠다. 한편으로는 신문에 있는 그림과 사진들을 보면서 그것이 진짜 건축물이라는 생각을 전혀 하지 못했다. 정형적인 테두리를 가진 거대한 열린 공간이 도시 한가운데에 비워져 있었다. 그 곳에서는 산과 사막의 이미지들이 만들어지고 있었는데 그 환영들은 현실을 완벽하게 반영하고 있었다. 수많은 구경꾼들이 이미 열린 공간으로 들어가는 여러 곳의 입구에서 대여한 접이의자에 앉아 있었고, 그들 모두 커다란 안경을 끼고 같은 방향을 쳐다보고 있었으며, 무릎에는 담요를 얹어 인공적으로 만들어진 추위로부터 자신들을 보호하고 있었다. 어떤 사람들은 특수한 귀마개를 착용하고 있었다. 그들 뒤에는 무지개가 차례로 나타났다가 사라졌다. 모든 사람들의 눈이 향해 있는 곳에는 거대한 투명한 물체가 놓여 있었고 그 안에는 거대한 사람의 형체가 있었다. 이것은 분명히 상상 속의 광경을 디자인하는 환영의 대가들이 빚어낸 다른 하나의 허구적인 현실이었다. 그 사람의 형체는 팔과 다리의 미묘한 움직임에 따라 다양한 방식으로 반응하는 복잡한 장치와 연결된 것처럼 보였다. 무지개가 갑자기 사라지면서 네 개의 직사각형 빌딩들이 동서남북 네 방향에 각각 나타났다. 이 건물들은 분명히 수압의 메커니즘을 이용해 땅 아래에서부터 떠올랐을 것이다. 지켜보고 있던 모든 사람들이 의자에서 일어나 네 개의 다른 행렬을 이루어 건물을 향해 움직이기 시작했다. 각 건물에는 문이 두 개씩 있었는데 하나는 입구이고 다른 하나는 출구였다.

아마 네 건물 모두 비슷하겠지만 각 건물의 내부는 완전히 어두운 상태였고, 길게 줄을 선 방문객들은 벽과 천장에서 아주 약하게 빛나는 안내판을 따라서 줄지어 행진했다. 이러한 일련의 우여곡절 끝에 도착한 과도하게 밝은 커다란 방안에는 컴퓨터들과 그 외에 다른 과학 장치들이 놓여있었다. 투명한 상자 안에는 이해할 수 없는 어떤 실험의 대상인 작고 하얀 쥐가 있었다. 그 쥐가 전혀 움직일 기미를 보이지 않는데도 불빛들은 켜지고 꺼지기를 반복했다. 이따금씩 하얀 쥐가 상자 안에서 거의 발작을 일으키듯 움직여도 기계들은 아무런 생명징후를 보여주지 않았다. 투명한 상자 앞에서 잠시 멈추는 것만으로는 그러한 상황을 설명할 수 있는 어떠한 이론도 생각나지 않았다. 건물 밖으로 나오면서 군중들은 앉았던 자리로 돌아갔다. 변화하는 인파들 앞에서 거대한 사람의 형상은 계속해서 천천히 움직이고 있었다. 구경꾼들은 일정한 간격을 두고 자리를 떠났고, 또 다른 사람들이 그 열린 공간 속으로 방해받지 않고 흘러들어가 빈자리를 다시 채우기도 했다. 갑자기 무지개가 다시 나타났다. 그래서 나는 한 차례의 구경이 끝났다고 생각하고 있던 자리를 떠나 출구로 향했다. 내 앞에 있던 어떤 사람들은 간간이 내가 알아들을 수 있는 언어로 말하고 있었는데 몇 문장은 다음과 같았다.

'정말 아름다운 행사였어.' 그리고 '내일부터는 모든 사람들이 이 건물을 이용하게 될 거야.'

지구상에 있는 모든 건물들은 알려지지 않은 어떠한 의식을 치를 수밖에 없는 운명이다. 오직 소수의 건물들에서만 비밀스러운 의식을 감추고 있는 벽돌, 나무, 철, 또는 합성 커튼이 걷힌다. 서비스(미기후, 피난처)로서의 건축의 용도를 초월하는 또 다른 형태의 용도들이 계속해서 생겨나고 있다. 그것은 건축의 '상징적 용도'이다. 지식, 지배, 번식, 불멸을 상징하는 형식화로서의 건축……

건축은 이처럼 형상의 대부분이 드러나지 않는 빙하와 같다. 건축을 완성하는데 필요한 수없이 많은 서비스들과 기술 장치들이 보이지 않는 것처럼, 건축을 바람직하고 필요한 것으로 만드는 상징과 의식들도 그러하다. 이는 더 이상 안전을 위해 필요한 담요 없이도 인류를 그 자신들과 성공적으로 조화시킬 수 있을 때까지 계속될 것이다. 우리는 건축 자체를 이러한 문제에 대한 처방으로 당장 적용할 수도 있다. 또는 가능한 용도를 찾아낼 때까지 더 이상의 불가사의한 요령 없이 건축을 산산조각 내어 책상 위에 올려놓을 수도 있다. 우리는 모든 건축이 그 속에 숨겨놓은 목적들을 명백히 드러낼 수 있도록 명확하게 보이는 라벨을 건축에 제공할 수도 있다.

우리는 포만감에 역겨워 질 때까지 그와 같은 건축을 수도 없이 많이 만들어 낼 수도 있다. 또한 전반적으로 알려지지 않은 의식을 위해 건물을 디자인하고자 노력할 수도 있다. 그리고 새로운 건물들을 기존의 건물들과 비교해봄으로써, 우리의 기억이 간직하고 있는 메커니즘이 건물의 가장 중요한 부분과 얼마나 잘 조화되는지 또 얼마나 많은 이른바 기능주의라는 것이 정신적 기능의 다양성 정도를 보여주는 환상의 이미지일 뿐인지 알아볼 수도 있다. 내가 묻고 싶은 요점은 이것이다: 내가 당신의 감정들을 휘저어 놓을 수 있을 만큼 신기한 건물을 디자인

Superstudio / The Fundamental Acts: Life, Supersurface / Theoretical project / 1972-1973

했을 때 당신이 느끼는 감정은 당신이 스스로 유명하다고 생각하는 건물들을 보면서 느끼는 감정과 유사한 정도의 신기함으로부터 일어나는 게 아닐까? 사실 나는 단지 당신이 모르는 지역에서 여행하고 있음을 깨닫게 해주기 위해 당신을 마찬가지로 알 수 없는 지역으로 데려가고 싶을 뿐이다……그리고 그 다음 절차는 오직 이성에 따라 행동하는 것, 규모와 위계의 구조를 따르는 것, 형태적인 모델을 이용하는 것 등에 대한 모든 환상을 버리는 것이다. (나는 그 형태적인 모델이란 사악한 의사가 당신이 잠든 사이 음흉하게 당신의 귀에 속삭이는 유일한 비법이라는 것을 증명할 수 있다.) 어쩌면 우리는 이러한 환상을 모두 초월하고 나서야 비로소 매우 빠르게 잊힐지도 모르는 모든 의식과 행사들이 오로지 우리만의 것이 되는 현실, 바로 우리 자신을 위한 현실을 이룩하기 위해 노력할 수 있을 것이다.

공공의 공간들 Public Spaces: 프로토타입 Prototypes

{라울 분쇼텐 **Raoul Bunschoten**}

출처 Chora / Raoul Bunschoten, *Public Spaces*. London (Black Dog Publishers) 2002

프로토타입이라는 용어는 테스트를 위해 만들어진 새로운 자동차나 기술 장치들의 이미지를 떠올리게 하지만 건축적 프로그램의 상태를 일컫기도 한다. 건축에서 프로토타입이란 처음으로 새롭게 그리고 독특하게 프로그램들을 구성하는 것이다. 이러한 경우 프로토타입은 그 자체로 오브제가 되기보다는 특정한 건축적 구성의 형태를 갖는 장치이며, 프로그램들에 역동적인 특성을 부여함으로써 그 프로그램들을 서로 연결하고 조합하는 도시 공간 또는 건축내부의 조직적인 구조를 의미한다. 이러한 역동적 특성들은 새롭게 나타나는 공간적, 사회적, 정치적, 그리고 그 외의 다른 발전적인 특징들로 이어진다. 건축에 배어있는 프로토타입은 다이어그램으로 표현될 수 있다. 종종 건축의 형태를 지니게 되는 프로토타입은 그 자체로 내재되어 있는 다이어그램이다. 다이어그램은 기본적으로 물질을 변형하고 하나의 사물이나 상황의 특성을 다른 사물이나 상황으로 전환하는 가동장치이기 때문에 변형의 기계라고 할 수 있다. 다이어그램 상태의 프로토타입은 새로운 연결, 즉 혁신을 창조해내는 독특한 상태와도 연관 있고, 그와 더불어 프로토타입이 조정되고 증가하면서 새롭게 진화하는 것과도 관련 있다.

공공의 공간들은 사회 변화를 위한 도구이기 때문에 프로토타입적인 특성을 지녀야만 한다. 그 공간들은 독특해야 하고, 정체성을 창조해내며, 사회 모든 분야에서 진화를 촉진할 수 있어야 한다. 공공공간이 갖는 특이성은 다양한 사람들, 사건들, 공동의 표현들 그리고 프로그램들에게 여전히 중요한 매력요소이다. 그러나 결과적으로 그 공간들은 지속적으로 변화하고, 새로운 추세와 권력과 욕망에 맞춰 조정되며, 시간이 흐름에 따라 변화를 겪으며 증가한다. 공공의 공간들은 사람들이 그 공간을 이용하는 방식에 따라, 그리고 그 공간들이 사회에 제공하는 형태와 역동적 메커니즘에 따라 점차적으로 증식해간다. 이 글에서 다루고 있는 모든 프로젝트들이 프로토타입으로 여겨지는 것은 아니다. 그러나 그 프로젝트들은 건축 공간과 그 공간의 질을 함께 만들어 낼 수 있는 형태와 가동장치의 조합을 어떻게 찾아내는지를 잘 표현한다. 사실상 형태－특히 다이어그램적인 형태－와 프로토타입의 가동 메커니즘이 함께 조합됨으로써 건축 공간과 도시 역학사이의 연결이 만들어진다.

우리는 '도시의 교란 *Urban Flotsam*, 2001' 에서 이와 같은 개념을 처음 발전시킨 후, '코라 Chora' 에서 진행했던 다른 작업들에 대해 재고하고, 도시 내의 공공 공간과 그 역할을 좀 더 직접적으로 정의할 수 있는 특징들에 대해 집중하는 것이 옳을 것 같다고 판단했다. 그리고 '도시의 교란 *Urban Flotsam*' 에 대한 작업을 진행하는 동안뿐만 아니라 그 후로도 오랜 기간 동안 우리는 그 책에서 설명된 방법들을 실행에 옮기는 데 관심을 가지게 되었다. 그 프로젝트들은 네덜란드와 아일랜드에서 진행되고 있다. 이들 중 어떤 프로젝트도 아직 실현되지 못했지만(덴마크에서의 프로젝트는 네덜란드와는 약간 다른 형태로 진행되고 있다), 두 프로젝트 모두 다양한 방법으로 도시에서 공공의 공간을 구성하고—이 모든 프로젝트들은 도시에 대한 논의를 포함하고 있다—건축적인 어휘를 개발하는 것을 목표로 삼는다는 작업의 핵심은 동일하다. 이러한 어휘들은 아주 근본적인 것들에 대한 기억들이 미래에 가능한 것들의 발명이나 순수한 놀이와 뒤섞이게 되는 더 폭넓은 연상의 영역에 속하는 사물, 환경, 형태들과 관련이 있다.

나는 도시를 디자인하기 위해서는 하나의 방법론, 예컨대 다양한 분야의 사람들이 도시의 형태를 구성하는 과정에 함께 참여할 수 있도록 하는 방법론과 지속적인 변화를 가능하게 하는 방법론이 있어야 한다고 확실하게 믿고 있다. 가장 최근의 프로젝트인 새로운 교외지역 개발 현상설계 당선작에서는 도시의 역동적인 성장을 유도하고 조절하는 방법론과 도시의 프로토타입을 규명하고 그것이 효과적으로 작동할 수 있는 조건들을 제안하는 방법론을 적용했다. 이 프로젝트의 형태는 그 프로젝트 전체를 위한 게임의 말판이자 역동적인 동인들 drivers로 이루어진 조직적 구조였다. 다른 몇몇 프로젝트들에도 함께 참여했던 타쿠로 호시노 Takuro Hoshino와

Raoul Bunschoten / Apeiron / Urban study / Berlin, Germany / 1988

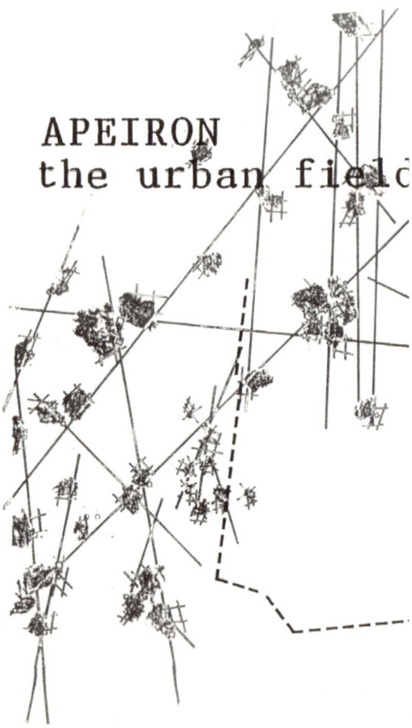

함께 진행한 자오선 프로젝트 The Meridian project에서 우리는 새로운 개발의 방법론에 대해 다루었다. 그 방법론에서는, 구현되지는 않지만 문화와 공동의 의식 속에 깊이 뿌리 박혀있는 가시적인 형태의 자오선이 필요했다. 하지만 그 자오선은 지어질 수 있는 것이었고 그 점이 바로 그 방법론이 가진 추진력이었다. 다른 프로젝트들에서는 좀 더 체계적인 형태들을 사용했다. 그 형태들은 선과 평면, 단층들, 리듬감 있는 여러 겹의 레이어들을 서로 교차시켜 만든 것이었지만 바위, 파도, 언덕 등과 같은 자연의 지표면에서 볼 수 있는 어휘들이 그 형태들의 주된 특성이기도 했다. 명확하진 않지만 이러한 어휘들은 그 형태 자체가 일종의 공적영역이 되는 연상적 형태의 어휘라 할 수 있으며, 인간의 의식 속에 깊이 내재해있는 아주 단순한 것이다.

만약 각각의 프로젝트에 놀이터와 같은 요소가 전혀 포함되지 않았다면 그 프로젝트들은 그저 답답하고 진부한 표현들로만 이루어져 있을 것이다. 공공공간이란 사회의 놀이터이며, 공적영역은 사회가 다른 모습을 보여주는 놀이터이다. 베를린 프로젝트에서는 이 놀이터를 지면에 많이 닿지 않은 새로운 구조로 구성하고, 동베를린과 서베를린 사이의세계적이고 역사적인 분열을 가로지르면서 앞뒤로 엮여 있는 것 같은 형태의 불에 탄 대지로 표현하였다. 카디프 Cardiff의 오페라극장 프로젝트에서는 건물의 전면에 놓인 광장이 새로운 형태의 음악을 위한 놀이터가 되며, 그 광장은 주극장의 무대가 건물 외부로 드러나는 또 하나의 극장이 된다. 부에노

스아이레스 Buenos Aires 프로젝트에서 놀이터는 영구 소장품들 아래로 경사져 내려가는 광장이다. 그곳에서는 기획 전시물들이 일시적으로 전시되는데, 그 전시물들이 광장으로 확장되어 나가기도 하고 반대로 광장 위에서 나타나는 도시 활동이 아트갤러리 내부로 확장해 들어가기도 한다. 마드리드 Madrid에서 놀이터는 교회의 종교 의식과 세계에서 가장 감동적인 예술 수집품들이 모여 있는 곳으로의 정식 입장에 이용되는 카펫이다. 비엔나에서는 축제를 위한 맥주공장, 영화와 극장, 그리고 새로운 거리들이 문자 그대로 비엔나의 꼭대기에 위치한 놀이터에 의해 완성된다. 로마에서의 놀이터는 로마의 지붕들이 내려다보이고 경이로운 하늘에 가까이 다가가는 높은 곳에 있는 도시의 광장이다. 그 광장은 복합적인 용도로 활용할 수 있는 전시기획의 공간이자 건물의 꼭대기에 있는 게임말판 놀이터이다. 자오선 프로젝트에서 놀이터는 협상테이블로, 그리고 각각의 구역이 그 공간을 침범하는 놀이터의 눈부신 이미지와 함께 어우러지는 방식으로 바뀐다. 새로운 교외지역 개발 프로젝트에서는 도시 전체가 게임말판, 즉 새로운 현상들, 욕망들, 새로운 잠재성, 그리고 복합적인 도시생활의 역학을 위한 놀이터가 되기도 한다. 놀이터와 공공의 공간들은 놀만한 장소와 활동할 공간, 가지고 놀 수 있고 동질감을 가질 수도 있으며 반응할 수도 있는 오브제 등과 같은 여유를 필요로 한다. 이것이 건축이 되고 그 나머지가 도시 생활이 된다.……

<u>베를린의 아페이론</u>

아페이론 Apeiron은 1988년 크리스틴 파이라이스 Kristin Feireiss가 주최한 베를린 전시회를 위해 만든 작품이다. 그 작품의 주제는 포츠담광장 Potsdamer Platz을 재개발하는 오늘날의 컨텍스트에서도 큰 의미가 있으며 깊은 역사적 켜를 지니고 있는 복합적인 공공의 공간에 대한 모델을 제시하는 것으로, 우리가 진행했던 작품들 중 가장 야심 찬 프로젝트이기도 하다. 이 프로젝트의 공공 공간 디자인과 그 실행은 중요한 정치적 결과를 낳을 수도 있다. 프로젝트의 기본적 전제는: 국가의 중심에 있는 공공공간으로서의 지면이다. '불타버린 지면' 으로 표현된 대지는 정치체제와 정치활동의 상징이다. 대지는 외따로 떨어진 지면으로서 갈등과 대립의 장소, 도시내부의 구획, 국가 간의 경계, 거대권력과 세계정치 체계 사이의 전선(戰線)을 형성한다. 지금 그곳은 빠른 속도의 발전을 이루는 지역이고, 새로운 국가 권력의 상징이며, 통일된 도시의 새로운 중심인 공공공간이다.

<u>베를린, 1988년 9월</u>

경계 없는 구름밭이 베를린 위를 지나간다. 한 무더기의 구름 그림자가 잠시 머물며 한 지역의 경계를 만든다. 그 지역은 아페이론 apeiron으로, 독일의 오랜 정치적 중심지를 포함한다. 소크

라테스 이전의 철학자인 아낙시만드로스 Anaximander에 따르면 아페이론이란 경계 없는 영역을 일컫는 말로, "사물들이 분리되어 나오는" 곳이다. 그곳은 횡단할 수 없는 영역이다. 이렇게 만들어진 경계는 '베를린 장벽'이라 불린다. 구름의 그림자는 처음에는 그것이 드리워지는 지면의 유형에 영향을 받지 않지만, 잠깐 동안 퇴색하면서 입자로 응고되는 물질로 변화하는 동안 그 그림자는 지면의 유형이 가진 몇 가지 요소들을 흡수하게 된다. 그 그림자는 정체성을 필요로 한다. 왜냐하면 그것은 일시적인 이분법적 프로그램, 즉 징후와 산물이라는 양극단 사이에 벌어지는 권력게임의 프로그램을 차용하고 있기 때문이다. 수태고지 annunciation의 영역에서는 개요와 분음기호가 그러한 이분법적 프로그램이 된다. 수태고지의 이미지는 연속적인 듯이 보이는 공간에서 두 주인공들이 어떻게 서로 방해받지 않으면서 마주하게 되는지를 보여준다. 이 둘은 서로 비슷한 존재가 되는 대신, 완전히 다르지만 함께 공존하는 두 가지 세계의 상징이 된다. 이러한 두 가지 세계의 만남은 오직 다이어그램으로만 표현할 수 있다. 아페이론 영역은 서로 비슷해 보이는 두 주인공들로 연속되며, 영역을 구분하는 거의 우연하게 만들어진 구조물이라는 점에서 수태고지와 같이 구성된 것이라 할 수 있다.

<u>베를린, 1989년 11월 9일</u>

시간의 단절, 경계의 소멸, 아페이론에 존재하는 깊은 틈이 사라진다. 만약 꿈이 현실이 된다면 그 꿈은 물질세계의 물성과 형태를 갖게 된다. 그 영역 내부의 상처는 구름의 자율성에 영향을 미치지 못한다. 그러나 그것은 그 영역의 실현을 위한 일종의 근원을 형성하며, 실현을 위한 지출의 이유가 된다. 그 영역은 하나의 놀이 혹은 게임—돌로 위치를 표시하는 일종의 권력 게임—의 외곽선에서 나타나서 위치들을 표시하기 위해 그 돌들을 파고 들어간다. 영역의 입자라고 할 수 있는 그 돌들은 불타버린 지면을 끌어안는다. 지면으로 뚫고 들어간 선들은 마치 갈라진 틈을 메우려는 듯이 그 영역의 가장자리를 봉합하면서 그 영역을 묶고 있는 통로들을 연결한다. 밤이 되면 그 틈새에서 빛이 새어나온다. 조각난 선들로 이어진 불연속적인 영역이 나타난다. 하나가 아닌 여러 개의 도심에 걸맞은 새로운 형태를 암시하면서……

<u>새로운 교외, 회에 토스트루프</u> Høje Taastrup, <u>코펜하겐</u>

2000년 봄, 새로운 개념의 교외지역 개발을 위한 현상설계가 덴마크의 두 곳에서 열렸는데 그 중 한곳은 코펜하겐근교였다. 현상설계에서 2위를 수상한 이 프로젝트는 책 '도시의 교란 *Urban flotsam*'에서 제안했던 바와 같이 어반갤러리 urban gallery 개념에 기초한 역동적인 마스터플랜을 제시한다. 이 계획 방법론은 네 가지의 동인(動因)을 지니고 있다. 첫째는 기존의 조건들과 새로 나타난 조건들에 대한 데이터베이스, 둘째는 프로토타입의 저장고, 셋째는 시나리오를 발전시

키기 위한 협의 구조, 그리고 마지막으로 시나리오를 실행에 옮기기 위한 조치계획이다. 그 프로젝트는 어반갤러리라는 가상의 공간이 있다고 가정한다. 어반갤러리는 프로토타입들이 잠재성은 최대화하고 갈등은 최소화하기 위해 갤러리의 특정한 층들을 가로지르며 서로 다른 종류의 프로그램들을 하나로 연결하는 공간이다.

어반갤러리를 어떻게 적용할 것인가? 그 프로젝트는 어반갤러리를 대지를 계획하는 메커니즘으로 삽입하기 위해, 그리고 그 전체 메커니즘을 공공의 공간으로 바꾸기 위해 거대하고 잔혹하지만 매우 단순한 장치인 게임말판이라는 개념을 제안한다. 게임말판과 말판 위 격자의 지점들은 공유지와 마찬가지로 공공의 가치를 지닌다. 각 격자점은 공동체를 위한 잠재적 앵커anchor이자 기호이다. 공동체들은 기존의 요소들, 주택들, 교회, 운동 편의시설들로 이루어지는데, 이들은 종종 변형되기도 하고 대부분의 경우에는 새로운 프로그램들과 합쳐지게 된다. 공동체들은 변형체이자 새로운 정체성이다. 도시의 프로토타입들은 각 공동체의 역동적인 조건을 발전시키고 혁신적인 조건들을 제공하기 위해 도입된다.

Raoul Bunschoten / Aarhus / Urban study / Aarhus, Denmark / 1999

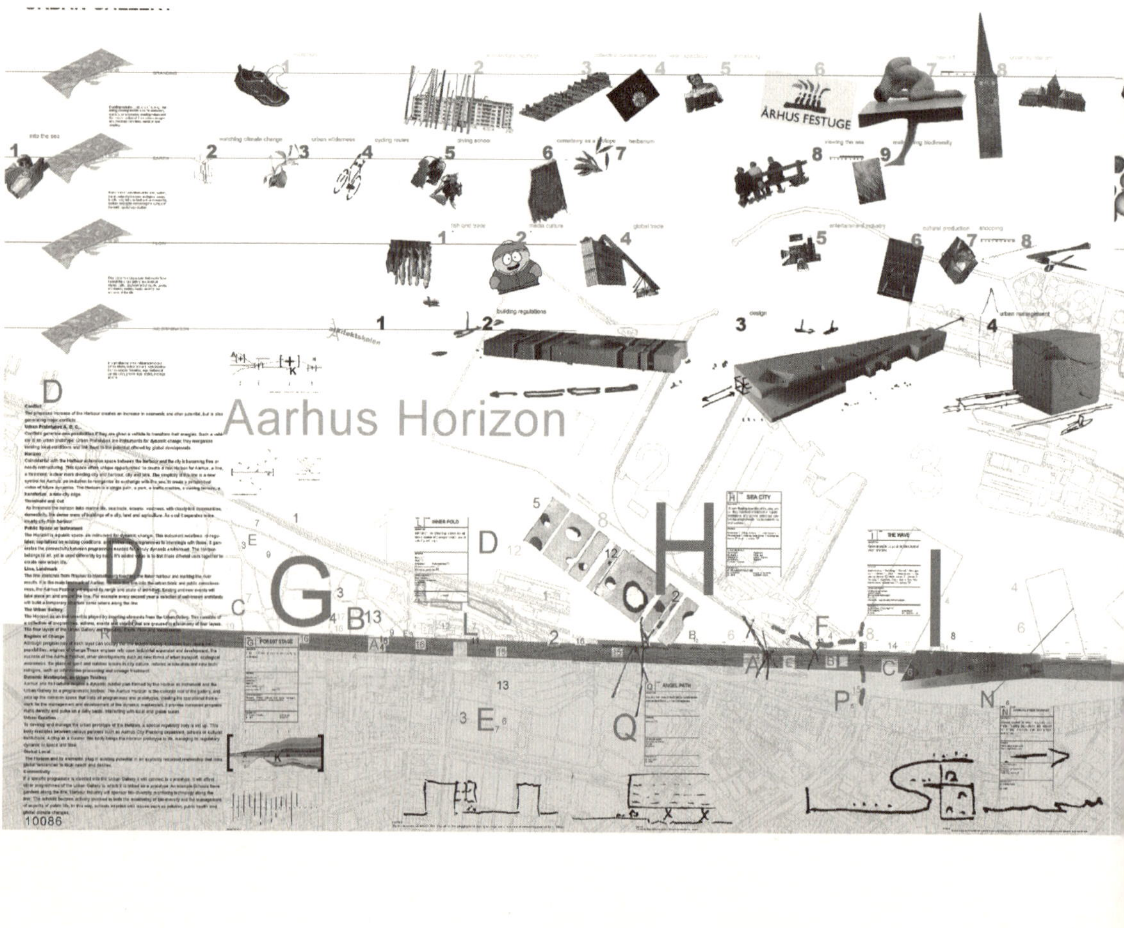

이런 개념은 전형적으로 분산된 교외 지역들에서 자신들만의 정체성을 잃지 않으면서 공동의 시설이나 공간을 공유하는 새로운 공동체들을 형성하기 위한 하나의 조리법이 된다. 그 조리법을 통해 도시 역학의 새로운 유형이 창조되며, 명쾌한 형태–게임말판, 공동체들의 나선형 성장–와 예측이 불가능한 개발들–공동체들의 연결–을 조합하는 계획의 실행이 가능해 진다. 이러한 제안은 세 가지 주요한 요소들을 그 바탕에 두고 있다. 하나는 교외 지역에 적합한 새로운 형태의 삶을 디자인하는 것이고, 다른 하나는 교외 지역의 역동적인 성장을 자극하는 것이며, 마지막으로 도시환경의 균형을 유지하는 것이다.

이 방법론은 기존에 존재하던 것에 대한 평가와 새로운 것을 길러내는 것 사이의 균형을 조절한다. 또한 엄격한 규칙들과의 게임이지만 무한한 가능성들과의 게임이기도 하다. 중심지, 프로그램, 프로토타입 그리고 공동체의 조합은 새로운 도시 생활의 형태를 낳는 인큐베이터를 창조한다. 이러한 새로운 삶의 형태들에 대한 열쇠가 바로 프로토타입이다. 도시의 프로토타입들은 복합성을 생성해내고, 도시의 각 중심에 원심형 성장을 이식하며, 도시 프로그램들을 새

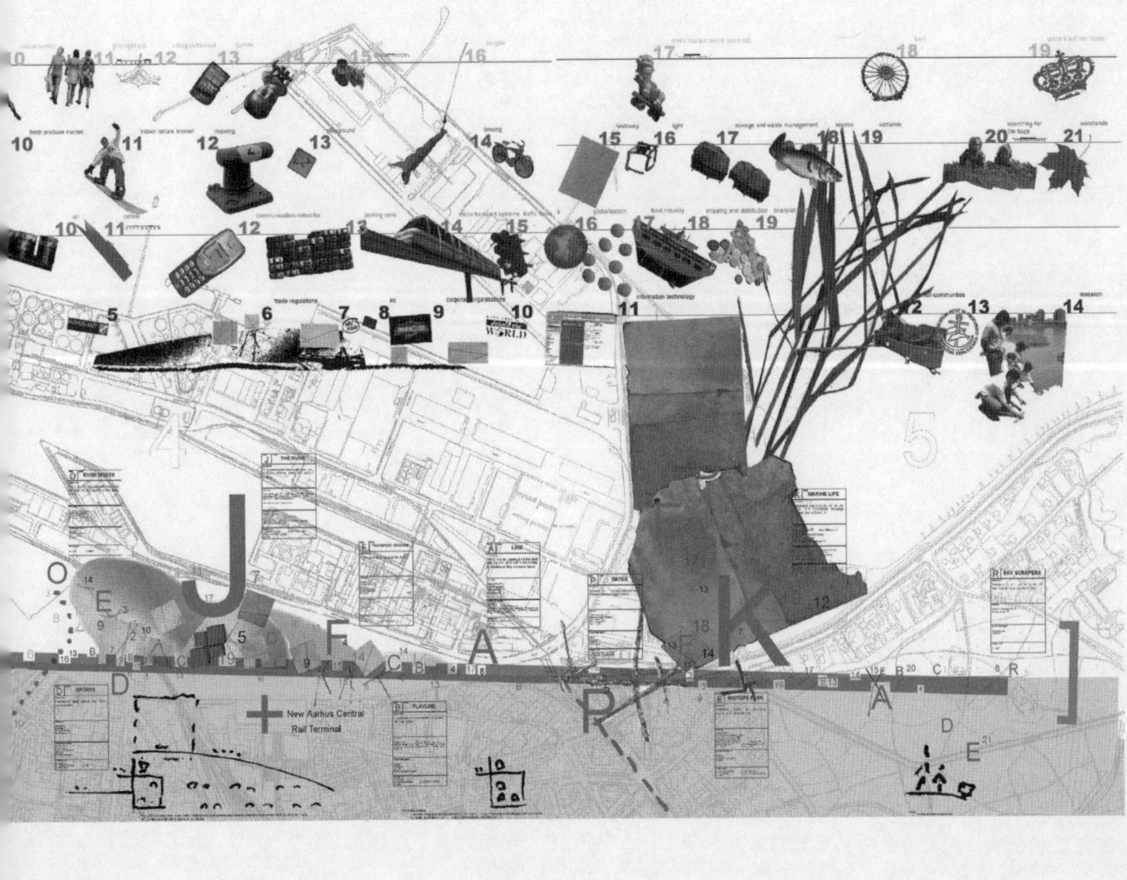

롭게 클러스터화하는 원동력이 된다. 그 프로토타입들은 생활양식, 문화, 생태학, 토지이용, 관리, 재정, 정부 등과 관련된 혁신적인 프로젝트들을 제시해준다.

그 프로젝트는 밀집한 도시환경과 녹지를 혼합하고, 생산시설들과 여가시간을 통합하며, 삶과 일을 뒤섞는 도시계획의 메커니즘을 제시한다. 그러나 그 메커니즘은 이러한 기능들이 갖춰야 할 공간적 조건들을 명확하게 하고 세계적인 권력 및 경향들과 상호작용하는 것을 넘어 지역품질까지 구체화하는, 명쾌하고 뚜렷한 공공의 공간들을 창조하는 것을 목표로 한다. 휘예토스트루프 프로젝트는 그 자체로서 새로운 형태의 마스터플랜을 구성하기 위한 프로토타입이다. 어반갤러리의 시간 기반의 공간은 공공공간의 새로운 유형이다.

액상의 건축 Liquid Architecture

{벤 판 베르켈 Ben van Berkel과 캐롤라인 보스 Caroline Bos}

이 글은 '액상의 정치 *Liquidpolitic*' 와 '건축가에 대한 새로운 개념 *The new conceptof the architect*' 으로 이루어져 있으며 이 두 글은 모두 UN Studio, *Move*. Vol. 1, *Imagination*. Amsterdam(UN Studio & Goosse Press)1999, 21-33쪽에서 발췌되었다.

유엔 스튜디오 UN Studio는 저서 『무브 *Move*』를 통해 조직적인 구조를 다각적으로 재조명하기 위하여 노력해 왔다. 이러한 재조명 노력의 바탕에는 다음의 두 가지 문제점이 전제되어 있다. 포괄적인 상상을 현대적인 조직적 구조로 구체화하기 위해서는 어떻게 해야 하는가? 그리고 새로운 개념의 공적인 매개 공간을 현대의 건축적 효과를 통해 실용화하려면 무엇이 필요한가?

액상의 정치

약간은 미친 발상을 할 필요가 있다는 것을 건축 교육에서 꼭 강조할 필요는 없다. 그러나 감히 이념을 내세우거나 비전을 제시하기 위해서는, 그리고 예상치 못했던 것들을 인식하기 위해서는 상상력을 강요하는 것이 필요하다. 그렇다면 우리는 얼마나 미쳐야 할까? 그렇게 많이는 아니다. 왜냐하면 우리가 생산해낸 고가의 물건들은 어쨌든 사람들이 사용해야만 하는 것이기 때문이다. 그렇게 적게도 아니다. 지금보다는 미래가 조금 더 흥미진진해져야하기 때문이다. 건축적 상상력은 실용과 철학의 조합이다. 그것은 특별한 요구와 상황에 반응하는 것이지만, 한 가지 명심할 것은 건축은 우리가 이 세계에서 어떻게 살아가길 원하는지에 대한 고민이기도 하다는 것이다. 실용과 철학, 이 둘은 사이가 멀어져서는 안 된다. 비밀은 바로 그 둘을 통합하고 항상 상호 보완할 수 있도록 하는 것이다. 그렇다면 깊이 있는 사고와 실용성을 조화시키기 위해서는 어떤 방법이 필요한가? 호기심을 가지고 항상 다음과 같이 질문하라. '혹시 좋은 아이디어가 없을까?' 다른 분야의 철학과 판타지, 놀이와 실험에 흥미를 가져보라. 현실성을 더 확장하고 더 깊이 있게 하라. 많이 만들어보라. 더 나아지기 위해, 그리고 당신만의 사고 속으로 성장하기 위해 계속해서 작품들을 만들어 보라. 무엇보다도 당신이 살고 있는 세계에 대해 알고, 모든 기술과 효과와 아이디어를 최대한 동원하여 그것들을 조합한 모델을 발전시키는 데에 노련해져라. 오늘날 건축적 상상은 사회의 역학과 지역적 차이의 동시성, 세계적 동질성에 영향을 받고 있다. 그리고 이들로 인해 구조에 관한 우리들의 사고도 심각하게 바뀌게 된다. 세계를 구성하는 방식은 다양한 차원에서 액상화되고 있다. 정치, 경제, 인구 통계학, 자연과학 등을 포함하는 체계들은 뚜렷한 경계가 없는 강력한 원리들의 무정형적, 무법적 집합체로 인식되

UN Studio / Arnhem Central / Railway station / Arnhem, the Netherlands / 2010

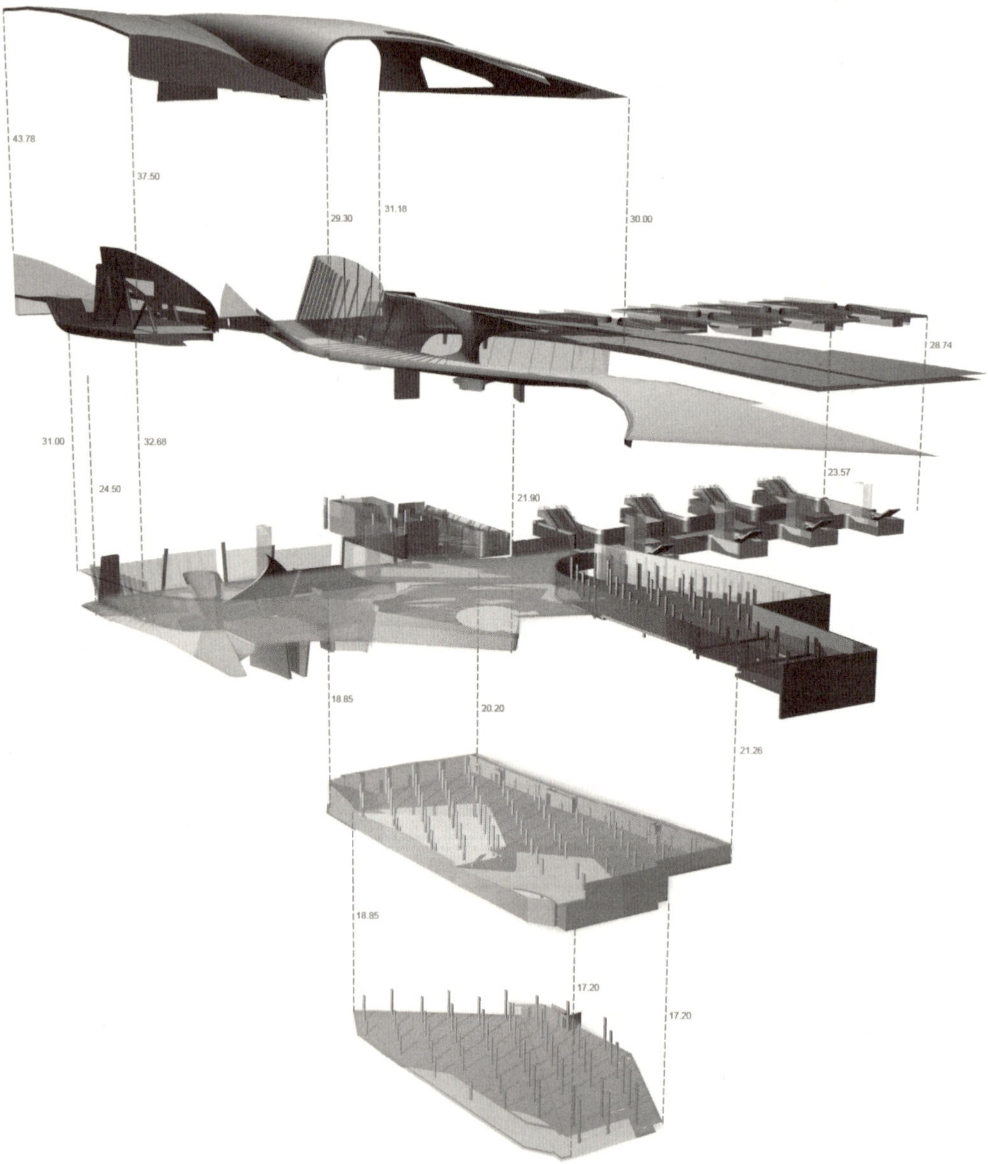

어 가고 있다. 살아 있는 유기체에 관한 연구들이 경제 체제와 도시 환경의 발전을 이해하는 데에도 동일하게 적용된다. 서구 국가들의 민주적인 문화가 민영화 과정의 체계로 변해가는 것은 신체의 기본 구성요소인 장기들이 화학적 작용들로 대체되는 것으로 인식하는 것과 같은 패러다임의 전환이다. 다른 사고의 체계들이 상호 침범함으로 인해 여러 분야에서 당연한 것으로 여겨졌던 다층적 질서들이 하나씩 사라진다. 내재하고 있는 강력한 힘들이 모든 조직적 구조들을 형성한다. 구조들은 균질하고 선형적인 체계를 상징하는 것에서 벗어나 실현의 영역에 작용한다. 그러한 구조들은 물질적 장치를 기반으로 하며, 에너지를 흩어버리는 특성 때문에 유전적, 화학적, 경제적, 문화적, 그리고 정치적인 정보들을 통합하는 에너지들의 자유로운 흐름이 가능해진다. 유동성 liquidity의 개념을 이용해 건축을 상상하려면 현재의 현상들을 어떠한 증상으로 다루게 되는데, 이러한 증상들은 필연적으로 그 증상을 만들어내는 어떠한 힘을 통해서만 이해할 수 있다. 그 근본적인 힘들이 조직적 구조들의 유형을 변형시키게 된다. 건축의 진정한 도전은 바로 이러한 힘들을 특정한 건축 어휘로 정의하는 것이다. 발전된 과학 기술을 통해 액상의 새로운 건축적 총체를 기록하고 직감하고 상상하는 것이 가능해 진다. '액상의 건축 Liquid architecture' 이라고 해서 액체를 움직이게 하는 장치로 이루어져 있는 것은 아니다. 유동적이고 녹아내리는 듯한 형상의 프로젝트를 만들어내고자 하는 것도 아니다. 액상의 건축이란 건물, 기구 또는 고정된 구조를 형식적으로 구현하는 대신, 빅뱅이나 블랙홀 이론처럼 너무 동떨어져

UN Studio / Mercedes-Benz Museum / Museum / Stuttgart, Germany / 2006

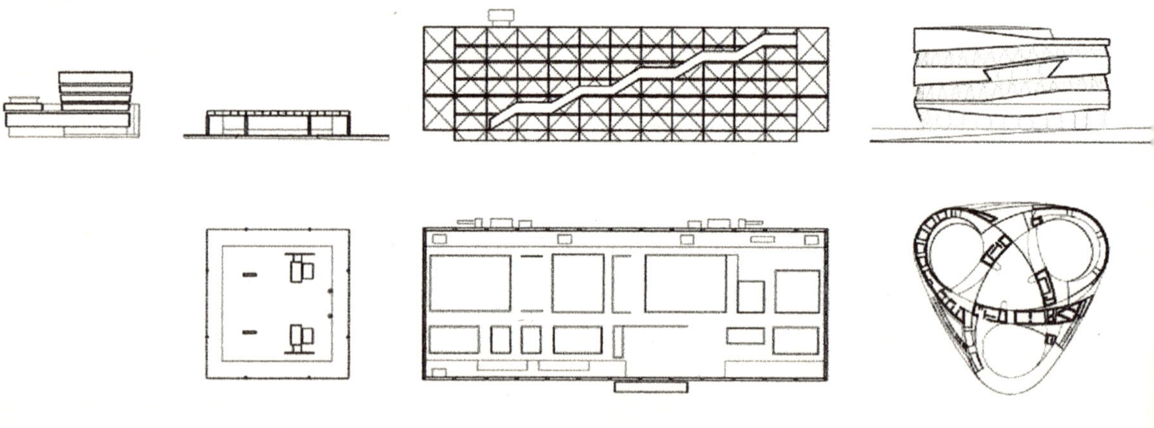

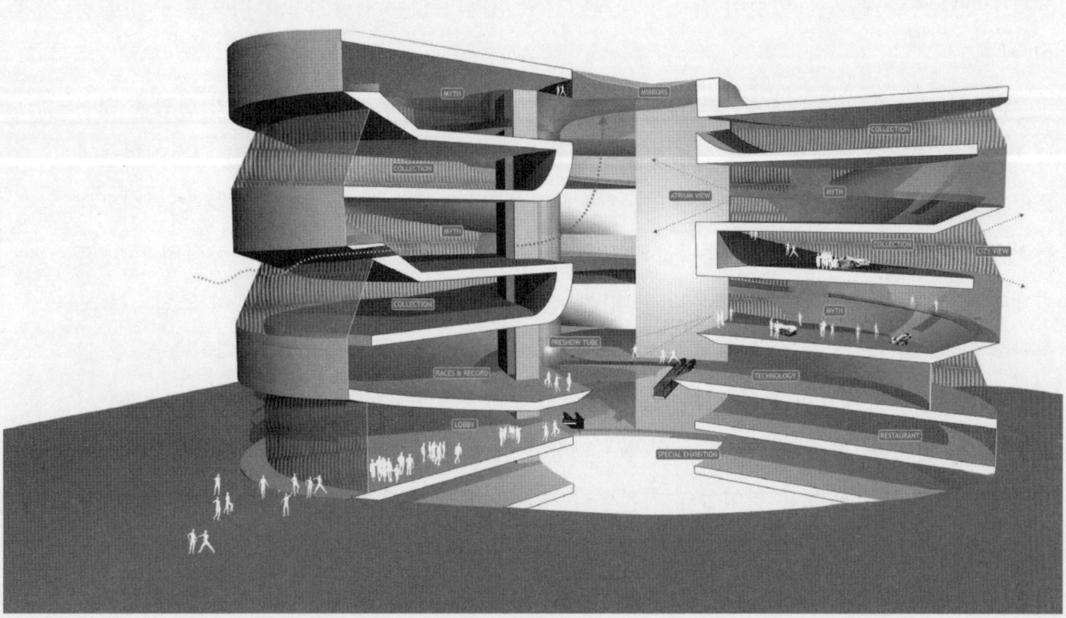
MYTH
MIRRORS
COLLECTION
COLLECTION
ATRIUM VIEW
MYTH
MYTH
COLLECTION
CITY VIEW
COLLECTION
MYTH
PRESHOW TUBE
RACES & RECORD
TECHNOLOGY
LOBBY
RESTAURANT
SPECIAL EXHIBITION

있어서 망원경으로 담을 수 있는 범위를 초월하는 상황들을 가시화 할 수 있도록 그 자체로서 외부적인 어떤 것을 나타내는 것, 그리고 그렇게 함으로써 건축가에게 특별한 지식과 시각화하는 기술을 조합해 멀리 떨어져있는 복잡한 상황들에 접근할 수 있다는 상상을 불러일으키는 것을 뜻한다. 이러한 과정을 현대적인 구조를 조직화하는 데에 사용한다면 그 과정은 하나의 정책을 구성하는 요소가 된다. 오늘날 정책이란 건축을 생산하는 상황, 건축적 상상과 대중의 삶에 대한 집합적 상상, 그리고 이러한 범주들 사이의 상호 관계들을 가시화하는 기술들에 비판적으로 관여하는 것을 의미한다. 건축가들은 상상력을 발휘하고 이용할 수 있는 신기술들을 활용함으로써 자신들만의 정책을 만들어 낼 수 있다. 어떠한 자본도 필요하지 않다. 오직 제작하고자 하는 의지와 능력만이 필요할 뿐이다. 여기에 힘을 실어주는 것은 상상력 그 자체이다. 정치와 경제에서처럼 건축계에서도 권력이란 언제든 사용 가능하며 합의적인 것이다. 이미 패배자로 정해진 운명 같은 것은 존재하지 않는다. 그러니 '주사위를 던지자.' 상상을 반복하고 습관적으로 활성화하면 그 상상력은 믿음으로 바뀐다. 정책이란 그 자체로 고정적이지 않으며 확고한 목적과 동일시되지도 않는, 바로 선택과 비전에 대한 확신이다.

건축가에 대한 새로운 개념

건축가는 미래를 디자인하는 패션 디자이너가 되어야 한다. 캘빈 클라인 Calvin Klein과 같이 건축가는 다가올 사건에 대해 사색하고 기대하며 세계를 여실히 비추어 미래를 만들어가는 데에 관심을 가져야 할 것이다. 마치 앤디워홀이 슈퍼스타들로 이루어진 네트워크를 이용해 팩토리 Andy Warhol's Factory를 만들었듯이 건축가의 작업실도 한계가 없는 가상의 스튜디오로 구성될 것이다.

네트워크 작업은 기존에 존재하던 형태의 고객, 투자자, 기술 컨설턴트들과의 협업을 벗어나 더 넓은 개념의 디자인 기술 전문가들과 금융인, 경영 전문가, 가공 전문가, 디자이너들과 스타일리스트들과의 공동 작업까지도 가능하게 한다. 네트워크화 된 새로운 건축 스튜디오는 플러그인 방식으로 작동하는, 전문가들의 모임, 작업실, 연구실, 그리고 자동차 공장의 혼성 혼합체이다. 고객의 요구에 맞춘 아우디와 대량생산의 폭스바겐이 동일한 라인에서 조립되는 오늘날의 생산 방식에서 볼 수 있듯이 효율성과 다양성, 지속성과 차별성은 결코 떼어 놓을 수 없는 성질의 것이다. 네트워크 건축가는 새로운 기술을 활용함으로써 지식의 전달력을 더 향상시킬 수 있을 것이다. 발명하고자 하는 의지는 가장 근본적인 성격의 것이며, 기하학에서부터 실현의 단계까지 연관된 모든 분야들의 기본적인 가치가 항상 진화하고 있음을 확실하게 보여주는 증거이다. 모든 실험들은 증거를 입증하는 것이 필수이기 때문에 실험적인 작업은 추상적인 개념의 세계와 물리적인 세계 사이를 지속적으로 넘나들게 된다. 대지에 특화된 프로젝트를 기반으로 하는 실험을 통해 새로운 과정과 새로운 기술들을 시험할 수 있다.

건축의 실제적인 디자인 과정은 한 편의 영화를 만드는 것과도 같다. 여러 팀들이 뒤섞여 새로운 도시와 새로운 공항을 어떻게 만들어갈지 결정하는 순간, 눈에 보이지 않는 연구와 작업들이 결국 짧은 시간의 강렬한 액션이 되는 것이다. 시간은 건축가의 편이다. 도시 개발 계획에 대해 상관적으로 접근하기 위해서는 정보의 데이터와 실행 계획의 관계를 드러낼 수 있는 시간의 맵핑 mapping이 필요하다. 특별한 시각화 기술을 개발하고, 가상적이고 물질적인 조직적 구조들에 대해 다시 생각하며, 공공의 공간과 공공의 권력 그리고 공공의 상상에 관여함으로써 건축가는 다시 한 번 세상의 중심에 나설 수 있다. 통제에 대한 새로운 개념들은 뛰어난 건축가가 누리던 불안정한 지위를 공공의 과학자로 탈바꿈시킨다. 일상적인 공공의 정보를 다루는 전문가인 건축가는 구조를 이루는 잠정적인 정보들을 수집, 조정, 변형하면서 끝없고 매끈한 체계를 지닌 공공의 삶을 구성하기 위한 아이디어와 이미지들을 제공한다.

새로운 개념의 건축가는 새로운 과제에 직면한다. 건축가들이 주거, 사무실, 공공건물의 설계에 더해 교량, 도로, 그리고 도시의 재생계획을 실현하는 데까지 그 참여 범위가 넓어지게 되면서 전통적인 작업의 과정들은 더 이상 적합하지 않게 될 것이다. 도시의 요충지들과 기반시설들은 현 시점에서 건축이 맞닥뜨린 가장 중요한 문제들의 일부분이 되었다. 이에 대해 공공의 네트워크 프로젝트들은 이른바 '디프플래닝 deep planning' 이라고 불리는 전략을 활용하면서 많은 발전을 이루었다. 플라톤 사상을 불어넣은 르네상스 도시부터 파리의 오스망식 도시계획과 동등한 잠재적 가능성을 가진 격자 구조를 거쳐 해체주의적인 단편화에 이르기까지 역사를 통틀어 도시에 대한 전략은 다양한 사회-정치적 전략들과 깊은 관련을 맺어 왔다.

마찬가지로 정치 역시 도시 개발 과정을 평면 위에서 용적에 변화를 주는 것으로 보는 전통적인 해석에서 새로운 기술과 새로운 공동작업 전략에 기반을 둔 완전히 새로운 접근법으로 이동하였다. 사회기반시설과 도시계획, 그리고 다양한 프로그램들을 조합하는 프로젝트에 대한 통합적 접근법은 디지털 기술들과의 조화를 통해 발전해 왔다. 이러한 접근법은 관련 장소들과 이해 당사자들, 그리고 프로그램들 사이의 연관성과 공통분모들을 찾아내기 위해 네트워크에 대한 확장된 이해를 필요로 한다. 디프플랜의 절차에는 매개변수에 기반을 둔 기술들을 활용해 특정 상황에 적합하고 역동적이며 조직적인 구조 계획을 생성하는 과정이 포함된다. 디프플랜에 면밀한 상호작용적 특성이 있다는 것은 그것이 경제학, 사회기반시설, 프로그램 그리고 제시간에 구축되는 것 등을 포함하고 있다는 것을 뜻한다. 그 방법론은 서로 다른 지형학적 영역들이 어디서 공유된 가치를 생성해 내는지를 보여준다. 결과적으로 개별적 데이터들의 최적화가 아닌 그 데이터들의 관계 속에서 단일한 개인적인 흥미로는 불러일으킬 수 없었던 잠재성들이 만들어지면서 프로젝트의 매개변수가 형성된다. 진정한 경제적 그리고 공적 조건들을 다룬다는 점에서 이러한 접근법은 실용적이라 할 수 있으나 결과적으로는 상호적이고 즉시 이용 가능한 활용도구가 된다. 욕구는 반응적인 방법으로 충족되는 것이 아니라 관련 당사자들의 관계의 재절충을 야기하면서 한데 모아지고 변형되는 것이다. 이러한 접근법은 공동의 이익에 중점을 두기 때문에 특정한 사회적 정책을 지지할 수도 있다. 상당히 복잡한 대규모 프로젝트들에서는 어떤 요구 사항에 대해 단순하고 우발적으로 반응하는 것이 불가능하다. 특정한 장소나 프로그램, 또는 사용자의 특수성을 고려하기에 앞서 사전에 형성된 도시계획의 아이디어들은 쓸모가 없어졌다. 하지만 그 프로젝트는 상호작용을 통해 드러나게 된다. 이런 방식으로 나타나는 구조물들은 물리적, 공공적 차원에서 살아있는 힘들을 통해 그 기능을 한다. 이 구조물들은 기능성 외피이다. 이러한 살아있는 힘들이 그 힘들과는 상관없는 그 어떤 숨은 의미도 내포하지 않는 한 그 구조물들은 계속 움직이는 것이다.

디프플랜에는 그 밖에도 이동성에 대한 정책을 표현하는 새로운 방법, 지속성과 시간의 요소와 건축의 융합이 포함된다. 건축의 이러한 요소는 강렬한 혼성 문화의 의식 절차들과 의사소통 체계들로부터 야기된 공공의 공간에 대한 해석과도 관련 있다. 자동화된 디자인과 애니메

이션 기술을 통합적으로 활용함으로써 이용자의 움직임과 도시계획, 시공, 그리고 프로그램이 내포하고 있는 잠재적 문제들까지 포함하는 통합적 작업 방식이 작업의 네트워크상에서 발전할 수 있게 된다. 새로운 컴퓨터 기술들을 통해 경험의 다중성을 표현하고 다양한 지식들을 새로운 방법으로 활성화 시킬 수 있다. 움직임의 패턴을 맵핑하는 것은 시간과 프로그램의 관계성이 엄격히 구분되지 않는 동시적이고 지속적인 시간을 반영한다. 시간적인 조건들은 실제 상황에서 시간이 흐르는 것과 같은 연속적인 방식의 시뮬레이션에서 프로그램을 어떻게 다룰 것인가의 문제와 관련 있다. 서로 분리된 여러 층의 사회기반시설들은 이후에 효과적인 흐름과 효과적인 상호작용이 모두 가능하도록 긴밀하게 섞여야만 하고, 이를 위해 분류되고, 계산되며, 개별적으로 실험될 수도 있을 것이다. 디프플랜은 유클리드 기하학에 기반을 둔 도시계획의 환원주의와는 달리 증가하고 확장하며 생산적인, 그리고 도시계획에서 공공의 삶을 다시 활성화하는 새로운 추상적 개념을 제공한다.

무질서를 초월한 질서Order Beyond Chaos

{알레한드로 자에라 폴로Alejandro Zaera-Polo}

출처: 'Forget Heisenberg' : Cynthia C. Davidson (ed.), *Anybody*. Cambridge, Mass.(MIT Press) 1997 중에서

비정형 formless은 생산을 위한 수단이 아닌 인지의 수단이나 비평의 수단으로만 작동한다. 지난 20년간 건축의 이론과 실천에서 다루어진 중요한 주제들 중 많은 부분이 비정형, 즉 쉽게 가늠될 수 없는 형태들에 관한 것들이었다. 위기에 처함 극단적인 모더니즘을 대체할 실행 가능한 대안으로 여겨졌던 기업자본주의, 다른 형태의 구조, 결정론적 사고, 무작위성, 임의성, 비정형성, 복합성, 대립성 그리고 불일치성 등은 후기 자본주의에서 어렴풋이 나타났던 실존과 생산의 조건들에 더 가까이 다가가는데 가장 적절한 도구 혹은 결정론적이고 환원주의적인 기능으로부터 탈피하는데 가장 적합한 수단으로 여겨져 왔다. 질서, 형태, 결정론, 일치성, 구조는 차이를 무시하고 과정을 엄격하게 하려는 '톱-다운' 방식의 잔재들이다. 이러한 시스템은 배타적이고 환원주의적이기 때문에 현재의 세계와는 어울리지 않는 것이다. 건축적 사고에서 나타나는 이러한 경향은, 무작위적이고 임의적이며 비계층적인 엔트로피적 조직들을 밝혀내기 위해 중요한 실험들이 행해졌던 1960년대 극단적 모더니즘이 위기에 빠진 이후로는 모든 예술 활동분야에서 중요하게 인식되었다.

건축가들과 예술가들은 르네 톰 René Thom이 '프레그넌스 pregnance' 라 칭한 것 혹은 '새로운 탄생 emergences' 을 가능하게 하는 이전 시대의 질서가 가졌던 풍부함을 없애버리기 위해 거의 두 세대에 걸쳐서 노력해오고 있다. 만약 이러한 불확실성에 관한 탐구가 과거에 존재해왔던 건축 작업의 모델에 대한 비판을 불러일으켰던 위기에 처한 모더니즘에 대한 필연적인 반응이었다면, 그 탐구의 목적이 달성되었다는 데에는 의심의 여지가 없다. 어디에나 플라톤의 입체보다는 구름과 얼룩, 바위들의 조직을 더 닮은 건축물들이 존재한다. 더 복잡한 질서들을 기존의 모델들에 대해 부정적인 것 또는 반대의 것으로서 보기보다는 오히려 그 질서들을 이용해 새로운 조직 체계 내에서 질서를 추구하는 것–새로운 프레그넌스를 만드는 것–이 더욱 흥미로울지 모른다. 더욱 복잡한 경제적, 사회적, 도시적 과정들에 관여한다고 해서 새롭게 등장한 이러한 형태의 조직들에 대한 통제력을 되찾기 위해–즉, 역동적이고 복잡한 시스템과 불안정한 구조까지도 포괄하는 모델을 구축하기 위해–기술과 도구를 개발하는 것의 중요성을 간과한다는 의미는 아니다. 오히려 그 중요성을 강조하는 것이다.

건축의 정의를 점점 더 불분명하게 하고 새롭게 정의할 수 있는 가능성을 열어준 최근 몇

년간의 연구는 다른 한편으로 건조 환경을 구축하는 시스템과 관련하여 비판적이고 무의미한 역할을 함으로써 건축의 실천을 무력하게 하고 황폐화시키기도 했다. 현대의 경제적, 기술적, 사회적 그리고 정치적 변형들에 있어서 건축가들이 잠재적으로 결정적인 역할을 되찾기 위해서는 새로운 규율을 만드는데 자신들의 연구를 집중시켜야 할 것이다. 건축가들은 전통적인 방식의 작업 속에서 도피처를 찾을 수도 있고 아니면, 임의성, 불확정성, 모순 속으로 탈출할 수도 있다. 하지만 이와 같은 방법이 매우 효과적임에도 불구하고 건축 작업에 긍정적인 힘을 다시 실어주는데 있어서 핵심이 될 수는 없다. 미적인 프로그램으로서 비정형성과 불확정성을 제안하는 것이 현재의 세계에서 생산적으로 또는 도덕적으로 필요한 것들을 성취하기에는 적절할지 모르나 건축 작업의 근본이 되는 생산과 구축의 과정에까지 이를 적용할 때는 문제를 야기한다.

우리는 먼저 비정형성 formless과 비형식성 informal을 구분해야 한다. 비형식성은 잘 정립된 형태들과는 부합하지 않는다. 그러나 그것은 잘 정의된 준거의 틀 안에서 작동한다. 반면에 비정형성은 한계를 가지지 않거나 혹은 그 형태가 쉽게 가늠하기 힘든 것이다. 비정형성은 잘 정의된 형식적인 질서와는 무관하다. 그것은 불확정성을 통해 이루어지거나 또는 무자비하고 임의적인 결정을 통해서 구축될 수 있다. 비형식성은 미학적인 프로그램의 목표가 될 수 있으며 하나의 효과로서 추구될 수도 있다. 비정형성은 오직 결과나 또는 모순으로서만 만들어질 수 있으며, 일단 만들어지면 불안정하지만 마치 구름이나 파도, 잉크 얼룩 등에 이미지를 투사하는 것과 같은 정신적 작용을 통해 곧바로 형식화될 수 있다. 비정형성의 매력은 그 비정형을 부호화하는 것보다 그것의 물질적 구성을 표현하는데 있다.

비정형성을 하나의 목적으로 주장하는 것은 단순히 중요한 것 이상으로 중요한 역할을 하는 특정 전문분야의 실행에서는 어불성설이다. 너무 진부하게 들릴지 모르겠지만 '결정하지 않는' 건축가에게 주목할 준비가 되어 있는 건축주는 많지 않다. 그러므로 불확정성을 추구하는 것은 전문성의 자살과도 같은 것이다. 이러한 모순에는 좀 더 이론적인 공식이 있다. 비정형성의 가장 근본적인 특성은 궁극적으로 비정형이 가진 무한한 수행능력이다. 따라서 비정형성은 제 기능을 못하게 될 수도 있고, 가장 중요한 잠재적 가능성을 잃어버릴 수도 있는 것이다.

내가 비정형성을 반대하는 두 번째 이유는 비정형성을—표현하거나 비판하는 작업이 아닌—근본적으로 주관적이고 생산적인 작업으로 건축에 적용하고자 할 때 더 확실해진다. 예를 들어 우리가 도쿄의 도시 구조를 비정형적인 것으로 본다면, 그리고 도쿄의 역사에 대한 지식을 배제한 채 가벼운 마음으로 그 도시의 질서들을 읽어내려 한다면 우리는 도쿄가 무질서하고 불일치하며 불확정적이라고 결론을 내릴지도 모른다. 그러나 도쿄를 볼 때 어떠한 조직을 만들어 내는 결정과 환경의 지속적인 축적이라는 관점에서 바라본다면 우리는 변화하는 경제적 요소들과 규칙들, 부동산 구조, 사회적 용도 등을 바탕으로 그 도시의 형태들이 결정되어 온 방식을 읽어 낼 수 있다. 이러한 요소들은 오랜 기간 축적되면서 오스망이 계획한 파리나 그로피우스 Gropius가 제안한 지멘슈타트 Siemensstadt, 그리고 듀어니 Duany / 플레이터-지버크 Plater-Zyberk가 디자인한 해안가와는 다르게 한 눈에 명확히 읽히지 않는 물질적 구조를 생성했다. 그러나 이것이 꼭 여기에는 어떠한 질서도, 결정된 것도 없다는 것을 의미하는 것은 아니다. 그것이 의미하는 바는 오히려 도쿄가 보여주는 결정된 형태들이 보다 환원주의적인 모델들에서 볼 수 있는 형태들보다 훨씬 복잡하다는 것이다. 이러한 관점에서 도쿄는 비정형적이지 않고 오히려 멋진 '형태'를 가졌다고 할 수 있다.

베르너 하이젠베르크 Werner Heisenberg의 확정성 determination에 관한 원리는 근대적 비결정론 indeterminism의 근본이 된 이론이다. 하이젠베르크에 따르면 공간 속에서 특정한 입자의 위치를 정확히 결정짓는 것은 불가능하다. 왜냐하면 그 현상을 표현하기 위해 사용되는 도구들이 이미 그 입자들의 본질을 바꾸어 놓기 때문이라는 것이다. 그러므로 우리는 절대로 사물의 실제적 본질에 이를 수 없다. 우리가 사물을 완전히 이해할 수 없다는 것은 우리가 그들을 완전히 통제할 수 없다는 말이다. 만약 하이젠베르크의 주장을 뒤집어 관찰자의 관점에서 생산자의 입

FOA / Coastal Park / Park / Barcelona, Spain / 2005

장으로 관점을 바꿔서 본다면 형태와 정보, 힘과 지식 사이의 이러한 근본적인 불일치들은 사라지게 될 것이다. 만약 우리가 인간보다는 신에 더 가까워 질 수만 있다면 형태는 확정적일 수 있게 될 것이고, 우리가 만들어 놓은 것들도 우리가 이해할 수 있게 될 것이다.

관찰자, 비평가, 연구자들의 관점에서는 비정형성이 실행 가능한 방법론일지 모르지만 반면에 생산자의 관점에서는 그것을 이용해서는 원하는 효과를 창출해낼 수가 없기 때문에 비정형성은 어려운 대안이다. 불확정성은 기존에 이미 세워진 형태들의 경계 밖에서 일어나는 활동의 결과이다. 아라타 이소자키 Arata Isozaki와 아키라 아사다 Akira Asada가 제안한 데미우르고스적 demiurgomorphic 건축 모델은 이러한 불확정과 관련해 매우 가치 있는 제안이다. 의인화된 anthropomorphic 건축 모델이나 신격화된 theomorphic 건축 모델과 같은 전통적인 건축적 실체들을 더 이상 유지할 수 없다는 것은 분명하다. 이러한 모델들은 너무나 완고하고 환원주의적이어서, 정적이고 완전하며 이상적인 신이나 인간의 테두리 안에 한정될 수 없는 다양한 흐름들과 다양성들에 의해 모든 것이 결정되어가는 문화에서는 제 기능을 할 수 없다. 현대적인 건축적 실체에 데미우르고스적인 모델을 제안하는 것은 기존에 확고했던 건축적 실체의 외형적 모델들이 그 결과로 만들어낸 무질서와 불확정성에 대한 실질적 대안이다. 데미우르고스적인 모델은 전

형적인 외부의 모델을 참조한 건축적 실체가 특징짓는 결정적인 형태보다는 오히려 그 실체를 생성해내는 도구나 기술과 같은 구축의 과정에 내재하는 결정적인 형태들을 탐험할 수 있도록 해준다. 결국 데미우르고스는 얼굴 없는 신이자 이미지와 유형이며, 이념과는 동떨어진 물질주의적이고 기회주의적이며 실천적인 테크노크라시의 신이다. 또한 무언가를 의미하기보다는 만들어내는 신이다. 데미우르고스는 최종 결과물에서 반드시 잘 드러나는 것은 아닌데도 불구하고 긍정적인 설명이나 과정에 의해 제법 멋들어진 형태가 결정된 자신의 작품들에 대해 책임을 진다.

가상의 정보가 넘쳐나는 문화에서는 공간적이고 물질적인 조직을 생산하는 과정에 정보를 이식함으로써 그러한 물질적 분열의 과정을 뒤엎고자 하는 것이 건축가에게 가장 중요한 도전일 것이다. 내가 FOA(Foreign Office Architects)에서 파시드 무사비 Farshid Moussavi와 함께 진행했던 작업들은 우리의 주관이 반영된 모델을 발전시키거나, 또는 기존의 현실을 확장하지도 모방하지도 비판하지도 않으면서 현실을 생산해내기 위해 시도했던 모델들을 발전시킴으로써 그러한 가능성을 탐구하는 것이었다. 우리는 그 모델들을 통해 세계적인 체계와 지역적인 특이성 사이의 충돌, 도시와 건축에 대한 명확한 표현의 필요성, 건축과 도시의 조직화에서 중요한 요소인 동적 과정들의 문제화, 활동과 정보의 공간화, 마지막으로 디자인 과정에서 정보와 기술의 통합 등과 같은 공간의 현대적인 요소들을 생산하고 물질적으로 조직화하는 방법에 대해 연구했다. 상징적이고 유형학적이며 표현적인 기술들보다는 오히려 생산에 대한 탐구가 아이디어들을 구축하는데 필요한, 다시 말해 분석과 생산 간의, 아이디어와 기술 간의, 정보와 형태 간의 매끈한 연결을 위한 수단을 제공한다. 우리는 생산을 통해 의도성과 결정성을 포기하지 않으면서 모방적이거나 상징적인 또는 유형학적인 매개로부터, 그리고 선험적인 효과의 도입으로부터 벗어나고자 노력한다. 이는 주관을 반영하는 과정이 반드시 하나의 건조물이 되어야만 가능한 일이며, 그 구조물은 형태, 패턴, 기하학, 분배 그리고 질서를 추구하는 다른 가독성의 재료들을 분석하고 조종함으로써 생성되는 것이다. 이러한 과정 속의 단계들은 이미 완성된 패러다임에서는 기대할 수 없는 효과들을 성취하기 위한 특정한 질서를 제시한다. 이소자키와 아사다가 제안한 데미우르고스의 기능도 비슷한 것이다. 거기에 폐쇄적인 패러다임이나 의미심장한 이미지 같은 것은 존재하지 않는다. 단지 도구들과 특정한 환경들에 의해 최종적인 생산물이 결정되는 결정적인 순간들의 일부만이 존재할 뿐이다.

우리가 진행하는 연구를 설명하는 가장 좋은 예는 요코하마 국제항만 터미널 현상설계 안이다. 그 프로젝트에서 우리는 여러 가지 복잡한 일련의 설명들을 그에 상응하는 구체적 형태로 변형시켰다. 여기서 우리는 두 가지 중요한 이슈를 발견하였다. 하나는 연락선 터미널의 기능과 시민들의 여가 공간이라는 두 가지 프로그램 사이의 중재였고, 다른 하나는 요코하마 부

둣가의 공공공간과 우리의 프로젝트를 통합하는 것이었다. 첫 번째 주제는 어느 정도 일반적인 것이었고, 두 번째 이슈는 지역적으로 한정된 문제였다. 우리는 요코하마 부둣가에서 보행자들의 흐름을 조사하는 것부터 시작했다. 여기서 사람들이 이동하는데 두 가지 유형의 움직임이 있다는 것을 알아냈다. 하나는 접근하는 사람들의 규모는 거의 일정하게 유지되면서 서로 다른 장소들과 선형적으로 연결되는 전도성의 움직임이었고, 다른 하나는 더욱 집중적이고 강렬한 선형의 패턴으로서 나타나는 유도적 움직임이었다. 첫 번째 유형은 거리의 순환과 연관된 것이고, 두 번째 것은 광장이나 마치 아카렌가 공원 Aka-Renga Park, 야마시타 공원 Yamashita Park 그리고 종합운동장 등과 같이 집중적으로 사용되는 공공공간들과 일치하는 것이다. 우리가 생각해낸 첫 번째 아이디어는 오산바시 Osanbashi 부두 위에 네 번째 원통의 코일, 말하자면 부둣가를 따라 공공활동을 일정 수준으로 지속시키고 요코하마 해변에 도시의 강렬함을 투영하기 위한 유도적 장치를 만드는 것이었다.

비록 원통의 코일을 구성하는 나선을 어떻게 만들어 낼지에 대한 해답은 없었지만 순환이라는 개념은 우리의 프로젝트에서 아주 중요한 것이었다. 우리의 목적은 순수하게 전도성을 지닌–폴 비릴리오 Paul Virilio를 인용하자면– '관 모양의' 공간에 도전하는 것이었다. 그리고 고정된 수의 사람들보다는 오히려 일시적으로 머무는 군중을 위한 건축을 창조하는 것이었다. 전통

FOA / Yokohama Terminal / Cruise terminal / Yokohama, Japan / 2002

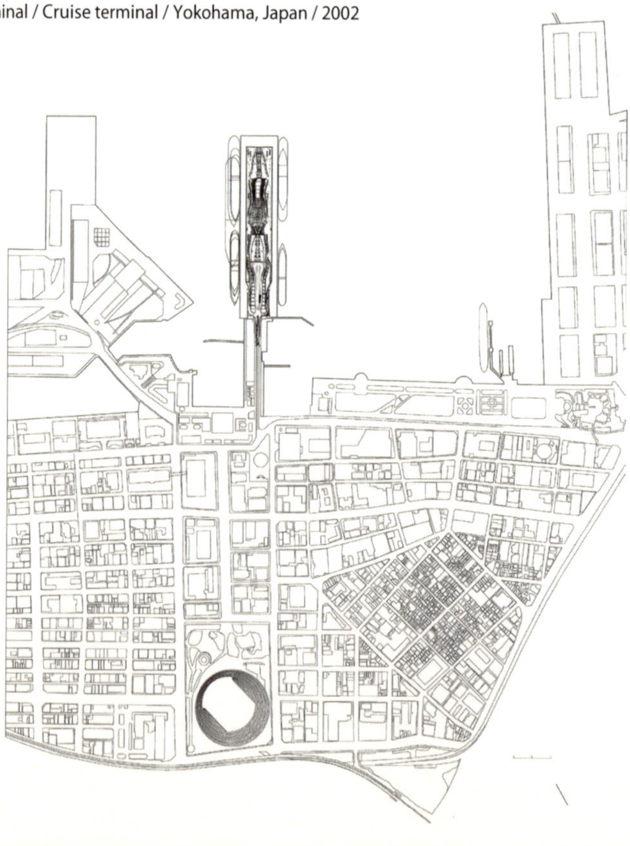

적인 부두들이 가진 선형적 구조는 우리가 바라는 효과를 만들어내는데 부적합할지도 모르지만 부둣가를 문이 아닌 하나의 접점으로 전환함으로써 두 가지 상태의 경계가 사라지고 대신 그 둘 사이의 점진적 변화가 가능해졌다. 이것이 '순환하는 부두 no-return pier'의 개념을 가능하게 한 것이다. 부두의 선형 구조를 강화하는 것에 대한 대안인 순환의 다이어그램은 선형의 구조를 보이지 않게 만드는 상호 연결된 고리 모양의 공간을 거치며 두 가지의 다른 기능들을 연결한다. 기능에 따른 시설의 위치를 '자연스럽게' 뒤바꿔, 다시 말해 터미널 시설들은 부두의 아랫부분에 가까이 배치하고 시민들을 위한 공공시설을 부두의 상부에 위치시켜 시민들의 동선이 방문객들의 통행과 교차하도록 유도하였고, 그러면서 요코하마의 공공 공간을 돌출된 항만의 안쪽까지 가능한 최대로 확장시켰다. 이러한 프로그램의 불균형은 시스템을 작동하게 하는 원동력이 된다. 요코하마 도시에서 여객선으로 이어지는 흐름은 말 그대로 제자리에서 뒤돌지 않고 도시를 향해 순환하면서 다시 그 선형의 구조를 따라 움직이게 된다. 이러한 구조는 도시 공간 속에서 도시에 거주하는 사람들과 방문객들의 양극성을 파괴하는 하나의 다차원적 공간이 된다.

그러한 다이어그램을 만드는 동안 우리는 그것을 실현할 도구를 찾아야만 했다. 그래서 우리는 도시의 지면 ground에 관심을 집중하였다. 요코하마 터미널에서 가장 중요한 것이 바로 지

면에 관한 재정의 또는 지면과 건물사이의 관계에 대한 명확한 설명이었다. 지면을 이용해 순환하는 다이어그램을 구현할 수 있게 되었다. 우리는 지표면 위에서 갈라지는 모든 분기점들과 평면 위의 모든 선들을 연결시킴으로써 원래는 2차원적이었던 다이어그램을 프로그램의 요구사항들을 충족시킬 수 있는 3차원적 지형으로 변형하였다.

모든 부분에서 일관성 있는 하나의 조직과 그 건물을 시공할 때에도 우리는 전체적인 형태를 만들 때 적용했던 것과 똑같은 체계를 사용하기로 결정했다. 이번에는 표면의 접힘 folds을 구조적인 장치로 이용하기로 한 것이다. 프로그램들의 주름들을 연결하는 구조적 네트워크를 만들기 위해 표면을 서로 다른 크기로 접었다. 이렇게 접힌 표면을 구조 요소로 사용함으로써 중력의 방향으로 작용하던 수직적인 힘을 비스듬한 방향의 힘으로 전환할 수 있었고, 우리는 그 공간에서 중력의 흔적을 걷어낼 수 있었다. 뿐만 아니라 그 접힌 표면을 이용해 기둥, 벽 또는 바닥판과 같은 분리적인 구조 체계를 탈피하고 외피와 내력구조 사이의 전통적인 구분을 모호하게 할 수 있었다. 이러한 변화는 구조 내력의 변화가 코드화된 요소들에 의해 결정되는 것이 아니라 물질적 연속체의 단일성을 통해 나타나게 되는 독특한 유형성에 의해 가능해 졌다.

건물이 만들어내는 지형은 우리가 만들었던 유형학적 모델과는 무관하게 형성된 것이기 때문에 특정한 프로그램들을 이상적으로 배치하기 위해서는 우리가 생성한 형태를 분석할 필요가 있었다. 연쇄적 작용들에 의해 형성된 연속적이면서도 차별화된 공간들은 그 시설들의 다양한 용도에 관해 연구할 수 있는 기회를 제공해 주었다. 터미널 공간은 현지인들이 '소유' 하거나 외부인들이 '점유' 할 수 있는 이상적인 '전쟁터' 가 되었다. 다양한 흐름과 전체적인 형태를 연결하는 프로그램들은 전체적인 형태 속에서 표면의 접힘에 의해 생성된 물길들 속에 있는 쌓이는 퇴적물이 되고, 그 표면은 다양한 형태로 연속되며 프로그램의 퇴적물들을 차례로 통합시킨다. 사회적 기계들—특히 경계를 유지하는 기계들—이 일반적으로 강도에 변화를 줌으로써 만들어내는 엄격한 분할은 약화된다.

터미널은 그 외형에도 불구하고 비정형과는 거리가 멀다. 그 형태는 건축적 실체에 어떤 완전한 패러다임을 적용하는 것과는 무관하며, 오히려 정확한 기술을 통해 매우 결정적이고 의도적이며 조형적으로 만들어진 것이다. 예를 들자면 프로그램의 조건들이 바뀐다면 지형에 대한 정의도 당연히 달라지는 것이다.

요코하마 프로젝트가 이소자키와 아사다가 생각했던 데미우르고스적인 건축의 한 예라고 감히 주장하는 것은 주제넘어 보일지도 모른다. 그러나 나는 이소자키가 현상설계 당선작으로 우리의 프로젝트를 뽑은 것은 우연이 아니라고 생각한다. 그리고 심사가 끝난 후 그 현상설계에서 3등을 차지한 카즈요 시노하라 Kazuo Shinohara가 그에게 반발했던 것도 우연이 아니었다. 그는 무질서, 무작위성, 불확정성에 관심이 많은 일본 건축가로, 자신이 왜 3등 밖에 할 수 없는지 이해하지 못하였다. 이소자키가 제안한 데미우르고스적인 실체가 그 이유를 완벽히 해명해준다. 이는 두 부류의 사람들 사이에 명확히 선을 긋는다. 하나는 현대 도시의 복잡성에 크게 놀라며 그 복잡성을 아름답게 표현하기 위해 주변의 무질서를 모방하는 데에 전념하는 사람들이며, 다른 하나는 겉으로 복잡하고 무질서해 보이는 현대 도시의 이면에는 건축가라면 반드시 조절할 수 있어야 할 질서가 존재한다는 것을 믿는 건축가들이다.

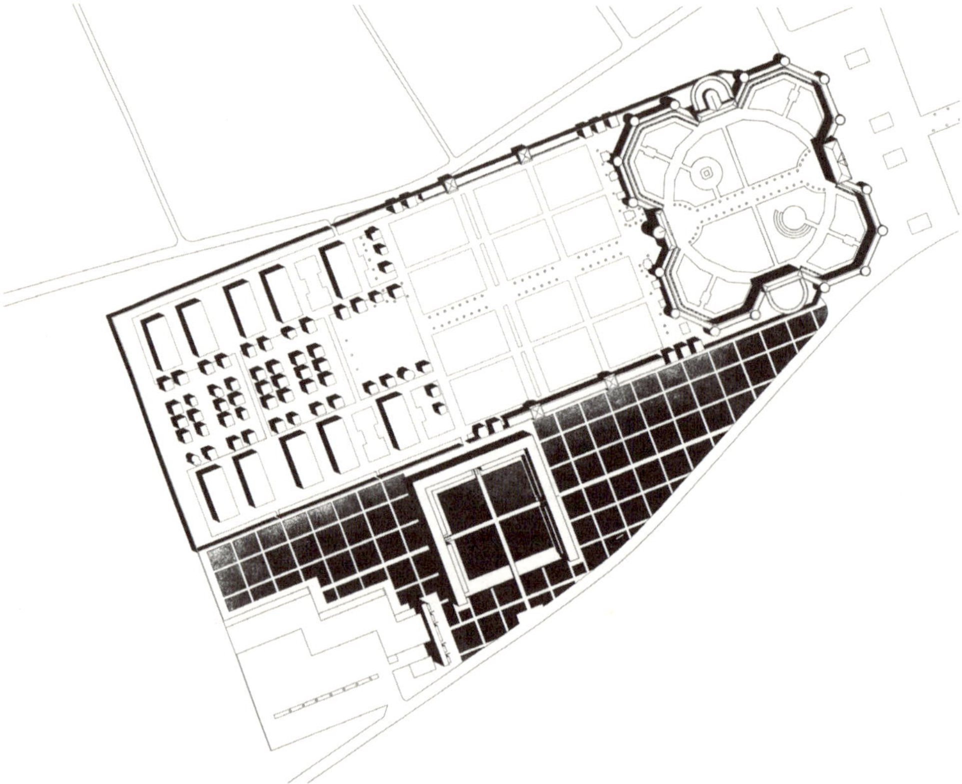

방법론의 문제 Questions of Method

{안토니오 모네스티롤리 Antonio Monestiroli}

출처: 1991년 1월 밀라노 공대에서 열린 강연으로, *Domus*, no. 727, 1991, 5월호에서 발췌

건축은 그 자체로서 현실을 담고 있으며, 그 시대의 문화로부터 떼어 놓을 수 없는 공동의 유산이자 자산이라는 인식과 함께 우리 각자의 외부에 존재하고 있다. 이는 부정할 수 없는 개념으로 더 깊이 있게 분석하는 것은 가능하지만 이를 반박하는 것은 불가능하다. 우리 모두는 우리가 누리는 문화에 깊이 뿌리박힌 집에 대한 개념을 어느 정도 가지고 있다. 그리고 우리는 주택이라고 인지할 수 있는 몇 가지의 요소들을 통해서 주거를 인식한다. 문화는 새로운 건축보다 '앞서' 존재했으며, 문화가 만들어지는 역사적 시기에 건축이 초점을 맞춤으로 인해 그 문화는 더 광범위해지거나 더 깊이 있게 된다. 그리고 이는 도시의 공공시설 건물뿐만 아니라 주거에 이르기까지 모든 건축 주제에 적용된다. 디자이너들은 '모든 사람들이 잘 알고 있는' 분야에 종사한다는 사실 때문에 공동체와 밀접한 관계를 가진다. 이것이 바로 공동이라는 개념이 신성한 이유이며, 그 공동체의 개념이 없다면 우리의 건축 작업들은 집단적 무관심에 부딪히거나 그들로부터 거절당할지도 모른다.

따라서 '이런 주제에 대한 익숙함'은 방법론을 수립하기 위한 첫 번째 요점이 된다. 방법론을 수립하는 것은 항상 건축과는 거의 관련 없는 영역으로 이어지는 멀고도 험한 과정이며 또한 지어지는 것의 '가치'에 집중할 것을 요구한다. 그것은 포괄적인 일반론의 관점에서 인식되어야 한다. 그리고 그것은 누군가가 다른 누군가의 건물을 지어주어야 한다는 전제를 바탕으로 한다. 이것이 바로 우리가 하고 있는 건축 작업은 전혀 걱정할 것 없이 완성될 수 있다는 생각에 내가 절대로 동의하지 않는 이유이다. 만약 그 과정의 첫 번째 단계가 인지적 몰입 cognitive commitment이라고 생각한다면 그것은 확실히 부적절한 말이다. 누구든지 자신이 짓고 있는 건물의 가치에 대해 잘 모르고 있다면 건설은 이루어질 수 없는 것이다. 내가 말하고자하는 가치란 오직 그 시대의 문화로부터 유추될 수 있는 것이고, 따라서 그 가치를 결정하는 데에 있어 디자이너는 단지 수동적인 역할만을 할 뿐이다. 그러나 이것은 분명히 사실이 아니다. 이러한 가치를 '발견'하는 데에 있어서는 그 출발점이 분석적이라 하더라도, 건설의 목적은 그것을 인식하는데 있다는 의식과 함께 개인적인 책임감이 작용을 한다는 데에는 의심의 여지가 없다.

그러므로 디자이너와 공동체 사이에는 양방향의 관계가 성립한다. 공동체는 건축가에게 자신들의 문화를 완전한 형태로 구현해야 하는 과제를 맡긴다. 그리고 건축가들은 그 과제를 수행하고, 그것을 공동체가 인지할 수 있도록 그들에게 되돌려 준다.

건축 디자인은 장소에 바탕을 둔다. 건축은 하나의 장소를 차지하고 그곳에 의미를 부여한다. 건축 디자인은 도시 건설의 규칙 또는 자연 풍경 속에 자리한 그 장소의 입지 조건들을 받아들인다. 새로운 건설은 특정한 규칙이나 특성들과 새롭게 결속하며 관계를 맺는다.

장소들은 또한 하나의 주제로서의 가치를 가지며 이미 선험적으로 존재한다. 그리고 그 장소들은 우리의 프로젝트보다 앞서 존재했던 문화를 집약시키며 역사 속에서 형성되어 왔다. 그 장소들은 우리가 알아야 할 지식의 대상이기도 하다. 그리고 그 장소들을 우리 거주 문화에 상응하도록 배치하고자 한다면 우리는 그 장소들을 분석하고 해석해야만 한다. 도시적이든 혹은 자연적이든 장소들은 모두 삶의 장소들이며, 우리는 그 장소들의 형태를 통해 우리의 존재를 인식하게 된다.

건축 디자인에서 장소를 참고하는 것은 '도시에 대한 아이디어'를 건축이 들어설 대지로 간주하는 것, 그리고 건설에 있어서 그 장소의 규칙을 고려하는 것과 동시에 이루어진다. 도시 지역과 자연 지역 사이의 이분법은 특정한 규칙과 일반적으로 공인된 규칙들에 따라 지어진 가장 최신 형태의 상업 도시의 19세기 도시를 표상하는 것이다. 19세기 도시들은 디자인을 위치시키기 위한 강력한 컨텍스트를 구성했다(아직도 많은 사람들이 그렇게 하고 있다). 가로는 주거의 특징들 중 많은 부분을 결정하는 정면의 규칙을 부여한다. 따라서 공공의 건물들 즉 도시의 공공시설들은 통제를 위한 매뉴얼의 역할을 할 수 있도록 주택들 및 사회기반시설들과 전체적으로 정연하고 고정된 관계를 형성한다. 그러나 오늘날 우리가 경험하고 있는 건설의 모순된 모습을 간직한 이러한 도시는 더 이상 우리의 문화와 일치하지 않는다. 정확히 말하자면 진정으로 위기에 처한 것은 도시적 장소들과 자연적 장소들 사이의 상호관계이다. 그 관계란 자연의 대지들에 대해 도시의 대지들이 가지는 지배적인 관계이다. 아니, 차라리 하나의 가치를 다른 것에서부터 떼어내는 관계라고 하는 편이 나을 듯하다. 이것은 친숙한 역사이다. 여기서 중요한 것은 디자인을 구축할 때 대지를 어떻게 배치할 것인지를 이해하는 것이다. 대지를 배치하는 것은 단순히 돌로 이루어진 도시의 규칙들에 의해서가 아니라 도시 건설과 자연의 관계와 연관된 더욱 복잡한 규칙들에 따라 이루어져야 한다는 것을 이해해야만 한다.

건축문화가 두 차례 큰 전쟁의 기간 동안 발전하면서 자연적 공간도 도시의 건설에서 새로운 역할을 맡게 되었다. 자연은 새로 정의될 규칙들에 따라 도시의 요소들이 위치하게 되는 새로운 컨텍스트가 된다. 루드비히 힐버자이머 Ludwig Hilberseimer는 미래 도시를 위한 프로그램을 담고 있는 시카고 도시재생 프로젝트를 통해 도시와 자연 간의 관계를 뒤집고자 하였다.[1] 자연은 더 이상 도시와 다른 개념이 아니라 도시가 자리하기 위한 컨텍스트가 되는 것이다. 이러한 원칙에 대한 개념의 전환이 개별적인 도시 요소들의 특성을 정의하는데 깊은 영향을 미쳤음은 더 말할 나위가 없다.

이러한 개념의 전환은 주거를 디자인하는데 영향을 미치는 새로운 조건들을 낳게 되고 그 조건들 위에 새로운 인공물이 건축되는 것이다. 공공건물들도 마찬가지다. 공공건물들 역시 서로간의, 그리고 주거와 그 다른 주변 자연 환경과의 새로운 관계를 찾아야만 한다. 이는 더 이상 상업 도시의 규칙에 제한받지 않는 주택들이 '스스로' 주변 자연과 관계를 형성하는 방법을 찾게 되는 르두 Claude-Nicolas Ledoux의 이상 도시에서 이미 제시되었던 컨텍스트이다.[2] 그 이후의 많은 사례들에서와 마찬가지로 힐버자이머의 주거 단위를 (다시) 건설하는 과정에서도 자연에 둘러싸인 작지만 눈에 띄는 요새들이 존재하는데, 그 요새의 배치는 자연과의 관계를 통해서 형성된다. 이제는 자연적 공간에 대한 새로운 개념의 중요성을 인식해야 될 때이며, 이는 완전히 성숙한 '코페르니쿠스 혁명' 과 같은 것이다. 이러한 생각은 문화는 지속적으로 변화하기 때문에 그 문화에 속한 가치관은 새로운 질서를 정립해야 할 책임을 져야만 한다는 사실을 이해하지 못하는 사람들과 19세기 도시에 대해 향수를 느끼는 많은 사람들, 또 새로운 도시의 건설에 필요한 규칙들이 없다는 이유로 무질서해진 현대 도시를 지키기 위해 19세기 도시의 논리로 다시 돌아가야 한다고 믿는 많은 사람들에게 더욱 필요하다.

이러한 주제와 관련해 주지한 바와 같이 사회는 거주의 장소라는 고유한 잠재적인 관념 즉,

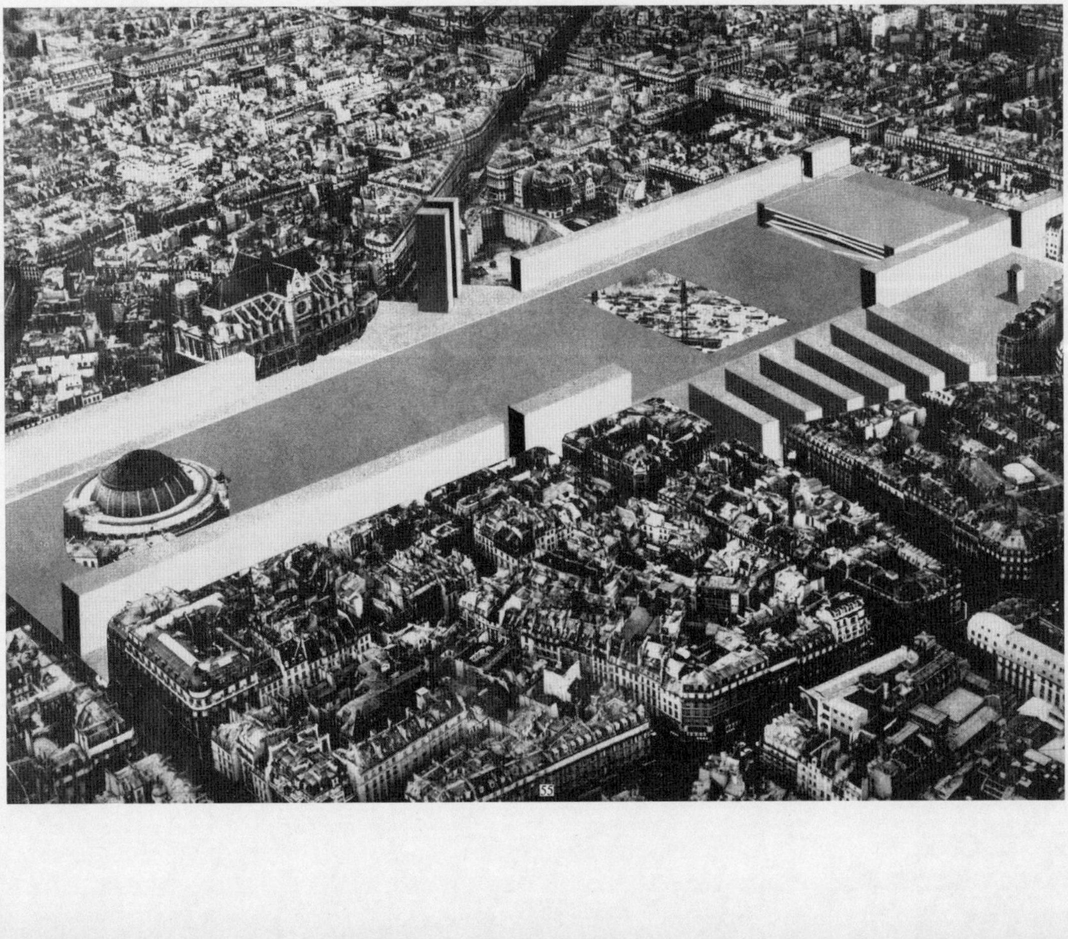

자연과 새로운 관계를 맺어야 할 필요성에 근거한 개념을 지니고 있다. 우리에게 필요한 것은 이러한 열망을 인지하고 '기술적으로 이를 가능하게 하는' 능력이다. 이것이 바로 우리가 해야 하는 일이다.

이와 같은 건축의 주제에 관한 고찰과 건물이 세워지는 장소에 대한 연구는 '건물의 유형'과 그 배치에 대한 정의로 귀결된다. 여기서 건물의 유형이 건축적 지식의 진보를 방해하고 있다고 보는 사람들의 비판에 맞서기 위해 명확히 설명하고자 한다.

건축의 유형이란 비교와 분류의 방법론에 기초한 분석적 연구를 통해 그 유형이 어떻게 보일 수 있느냐의 문제가 아니다. 즉, 역사적 건물의 어떠한 특징으로부터 유추되는 성격의 것으로 이해되어서는 안 된다. 오히려 '일반성과 반복성을 향한 어떠한 특징들의 열망'이라고 말할 수 있겠다. 건물의 유형을 정의하려는 노력은 적어도 역사상 그 시대만의 주거 문화가 정착됐던 시기에 지속적인 가치를 지니거나 혹은 그 가치를 드러내는 건물의 각 부분들 사이의 안정적인 관계를 정의하려는 의도와 같다. 건물의 유형은 단지 소수일 뿐이라고 생각하거나 건물의 모든 유형은 이미 과거의 역사 속에서 모두 정립되었다고 생각한다면 우리는 연역적 본질에서 한걸음 멀어지게 된다. 우리의 노력은 후대에 전해질 유형들을 통해 역사가 평가해줄 것이라는 점을 의식하고 각 시대별 건물의 유형을 '재정립' 함으로써 건물 유형의 문제에 접근할 필요가 있다. 이 문제를 다루는데 실패한다면 개별적인 해결책들이 나타나게 된다. 건축에서 특정한

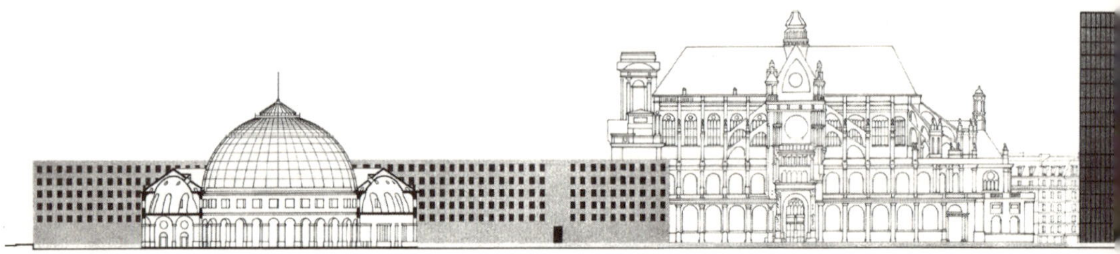

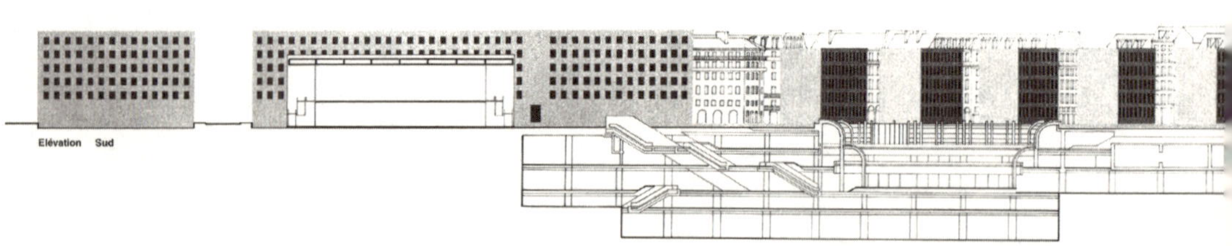

개별적 측면을 인정하지 않는다는 것은 유효한 일반적인 해결책들을 제시한다는 것을 의미한다.

나는 건물의 유형을 정의하려면 대지의 특성과 주제가 그 원동력이 되어야 한다고 주장해왔다. 상당히 멀리 떨어져 있던 두 명의 뛰어난 건축가 필라레테 Filarete와 미스 반 데어 로에 Mies van der Rohe는 당대의 도시에 적합한 공공시설의 유형들에 대해 연구하였다. 그들의 작업을 자세히 살펴보면 두 사람 모두 어떠한 주제에 접근할 때마다 아주 일반적이고 안정된 방법으로 그 주제의 특성을 정의하고자 했음을 알 수 있다. 필라레테는 르네상스 시대의 '근대적 도시'에서 가장 기본적인 공공시설이었던 병원이라는 주제에 접근하면서 먼저 병원시설에 대해 분석하는 것부터 시작했다. 그리고 그 병원의 구조를 구성했던 그의 의도가 병원 그 자체가 아닌, 그가 살았던 시대의 병원 디자인의 유형을 왕자에게 제안하는 것이었다는 것을 그의 논문을 통해 알 수 있다.[3]

이것이 바로 유형의 정의를 통해 우리가 이야기하고자 하는 바이며 또한 미스 반 데어 로에가 매번 폐쇄적인 형태의 단독 주택을 디자인할 때마다 의도했던 바이다. 그는 거주의 장소로서 가장 안정적인 형태를 찾는 것이 중요한 문제라는 점을 염두에 두고 있었다.[4] 미스의 세 가지 디자인 주제를 떠올려 보자. 단독 주택, 고층 건물, 그리고 공공건물. 그는 이 세 가지 주제를 중정과 타워 그리고 대공간의 세 가지 유형과 연관 지었으며 그 유형들을 위한 더욱 깊이 있

Antonio Monestiroli / Les Halles Paris / Competition entry for an urban square / Paris, France / 1978

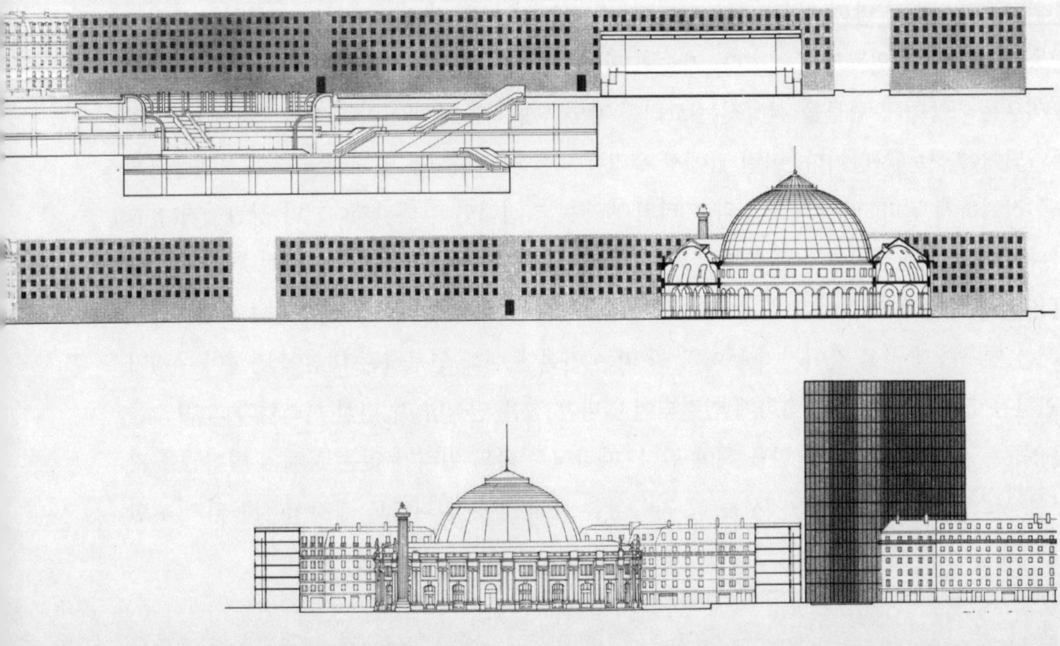

는 해결책을 찾고자 했다. 힐버자이머와 맥락을 같이하는 미스의 이러한 유형들은 대도시의 구성 요소가 된다. 주택을 짓기 위한 두 가지 방법(지면 위에 직접 세우거나, 타워 구조에 매다는 방법)은 자연(울타리를 침으로써 소유하게 되는 장소로서의 자연, 또는 호의적인 관찰의 시점에서 감상되는 풍경으로서의 자연)과의 관계를 정의하는 두 가지 방법을 시사한다. 공공건물들 역시 언제나 그 건물의 근본적인 특성들로 환원되며 그 특성이란 공동성의 아이디어인 대공간을 포함하고 표현하는 대지에 대한 정의를 의미한다.

어떤 이들은 미스가 근대적 도시의 유형들을 역사로부터 유추하였다고 주장한다. 그러나 나는 그의 연구가 근대적 주거 형식의 의미와 그 장소에 적합한 형식의 관계에 대한 깊이 있는 사색으로부터 시작되었으며, 그 동기 역시 그러한 형식을 찾기 위한 결정력에 있다고 믿는다. 주거는 그 안에 머무르기 위한 공간이고, 삶에 대한 감각은 그 장소의 형태와 관련된 것이다. 따라서 만약 미스의 모든 프로젝트를 함께 살펴본다면 그의 건물들에서 모든 과거의 역사 속 주거들의 '오랜 노랫소리의 메아리'가 울려 퍼지는 것을 발견할 수 있을 것이다.

한 가지 명확한 사실은 이것이 그의 연구를 통한 '결과'이지 출발점은 아니라는 것이다. 그 출발점이란 바로 우리가 적합한 형태를 찾아내야만 하는 삶에 대한 개념의 정의이다. 그리고 그 결과란 지식으로서의 건축, 공공시설의 가치를 정의하는 고된 과정으로서의 건축에 대한 아이디어이자 그러한 시설들과 장소들의 관계에 대한 아이디어이며, 전적으로 이러한 가치와 상호 관계를 안정적인 방법으로 포괄하고 표현할 수 있는 구조에 대해 정의 내리는 것이다.

이러한 논점으로 거슬러 올라가는 추리의 과정은 건축의 추상적이고 예비적인 단계에서의 디자인과 관련 있다. ' 주제, 장소, 유형에 대해 고려하려 하는 것은 나름의 고유한 물질적인 표현이 없는 건축적 아이디어를 유발한다. 그러한 표현을 정의하기 위한 가장 첫 번째 단계는 '건설 행위'이다. 엄밀히 말해 건축술이라고도 할 수 있는 건설은 건축 디자인의 핵심적인 순간이자 건축의 다양한 정의들의 중심이다. 기술의 관점에서 우리가 건설의 일반적인 법칙들, 즉 건물을 세우는 가능한 방법들을 결정짓는 그러한 자연적 법칙들에 관심이 있다는 것은 당장이라도 주지되어야 하는 사실이다. 이런 점에서 우리는 나름의 자율성을 지닌 논리적인 보편성과의 관계를 정립하게 된다. 따라서 건설과 우리의 관계는 직접적인 이해관계이거나 상관없거나 둘 중 하나이다. 이해관계라면 그것은 우리의 디자인이 아이디어에 형태를 부여하는 건설 시스템의 활용을 통해 존재할 것이기 때문이고, 상관없음이라면 우리가 직접적으로 건설의 법칙들에 대해서는 연구하지 않을 것이기 때문이다. 우리는 건설에 대해 연구하는 대신에 건설이 우리가 디자인하는 건물의 특성과 밀접하게 연결되어 있다는 점을 인식하고, 건설 시스템과 그 요소들을 적용하는 수단들에 관해 작업을 해야 한다. 따라서 반박의 여지가 없는 자체의 법칙들을 가진 건설 시스템이 건축 디자인에서는 그 자율성을 유지할 수 없더라도 그것이 사용되기 위한

'목적에는 부합해야만' 한다.

그러므로 공학적인 측면은 그것이 가진 기술적 건설의 논리를 초월하여 확장되어야 하며, 이는 항상 강렬한 매력을 발휘하고 때때로 건물의 가치를 구성할 수 있을 정도로 강력하다. 이러한 경우는 수많은 근대 건축의 거장들을 만들어 낸 기술적인 프로젝트들에서 볼 수 있다. 건설의 논리는 진리에 대한 아이디어를 성공적으로 전달할 수 있게 하는 수단과 그 결과들 간의 상당히 일관성 있는 상관관계를 보여준다. 이것이 바로 실용적인 기능을 명확히 보여주는 '기술적인 형태들'을 칭송하는 이유이다. '기술적 형태'와 '근대성에 대한 개념'을 통합하고자 하는 경향은 현대 문화의 많은 부분에서 찾아볼 수 있다. 그러나 이러한 입장의 한계는 분명하다. 건설의 명확성 그 자체로는 건축 작업의 전체적인 가치를 표현할 수 없다. 판테온 Pantheon의 둥근 지붕을 떠올리며 그 안에 함축된 공간의 통일성에 대한 아이디어가 없다고 생각해보자. 입구로부터 제단으로 향하는 투시도적 축선의 아이디어가 없는 산토 스피리토 성당Santo Spirito의 신도석을 가정해보자. 건설이 우선권을 얻고 디자인의 창의적이고 개념적인 과정과는 동떨어져 이루어질 때, 그 작업의 의미는 일종의 '기술적인 기교'와 같은 것으로 축소된다. 이것은 위에서 언급한 대가들에게도 일어났던 일이다.

기술적 형태들에는 또 다른 한계가 있는데 그것은 '상징적 표현'이 되기를 거부하는 기술적 형태들의 '프로그램적 거부'이다. 사실 기술적인 형태들은 기술적인 건설의 특징들을 표현할 뿐이며, 그 특징들 이외에 다른 것은 환기시키기를 거부함으로써 그들의 매력을 발산한다. 그러한 형태들은 건설 요소들의 '정체성을 표현'하는 건축적 형태들의 중요한 속성들을 간과하고 있는 것이다.

이제 여기서 내 논의를 마무리 하고자 한다. 내가 이야기 하고자 하는 것은 '적정률 decorum'의 원칙을 통해 기술적 형태들을 건축적 형태들로 전환하는 것이다.

이것은 일반적으로 잘못 이해되고 있는 원칙이다. 흔히들 그 원칙을 중요하지 않다거나, 심지어 불필요하다고 여기며 단지 장식적 기능으로만 치부한다. 적정률과 그것의 적용인 데코레이션 decoration은 항상 오너먼테이션 ornamentation과 혼동되어 왔다. 데코레이션과 오너먼테이션이라는 두 용어는 장식이라는 의미에서 비슷하게 사용될 수 있지만 상당한 혼란을 불러일으킨다. 그 둘을 필요성의 정도로 구별하자면 건설의 요소들은 데코레이션을 통해 그들의 대표적인 형태를 띠게 되므로 데코레이션은 필수적인 원리라고 할 수 있다. 반면에 오너먼테이션은 건물의 의미와는 서로 닿지 않는 것으로, 덧붙임과 같은 방식의 형태들에 적용되는 것이다.

만약 데코레이션의 중요성에 대해 그것의 가장 오래된 근원인 비트루비우스까지 되짚어 보고 그에 적합한 형태를 찾는다면 우리는 데코레이션과 단순한 형태들 간의 모순과 같은 수많은 문제들을 풀게 된다. 그리고 당연한듯하면서 불가해한 데코레이션과 근대 건축 간의 충돌도 해결할 수 있게 된다. 근대 건축의 단순한 형태들은 데코레이션의 압박이나 더 나아가 장식물 ornament의 압박으로 인해 생성된 형태가 아니다. 오히려 '어울림의 원리'가 극단으로 치달은 형태이다. 아돌프 로스 Adolf Loos의 관점을 생각해보자.[5] 그는 오너먼테이션을 일종의 위조행위로 간주했으며, 한편으로 요소들에 적절한 형태를 찾아냄으로써 그 요소들을 정의하고자 하였다. 건축에 대한 그의 기억할만한 정의는 근원적인 형태(흙더미 mound)와 그 형태가 목표하는 바를 인식하는 것에 바탕을 두고 있다.

로스의 흙더미는 어떠한 장식물 ornament도 없이 적정률의 원리를 통해 완성된 것이다. 그것은 단순한 흙더미가 아닌 '그만의 정체성과 목적성'을 상징적으로 나타내는 하나의 형태이다.

일부 근대 건축의 단순한 형태들은 기술적인 형태들에서 직접적으로 유래했다고 보기 힘든 것들도 있다. 그 둘을 나누는 것은 엄밀히 말해 그들이 상징성을 지닌다는 사실이다. 무언가를 지지한다고 해서 '기둥'인 것이 아니고, 열린다고 해서 '창문'이나 '문'인 것이 아니다. 기둥, 문, 창문과 같은 요소들이 제대로 인식되기 위해서는 그것들을 기술적인 형태에서 건축적 형태로 변형시킬 필요가 있다. 이러한 변형, 곧 적합한 형태에 대한 모색이 바로 데코레이션 작업인 것이다.

나는 방법론을 정의하는데 있어 근본적인 것이라 생각되는 내용들을 지적하고자 하였다. 어떤 프로젝트의 결과물이 온전히 방법론의 문제인 것만은 아니다. 우리 각자의 재능도 아주 중요하다. 그럼에도 불구하고 방법론에 대한 정의는 적어도 우리가 작업하고 있는 분야에 대한 방대함과 복합성을 우리 스스로 어느 정도 따라잡는데 도움이 된다. 그리고 이것은 건축 디자인이란 인간을 이해하는 문제이며, 아울러 분명하고 지속적인 방법으로 인간의 가치관을 표현하는 것을 목적으로 역사적 문화에 따라 형성된 인간의 거주 공간을 이해하는 것에 관한 문제라는 사실을 규명하는데 도움을 준다.

'주제'에 대한 지식, '장소'에 대한 연구, '형태'에 대한 추구는 디자이너가 반드시 디자인의 대상이 되는 공동체의 문화를 해석할 수 있어야 한다는 인식을 가지고 일련의 과정을 수행하는데 필요한 단계들이다. 여기에서 개인적인 관점을 위한 여지는 비교적 적은 편이다. 개인적 관점은 그 시대의 열망을 건축적 형태로 전환할 수 있는 능력에 국한된다.

위와 같은 주제에 대한 연구가 가진 복잡함을 자신들의 신속한 형상화로 대체할 수 있다고 믿는 사람들의 생각은 이제 무용지물이 될 것이다. 언젠가는 누군가가 우리들의 발명품을 이용하는데 성공할 수 있을지도 모르지만 확실한 것은 자신들의 시대 속에서의 현실에 바탕을 두는 디자인에 성공한 사람들의 작품이 지속적인 감동을 줄 거라는 사실이다. 그 작품이란 바로 '근대적 modern'이 되는 방법을 찾아낸 사람들의 작품이 될 것이다.

{주}

1 L. Hilberseimer, *Entfaltung einer Planungsidee*, 1963.

2 C.-N. Ledoux, *L'architecture considérée sous les rapports de Part, des moeurs et de la legislation*, 1804-1807.

3 A. Averlino (il Filarete), *Trattato di architettura*, c. 1460.

4 미스 반 데어 로에의 '1938년 시카고 아머공과대학 건축학장 취임연설', M. Bill, *Mies van der Rohe*, 1955, 29쪽 중에서

5 A. Loos, 'Ornament und Verbrechen' (1908). *Trotzdem*, 1931; 'Ornament and Crime' 와 Munz & Kunzler, *Adolf Loos*, 1966, 225쪽 중에서

문헌Literature

근대성, 공동체 그리고 건축

Appadurai, Arjun, *Modernity at Large. Cultural Dimensions of Globalization.* Mineapolis (University of Minnesota Press) 1996

Bauman, Zygmunt, *Modernity and Ambivalence. Ithaca*, NY (Cornell University Press) 1991

Bauman, Zygmunt, *Liquid Modernity.* Cambridge (Polity Press) 2000

Bauman, Zygmunt, *Community. Seeking Safety in an Insecure World.* Cambridge (Polity Press) 2001

Berman, Marshall, *All that is Solid Melts into Air. The Experience of Modernity.* New York (Simon and Schuster) 1982

Calinescu, Matei, *Five Faces of Modernity. Modernism, Avant-Garde, Decadence, Kitsch,* Postmodernism. Durham (Duke University Press) 1987

Giedion, Siegfried, *Space, Time, and Architecture. The Growth of a New Tradition.* Cambridge, Mass. (Harvard University Press) 1941

Freitag, Michel, *Dialectique et société.* Lausanne (L'ge d'omme) 1985

Harvey, David, *The Condition of Postmodernity.* Cambridge, Mass. (Blackwell) 1989

Herf, Jeffrey, *Reactionary Modernism. Technology, Culture and Politics in Weimar and the Third Reich.* Cambridge (Cambridge University Press) 1984

Heynen, Hilde, *Architecture and Modernity. A Critique.* Cambridge, Mass. (mit Press) 1999

Lash, Scott, *Another Modernity. A Different Rationality.* London (Routledge) 1999

Latour, Bruno, *Nous n'vons jamais été modernes. Essai d'nthropologie symmétrique.* Paris (La Découverte), 1991; English translation: We Have Never Been Modern. Cambridge, Mass. (Harvard University Press) 1993

Simmel, Georg, *Die Grossstädte und das Geistesleben.* Dresden (Zahn & Jaensch) 1903; English translation: 'The Metropolis and Mental Life', published in: Neil Leich (ed.), *Re-Thinking Architecture. A Reader in Cultural Theory.* London (Routledge) 1997, pp. 69-79

Taylor, Charles, *Sources of the Self, the Making of the Modern Identity.* Cambridge, Mass. (Harvard University Press) 1989

Tönnies, Ferdinand, *Gemeinschaft und Gesellschaft.* Leipzig (Fues's Verlag) 1912 (2nd ed.); English translation: *Community and Civil Society.* East Lansing (Michigan State University Press) 1957

Toulmin, Stephen Edelston, *Cosmopolis. The Hidden Agenda of Modernity.* New York (Free Press) 1990

도시, 공공영역 그리고 공공공간

Adorno, Theodor, 'Meinungs-forschung und Öffentlichkeit' (1964), in: Theodor Adorno, *Soziologische Schriften I.* Frankfurt (Suhrkamp) 1972, pp. 532-537; English translation: 'Opinion Research and Publicness', in: *Sociological Theory.* San Francisco (Jossey-Bass), March 2005, vol. 23, no. 1, pp. 116-123

Arendt, Hannah, *The Human Condition.* Chicago/London (University of Chicago Press) 1958

Augé, Marc, *Non-lieux. Introduction à une anthropologie de la surmodernité.* Paris (Seuil) 1992; English translation: Non-places. Introduction to an anthropology of supermodernity. London/New York (Verso) 1995

Baird, George, *The Space of Appearance.* Cambridge, Mass (MIT Press) 1995

Bahrdt, Hans Paul, *Die moderne Großstadt. Soziologische Überlegungen zum Städtebau.* Reinbek (Rowohlt) 1961

Benjamin, Walter, *Einbahnstrasse. Berlin* (E. Rohwohlt) 1928; English translation: *One-Way street and Other Writings.* London (Verso) 1979

Benkler, Yochai, *The Wealth of Networks.* New Haven (Yale University Press) 2006

Boomkens, René, *Een drempel-wereld. Moderne ervaring en stedelijke openbaarheid.* Rotterdam (nai Publishers) 1998

Boyer, Christine M., *The City of Collective Memory, Its Historical Imagery and Architectural Entertainment.* Cambridge, Mass. (MIT Press) 1994

Boyer, Christine M., *Cyber Cities. Visual Perception in the Age of Electronic Communication.* New York (Princeton Architectural Press) 1996

Castells, Manuel, *The Rise of the Network Society.* Malden, Mass. (Blackwell) 1996

Castells, Manuel, Jack Linchuan Qiu, Mireia Fernandéz-Ardèvol, and Araba Sey, *Mobile Communication and Society.* Cambridge, Mass. (mit Press) 2007

Certeau, Michel de, *L'nvention du quotidien.* Vol. 1, Arts de faire. Paris (Gallimard) 1980; English translation: *The Practice of Everyday Life.* Berkeley (University of California Press) 1984

Davis, Mike, *City of Quartz, Excavating the Future in Los Angeles.* London/New York (Verso) 1990

Davis, Mike, *The Ecology of Fear, Los Angeles and the Imagination of Disaster.* New York (Metropolitan Books) 1998

De Cauter, Lieven, *The Capsular Civilization. On the City in the Age of Fear.* Rotterdam (NAI Publishers) 2004

Garreau, Joel, *Edge City, Life on the New Frontier.* New York (Doubleday) 1991

Gehl, Jan, *Livet mellem husene.* Copenhagen (Arkitektens Forlag) 1971; English translation: *Life between Buildings. Using Public Space.* New York (Van Notrand Reinhold) 1987

Habermas, Jürgen, *Strukturwandel der Öffentlichkeit. Untersuchungen zu einer*

Kategorie der bürgerlichen Gesellschaft. Neuwied/Berlin (Luchterhand) 1962; English translation: *The Structural Transformation of the Public Sphere. An Inquiry into a Category of Bourgeois Society.* Cambridge, Mass. (mit Press) 1989

Habermas, Jürgen, Sara Lennox, and Frank Lennox, 'The Public Sphere. An Encyclopedia Article' (1964), in: *New German Critique.* New York (Telos Press), Autumn 1974, no. 3, pp. 49-55

Hajer, Maarten, and Arnold Reijndorp, *In Search of New Public Domain. Analysis and Strategy.* Rotterdam (nai Publishers) 2001

Hall, Peter, *Cities of Tomorrow.* London (Blackwell) 1988

Jacobs, Jane, *The Death and Life of Great American Cities.* New York (Random House) 1961

Jacobs, Jane, *Cities and the Wealth of Nations. Principles of Economic Life.* New York (Random House) 1984

Lefebvre, Henri, *La production de l'space. Paris (Anthropos) 1974; English translation: The Production of Space.* Oxford/Cambridge, Mass. (Blackwell) 1991

Lofland, Lyn H., The Public Realm. *Exploring the City's Quintessential Social Territory.* Hawthorne, ny (Aldine de Gruyter) 1998

Mumford, Lewis, *The Culture of Cities.* New York (Harcourt, Brace & Co) 1938

Mumford, Lewis, *The City in History, Its Origins, its Transformations, and its Prospects.* New York (Harcourt, Brace & World) 1961

Negt, Oskar, and Alexander Kluge, *Öffentlichkeit und Erfahrung. Zur Organisationsanalyse von bürgerlicher und proletarischer Öffentlichkeit.* Frankfurt am Main (Suhrkamp) 1972; English translation: *Public Sphere and Experience. Toward an Analysis of the Bourgeois and Proletarian Public Sphere.* Mineapolis (University of Minnesota Press) 1993

Robins, Bruce, *The Phantom Public Sphere.* Minneapolis (University of Minnesota Press) 1993

Sassen, Saskia, *The Global City, New York, London, Tokyo.* Princeton, NJ (Princeton University Press) 1991

Sennett, Richard, *The Fall of Public Man.* New York (Vintage) 1967

Sennett, Richard, *The Conscience of the Eye. The Design and Social Life of Cities.* New York (Knopf) 1990

Sennett, Richard, *Flesh and Stone. The Body and the City in Western Civilization.* New York (W.W. Norton) 1994

Sorkin, Michael, *Variations on a Theme Park. The New American City and the End of Public Space.* New York (Hill & Wang) 1992

Vattimo, Gianni, *La società trasparente.* Milan (Garzanti) 1989; English translation: *The Transparent Society.* Cambridge (Polity Press) 1992

Zukin, Sharon, *The Cultures of Cities.* Cambridge, Mass. (Blackwell) 1995

저자들 소개 Biographies

비토 아콘치 Vito Acconci (1940)는 시인으로 활동을 시작했다. 1960년대 후반, 그는 행위 예술과 비디오 아티스트로도 활동했다. 'Claim' (1971)이나 'Seedbed' (1972)와 같은 그의 초기 작품들은 공공공간과 사적공간, 그리고 배우와 관객 사이의 가상의 경계를 넘어섬으로써 많은 논란을 일으켰다. 1970년대 말 이후로 아콘치는 공공공간과 사적 공간을 통합하는 건축 작품과 설치 작품들을 통해 건축과 조경디자인에 집중해오고 있다. 1988년 그는 아콘치 스튜디오를 열고 뉴욕, 브루클린에서 이론적인 디자인과 건축 워크샵 등을 진행하고 있다. 아콘치 스튜디오의 주요 작품으로는 여러 공공 시설물들을 포함하는 무어강 위에 떠있는 플랫폼인 오스트리아 그라츠의 '무어인젤 Mur Insel' 을 들 수 있다. 비토 아콘치는 Nova Scotia College of Art and Design, 뉴욕의 the Cooper Union School of Art, LA근교 발렌시아의 the California Institute of the Arts 그리고 Brooklyn College 등 많은 곳에서 강의활동을 하고 있다.

루이스 바라간 Luis Barragán(1902-1988)은 가장 영향력 있는 멕시코 건축가이자 20세기 건축계의 주요한 인물들 중 한 명으로 평가 받고 있다. 그는 1980년 프리츠커상을 수상하며 국제적인 인정과 그의 시적 건축 스타일에 대한 찬사를 받았다. 그가 모국에서 실현시킨 모든 건물들과 조경 프로젝트들은 전통적인 멕시코 건축의 구조적 교리와 모더니즘의 어휘들을 융합하는 그의 능력을 잘 보여준다.

라울 분쇼텐 Raoul Bunschoten(1955)은 네덜란드 건축가로서, 취리히 ETH와 뉴욕의 Cooper Union 그리고 미시간의 Cranbrook Academy of Art에서 수학하였다. 졸업 후 그는 런던의 AA와 암스테르담의 Berlage Institute 그리고 Columbia University 등에서 강의하였다. 그는 런던에 리서치와 디자인 스튜디오인 Chora를 설립하고 건축뿐만 아니라 조경과 도시 계획에서 활발한 활동을 하고 있다. 그는 그의 작품을 통해 복잡한 근대 도시적 과정들을 연구하고, 세계적 경향이 도시와 공공공간에 영향을 미치는 방식과 어떻게 도시적 환경이 결과적으로 어느 정도 불안정하게 되는지를 규명하고자 했다. 그의 저서 *'Public Spaces'* (2000) 와 *'Urban Flotsam'* (2001)은 도시의 컨텍스트 속에서 변화하는 건축 디자인의 역할에 대해 논하며, 이러한 과정을 모델화하고 변형시키는데 필요한 도구들과 프로토 타입들을 찾는다. 그는 이 모든 것들을 덴마크의 오르후스 Århus 항만 지역을 위한 현상설계 당선안과 같은 프로젝트들에 적용하였다.

콩스탕 안톤 뉴벤-하우스(1920-2005)는 네덜란드의 아티스트/건축가/도시계획가로, 네덜란드 COBRA 운동과 프랑스 국제 문자주의에서 활동했던 예지적 예술가들과 건축가들 그리고 작가들이 모여 만든 그룹인 국제 상황주의자의 모임에 속했었다. 그 운동의 구성원들로는 콩스탕 외에도 아스게르 요른 Asger Jorn, 기 드보르 Guy Debord 그리고 질 이벵 Gilles Ivain 등이 있다. 그 그룹은 도시, 특히 도시적 삶의 사회적 측면에 대해 연구하기 위한 실험적 방법론을 고안했다. 뉴 바빌론 New Babylon 프로젝트의 모형과 도면들을 통해 콩스탕은 처음으로 상황주의자적 사고의 줄기에 대한 공간적 완성을 제시했다. 그는 후에 상황주의자들로부터 거리를 두었고, 사람들이 유목적인 삶을 살며 자신들의 환경을 연속적이고 손쉽게 바꿔나갈 수 있는 도시인 뉴 바빌론에 관한 작업에 수 십년을 보냈다. 이는 국제 상황주의자들이 너무 차갑고 생명력이 없으며 정적이라고 보았던 근대적 도시에 대한 그의 유토피아적 응답이었다. 그는 도시계획에 있어서, 이용자들이 더 많은 자유를 누릴 수 있고 도시가 유기적인 신체와 같이 지속적으로 변화할 수 있는, 더욱 역동적인 형태의 대안을 추구하였다.

피터 아이젠만 Peter Eisenman(1932)은 Cornell University와 Columbia University에서 건축을 공부했으며, 영국의 Cambridge University에서 「근대 건축의 형태적 근원 *The Formal Basis of Modern Architecture*」이라는 제목의 논문으로 박사학위를 받았다. 그는 자신의 이론적 관점들을 일련의 주택 프로젝트들인 House I~ House X (1970-1978)과 통합하였다. 그 프로젝트들은 해체주의적 연구로서 인정받고 있는데, 그는 어떻게 주택에 거주할 것인지에 대한 문제에 현재의 건축적 해답을 던지고자 하였다. 그의 디자인은 건축주의 요구에 맞추기 보다는 오늘날의 세계에서 공간에 머무는 것이 불가능함에 대해 주로 다룬다.

그의 작품은 1975년에 뉴욕 현대미술관에서, 존 헤이덕, 리차드 마이어를 포함한 네 명의 다른 건축가들의 작품들과 함께 전시되었다. 모더니즘의 후계자들로 등장한 이 다섯 명의 건축가들은 뉴욕 파이브 또는 그들의 작품에서 나타나는 백색의 강렬함 때문에 뉴욕 화이트로 알려졌다. 아이젠만은, 프랑스 해체주의 철학자인 자끄 데리다 Jacques Derrida (1939-2004)와 함께 쓴 저서 『Chora L Works』를 비롯하여, 모더니즘에 대한 강력한 비판을 담고 있는 『The End of the Classical, the End of the Beginning, the End of the End』 등 수많은 저서와 에세이 등을 통해 건축적 논의에도 활발하게 참여하였다.

1980년대 초반 이후로 그는 건물 그 자체에 집중해오고 있으며 또한 일부가 실제 건물로 지어지기도 했던 그의 주택 연구들과 더불어 Wexner Center for Fine Arts in Columbus (1988), Greater Columbus Convention Center (1993), 그리고 특히 그가 2005년 디자인한 베를린 유태인 기념관 Jewish Memorial 등으로도 매우 잘 알려져 있다.

아드리안 허즈 Adriaan Geuze (1960)는 Agricultural University of Wageningen 에서 조경건축을 공부했다. 그는 1987년에 설립된 도시디자인과 조경건축 회사인 West 8의 창립자 중 한 사람이었다. West 8과 함께 아드리안 허즈는 런던의 Jubilee Gardens, 마드리드의 the M-30 Manzanares 그리고 토론토에 있는 New Central Water front 등을 포함한 여러 국제 현상 설계에서 당선되었다. 네덜란드에 있는 가장 뛰어난 프로젝트는 로테르담 중앙부에 위치한 Schouwburg-plein(1995)이다. 그는 수많은 전시, 토론 그리고 저술활동 등에 참여함으로써 도시계획과 조경디자인에 대한 네덜란드뿐만 아니라 세계적인 논의에서 중요한 역할을 하고 있다. 그는 2005년 제2회 로테르담 건축 비엔날레의 큐레이터로 활동하기도 했으며 Dutch Maaskant Award (1995), the Rosa Barba First European Landscape prize (2002), 그리고 Harvard Design School에서 수여하는 the Veronica Rudge Green Prize for Urban Design (2002)등 수많은 상을 수상하기도 했다.

자하 하디드 Zaha Hadid (1950)는 런던 AA에서 건축을 공부했다. 그녀는 1977년 OMA의 파트너가 되었으며, OMA의 동업자인 렘 콜하스 Rem Koolhaas, 엘리아 젠겔리스 Elia Zenghelis 등과 함께 AA에 출강했고, 이후 1978년까지 AA에서 그녀의 스튜디오를 이끌었다. 그 후로 그녀는 유럽과 미국의 유수 건축학교들에서 학장을 역임했다. 그녀의 건축 작업은 공간적 질에 대한 실험이며, 도시 규모에서부터 제품, 인테리어 그리고 가구에 까지 이르는 다양한 분야의 디자인들을 포괄한다. 그녀의 가장 잘 알려진 프로젝트로는 독일 바일암라인에 있는 Vitra 소방서와 the LFone pavilion (1993-1999), 런던 그린위치의 the Mind Zone at the Millennium Dome (1999) 그리고 스트라스부르그의 트램역과 주차장 (2001)등이 있다. 하디드의 작품은 『GA Architect』 와 『El Croquis』 같은 논문과 저널들에 폭넓게 실려있다.

존 헤이덕 John Hejduk (1929-2000)은 뉴욕에서 건축가이자 교육자로 지냈다. 그는 1964년, 뉴욕에 있는 Irwin S. Chanin School of Architecture of the Cooper Union에서 강의를 시작해 1975년에는 학장이 되었다. 헤이덕은 수많은 실험적이고 이론적인 프로젝트들과 드로잉들 그리고 저서들로 유명하다. 그는 『The Education of an Architect (1971,1988)』, 『The Mask of Medusa (1985)』 그리고 『Pewter Wings, Golden Horns, Stone Veils (1997)』등을 포함한 다양한 저서들을 출판했다. 지어진 그의 프로젝트들로는 Cooper Union Foundation building 리노베이션(1975)과 베를린의 IBA-Neubau주거단지(1988)등이 있다. 네덜란드 흐로닝겐에 있는 Wall House #2는 2001년에 완성되었다.

헤르만 헤르츠버거 Herman Hertzberger (1932)는 1958년에 네덜란드 델프트 건축대학을 졸업했다. 그는 암스테르담에서 자신의 사무실을 열었으며, 알도 판 아이크 Aldo van Eyck, 얍 바크마 Jaap Bakema 그를 비롯한 여러 사람들과 함께 편찬한 네덜란드 잡지 『Forum』으로 유명해졌다. 그는 지어진 작품들을 통해 건축의 사회적 측면에 강한 관심을 나타냈으며, 건축을 인간이 조우하기 위한 장소로 보았다. 대표적인 작품으로는 아펠도른 Apeldoorn 에 있는 Centraal Beheer 보험사 (1972), 위트레흐트에 위치한 Vredenburg 음악센터 (1978), 암스테르담의 Apollo schools (1983), 그리고 브레다 Breda에 있는 Chassé 극장 (1995)등이 있다. 1970년부터 그는 Delft University of Technology의 교수를 지냈으며, 세계 여러 대학에서 강의했다. 헤르츠버거는 1991년에 네덜란드 건축가 협회상인 BNA Kubus 그리고 2004년에 네덜란드 시각예술, 디자인, 건축 재단에서 수여하는 Oeuvre Award for Architec- ture 등 많은 상을 수상했다.

스티븐 홀 Steven Holl (1947)은 미국 건축가로서 시애틀의 University of Washington과 로마에서 건축을 공부했으며 그는 1976년, 뉴욕에서 자신의 사무실을 설립했다. 그의 초기작은 유형학적 접근법을 반영하고 있는 반면, 후기작품들은 공간이 물리적으로 경험되는 방식인 건축의 현상학적 측면을 강조한다. 재료에 대한 감수성은 이러한 부분에서 중요한 역할을 한다. 유명한 건물로는 헬싱키 Helsinki에 위치한 Kiasma Museum, 뉴욕의 Storefront for Art and Architecture (비토 아콘치 Vito Acconci와 공동작업) 그리고 Chapel of Saint Ignatius at Seattle University 등이 있다.

스티븐 홀은 그가 건축을 시작한 순간부터 항상 건축의 이론을 발전시키는데 노력해왔다. 그는 이러한 관심은 런던 AA에서의 그의 작업과 Columbia University에서의 강의뿐만 아니라 많은 책과 저서들 그리고 특히 『Pamphlet Architecture』 라는 제목의 저널 중 그의 작품들이 실린 10개호를 통해 잘 표현되었다. 그는 1994년에 유하니 팔라스마 Juhani Pallasmaa, 알베르토 페레즈-고메즈 Alberto Pérez-Gómez와 함께 『Questions of Perception』를 출판했으며, 일본 저널인 A+U의 특집호를 통해 현상학에 관해서 다루기도 했다.

토요 이토 Toyo Ito (1941)는 혁신적인 디자인으로 잘 알려져 있다. 그는 건축작품을 통해 물리적 세계와 '가상의' 세계를 혼합하고자 한다. 이토는 도쿄대에서 건축을 공부했으며 이후, 일본 메타볼리즘의 창시자들 중 한 명이었던 키요노리 키쿠타케 Kiyonori Kikutake 사무실에서 4년을 보냈다. 그는 1971년에 도쿄에서 Urban Robot라는 이름으로 자신의 사무실을 연다(이 이름은1979년에 Toyo Ito & Associates, Architects로 바뀐다). 그는 노출 콘크리트와 세련된 자연채광을 갖춘 U-house의 디자인으로 명성을 쌓았으며, 그 후로 관심을 파사드의 투명성과 반투명성으로 전환하였다. 그의 주거 건축은 그 내부 공간과 도시적 삶 사이에 부드러운 막을 형성하는 것이었다. 이후 그는 Sendai Mediatheque, Tama Art University 도서관 그리고 도쿄에 있는 TOD빌딩 등 더욱 중요한 프로젝트들을 맡았다. 이토는 이러한 프로젝트들을 통해 인간 존재의 중심에 위치한 현대적인 유기적 건축을 창조하고자 한다. 그는 이러한 개념을 '탈경계의 건축 Blurring architecture' 이라고 부르며, 동명의 저서를 통해 상세히 설명한다. 이토는 Tokyo Women' s University 와 Tama Art University에서 건축을 가르치고 있다.

존 아담스 저디 Jon Jerde (1940)는 University of California에서 미술과 공학을 공부했으며 1964년에 건축으로 학사학위를 받았다. 그는 1977년에 '장소 만들기' 라는 새로운 디자인 철학을 개척하기 위해, 베니스와 캘리포니아에 Jerde Partnership을 설립하고 고조된 경험들을 제공하는 공공의 장소에 대해 탐구했다.

건축 분야에서 저디는 주변인이었으며, 상업화와 인위적인 디자인으로 인해 많은 비판을 받았다. 이러한 비판에도 불구하고 Jerde Partnership은 전세계에 걸쳐 주요 프로젝트들을 디자인하며, '건축, 조경, 인테리어, 환경디자인, 조명 그리고 수공간을 자연스럽게 통합하는 경험적 환경' 을 창조해왔다. 그의 대표적인 프로젝트들로는 산디에고의 Horton Plaza Park (1977), 미네소타에 있는 Mall of America in Bloomington (1992) 그리고 Universal CityWalk Hollywood (1993) 등이 있다. 존 저디의 작품에 관한 저서로는 『The Jerde Partnership International. Visceral Reality (1998)』, 『You Are Here. The Jerde Partnership International (1999)』 그리고 『Jon Jerde in Japan. Designing the Spaces Between (2000)』 등이 있다.

루이스 칸 Louis Kahn (1901-1944)은 University of Pennsylvania의 보자르식 Beaux-Arts 전통 속에서 건축가로서 교육을 받았다. 그는 도미니크 버닝거 Dominique Berninger과 함께 1932년 에 Architectural Research Group을 설립했으며 그 구성원들은 시회적 문제의 유럽 아방가르드 avant-gardes의 새로운 미학에 관심을 가졌다. 칸은 또한 스미슨 부부 Smithsons와 알도 판 아이크 Aldo van Eyck, 압 바크마 Jaap Bakema, 조르쥬 캉딜리 George Candilis 그리고 샤드라쉬 우즈 Shadrach Woods 등이 포함된 그룹인 Team 10과도 친분이 두터웠다.

그의 가장 중요한 작품은 Yale University Art Gallery (1952-1954)로서 그가 예일에서 건축을 가르치는 동안에 완성되었으나, 그는 1957년 예일을 떠나 University of Pennsylvania의 교수가 되었다. 그의 후기 대표작으로는 캘리포니아에 위치한 Salk Institute for Biological Studies in La Jolla (1959-1965) 그리고 텍사스 포트 워스에 있는 Kimbell Art Museum (1966-1972)등이 있다.

루이스 칸의 작업에 대한 책으로는 『루이스 칸, 학생들과의 대화 Louis Kahn. Conver-sations with students (1992)』 와 『Louis Kahn' s Situated Modernism (2001)』 등이 있다.

한스 콜호프 Hans Kollhoff (1946)는 독일 건축가이자 건축 교수이다. 그는 University of Karlsruhe에서 에곤 아이어만 Egon Eiermann과 함께 건축을 공부했으며 Cornell University에서 장학금을 받아 1978년까지 O.M. 웅거스 Oswald Mathias Ungers의 조수로 있었다. 그는 1984년에 헬가 팀머만 Helga Timmermann과 함께 사무실을 열었다.

콜호프는 1990년부터 취리히에 있는 ETH의 교수로 재직하고 있다. 독일을 비롯한 전 유럽에 걸쳐 있는 그의 프로젝트들은 주로 업무시설, 상업시설 그리고 주거시설이다. 한스 콜호프의 건축은 돌이나 벽돌과 같은 전통적인 재료의 사용이 주된 특징이며 전통적인 방식을 따라 작업이 이루어진다. 그의 대표작으로는 주거 프로젝트인 암스테르담 Piraeus (1992)을 비롯해, 베를린 소재의 Daimler Chrysler Hochhaus at Potsdamer Platz (1999)와 Leibnizkolonnaden at Walter-Benjamin-Platz (2001)등이 있다. 그의 저서로는 『Über Tektonik in der Baukunst (1993)』, 『Hans Kollhoff. Architektur/Architecture (2003)』 그리고 『Architekturlehre (2004)』가 있다.

렘 콜하스 Rem Koolhaas (1944)는 런던, AA를 졸업했다. 1975년, 그는 엘리아 젠겔리스와 조 젠겔리스 Elia and Zoe Zenghelis, 그리고 마델론 프리센도르프 Madelon Vriesendorp와 함께 Office for Metropolitan Architecture를 설립했고, 1978년에 『Delirious New York, a Retroactive Manifesto for Manhattan』을 발표한다. 1995년에는 OMA의 작품들을 요약한 그의 책 『S, M, L, XL』을 통해 현대 사회와 건축의 연결성을 정립하였다. 그는 OMA와 함께 AMO의 작품을 이끄는데, AMO는 사회, 경제 그리고 기술 발전 등에 집중하며 건축과 도시적 문제를 넘어선 영역까지 탐구하는, OMA의 기획조직이다. OMA의 대표적인 프로젝트로는 북경 Central Chinese Television head-quarters과 시애틀 Public Library (1999) 그리고 네덜란드 로테르담에 있는 Kunsthal (1992) 등이 있다.

렘 콜하스는 Harvard University의 교수로 재직하며 도시에 관한 프로젝트를 진행하고 있다. 그는 2000년에 프리츠커 상을 수상하기도 했다.

레온 크리에 Léon Krier (1946)는 건축 이론가이자 건축가이며 도시계획가이다. 크리에는 1960년대 중반, 독일 슈투트가르트의 Technische Hochschule에서 건축을 공부했으나 1969년에 학교를 그만두고 런던에 있던 건축가 제임스 스털링 James Stirling의 사무실에서 근무했다. 그는 영국에서 AA와 Royal College of Art에 출강하였다.

1970년대 후반 이후로 (특히 1980년대에), 그는 '유럽 도시의 재건' 을 위한 신고전주의 건축가들과 도시계획가들 중에서 가장 영향력 있는 사람 중 하나였다.

크리에는 웨일스 왕자로부터 부여받은 과제였던 영국의 Poundbury in Dorchester 을 위한 도시계획으로 유명해졌다. 이후 그의 이론들은 New Urbanism 운동에 크게 영향을 미쳤으며 특히 미국에서 그 영향은 더 컸다. 그에 관한 저서로는 『Léon Krier. Architecture & Urban Design 1967-1992 (1993)』 와 『Architecture. Choice or Fate (1997)』가 있다.

롭 크리에 Rob Krier (1938)는 Technical University of Munich에서 건축을 공부했다. 1964년에 졸업한 후, 그는 O.M 웅거스, 프라이 오토 Frei Otto와 함께 작업했으며1993년부터 베를린에 근거한 합동 사무실에서 건축가 크리스토프 콜 Christoph Kohl과 파트너쉽을 유지해오고 있다.

크리에의 잘 알려진 초기 도시계획 프로젝트들은 베를린 IBA의 틀 속에서 발전되었는데, Ritterstrasse 주변 블록 개발 (1980)과 Rauchstrasse의 도시 주택들(1985) 등이 있다. 크리에-콜 사무소는 1993년 이후로 전 유럽지역에 걸쳐 도시계획 프로젝트를 진행해오고 있는데, 특히 네덜란드에 관심을 가지고, 도심의 서비스 및 행정 중심지인 헤이그의 De Resident (2001)와 Brandevoort 신도시 (1996) 그리고 Slot Haverleij 신도시 (1998) 등의 프로젝트를 진행해왔다.

롭 크리에의 주요 저서로는 『Urban Space (1975)』, 『Rob Krier. Architecture and Urban Design (1993)』 그리고 『Town Spaces. Contemporary Interpretations in Traditional Urbanism (2003)』 등이 있다.

켄고 쿠마 Kengo Kuma (1954)는 도쿄와 뉴욕에서 건축을 공부했다. 그는 1990년 자신의 디자인 회사인 Kengo Kuma & Associates를 도쿄에 설립했다. 그의 건축 작품들은 표현적인 재료의 사용으로 매우 유명한데 그의 주요 작품들로는 Kiro-San Observatory (1994), Kitakami Canal Museum (1994), 북경의 Great (Bamboo) Wall House (2002) 그리고 Nagasaki Prefectural Art Museum (2005)등이 있다. 켄고 쿠마는 1997년에 일본건축학회상을 수상했으며 현재 Keio University에서 교수로 재직 중이다. 그의 잘 알려진 저서들로는 『Catastrophe of Architectural Desire (1994)』, 『Beyond the Architectural Crisis (1995)』 그리고 『Defeated Architecture (2004)』등이 있다.

다니엘 리베스킨트 Daniel Libeskind (1946)는 음악과 건축을 공부했으며 뉴욕 Cooper Union에서 건축 석사 학위를 받았다. 그의 건축 작업은 1989년 현상설계를 통해 당선된 베를린 유태인 박물관으로 시작되었다.

그 이후로 그는 독일에 있는 Felix Nussbaum Haus in Osnabrück (1998) 와 영국 맨체스터의 the Imperial War Museum North (2002)등과 같은 폭넓은 범위의 프로젝트들을 디자인 했다.

리베스킨트는 2003년에 전세계적인 관심 프로젝트인 뉴욕 World Trade Center Ground Zero Site 현상설계에 당선되었다. 그의 저서로는 『Between Zero and Infinity (1981)』, 『Counter sign (1992)』 그리고 『The Space of Encounter (2001)』 등이 있다.

안토니오 모네스티롤리 Antonio Monestiroli (1940)는 밀라노를 기반으로 한 건축가이다. 그는 Milan Polytechnic에서 프란코 알비니 Franco Albini에게 사사했으며, 1965년에 졸업한 후 1972년까지 알도 로시 Aldo Rossi와 함께 작업을 하였다. 그는 1967년에 자신의 사무실을 열고 몇 개의 국제현상설계에 참여하였다. 특히 1979년에 열린 Les Halles in Paris 현상설계에 출품한 그의 전위적인 '합리적' 작품은 그에게 큰 명성을 가져다 주었으며, 알도 로시, 조르지오 그라씨 Giorgio Grassi 와 함께 작업한 씨에티 Chieti 학생 기숙사 계획안도 매우 잘 알려져 있다. 그는 2003년 이후로 그의 아들인 토마시오 모네스티롤리 Tomasio Monestiroli와 협업해오고 있으며, 아들과 함께 마찌오레 Maggiore 공동묘지 증축안을 계획하기도 했다.

모네스티롤리는 이탈리아뿐만 아니라 그 외 다른 여러 곳에서도 작업하며 건축에서 왕성한 활동을 보이고 있다. 그는 1970년부터 Milan Polytechnic의 건축대학에서 Architectural Composition 학부장을 역임했으며, 현재는 학장으로 재직 중이다. 또한 페스카라 Pescara와 베니스에서도 강의를 해오고 있다. 그의 주요 저서들로는 『L' architettura della realté (1979)』, 『Termi Urbani/Urban Themes (1997)』 그리고 『The Metope and the Triglyph. Nine Lectures in Architecture (2005)』 등이 있다.

찰스 무어 Charles Willard Moore (1925-1993)는 1947년에 University of Michigan에서 건축을 공부했으며, 1957년에 Princeton University에서 루이스 칸 Louis Kahn의 조교로 지내며 석사와 박사 학위를 받았다.

그는 설계사무실 MLTW (Moore, Lyndon, Turnbull, Whitaker)의 이름으로 수많은 프로젝트들은 진행했다. 무어가 추구했던 디자인의 중심 주제는 오늘날의 세계에서 건축의 본질을 재검토하는 것이었다. 그는 건축이 이용자와의 관계성을 그 바탕에 두어야 하고, 대지에 대한 상징성을 띄어야 한다고 믿었다. 그의 대표적인 프로젝트로는 캘리포니아의 Sea Ranch Condominium in Sonoma County (1965) 와 뉴 올리언즈에 위치한 Piazza d'Italia (1978) 등이 있으며. 건축가와 교육자로서의 그의 업적과 더불어 『Dimensions. Space, Shape & Scale in Architecture (1976)』와 『Body, Memory and Architecture (1977)』 그리고 『Water and Architecture (1994)』 등의 다양한 저서들이 있다.

장 누벨 Jean Nouvel (1945)은 파리 École des Beaux-Arts에서 건축을 공부했으며 1972년에 졸업했다. 그리고 건축가 끌로드 파랭 Claude Parent과 폴 비릴리오 Paul Virilio의 조수로 일했으며 1975년에 프랑수아 세뇨르 François Seigneur와 공동으로 자신의 사무실을 열었다. 그는 Les Halles district (1977)의 재생을 위한 현상설계의 주최자들 중 한 명이었으며, 1980년에 열린 첫 번째 파리 건축비엔날레의 기초를 세운 사람이기도 하다.

장 누벨은 1981년에 파리 아랍문화원 현상설계에 당선되었고, 1987년에 그 건물이 완공되었는데 이 프로젝트를 통해 그는 상당한 국제적 명성을 얻었다. 그의 다른 중요한 프로젝트로는 프랑스 님스 NÎmes의 Nemausus housing project (1987)와 닥스 Dax에 있는 Hôtel des Thermes (1992) 그리고 리옹 Lyon 오페라 하우스 (1993)등이 있다.

장 누벨에 대한 서적으로는 『Institut du Monde Arabe (1990)』, 『Les objets singuliers. Y-a-t-il une vérité de l' architecture? (with Jean Baudrillard, 1999)』 그리고 『Louisiana Manifesto (2006)』등 다수가 있다.

유하니 팔라스마 Juhani Pallasmaa (1936)는 핀란드 헬싱키의 건축가이다. 그는 1960년대 초반부터 건축 실무를 시작하였으며 1983년에 Pallasmaa Architects를 열었다. 그는 건축 디자인뿐만 아니라 도시계획, 전시, 제품디자인과 그래픽디자인 등 다양한 분야에서 활동해오고 있으며 여러 전시들을 기획하고 디자인 하였다. 또한 Helsinki University of Technology에서 교수와 학장으로 재직했으며, 핀란드 건축 박물관의 디렉터도 지냈고, 현재까지 미주와 유럽의 여러 대학에 출강해 오고 있다. 그는 저자이자 편집자로서 수많은 책을 남겼는데 대표적인 저서들로는 『Encounters. Architectural essays 1977-2000 (2000)』, 『Architecture of Image. Existential Space in Cinema (2000)』 그리고 『The Eyes of the Skin (1996)』 등이 있다.

하니 라시드 Hani Rashid (1958)는 미국과 캐나다에서 건축을 공부했다. 1989년부터 Columbia University 건축대학원(GSAPP)에서 교수를 지냈으며 덴마크 코펜하겐에 있는 Royal Danish Academy, Graduate School of Design at Harvard University 그리고 네덜란드의 Berlage Institute 등 여러 대학들에서 강의를 하고 있다.

그는 1988년에 뉴욕을 기반으로 Asymptote를 설립하고 건축 디자인과 다양한 연구활동을 해오고 있다. Asymptote는 건축과 인터렉티브 디지털 디자인에 관한 다양한 작품들을 만들어내고 있다. Asymptote의 프로젝트들은 공간적 실험과 건물의 설치물, 도시 디자인에서부터 컴퓨터를 이용한 환경과 건축의 생성까지 매우 폭넓다. 대표적인 프로젝트로는 뉴욕증권거래소의 가상 거래소와 2000년 베니스 비엔날레 미국관 등이 있다.

미키엘 리다이크 Michiel Riedijk (1964)은 Delft University of Technology에서 건축을 공부한 네덜란드 건축가로, 1992년부터 빌렘 얀 노이텔링스 Willem Jan Neutelings와 공동으로 건축 사무실 Neutelings Riedijk Architects를 운영해오고 있다. 그는 아인트호벤 공과대학과 암스테르담, 로테르담, 마스트리흐트에 있는 Academy of Architecture, 그리고 로테르담 Berlage Institute 등에 출강했으며 현재 Delft University of Technology에서 건축 디자인 교수로 재직 중이다.

Neutelings Riedijk Architects의 작품은 디자인의 탁월함에 매우 충실한 것을 특징으로 하는데, 강력한 개념을 명쾌하게 지어진 형태로 풀어냄으로써 높은 수준의 건축을 만들어낸다. 그 결과로서 암스테르담 Y-Tower apartment building (1993), Minnaert Building at Utrecht University (1994), 로테르담에 위치한 Shipping and Transport Institute (2005) 그리고 the Netherlands Institute for Sound and Vision (2006)등과 같은 매우 뛰어난 프로젝트들이 만들어졌다.

노이텔링스와 리다이크의 저서로는 정기간행물로서 1994년 발간된 El Croquis 94호와 단행본으로서 2004년 출판된 『At Work』등이 있다.

알도 로시 Aldo Rossi (1931-1997)는 1949년부터 1959년까지 Milan Polytechnic에서 건축을 공부하였으며 1965년부터 그곳에서 강의를 시작하였다. 로시는 졸업 후 이탈리아 건축 잡지인 <Casabella>에 정기적으로 기고하였다. 그는 1966년에 저서 『도시의 건축 *L'architettura della citté*』을 통해 그의 사고를 정립했으며, 그 책은 그에게 세계적인 명성을 가져다 주었다. 그 책은 20세기 후반의 건축에 있어서 가장 중요한 논문들 중 하나로 인식되고 있다.

디자이너로서의 로시에게 중심이 되는 원칙은 바로 '연상과 유추 그리고 기억의 근본적인 개인적 작용' 이다.

이러한 원칙을 통해, 그는 고전주의 건축에 근간을 둔 명쾌하고 기본적인 형태로 거슬러 올라간다. 로시는 근대건축을 거부하고 대안으로서 합리적 건축을 내세웠던 이탈리아 건축가 그룹인 La Tendenza의 설립자로 보인다. 합리주의는 기존의 건축 유형들에 엄청난 가치를 부여하는 것이었다.

밀라노에서의 강의와 더불어 로시는 ETH in Zürich와 Yale, Harvard University 그리고 베니스 Venice 등에서도 교수를 지냈다. 1990년에 그는 프리츠커상을 수상하기도 했다.

베르나르도 세끼 Bernardo Secchi는 도시 계획가로서 Politecnico di Milano 를 졸업하였으며 밀라노 지역의 상호공동체 계획을 발전시키는데 있어 주도적인 역할을 했다.

그 후 그는 Lombard Institute of Economic and Social Studies (ILSES)에서 연구원장을 지냈으며 1974년부터 University of Venice 건축대학(IUAV)에서 도시계획 교수로 재직중이다.

그가 디자인한 공공 주택 프로젝트로는 비센짜 Vicenza의 경제적이고 대중적인 건축을 위한 계획안, 제네바 공업지역의 세쉬론 Sècheron 재개발 연구 (1989) 그리고 벨기에 호그 코르트라이크 Hoog Kortrijk 도시 계획 등이 있다. 그는 2008년에 파올라 비가노 Paola Viganò와 함께 벨기에 안트워프의 스포르노르드 Spoornoord 지역의 계획안을 디자인했다.

세끼는 Urban and Regional Study Archives의 설립 멤버였으며 1982년부터 잡지『Casabella』에 정기적으로 기고했고 1984년부터 1990년까지 잡지『Urbanistica』의 편집자로 활동하였다. 그의 저서로는『La citta del ventesimo secolo (2005)』등이 있다.

알리슨 스미슨 Alison Smithson (1928-1993)과 피터 스미슨 Peter Smithson (1923-2003)은 Durham University에서 건축을 공부했으며 1949년에 결혼하였다. 그들은 1950년에 동업을 시작하기 전까지 London County Council의 건축과에 함께 참여하였다.
그들은 1950년 Hunstanton School로 처음 명성을 얻었으며 미스 반 데어 로에의 고도의 근대주의적인 어휘들로 디자인 된 건물은 신-브루털리즘 형식의 모델로 여겨진다. 그들의 다른 주요 프로젝트들로는 런던에 있는 Economist Building (1964) 과 Robin Hood Gardens (1972)등이 있다. 스미슨 부부는 1953년, <Parallel of Life and Art> 와 1956년, <This Is Tomorrow> 전시회에 참여한 Independent Group의 멤버였다. 또한 Team 10의 주요 멤버로서 1953년에 국제 근대건축가 회의(CIAM)에 대한 Team 10의 반발에 있어 선두에 섰었다.
그들의 주요 저서로는『Team 10 Primer (1962)』,『Urban Structuring (1967)』,『The Charged Void. Architecture (2001)』그리고『The Charged Void. Urbanism (2005)(등이 있다.

마누엘 데 솔라 모랄레스 Manuel de Solà-Morales (1939)는 로마와 바르셀로나에서 건축을 공부했으며 Harvard University에서 호세 루이 세르트 José Luis Sert로부터 도시계획을 배웠다. 1968년에 그는 Barcelona School of Architecture에서 도시계획 연구실을 설립하였다. 솔라 모랄레스는 다양한 잡지들에 글을 실음으로써 건축적 담론에서 매우 활발한 활동을 보여왔다. 그의 잘 알려진 저서로는『Another Modern Tradition. From the break of 1930 to the modern urban project (1989)』와『Public Spaces / Collective Spaces (1992)』등이 있다. 그의 디자이너로서의 명성은 바르셀로나에 있는 수많은 도시적 프로젝트들을 통해 얻어졌는데 대표적 프로젝트로는 L'Illa Diagonal (1989-1993) 와 1992년 올림픽 게임을 위한 디자인 프로젝트 등이 있다. 그는 유럽 도시들의 수많은 도시 프로젝트들의 디자이너로서도 활동해오고 있다. 마누엘 데 솔라 모랄레스는 현재 School of Architecture of Barcelona의 도시계획 교수이다.

제임스 스털링 James Stirling (1926-1992)은 University of Liverpool에서 건축을 공부했으며 그의 대표적인 스승으로는 콜린 로우 Colin Rowe가 있다. 그는 1956년에 제임스 고완 James Gowan과 동업을 시작했으며 그들의 첫 프로젝트는 런던 외곽에 있는 개인 아파트였다. 그들의 잘 알려진 협업 프로젝트로는 University of Leicester (1959-63)의 공학관 프로젝트가 있는데 그 건물의 기술적이고 기하학적인 특성은 상당히 주목할 만하다.
1963년 고완 Gowan 과의 동업을 끝내고 난 후, 스털링은 1964년부터 1970년까지 자신만의 작업을 시작했다. 1971년, 그는 마이클 윌포드 Michael Wilford와 동업을 시작했으며, 그들은 1970년대에 일련의 대규모 도시 프로젝트들을 진행했다. 대표적인 프로젝트로는 뒤셀도르프, 콜로냐 그리고 슈투트가르트 등 독일 도시들의 주요 미술관들이 있으며 특히 슈투트가르트의 Neue Staatsgalerie는 수많은 찬사를 받았다.
그는 1979년에 쓴 자신의 글『Contemporary Architects』에서 '나는 건물의 형태가 거주자들의 생활 양식과 그 용도를 나타내야 한다고 믿는다. 그렇게 함으로써 그 건물은 더 다양하고 풍부한 외형을 갖게 될 것이다.' 라고 주장하였다.
수퍼스튜디오 Superstudio는 1966년에 세워진 여섯 명의 건축가들로 구성된 그룹의 이름으로, 멤버들로는 아돌포 나탈리니 Adolfo Natalini (1941), 크리스티아노 토랄도 디 프란시아 Cristiano Toraldo di Francia (1941), 로베르토 마그리스 Roberto Magris (1935), 지안 피에로 프라씨넬리 Gian Piero Frassinelli (1939), 알레싼드로 마그리스 Alessandro Magris (1941) 그리고 알레싼드로 폴 Alessandro Pol (1941) [1970-1972]이 속해 있었다. 그들은 건축적 환경을 건설된 사물들의 집합으로 해석하지 않고, 특정한 사회 문화적 맥락 속에서 건물들을 이해하고자 하였다. 그들은 또한 그들의 작품에서 인류학 분야에서 발전된 시각과 기술들을 활용하였으며, 시각 예술과 영화 그리고 공연 등에서 이미지를 차용하기도 하였다. 수퍼스튜디오는 1960년대와 1970년대 전위적 건축 운동의 가장 중요한 주창자들로 간주된다. 렘 콜하스 Rem Koolhaas도 그들로부터 영감을 받은 사람들 중 한 명이다. 수퍼스튜디오는 합리적인 모더니즘으로 지배된 건축적 작업들을 거부하였다. 그들은 '거대표면 supersurface' 에 대한 제안 - 다섯 가지의 근본적인 활동들 - 을 통해, 건축에 있어서 '시' 의 개념을 제시하고자 이러한 합리주의를 더욱 급진화하였다. 이와 동시에 그들의 목적은 또한 '지위에 둔감한 status-insensitive' 건축, 즉 소비를 더 이상 부추기지 않는 건축을 만드는 것이었다. 이러한 연구 프로젝트는 'Continuous Monument' 의 제안으로 이어졌다. 수퍼스튜디오는 1978년에 해체되었다.

베르나르 츄미 Bernard Tschumi (1944)는 프랑스계 스위스 건축가로 파리와 취리히에서 공부하였으며 캉딜라 우즈 Candillis-Josic-Woods 의 파리 사무소에서 잠시 일을 했었다. 그는 곧 건축에 대한 좀더 이론적인 접근법에 초점을 맞추었으나 자신은 1968년 프랑스 학생 운동에 영향을 받았다고 이야기한다. Manhattan Transcripts (1981) 프로젝트는 이러한 관심사의 결과로 볼 수 있으며 이 프로젝트를 통해 츄미는 공간과 이벤트 그리고 움직임의 관계에 대해 탐구한다. 그의 연구는 또한 'Architecture and Transgression', 'The Pleasure of Architecture' 그리고 'Violence and Architecture' 등과 같은 여러 글로도 발표되었는데 이 글들을 통해 그는 쟈끄 데리다 Jacques Derrida, 롤랑 바르트 Roland Barthes 그리고 미셸 푸코 Michel Foucault 등의 철학자들의 아이디어들을 건축으로 옮기고자 하였다. 그는 또한 런던의 AA와 Princeton, Columbia University 등 여러 건축학교에서 가르쳤으며, 1988년부터 2003년까지 Columbia University 건축대학원의 학장을 역임하였다. 츄미는 1983년에 파리 라 빌레뜨 공원 현상설계에서 당선된 이후 지속적으로 자신의 프로젝트를 진행해오고 있다. 라 빌레뜨 공원과 더불어 그의 주요 프로젝트들로는 투르쿠앵 Tourcoing의 Le Fresnoy arts centre (1998), Lerner Hall Student Center of Columbia University (1999), 루앙 Rouen에 있는 Salle des Spectacles (2001) 그리고 아테네의 New Acropolis Museum (2007) 등이 있다. 그의 사무실은 파리와 뉴욕에 지사를 두고 있다.

O.M 웅거스 Oswald Mathias Ungers (1926-2007)는 1947년부터 1950년까지 Technical University of Karlsruhe에서 건축을 공부했으며 에곤 아이어만 Egon Eiermann의 지도아래 졸업하였다. 이후 그는 콜로냐 Cologne 에서 자신의 사무실을 시작했으며, 1964년과 1974년 그리고 1983년에 각각 베를린과 프랑크푸르트 그리고 칼스루헤에도 사무실을 열었다. 그는 Berlin' s Technical University 건축과에 출강하였다. 웅거스는 1968년에 학생 폭동과 그 외 여러 이유로 인해 유럽을 떠나 미국으로 이주하였으며, Cornell University 건축대학의 학장이 되었다. 그리고 1976년에 독일로 돌아갔다.
웅거스는 여러 글들을 통해 건축적 담론에 큰 기여를 했으며 주요 글로는『Cities within the city (1978)』와『Typologie und Populismus (1986)』등이 있다. 그는, 물론 오늘날의 건축이 고전적인 그리스식 건물처럼 보여야 할 필요는 없지만 그럼에도, 육면체와 원통 등의 고전적이고 기본적인 형태들이 근대적 형태에 적합한 것이라 주장했다. 그의 작업은 주로 '대형구간 superblocks' 이라 불리는 대규모 주거단지들로 구성되며 그는 이 프로젝트들을 고전적인 형태들을 근간으로 합리적으로 디자인하였다. 웅거스에게 명성을 가져다 준 주요 프로젝트들로는 프랑크푸르트 건축박물관 (1984), 칼스루헤 도서관 (1991), 워싱턴 독일 대사관 (1984/1994) 그리고 콜로냐에 있는 자신의 주택 (1995) 등이 있다.

유엔스튜디오 UN Studio는 건축가 벤 판 베르켈 (1957)과 예술사가 캐롤라인 보스 (1959)가 함께 운영하는 사무실이다. 판 베르켈은 암스테르담 Rietveld Academy와 런던 AA에서 건축을 공부하였으며 보스는 Birkbeck College, University of London 에서 예술사를 공부하였다. 그들은 1988년에 Van Berkel & Bos라는 이름으로 동업을 시작하였다. Villa Wilbrink와 Karbouw Office, 아머스

포르트 Amersfoort 발전소 등의 프로젝트들을 통해 그들은 사무실의 이름을 알렸다. 판 베르켈과 보스는 1996년에 로테르담 에라스무스 다리의 디자인에 초청되었으며 이 다리는 그들을 대중들에게 알리는 계기가 되었다. 그들은 1999년에 디자인 프로세스에 있어서 변화하고 있는 건축가의 역할에 대응하기 위해 UN Studio를 설립하였고, 수많은 분야와 건축적 작업들과의 협동 작업을 진행하고 있다. UN Studio는 슈투트가르트에 있는 Mercedes Benz Museum과 아른헴 Arnhem 중앙역을 디자인하였다. 판 베르켈과 보스는 그들의 작품과 건축의 과정에서 변화하는 건축가의 역할에 관한 많은 내용들을 출판하였다. 대표적인 책으로는 『Moves (1999)> 와 <Design Models (2006)』등이 있다. 판 베르켈은 프랑크푸르트에 있는 Städelschule 건축과의 학과장이자 교수로 재직 중이다.

로버트 벤츄리 Robert Venturi (1925)는 1947년, Princeton University에서 건축 학위를 받았으며 1958년에 자신의 사무실을 시작하기 전까지 에로 사리넨 Eero Saarinen, 루이스 칸 Louis I. Kahn과 함께 작업을 했다. 그의 아내인 데니스 스콧 브라운 Denise Scott Brown은 1960년대 후반에 파트너로서 그의 사무실에 합류하였다.
그의 첫 번째 디자인은 어머니의 주택이었던 필라델피아의 Vanna Venturi House (1961-1964)였다. 다른 주요 프로젝트로는 필라델피아의 Guild House (1964), Princeton University의 Gordon Wu Hall (1983) 그리고 런던 국립미술관의 Sainsbury Wing (1991)등이 있다.
벤츄리는 그의 첫 번째 저서인 『건축의 복합성과 대립성 *Complexity and Contradiction in Architecture* (1966)』를 통해, '주요 거리는 거의 괜찮지 않은가?' 라는 질문을 던지며, 건조환경의 '어질러진 생명력 messy vitality' 이라 부르는 것에 대해 논한다. 그는 1972년에 스콧 브라운 Denise Scott Brown, 스티븐 이즈노어 Steven Izenour 와 함께, 라스 베가스 스트립 Strip 지역의 상업 건축에 대한 깊이 있는 연구인 『라스베가스의 교훈 *Learning from Las Vegas. The Forgotten Symbolism of Architectural Form*』을 출판하였다.

스페인 건축가인 알레한드로 자에라 폴로 Alejandro Zaera Polo (1963)는 마드리드의 Escuela Tecnica Superior de Arquitectura 와 Harvard University Graduate School of Design에서 수학하였다. 그는 1993년, 런던에서 파시드 무사비 Farshid Moussavi (1965)와 함께 자신의 사무소인 FOA Foreign Office Architects를 설립할 때까지 라파엘 모네오 Rafael Moneo, 렘 콜하스 Rem Koolhaas와 함께 작업을 하였다. FOA는 1995년 요코하마 항만 터미널 현상설계에 당선되면서 유명해졌으며 그 건물은 FOA가 실현한 첫 프로젝트가 되었다. 다른 주요 프로젝트로는 바르셀로나의 Auditorium Park (2004), 토레비에하 Torrevieja 시립 극장 (2006) 그리고 Extension of La Villa Joysa 등이 있다.
자에라 폴로는 런던 AA, Columbia University 그리고 Princeton University 등의 건축학교에서 강의하였으며, 최근에는 로테르담 Berlage Institute의 학장을 지냈다. 그는 El Croquis와 같은 저널을 정기적으로 출판하였으며 Architectural Design의 특집호, 「New Science = New Architecture?」(1997)에 기고하기도 하였다.

도판 크레딧 Illustration credits

Amsterdam Historisch Museum 281
AVEQ Concept & Design 359 위
Barragan Foundation, c/o Pictoright Amsterdam 2008 159, 160, 162
Xavier Bouchart 400
Bitter Bredt 220, 224
Hans Brons / RoVorm Beeldvormers bv 142
Lluis Casals 102 위
Cofoto Fotografie 353
Werry Crone 352 오른쪽
Kie Ellens 140, 141
Georges Fessy 386
Mitsumasa Fujitsuka 182, 183, 184
Philippe Guignard / air-images.net 403
Werner Huthmacher 167
Dominique Macel 110, 111
Peter Mauss / ESTO 408, 409, 410
Satoru Mishima 443, 447, 448
J.M. Monthiers 406
Victor E. Nieuwenhuijs 234 아래, 276-277, 280
Tomio Ohashi 264
Mick Palarczyk 356
Ramon Prat 442
Christian Richters 174, 175, 438, 439
Tomas Riehle / arturimages 315
Philippe Ruault 384, 386
Andy Ryan 298
Daria Scagliola & Stijn Brakkee 374, 376, 377, 380, 382
Harry Schiffer 92
Silverstein Properties 227
Hans Teerds 406
Jordi Todo 443
Paul Warchol 294

역자후기

2007년 봄, 네덜란드의 한 작은 도시 델프트에 자리하고 있는 델프트공과대학교에서 '아키텍쳐럴 포지션스 Architectural positions' 라는 제목으로 세미나 시리즈가 진행되었다. 그 세미나의 목적은 20세기 후반의 건축 담론에서 모더니즘과 포스트모더니즘에 대한 논의가 그 힘을 잃어가는 동안 새로운 화두로 떠오른 '건축의 공공성과 공공영역' 에 대한 다양한 건축가들의 논의와 개념들을 정리함으로써 건축가나 건축학도들이 공공영역 또는 공공공간을 디자인하는데 자신만의 뚜렷한 입장을 가질 수 있도록 그 사고의 토양을 제공하는데 있었다.

6개의 주제로 나뉘어 진행된 그 세미나 시리즈를 통해 발표된 건축가들의 강연과 연구, 논의의 대상이 되었던 에세이들, 그리고 세미나의 주제와 관련된 유명 건축가들의 다양한 강연 및 글들이 세미나와 동명의 제목을 가진 한 권의 책으로 출판되었다. 이 책의 원제인『Architectural Positions』는 건축과 근대성 그리고 공공영역이라는 키워드에 대한 36명의 건축가와 이론가들의 서로 다른 건축적 입장들을 정리해 놓은 한 권의 선집으로 완성되었다.

역자가 이 책을 처음 접했을 때 가장 놀라웠던 것은 바로 이 책에 실려 있는 36명의 저자들이었다. 기존에 건축분야에서 많이 읽히고 회자되던 비슷한 종류의 선집들은 주로 20세기 초 근대 건축이나 철학분야에서 큰 영향력을 가졌던 이론가들이나 건축가들, 또는 관련 철학자들의 글들로 구성된 것이 대부분이었다. 그러나 이 책에는 최근 수십 년간 실제 작품들을 통해 자신의 입장과 관점을 명확하게 표현해왔던, 그리고 지금도 전 세계적으로 활발한 활동과 도전을 보여주고 있는 우리 시대의 건축가들의 글들이 알차게 실려 있다는 것이 역자의 시선과 관심을 끌었다. 이미 지나간 사상가들의 이야기를 답습하기보다 지금 우리와 함께 숨 쉬고 우리와 같은 도시와 세계를 바라보는 건축가들의 솔직한 시선과 사고를 그 일부나마 엿볼 수 있다는 것과 그들의 경험과 도전을 함께 나눌 수 있다는 것만큼 건축가들이나 건축학도들에게 흥미롭고 신나는 경험이 또 있을까?

이 책을 옮김에 있어 역자가 기대하는 바는 누구보다 한발 앞서 고민하고 실제 프로젝트를 통해 치열하게 실험하였던 우리 시대의 건축가 36명의 도시와 공공공간에 대한 다양한 생각과 경험을 생생히 전함으로써 지금도 도시 속 건축이 가져야 할 위치와 정체성, 그리고 인간과 공간의 관계를 정의하는데 고민하고 있는 한국의 수많은 건축가들과 건축학도들에게 자신만의 입장을 정립하는데 아주 작은 길잡이를 제공하는 것이다. 부디 이 책이 그들에게 미약하나마 사고의 뿌리를 지탱할 수 있는 얕은 토양이 되어주길 바란다.

번역 작업의 과정에서 몇 가지 고민이 있었다. 가장 큰 고민은 서로 다른 국적과 배경, 특성을 가진 건축가들의 글에서 묻어나는 차별성과 독창성을 어떻게 유지하는가 하는 것이었다. 이에 역자는 어려운 글은 어려운 데로 쉬운 글은 좀 더 자연스럽게 읽히도록 최대한 원어의 논조를 그대로 옮기고자 노력하였다. 이는 역자의 부족함에 대한 변명이 될 수도 있으나 가능한 역자 자신의 표현이나 어조를 지양하고, 원서에서 명기되지 않은 주기나 부연도 일절 자제함으로써 원저자들의 집필의도를 그대로 전하고자 하였음을 밝혀둔다. 아울러 오역이나 자연스럽지 못한 문장들은 최대한 없애고자 노력하였으나 영역과정을 거치면서 그 의미가 변형된 비영어권의 글(특히 이탈리아어로 쓰인 원서)들의 매끄럽지 못한 표현들이나 어려운 구문들, 그리고 의도적으로 난해하게 쓰인 글들로 인해 발생한 부자연스러운 부분들에 대한 이해는 독자의 이해에 기대볼 수밖에 없음을 안타깝게 생각한다. 다만 최대한 의역을 피하고 그 난해함마저 그대로 옮기고자 한 역자의 의도를 독자들이 너그러이 양해해 주길 바랄뿐이다. 특히, 이 책의 원서에 수록되어있는 알도 로시의 글은 이탈리아어 원문이 영어로 옮겨지는 과정에서 과하다 할 정도로 내용의 전달이 난해해지고 그 의미 또한 왜곡되어서 역자의 번역 대신 2006년에 출간된 이탈리아어 원서의 한역본인 『도시의 건축, 오경근 역, 동녘, 2006』의 변역을 싣는 것이 더 나은 일이라 판단하고 해당 역자와 출판사의 양해를 구한 후 그 글을 옮겨 실었다.

또 하나의 고민은 바로 기존에 여러 가지 어휘로 번역되었던 단어들을 어떻게 정의할 것인가 하는 부분이었다. 이에 해당하는 대표적인 용어는 바로 'Modernity' 와 'Public Sphere' 이다. 우선 'Modernity' 는 주로 현대성 또는 근대성으로 옮겨져 왔다. 역자는 이 책에서 근대성으로 옮기는 것을 택하였다. 그 이유는 저자들 대부분이 현대 건축가들이고 그들이 언급하는 모더니티는 과거의 사건으로서 또는 20세기 패러다임의 전환을 가져온 건축과 문화전반의 운동에 대한 의미로서 많이 사용되었기 때문이다. 특히 근대성이라 옮기는 것이 현대 건축가들의 시대적 관점을 명쾌하게 전하는 데도 적당하다고 판단하였다. 그리고 'Public Sphere' 는 위르겐 하버마스의 책 『공론장의 구조변동, 한승완 역, 나남, 2001』을 통해 이미 '공론장' 으로 번역된 바 있다. 그러나 역자는 이 책에서 '공공영역' 이라고 옮겼다. 'Public Sphere' 를 하버마스가 그의 책에서 언급했듯이 여론이 만들어지는 장소 또는 매체로서의 의미로 본다면 '공론장' 이 적합하겠으나 이 책에서는 그러한 한정적 의미가 더욱 확장되어 불특정 다수의 사람들이 조우하고 그들만의 무의식적인 집합적 경험과 교류가 이루어지는 물리적, 비물리적 공간까지를 포괄한다는 점에서 '공공영역' 이라 옮기기로 결정하였다. 이는 또한 어느 한 곳에 그 소유권이 편중되지 않고 문자 그대로 공적인 성격으로 이용되는 공간과 장소라는 의미에서 '공적영역'

으로 옮겨진 'Public realm' 이나 개개인이 소유하게 되는 사적영역에 반대되는 의미로 공공이 소유하고 관리하는 영역의 의미에서 '공유영역' 으로 번역된 'Public Domain' 의 표현과 통일성을 유지하는 데도 적합한 용어라 여겨진다.

이제 남은 것은 독자들의 몫이다.

우리는 하루에도 몇 번씩 공공성, 공공공간이라는 말을 듣고 쓰고 말하면서 건축을 경험한다. 그러나 과연 진정한 공공성에 대한 우리만의 개념과 입장은 명쾌하게 정립되어 있는지는 여전히 의문이다. 이 책을 통해 독자들이 다소나마 건축과 도시의 공공성에 대해 다시 생각해 보고, 이 땅에서 공공성을 어떻게 이해하고 공공공간, 공공영역을 어떻게 다루어야만 하는 가에 대해 한번쯤 고민해 보는 기회를 가질 수 있길 바란다.

마지막으로 부족한 원고와 빠듯한 시간에도 불구하고 끝까지 이 책의 출판을 위해 이해하고 도와주신 김기현 대표께 감사드리며, 이 책의 번역에 소중한 기회와 크나 큰 도움을 주신 델프트 공과대학교 건축대학의 Tom Avermaete 교수님과 Michiel Riedijk 교수님, 그리고 작업에 큰 조언을 아끼지 않으신 중앙대학교 최윤경 교수님께도 감사의 뜻을 전한다.

2011년 여름 권영민

권영민

1976년 경북 출생으로 중앙대학교 건축학과와 동대학원을 졸업하였다.

삼우종합건축사사무소에서 실무를 시작하였으며, 2010년 네덜란드 델프트공과대학교(TUDelft)에서 Michiel Riedijk의 지도하에 Team10과 르 꼬르뷔제의 Mundaneum에 관한 연구, 그리고 브뤼셀의 공공영역에 대한 프로젝트로 건축석사(MSc) 학위를 받았다. 이후 네덜란드 공인건축사(SBA)를 취득하였으며, KOW Architecten(헤이그)에서 근무한 후 현재 삼우종합건축사사무소에 재직 중이다.

건축, 근대성과 공공영역에 대한
건축적 입장들(Architectural Positions)

Tom Avermaete, Klaske Havik, Hans Teerds 공편저
권영민 옮김

초판 2011년 7월 10일 발행
수정재판 2015년 4월 24일 발행

발행인 김기현
발행처 시공문화사 ***Spacetime***
등 록 1993년 3월 12일
주 소 서울시 서대문구 독립문공원길 13 극동프라자 5층
전 화 02) 3147-1212, 2323
전 송 02) 3147-2626
ISBN 978-89-5592-192-2
http://www.spacetime.co.kr
spacetime@korea.com

정가 24,000 원